Photovoltaik – Alles in einem Band für Dummies

Schummelseite

AF746517

DAS FINDEN SIE IN UNSEREM BUCH

Wir behandeln in diesem Buch die Photovoltaik und das mit ihr verbundene Energieerzeugungssystem, so wie es heute ist und wie es in Zukunft aussehen könnte, wenn wir uns klimaneutral mit elektrischer Energie versorgen. Die folgende Grafik visualisiert, in welchen Teilen dieses Buches sich die jeweiligen Aspekte wiederfinden.

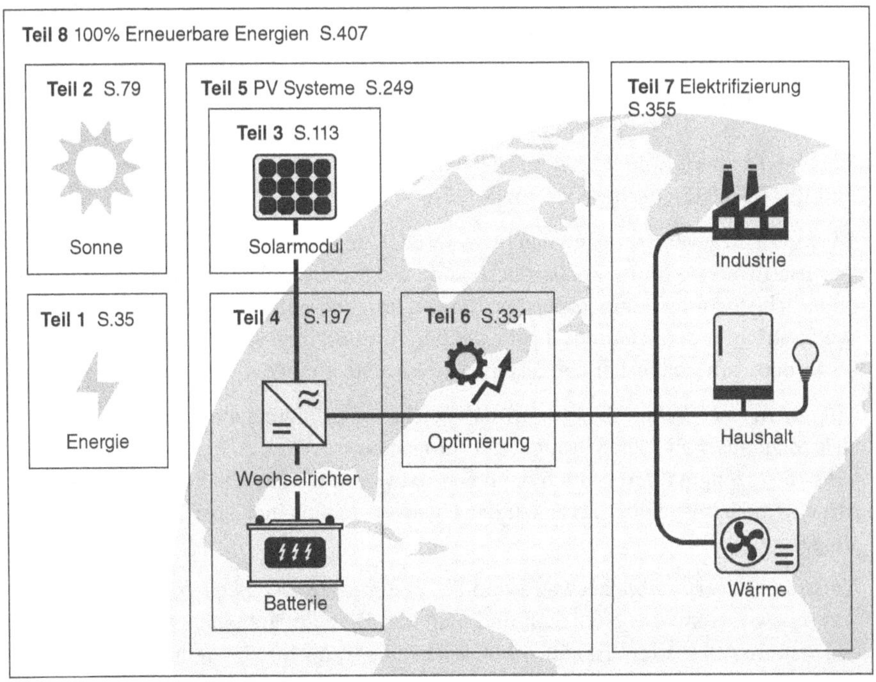

DIE WICHTIGSTEN BEGRIFFE DER PHOTOVOLTAIK

- *Photovoltaik* (PV) ist die direkte Umwandlung der Strahlungsenergie des Lichtes in elektrische Energie. Sie beruht auf dem photoelektrischen Effekt, der schon 1839 von Alexandre Becquerel entdeckt wurde.
- Die *Energie E* oder *W* ist die Fähigkeit, Arbeit zu verrichten. Sie kann einem System zugeführt oder entnommen werden, bleibt aber insgesamt erhalten.
- Die *Leistung P* ist die verrichtete Arbeit oder umgesetzte Energie pro Zeitspanne, also ein Maß dafür, wie schnell Arbeit getan wird oder Energie umgesetzt wird.

- ✔ Der *Wirkungsgrad* η eines Prozesses ist das Verhältnis von nutzbarer Energie zu eingesetzter Energie. Er ist ein Maß dafür, wie effizient eine Energieumwandlung erfolgt.

DIE WICHTIGSTEN BEGRIFFE DER PHOTOVOLTAIK

- ✔ *Solarzellen* sind die Komponenten eines Solarmoduls, die den photoelektrischen Effekt technisch realisieren. Sie erzeugen Gleichstrom und haben meist eine Spannung von unter einem Volt. Die allermeisten Solarzellen bestehen heute aus Silizium, dem zweithäufigsten Element der Erdkruste.
- ✔ In einem *Solarmodul* sind mehrere Solarzellen miteinander elektrisch verbunden (meist in Reihenschaltung), wodurch sich die erzeugte elektrische Leistung technisch günstig weiterleiten lässt. Es ist so konstruiert und wird so montiert, dass es über einen möglichst langen Zeitraum Sonnenlicht in Solarstrom konvertiert. In der Regel wird eine Garantie von 25 bis 30 Jahren gewährt, die Funktionsdauer ist aber oft sogar noch länger. Solarmodule sollten mindestens nach den Normen IEC 61215 (Performance) und IEC 61730 (Sicherheit) zertifiziert sein.
- ✔ *Wechselrichter* wandeln den Gleichstrom (DC) eines Solarmoduls in netzkompatiblen Wechselstrom (AC) um. Erst dadurch kann der Strom im Haushalt verwendet oder ins öffentliche Stromnetz eingespeist werden. Zusätzlich optimiert ein moderner Wechselrichter die Leistungsabgabe des Moduls und überwacht Anlage und Stromnetz, um im Notfall die Verbindung zum Stromnetz zu trennen.
- ✔ Mit einem *elektrischen Speicher* wird die elektrische Energie einer Solaranlage in elektrochemischen Zellen gespeichert (umgangssprachlich *Akku* oder *Batterie*). So kann die erzeugte Energie auch dann genutzt werden, wenn die Sonne nicht scheint. Mit einem Heimspeicher lässt sich der Eigenverbrauch einer Solaranlage erheblich steigern.
- ✔ *Notstromfähigkeit*: Üblicherweise sind PV-Systeme auf *Netzbetrieb* ausgelegt – aber was passiert, wenn das Netz fehlt und man trotzdem Strom haben will? Hierfür gibt es sogenannte *Insel-* oder *Hybridwechselrichter*, die weiterhin Strom liefern – natürlich nur, sofern auch ein Batteriespeicher/Heimspeicher und eine Steuerung (Trennung vom Netz und Umschaltung auf *Inselbetrieb*) vorhanden sind.
- ✔ Ein *Energiemanagementsystem* (EMS) überwacht die Energieflüsse im Haushalt. Es sollte die Batterie und zumindest die großen Verbraucher steuern können. Die Bedeutung von EMS wird weiter zunehmen, insbesondere wenn variable Stromtarife die Regel werden und ein Elektrofahrzeug geladen werden soll.

FAUSTREGELN IN DER PHOTOVOLTAIK

- ✔ *Dachfläche:* Ein Quadratmeter Solarmodulfläche liefert unter Optimalbedingungen eine elektrische Gleichstromleistung von etwa 200 Watt. An einem guten Sommertag erntet man damit 1,6 kWh, an einem richtig schlechten Wintertag in Deutschland nur 0,1 kWh. Übers Jahr ergeben sich insgesamt circa 200 kWh an elektrischer Energie für 1 m^2 Modulfläche.

- ✔ *Mehr oder weniger Erträge:* Hohe direkte und indirekte Einstrahlung steigern den Ertrag einer typischen PV-Anlage, Wärme reduziert ihn hingegen. Wenn die Solarmodule 20 K wärmer sind als jene 25 °C, für welche die Nennleistung auf dem Typenschild angegeben ist, so reduziert sich der Ertrag um etwa 8 Prozent. Bei 30 K Temperaturerhöhung gegenüber der Nenntemperatur (das heißt, 55 °C Modultemperatur) werden es sogar 12 Prozent Leistungsverlust.
- ✔ *Batteriealterung:* Elektrochemische Energiespeicher sollten an einem möglichst kühlen Ort installiert werden. 10 K mehr halbieren manchmal die Lebensdauer. Tiefentladungen schaden ebenfalls. Lithiumakkus sollten zudem nicht dauerhaft zu 100 Prozent geladen sein.

WICHTIGE ERREICHTE TECHNOLOGISCHE MEILENSTEINE DER PHOTOVOLTAIK

- ✔ Die Photovoltaik hat sich seit der Entdeckung des photoelektrischen Effekts im 19. Jahrhundert von einer wissenschaftlichen Kuriosität zu einer der *wichtigsten Technologien der globalen Energieversorgung* entwickelt. Entscheidende Meilensteine waren die Entwicklung der Siliziumsolarzelle, ihr Einsatz in der Raumfahrt, der Markteintritt netzgekoppelter Anlagen und schließlich die Skalierung auf Anlagengrößen im GW-Bereich, wie es konventionellen Kraftwerkstypen entspricht.
- ✔ Keine energiewirtschaftliche Technologie ist so *modular skalierbar* wie Photovoltaik. Sie kann sowohl Taschenrechner (im mW-Bereich) als auch Industriebetriebe und ganze Städte und Gesellschaften (im GW-Bereich) mit elektrischer Energie versorgen.
- ✔ Keine Form der elektrischen Energieerzeugung ist *effizienter* als die der Photovoltaik: Sonnenenergie ist nahezu unbegrenzt verfügbar. Das solare Energieangebot beträgt das 10000-fache des gesamten Weltenergiebedarfs. Das technisch-wirtschaftliche Potenzial der Photovoltaik entspricht immer noch dem 12-fachen des jährlichen Weltenergiebedarfs.
- ✔ Kaum ein anderes technisches Produkt gewährt *Garantien* von 25 bis zu 40 Jahren – und hat auch nachgewiesen, dass dieses Versprechen zu erfüllen ist.

WICHTIGE ERREICHTE ÖKOLOGISCHE MEILENSTEINE DER PHOTOVOLTAIK

- ✔ Eine Photovoltaikanlage benötigt nur ein bis zwei Jahre, um die Energie zu erzeugen, die für ihre Herstellung aufgewendet wurde. Diese Kennzahl wird *Energy Payback Time* (EPBT) genannt. Bei konventionellen Kraftwerken müssen dagegen zum Betrieb ständig Brennstoffe nachgekauft werden. Deshalb werden kontinuierlich Ressourcen verbraucht und die EPBT ist unendlich.
- ✔ Die wesentlichen Bestandteile eines Siliziummoduls sind Glas, Aluminium, Silizium und Kupfer. Sie lassen sich sehr gut *recyceln*.
- ✔ Die zentralen Bestandteile von Siliziummodulen sind weltweit in *ausreichender Menge* vorhanden, sodass eine globale elektrische Energieversorgung auf ihrer Basis realisiert werden kann.

- ✔ Die Hauptbestandteile von Photovoltaikmodulen stellen *keinerlei Gefährdung der Umwelt* dar. Glas, Aluminium und Silizium sind ungiftig. Zu beachten ist lediglich, dass die Lötverbindungen mit bleifreiem Lot realisiert werden müssen und der Einbettungskunststoff mittelfristig durch einen recyclingfähigeren Typ ersetzt wird.
- ✔ Bei der Herstellung von PV-Anlagen entsteht Kohlenstoffdioxid. Legt man dies auf die Lebensdauer einer PV-Anlage um, so entspricht dies aktuell etwa *50 Gramm* CO_2 *pro kWh erzeugten Solarstroms.* Dies hängt vor allem davon ab, wie die elektrische Energie, die für die Herstellung von PV-Anlagen benötigt wurde, gewonnen wurde. Zum Vergleich: Ein Braunkohlekraftwerk stößt über 1000 Gramm pro kWh erzeugter elektrischer Energie aus.
- ✔ Insgesamt lag der *deutsche Strommix im Jahr 2025 bei 337 Gramm je kWh,* dank mehr Photovoltaik und Windenergie. Der jetzige Wert ist niedriger als während der gesamten Zeit, während der in Deutschland die Kernkraft genutzt wurde.

WICHTIGE ERREICHTE ÖKONOMISCHE MEILENSTEINE DER PHOTOVOLTAIK

- ✔ Die *Modulkosten* lagen in den 1980er Jahren bei etwa 20 €/W_p. Heute liegen sie bei unter 10 Cent pro W_p. Die Kosten sind damit um einen Faktor 200 gesunken. Der Quadratmeterpreis liegt bei 20 € und ist billiger als viele Baumaterialien.
- ✔ Photovoltaik ist in weiten Teilen der Welt die *günstigste Form* der elektrischen Energiegewinnung, dank stark gesunkener Modulpreise und immer höherer Wirkungsgrade, sodass Preise unter 2 ct/kWh möglich sind. Selbst in Deutschland wird Solarstrom unsubventioniert bereits für unter 5 ct/kWh ins Stromnetz eingespeist.
- ✔ Seit 2022 ist die Photovoltaik die elektrische Energiequelle mit den *höchsten Zuwachsraten,* sowohl relativ als auch in absoluten Zahlen. Insgesamt wurde damit bis Ende des Jahres 2025 eine globale PV-Kapazität von knapp 3 TW_p Leistung erreicht. Dies entspricht dann 2026 voraussichtlich schon 15 Prozent des weltweiten elektrischen Energieverbrauchs.
- ✔ Photovoltaik ist eine besonders zuverlässige und sowohl technisch als auch finanziell *risikoarme Technologie,* auch bei der Umsetzung sehr großer Energieprojekte. Sie ist die Energietechnologie, welche Budgets und Termine am besten einhält.
- ✔ Auch die Kosten für Batteriespeicher, die für eine *kontinuierliche Energieversorgung* mit Strom aus Photovoltaikanlagen essenziell sind, haben erheblich abgenommen. Bei einer (konservativ angenommenen) Lebensdauer von 3000 Lade-Entladezyklen kommt man inzwischen bei einem Akkupreis von 100 Euro je kWh für Großspeicher auf 3,3 Cent je kWh.

WICHTIGE GESELLSCHAFTLICHE ASPEKTE DER PHOTOVOLTAIK

- ✔ Photovoltaik ist eine der zentralen Technologien, um unabhängig von Energieimporten und den damit verbundenen geopolitischen Implikationen zu werden. Sie erhöht dadurch die *Resilienz* und nationale Sicherheit eines Landes.

- ✔ Photovoltaik stößt kein klimaschädliches Kohlenstoffdioxid aus und leistet dadurch einen entscheidenden Beitrag zum *Klimaschutz*.
- ✔ Sonnenenergie ist weltweit relativ *gleichmäßig verteilt*. Der beste Standort unterscheidet sich vom schlechtesten gerade mal um einen Faktor drei, während bei fossilen Vorkommen die Unterschiede leicht den Faktor 10 000 übersteigen können. Das schwächt das Konfliktpotenzial um den Zugang zu Standorten mit hoher Ressourcenkonzentration stark ab.
- ✔ Photovoltaik lässt sich direkt *vor Ort* erzeugen und nutzen. Es entstehen kein Lärm und keine Vibrationen. Deshalb lässt sie sich in bestehende Infrastruktur auch in Ballungsräumen integrieren, etwa als Balkonkraftwerk, als gebäudeintegrierte Photovoltaik in Fassaden, als Aufdachanlage oder als Parkplatzüberdachung.
- ✔ Photovoltaik ermöglicht die *Doppelnutzung* von Flächen. Landwirtschaftlich genutzte Flächen können zusätzlich Energie erzeugen, wodurch sich für bestimmte Nutzpflanzen sogar der Ertrag erhöhen lässt.
- ✔ Photovoltaik ist eine *demokratische Energieform*. Sie lässt sich von Einzelpersonen, Eigenheimbewohnern, Bürgergenossenschaften und mittelständischen Unternehmen nutzen – und nicht nur von Großkonzernen.
- ✔ Photovoltaik ermöglicht *allen Menschen*, auch im globalen Süden, den Zugang zu kostengünstiger und nachhaltiger elektrischer Energie.

WICHTIGE NORMEN IN DER PHOTOVOLTAIK, DIE IHR SYSTEM HABEN SOLLTE

- ✔ Die Norm *IEC 61215* konzentriert sich hauptsächlich auf die Leistungsqualifikation und Langzeitzuverlässigkeit von Solarmodulen. Eine bestandene Zertifizierung soll gewährleisten, dass Module über eine erwartete Lebensdauer von über 25 Jahren unter normalen klimatischen Bedingungen durchgängig zuverlässig funktionieren. Dabei werden umfangreiche Prüfungen auf elektrische Leistung und mechanische Belastbarkeit durchgeführt. Der längste Test geht über 1000 h. Die Norm legt den Fokus auf Qualität und Haltbarkeit.
- ✔ Die Norm *IEC 61730* befasst sich mit der Sicherheit der Module, definiert Konstruktionsanforderungen und Sicherheitsprüfungen, um Risiken wie Stromschläge oder Brände zu verhindern.
- ✔ Die Norm DIN *VDE V 0126-95:2025-12* für *Steckersolargeräte* (Balkonkraftwerke) ist seit 1. Dezember 2025 gültig. Sie legt erstmalig verbindliche technische und sicherheitstechnische Anforderungen fest und erlaubt den Anschluss solcher kleineren Anlagen über einen herkömmlichen Schukostecker, wodurch die Selbstinstallation rechtssicher wird.
- ✔ Die Anwendungsrichtlinie *VDE-AR-N 4105* behandelt den sicheren Anschluss von Wechselrichtern an das Stromnetz sowie Leistungsregelung, Schutzfunktionen und Netzstabilität. Sie ist essenziell, da ein Wechselrichter ohne Zertifizierung nach dieser Richtlinie nicht ans Netz angeschlossen werden darf und der Netzbetreiber dementsprechend eine Konformitätserklärung verlangt.

- ✔ Die Norm *IEC 62109-1, -2* befasst sich mit Sicherheitsanforderungen für Wechselrichter, die in photovoltaischen Energiesystemen eingesetzt werden, einschließlich elektrischer und thermischer Aspekte und des Schutzes vor elektrischen Schlägen.
- ✔ Batterien im Heimbereich arbeiten heute zum überwiegenden Anteil auf Lithiumbasis. Sie sollten mit Ihrer Anlage auch keine anderen Batterietypen einsetzen. *DIN EN 62619* legt die sicherheitstechnische Basis für ein Speichersystem, welches auf Lithiumbatterien beruht, indem sie die einzelnen Batteriezellen und Batteriemodule bewertet und damit die Fundamentqualität des gesamten Speichers bestimmt.
- ✔ Die Anwendungsrichtlinie *VDE-AR-E 2510-50* geht über die DIN EN 62619 hinaus, da sie das vollständige stationäre Lithium-Speichersystem in Wohnumgebungen betrachtet und entsprechende Anforderungen an Konstruktion, Software, Schutzschaltungen und Installation stellt. Ein Batteriespeicher sollte über beide Zertifikate verfügen.

Photovoltaik – Alles in einem Band für Dummies

Stefan Krauter

Armin M. Froitzheim

Photovoltaik Alles in einem Band

für dummies®

Fachkorrektur von
Carolin Lepiarz

WILEY VCH

Photovoltaik – Alles in einem Band für Dummies

Bibliografische Information der Deutschen Nationalbibliothek

Die Deutsche Nationalbibliothek verzeichnet diese Publikation in der Deutschen Nationalbibliografie; detaillierte bibliografische Daten sind im Internet über http://dnb.d-nb.de abrufbar.

1. Auflage 2026

Print ISBN: 978-3-527-72180-1
ePub ISBN: 978-3-527-84722-8

Coverillustration: 4th Life Photography - stock.adobe.com

Korrektur: Dr. Matthias Delbrück

Satz: Lumina Datamatics

Druck und Bindung:

Über die Autoren

Prof. Dr.-Ing. Stefan Krauter schloss sein Studium der Elektro- und Informationstechnik 1988 an der Technischen Universität München als Dipl.-Ing. ab. Seine Diplomarbeit wollte er schon damals über erneuerbare Energien schreiben, was aber zu dieser Zeit als zu exotisch abgelehnt wurde. Im Rahmen seiner Promotion von 1989 bis 1993 entwickelte er ein Betriebsmodell zur genaueren Ertragsvorhersage von Photovoltaik-Kraftwerken und gründete 1994/95 mit Freunden die Solon AG, das erste börsennotierte Unternehmen auf diesem Gebiet in Deutschland. Von 1996 bis 2006 hatte er Gastprofessuren in Rio de Janeiro und Fortaleza (Brasilien) inne. 1999 schloss er seine Habilitation zum Thema PV und Klimaschutz an der TU Berlin ab, co-gründete 2006 das Photovoltaik-Institut Berlin und übernahm 2010 eine Professur sowie den Lehrstuhl für Elektrische Energietechnik – Nachhaltige Energiekonzepte an der Universität Paderborn. Seine Vorlesungen und Faktenchecks sind online auf seinem YouTube-Kanal @Stefan_Krauter frei zugänglich. Weit darüber hinaus ist er allerdings als @solarpapst auf X und anderen Medien (BlueSky, Instagram, LinkedIn, Mastadon, Threads, TikTok) bekannt, wo er regelmäßig zum Fortschritt der Energiewende schreibt.

Dr. Armin M. Froitzheim studierte Physik an der Universität Tübingen und schloss 1998 sein Studium mit einer Arbeit in der theoretischen Festkörperphysik ab. Seine Promotion, die er am damaligen Hahn-Meitner-Institut (heute Helmholtz-Zentrum Berlin für Materialien und Energie) sowie an der Universität Marburg anfertigte, hatte den Schwerpunkt amorph/kristalline Silicium-Heterokontakt-Solarzellen. 2003 wechselte er in die Industrie zur Forschungs- und Entwicklungsabteilung von Shell Solar in München. Von 2006 bis 2007 war er Leiter der Prozesstechnik bei der Ersol Solar Energy AG. Von 2008 bis 2013 übernahm er die Leitung des Technologietranfers bei Bosch Solar Energy und von 2014 bis 2018 war er dann Director Operations bei der SolarWorld Industries Thüringen GmbH, verantwortlich für Zell- und Modulfertigung. Zuletzt war er Chief Technical Officer (CTO) bei der Firma SOLARWATT GmbH in Dresden. In dieser Rolle verantwortete er die gesamte Forschung und Entwicklung sowie den Bereich Fertigung und Qualität des Photovoltaik-Systemanbieters.

Auf einen Blick

Inhaltsverzeichnis

Einleitung

Schön, dass Sie sich entschieden haben, sich mit dem Thema Photovoltaik zu befassen. Die Photovoltaik spielt in unserem deutschen Energiesystem, aber auch weltweit eine immer wichtigere Rolle und der Ausbau geht rasant voran. So ist es auf jeden Fall eine gute Idee, sich genauer mit dieser Energiequelle zu befassen, gerade weil sie zum Teil sehr kontrovers diskutiert wird. Sie können sich nach der Lektüre dieses Buches ein besseres eigenes Urteil bilden oder auch Ihr neues Wissen nutzbringend einsetzen. Die bei Weitem überwiegende Zahl der Wissenschaftler geht davon aus, dass die Photovoltaik neben der Windenergie die wichtigste Energiequelle des 21. Jahrhunderts sein wird, wenn wir dem Klimawandel effektiv begegnen wollen. Wir beiden Autoren gehören zu dieser Mehrheit.

Über dieses Buch

Wir wollen Ihnen mit diesem Buch dabei helfen, ein Verständnis für das riesige Potenzial der Photovoltaik zu erlangen, und Ihnen die Grundlagen sowie die Anwendung dieser revolutionären und umwälzenden Technologie näherbringen.

Konventionen in diesem Buch

Es gibt ein paar typografische Vereinbarungen in diesem Buch, auf welche wir Sie gerne hinweisen möchten:

- ✔ Physikalische Größen (beziehungsweise deren Variablen) sind *kursiv* gesetzt.
- ✔ Physikalische Einheiten sind im normalen Textmodus gesetzt.
- ✔ Wichtige Begriffe, die an einer Stelle neu eingeführt werden, sind *kursiv* gedruckt.

Das war es schon mit unseren Vereinbarungen.

Törichte Annahmen über die Leser

Wir nehmen an, dass Sie schon einmal mit dem Begriff Photovoltaik in Kontakt gekommen sind und dieser Sie elektrisiert hat. Strom direkt von der Sonne! Vielleicht haben sich auch Freunde oder Bekannte eine Photovoltaikanlage auf ihrem Dach installiert. Andererseits wird viel diskutiert: über das Erneuerbare-Energien-Gesetz (EEG), über die Strompreise, über eine unabhängige Energieversorgung und darüber, dass der Klimawandel unerbittlich voranschreitet. Immer wieder wird dann als Lösungsvorschlag (oder als Problem) das Stichwort *Photovoltaik* genannt. Sie möchten sich genauer mit dieser Energiequelle beschäftigen? Dann halten Sie das richtige Buch in den Händen.

Wie dieses Buch aufgebaut ist

Teil I: Das treibt die Menschheit an: Leistung und Energie

Wir stellen zunächst die Grundlagen des physikalischen Energiebegriffs vor, unter anderem den Energieerhaltungssatz, den wichtigen Unterschied zwischen Energie und Leistung sowie die Eigenheiten der verschiedenen Energieformen. Wir schaffen einen Überblick über häufig verwendete Größen und Einheiten und deren Umrechnung. In diesem Teil treffen Sie auch auf Energiediagramme und lernen die wichtigsten heutigen Kraftwerkstypen zur Stromerzeugung kennen. Wir stellen die Bedeutung der Energieerhaltung heraus und führen den Begriff des Wirkungsgrads ein.

Teil II: Es werde Licht: Die Sonne und die Erde im Lichte der Photovoltaik

Das Licht der Sonne ist die zentrale Energiequelle für die ganze Erde. Deshalb stellen wir es vor und verfolgen das Licht auf seinem Weg von der Sonne zur Erde und dort bis zu Ihrem Solarmodul auf dem Dach oder am Balkon. Auf diesem Weg besprechen wir die spektralen Eigenschaften eines schwarzen Strahlers, als den sich die Sonne in guter Näherung beschreiben lässt, die Absorption und Streuung von Licht in der Atmosphäre sowie die tages- und jahreszeitlichen Variabilitäten. Dafür führen wir Begriffe wie Azimut, Elevationswinkel und Albedo sowie direkte, diffuse und globale Einstrahlung ein.

Teil III: Der Generator, der sich nicht bewegt

In diesem Teil stellen wir das Herzstück der Photovoltaik vor: Das Solarmodul. Nach der Darstellung der Entwicklung der Photovoltaik vom Becherglas über die Raumfahrt und zurück auf die Erde zur Lösung der Ölkrise und zum Wirtschaftsfaktor. Um die Photovoltaik richtig zu verstehen, steigen wir sogar ein wenig in die Tiefen der Festkörperphysik ein. Wir behandeln die Eigenschaften von Festkörpern und stellen den für die Photovoltaik so fundamentalen photoelektrischen Effekt vor. Damit ausgerüstet erklären wir, wie eine Solarzelle funktioniert. Wir gehen auf unterschiedliche Solarzellentypen ein und stellen die Herstellung von Solarzellen und Solarmodulen vor. Die Qualität eines Solarmoduls wird durch eine Vielzahl von Tests nach deutschen und internationalen Normen geprüft. Auch dies lernen Sie in diesem Teil kennen. Zuletzt besprechen wir ökologische Aspekte des Solarmoduls.

Teil IV: Alles, was wir sonst noch brauchen: Das komplette Solarsystem

Mit einem Solarmodul kann man zwar Strom erzeugen, aber zu einem Energiesystem, das uns zuverlässig mit Strom versorgt, gehören noch einige weitere Komponenten. Wir stellen sie in diesem Teil vor. Da sind verschiedene Arten von Wechselrichtern, um aus dem PV-Gleichstrom Wechselstrom zu erzeugen, sowie Speicher, damit man die Energieerzeugung zeitlich besser von der Energienutzung trennen kann. Neben Batteriespeichern präsentieren wir Ihnen zudem die Möglichkeit der chemischen Speicherung von Solarenergie in Form von Wasserstoff, Methan und E-Fuels. Auch so profane Dinge wie Verkabelung und Montagesysteme werden nicht vergessen. Um die Steuerung des gesamten Energiesystems, welche mit der Zeit immer komplexer geworden ist, kümmert sich meist nicht mehr der Wechselrichter, sondern ein externes Energiemanagementsystem, über das sich die Anlage gegebenenfalls auch von außen, das heißt vom Netzbetreiber, steuern lässt.

Teil V: PV über alles: Off-Grid, Balkon, Dach, Freifläche

Wir stellen die Anfänge der Photovoltaik vor, als sie noch derart teuer war, dass sie nur fernab elektrischer Netze sinnvoll war: Off-Grid-PV. Das sind autonome Systeme, bei denen natürlich die Speicherung der Energie eine sehr wichtige Rolle spielt. In Zeiten sinkender Batteriepreise, wachsender Kriegsgefahr und Blackoutpanik steht der Autonomiegedanke aber auch hierzulande wieder auf der Tagesordnung. In den letzten Jahren erfreuen sich sogenannte *Balkonkraftwerke*, auch als *Steckersolar* bezeichnet, zunehmender Beliebtheit. Durch viel Präsenz in den Medien, Preiskampf und einfache Eigeninstallation wurden sie sehr günstig und sind schnell rentabel. Die Installation und Anmeldung beim Marktdatenstammregister werden im Buch ausführlich erklärt. Natürlich lassen wir es uns nicht nehmen, die klassische (deutsche) Aufdachanlage mit ihren vielfältigen Möglichkeiten intensiv zu besprechen. Photovoltaik lässt sich aber auch direkt in die urbane Infrastruktur integrieren, nicht nur an Balkonen, sondern auch in Fassaden, Carports oder auf und an allen Arten von Dächern. Man spricht dabei von BIPV – *Building-integrated Photovoltaics*. Wir besprechen all dies anhand von Beispielen und stellen auch die Rahmenbedingungen vor. Sie lernen weiterhin das Wichtigste zu PV-Freiflächenanlagen kennen, falls sie möchten. Am Schluss gehen wir dann auf spezielle Anwendungen wie *Agri-PV* und *Floating-PV* ein, die beide synergetische Doppelnutzungen ermöglichen.

Teil VI: PV besser: Wie steigere ich die Performance des Systems?

Hier stellen wir einfache Methoden dar, wie höhere energetische und finanzielle Erträge geerntet werden können. Dabei folgen wir wieder dem roten Faden der Photovoltaik, von der solaren Einstrahlung über die photovoltaische Wandlung zum Stromtransport bis zum Stromgebrauch oder -verkauf. Nicht-technische Optimierungsmöglichkeiten werden von Technikern gerne übersehen: Wir gehen deshalb anschließend auf rechtliche Hemmnisse, politische Stellschrauben und die Rolle der Photovoltaik zum Klima- und Gesundheitsschutz ein.

Teil VII: Alles wird elektrisch: Fortbewegung, Heizung …

In diesem Teil besprechen wir die Bedeutung der Elektrifizierung für unser Energiesystem. Spoiler: Es geht hier nicht nur um Effizienz und Wirkungsgrad. Das Energiesystem wird in die Sektoren Erzeugung, Verbraucher, Wärme, Verkehr und Industrie aufgeschlüsselt. Wir besprechen, welche Potenziale in den einzelnen Sektoren schlummern und welchen Einfluss die Photovoltaik mit ihrem Energiesystem darauf hat. Insbesondere irritiert uns, warum wir gerade in Deutschland die fantastischen Potenziale im Verkehrs- und Wärmesektor nicht nutzen wollen. Sie vielleicht auch?

Teil VIII: Energieversorgung mit 100% erneuerbaren Energien

In diesem Teil gehen wir das dicke Brett der hundertprozentigen Versorgung der ganzen Welt mit erneuerbaren Energien an. Für eine kosteneffiziente Umstellung des Energiesystems sind alle erneuerbaren Energien und verschiedene Speicherlösungen notwendig, was dann auch in diesem Teil zur Sprache kommt. Wir stellen vor, wie weit einige Länder schon bei der Transformation sind, wie es in Deutschland aussieht und welche Szenarien es hier und global gibt, um klimaneutral zu werden. Im letzten Kapitel dieses Teils wird es noch einmal etwas abstrakter: Es bespricht die physikalischen Grundlagen des natürlichen Treibhauseffekts und seiner anthropogenen Verstärkung – des menschengemachten Klimawandels. Damit landen wir wieder beim wichtigsten Grund für unser Engagement für die Photovoltaik, denn diese ist mit die beste Option, die wir haben, um den Klimawandel in den Griff zu bekommen.

Teil IX: Der Top-Ten-Teil

In diesem Teil stellen wir die größten Mythen zur Photovoltaik richtig. Da es davon eine ganze Menge gibt, ist dieser Teil in diesem Buch auch etwas umfangreicher als in anderen …für-Dummies-Bänden. Wir klären falsche Behauptungen auf und stellen sie richtig – mithilfe von Faktenchecks.

Weiterhin finden Sie hier die Top-Wissenschaftler, deren Forschungen wesentlich zum Verständnis der Photovoltaik beigetragen haben und die mit einem Nobelpreis geehrt wurden. Ebenso lernen Sie bedeutende Klimaforscher kennen. Wir beenden den Teil mit Links zu praktischen Hilfsmitteln für den Leser: Die Top 10 der Webseiten, um sich zu informieren, und die Top 10 der Apps für Solarenergie, Energietechnik und die Energiewende.

Symbole, die in diesem Buch verwendet werden

Im Verlauf des Buches werden Sie immer wieder auf die folgenden Symbole treffen, die Sie auch in anderen … für-Dummies-Büchern finden. Hier erklären wir, was wir in diesem Buch darunter verstehen:

Das *Erinnerungssymbol* steht immer dann da, wenn es sich lohnt, einen Punkt besonders wichtig zu nehmen und ihn sich zu merken.

Das *Tippsymbol* verweist auf einen nützlichen einfachen Weg oder eine vereinfachende Abschätzung.

Das *Warnsymbol* weist auf häufige Fehleinschätzungen, Gefahren oder leicht auftretende Missverständnisse hin.

Hinter dem *Technikersymbol* finden Sie detailliertere Sachverhalte erklärt, die Sie bei vertieftem Interesse gerne lesen dürfen, aber mit wenig Zeit auch überspringen können.

Unter dem *Anekdotensymbol* finden Sie unterhaltsame Zusatzinformationen, die Sie hoffentlich interessant finden, die aber nicht wichtig für das Verständnis des Inhaltes sind.

Beispiele werden durch das *Beispielsymbol* gekennzeichnet. Es soll Ihnen die vorgestellten Sachverhalte veranschaulichen und helfen, praktische Anwendungsfälle besser zu verstehen.

Was Sie nicht lesen müssen

Wir freuen uns natürlich sehr, wenn Sie das Buch von vorne bis hinten lesen. Andererseits haben wir auch versucht, Begriffe, die zwar bereits vorne im Buch erklärt wurden, auch später im jeweiligen Kontext verständlich zu nutzen, oder noch einmal ganz kurz zu erklären, damit Sie nicht ständig blättern müssen, wenn Sie in ein Kapitel im hinteren Teil des Buches einsteigen wollen.

Wie es weitergeht

Jetzt haben Sie schon die Einleitung geschafft und sind hoffentlich neugierig auf die Erkundung der Photovoltaik in ihrer ganzen großen Vielfalt geworden. Sie können direkt mit Kapitel eins durchstarten und das Buch von vorne bis hinten verschlingen. In diesem Fall begeben Sie sich, nachdem Sie wichtige Grundbegriffe kennengelernt haben, zusammen mit dem Licht auf die Reise vom Mittelpunkt der Sonne zur Erde. Dort angekommen, erfahren Sie, wie das Sonnenlicht mit einem elementaren physikalischen Prozess, dem photoelektrischen Effekt, in elektrische Energie umgewandelt wird. Von dort aus geht die Reise als elektrischer Strom weiter durch unser Energiesystem. Hier wird die Energie gespeichert oder direkt genutzt. Schließlich erfahren Sie, was Studien zu einer 100-prozentigen Energieversorgung mit erneuerbaren Energien aussagen und wieso wir damit das Klima retten können.

Oder aber Sie beginnen einfach mit dem Teil, der Sie am meisten interessiert.

Ganz gleich, auf welche Weise Sie dieses Buch lesen, können Sie uns gerne online folgen, um weiterhin über aktuelle Trends und neue Möglichkeiten der Photovoltaik informiert zu bleiben.

`https://www.pv4d.net`

Teil I
Das treibt die Menschheit an: Leistung und Energie

IN DIESEM TEIL...

- Verschaffen Sie sich einen Überblick über die Bedeutung von Energie.
- Lassen Sie sich davon überraschen, wie viel Energie wir unnötig verschwenden.
- Lernen Sie, wie elektrische Energie auf konventionelle Weise erzeugt wird.
- Diskutieren wir die Herausforderungen für eine nachhaltige Energieversorgung.

IN DIESEM KAPITEL …

Was ist Photovoltaik?

Wieso ist Photovoltaik so universell einsetzbar?

Die Herausforderungen einer Energieversorgung mit erneuerbaren Energien

Kapitel 1
Was ist Photovoltaik und warum sollte man mehr darüber wissen?

Wohlstand ist nicht vorstellbar ohne die intensive Nutzung von Energie. Dabei ist elektrische Energie die Energieform, welche sich am universellsten nutzen lässt. Unser auf fossilen Brennstoffen beruhendes Energiesystem hat zu großem Wohlstand geführt, trägt aber inzwischen maßgeblich zum Klimawandel bei. Unser Energiehunger sorgt aktuell dafür, dass mit steigendem Energieverbrauch auch immer mehr Treibhausgase emittiert werden und die Erderwärmung weiter fortschreitet. Das muss aber nicht so sein! Die Photovoltaik zeigt einen Weg aus diesem Dilemma. Das steht schon in ihrem Namen: »Photovoltaik«. Er setzt sich aus dem griechischen Wort *phos* für Licht und der physikalischen Einheit für Spannung, *Volt,* zusammen und beschreibt, dass aus der Strahlungsenergie des Lichtes direkt elektrische Energie gewonnen werden kann. Diese Möglichkeit der Energieumwandlung entkoppelt unsere Energienutzung von den Treibhausgasemissionen und lässt sich zudem mit wenig Aufwand weltweit einsetzen. Sie beruht zwar auf quantenphysikalischen Effekten, aber ihre Anwendung ist im Grunde relativ einfach. Eine typische Photovoltaikanlage besteht nur aus wenigen Komponenten:

- ✔ Solarmodul: Das Solarmodul enthält die Solarzellen, die das Sonnenlicht in elektrische Energie mit einer Gleichspannung umwandeln. Die Zellen sind so in Glas, Aluminium und Folien eingebettet, dass sie über einen langen Zeitraum, typisch 30 Jahre, arbeiten können.
- ✔ Wechselrichter (optional): Da der von den Modulen erzeugte Gleichstrom in einem Hausnetz meist nicht direkt nutzbar ist, wird er von einem Wechselrichter in Wechselstrom umgewandelt.

- Montagesystem (optional): Dieses sorgt für eine passende Platzierung und sicheren Halt der Module auf dem Dach, an der Fassade oder auf Freiflächen.
- Zähler und Überwachungseinheiten (optional): Diese messen, wie viel Strom erzeugt und eingespeist oder verbraucht wird. Moderne Anlagen verfügen zudem über digitale Überwachungssysteme zur Analyse der Effizienz und zur Fehlersuche. Zum Teil können auch elektrische Verbraucher gesteuert werden.
- Speicher (optional): Immer mehr Anlagen werden mit Batteriespeichern kombiniert, um überschüssigen Strom zu speichern und zeitversetzt zu nutzen – etwa nachts oder bei schlechtem Wetter.

Mit diesem unkomplizierten Aufbau lassen sich kleinste Spielzeuge, Taschenrechner, Gartenlauben, Häuser und im Prinzip ganze Städte und Gesellschaften mit elektrischer Energie versorgen. Er erlaubt zudem, dass nicht mehr nur Großkonzerne elektrische Energie erzeugen können. Jeder einzelne Mensch kann heute mithilfe der Photovoltaik elektrischer Energieproduzent werden und die gewonnene Energie für sich nutzen und/oder weitergeben!

Das spricht alles für Photovoltaik

Bevor wir die Details der Photovoltaik besprechen – mit allem, was dazugehört –, wollen wir in einer Art Überblick beleuchten, warum die Photovoltaik für uns so faszinierend ist. Im Verlauf des Buches gehen wir dann auf viele dieser Aspekte noch genauer ein.

Das Potenzial der photovoltaischen Sonnenenergienutzung ist nahezu unbegrenzt

Während die fossilen Energieressourcen in ihren Vorkommen beschränkt sind – man kann darüber streiten, ob die Ressourcen in 40 oder 200 Jahren verbraucht sind – ist der Energienachschub für die Sonnenenergienutzung für die nächsten vier Milliarden Jahre gesichert. Die solare Einstrahlung auf die Erde beträgt rund das 10 000-fache des derzeitigen Weltenergieverbrauchs. Das bedeutet, dass man mit marktüblichen photovoltaischen Wandlern lediglich 0,05 Prozent der Erdoberfläche benötigt, um die Welt mit Energie zu versorgen. Zudem wäre diese Fläche nicht verloren, sondern könnte mittels Agri-Photovoltaik oder als Dachbedeckung doppelt genutzt werden.

Photovoltaik ist fast überall verfügbar und macht unabhängiger

Im Gegensatz zu anderen Energiequellen, vor allem fossilen Brennstoffen wie Kohle, Öl, Gas und auch Uran, die weltweit sehr ungleich verteilt sind, ist die Solarenergie relativ gleichmäßig über die Erde verteilt. Zwar gibt es erhebliche Unterschiede zwischen Sommer und Winter, jedoch unterscheidet sich der beste vom schlechtesten Standort über ein gesamtes Jahr betrachtet um nicht mehr als einen Faktor drei. Viele Haushalte können durch

Solaranlagen ein hohes Maß an energetischer Unabhängigkeit erlangen. In vielen Ländern existiert keine zentrale Stromversorgung – durch lokale Netze mit Photovoltaikanlagen und Speichern, sogenannte Microgrids, kann dort vor Ort für ganze Kommunen Strom erzeugt werden. Photovoltaik bietet also jedem Land, auch den Ländern des globalen Südens, die Möglichkeit, sich eine Energieinfrastruktur aufzubauen, die zumindest eine teilweise Autonomie für die elektrische Stromversorgung darstellt. Konflikte durch den Kampf um Energieressourcen, wie etwa Öl, können so reduziert werden. Sogar im Weltraum ist die Solarenergie verfügbar und bildet dort für Satelliten und die Raumstation ISS die dominante Energieversorgung.

In nahezu allen Kriegen der letzten 50 Jahre im Nahen Osten ging es letztendlich um die Sicherung des Zugangs zu Öl und Gas. Insgesamt mussten US-amerikanische und europäische Steuerzahler mehrere Billionen Euro Militär-, Militärhilfs-, Sicherheits- und Geheimdienstkosten dafür aufwenden.

Geruchs- und geräuschlos

Photovoltaikanlagen erzeugen im Betrieb keine gesundheitsschädlichen oder sonstigen Emissionen. Bei der Verbrennung fossiler Energieträger werden neben Unmengen des klimaschädlichen Kohlenstoffdioxids auch Feinstaub und giftige Schwermetalle freigesetzt, die die Gesundheit der Anwohner belasten. Zusätzlich arbeiten Solaranlagen lautlos, auch das ist gesundheitsfördernd, denn Lärm ist ebenfalls eine gesundheitsschädliche Emission. Durch diese Eigenschaften lassen sich Photovoltaikanlagen problemlos unmittelbar in die städtische Infrastruktur integrieren.

Modularität

Solarmodule, und damit das Gewinnen von Sonnenenergie, sind über einen riesigen Bereich skalierbar. Einzelne Solarzellen können in einer Armbanduhr oder einem Taschenrechner verwendet werden, einzelne Solarmodule finden sich in einem Balkonkraftwerk, mehrere Module auf einem Carport. Für Hausanlagen liegt die Anzahl der eingesetzten Module bereits im zweistelligen Bereich. Auf Industriedächern werden hunderte bis Tausende Module verschaltet; große Freiflächenanlagen benötigen bis zu mehrere Millionen Module. Diese Modularität erlaubt es, die Energieerzeugung an verschiedenste Bedürfnisse anzupassen.

Wirtschaftlichkeit

Inzwischen sind es häufig ökonomische, nicht ökologische Beweggründe, die zu einer Nutzung von photovoltaisch erzeugtem Strom führen. Die Frage nach der Wirtschaftlichkeit ist für viele Hausbesitzer, Unternehmen und Investoren entscheidend, wenn es um die Installation einer Photovoltaikanlage geht. In den letzten Jahren wurde der Strom aus Solaranlagen an vielen Standorten durch technologische Entwicklungen, sinkende Preise und teilweise auch staatliche Förderungen sehr lukrativ. In den meisten Ländern ist Solarstrom inzwischen sogar günstiger als konventionell erzeugter Strom oder stellt sogar die günstigste Energiequelle im Stromnetz insgesamt dar. Die sogenannte *Amortisationszeit* beschreibt den Zeitraum, nach welchem sich die Anschaffungskosten durch Einsparungen und Einnahmen ausgeglichen haben. Bei modernen PV-Anlagen liegt sie in der Regel zwischen 6 und 12 Jahren. Bei einer Lebensdauer von inzwischen bis zu 40 Jahren bedeutet dies eine »kostenlose« Stromproduktion für zwei bis drei Jahrzehnte – oder eine Rendite von 4 bis 8 % pro Jahr, je nach Strompreis, Standort, Anlagengröße und Eigenverbrauchsanteil. Eine PV-Anlage ist heute in vielen Fällen nicht nur ökologisch sinnvoll, sondern auch ökonomisch höchst attraktiv.

Photovoltaik ist besser planbar

Große Energieprojekte überschreiten häufig die ursprünglich geplanten Budgets. Eine Übersicht dazu liefert eine Tabelle aus dem Buch *How Big Things get Done* von Bent Flyvbjerg und Dan Gardner (2023), die hier auszugsweise wiedergegeben wird, siehe Tabelle 1.1. Kernenergieprojekte überschreiten im Mittel die ursprünglich geplanten Kosten um über 150 %! Drei Viertel aller Kernenergieprojekte überschreiten die ursprünglichen Planungskosten um mehr als 50 %. Man kann mit statistischer Sicherheit sagen, dass die Kosten der Kernenergie unplanbar sind. Die Kosten von atomaren Endlagern sind dabei übrigens noch nicht einmal mitberücksichtigt. Die Projekte dauern dazu häufig Jahr(zehnt)e länger als geplant. Auch fossile Kraftwerke überschreiten ihre Planungskosten im Mittel um 14 %. Im Unterschied dazu halten selbst größte Photovoltaikkraftwerke ihr Kostenbudget im Mittel bis auf

Projektart	Kostenüberschreitung um	Anteil der Projekte mit mehr als 50 % Kostenüberschreitung
atomare Endlager	238 %	48 %
Kernkraftwerke	157 %	75 %
Staudämme für Wasserkraftwerke	75 %	37 %
Gebäude	62 %	39 %
Öl- und Gasgewinnung	16 %	14 %
Wasserbau	20 %	13 %
fossile Kraftwerke	16 %	14 %
Bergbau	27 %	17 %
Straßen	16 %	11 %
Pipelines	14 %	9 %
Windkraftwerke	13 %	7 %
Übertragungsleitungen	8 %	4 %
Solarkraftwerke	1 %	2 %

Tabelle 1.1: Bauprojekte: Projektarten und durchschnittliche Kostenüberschreitung sowie der relative Anteil der Projekte, bei welchen die Kosten um mehr als 50 % überschritten wurden, von B. Flyvbjerg, D. Gardner (2023)

1 % genau ein. Eine Kostenüberschreitung um mehr als 50 % kommt quasi nicht vor. Photovoltaikkraftwerke sind meist auch deutlich schneller geplant, gebaut und in Betrieb genommen als konventionelle oder nukleare. In vielen Ländern ist dies ein Grund, auf Photovoltaik zu setzen.

Photovoltaik ist weniger anfällig für Korruption

Bei konventionellen Energieprojekten sind die Kosten und Baufortschritte oft schwer nachvollziehbar, was Geldwäsche und Korruption erleichtert. Im Gegensatz dazu sind die Kosten bei Photovoltaikanlagen durch ihren modularen Aufbau transparent und der Baufortschritt ist leicht nachzuvollziehen. Der Baufortschritt und die installierte Leistung wachsen mit der Fläche der aufgebauten Solarmodule. Dadurch kann der Baufortschritt sogar über Satellit beobachtet werden.

Vermeidung von klimaschädlichem CO_2

Glücklicherweise lassen sich sehr viele Prozesse elektrifizieren. Ob ein Motor durch die Verbrennung von Benzin oder elektrisch angetrieben wird, spielt keine Rolle: Wesentlich ist die mechanische Kraftübertragung. Bei der Verbrennung von Kraftstoffen entsteht aber das Gas Kohlenstoffdioxid, CO_2, welches hauptsächlich für den Klimawandel verantwortlich ist. Mithilfe der Photovoltaik lässt sich elektrische Energie ohne jeglichen CO_2-Ausstoß erzeugen. Lediglich bei der Herstellung der Komponenten kommt es zu einem geringen CO_2-Ausstoß. Dieser wird aber zunehmend geringer, je mehr die elektrische Energie, die zur Herstellung der Komponenten benötigt wird, aus erneuerbaren Energien stammt.

Herausforderungen der Photovoltaik

Trotz der vielen Vorteile sollen die Herausforderungen der Photovoltaik nicht verschwiegen werden. Gerade wenn zukünftig die komplette Energieversorgung durch erneuerbare Energien zur Verfügung gestellt werden soll, wäre es auch verwunderlich, wenn es keine Herausforderungen gäbe. Auch auf diese gehen wir in diesem Buch ausführlich ein.

Die Stromproduktion hängt bei Photovoltaikanlagen stark von der Sonneneinstrahlung ab. Dies führt zu Schwankungen bei der Stromerzeugung. Wenn zu viel Strom erzeugt wird, kann nicht der komplette Strom abgenommen werden. Bei geringer Sonneneinstrahlung müssen andere, komplementäre, Energiequellen den fehlenden Strom liefern. Netzbetreiber müssen deshalb kurzfristig auf wetterbedingte Angebotsschwankungen reagieren. Durch verbesserte Wetter- und PV-Ertragsprognosen lässt sich die Steuerung optimieren. Mit gezieltem Lastmanagement (*Demand-Side-Management*, DSM), welches regelbare Verbraucher steuert, wie beispielsweise das variable Laden von Batterien in Elektroautos, lässt sich der Verbrauch bis zu einem gewissen Grad an das Angebot anpassen.

Die Stromerzeugung durch Windkraft ergänzt die Photovoltaik häufig zu den Zeiten, in denen die Sonne nicht scheint, insbesondere nachts und im Winterhalbjahr. Durch Ergänzung mit Windkraft- und Biomasse-Anlagen lassen sich die Schwankungen signifikant ausgleichen. Speichersysteme, wie Batteriespeicher, können zusätzlich für einen Ausgleich von Angebot und Nachfrage sorgen – durch Speichern von Energie zu den Zeiten, in denen ein Überschuss angeboten wird, und durch Entladen, wenn mehr Energie im Netz benötigt wird. Zeit- und angebotsabhängige Stromtarife können ebenfalls dafür sorgen, dass sich die Verbräuche besser an die Energieangebote anpassen. Weiterhin sind intelligente Stromnetze (»Smart Grids«) sehr hilfreich, um die Netzstabilität zu sichern. Je größer die Netze sind, aus denen Strom bezogen wird, desto geringer sind die Zeiten, in denen Strom aus Wind und Sonne nicht ausreicht, um eine stabile Energieversorgung sicherzustellen.

Kleinere Solarparks und PV-Anlagen auf Hausdächern speisen den Strom ins Niederspannungsnetz ein. Dieses Netz wurde bisher als Verteilnetz genutzt und diente dazu, den Strom zum Endkunden zu bringen. Der Stromfluss kehrt sich nun jedoch teilweise um. Intelligente Stromnetze helfen dann dabei, Erzeugung, Verbrauch und Speicherung dynamisch zu koordinieren oder auch aktiv zu steuern.

Bisher gab es meist feste Einspeisevergütungen und Strompreise. Dies schafft keine Anreize für eine angebotsorientierte Nachfrage. Zeitabhängige Tarife für Erzeugung und Verbrauch könnten diese Anreize schaffen. Dies würde sowohl den Eigenverbrauch fördern als auch den Ausbau von Batteriekapazitäten fördern.

Große fossile Kraftwerke liefern neben Strom auch Systemdienstleistungen, wie beispielsweise Frequenzhaltung oder Spannungshaltung, wozu PV-Anlagen bislang nur begrenzt in der Lage sind. Zur Stabilisierung des Netzes müssen diese Aufgaben durch entsprechende *netzdienliche* Wechselrichter oder Batteriespeicher zur Verfügung gestellt werden.

Die Verteil- und Übertragungsnetze sind bisher nicht für eine dezentrale Energieversorgung ausgelegt, sodass es zu lokalen Stromengpässen kommen kann. Durch eine vorausschauende Netzplanung lassen sich erneuerbare Energien aber über weitere Entfernungen leiten und so Stromschwankungen reduzieren.

Werden PV-Freiflächenanlagen gebaut, so kommt es zu einem zusätzlichen Flächenbedarf. Der Flächennutzung könnten andere Interessen entgegenstehen, beispielsweise einer landwirtschaftlichen Nutzung, oder es sprechen ästhetische Gründe gegen eine Freiflächenanlage. Wichtig ist es, in solchen Fällen mit allen Beteiligten, insbesondere den Menschen vor Ort, nach gemeinsamen Lösungen zu suchen. So können attraktive Ausgleichsflächen geschaffen werden oder es wird eine *Agri-Photovoltaikanlage* installiert, bei der neben der Stromerzeugung auch eine landwirtschaftliche Nutzung möglich ist – oder sogar verbessert wird, weil empfindliche Pflanzen vor zu viel Sonne oder Hagel geschützt werden. Der Flächenbedarf durch Freiflächenanlagen ist aber insgesamt gesehen recht gering und ist gegenwärtig geringer als der Flächenbedarf von beispielsweise Golfplätzen.

Auch die Herstellung von Solarmodulen erfordert Energie und Rohstoffe. Durch die Herstellung wird zusätzlich CO_2 erzeugt – je nach CO_2-Intensität des Stroms, welcher in der Produktionsstätte verwendet wird. Allerdings wird durch die lange Lebensdauer der Solarmodule sowohl die eingesetzte Energie als auch das CO_2 mehr als kompensiert. Bestimmte

Rohstoffe wie Silber müssen in den nächsten Jahren durch häufiger vorkommende Materialien wie Kupfer ersetzt werden. Die Ökobilanz muss durch technologische Fortschritte und neue Recyclingverfahren verbessert werden.

Die Herausforderungen bei der Integration der Photovoltaik ins Stromnetz sind vielfältig und groß, insbesondere, weil wir bisher ein zentral organisiertes, fossiles Energiesystem betreiben. Jedoch lassen sich diese Herausforderungen durch eine Kombination technischer, organisatorischer und politischer Maßnahmen lösen. Die Chancen, die ein Energiesystem mit Photovoltaik bietet, müssen wir nutzen, um auch in Zukunft gerechten Wohlstand zu schaffen und unser Klima zu schützen.

Die Bedeutung der Photovoltaik in einem zukünftigen Energiesystem

Inzwischen wird keine Energiegewinnung stärker ausgebaut als die Photovoltaik. Sie wird zunehmend als Schlüsseltechnologie für die Energiewende erkannt. Länder wie China, die USA, Deutschland und Indien investieren massiv in den Ausbau ihrer Solarkapazitäten. In Ländern ohne fossile Infrastruktur stößt der Ausbau auf weit weniger Widerstände und wird genutzt, um schneller elektrische Energie zur Verbesserung der Lebenssituation zu den Menschen zu bringen.

Deutschland hat durch das Erneuerbare-Energien-Gesetz (EEG) frühzeitig Anreize für den Bau von PV-Anlagen geschaffen und hat den Boom der Photovoltaik maßgeblich mit ausgelöst. Durch sinkende Kosten, steigende Effizienz und ihre dezentrale Einsetzbarkeit hat sich die PV-Technologie zu einer tragenden Säule im zukünftigen Energiemix entwickelt. Es gibt kein Szenario hin zu einem klimaneutralen Wirtschaftssystem, in dem nicht die Photovoltaik eine entscheidende Rolle spielt. In den meisten Studien über zukünftige Energiesysteme wird durch Photovoltaik über 30 % der elektrischen Energie erzeugt, teilweise bis zu 50 %. Nur elektrische Energie aus Wind spielt zukünftig eine ähnlich wichtige Rolle wie die Photovoltaik.

Der Ausbau der Photovoltaik und der erneuerbaren Energien geht einher mit einer Elektrifizierung des weltweiten Wirtschaftssystems. Viele Prozesse, die bisher fossile Energieträger benötigen, lassen sich durch Prozesse ersetzen, die auf der Nutzung elektrischer Energie basieren. Dies ist meist sogar effizienter als das Verbrennen von Öl und Kohle.

Der Weg zu einer vollständigen klimaneutralen Energieversorgung wird komplementäre Kraftwerke nutzen, die dann Energie bereitstellen, wenn es zu der sogenannten Dunkelflaute kommt, also dann, wenn die Sonne nicht scheint und der Wind nicht weht. Dies sind wahrscheinlich Gaskraftwerke, die mit Wasserstoff betrieben werden. Auch wird es noch Prozesse geben, etwa die Zementherstellung, bei denen trotz allem noch das Klimagas Kohlenstoffdioxid entsteht und gespeichert oder gebunden werden wird. Aber selbst für diese Prozesse, die Wasserstoffherstellung oder die Kohlenstoffspeicherung, wird elektrische Energie aus erneuerbaren Energien benötigt. Und dies wird zu einem großen Anteil elektrische Energie aus Photovoltaikanlagen sein.

IN DIESEM KAPITEL …

Lernen Sie den Unterschied zwischen Leistung und Energie kennen.

Erfahren Sie mehr über wichtige Abkürzungen und Einheiten in der Energietechnik.

Lernen Sie mit dem Energieerhaltungssatz eines der wichtigsten Grundgesetze der Physik kennen.

Betrachten wir Wirkungsgrade und Verluste bei der Energieumwandlung.

Kapitel 2
Fast alles ist Energie

Nicht alles ist Energie! Aber eben fast alles. Der Rest des Universums ist Materie. Aber das war es dann auch. Es gibt nichts außer Energie und Materie! Und lange Zeit glaubte man auch, dass diese beiden Dinge streng voneinander getrennt sind – aber auch dieses Fundament hat Albert Einstein eingerissen, indem er durch seine berühmte Formel $E = mc^2$ Energie und Materie miteinander in Verbindung brachte. Die Bedeutung der Energie für den Kosmos und die Menschheit ist daher kaum zu unterschätzen. Natürlich spielt die physikalische Größe Energie auch eine zentrale Rolle bei den erneuerbaren Energien und insbesondere bei der Photovoltaik. Deshalb werden wir uns in diesem Kapitel der Energie, den verschiedenen Energieformen und ihrer Umwandlung, der Energieerhaltung und dem Auftreten von Verlusten bei der Energieumwandlung widmen.

Gespeicherte Arbeit: Energie

Der Begriff der Energie ist uns sehr geläufig, gerade weil er auch in der Umgangssprache häufig verwendet wird. So gibt es Menschen, die wahre Energiebündel sind. Sie lernen hier aber die physikalische Definition:

Energie ist die Fähigkeit, Arbeit zu verrichten. Aus dem Griechischen übersetzt bedeutet Energie (*energeia*) so viel wie *potenziell wirkende Kraft*, die »Möglichkeit einer Wirksamkeit«. Die Energie hat die gleiche Einheit wie die Arbeit. In der Energietechnik werden hierfür meist die Einheiten Ws, Wh oder kWh benutzt (d.h. Leistung × Zeit). In der Physik wird meist die Einheit Joule (J) verwendet, was einer Ws entspricht – 1 Wh sind entsprechend 3600 J.

Energie ist gespeicherte Arbeit. Sie können Energie nutzen, um eine bestimmte Arbeit zu verrichten. Das Besondere ist, dass Energie in sehr verschiedenen Formen auftreten kann. Einige wichtige Energieformen sollen hier erwähnt werden.

Die uns vielleicht bekannteste Energieform ist die *kinetische Energie*. Es ist die Energie, die in einem bewegten Körper steckt. Damit der Körper eine bestimmte Geschwindigkeit erhält, musste dieser zuvor beschleunigt werden – ihm wird kinetische Energie zugeführt. Diese Energie kann wiederum auf andere Körper übertragen werden. Bei einem Billardspiel wird kinetische Energie von einer Kugel durch einen Zusammenstoß auf eine andere Kugel übertragen. Die Bewegungsenergie von bewegten Luftteilchen einer Luftströmung kann eine Windmühle antreiben und so an ihr Arbeit verrichten und damit Energie auf sie übertragen.

Ein Körper nimmt *potenzielle Energie* (auch *Lageenergie* genannt) auf, wenn er sich ein Stück entgegen der Schwerkraft bewegt. So hat ein Ball bei einem Wurf nach oben an seinem höchsten Punkt seine komplette kinetische Energie in potenzielle Energie umgewandelt. Bei seinem Fall zurück nach unten wird die potenzielle Energie wieder in kinetische Energie zurückverwandelt. In einem Stau-Wasserkraftwerk wird die potenzielle Energie des Wassers, welche in einem höher gelegenen Stausee gespeichert ist, umgewandelt in Bewegungsenergie einer Turbine, welche dann ihrerseits in elektrische Energie umgewandelt wird.

Der menschliche Körper braucht ebenfalls Energie. Er gewinnt die benötigte Energie aus der *chemischen Energie*, die in der Nahrung enthalten ist, und »verbrennt« den energiespeichernden Zucker in seinen körpereigenen Kraftwerken, den Mitochondrien. Auch hierbei entsteht übrigens das Treibhausgas Kohlenstoffdioxid CO_2, welches wir ausatmen. Die chemische Energie ist in Form von Bindungsenergie in Atomen oder Molekülen gespeichert. Auch in Benzin ist chemische Energie gespeichert, die bei der Verbrennung in Form von *thermischer Energie* oder *Wärme* freigesetzt wird. Die Tatsache, dass Wärme auch eine Form von Energie ist, war lange Zeit gar nicht offensichtlich und hatte weitreichende Folgen.

Die Bedeutung der Wärme für viele Maschinen zeigt sich in der Entwicklung der Dampfmaschine. Mit ihrer Hilfe gelang es erstmals, thermische Energie in Bewegungsenergie umzuwandeln. Sie trug so wesentlich zur Industrialisierung im 19. Jahrhundert bei und war auch deshalb von hohem wissenschaftlichem wie auch wirtschaftlichem Interesse.

Im 18. Jahrhundert wurde Wärme als eine unsichtbare, aber reale Substanz betrachtet, die von einem Körper zu einem anderen Körper fließt und insgesamt erhalten bleibt. Diese Substanz wurde als *Caloricum* bezeichnet. Aus dieser Zeit stammt auch die Einheit cal für eine Wärmeeinheit, die man aber noch nicht als eine Einheit für Energie verstand. Erst James Joule zeigte 1843 durch seine Experimente, bei denen er mechanische Energie in Wärme umwandelte, dass Wärme nicht eine eigenständige Substanz ist, sondern nur eine andere Form von Energie. In seinem Versuchsaufbau (siehe Abbildung 2.1) konnte er die Temperaturerhöhung von Wasser durch Zuführen von potenzieller Energie über ein Rührwerk nachweisen. Der Nachweis, dass auch Wärme eine Form von Energie darstellt, ist wesentlich für die Erkenntnis, dass die Energie in einem abgeschlossenen System erhalten bleibt. Diese Erkenntnis wird auch als *1. Hauptsatz der Thermodynamik* (umgangssprachlich *Energieerhaltungssatz*) bezeichnet.

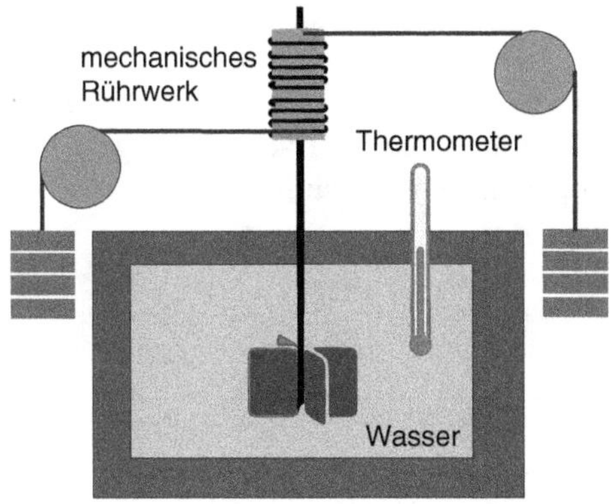

Abbildung 2.1: Grundlegender Versuch von James Joule zum Nachweis, dass Wärme auch eine Energieform ist.

Die Erkenntnis, dass Wärme eine Energieform ist, war entscheidend für die wichtige Rolle der Energie in der Physik. Erst dadurch gelang es, den Energieerhaltungssatz als universelles Naturgesetz zu formulieren.

Die Arbeiten von Joule zur Wärmelehre waren so bedeutend, dass nach ihm die Einheit für Energie, das *Joule* (J), benannt wurde. Im heutigen Verständnis ist Wärme übrigens die ungeordnete Bewegungsenergie, die in der zufälligen Bewegung von Atomen und Molekülen gespeichert ist. In einer Dampfmaschine wird die Wärme eines heißen Gases zum Teil in mechanische Bewegungsenergie der Kolben umgewandelt. Je höher die Temperatur eines Körpers ist, desto höher ist seine Wärmeenergie.

Strahlungsenergie bezeichnet die Energie, die von elektromagnetischer Strahlung wie Licht, Mikrowellen oder Röntgenstrahlen transportiert wird. Diese Energie bewegt sich mit Lichtgeschwindigkeit durch den Raum und ist direkt mit dem Leben auf der Erde verbunden. Ohne die Strahlungsenergie der Sonne, die auf die Erde trifft, gäbe es nämlich keine Wälder, Lebewesen und auch kein Wetter, wie wir es kennen. Mit der Erforschung der Strahlungsenergie ergaben sich auch vielfältige Anwendungen, etwa in der Medizin und der Energietechnik. Der erste Nobelpreis in der Physik ging an den deutschen Physiker Wilhelm Conrad Röntgen für die Entdeckung der nach ihm benannten Röntgenstrahlung. In der Strahlentherapie werden durch energiereiche Röntgenstrahlung Krebszellen zerstört. In der Energietechnik hat man bei der Nutzung der Atomenergie mit der radioaktiven Strahlung umzugehen. Aber auch die Photovoltaik, der wir uns in diesem Buch widmen, nutzt die Strahlungsenergie der Sonne zur Erzeugung von Elektrizität.

Da die Energieformen so unterschiedlich sind und auch lange kein direkter Zusammenhang zwischen den verschiedenen Energieformen bekannt war, gibt es für die Energie recht viele verschiedene physikalische Einheiten. Um diese Maßeinheiten zu vereinheitlichen, wurde das Internationale Einheitensystem entwickelt (*SI* für *Système International d'Unités*). Dieses geht auf die französischen Bemühungen zurück, ein einheitliches und universell gültiges Maßsystem zu schaffen, und begann mit der Festlegung des Urmeters 1799 in Paris. Seitdem wurde es durch viele internationale Konferenzen weiterentwickelt.

Die international im SI-System festgelegte Größe für die Energie ist das Joule, J. Es entspricht 1 Ws (Wattsekunde) oder 1 Nm (Newtonmeter). Trotz der Vereinheitlichung werden noch heute häufig auch andere Einheiten für die Energie benutzt – aber zumindest ist festgelegt, wie die Einheiten miteinander zusammenhängen. In Tabelle 2.1 finden Sie die Umrechnungsfaktoren für gängige Energieeinheiten.

	kJ	kcal	kWh	SKE	BTU	eV
1 Kilojoule (kJ)	1	0,233 8	0,000 278	0,000 024	0,9478	$2{,}24 \cdot 10^{18}$
1 Kilokalorie (kcal)	4,1868	1	0,001 163	0,000 143	3,9657	$2{,}61 \cdot 10^{22}$
1 Kilowattstunde (kWh)	3600	860	1	0,123	3412,14	$2{,}24 \cdot 10^{25}$
1 Steinkohleeinheit (SKE)	29 308	7000	8,14	1	27 800	$1{,}82 \cdot 10^{26}$
1 British Thermal Unit (BTU)	1,055 06	0,252	0,000 293	0,000 036	1	$6{,}62 \cdot 10^{21}$
1 elektron Volt (eV)	$1{,}6 \cdot 10^{-22}$	$3{,}83 \cdot 10^{-23}$	$4{,}45 \cdot 10^{-26}$	$5{,}47 \cdot 10^{-27}$	$1{,}51 \cdot 10^{-22}$	1

Tabelle 2.1: Energieeinheiten und deren Umrechnungsfaktoren

Wir werden meist die Einheit kWh benutzen, da sie in der Energietechnik eine der gebräuchlichsten Einheiten darstellt. Sie kennen diese Einheit sicher von der Abrechnung Ihres Stromanbieters. Ihre Gasrechnung bezahlen Sie meist ebenfalls nach verbrauchten kWh. Die Einheit »Kalorien« (cal beziehungsweise kcal) wurde bereits 1948 als offizielle Einheit abgeschafft und ist ein Beispiel dafür, wie lange historische Einheiten noch weiter verwendet werden. Sie darf noch heute offiziell bei der Lebensmittelkennzeichnung neben dem kJ aufgeführt werden, weil die Verbraucher daran gewöhnt sind.

Wir wollen anhand einer kleinen Rechnung die in Tabelle 2.1 angegebene Umrechnung von kJ in kWh nachvollziehen.

1 kJ sind 1000 Ws. 1000 Ws sind $\frac{1000}{3600}$ Wh. Dies sind 0,278 Wh. 0,278 Wh sind 0,000 278 kWh. Die Umrechnung stimmt also.

Die Einheit SKE ist ebenfalls eine historische Einheit und gibt an, wie viel Energie beim Verbrennen von einem Kilogramm Steinkohle freigesetzt wird. Weil in Deutschland noch einige Kohlekraftwerke betrieben werden, ist auch diese Einheit für Energie noch in Gebrauch. Die British Thermal Unit (BTU) findet heutzutage nur noch Verwendung bei der Beschreibung der Kühlleistung von Klimaanlagen (als BTU/h), wurde aber früher sehr oft verwendet und findet sich in vielen älteren Datenblättern aus Großbritannien und den USA wieder. Sie beschreibt die Wärmemenge, die erforderlich ist, um 1 Pfund (453,59 g) Wasser um 1 Grad Fahrenheit (5/9 K) zu erwärmen.

Wir möchten noch eine besondere Einheit für Energie erwähnen, die uns schon jetzt mit der Quantenmechanik in Berührung bringt, weil die Physik der Photovoltaik ja eben mit

Quantenphänomenen zu tun hat. Es handelt sich um die Einheit *Elektronenvolt*, eV. Dabei handelt es sich um die Energiemenge, die ein Elektron aufnimmt, beziehungsweise abgibt, wenn es einem elektrischen Potenzialunterschied von einem Volt ausgesetzt ist. Dies passiert etwa an einem elektrischen Widerstand. Wenn man diese Energie in kWh umrechnet, so sind dies $4{,}45 \cdot 10^{-26}$ kWh, eine unglaublich kleine Zahl. Aber im Grunde gewinnen wir aus diesen winzigen Energiemengen unsere gesamte Energie, denn schließlich besteht die Welt aus – unvorstellbar vielen – Quantenteilchen. So haben wir, wenn $2{,}24 \cdot 10^{25}$ Elektronen die Spannung von einem Volt durchlaufen, das Äquivalent zu einer kWh an Energie vor uns. Wir haben es also mit sehr unterschiedlichen Größen zu tun.

Energie wird in sehr verschiedenen Größenordnungen genutzt, je nachdem, ob man sich für den Energieinhalt eines Heimspeichers oder die Energie der Sonne interessiert. Wir behandeln in diesem Buch sogar eine noch größere Bandbreite. Deshalb finden sich vor der Einheit sogenannte *Präfixe*, welche die jeweilige Größenordnung angeben und in Tabelle 2.2 aufgeführt sind. Die entsprechenden Buchstaben stehen vor der jeweiligen Einheit, um die Größenordnung anzugeben.

Präfix	Präfixzeichen	Faktor	Bedeutung	Name
Pico	p	10^{-12}	0,000 000 000 001	Billiardstel
Nano	n	10^{-9}	0,000 000 001	Milliardstel
Mikro	µ	10^{-6}	0,000 001	Millionstel
Milli	m	10^{-3}	0,001	Tausendstel
Centi	c	10^{-2}	0,01	Hundertstel
Dezi	d	10^{-1}	0,1	Zehntel
Deka	da	10^{1}	10	Zehn
Hekto	h	10^{2}	100	Hundert
Kilo	k	10^{3}	1000	Tausend
Mega	M	10^{6}	1 000 000	Million
Giga	G	10^{9}	1 000 000 000	Milliarde
Tera	T	10^{12}	1 000 000 000 000	Billion
Peta	P	10^{15}	1 000 000 000 000 000	Billiarde
Exa	E	10^{18}	1 000 000 000 000 000 000	Trillion
Zetta	Z	10^{21}	1 000 000 000 000 000 000 000	Trilliarde

Tabelle 2.2: Präfixe und Faktoren bei Einheiten

Bitte unbedingt die Groß- und Kleinschreibung beachten! Beispiel Präfixzeichen: 1 mW ist 0,001 Watt, 1 MW sind jedoch 1 000 000 Watt. Auch Präfixzeichen und Einheiten können leicht miteinander verwechselt werden: K steht für Kelvin, k für Kilo.

Ein typischer Vierpersonenhaushalt benötigt in Deutschland im Jahr etwa 4000 kWh an Elektrizität, also pro Person 1000 kWh. Der Elektrizitätsbedarf der Bundesrepublik Deutschland lag im Jahr 2023 dementsprechend bei 450 TWh, also 450 000 000 000 kWh. Weltweit lag der Elektrizitätsbedarf bei 30 PWh, also 30 000 000 000 000 kWh. Bei einer Bevölkerung von 8 Milliarden Menschen errechnet sich hieraus eine mittlere jährliche Elektrizitätsnutzung von 3750 kWh pro Erdenbürger – nicht nur im Haushalt, sondern auch einschließlich Gewerbe und Industrie. Der Elektrizitätsbedarf ist aber nur eine Form des Energiebedarfs. Der gesamte Energiebedarf der Welt liegt derzeit bei etwa 170 PWh pro Jahr, also 170 000 000 000 000 kWh $= 170 \cdot 10^{12}$ kWh. Das ist die Größenordnung an Energie, die wir schließlich durch erneuerbare Energien ersetzen müssen, um den CO_2-Ausstoß und damit den Klimawandel in den Griff zu bekommen.

Um ein Gefühl für die Größe *Energie* zu bekommen, sollen hier ein paar Beispiele aufgeführt werden.

- ✔ Um 1 kg Wasser um 1 K zu erwärmen, benötigt man 1 kcal. Dies ist auch die Definition für die Einheit kcal und entspricht 1,163 Wh. In der offiziellen SI-Einheit Joule benötigt man dafür 4,19 kJ. Um 1 Liter Wasser zum Kochen zu bringen, benötigt man etwa 0,1 kWh.
- ✔ Ein Stück Kuchen enthält in etwa 300 kcal. Dies entspricht 0,489 kWh. Diese Energie wird etwa in knapp 5 Stunden in einem menschlichen Körper verbrannt und in Wärme umgesetzt – zum (kleinen) Teil auch in Bewegung. Sie sollten sich also immer genau überlegen, wie viele Stücke Kuchen sie essen, denn ein Stück Kuchen ist schnell gegessen und es braucht relativ lange, um die aufgenommene Energie zu verbrennen.
- ✔ 1 kg Körperfett entspricht etwa 8 kWh. Typische Diäten gehen davon aus, dass man dies in etwa zwei Wochen abnehmen kann.
- ✔ Mit einer kWh kann man einen Laptop für zehn bis dreißig Stunden betreiben. Bei der Verbrennung von 1 kg Steinkohle wird 1 SKE oder 8,14 kWh an Energie frei.
- ✔ In 1 m^3 Erdgas, 1 l Heizöl, 1 l Benzin sind jeweils etwa 10 kWh chemische Energie enthalten.

Die ganze Kette: Primärenergie, Endenergie und Nutzenergie

Ursprüngliche Energieformen, so wie sie in der Natur noch unverarbeitet vorkommen, werden *Primärenergie* genannt. Diese liegt etwa in Form von Kohle, Rohöl und Erdgas, aber auch als Sonnenstrahlung oder Wind vor. Sie steht am Anfang der Energiekette, und hat daher ihren Namen. Im Grunde handelt es sich in vielen Fällen im wörtlichen Sinne nicht um »Primärenergie«, sondern sie stammen schon aus fermentierten Photosyntheseprodukten und sind somit eigentlich auch schon Folgeprodukte. Gemeint ist jedenfalls, dass die Energieträger in ihrer natürlichen, unverarbeiteten Form vorliegen.

Primärenergie ist die Energie, die am Anfang der Energiekette steht. Sie ist die Energieform, wie sie in der Natur vorliegt.

Eigentlich ist der Begriff *Primärenergie* irreführend. Der Ursprung sogenannter Primärenergieträger wie Kohle, Öl und Gas ist tatsächlich die Sonne. Durch Photosynthese wurden mit Sonneneinstrahlung Kohlenwasserstoffe erzeugt. Daraus bilden die Pflanzen Stängel, Blätter und Holz. Unter bestimmten Umständen entstehen dann durch geologische und biologische Prozesse über viele Millionen Jahre Kohle, Öl oder Gas. So richtig primär sind die meisten Primärenergieträger also gar nicht.

Beim Energieinhalt von fossilen Energieträgern wird zwischen *Brennwert* und *Heizwert* unterschieden. Der Brennwert ist die eigentlich im Brennstoff enthaltene chemische Energie. Diese steht im Grunde als Primärenergie zur Verfügung. Wenn der Brennstoff jedoch feucht ist, wie dies beispielsweise bei Holz, aber auch bei Kohle der Fall sein kann, muss dieses enthaltene Wasser zunächst verdampft werden. Für die eigentlich nutzbare Energie, dem *Heizwert,* bleibt dann je nach Feuchtegrad weniger übrig. Einen Überblick über die Brenn- und Heizwerte wichtiger fester, flüssiger und gasförmiger Energieträger liefert Tabelle 2.3. Allgemein gesprochen, sind die Heizwerte bis zu 15 % niedriger als die Brennwerte. Dies bedeutet, dass bei der Verbrennung des entsprechenden Stoffes schon eine

Brennstoff	**Brennwert**	**Heizwert**	**Einheit**	**Heizwert**	**Einheit**
Holz (trocken)	–	14,4–15,8	MJ/kg	4,0–4,4	kWh/kg
Holzpellets	19–19,8	17,6–18,4	MJ/kg	4,9–5,1	kWh/kg
Braunkohle	16,5	15	MJ/kg	4,2	kWh/kg
Steinkohle	32,7	29	MJ/kg	8,1	kWh/kg
Benzin	43	41	MJ/kg	11,4	kWh/kg
Ethanol	29,7	26,8	MJ/kg	7,5	kWh/kg
Methanol	22,7	19,9	MJ/kg	5,5	kWh/kg
Diesel/Heizöl	45,4	42,6	MJ/kg	11,8	kWh/kg
Erdgas	36,0–50,0	32,0–45,0	MJ/kg	8,9–12,5	kWh/kg
Methan	55,5	50,0	MJ/kg	13,9	kWh/kg
Wasserstoff	141,8	120,0	MJ/kg	33,3	kWh/kg

Tabelle 2.3: Brennwerte und Heizwerte wichtiger Energieträger in der SI-Einheit MJ/kg und der in diesem Buch hauptsächlich verwendeten Einheit kWh/kg

erhebliche Menge an Energie aufgebracht werden muss, um die verbleibende Energie nutzbar zu machen. Die gespeicherte Primärenergie verdampft hier im wahrsten Sinne des Wortes. Vergleicht man in der Tabelle den Heizwert zwischen Braun- und Steinkohle, so fällt auf, dass der Energiegehalt von einem Kilogramm Steinkohle sogar doppelt so hoch ist wie der Energieinhalt der Braunkohle. Dies liegt an dem höheren Kohlenstoff- und dem niedrigeren Wasseranteil der Steinkohle.

Wird Primärenergie umgewandelt, um sie nutzbar zu machen, so entsteht *Sekundärenergie.* Diese ist die Energieform, die zum Kunden transportiert wird. Beispiele sind elektrischer Strom, welcher aus Kohle produziert wird, oder Benzin, welches aus Rohöl hergestellt wird. Auch Briketts, die aus Braunkohle hergestellt werden, stellen eine Form der Sekundärenergie dar. Die *Endenergie* ist schließlich diejenige Energie, welche beim Verbraucher ankommt, bevor er diese nutzt. Beispiele sind der berühmte Strom aus der Steckdose mit 230 V oder das Benzin an der Zapfsäule.

Sekundärenergie ist die aus Primärenergie verarbeitete, transportfähige Energieform. Endenergie ist die Energie, die beim Verbraucher ankommt, bevor er sie nutzt.

Nun ist die Energie beim Verbraucher und kann dort genutzt werden. Der Anteil, der tatsächlich für die entsprechende Anwendung genutzt wird, wird *Nutzenergie* genannt. Dies ist beispielsweise das sichtbare Licht einer Beleuchtung oder etwa die Fortbewegung eines Autos. Diese Energie ist also die eigentliche Energie, welche wir benötigen.

Die Nutzenergie ist diejenige Energieform, die am Ende gebraucht wird, um eine gewünschte Wirkung zu erzielen, etwa Licht, Bewegung oder Raumwärme. Das ist die Energie, welche wir letztendlich benötigen, und deshalb sollte man darauf achten, die Nutzenergie möglichst effektiv bereitzustellen. Dies ist in vielen Fällen leider nicht der Fall.

Häufig ist gerade die Umwandlung in die letzte Energiestufe mit erheblichen Umwandlungsverlusten verbunden. Bevor uns nun schwindlig wird, notieren wir die ganze Kette der Energieumwandlungen. In Tabelle 2.4 finden Sie eine Zusammenfassung.

Begriff	Definition	Beispiele
Primärenergie	Energieträger	Braunkohle, Steinkohle, Rohöl, Sonnenstrahlung
Sekundärenergie	transportfähige Energieform nach der ersten Umwandlung aus der Primärenergie	Elektrizität aus Kraftwerk im Stromnetz
Endenergie	Energie, die beim Kunden ankommt	Elektrizität, Gas, Heizöl, Fernwärme, Kraftstoffe
Nutzenergie	Energie, wie sie der Kunde nutzt	Licht, Heizen der Wohnung, Kochen, Fortbewegung

Tabelle 2.4: Definition der Begriffe Primärenergie, Sekundärenergie, Endenergie, Nutzenergie und Beispiele

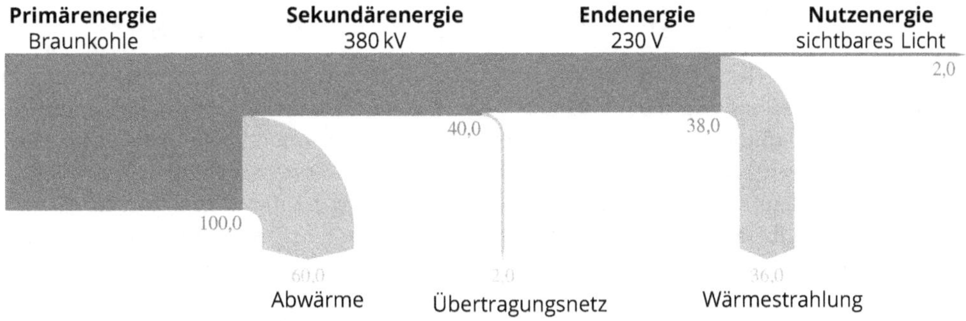

Abbildung 2.2: Relativer Energiefluss von der Primärenergie (links) zur Nutzenergie (rechts); die jeweiligen Umwandlungsverluste sind (entsprechend ihrer Größe) entlang des Hauptenergieflusses nach unten aufgetragen.

Jeder Schritt in dieser Kette ist mit Umwandlungsverlusten verbunden. Dies kann man sehr anschaulich in einem *Energieflussdiagramm* darstellen, siehe Abbildung 2.2. Hier sind die Umwandlungsverluste entlang eines Energieflusses für die Strahlungsenergie einer Glühbirne dargestellt. Es zeigt links die Energiequelle – in unserem Beispiel Braunkohle. Die Nutzenergie wird in dieser Darstellung ganz rechts dargestellt und gibt den Anteil der Energie an, der für die eigentliche Anwendung, hier die Beleuchtung, eingesetzt wird. An jedem Umwandlungspunkt ist mittels eines Pfeiles nach unten dargestellt, welche Verluste bei dem entsprechenden Umwandlungsprozess anfallen. Die Breite der Pfeile entspricht der Energiemenge, welche transportiert beziehungsweise umgewandelt wird. Diese Art der Darstellung der Energieflüsse wird als *Sankey-Diagramm* bezeichnet. Es bietet einen schnellen Überblick über die komplette Umwandlungskette und die Energieflüsse. Dabei werden die Energiequellen, die Umwandlungsprozesse und der Energieverbrauch dargestellt. Wegen des Energieerhaltungssatzes entspricht die eingesetzte Energiemenge auch der Summe der insgesamt abgegebenen Energiemengen. Verbraucht wird die Energie ja nicht, sie wird aber teilweise in unerwünschte Energieformen verwandelt, die letztendlich nicht genutzt werden. Weil die Breite der Flüsse der Energiemenge entspricht, lässt sich die Effizienz der einzelnen Prozesse auch sehr gut erkennen. Man sieht bei dieser Art der Darstellung leicht, bei welchen Umwandlungsprozessen die größten Energieverluste auftreten. In diesem Fall geschieht dies bei der Umwandlung von der Braunkohle zum Starkstrom und bei der Umwandlung des Haushaltsstroms zu Licht. Insgesamt ist an diesem Beispiel gut ersichtlich, wie ineffizient unser Energieversorgungssystem heutzutage ist, und insbesondere, welche Teilprozesse extrem ineffizient sind.

Energieflüsse lassen sich gut durch *Sankey-Diagramme* visualisieren. Diese schaffen einen schnellen und quantitativen Überblick über die gesamte Prozesskette der Energieumwandlung von der Primärenergie zur Nutzenergie. Da die Pfeilbreiten in direktem Verhältnis zur entsprechenden Energiemenge stehen, ist die Darstellung intuitiv verständlich und schafft schnell Transparenz über die wesentlichen Verluste im betrachteten System. Es ist erschreckend, wie gering der Anteil der Energie ist, der uns wirklich nutzt. Sankey-Diagramme machen das deutlich sichtbar – sie werden auch für andere Flüsse und Bilanzierungen eingesetzt, etwa für Stoff- und Finanzflüsse.

Auf die Wirkung kommt es an: Der Wirkungsgrad

Die Energieflüsse der Sankey-Diagramme geben einen schnellen Überblick über den gesamten Energiefluss und die Effizienz der einzelnen Prozesse. Um aber einzelne Schritte gut bewerten zu können, werden neben diesen Diagrammen auch bestimmte Kenngrößen verwendet. Sie helfen dabei, unterschiedliche Prozesse besser vergleichen zu können. Eine besonders wichtige Kenngröße in diesem Zusammenhang ist der *Wirkungsgrad* η_p eines Prozesses P. Er gibt an, wie effizient die jeweilige Umwandlung von einer in eine andere Energieform gelingt, und lässt sich durch die folgende Gleichung definieren:

$$\text{Wirkungsgrad} \quad \eta_\text{p} := \frac{\text{nutzbare Energie}}{\text{eingesetzte Energie}}$$

Aus dem Sankey-Diagramm kann man den Wirkungsgrad leicht aus dem Verhältnis der beiden betroffenen horizontalen Energieflüsse berechnen. In unserem Energieflussdiagramm aus Abbildung 2.2 errechnet sich der Wirkungsgrad für die Umwandlung der Braunkohle in Starkstrom zu 40 %, einem typischen Wert für ein Braunkohlekraftwerk. Für die Übertragung des Stromes liegt der Wirkungsgrad bei 95 % und für die Beleuchtung mit einer Glühbirne bei etwa 5 %. Sie sehen, die Werte können über die Prozesskette erheblich schwanken. Der Wirkungsgrad spielt eine zentrale Rolle in der Energietechnik, da Energie häufig umgewandelt wird und dabei immer Verluste entstehen. Um Verluste möglichst gering zu halten, sollte es möglichst wenig Umwandlungsprozesse geben und diese sollten einen möglichst hohen Wirkungsgrad haben. Denn die Verluste über mehrere Umwandlungen multiplizieren sich! Das kann man leicht an dem oben beschriebenen Beispiel überprüfen: Die Wirkungsgrade der einzelnen Prozessschritte zu

$$\eta_\text{Kraftwerk} = 40\,\%, \quad \eta_\text{Übertragungsnetz} = 95\,\% \text{ und } \quad \eta_\text{Glühbirne} = 5\,\%$$

Durch die Multiplikation der einzelnen Wirkungsgrade erhalten wir den Gesamtwirkungsgrad des Energiesystems:

$$\eta_\text{gesamt} = \eta_\text{Kraftwerk} \cdot \eta_\text{Übertragungsnetz} \cdot \eta_\text{Glühbirne} = 0{,}4 \cdot 0{,}95 \cdot 0{,}05 = 2\,\%$$

Der Gesamtwirkungsgrad des Systems errechnet sich also zu lediglich 2 %. Dies ist genau der Wirkungsgrad, den man auch erhält, wenn man das Verhältnis der Nutzenergie zur Primärenergie bildet, dem Gesamtwirkungsgrad:

$$\eta_\text{gesamt} = \frac{\text{Nutzenergie}}{\text{Primärenergie}} = \frac{2}{100} = 2\,\%$$

Der Gesamtwirkungsgrad eines Systems S errechnet sich aus dem Produkt seiner Einzelsysteme s_i:

$$\eta_\text{S} = \eta_{\text{s}_1} \cdot \eta_{\text{s}_2} \cdot \ldots \cdot \eta_{\text{s}_n}$$

> Ein Gesamtsystem mit wenigen Untersystemen weist meist einen höheren Wirkungsgrad auf als ein komplexes System mit vielen Komponenten. Die Wirkungsgrade der einzelnen Komponenten können im Allgemeinen nur dann signifikant verbessert werden, wenn die eingesetzte Technologie geändert wird. Zum Beispiel bleibt der Wirkungsgrad einer Glühbirne immer bei etwa 5 %, die Technologie ist ausentwickelt; verwendet man jedoch Halogenlampen, steigt der Wirkungsgrad auf etwa 20 %, und bei Leuchtdioden kann er sogar bis zu 50 % erreichen.

Für eine Vergleichbarkeit ist es wichtig, dass die komplette *Energiewandlungskette* berücksichtigt wird, nicht nur einzelne Schritte. Am Beispiel der Endenergie Strom errechnet sich der Gesamtwirkungsgrad η_{gesamt} über $\eta_{\text{Kraftwerk}} \cdot \eta_{\text{Verteilung}}$ zu 38 %. Wird der Strom nun zum direkten Heizen der Wohnung verwendet, was von der Endenergie Strom zur Nutzenergie Wärme mit einem Wirkungsgrad η_{W} von 95 % geschieht, so ist der Wirkungsgrad für diesen Schritt recht hoch. Insgesamt ergibt sich aber für das direkte Heizen mit Strom ein Wirkungsgrad von nur 36,1 %:

$$\eta_{\text{gesamt, Elektroheizung}} = \eta_{\text{Kraftwerk}} \cdot \eta_{\text{Verteilung}} \cdot \eta_{W} = 0{,}4 \cdot 0{,}95 \cdot 0{,}95 = 36{,}1\,\%$$

Vergleicht man dies mit einer Gastherme mit einem Wirkungsgrad von 90 % und berücksichtigt Verteilnetzverluste des Erdgases von 10 %, so ergibt sich der Gesamtwirkungsgrad für die Gasheizung zu 81 %:

$$\eta_{\text{gesamt, Gasheizung}} = \eta_{\text{Verteilung}} \cdot \eta_{\text{Gastherme}} = 0{,}9 \cdot 0{,}9 = 81\,\%$$

Der Gesamtwirkungsgrad einer Gastherme ist demnach mehr als doppelt so hoch wie der Gesamtwirkungsgrad einer rein elektrischen Heizung. Berücksichtigt man also die Gesamtenergiebilanz mit der Erzeugung von Strom aus fossilen Brennstoffen, so macht es aus Effizienzgründen keinen Sinn, mit Strom zu heizen. Nutzt man den Strom aber zum Betreiben einer *Wärmepumpe*, so wird mit 1 kWh Elektrizität mindestens 3 kWh Wärme erzeugt und die Gesamtenergiebilanz für diese Art der Wärmeerzeugung errechnet sich zu 114 %:

$$\eta_{\text{gesamt, Wärmepumpe}} = \eta_{\text{Kraftwerk}} \cdot \eta_{\text{Verteilung}} \cdot \eta_{\text{W-Pumpe}} = 0{,}4 \cdot 0{,}95 \cdot 3 = 114\,\%$$

Nutzt man noch die Elektrizität aus ausschließlich nachhaltigen Energiequellen wie Wind und Sonne, so kann man hierfür einen Wirkungsgrad von 100 % ansetzen, weil keine fossilen Energieträger eingesetzt werden und kein Primärenergieverbrauch im eigentlichen Sinne vorliegt. Der Gesamtwirkungsgrad errechnet sich in diesem Fall dann zu 285 %:

$$\eta_{\text{gesamt, Wärmepumpe}} = \eta_{\text{Sonnenkraftwerk}} \cdot \eta_{\text{Verteilung}} \cdot \eta_{\text{W-Pumpe}} = 1{,}0 \cdot 0{,}95 \cdot 3 = 285\,\%$$

Obwohl man in allen vier dargestellten Fällen eine beheizte Wohnung hat, liegt die Bandbreite der Gesamtwirkungsgrade zwischen 36,1 % und 285 %, also fast eine Schwankung um den Faktor 8. In den Köpfen von vielen Menschen herrscht in vielen Fällen noch die althergebrachte Annahme, dass Heizen mit Elektrizität generell unwirtschaftlich sei. Berücksichtigt man aber, wie beschrieben, die eigene Energieerzeugung aus einer Photovoltaikanlage und den Einsatz einer Wärmepumpe, so kann dies zu einem gänzlich anderen Ergebnis führen. Auch hier zeigt sich wieder, wie wichtig es ist, das Gesamtsystem und damit den Gesamtwirkungsgrad zu betrachten.

Arbeit pro Zeit: Leistung

Im vorangegangenen Abschnitt haben Sie den Begriff der Energie als physikalische Größe kennengelernt. Ein weiterer wichtiger, mit der Energie verwandter, aber nicht zu verwechselnder Begriff, ist die *Leistung*. Häufig werden diese Größen vermischt oder verwechselt, was dann leicht zu großen Missverständnissen und Missinterpretationen führt. Dieser Abschnitt soll Klarheit über den Begriff der Leistung und dem Unterschied zum Begriff der Energie schaffen. Deshalb beginnen wir direkt mit der Definition. Die Leistung P ist darüber definiert, wie viel Energie ΔE oder wie viel Arbeit ΔW pro Zeiteinheit Δt umgesetzt beziehungsweise verrichtet wird:

$$P = \frac{\Delta E}{\Delta t}$$

P steht dabei für den englischen Namen der Leistung, *power*. Die Einheit für die Leistung ist nach dem Erfinder der verbesserten Dampfmaschine James Watt benannt, Watt, oder abgekürzt W.

Obwohl James Watt häufig als der Erfinder der Dampfmaschine genannt wird, stimmt dies nicht – es gab schon Vorläufer: So hatte Thomas Newcomen bereits im Jahr 1712 eine Dampfmaschine zum Abpumpen von Wasser in Bergwerken entwickelt. James Watt war erst 1769 zugegen, als er eine Verbesserung der Newcomen'schen Dampfmaschine patentierte: nämlich die Verlagerung des Kondensationsprozesses vom Arbeitszylinder der Dampfmaschine in einen separaten Kondensator. Dies führt zu einer deutlichen Wirkungsgradsteigerung der Dampfmaschine. Der Wirkungsgrad verdreifachte sich auf etwa 3 %. Damit konnte er den Brennstoffverbrauch drastisch reduzieren und verhalf so der Dampfmaschine zum Durchbruch für viele Anwendungen. Die Bedeutung von Watt für den breiten Einsatz der Dampfmaschine ist unbestritten, ihr eigentlicher Erfinder ist er jedoch nicht.

Bei der Leistung handelt es sich also um einen Energieübertrag oder Arbeit pro Zeiteinheit. Es macht nämlich einen großen Unterschied, ob eine Arbeit in einer kurzen Zeit oder über einen langen Zeitraum verrichtet wird. Das wissen Sie selbst. Mit einem Teelicht braucht man zur Erwärmung eines Raumes viel länger als mit einem Kachelofen oder einer Zentralheizung. Dies liegt daran, dass ein Teelicht eine Heizleistung von circa 40W hat und ein Kachelofen (je nach Größe) von etwa 4000 W. Erst mit 100 Teelichtern könnten Sie daher die gleiche Heizleistung erreichen wie mit dem Kachelofen. Verrichtet man die Leistung P über eine gewisse Zeit Δt, so führt man dem System die Energie ΔE zu, welche sich aus dem Produkt $P \cdot \Delta t$ ergibt. In Tabelle 2.5 sind die Leistungsaufnahmen von typischen alten und neuen Elektrogeräten in einem Haushalt aufgelistet.

Gerät	Leistungsaufnahme
Laptop	30 W
Gamingcomputer	200 bis 600 W
Kühlschrank ohne Gefrierfach	10 bis 50 W (im Mittel)
Kühlschrank mit Gefrierfach	20 bis 100 W (im Mittel)
LED-Lampe	3 bis 15 W
alte Glühlampe	25 bis 150 W
LED-Lichterkette	5 bis 15 W
Glühlampen-Lichterkette	30 bis 80 W
neuer Staubsauger	bis 900 W
alter Staubsauger	1000 bis 2000 W
Herdplatte	1000 bis 2000 W
Waschmaschine	500 bis 2500 W
Laubbläser	500 bis 2000 W
Heizung	10 000 bis 20 000 W
E-Bike	100 bis 300 W
Auto	15 000 bis 300 000 W
Smartphone	1 bis 2 W
Röhrenfernseher	200 bis 300 W
TV (LED, OLED)	50 bis 120 W

Tabelle 2.5: Leistungsaufnahme alter und neuer Haushaltsgeräte

Die Leistung P ist mit der Energieänderung ΔE über eine Multiplikation mit dem Zeitintervall Δt verknüpft:

$$\Delta E = P \cdot \Delta t$$

Die Maßeinheit für die Leistung ist das Watt, W. Aus dem Angelsächsischen wird für die Energie die Variable E oder auch manchmal W (Work) benutzt (beides kursiv). Dass nun beide Begriffe, Leistung und Energie, mit dem Buchstaben »W« in Zusammenhang stehen, trägt sicherlich nicht zur Klarheit bei.

Neuere Geräte benötigen meist weniger Leistung als ältere, wie Sie der Tabelle entnehmen können. Zum Teil sind die Effizienzsteigerungen erheblich, wie man am Vergleich von Glühbirnen mit LED-Lampen sehen kann. In diesen Fällen ändert sich meist die Technologie, und die Energieumwandlung geschieht auf eine gänzlich neue Art und Weise.

Eigentlich kann man auch im Alltag Energie und Leistung gut unterscheiden: Die Energie steht in Form von Stromverbrauch auf der Stromrechnung – die Einheit ist kWh. Die Leistung steht auf Geräten, die Einheit ist W oder kW. Je länger ein Gerät betrieben wird, desto höher wird die Stromrechnung, denn man zahlt ja für die genutzten kWh.

Im Falle einer LED-Lampe wird das Licht durch einen quantenmechanischen Effekt erzeugt. Dieser Effekt ist übrigens eng verwandt mit dem Effekt, den wir in Solarmodulen nutzen. Bei der Glühbirne wird hingegen die (Wärme-)Strahlung heißer Körper genutzt. Der Großteil der Strahlung wird, wie der Name schon suggeriert, in Form von unsichtbarer Wärmestrahlung abgegeben. Eine LED-Lampe mit 10 W hat die gleiche (sichtbare) Helligkeit wie eine Glühbirne mit 100 W, weil sie den Strom viel effizienter in sichtbares Licht umwandelt. Die LED-Lampe ist also diesbezüglich 10-mal effizienter als eine Glühbirne. Leider tritt häufig der sogenannte *Rebound-Effekt* auf. Er beschreibt das Phänomen, dass Einsparungen durch Effizienzsteigerungen nicht in dem erwarteten Maße realisiert werden. Stattdessen kann es sogar zu einem Anstieg des Gesamtverbrauchs kommen. So war früher beispielsweise lediglich der Weihnachtsbaum des Dorfes mit einer Lichterkette geschmückt. Heute jedoch nutzen viele Menschen LED-Lichterketten in ihren Vorgärten, um diese zur Weihnachtszeit zu illuminieren. In diesem Fall wird die Effizienzsteigerung durch einen zusätzlichen und vielfachen Einsatz überkompensiert. Ähnlich ist es mit dem Automobil. Obwohl die Motoren immer effizienter geworden sind, verbrauchen die Autos die gleiche Menge an Treibstoff wie in den 1980er Jahren, weil die Autos immer größer und schwerer wurden. Man spricht von einem *direkten Rebound-Effekt*. Ein *indirekter Rebound-Effekt* liegt vor, wenn man Effizienzsteigerungen in einem Bereich nutzt, um die Leistung in einem anderen Bereich zu nutzen. Wo früher der einfache Rechen zum Einsatz kam, ist heute der elektrisch betriebene Laubbläser im Einsatz, weil kleine elektrische Energiespeicher zur Verfügung stehen. Diese Effekte werden oft in der Energieökonomie diskutiert. Sie können dies vielleicht auch an Ihrer eigenen Jahresstromabrechnung ablesen: Obwohl Sie immer effizientere Geräte einsetzen, steigt Ihr Elektrizitätskonsum über die Jahre kontinuierlich an.

Für die Leistung wurde früher die Einheit *Pferdestärke*, oder kurz PS, benutzt. James Watt, der Erfinder der verbesserten Dampfmaschine, hat diese Messgröße selbst eingeführt. Damit wollte er die Leistungsstärke seiner Dampfmaschine veranschaulichen und vor allem die Kosten-Nutzen-Rechnung für potenzielle Käufer vereinfachen, indem er zeigte, wie viele Pferde durch seine Maschine ersetzt werden können. 1 PS entspricht technisch der Leistung, welche ein Pferd erbringt, wenn es ein Gewicht von 550 Pfund (249,48 kg) um einen Fuß (30,48 cm) pro Sekunde anhebt; einer typischen Leistung eines Arbeitspferds im damaligen Bergbau. Obwohl Watt selbst diese Einheit eingeführt hat, ist heute nicht das PS die offizielle Maßeinheit für die Leistung, sondern das Watt. PS ist inzwischen sogar als Einheit gar nicht mehr zugelassen. Dennoch ist sie, wie die auch nicht mehr zulässige Einheit Kalorie, nach wie vor populär, insbesondere im Automobilbereich.

Energie wird nie verbraucht: Energieerhaltung

Häufig wird von einem *Energieverbrauch* gesprochen. Dieser umgangssprachliche Ausdruck widerspricht aber einem zentralen Postulat der Physik. Dieses Postulat ist im sogenannten *ersten Hauptsatz der Thermodynamik* formuliert, der auch als *Energieerhaltungssatz* bekannt ist. Er besagt:

Die Gesamtenergie ist in einem abgeschlossenen System konstant. Energie kann weder erschaffen noch vernichtet werden, sondern nur von einer Form in eine andere umgewandelt werden.

Energie kann nach diesem Satz gar nicht verbraucht werden. Nun kommt es auf die Feinheiten an: Die Gesamtenergie bleibt erhalten, nicht aber die einzelnen Energiearten. Das Besondere an der Energie ist ja, dass sie in so vielfältigen Formen vorkommt und auch noch von einer Energieform in eine andere umgewandelt werden kann. Wärme ist dabei ebenfalls eine Energieform. Dies hat der britische Physiker James Prescott Joule (1818–1889) mit seinem grundlegenden Versuch nachgewiesen. So bleibt bei einer Verbrennung die Gesamtenergie aus der chemischen Energie der Steinkohle und der Wärmeenergie erhalten. Werden dabei beispielsweise in einem Motor noch Kolben bewegt, muss auch die Bewegungsenergie der Kolben berücksichtigt werden. Es ist also wichtig, dass alle auftretenden Energieformen in die Energiebilanz eingehen. Bei der Photovoltaik wird Strahlungsenergie in elektrische Energie umgewandelt. Da man im 19. Jahrhundert die Energie der Strahlung als solche noch nicht kannte, wurde die Photovoltaik teilweise geflissentlich ignoriert, da sie den Energieerhaltungssatz zu verletzen schien. Bei der Kernenergie muss die in den Atomkernen gespeicherte Energie bei deren Zerfall mitberücksichtigt werden, damit der Energieerhaltungssatz erfüllt ist. Sie sehen, dass es mitunter gar nicht so einfach ist, alle auftretenden Energieformen zu berücksichtigen.

Der junge Schiffsarzt Julius Robert Mayer machte auf einer Seereise nach Java im Jahr 1840 die Entdeckung, dass das venöse Blut der Matrosen deutlich heller war, als er erwartet hatte – ein unscheinbarer Hinweis, der ihn nicht mehr losließ. Für ihn bedeutete dies, dass die Matrosen weniger Sauerstoff verbrauchten und ihre Körper in der tropischen Hitze weniger Wärme produzieren mussten, um die Temperatur zu halten. Daraus schloss er, dass der Körper je nach verrichteter Arbeit unterschiedlich viel Wärme erzeugen müsse und dass Wärme und Arbeit daher ineinander umwandelbare Größen seien. Es musste weniger chemische Energie, die in Sauerstoff enthalten ist, in Wärme umgewandelt werden. Wieder zu Hause begann er mit Berechnungen und gelangte zu der kühnen Erkenntnis, dass Energie niemals verloren geht, sondern lediglich ihre Erscheinungsform ändert. Die wissenschaftliche Gemeinschaft, unter anderen auch Joule, begegnete ihm zunächst mit Skepsis. Später wurde Mayers Beobachtung auf See als Schlüsselmoment für die Formulierung des Energieerhaltungssatzes anerkannt.

Ein weiterer Aspekt des Energieerhaltungssatzes betrifft die Formulierung eines abgeschlossenen Systems. Darunter versteht man ein System, welches durch seine Grenzen sowohl von der Umgebung als auch von äußeren Einflüssen isoliert ist. Es kann weder Masse noch

Energie mit seiner Umgebung austauschen. Für den Energieerhaltungssatz muss man also das System so auswählen, dass das betrachtete System abgeschlossen ist. Diese Bedingung ist mitunter gar nicht so einfach zu erfüllen. Im Falle eines fahrenden Automobils müssen auch die Straße und die umgebende Luft zum System gezählt werden, um ein abgeschlossenes System zu erhalten. Der Motor des Autos verwandelt nur etwa 30 % des Treibstoffs in Bewegungsenergie. Der Rest wird in Wärme umgewandelt, welche durch den Kühler an die Umgebung abgegeben wird. Zudem verlassen Abgase den Motor und erwärmen ebenfalls die umgebende Luft. Reibungsenergie wird in Form von Wärme auf die Straße übertragen. Ein weiterer Teil der im Kraftstoff gespeicherten Energie wird gebraucht, um den Luftwiderstand bei der Fahrt zu überwinden.

Die richtige Wahl des betrachteten Systems ist demnach entscheidend für die Gültigkeit des Energieerhaltungssatzes.

Erhaltungssätze spielen in der Physik eine zentrale Rolle. Jede Erhaltungsgröße in der Physik ist mit einer Symmetrie verbunden. Bleibt ein System unverändert, wenn man es in eine Richtung verschiebt, so bleibt für diese Richtung der Impuls des Systems erhalten. Bleibt ein System bei Drehung gleich, so bleibt der Drehimpuls des Systems erhalten. Die Energieerhaltung folgt aus der Invarianz der Naturgesetze gegenüber der Zeit. Wenn man einen Apfel vom Boden auf einen Tisch legen möchte, so ist dafür Energie notwendig. Der Apfel besitzt dann potenzielle Energie. Würde sich seine potenzielle Energie mit der Zeit ändern, so müssten sich bestimmte physikalische Gesetze mit der Zeit ändern. In diesem Fall könnte man warten, bis sich die potenzielle Energie des Apfels erhöht hat, und hätte dann »aus dem Nichts« Energie gewonnen. Da sich aber die physikalischen Gesetze nicht mit der Zeit ändern, also »symmetrisch« sind, gilt der Energieerhaltungssatz, das heißt, die Erzeugung von Energie aus dem Nichts ist nicht möglich. Albert Einstein zeigte mit seiner berühmten Formel $E = m \cdot c^2$, dass auch Masse in Energie umgewandelt werden kann, sodass die Masse keine alleinige Erhaltungsgröße mehr ist. Sie muss vielmehr unter bestimmten Umständen in der Energiebilanz berücksichtigt werden, weil sie sich ändern kann.

Die Gesamtenergie eines abgeschlossenen Systems bleibt also erhalten, sie verschwindet nie, sondern ändert nur ihre Form. Die Wirkungsgrade geben dabei an, zu welchen Anteilen dies der gewünschten Form entspricht. In den Sankey-Diagrammen konnten Sie sehen, dass die letztlich gewünschte Nutzenergie meist nur ein Bruchteil der Ausgangsenergie, der Primärenergie, ist.

IN DIESEM KAPITEL ...

Der heutige Kraftwerkspark

Stoffmengen, die beim Betrieb anfallen

Integration in eine schwankende Energieerzeugung

Kapitel 3 Konventionelle Kraftwerke

Unsere aktuelle Energieversorgung und unser Wohlstand basieren (noch) auf der Nutzung fossiler Energieträger wie Kohle, Öl und Gas. Einen wichtigen Anteil daran hat die Stromerzeugung, die zukünftig durch erneuerbare Energien ersetzt wird. Sie lernen in diesem Kapitel die Eigenschaften der Kraftwerke kennen, die bisher unsere Stromversorgung sicherstellen. Vielleicht haben Sie auch von Kernfusionskraftwerken gehört, die unsere Energieversorgung klimaneutral gestalten sollen. Wir möchten Ihnen auch diesen Typ von Kraftwerk nicht vorenthalten. Obwohl die zukünftige Energieversorgung hauptsächlich durch erneuerbare Quellen wie Wind und Sonne gesichert werden wird, sind dennoch Energiequellen erforderlich, die genutzt werden können, wenn die Sonne nicht scheint und der Wind nicht weht, in der sogenannten *Dunkelflaute*. In diesem Kapitel analysieren wir die bestehenden Kraftwerkstechnologien hinsichtlich ihrer Eignung für diesen Zweck. Die Kraftwerke müssten dann allerdings mit klimaneutralen Energieträgern betrieben werden, oder das freiwerdende CO_2 muss mit einer noch zu entwickelnden Technologie dauerhaft gespeichert werden.

Kohlekraftwerke

Kohlekraftwerke verbrennen die Energieträger Braunkohle oder Steinkohle und setzen dabei Wärmeenergie frei. Die chemische Reaktion, die dabei abläuft, kann man durch eine Reaktionsgleichung beschreiben:

$$C + O_2 \longrightarrow CO_2 + 0{,}11\ \text{kWh/mol}$$

C steht dabei für den Kohlenstoff, aus dem die Kohle besteht. Zusammen mit dem Sauerstoff, O_2, entsteht bei der Verbrennung von Kohlenstoff das Molekül Kohlenstoffdioxid CO_2. Zusätzlich wird dabei chemische Energie in Form von Wärme freigesetzt. Wir haben hier die freigesetzte Energie in der Einheit kWh/mol angegeben, die sich auf eine bestimmte Menge von an der Reaktion beteiligten Atomen bezieht.

Ein Mol entspricht einer Anzahl von 6,022 140 76 · 10^{23} Teilchen. Diese Zahl wird auch als *Avogadro-Konstante* bezeichnet. Sie verbindet die mikroskopische Welt der Atome mit unserer Erfahrungswelt und gibt an, wie viele Atome in 12 g Kohlenstoff (genauer gesagt dem Kohlenstoffisotop ^{12}C) enthalten sind, nämlich genau 6,022 140 76 · 10^{23} Atome oder 0,6 Y Atome – oder ausgeschrieben: 602 214 007 600 000 000 000 000 Atome. Verbrennt man diese Anzahl an Kohlenstoffatomen zu Kohlenstoffdioxid, so wird Wärme von nur 0,11 kWh freigesetzt. Bis 2019 wurde die Avogadro-Konstante über die Anzahl von Atomen in 12 g Kohlenstoff definiert – heute ist die Zahl selbst einfach festgelegt, und zwar nicht mehr über Kohlenstoff, sondern über Silizium, weil dieses besonders rein hergestellt werden kann. Dieses Element spielt übrigens auch eine wichtige Rolle in der Photovoltaik.

Braunkohle besitzt eine Primärenergie von etwa 4 kWh/kg, Steinkohle erreicht 8 kWh/kg. Der große Unterschied erklärt sich durch den höheren Wasseranteil und den niedrigen Kohlenstoffgehalt in Braunkohle. Mithilfe der Wärmeenergie wird Wasserdampf erzeugt, der eine Dampfturbine antreibt, die wiederum über einen Generator Strom erzeugt. Dies ist in Abbildung 3.1 dargestellt.

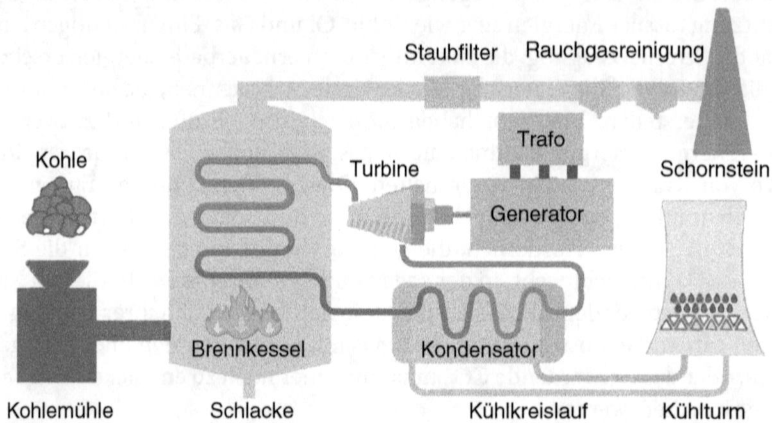

Abbildung 3.1: Prinzipieller Aufbau eines Kohlekraftwerks. Noch heute ist der von James Watt eingeführte Kondensator von entscheidender Bedeutung für den Wirkungsgrad eines Kraftwerks.

Die Kohle wird zunächst ins Kraftwerk transportiert, wo sie eine Fremdkörper-Abscheideanlage passiert, um Verunreinigungen zu entfernen, und anschließend in einem Brecherturm zerkleinert wird. Danach wird die zerkleinerte Kohle in Kohlemühlen gemahlen und mit Abgasen getrocknet, was ihre Oberfläche vergrößert und eine effizientere Verbrennung ermöglicht.

Im folgenden Schritt wird die pulverisierte Kohle in den Brennraum eingeblasen und mit vorgewärmter Luft verbrannt, was die Verbrennungstemperatur erhöht. Dabei entstehen heiße Rauchgase, die durch ein Rohrsystem geleitet werden, um Wasser in einem Wasserrohrkessel zu erhitzen und Dampf zu erzeugen. Der Wasserdampf erreicht Temperaturen von über 600 °C und steht unter hohem Druck. Obwohl noch höhere Temperaturen höhere Wirkungsgrade ermöglichen würden, sind sie aufgrund der aggressiven Wirkung des Wasserdampfs auf die Materialien nicht realisierbar. Der Dampf wird dann zur

Dampfturbine geleitet, wo er seine Strömungsenergie abgibt und die Turbine antreibt. Der Dampf durchläuft mehrere Turbinenstufen – Hochdruck-, Mittel- und Niederdruckturbinen – und versetzt diese in Rotation. Die Turbinenachse treibt dann einen Generator an, der die mechanische Rotationsenergie in elektrische Energie umwandelt.

Nachdem der Dampf die Turbine durchströmt hat, gelangt er in einen Kondensator, wo er abkühlt und wieder zu Wasser kondensiert. Die Phasenumwandlung von Dampf zu Wasser erzeugt einen Unterdruck, der das Druckgefälle in der Gasturbine verstärkt und so den Wirkungsgrad der Energieumwandlung verbessert. Der Kondensator gibt seine Wärme entweder über die bekannten, weithin sichtbaren Kühltürme ungenutzt an die Umgebung ab oder speist sie in ein Fernwärmenetz ein, was natürlich wesentlich sinnvoller ist. Das Wasser aus dem Kondensator wird dann zurück in den Brennkessel geleitet, um erneut erhitzt zu werden.

Bei der Verbrennung von Kohle entstehen neben dem CO_2 weitere schädliche Abgase. Dies sind vor allem Stickoxide aus der teilweisen Verbrennung des in der Luft enthaltenen Stickstoffs sowie Schwefeloxide aus dem in der Kohle enthaltenen Schwefel. Beide Gase führen zu saurem Regen, versauern die Böden und die Ozeane. Dies führt zu dem in den 1980er Jahren berühmt gewordenen Waldsterben. Deshalb wurden Rauchgasreinigungsanlagen in den Kraftwerken eingeführt, welche meist aus drei Stufen bestehen:

1. Staubfilterung: Elektrisch geladene Platten sorgen dafür, dass Staubpartikel an diesen Platten abgeschieden werden.

2. Entstickung: Die Stickoxide NOx werden über katalytische Verfahren in die harmlosen Stoffe Stickstoff N_2 und Wasser umgesetzt.

3. Entschwefelung: Mit Calciumcarbonat $CaCO_3$ wird Schwefeldioxid zu Gips $CaSO_4 \cdot 2\,H_2O$ umgesetzt, welcher als Baustoff Verwendung findet.

Trotz der Abgasreinigung können die genannten Gase nicht vollständig umgewandelt werden und entweichen zu einem Teil in die Atmosphäre. Zusätzlich fallen weitere giftige Stoffe an, welche durch den Verbrennungsprozess der Kohle in die Luft gelangen. Dies sind unter anderem Quecksilber Hg, Arsen As, Blei Pb und Cadmium Ca. Die Emission dieser Schadstoffe hat nicht nur direkte Auswirkungen auf die menschliche Gesundheit, sondern auch auf die Umwelt, wo sie Böden und Gewässer kontaminieren. Natürlich fällt auch Kohlenstoffdioxid bei der Verbrennung an, wie die Reaktionsgleichung zeigt.

Lassen Sie uns anhand der einzelnen Prozessschritte den Gesamtwirkungsgrad eines Kohlekraftwerks bestimmen. Dies ist in der Abbildung 3.2 dargestellt. Beim Verbrennen der Primärenergie wird nicht die komplette chemische Energie der Kohle umgesetzt. Etwa 3 % bleibt in der Schlacke zurück, sodass noch 97 % der Energie in dem heißen Rauchgas steckt. Davon werden 5 % der Energie für die Rauchgasanlage einschließlich der Abgasreinigung benötigt, sodass 92 % der Energie in heißen Wasserdampf mit über 600 °C umgesetzt wird. Dieser Wasserdampf überträgt etwa 42 % der Energie an die Dampfturbine und treibt diese an. Der größte Anteil an Energie, 50 %, geht als Abwärme verloren und kann nicht in elektrische Energie umgewandelt werden. Dies stellt den größten Verlustmechanismus bei der elektrischen Energieerzeugung mittels Dampfkraftwerken dar. Das Kraftwerk hat einen

Eigenbedarf an elektrischer Energie von 2 %, sodass von der ursprünglich eingesetzten Primärenergie noch etwa 40 % elektrische Endenergie übrig bleibt. Der Wirkungsgrad eines Kohlekraftwerks beträgt demnach etwa 40 %.

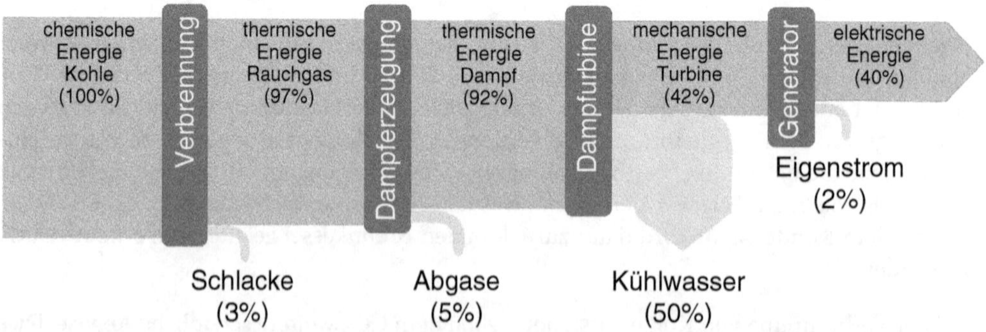

Abbildung 3.2: Energieflussdiagramm eines Kohlekraftwerks.

Um eine Vorstellung davon zu erhalten, welche Stoffmengen in einem Braunkohlekraftwerk mit einer Leistung von 1 GW umgesetzt werden, gehen wir von einem Wirkungsgrad von 40 % aus. Aus 5 kWh Primärenergie von 1 kg Braunkohle entstehen letztlich nur 2 kWh elektrische Energie. Um 1 GWh elektrische Energie in einer Stunde zu erzeugen (das bedeutet eine Leistung von 1 GW), müssen also pro Stunde 500 000 kg Kohle verbrannt werden, oder 140 kg/s! Deshalb sind Braunkohletagebaugebiete auch so riesig. Der Braunkohletagebau *Garzweiler 2* in Nordrhein-Westfalen hat eine genehmigte Abbaufläche von 48 km^2. Das entspricht einem Quadrat mit einer Kantenlänge von knapp 7 km, auf dem jährlich circa 35 000 000 Tonnen Braunkohle gefördert werden, um Kraftwerke mit einer Leistung von etwa 4 GW zu betreiben. Würde man auf dieser Fläche Solaranlagen installieren, so könnte man ein PV-Kraftwerk mit einer Leistung von sogar 5 GW_p betreiben. Auch die Abwärmemenge, die bei der Verbrennung anfällt, ist enorm. Bei einem Kraftwerk mit 1 GW elektrischer Ausgangsleistung fallen wegen des geringen Wirkungsgrads 1,5 GW Abwärme an. Damit werden 2 Millionen Liter Wasser pro Stunde verdampft!

Braunkohlekraftwerke sind schwer regelbar, da ihre Energieerzeugung viele Prozessschritte mit langen Zeitkonstanten umfasst. Besonders wichtig ist die Erzeugung von Wasserdampf. Ein typisches Kohlekraftwerk benötigt nach einem Stillstand etwa 5 bis 10 Stunden, um wieder hochzufahren. Daher werden diese Anlagen hauptsächlich als *Grundlastkraftwerke* eingesetzt, die kaum geregelt werden müssen. Für eine zukünftige Energieversorgung, die eine schnelle und flexible Steuerung erfordert, sind diese Kraftwerkstypen nicht geeignet.

Oft wird die Eigenschaft *grundlastfähig* als ein Feature angepriesen, obwohl es sich eigentlich um die Unfähigkeit handelt, komplementär mit fluktuierenden Erzeugern oder Verbrauchern zusammenzuarbeiten.

Das weltweit erste Elektrizitätswerk wurde 1882 von Thomas A. Edison in New York errichtet. Edison koppelte Generatoren an eine Dampfmaschine, um Elektrizität zu produzieren. Auf diese Weise erzeugte er Gleichstrom mit einer Spannung von 110 V, was ihm ermöglichte, seine Glühbirnen in der Nähe des Kraftwerks optimal mit Strom zu versorgen. Dieses Elektrizitätswerk hatte damals einen Wirkungsgrad von nur etwa 3 %, markierte aber den Beginn der industriellen Nutzung von Elektrizität in großem Maßstab. Bei den relativ niedrigen Spannungen und hohen Strömen traten jedoch erhebliche Leitungsverluste auf, weshalb Verbraucher in der Nähe des Kraftwerks angesiedelt werden mussten. Mittels *Wechselstrom*, der von Nikola Tesla technisch realisiert und von George Westinghouse kommerziell vermarktet wurde, war es möglich, mit Transformatoren höhere Spannungen bei geringeren Strömen zu erzeugen. Dies führte zu reduzierten Leitungsverlusten, wobei die hohe Spannung allerdings auch ein höheres Risiko darstellte. In der Folge kam es zu einem öffentlichen Streit zwischen Thomas Edison und George Westinghouse, der als »Stromkrieg« bekannt wurde. Dabei ging es darum, welche Stromart sich für die elektrische Energieversorgung der USA durchsetzen würde. Edison versuchte, die Gefährlichkeit von Wechselstrom zu propagieren, indem er in öffentlichen Demonstrationen Tiere wie Hunde und sogar einen Elefanten töten ließ, um zu zeigen, dass Wechselstrom gefährlich sei.

Edison unterstützte auch die Entwicklung des elektrischen Stuhles, der mit Wechselstrom betrieben wurde, um dessen Gefährlichkeit zu unterstreichen. Schließlich setzte sich aber doch die elektrische Energieübertragung mittels Wechselstrom durch, weil dies die effizientere Methode darstellte. Die Spannung für das Haushaltsstromnetz blieb aber in den USA (und den meisten Ländern Amerikas) bei der von Edison favorisierten Größe von 110 V. Heute wird für Höchstspannungsübertragungen von bis zu 1000 kV allerdings wieder Gleichspannung genutzt, weil dies bei diesen extrem hohen Spannungen effizienter und verlustärmer möglich ist. Bei Wechselstrom besteht das Problem, dass die Induktivität der Leitung und die Kapazität zwischen zwei Leitungen (beziehungsweise zwischen Leitungen und dem Boden) eine Phasenverschiebung zwischen der Strom- und Spannungskurve verursachen. Hierdurch nimmt die übertragene Leistung, die sogenannte *Wirkleistung*, zugunsten der nutzlosen *Blindleistung* ab. Dies lässt sich durch zusätzliche Komponenten in regelmäßigen Abständen auf der Übertragungsstrecke zwar kompensieren (sogenannter *Phasenschieber*), macht die Stromübertragung jedoch insgesamt teurer. Durch die Entwicklung der Leistungselektronik in den 1980er Jahren wurde es möglich, auch Gleichstrom auf hohe Spannungen zu transformieren, welcher diese Kompensationsmaßnahmen prinzipiell nicht benötigt. Man spricht dann von einer sogenannten *HGÜ, Hochspannungsgleichstromübertragung.*

Gasturbinenkraftwerke

Gaskraftwerke setzen heute meist Erdgas, welches hauptsächlich aus Methan (CH_4) besteht, als Brenngas ein. Im Verbrennungsraum läuft dann die folgende chemische Reaktion ab:

$$CH_4 + 2\,O_2 \longrightarrow CO_2 + 2\,H_2O + 0{,}22\,\text{kWh/mol}$$

Methan reagiert mit Sauerstoff zu Kohlenstoffdioxid und Wasser. Ein Kubikmeter Methangas enthält nach der Reaktionsgleichung ungefähr 10 kWh an Primärenergie. Die bei dieser Reaktion entstehende Wärmeenergie ist pro Kohlenstoffatom etwa doppelt so groß wie bei der Verbrennung von Kohle. Daher wird bei der Erzeugung derselben Wärmemenge durch die Verbrennung von Methan nur ungefähr die Hälfte des Treibhausgases CO_2 im Vergleich zur Kohleverbrennung freigesetzt. Dies erklärt, warum die Verbrennung von Erdgas als weniger treibhausgasintensiv angesehen wird.

Wird das Methangas allerdings durch Fracking gewonnen und für den Transport zunächst zu sogenanntem LNG (*Liquified Natural Gas*) verflüssigt, so ist die CO_2-Bilanz nicht günstiger als die von Kohle. Dies ist wieder ein Beispiel dafür, wie wichtig es ist, die komplette Prozesskette zu betrachten.

Das bei der Verbrennung entstehende expandierende Gasgemisch treibt eine Gasturbine an, die wiederum einen Generator zur Stromerzeugung antreibt. Dies wird in Abbildung 3.3 veranschaulicht.

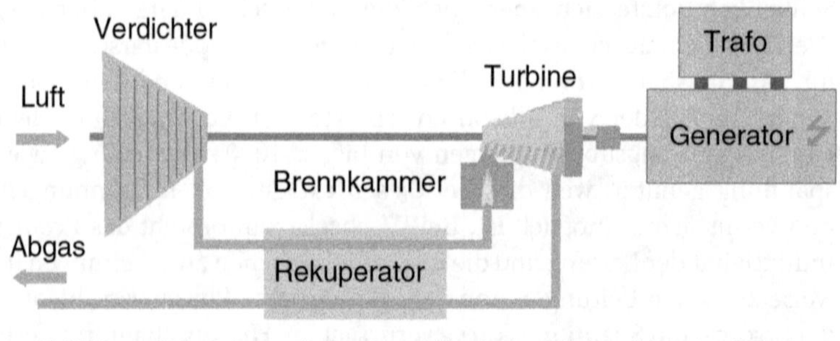

Abbildung 3.3: Schematische Darstellung eines Gasturbinenkraftwerks

Zur Steigerung des Wirkungsgrads ist meistens ein Wärmeüberträger installiert, der Abwärme aus dem Abgas auf die Zuluft überträgt, der *Rekuperator*. Wenn Sie den Aufbau eines Kohlekraftwerks aus dem vorigen Abschnitt, mit dem eines Gasturbinenkraftwerks vergleichen, so werden Sie feststellen, dass ein Gaskraftwerk deutlich einfacher und kompakter aufgebaut ist. Es entfallen die komplette Brennstoffvorbereitung und Zerkleinerung, weil das Gas direkt verbrannt werden kann. Ebenfalls entfällt die Abgasaufbereitung, weil im Erdgas kaum Schwefel enthalten ist und die Verbrennung ohne Rückstände abläuft. Das Herzstück der Anlage stellt die Gasturbine dar, sodass auch kein Wasserdampf mit dem zugehörigen Wasserdampfkreislauf notwendig ist. In der Gasturbine finden sowohl die Verbrennung als auch die Umsetzung in mechanische Rotationsenergie statt. Das Gasgemisch erreicht eine Temperatur von bis zu 1200 °C und treibt durch seine Ausdehnung die Turbinenblätter an. Gleichzeitig wird durch die am Lufteinlass befindlichen Rotorblätter die einströmende Luft verdichtet und in die Brennkammer geleitet, um eine effiziente Sauerstoffzufuhr für das Brenngas zu gewährleisten. Die rotierende Turbine treibt, wie bei einem Kohlekraftwerk, einen Generator an, der die Rotationsenergie in elektrische Energie umsetzt. Der Wirkungsgrad eines Gaskraftwerks liegt mit etwa 30 % bis 40 % im gleichen Bereich wie der Wirkungsgrad eines Kohlekraftwerks. In einem Gaskraftwerk tritt der Hauptverlust bei den heißen Abgasen auf, die nahezu ungenutzt mit einer Temperatur von meist noch über 600 °C entweichen.

Um auch eine Vorstellung davon zu bekommen, welche Stoffmengen in einem Gaskraftwerk umgesetzt werden, soll in einem Beispiel berechnet werden, wie viele Kubikmeter Gas benötigt werden, um ein Kraftwerk mit einer Leistung von 1 GW zu betreiben. (Meist haben Gaskraftwerke eine Leistung von etwa 500 MW. Um aber eine Vergleichbarkeit mit dem Kohlekraftwerk zu gewährleisten, wurde eine Leistung von 1 GW gewählt.) Ein Kubikmeter Methan enthält eine Primärenergie von etwa 10 kWh. Bei einem Wirkungsgrad von 40 % werden daraus 4 kWh elektrische Energie. Für die Erzeugung von 1 GWh elektrischer Energie müssen also 250 000 Kubikmeter Methangas verbrannt werden. Dabei entstehen dann übrigens pro Stunde auch 250 000 Kubikmeter des Treibhausgases CO_2. Im Unterschied zu Kohlekraftwerken wird das Methangas dem Kraftwerk über Pipelines zugeführt, sodass der unmittelbare Flächenverbrauch in der Nähe des Kraftwerks gering ausfällt und diese Materialflüsse nicht so ersichtlich sind.

Ein Vorteil dieses Kraftwerkstyps ist die kurze *Anlaufzeit* von etwa 30 min, bis die Anlage ihre maximale Leistung liefern kann. Eine Leistungsanpassung im Betrieb kann sogar in 5 Minuten erfolgen. Im Unterschied zu einem Kohlekraftwerk treibt das Brenngas direkt die Turbine an und es muss nicht erst Wasserdampf erzeugt werden, welcher dann eine Turbine antreibt. Durch die kurze Anlaufzeit sind Gaskraftwerke gut geeignet, um rasch auf schwankende Elektrizitätsbedarfe zu reagieren, sei es, dass kurzfristig ein höherer Bedarf benötigt wird, oder dass auf schwankende Elektrizitätsmengen aus erneuerbaren Energien reagiert wird.

Ein weiterer Vorteil der Gaskraftwerke liegt in der breiten Nutzungsmöglichkeit verschiedener Brennstoffe. So können prinzipiell auch klimaneutrale Gase wie *Biogas* oder durch erneuerbare Energien erzeugter *Wasserstoff* eingesetzt werden. Dies muss allerdings gleich bei der Planung des Gaskraftwerks berücksichtigt werden, da die Turbinen daran angepasst werden müssen.

Der Wirkungsgrad eines Gaskraftwerks lässt sich deutlich erhöhen, indem man das heiße Abgas nutzt, um zusätzlich eine Dampfturbine zu betreiben, ähnlich wie diese in einem Kohlekraftwerk eingesetzt wird. Dies ist in Abbildung 3.4 dargestellt. Dieser Anlagentyp wird als *Gas-und-Dampf-Kraftwerk*, oder kurz *GuD-Kraftwerk* bezeichnet. Das über 600 °C heiße Abgas wird zusätzlich über einen Wärmetauscher geleitet und gibt so seine Wärmeenergie an Wasser ab. Dieses verdampft dabei und es entsteht heißer Wasserdampf, der eine Dampfturbine antreibt. Die Effizienz der Energieumsetzung wird weiter erhöht, indem der Wasserdampf in einem Kondensator zu Wasser kondensiert. Die Dampfturbine ist ebenfalls an einen Generator angeschlossen und erzeugt so zusätzlich zur Gasturbine elektrische Energie.

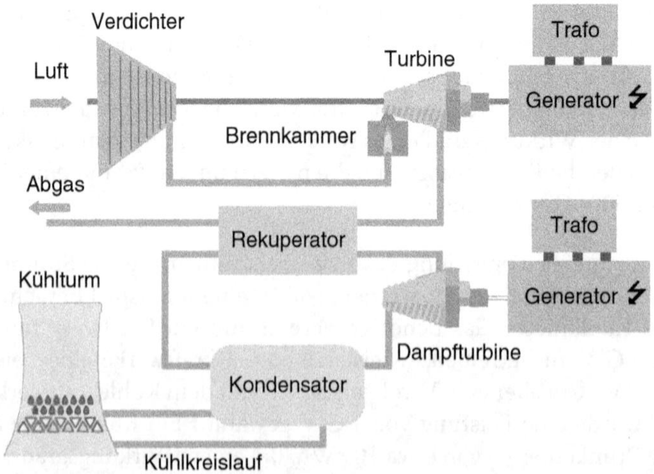

Abbildung 3.4: Schematische Darstellung eines Gas- und Dampfkraftwerks

Durch die zusätzliche Nutzung der Abwärme mit einer Dampfturbine werden in einem GuD-Kraftwerk Wirkungsgrade von etwa 60 % erreicht. Der komplexere Aufbau hat zur Folge, dass sich die GuD-Kraftwerke nicht so schnell anfahren lassen wie reine Gaskraftwerke und so wieder einen Teil der Flexibilität verlieren.

Kernenergie

In einem Kernkraftwerk wird die Energie, die bei einer Kernspaltung frei wird, in Wärme umgewandelt, welche dann (ähnlich wie bei einem Kohle- oder Gaskraftwerk) zur Dampferzeugung genutzt wird. Der Dampf strömt über eine mehrstufige Turbine und erzeugt Rotationsenergie, welche dann von einem Generator in elektrischen Strom umgewandelt wird. Man spricht hier, wie auch bei Kohle- und Gaskraftwerken, allgemein von *thermischen Kraftwerken*. Der Prozess der Wärmeerzeugung ist bei einem Kernkraftwerk jedoch fundamental anders als bei denjenigen thermischen Kraftwerken, welche auf einer chemischen Reaktion basieren, wie etwa der Verbrennung von Kohle mithilfe von Sauerstoff zu Kohlenstoffdioxid. Bei chemischen Reaktionen ändern sich die chemischen Bindungen in der Atomhülle, aber die Atomkerne selbst ändern sich nicht. Bei Kernreaktionen finden Reaktionen im Atomkern statt und die in den Kernen wirkenden – erheblich größeren – Kräfte spielen die entscheidende Rolle. Bei einer Kernreaktion entstehen neue Atomkerne und weil die Atomkerne unterschiedliche Energien haben, wird wegen der Energieerhaltung Energie in Form von thermischer Energie, aber auch in Form von radioaktiver Strahlung freigesetzt. In Kernkraftwerken wird heutzutage meist für die Kernreaktion das Element Uran 235, ^{235}U, eingesetzt. Damit der Urankern zerfällt und Energie freisetzt, muss er ein Neutron, n, aufnehmen. Zum Starten des Kernreaktors wird eine Neutronenquelle in den Kernreaktor eingebracht. Durch die Reaktion mit dem Neutron wird ein Urankern instabil und zerfällt in zwei leichtere Elemente und zu zwei bis drei weiteren Neutronen. Die Kerne der Spaltprodukte sind nicht immer gleich, sondern haben statistisch unterschiedliche Ladungszahlen, gehören also zu verschiedenen chemischen Elementen. Die meisten dieser Spaltprodukte sind radioaktiv und gehen erst über mehr oder minder lange Zerfallsreihen in stabile Endprodukte über. Man verwendet den Begriff *Halbwertszeit* als Kennzahl für die Dauer, bis die Hälfte der Spaltprodukte zerfallen ist. Die Halbwertszeit variiert enorm: Einige Isotope zerfallen in Sekunden oder Minuten, wie zum Beispiel bestimmte Brom- oder Iod-Isotope. Typische Spaltprodukte wie Cäsium-137 und Strontium-90 haben Halbwertszeiten von etwa 30 Jahren, sehr langlebige Spaltprodukte wie Cäsium-135 haben eine Halbwertszeit von Millionen von Jahren. Insgesamt sind etwa 200 verschiedene Spaltprodukte bekannt. Die typische Hauptreaktion lautet:

$$^{235}\mathrm{U} + \mathrm{n} \longrightarrow {}^{93}\mathrm{Kr} + {}^{140}\mathrm{Ba} + 3\,\mathrm{n} + 5{,}36\,\mathrm{GWh/mol}$$

Sie sehen schon an der Energieeinheit von GWh, dass bei dieser Reaktion viel mehr Energie freigesetzt wird als bei einer chemischen Reaktion wie der Verbrennung. Die Reaktion läuft weiter, wenn zumindest eines der drei entstandenen Neutronen abgebremst wird und wiederum auf einen ^{235}U-Kern trifft, denn nur langsame Neutronen können von dem Urankern eingefangen werden. So entsteht eine sich selbst erhaltende Reaktionsfolge, die man *Kettenreaktion* nennt. Die Steuerung dieser Kettenreaktion ist von entscheidender Bedeutung, denn zunächst muss die Reaktion starten und es müssen mehrere langsame Neutronen aus der Reaktion auf ^{235}U treffen. Es kommt zu einem exponentiellen Anstieg der Reaktion. Hat der Reaktor seine Zielleistung erreicht, muss die Reaktion dann aber stabil weiterlaufen, sodass nur noch eines der langsamen Neutronen auf einen ^{235}U-Kern treffen darf. In Kernkraftwerken wird dieser Prozess kontrolliert gesteuert. Die in Wasser, H_2O, enthaltenen Wasserstoffatome haben in etwa die gleiche Masse wie ein Neutron und können bei einem Stoß effektiv Energie aufnehmen. Dadurch verlangsamen sich die Neutronen und können zur Kettenreaktion beitragen. Ist die Reaktion lokal zu stark, so verdampft das Wasser und es bilden sich Dampfblasen. In diesen Blasen befinden sich weniger Wassermoleküle, sodass die Neutronen nicht abgebremst werden können. Dieser Prozess dient der Selbstregulierung des Kraftwerks. Überzählige Neutronen werden in sogenannten Kontrollstäben, die beispielsweise aus Borcarbid bestehen, abgefangen. Durch Ein- und Ausfahren der Steuerstäbe lässt sich die Reaktion von außen steuern. Bei einem unkontrollierten Anwachsen der Reaktion käme es im Kernreaktor zu einer Kernschmelze, ähnlich wie bei einer Atombombenexplosion.

Wenn Sie die freigesetzte Energie der Kernreaktion mit der freigesetzten Energie bei der Kohleverbrennung aus dem vorigen Abschnitt vergleichen, so stellen Sie fest, dass nun 50 Millionen Mal mehr Energie pro Reaktion freigesetzt wird. Der ungeheure Unterschied in der freigesetzten Energie liegt daran, dass die entstandenen Produkte etwas leichter sind als die Ausgangsprodukte, genau genommen etwa ein Tausendstel. Ein Kilogramm ^{235}U verliert bei der Umwandlung etwa 1 Gramm an Gewicht. Die freiwerdende Energie, in Form von Strahlungsenergie und kinetischer Energie der Spaltprodukte, entsteht durch diesen Masseverlust, der nach Einsteins berühmter Formel $E = mc^2$ einem – sehr großen – Energiebetrag entspricht. In einem kg Uran 235 steckt tatsächlich 2 500 000-mal mehr Energie als in einem Kilogramm Steinkohle! Dies ist der Grund, warum die Kernenergie eine solche Faszination auslöste. Darüber hinaus entsteht bei der Reaktion kein klimaschädliches CO_2, sodass die Kernenergie als klimaneutrale Energie betrachtet werden kann. Dafür fallen allerdings, wie oben beschrieben, gefährliche radioaktive Abfallprodukte an. Zudem ist die Gewinnung von Uran CO_2-intensiv.

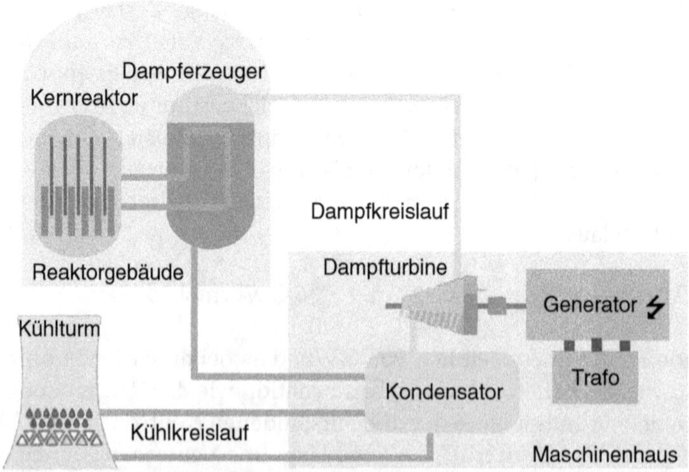

Abbildung 3.5: Schematische Darstellung eines Kernkraftwerks (Druckwasserreaktor)

Ist erst einmal die Wärmeenergie freigesetzt, so ähnelt der Rest des Kraftwerks einem Kohlekraftwerk. Mithilfe der entstandenen Wärmeenergie wird Wasserdampf erzeugt, der eine Dampfturbine antreibt, die wiederum über einen Generator Strom erzeugt. Ein Kernkraftwerk mit Druckwasserreaktor ist in Abbildung 3.5 dargestellt.

Auf der linken Seite der Abbildung befindet sich das Reaktorgebäude mit seiner typischen Kuppelform. In ihm befindet sich das Herzstück des Kernkraftwerks, der Kernreaktor mit seinen Brennstäben, in denen sich das Uran befindet. Die Brennelemente sind bei einem sogenannten Druckreaktor zusammen mit den Steuerstäben in das zu erhitzende Wasser eingebettet. Hier findet die oben beschriebene Kernspaltung statt. Die Wärme, die in dem Kernreaktor entsteht, wird über den primären Wasserkreislauf an das Wasser bei einem Druck von etwa 150 bar und einer Temperatur von rund 325 °C über einen Wärmetauscher in den Dampferzeuger abgeführt, der sich ebenfalls im Reaktorturm befindet. Der Dampf wird dann über den sekundären Kreislauf in das Maschinenhaus zu den Dampfturbinen geleitet. Nun treibt der Wasserdampf, wie in einem Kohlekraftwerk, die Dampfturbine an. Die Rotationsenergie der Turbine wird mithilfe des Generators wieder in elektrische Energie umgewandelt. Wie im Kohlekraftwerk nimmt der Kondensator über einen Kühlkreislauf die nicht genutzte Energie auf, um aus dem Dampf wieder Wasser zu erhalten. Dieses wird über den Sekundärkreislauf zurück zum Dampferzeuger geleitet. Die Ableitung der nicht nutzbaren Wärme in dem Kühlkreislauf erfolgt wie im Kohlekraftwerk über einen Kühlturm.

Auch bei Kernreaktoren treten Verluste bei der Umwandlung der Kernenergie in elektrische Energie auf, die im Folgenden betrachtet werden. Die Verluste sind in einem Energieflussdiagramm in Abbildung 3.6 dargestellt. Zunächst entsteht bei der Kernspaltung etwa 6 % radioaktive Strahlung, die nicht in Wärme umgewandelt wird. Die Wärmeenergie der Spaltprodukte wird zu etwa 95 % auf das Wasser übertragen. Bei der Übertragung an den Wärmetauscher entsteht ein weiterer Verlust von ungefähr 5 %. Bei der Übertragung an die Dampfturbine gehen etwa 50 % der Energie verloren, da ein erheblicher Teil der Energie an das Kühlwasser abgeführt wird. Schließlich gehen 2 % bei der Umwandlung in elektrische Energie verloren. Insgesamt ergibt sich für den Wirkungsgrad eines Kernkraftwerks ein

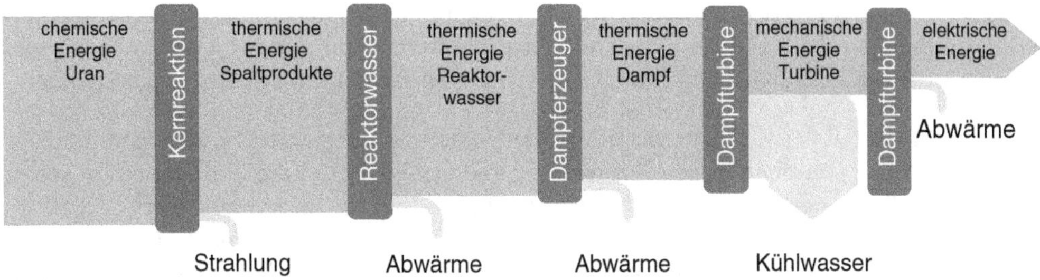

Abbildung 3.6: Energieflussdiagramm eines Kernkraftwerks

Wert von etwa 32 %. Der thermische Wirkungsgrad eines Kernkraftwerks ist daher niedriger als bei einem Kohle- oder Gaskraftwerk. Aus Sicherheitsgründen hat zudem der Dampf eine niedrigere Temperatur, was ebenfalls zu einem geringeren Wirkungsgrad führt.

Um auch für Kernkraftwerke eine Vorstellung davon zu bekommen, welche Mengen an Uran hier benötigt werden, soll wieder ein Kraftwerk mit einer Leistung von 1 GW betrachtet werden. Ein Mol Uran erzeugt 5,36 GWh Wärme. Bei einem Wirkungsgrad von 33 % des Kernkraftwerks wird damit 1,78 GWh elektrische Energie erzeugt. In einem Kraftwerk mit einer Leistung von 1 GW werden dann pro Stunde 1/1,78 Mol Uran-235 verbraucht. Ein Mol ^{235}U wiegt 235 g. Daher müssen in dem Kernreaktor pro Stunde nur etwa 130 g ^{235}U umgewandelt werden. In den Brennstäben ist allerdings ^{235}U nur zu etwa 4 % enthalten, der Rest ist im Wesentlichen das in der Natur viel häufiger vorkommende ^{238}U. Da das Uran in den Brennstäben als Urandioxid UO_2 gebunden ist, werden pro Stunde etwa 3,7 kg UO_2 verbraucht. Im Vergleich zu einem Braunkohlekraftwerk, bei dem in einer Stunde 500 000 kg Kohle verbrannt werden, ist dies sehr wenig. Im Gegensatz zu Braunkohle kommt aber das in den Brennstäben enthaltene angereicherte Uran nicht natürlich vor und muss erst aufbereitet werden. Natürliche Uranerze haben etwa 1 % Urangehalt. Das spaltfähige Uran-235 ist darin wiederum nur zu 0,7 % enthalten. Um die 130 g ^{235}U pro Stunde bereitzustellen, muss etwa 2000 kg Uranerz gewonnen werden! Ebenso müssen die Brennstäbe wegen ihrer Radioaktivität aufwendig entsorgt werden. Dies wird in den internen Abläufen eines Kernkraftwerks alles nicht berücksichtigt.

Kernkraftwerke lassen sich aufgrund ihrer komplexen Prozesse zur Steuerung der Kettenreaktion noch schlechter steuern und regeln als Kohle- und Gaskraftwerke. Deshalb werden diese Kraftwerke vornehmlich als Grundlastkraftwerke genutzt. Für eine zukünftige Energieversorgung, bei der Energien variabel gesteuert werden müssen, sind diese Kraftwerkstypen besonders ungeeignet.

Wenn die Kühlung ausfällt: GAU und Super-GAU

Im letzten Abschnitt haben Sie die Funktionsweise eines Kernkraftwerks im Regelbetrieb kennengelernt. Unter diesen Umständen arbeitet das Kraftwerk wie andere thermische Kraftwerke, die aus Wärme elektrische Energie erzeugen. Wenn jedoch die Kühlung für den Kernreaktor ausfällt, kann es zu einem GAU (*Größter Anzunehmender Unfall*) oder gar zu einem Super-GAU (Unfall, der über das Anzunehmende hinausgeht) kommen. Zur Vermeidung eines GAUs wurden beim Bau und dem Betrieb des Kernkraftwerks Maßnahmen ergriffen, die den Reaktor nach einer Havarie noch in einen sicheren Zustand bringen. Im Falle eines Super-GAUs ist der Unfall nicht mehr beherrschbar und es treten große Mengen an Radioaktivität aus, wie etwa 1986 in Tschernobyl oder 2011 in Fukushima geschehen.

Nach dem Ausfall des Kühlsystems findet die Notabschaltung statt: Die sogenannten Kontrollstäbe fallen von oben in den Kernreaktor und unterdrücken die Kettenreaktion sofort. Die Nachwärme der radioaktiven Zerfallsprodukte beträgt immer noch etwa 20 % der ursprünglichen Kernreaktion und kann nicht sofort unterbunden werden. Es ist diese Nachwärme, die den Kernreaktor in der Folge zerstört. Entfällt die Kühlung, so erhitzt sich der Reaktor auf über 1000 °C und das Wasser zerfällt in Wasserstoff und Sauerstoff. Dieses Gasgemisch führt dann durch die Knallgasreaktion zu einer Explosion und kann den Reaktor zerstören (siehe Fukushima). Weil der Reaktor nicht mehr gekühlt wird, kann er sich weiter erhitzen, sodass die Baumaterialien des Reaktors schließlich schmelzen. Im Falle eines GAUs kann die Schmelze noch innerhalb des Reaktors in einer Betonwanne aufgefangen werden. Im Falle eines Super-GAUs schmilzt der Reaktor durch das Betonfundament und Radioaktivität tritt aus dem Gebäude.

Was am Ende übrigbleibt: Atommüll

Die abgebrannten Brennelemente bestehen typischerweise aus

- ✓ 95 % ^{238}U
- ✓ 1 % ^{235}U
- ✓ 1 % Plutonium-Isotope
- ✓ 3 % Spaltprodukte

Die Entsorgung der Spaltprodukte eines Druckwasserreaktors erfolgt in mehreren Schritten, um eine sichere Handhabung und langfristige Lagerung zu gewährleisten: Nach der Entnahme aus dem Reaktor verbleiben die abgebrannten Brennelemente zunächst mehrere Jahre im Abklingbecken des Kernkraftwerks, um ihre Aktivität und Temperatur zu reduzieren. Anschließend werden die Brennelemente in spezielle Transport- und Lagerbehälter, die CASTOR-Behälter, verladen und zu einem Zwischenlager transportiert. Es gibt zwei Hauptwege für die weitere Behandlung. Zum einen kann die direkte Endlagerung erfolgen: Hierbei werden die Brennstäbe mechanisch aus dem Brennelementgerüst entfernt und dicht gepackt in Endlagerbehälter eingestellt. Zum anderen besteht die Möglichkeit der Wiederaufarbeitung: Hierbei werden die Brennelemente in Salpetersäure aufgelöst. Dabei werden Uran und Plutonium von den Spaltprodukten abgetrennt und für die Wiederaufarbeitung vorbereitet. Die verbleibenden hochradioaktiven Spaltprodukte werden in eine stabile Glasstruktur eingeschmolzen. Die verglasten Abfälle werden dann in dicht verschweißte Edelstahlbehälter (Kokillen) eingeschlossen und schließlich für die Endlagerung in geologisch stabilen Formationen vorbereitet – sie müssen dort über Jahrzehntausende sicher verwahrt bleiben! In Deutschland hat man sich schon vor Jahrzehnten gegen die Wiederaufbereitung und für die direkte Endlagerung entschieden. Bis heute ist weltweit noch kein Endlager für Atommüll in Betrieb (in Finnland soll es wohl demnächst eines geben). In Deutschland soll laut einem Gutachten der Bundesgesellschaft für Endlagerung ein Endlager bis zum Jahr 2046 gefunden werden. Der hochradioaktive Müll lagert derweil in über 1000 CASTOR-Behältern in Zwischenlagern an verschiedenen Orten in Deutschland.

Kernfusion

Die Kernfusion wird häufig als zukunftsträchtige Energiequelle bezeichnet. Im Unterschied zur Kernspaltung zerfällt hier kein Atomkern mithilfe eines Neutrons (n) in Bruchstücke, sondern es entsteht aus zwei leichten Elementen, Deuterium (D) und Tritium (T), das schwerere Element Helium (He). Die Fusionsgleichung hierfür lautet:

$$^{2}D + ^{3}T \longrightarrow ^{4}He + n + 0{,}48\,GWh/mol$$

Die freigesetzte Wärme ist pro eingesetztem Atom deutlich geringer als bei der Kernspaltung, etwa ein Faktor 10. Die eingesetzten Atome sind aber mit den Wasserstoff-Isotopen Deuterium und Tritium viel leichter als Uran, weshalb man trotzdem manchmal davon spricht, dass bei einer Fusion mehr Energie freigesetzt wird als bei einer Kernspaltung. Auch in unserer Sonne wird Helium durch Kernfusion gebildet, wobei gigantische Mengen an Energie frei werden, allerdings fusionieren dort vor allem normale Wasserstoffkerne zu Helium. Diese Reaktionen finden im Inneren der Sonne unter extremen Temperaturen (15 Millionen °C) und Drücken (200 Milliarden Bar) statt, sodass sich ein sogenanntes *Plasma* bildet. Darunter versteht man ein Gemisch aus freien Elektronen, positiv geladenen Ionen und teilweise auch neutralen Atomen. Damit die Atomkerne zu Helium verschmelzen und die gewünschte Energie freisetzen, muss zunächst die elektrostatische Abstoßung der elektrisch positiv geladenen Atomkerne überwunden werden. Dazu sind die extrem hohen Temperaturen und Drücke in den Sternen notwendig. Hier auf der Erde muss das Plasma durch Magnetfelder eingeschlossen werden, damit es nicht in Kontakt mit der Umgebung kommt, was das Plasma und die Reaktion stoppen würde.

Die Kernfusion bietet einige Vorteile, die die Technologie interessant erscheinen lassen: Im Vergleich zu der Kernspaltung von Uran wird pro umgesetztem Gramm Deuterium-Tritium-Gemisch in Helium etwa siebenmal mehr Energie freigesetzt. Bei der Kernfusion entsteht ebenfalls kein klimaschädliches CO_2. Im Gegensatz zur Kernspaltung besteht bei der Fusion auch keine Gefahr eines nuklearen Unfalls oder einer unkontrollierten Kettenreaktion. Schließlich erzeugt die Fusion deutlich weniger und kurzlebigeren radioaktiven Abfall als die Kernspaltung.

Allerdings ist es trotz jahrzehntelanger Forschung immer noch ein weiter Weg, bis Fusionsenergie in kommerziellen Kraftwerken genutzt werden kann. Da auf der Erde die Drücke, die im Sonneninneren vorherrschen, nicht erreichbar sind, muss ein Fusionsreaktor mit noch höheren Temperaturen arbeiten (etwa 150 Millionen °C). Da es kein Material gibt, welches diesen Temperaturen standhält, muss das Plasma durch ein Magnetfeld berührungsfrei in einem Vakuum eingeschlossen werden. Um dies zu bewerkstelligen, kann ein kompliziertes, wendelförmiges Magnetfeld um das Plasma erzeugt werden – man spricht von einem *Stellarator* – oder man erzeugt im Plasma selbst einen großen Strom, der wiederum ein Magnetfeld um das Plasma erzeugt – das ist der sogenannte *Tokamak*, der gerade im großen Stil (JET, ITER) weiterentwickelt wird. Ein Stellarator ist noch komplexer, das Plasma hat aber weniger Instabilitäten als beim Tokamak, weil das Plasma selbst stromfrei bleibt. Derzeit ist der Fusions-Forschungsreaktor ITER in Südfrankreich im Bau, der Grundlagenfragen der Fusionstechnologie klären soll (siehe Abbildung 3.7). Nach aktueller Planung soll im Jahr 2038 die oben genannte Fusionsreaktion erstmals in dem Reaktor durchgeführt werden. ITER ist darauf ausgelegt, dann mehr Energie zu erzeugen, als für die Aufheizung des

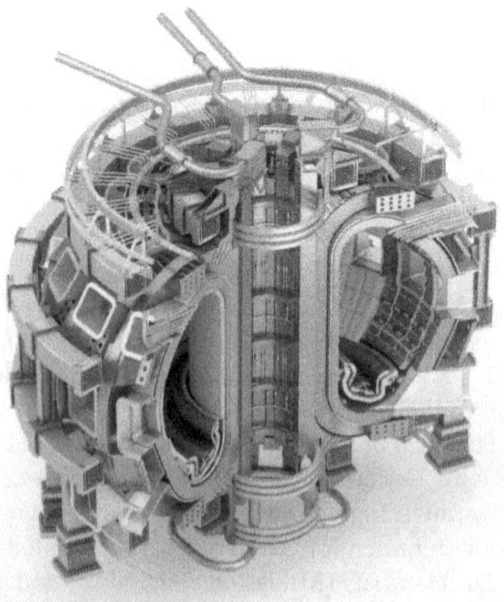

Abbildung 3.7: Fusions-Forschungsreaktor vom Typ Tokamak; Quelle: Filipp – stock.adobe.com

Plasmas benötigt wird. Das Projekt strebt an, eine Fusionsleistung von etwa 500 MW zu erreichen, was das Zehnfache der eingesetzten Heizleistung wäre. Dies würde es ITER ermöglichen, als erste technische Anlage auf der Welt zu demonstrieren, dass die erzeugte Energie in großem Maßstab jene zur Erhitzung des Plasmas benötigte Energie übersteigt. Das Ziel ist es, diese Fusionsreaktionen für 400 bis zu 600 Sekunden stabil aufrechtzuerhalten und dabei eine Leistungsverstärkung von mindestens 5 bis 10 zu erzielen.

Das ITER-Projekt hat seit dem Baubeginn im Jahr 2007 mit erheblichen technischen Schwierigkeiten zu kämpfen. Ursprünglich sollte der Reaktor bereits 2016 in Betrieb genommen werden, doch jetzt wird mit einem Startdatum von frühestens 2035 gerechnet. Fehler an Schweißnähten und andere Baumängel haben zu Verzögerungen geführt. Damit reiht sich ITER in die vielen Verzögerungen ein, die seit Beginn der Fusionsforschung mit der Aussage verbunden sind, dass ein betriebsbereiter Fusionsreaktor in 20 bis 30 Jahren zur Verfügung stehen wird. Die Fusionsforschung begann schon in den 1950er Jahren des letzten Jahrtausends, die Aussage von 20 bis 30 Jahren bis zum funktionstüchtigen Reaktor blieb aber äußerst konstant – bis heute.

Ein fortlaufender Betrieb wird mit ITER noch nicht möglich sein, und es gibt noch viele Fragen, die für eine stabile, kontinuierliche Energieerzeugung aus einem Fusionsreaktor geklärt werden müssen: Insbesondere muss untersucht werden, wie das Plasma über längere Zeiträume hinweg stabil gehalten werden kann. Auch das für die Reaktion notwendige (und radioaktive) Tritium steht auf der Erde nicht in ausreichender Menge zur Verfügung. Für den Betrieb eines Reaktors mit einer Leistung von nur 1 GW und jährlich 7000 Betriebsstunden würden etwa 50 kg Tritium benötigt. Die weltweiten Vorkommen dieses kurzlebigen Radionuklids belaufen sich nur auf etwa 20 kg, sodass Tritium als Brennstoff zunächst erst einmal selbst künstlich hergestellt werden muss. Dies soll im Reaktor durch eine Reaktion der freiwerdenden Neutronen mit in der Reaktorwand untergebrachtem Lithium geschehen, das dann zu Tritium und Helium reagiert. Das Tritium muss anschließend wieder dem Plasmaraum zugeführt werden. Bei einem Kernreaktor geben die Spaltprodukte und das entstehende Neutron ihre Energie an das sie umgebende Wasser durch Stöße ab und erhitzen dieses. Im Plasma des Fusionsreaktors ist kein Wasser vorhanden, sodass noch nicht geklärt ist, wie die Energie der Neutronen und des Heliums an ein Medium übertragen werden kann, aus dem dann elektrische Energie entnommen werden kann. Eine weitere Herausforderung sind die freiwerdenden Neutronen. Da sie ungeladen sind, werden sie nicht von den Magnetfeldern im Plasma gehalten. Deshalb treten sie aus der Reaktionszone aus und treffen auf die umgebenden Wände. Zum Teil ist diese Wechselwirkung zur Herstellung des Tritiums erwünscht, zum anderen ist aber noch nicht geklärt, wie lange die Reaktorwände dem intensiven Neutronenbeschuss standhalten. Wahrscheinlich müssen die Reaktorwände innerhalb des Betriebszeitraumes mehrfach gewechselt werden. Der Neutronenbeschuss macht die Reaktorwände zudem radioaktiv, was den Wechsel noch aufwendiger und wesentlich kostspieliger macht. Bis überhaupt ein Fusionsreaktor zur Verfügung steht, werden sicherlich noch mehrere Jahrzehnte vergehen, sodass diese Technologie nicht dazu beitragen kann, unseren CO_2-Ausstoß in den nächsten Jahren zu reduzieren.

Vergleich der konventionellen Kraftwerkstypen

Zum Abschluss dieses Kapitels finden Sie hier noch einmal einen Vergleich der beschriebenen Kraftwerke (siehe Tabelle 3.1). Ein Gaskraftwerk ist relativ einfach aufgebaut, weshalb die Investitionskosten mit 450 Euro/kW auch relativ niedrig sind. Durch die heißen Verbrennungsgase von bis zu 1200 °C wird in den Gasturbinen ein relativ hoher Wirkungsgrad von 42 % erzielt. Die einfache Bauweise ermöglicht auch eine schnelle Regelung der Anlage. Dies ist durch einen kurzen Anlauf von unter einer Stunde und kurze Stillstandszeiten charakterisiert. Gaskraftwerke lassen sich weiterhin auch bei relativ niedrigen Leistungen im Vergleich zur maximalen Leistung des Kraftwerks betreiben. Den höchsten Anteil an den Stromgestehungskosten verursachen der Gaspreis und CO_2-Zertifikate sowie die relativ wenigen Volllaststunden, während derer ein Gaskraftwerk betrieben wird. Die Ursache für die geringen Volllaststunden ist darin begründet, dass Gaskraftwerke die am besten regelbaren Kraftwerke sind und ein Dauerbetrieb durch den hohen Gasverbrauch zu teuer ist.

Gas-und-Dampf-Kraftwerke haben mit 60 % einen deutlich höheren Wirkungsgrad als alle anderen Kraftwerke, weil die Abwärme einer Gasturbine noch zur Erzeugung von Wasserdampf genutzt werden kann und somit über eine Dampfturbine zusätzlich elektrische Leistung erzeugt wird. Dies senkt auch den Ausstoß an klimaschädlichem CO_2 auf unter 400 g/kWh. Durch die Dampferzeugung ist die Anlaufzeit mit 4 h allerdings langsamer als bei einem reinen Gaskraftwerk. Ebenso hat eine GuD-Anlage längere minimale Stillstandszeiten. GuD-Kraftwerke haben aber dafür die geringsten Stromgestehungskosten unter den konventionellen Kraftwerkstypen, vorausgesetzt, der Gaspreis ist entsprechend niedrig.

Kohlekraftwerke, egal ob Braun- oder Steinkohle, basieren auf der gleichen Dampfturbinentechnologie. Deshalb ähneln sie sich in ihren Eigenschaften. Sie haben mit 8 h eine relativ lange Anlaufzeit, weshalb sie sich eher für einen Volllastbetrieb eignen. Ebenso erzeugen sie mit 1120 g/kWh CO_2 beziehungsweise 950 g/kWh CO_2 die höchsten Treibhausgasemissionen. Diese sind mehr als doppelt so hoch wie bei Gas- und Dampfkraftwerken! Neben dem

	Gas	Gas & Dampf	Steinkohle	Braunkohle	Kernkraft
Invest (EUR/kW)†	450	900	1800	1700	6000
Wirkungsgrad (%)	42	60	40	38	32
Brennstoffkosten (ct/kWh)†	2,7	1,3	1,2	0,23	0,8
Stromkosten (ct/kWh)	15–32	10–16	17–29	15–25	13–49
CO_2 (g/kWh)	640	392	950	1120	32
min. Betriebsleistung (%)	20–40	30–50	40–60	45–60	50–70
Anlaufzeit (h)	0,5	2–4	4–8	8	24–72
min. Stillstand (h)	1	6	8	8	>24
Ramp Speed (%Pmax/h)	100	60	30	25	15

Tabelle 3.1: Vergleich verschiedener Kraftwerkstypen; Quellen: † ISE, UBA, Nuclear Energy Agency VDE. Typische Werte für sicheren Betrieb.

niedrigeren Wirkungsgrad im Vergleich zu Gas- und Dampfkraftwerken liegt dies vor allem daran, dass die Verbrennung von Erdgas mehr Energie als die Verbrennung von Kohle freisetzt.

Kernkraftwerke sind die unflexibelsten Kraftwerke. Sie lassen sich nur in einem sehr begrenzten Umfang steuern – hauptsächlich nur im Bereich von 70 bis 100 Prozent ihrer Volllast. Dies äußert sich in langsamen Anlaufzeiten von 8 h und langen notwendigen Stillstandszeiten nach einem Herunterfahren (24 h). Dies konnte man auch nach dem Blackout in Spanien und Portugal Ende April 2025 beobachten: Die Kernkraftwerke nahmen den Betrieb erst 48 Stunden nach dem Blackout wieder auf und es brauchte insgesamt eine Woche, bis alle Kernkraftwerke wieder ihre volle Leistung lieferten. Das Hochfahren (Ramp Speed) muss mit 15 % Pmax/h relativ langsam geschehen. Die Investitionskosten sind mit 6000 Euro/kW bei einem Kernkraftwerk deutlich am teuersten. Auch deshalb sollte ein Kernkraftwerk möglichst im Volllastbetrieb laufen. Von den bisher beschriebenen Kraftwerken haben Kernkraftwerke den geringsten CO_2-Ausstoß. Während des Betriebes läuft zur Energiegewinnung die Kernspaltung, die keine fossilen Brennstoffe benötigt. Bei Kernkraftwerken fallen die treibhausgasrelevanten Prozesse beim Uranbergbau, der Herstellung der Brennelemente und der Errichtung des Kernkraftwerks an. Die Stromgestehungskosten von neu zu bauenden Kernkraftwerken liegen bei 13 bis 49 €ct/kWh. Dabei sind die enormen Kosten für die Endlagerung allerdings nicht berücksichtigt.

Die Stromkosten einer durch Kernkraftwerke erzeugten kWh sind im Gegensatz zu allen anderen Technologien über die Jahre gestiegen. Ebenso sind die Investitionskosten für Kernkraftwerke immer weiter angewachsen. Beispielsweise haben sich die Kosten für das Neubauprojekt *Hinkley Point C* in Großbritannien von ursprünglich geschätzten 16 Milliarden britischen Pfund im Jahr 2016 auf aktuell 32 Milliarden Pfund im Jahr 2024 verdoppelt. Anders als bei anderen Technologien wie Solarzellen oder Mikrochips konnten bei Kernkraftwerken keine signifikanten Kostensenkungen durch Standardisierung oder Massenproduktion erzielt werden. Im Gegenteil, die Kosten scheinen bei jedem Projekt signifikant zuzunehmen.

Blockheizkraftwerke

Die meisten Leser werden wohl keines der oben genannten Kraftwerke zuhause haben beziehungsweise haben wollen. Viel realistischer ist hingegen, dass sie für ein Gebäude oder ein Wohnviertel ein kleines Kraftwerk in der Größenordnung von 10 bis 200 kW haben möchten, um komplementär zur Photovoltaik Strom zu erzeugen und obendrein noch über die Abwärme die Wärmeversorgung (Warmwasser, Heizung) sicherzustellen. Wenn dabei die Priorität auf einer sicheren Stromversorgung liegt, spricht man von einem *stromgesteuerten* Blockheizkraftwerk (BHKW). Wenn dagegen die Priorität auf der Wärmeversorgung liegt (mit dem Strom als Nebenprodukt), spricht man von einem *wärmegesteuerten* BHKW. Üblicherweise besteht ein BHKW aus einem Diesel-, Otto- oder Gasmotor, welcher auch mit Biokraftstoffen, Biogas oder Wasserstoff angetrieben werden kann, und einem Stromgenerator sowie einer Steuerung und einem Energiemanagementsystem. Die dynamischen Eigenschaften sind zwar nicht ganz so gut wie bei einem Batteriespeicher mit einer Strombereitstellung in Bruchteilen von Sekunden, aber wesentlich schneller als bei konventionellen Kraftwerken. Typische Werte liegen für einen bei etwa einer Minute zum vollständigen Hochfahren. Dabei bedeutet ein Schwarzstart, dass das BHKW ohne externe Stromversorgung selbstständig gestartet wird, also auch wenn sonst kein Strom vorhanden ist. Für einen Warmstart braucht es etwa zehn Sekunden.

Teil II
Es werde Licht: Sonne und Erde im Lichte der Photovoltaik

IN DIESEM TEIL...

- ✔ Lernen Sie die Sonne als Energiespender kennen.
- ✔ Machen Sie Bekanntschaft mit der ersten Quantenformel.
- ✔ Begleiten wir das Licht auf seiner Reise vom Sonneninneren auf unsere Erdoberfläche.
- ✔ Erfahren Sie mehr über Licht und Schatten.

IN DIESEM KAPITEL ...

Woher fast alle Energie auf der Erde kommt

Die Entwicklung eines Sterns – die Sonne brennt noch lange

Die Sonne als Schwarzer Strahler und was Photonen damit zu tun haben

Kapitel 4

Die Sonne als Energiequelle

Der Urgrund des Lebens ist die Strahlungsenergie der Sonne. Nicht nur die heutigen Pflanzen und fast alle anderen Lebewesen würden ohne sie nicht existieren. All unsere fossilen Energieträger, welche wir gerade verbrennen, sind auf millionenjahrelange Wechselwirkungen der Sonnenenergie mit dem Leben auf der Erde zurückzuführen. Genauso hängen fast alle erneuerbaren Energien von der Sonnenenergie ab. Die Nutzung der Photovoltaik ist in ganz besonderer Weise mit der Strahlungsenergie der Sonne verbunden. Wir werden deshalb in diesem Kapitel die Eigenschaften und Besonderheiten der Sonne als Energiequelle vorstellen.

Die Sonne, unser ewiger Energiespender

Als die Sonne zusammen mit der Erde und dem übrigen Planetensystem vor etwa 4,6 Milliarden Jahren entstand, war das Universum bereits rund 9 Milliarden Jahre alt.

Die ersten Generationen von Sternen, die kurz nach dem Urknall entstanden waren, existierten zu diesem Zeitpunkt schon längst nicht mehr. Während ihres kurzen Lebens hatten sie die in ihrem Inneren durch Kernfusion erzeugten schwereren Elemente in den interstellaren Raum geschleudert. Aus diesen Elementen bildeten sich Gas- und Staubwolken, welche die chemischen Bausteine für nachfolgende Sterngenerationen lieferten.

Der Entstehungsort der Sonne war eine solche Gaswolke, die bereits geringe Mengen schwerer Elemente enthielt. Der Hauptbestandteil dieser Wolke war jedoch Wasserstoff, daneben Helium und Spuren anderer leichter Elemente. Unter dem Einfluss der Gravitation begann die Wolke, sich zusammenzuziehen. Dadurch verdichtete sich die Materie zunehmend, wodurch die Gravitationskraft weiter zunahm und zusätzliche Materie anzog, sodass Dichte, Druck und Temperatur im Inneren der Wolke stetig anstiegen. Als die Kerntemperatur etwa 15 Millionen Grad Celsius erreichte, setzte die Kernfusion von Wasserstoff zu

Helium ein. Damit war der Geburtsprozess der Sonne abgeschlossen: Ein neuer Stern war entstanden.

Zu Beginn der Wasserstofffusion besaß die Sonne etwa 70 % ihrer heutigen Leuchtkraft. In ihrem Kern verschmelzen seither jeweils vier Wasserstoffkerne zu einem Heliumkern, wobei Energie in Form von Strahlung freigesetzt wird. Diese Energie ist die Grundlage für die Leuchtkraft und Stabilität der Sonne, denn sie erzeugt einen Strahlungsdruck, der den Gravitationsdruck der ungeheuer großen Sonnenmasse gerade ausgleicht. Die Leuchtkraft der Sonne nimmt in der heutigen stabilen Phase des Sternenlebens trotzdem langsam, aber stetig zu. In etwa einer Milliarde Jahren wird ihre Strahlungsleistung um etwa 10 % höher sein als heute, was für das Leben auf der Erde keine gute Nachricht ist. Bis dahin jedoch bleibt das Leben auf der Erde möglich – und eine Milliarde Jahre ist eine ganz schön lange Zeit. Insgesamt wird die Sonne noch etwa fünf Milliarden Jahre lang Wasserstoff zu Helium fusionieren.

Die Sonne ist aus einer zufällig verdichteten Gas- und Staubwolke entstanden und bildet nun ein stabiles, selbstregulierendes Energiesystem, das seit über 4 Milliarden Jahren weitgehend konstant Strahlungsenergie erzeugt und dies noch weitere 4 Milliarden Jahre lang tun wird. Damit bildet die Sonne die zuverlässigste Energieversorgungsquelle der Menschheit.

Ist der Wasserstoffvorrat im Sonneninneren schließlich erschöpft, endet diese stabile Phase. Der Strahlungsdruck des Wasserstoffbrennens entfällt, und der Kern fällt unter dem Einfluss der Gravitation in sich zusammen, der Rest wird nach außen gedrückt und die Sonne wird zu einem Roten Riesen. Dabei steigt die Kerntemperatur auf über 100 Millionen Grad Celsius an. Unter diesen Bedingungen setzt das Heliumbrennen ein, bei dem Helium zu Kohlenstoff und Sauerstoff fusioniert.

Die Erde wird für einen sehr langen Zeitraum – grob geschätzt eine Milliarde Jahre – zuverlässig Energie von der Sonne erhalten. Ob wir Menschen es schaffen, die Erde bis dahin so lange lebenswert zu erhalten, steht auf einem ganz anderen Blatt …

Der große Fusionsreaktor am Himmel

Die Sonne kann nur deshalb so viel Energie in Strahlungsenergie umwandeln, weil sie so viel größer ist als die Erde. In Tabelle 4.1 stellen wir einige Eigenschaften der Sonne im Verhältnis zur Erde dar. Aufgrund dieser Unterschiede ist auch die Teilchendichte im Zentrum der Sonne etwa 1000-mal größer als in Wasser. Unter diesen extremen Bedingungen kann die Kernfusion erfolgen, in der Wasserstoff zu Helium reagiert. Diese Reaktion findet nur im Sonnenkern statt, der sich etwa über ein Viertel des Sonnenradius erstreckt, was immer noch dem 27-Fachen des Erddurchmessers entspricht und den eigentlichen Fusionsreaktor der Sonne darstellt. Pro Sekunde werden dort rund 600 Millionen Tonnen Wasserstoff in 596 Millionen Tonnen Helium umgewandelt. Die bei der Fusion verlorene Masse von etwa

Eigenschaft	Sonne	Erde	Verhältnis
Radius	696 340 km	6378 km	110 : 1
Oberfläche	$6{,}09 \cdot 10^{12}$ km²	$5{,}11 \cdot 10^{5}$ km²	12 000 : 1
Volumen	$1{,}41 \cdot 10^{18}$ km³	$1{,}09 \cdot 10^{12}$ km³	1 300 000 : 1
Masse	$1{,}99 \cdot 10^{30}$ kg	$5{,}97 \cdot 10^{24}$ kg	330 000 : 1
Oberflächentemperatur	5772 K	288 K (15 °C)	20 : 1
Druck auf Oberfläche	0,1–1 bar	1 bar	0,1–1 : 1
Kerntemperatur	15 000 000 K	6700 K	2200 : 1
Druck im Kern	200 000 Mbar	3,5 Mbar	67 000 : 1
Abstand Sonne–Erde		149 600 000 km	

Tabelle 4.1: Eigenschaften der Sonne und der Erde im Vergleich

4 Millionen Tonnen pro Sekunde verlässt – Einstein lässt grüßen! – die Sonne in Form von Strahlungsenergie:

$$P_{\text{Sonne}} = \frac{\Delta m \cdot c^2}{\Delta t} = \frac{4 \cdot 10^9\,\text{kg} \cdot (2{,}99 \cdot 10^8\,\text{m/s})^2}{1\text{s}} = 3{,}57 \cdot 10^{26}\,\text{W} = 357\,\text{YW}$$

Der Literaturwert liegt bei $3{,}828 \cdot 10^{26}$ W, weil tatsächlich etwas mehr Wasserstoff zu Helium verbrannt wird, als in der Überschlagsrechnung angenommen wurde. Unabhängig davon ist dies eine unfassbar große Leistung. Die Sonne stellt dadurch in einer Mikrosekunde (10^{-6} s) den Energiebedarf zur Verfügung, den die Menschheit derzeit in einem ganzen Jahr nutzt.

Der weitere Energietransport findet über die verschiedenen Zonen der Sonne nach außen statt, wie sie in Abbildung 4.1 dargestellt sind. An den Sonnenkern schließt sich nach außen die Strahlungszone an. Sie erstreckt sich von einem Radius von etwa 150 000 km, dem äußeren Rand des Kerns, bis zu etwa 500 000 km. In dieser Zone wird die Energie hauptsächlich durch Strahlung nach außen transportiert. Die Strahlung durchläuft dabei aufgrund der hohen Dichte der Materie zahlreiche Streuprozesse und benötigt etwa 150 000 Jahre, um diese Zone zu durchqueren.

Weiter außen folgt die Konvektionszone. Sie ist etwa 200 000 km mächtig und reicht bis zur Sonnenoberfläche (wobei die Sonne als diffuser »Gasball« nur eine etwas willkürlich definierte Oberfläche besitzt, dazu kommen wir gleich). In der Konvektionszone erfolgt der Energietransport durch aufsteigendes heißes Plasma, ähnlich wie bei kochendem Wasser. Diese Art des Wärmetransports wird als Konvektion bezeichnet.

An die Konvektionszone schließt sich die nur etwa 500 km dicke Photosphäre an. Diese relativ dünne Schicht wird oft als die *Oberfläche* der Sonne bezeichnet, obwohl die Sonne wie gesagt keine feste Oberfläche im eigentlichen Sinne besitzt. Die Temperatur der Photosphäre liegt bei etwa 5500 Grad Celsius oder 5772 Kelvin. Innerhalb dieser Schicht wird die Energie aus dem Sonneninneren als sichtbare Strahlung an den Weltraum abgegeben.

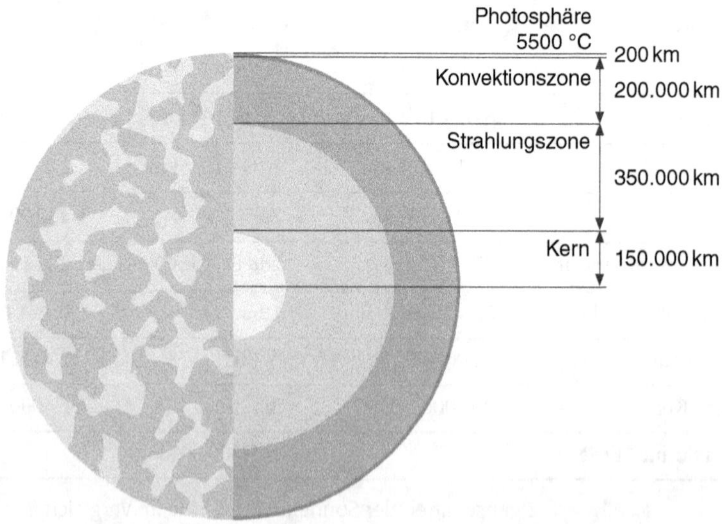

Abbildung 4.1: Aufbau der Sonne: In dem 15 Millionen Kelvin heißen Sonnenkern reagieren Wasserstoffatome in einer Kernfusion zu Helium. Über die Strahlungszone gelangt sie als Strahlungsenergie in die Konvektionszone und von dort in die Photosphäre der Sonne.

Die durch eine Kernfusion von Wasserstoffatomen zu Helium freigesetzte Energie im Inneren der Sonne wird über mehrere Schritte an die Oberfläche befördert. Dieser Prozess läuft sehr langsam ab und benötigt über 150 000 Jahre.

Vergleicht man den Aufbau der Sonne mit dem Aufbau des Fusionsreaktors aus Kapitel 3, so erscheint die Sonne recht simpel konstruiert, obwohl in beiden Systemen eine Kernfusion stattfindet. Die einzelnen Bedingungen für das Einsetzen einer Kernfusion sind jedoch recht unterschiedlich, wie Tabelle 4.2 zeigt. Insbesondere die enormen Drücke im Inneren des Sonnenkerns ermöglichen den Ablauf einer Reaktion mit dem reichlich vorhandenen Wasserstoff. Auf der Erde sind diese Drücke nicht erreichbar, weshalb auf das kaum vorhandene Tritium ausgewichen werden muss. Der Reaktionsraum der Kernfusion ist durch die natürliche Gravitation gegeben, während er im Fusionsreaktor durch stabile Magnetfelder erzeugt werden muss. Der Energietransfer an die Oberfläche der Sonne benötigt über 150 000 Jahre, soll aber in einem Fusionsreaktor natürlich wesentlich schneller erfolgen. Schließlich findet der Energietransport durch Sonnenstrahlung über das Vakuum des Weltalls zur Erde statt. Wie der Transfer der freigesetzten Energie der Kernfusion im Reaktor nach außen stattfinden soll, ist noch nicht demonstriert.

Errechnet man die mittlere Dichte der Fusionsleistung im Zentrum der Sonne, so ergibt sich ein Wert von etwa 27 W/m^3. Dies entspricht der Leistungsdichte eines wenig aktiven Komposthaufens. Auf der Sonne ist dies gut beherrschbar. Auf der Erde lassen sich die dafür nötigen Umweltbedingungen leider nicht reproduzieren. Wir haben einfach nicht genügend Platz. Dies legt den Gedanken nahe, dass es sinnvoller sein könnte, den Fusionsreaktor der Sonne zu nutzen, als selbst einen auf der Erde aufzubauen.

Merkmal	Sonne	erster Fusionsreaktor
Start	vor 4,5 Milliarden Jahren	2038 (geplant)
Laufzeit	circa 10 Milliarden Jahre	400 Sekunden (geplant)
Ausgangsstoff	Wasserstoff in großen Mengen verfügbar	Deuterium und Tritium kaum verfügbar
Umweltbedingungen	15 Millionen K Temperatur und 200 Gbar Druck im Sonnenkern	150 Millionen K Temperatur und Vakuum im Reaktor
Reaktionsraum eingegrenzt durch	natürliche Gravitation	Magnetfelder
Energietransfer	Strahlung	noch ungeklärt

Tabelle 4.2: Vergleich der Kernfusion auf der Sonne und in einem Fusionsreaktor auf der Erde

Das Sonnenlicht erreicht die Erde in einer Entfernung von $r_{\text{S-E}} = 149{,}6$ Millionen Kilometern nach 8,3 Minuten. Nur ein Bruchteil der abgestrahlten Strahlung trifft die Erde, denn die Sonne strahlt ihre Strahlungsenergie gleichmäßig in alle Raumrichtungen ab. Durch die Entfernung der Sonne zur Erde verringert sich die Strahlungsdichte in Erdentfernung auf etwa

$$E_0 = \frac{P_{\text{Sonne}}}{4 \cdot \pi \cdot r_{\text{S-E}}^2} = \frac{3{,}828 \cdot 10^{26}\,\text{W}}{4 \cdot \pi \cdot (149{,}6 \cdot 10^6\,\text{km})^2} = 1361\,\frac{\text{W}}{\text{m}^2}$$

Aufgrund der elliptischen Umlaufbahn der Erde um die Sonne schwankt dieser Wert im Jahresverlauf leicht zwischen 1325 und 1420 W/m^2.

Der Wert der *Strahlungsdichte* oder *Bestrahlungsstärke* E_0 beschreibt die Strahlungsleistung der Sonne pro Quadratmeter senkrecht zur Einstrahlungsrichtung außerhalb der Erdatmosphäre und heißt *Solarkonstante.* Sie wurde von der IAU (*International Astronomical Union*) im Jahr 2015 offiziell auf einen Wert von

$$E_0 = 1361\,\frac{\text{W}}{\text{m}^2}$$

festgelegt. Sie ersetzt den früher üblichen Wert der Weltorganisation für Meteorologie (WMO) von etwa 1367 W/m^2 aus dem Jahr 1982, den man ebenfalls noch häufig in der Literatur findet.

Insgesamt erreichen dadurch etwa 173 PW die äußere Erdatmosphäre, sodass theoretisch in einer Stunde der gesamte Weltprimärenergiebedarf des Jahres 2023 gedeckt wird. Neben der gesamten Strahlungsleistung ist auch deren Verteilung über das Sonnenspektrum von Bedeutung, also die pro Wellenlängenbereich übermittelte Intensität. Denn von dieser hängt ab, wie die Strahlung von der Erde aufgenommen oder reflektiert wird. Dies hat Folgen für Klima, Ökologie und eben auch Technologien wie die Photovoltaik.

Die Sonne als Schwarzer Strahler

Im letzten Abschnitt haben wir beschrieben, wie im Inneren der Sonne Energie durch Kernfusion freigesetzt wird. Diese Fusionsenergie erhitzt die Sonnenoberfläche auf etwa 5772 Kelvin und bewirkt, dass sie elektromagnetische Wärmestrahlung in den Weltraum abstrahlt. Aufgrund der hohen Temperatur liegt die Wellenlänge dieser Strahlung im sichtbaren Spektralbereich. Abbildung 4.2 zeigt das entsprechende Sonnenspektrum. Für das menschliche Auge ist nur der Wellenlängenbereich zwischen 380 und 780 nm sichtbar. Elektromagnetische Strahlung reicht jedoch von hochenergetischer Gammastrahlung bis zu sehr niederenergetischen Radiowellen. Zwischen diesen Extremen liegen im kurzwelligen Bereich die Röntgenstrahlung, dann – mit abnehmender Strahlungsenergie– die ultraviolette Strahlung (UV-Strahlung), das sichtbare Licht und schließlich im langwelligen Bereich Infrarotstrahlung, Mikro- und Radiowellen. Der Hauptteil der solaren Strahlung (etwa 55 %) wird im sichtbaren Spektralbereich (380–780 nm) und im nahen Infrarot (etwa 40 %) abgegeben. Deshalb nutzen Solarzellen auch gerade diesen Wellenlängenbereich.

Das menschliche Auge wandelt elektromagnetische Strahlung im sichtbaren Wellenlängenbereich in Nervenimpulse um, weil in diesem Wellenlängenbereich die Sonnenstrahlung am intensivsten ist.

Das Spektrum der Sonnenstrahlung lässt sich sehr gut durch die Strahlung eines sogenannten *Schwarzen Körpers* annähern, sie ist ebenfalls in Abbildung 4.2 enthalten. Max Planck hat die Strahlungsformel im Jahr 1900 niedergeschrieben und erhielt dafür den Physik-Nobelpreis des Jahres 1918. Das Besondere an der Form des Spektrums ist, dass es nur von

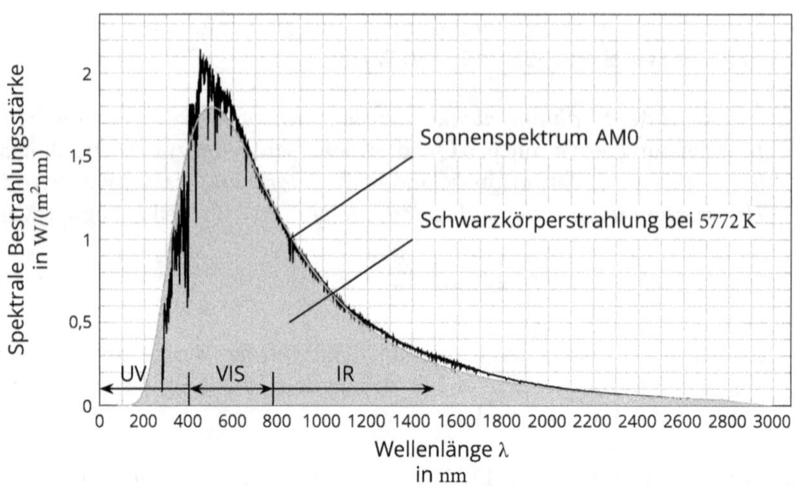

Abbildung 4.2: Spektrum der Sonne außerhalb der Erdatmosphäre (AM0) sowie die Wärmestrahlung eines idealen *Schwarzen Körpers* bei 5772 K. Gekennzeichnet ist der Bereich der sichtbaren (VIS) Strahlung (Wellenlängenbereich von 380 bis 780 nm) sowie die ultraviolette (UV) und infrarote (IR) Strahlung.

der Temperatur des jeweiligen Körpers abhängt. Max Planck konnte das Spektrum mit seiner Formel über das ganze Spektrum der elektromagnetischen Strahlung sehr gut beschreiben, was vor ihm niemandem gelungen war. Je höher die Temperatur ist, desto kurzwelliger ist das Maximum der Strahlung und desto höher ist die gesamte Strahlungsleistung.

Würde die Sonne mit der Temperatur, die in ihrem Inneren herrscht, etwa 15 Millionen Kelvin, strahlen, so wäre aufgrund der extrem intensiven und schädlichen kurzwelligen Strahlung kein Leben auf der Erde möglich. Umgekehrt liegt die Temperaturstrahlung der Erdoberfläche, die ebenfalls als Schwarzer Körper angesehen werden kann und im Mittel eine Temperatur von 288 K (15 °C) hat, im Infraroten, weswegen dieser Bereich auch oft Wärmestrahlung genannt wird.

Bei der Herleitung des Strahlungsgesetzes musste Planck feststellen, dass eine Herleitung mithilfe der klassischen Physik nicht möglich ist. Vielmehr erwies es sich als notwendig, ein neues Modell einzuführen, demzufolge der Energieaustausch zwischen dem Körper und der Umgebung nicht kontinuierlich, sondern nur in Form kleinster Energiepakete stattfinden kann, die später als Lichtquanten bezeichnet wurden. Plancks Herleitung des Strahlungsgesetzes gilt daher heute als die Geburtsstunde der Quantenphysik. Planck selbst schrieb diesen Lichtquanten noch keine physikalische Bedeutung zu. Dies sollten erst später andere Wissenschaftler tun, allen voran Albert Einstein. Die spektrale Strahlungsdichte $L(\lambda,T)$ ergibt sich nach Planck zu:

$$L(\lambda,T) = \frac{2hc^2}{\lambda^5} \cdot \frac{1}{e^{\frac{hc}{\lambda kT}} - 1}$$

Dabei ist h das später nach Planck benannte *Planck'sche Wirkungsquantum*, c ist die Lichtgeschwindigkeit, k ist die Boltzmann-Konstante, λ die Wellenlänge und T Temperatur des Schwarzen Körpers beziehungsweise Strahlers. Die Formel hat folgende Eigenschaften:

- ✔ Die Fläche unter der Kurve entspricht der gesamten abgestrahlten Leistung des Schwarzen Körpers beziehungsweise Strahlers.
- ✔ Je höher die Temperatur des Körpers ist, desto größer sind das Maximum und die Gesamtfläche unter der Kurve.
- ✔ Bei steigenden Temperaturen nimmt die Wellenlänge ab, bei der die Kurve ihr Maximum aufweist.

Mit dem Planck'schen Strahlungsgesetz, das sich aus den Grundlagen der Quantenstatistik ableiten lässt, konnten zwei bereits im 19. Jahrhundert bekannte Gesetze auch theoretisch bewiesen werden.

1. Das *Stefan-Boltzmann-Gesetz:* Das Gesetz ergibt sich durch die Integration des Planck'schen Strahlungsgesetzes über sämtliche Wellenlängen. Es besagt, dass die gesamte Strahlungsleistung eines idealen *Schwarzen Körpers* proportional zur vierten Potenz seiner Temperatur ist:

$$I \propto T^4$$

Im 19. Jahrhundert wurde dieses Gesetz vor allem zur Untersuchung und Verbesserung der Lichtausbeute von Lichtquellen wie Glühlampen genutzt. Es half dabei, die Strahlungsleistung in Abhängigkeit von der Temperatur der Lichtquellen zu verstehen und zu quantifizieren.

2. Das *Wien'sche Verschiebungsgesetz:* Es beschreibt, wie sich die Wellenlänge λ_{max} der maximalen Strahlungsintensität mit der Temperatur des Körpers »verschiebt«:

$$\lambda_{max} \cdot T = 2897{,}8\,\mu\text{mK}$$

Mit steigender Temperatur verschiebt sich also das Strahlungsmaximum zu immer kürzeren Wellenlängen – salopp gesagt: Je wärmer, desto blauer, je kälter, desto röter. Oder physikalisch: Je höher die Temperatur wird, desto kürzer ist die Wellenlänge des Strahlungsmaximums. Mit dieser Erkenntnis kann man die Temperatur glühender Körper aus ihrer Farbe ableiten. Sie war daher im 19. Jahrhundert ein wichtiges Werkzeug zur experimentellen Bestimmung von Temperaturen.

Das Sonnenspektrum kann gut an das Strahlungsspektrum eines Schwarzen Strahlers angepasst werden, wenn man für die Oberflächentemperatur der Sonne eine Temperatur von 5772 K annimmt.

Schmiede und Stahlarbeiter kennen dies: Sie können anhand der Farbe des glühenden Stahls die Temperatur abschätzen: Wenn der Stahl nur dunkelrot glüht, dann ist seine Temperatur relativ niedrig. Wenn er hellgelb glüht, so ist seine Temperatur relativ hoch. Mit diesem Verfahren kann man auch die Temperatur von weit entfernten Sternen bestimmen. Auch jedes Infrarot-Fieberthermometer funktioniert nach diesem Prinzip.

Das reale Sonnenspektrum außerhalb der Erdatmosphäre, so wie es in 4.2 dargestellt ist, wird als AM0-Spektrum bezeichnet. AM0 steht dabei für *Air Mass* 0 und bezeichnet die Solarstrahlung, die noch nicht in die Erdatmosphäre eingetreten ist und deshalb »null Luft« gesehen hat. Die Fläche unter der Kurve entspricht der Solarkonstanten E_0, weil sie ja die gesamte abgestrahlte Leistung angibt. Aus der möglichst exakten Anpassung der Planck'schen Strahlungsformel an das Sonnenspektrum lässt sich somit die Temperatur der Sonne ermitteln.

Die Sonnenstrahlung lässt sich gut durch die Planck'sche Strahlungsformel beschreiben. Sie gibt an, wie die Intensität der von einem *Schwarzen Körper* bei einer bestimmten Temperatur ausgesandten elektromagnetischen Strahlung in Abhängigkeit von der Wellenlänge verteilt ist. Das Maximum der Strahlungsintensität liegt für die Sonne im sichtbaren Wellenlängenbereich.

Zusammenhang zwischen der Nutzung von Sonnenenergie und dem Zivilisationsgrad, nach Kardaschow

Der Zivilisationsgrad einer Zivilisation kann mit der *Kardaschow*-Skala klassifiziert werden. Diese Skala misst den Entwicklungsstand anhand des Umfangs ihrer Energienutzung:

Typ 0: Eine Zivilisation, bei der fossile Energien (einmalig gespeicherte Sonnenenergie, ohne Zutun der Zivilisation) und begrenzte Technologie dominieren.

Typ I: Eine Zivilisation, die alle auf ihrem Heimatplaneten verfügbaren Energiequellen vollständig nutzt. Dabei spielen neben der abgespeicherten Sonnenenergie (Brennholz, Kohle, Öl, Gas) und Geothermie vor allem die aktuell empfangene und genutzte Sonnenenergie eine Rolle. Nach Carl Sagan liegt hier in etwa die Menschheit, nach ihm bei »Typ 0,7«. Wir würden sagen, dass wir eher bei 0,0001 liegen, weil wir von den 172 PW auf der Erde verfügbarer solarer Einstrahlung im Mittel kaum 1 TW (0,001 PW) direkt nutzen. Die gesamten fossilen Ressourcen, die sich über Jahrmillionen gebildet haben, machen insgesamt nur einen Bruchteil der jährlichen solaren Einstrahlung aus. Der Nutzungsanteil der Geothermie ist nahezu vernachlässigbar.

Typ II: Eine Zivilisation, die nicht nur planetare, sondern die gesamte Energie ihres Heimatsterns (das heißt unserer Sonne) nutzbar macht. Etwa durch den Bau einer *Dyson-Sphäre*, einer riesigen Sphäre um diesen Stern, die dessen gesamte Energie absorbieren und nutzen kann. Eine Dyson-Sphäre um die Sonne könnte theoretisch $3{,}828 \cdot 10^{26}$ W bereitstellen. Der Weltenergieverbrauch beträgt derzeit 172 PWh/a, das heißt, die Dyson-Sphäre könnte 19 Billiarden Erden versorgen.

Typ III: Eine Zivilisation, die den gesamten Energieausstoß einer ganzen Galaxie nutzt. Das entspricht ungefähr dem 350-milliardenfachen Energiefluss unserer Sonne, das heißt dem 350-Milliardenfachen einer Typ-II-Zivilisation.

Eine Dyson-Sphäre ist typischerweise das Merkmal einer Typ-II-Zivilisation. Sie würde es einer fortgeschrittenen Zivilisation ermöglichen, die gesamte Energie ihres Sterns für technologische und gesellschaftliche Zwecke zu verwenden, etwa für Großprojekte wie Supercomputer (*Matrjoschka-Brain*). Für die Menschheit ist der Weg zur Dyson-Sphäre allerdings noch sehr, sehr weit.

IN DIESEM KAPITEL ...

Der Einfluss der Erdatmosphäre auf das Sonnenspektrum

Die Jahreszeiten und der Energieertrag

Schattenwurf

Kapitel 5
Licht und Schatten auf der Erde

Die elektromagnetische Strahlung der Sonne passiert den leeren Raum ungehindert mit Lichtgeschwindigkeit und erreicht unsere Erdatmosphäre nach etwa 8,3 Minuten, nachdem sie 150 Millionen Kilometer zurückgelegt hat. Innerhalb der folgenden 160 µs gibt es vielfältige Wechselwirkungen des Lichtes mit unserer Atmosphäre, die das Sonnenspektrum verändern. Diese Wechselwirkungen hängen von der Zusammensetzung der Atmosphäre, den Jahreszeiten und der Frage ab, inwieweit Objekte die Strahlung blockieren. Mit diesen Themen beschäftigen wir uns in diesem Kapitel.

Die solare Einstrahlung auf die Erde

Nach seiner Reise durch das Vakuum des interplanetaren Raumes trifft das Licht auf die äußeren Schichten der Erdatmosphäre, insbesondere die *Stratosphäre*, die sich in einer Höhe von 15 bis 50 km über der Erdoberfläche befindet. Innerhalb dieser Schicht befindet sich die Ozonschicht, deren Ozonmoleküle (O_3) mit der ultravioletten Strahlung des Sonnenlichts reagieren. Ozon absorbiert einen Großteil der schädlichen ultravioletten (UV-)Strahlung der Sonne, insbesondere die energiereichen UV-C-Strahlen (100 bis 280 nm) und einen Großteil der UV-B-Strahlung (280 bis 315 nm). Dabei wird Ozon durch die UV-Strahlung aufgespalten, aber auch wieder neu gebildet, wodurch die Ozonschicht als dynamischer Schutzschild wirkt. Die UV-A-Strahlung (315 bis 400 nm) dringt dagegen weitgehend ungehindert durch die Ozonschicht bis hinunter zur Erdoberfläche.

Erfolg der internationalen Klimapolitik: Die Ozonschicht befindet sich in der Stratosphäre in einer Höhe von 20 bis 50 km über der Erdoberfläche. Das Ozon, O_3, absorbiert dort die ultraviolette Strahlung des Sonnenspektrums und sorgt so dafür, dass diese nicht unsere Erdoberfläche erreicht. Im Jahr 1974 warnten die Chemiker Mario Molina und Frank Sherwood Rowland erstmals vor der Zerstörung der Ozonschicht durch den Menschen. Fluorchlorkohlenwasserstoffe – kurz FCKW – die damals in Sprays und Kühlschränken benutzt wurden, zerstören die Ozonschicht. Ist diese erst einmal verschwunden, kann die UV-Strahlung ungehindert die Erdoberfläche erreichen. Bei Menschen erzeugt sie vermehrt Hautkrebs, Flora und Fauna werden ebenfalls angegriffen. Für diese Entdeckung erhielten Mario Molina und Frank Rowland zusammen mit Paul Crutzen 1995 den Nobelpreis für Chemie. Und aufgrund dieser Forschungsergebnisse verabschiedeten 1989 etliche Staaten das *Protokoll von Montreal*, in dem FCKW weltweit geächtet wurde, und alle Staaten hielten sich daran. Seitdem schließt sich das Ozonloch wieder ganz allmählich. Ein großer Erfolg der internationalen Klimapolitik.

Der Rest der elektromagnetischen solaren Strahlung erreicht die dichte Troposphäre, die sich von der Erdoberfläche bis in eine Höhe von etwa 15 km erstreckt. In diesem Bereich spielt sich das Wettergeschehen ab. Einige der in der Luft vorkommenden Moleküle, wie Kohlenstoffdioxid, CO_2, und Wasserdampf, H_2O, absorbieren Strahlung in bestimmten Wellenlängenbereichen, sodass sich charakteristische Absorptionsbanden im Sonnenspektrum ergeben, die durch die Konzentration der Gase in der Atmosphäre bestimmt sind (siehe Abbildung 5.1).

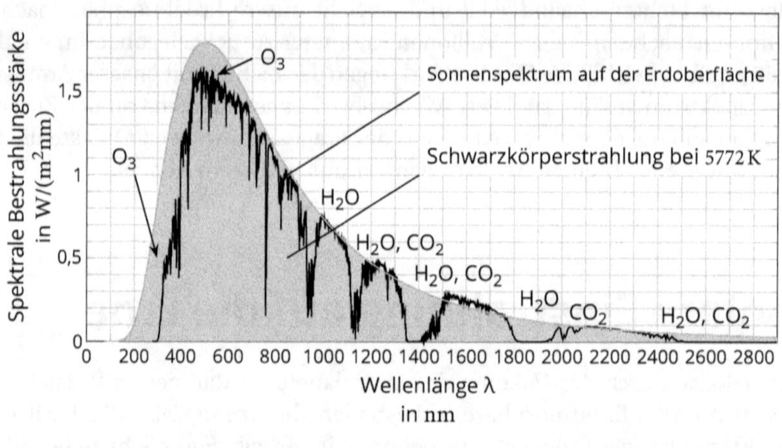

Abbildung 5.1: Spektrum der Sonne auf der Erdoberfläche sowie die Wärmestrahlung eines idealen Schwarzen Körpers bei 5772 K. Das Sonnenspektrum zeigt Absorptionsbanden vor allem der Gase O_3 und CO_2 sowie von Wasserdampf H_2O.

Wolken, Staub und Verschmutzungen absorbieren, reflektieren oder streuen einen weiteren Teil der Sonnenstrahlung, sodass das auf der Erdoberfläche ankommende Licht weiter abgeschwächt wird.

Die Strahlungsleistung des Lichtes wird durch Streuung und Absorption in der Erdatmosphäre modifiziert. Man unterscheidet folgende physikalische Prozesse:

- ✔ Absorption: Bestimmte Moleküle in der Erdatmosphäre, wie CO_2, CH_4, O_3 und H_2O, absorbieren elektromagnetische Strahlung bei bestimmten

Wellenlängen und reduzieren so die Abstrahlung von terrestrischer Wärmestrahlung ins Weltall – ein bisschen so wie das Glasdach eines Treibhauses. Deshalb heißen diese Gase auch *Treibhausgase.*

- ✔ Rayleigh-Streuung: Trifft Licht auf Teilchen wie Atome oder Moleküle, die kleiner als seine Wellenlänge sind, so tritt die sogenannte Rayleigh-Streuung auf und streut das Licht aus dem Strahlengang. Kurzwelliges (blaues) Licht wird dabei stärker gestreut als langwelliges.

- ✔ Mie-Streuung: Mie-Streuung bezeichnet die Streuung von Licht an Teilchen, deren Größe in der Größenordnung der Wellenlänge des einfallenden Lichtes liegt oder diese übersteigt. Dies trifft typischerweise auf Aerosole, Staub und Rußpartikel zu. Es sind Teilchen, die einiges größer als Atome und Moleküle sind, die bei der Rayleigh-Streuung eine Rolle spielen. Die Mie-Streuung hat im Gegensatz zur Rayleigh-Streuung nur eine schwache Abhängigkeit von der Wellenlänge, wodurch das gestreute Licht grauweiß erscheint. Dieses Phänomen erklärt beispielsweise die weiße Farbe von Wolken, die aus Wassertröpfchen bestehen und das Licht per Mie-Streuung unabhängig von der Wellenlänge in alle Richtungen streuen.

An einem klaren Tag wird etwa 30 % der elektromagnetischen Strahlungsleistung in der Atmosphäre absorbiert, gestreut oder in den Weltraum zurückreflektiert. So reduziert sich die Strahlungsleistung der Solarkonstanten E_0 mit ihren 1361 W/m^2 auf der Erdoberfläche auf eine typische Einstrahlungsstärke (vom Empfänger aus gesehen: *Bestrahlungsstärke*) von bei klarem Himmel etwa 1000 W/m^2 auf der Erdoberfläche. Deshalb wurde diese Leistungsdichte zusammen mit der entsprechenden spektralen Verteilung auch als Norm für die Leistungsmessung von Solarmodulen festgelegt. Abbildung 5.2 zeigt neben dem extraterrestrischen Spektrum das modifizierte Sonnenspektrum in Bodennähe. Im Vergleich zum AM0-Spektrum (erdnaher Weltraum) erkennen Sie in Abbildung 5.2, dass beim Spektrum nahe der Erdoberfläche die spektralen Anteile im ultravioletten Bereich besonders stark

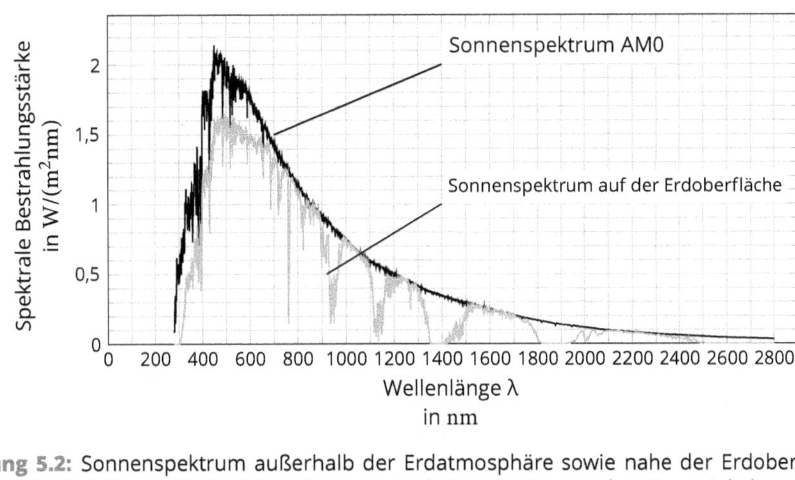

Abbildung 5.2: Sonnenspektrum außerhalb der Erdatmosphäre sowie nahe der Erdoberfläche bei einem Einfallswinkel von 48,2 Grad (beziehungsweise bei einem Sonnenelevationswinkel von $\gamma_S = 41{,}8$).

reduziert sind. Ebenso erkennt man, dass Wasserdampf und CO_2 das Spektrum in bestimmten Wellenlängenbereichen sichtlich herunterdimmen. Das Sonnenspektrum ändert sich also beim Durchgang durch die Atmosphäre deutlich. Der Effekt wird natürlich umso größer, je länger der zurückgelegte Weg durch die Atmosphäre ist. Morgens und abends ist die Einstrahlung schwächer, weil das Sonnenlicht einen viel längeren Weg durch die Atmosphäre zurücklegen muss, bis es die Erdoberfläche erreicht. Das Sonnenspektrum wird somit zu wesentlichen Teilen über die Länge des Weges bestimmt, welchen es durch die Atmosphäre zurücklegt. Dies beschreibt der Begriff der *Air Mass* (AM), siehe Abbildung 5.3. Die Zahl hinter »AM« gibt an, wie lang die relative Wegstrecke des Lichtes durch die Erdatmosphäre ist. Bei AM1 ist die Sonne im Zenit und das Licht legt den kürzesten Weg durch die Atmosphäre zurück. Bei AMx passiert das Licht dann den x-fachen Weg durch die Atmosphäre. Dieser Wert lässt sich über den *Sonnenelevationswinkel* γ_S – Winkel der Sonne über dem Horizont – leicht berechnen. Es gilt dann für den AM-Wert x:

$$x = \frac{1}{\sin \gamma_S}$$

Oberhalb der Atmosphäre wird das Spektrum als AM0-Spektrum oder als *extraterrestrisches Sonnenspektrum* bezeichnet.

Die Zahl x hinter *Air Mass*x (AM)x gibt die effektive Dicke der Atmosphäre an. Sie ist das Vielfache des Weges, den das Licht verglichen mit einer senkrechten Einstrahlung zurücklegt, siehe Abbildung 5.3. Dies hat einen wesentlichen Einfluss auf das Strahlungsspektrum der Sonne in Bodennähe. Unter AM1 versteht man das Sonnenspektrum auf der Erdoberfläche, welches sich bei senkrechter Einstrahlung durch die Atmosphäre ergibt. Bei schräger Einstrahlung ist der Weg entsprechend länger und das Spektrum modifiziert. So legt das Licht bei AM1,5 die 1,5-fache Strecke durch der Atmosphäre zurück. Der wichtigste

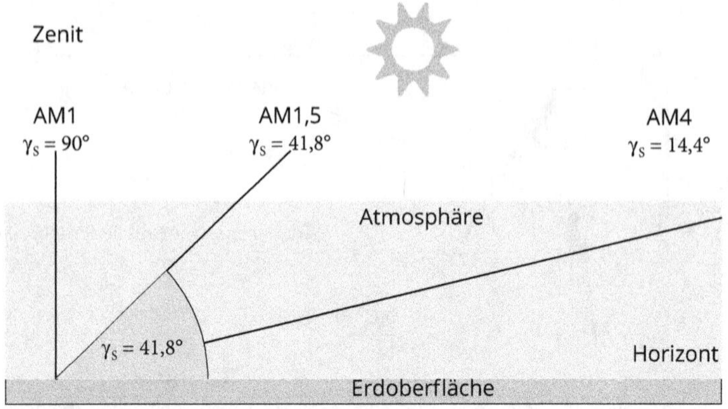

Abbildung 5.3: Die Definition der relativen *Air Mass* (AM), die angibt, wie weit der Weg des Sonnenlichts durch die Atmosphäre im Vergleich zum senkrechten Lichteinfall ist. Der Sonnenelevationswinkel γ_S gibt den Winkel der Sonne gegenüber dem Horizont an.

Standardwert ist der Wert AM1,5, da er einer typischen Bestrahlungssituation in mittleren Breiten entspricht. Die gesamte Einstrahlungsleistung für diesen Wert liegt bei 1000 W/m^2 und dient bei Messungen von PV-Modulen als Referenzwert.

Die lokalen AMx-Werte hängen von der geografischen Breite sowie dem Datum und der Uhrzeit ab. In Berlin ist am 21.06. (höchster Sonnenstand) die Strecke mittags das 1,15-Fache (AM1,15) und am 22.12. mittags das 4,12-Fache (AM4,12) der Erdatmosphärendicke. AM1,5 wird in Berlin am 1. April und am 12. September um 12 Uhr mittags erreicht.

In der Grafik 5.4 ist die Einstrahlungsstärke an einem Sommertag und an einem Wintertag über den Tagesverlauf dargestellt. Die *Einstrahlungsstärke* ist dabei die momentane Leistung, mit der die Sonne einstrahlt. Obwohl sie eine wichtige Größe ist, spielt für den Solarteur beziehungsweise den Endkunden die über eine bestimmte Zeit eingestrahlte Leistung, also die Energie, die wichtigere Rolle. Sie wird auch Einstrahlung genannt. Sie entspricht der Fläche unter der Kurve in Abbildung 5.4. Wenn die Sonne für eine Stunde eine Leistung von 1000 Watt auf einen Quadratmeter Empfängerfläche einstrahlt, dann sind 1000 Wh beziehungsweise 1 kWh an Energie eingefallen. Die eingefallene Energie ist also die über die Zeit summierte beziehungsweise integrierte eingestrahlte Leistung. Sie variiert stark im Jahresverlauf, aber auch mit der Witterung. In dem abgebildeten Fall beispielsweise ist der Unterschied ein Faktor 8: Die Fläche unter der Kurve für den Sommertag ist etwa achtmal größer als die Fläche unter der Kurve für den Wintertag. Tabelle 5.1 zeigt die Mittelwerte der monatlichen und jährlichen Einstrahlung für verschiedene Städte Deutschlands und Europas. Auch in den Monatsmittelwerten kann der Unterschied zwischen Sommer und Winter erheblich sein. Im Falle von Bergen in Norwegen ist dieser Faktor fast 30.

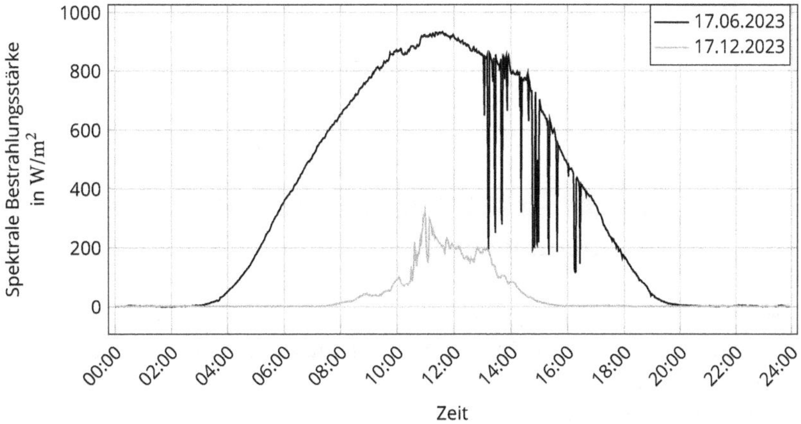

Abbildung 5.4: Solare Einstrahlungsverläufe der globalen Bestrahlungsstärke am 17.12.2023 (wolkenloser Himmel) und am 17.06.2023 (wolkenloser Himmel) in Paderborn.

Die Einstrahlungsunterschiede von Sommer zu Winter sind in Deutschland ebenfalls relativ hoch. Deshalb ist es schwierig, Deutschlands kompletten elektrischen Energiebedarf im Winter nur mit Strom von der Sonne zu decken, zumindest wenn kein großer saisonaler

kWh/m^2	Jan	Feb	Mär	Apr	Mai	Jun	Jul	Aug	Sep	Okt	Nov	Dez	Jahr
Bergen	5	20	56	100	135	142	127	101	61	30	8	3	788
Berlin	20	41	80	126	163	174	170	147	100	54	25	16	1116
Freiburg	31	52	96	128	151	174	181	153	114	68	36	28	1212
Hamburg	18	38	79	131	156	167	159	134	89	49	22	11	1053
Almería	82	97	138	167	213	230	240	209	155	122	85	71	1809

Tabelle 5.1: Langjährige Mittel der monatlichen Globalstrahlung in kWh/m^2 verschiedener Orte in Europa

Energiespeicher vorhanden ist. In Ländern in der Nähe des Äquators gibt es kaum Jahreszeiten und die Einstrahlung ist das ganze Jahr über ähnlich hoch. Hier ist eine ganzjährige Versorgung allein durch Photovoltaik viel einfacher möglich. In der Sahara liegt die Jahreseinstrahlung bei bis zu 2500 kWh/m^2. Auf ihrer Gesamtfläche (die übrigens fast so groß wie Europa ist) wird im Laufe eines Jahres das über 200-Fache des Weltprimärenergiebedarfs eingestrahlt.

Direkte und indirekte Sonneneinstrahlung

Durch die Streuung der solaren Einstrahlung in der Atmosphäre entsteht diffuse Strahlung, siehe Abbildung 5.5.

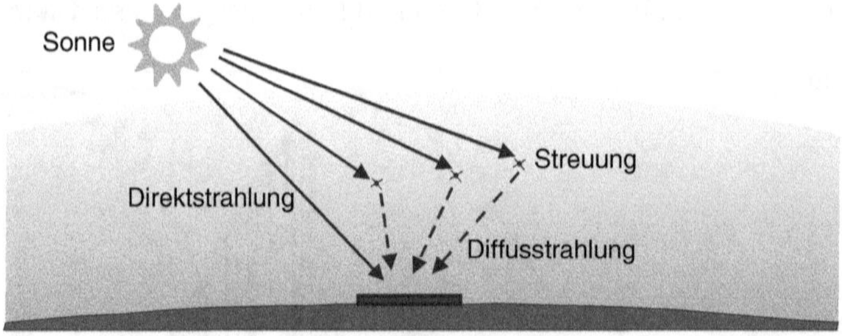

Abbildung 5.5: Zusammensetzung der Globalstrahlung aus direkter und diffuser Strahlung.

Daher setzt sich die Einstrahlung auf der Erdoberfläche aus einem direkten und einem diffusen Anteil zusammen. Die direkte Strahlung ist diejenige, die die Erdoberfläche auf direktem Weg von der Sonne erreicht. Sie verursacht scharfe Schatten. Der Rest der Sonnenstrahlung wird durch Wolken, Wassermoleküle, Luftverschmutzung und Staub entweder absorbiert oder in alle Richtungen gestreut oder reflektiert. Das Licht, welches durch die Atmosphäre absorbiert wird, wird in Wärmestrahlung umgewandelt und in alle Richtungen abgestrahlt. Von Wolken und Staub reflektiertes Licht wird immer wieder abgelenkt und erzeugt eine diffuse Strahlung, die aus allen Richtungen einfällt. Sie erzeugt keine Schatten und kann nicht durch optische Linsen oder Parabolspiegel konzentriert werden. Dies ist nur mit dem direkten Sonnenlicht möglich.

Der Beitrag der diffusen Einstrahlung zur globalen Einstrahlung wird oft unterschätzt. Tabelle 5.2 zeigt den Anteil der direkten Sonneneinstrahlung an der Gesamteinstrahlung für verschiedene Orte. In Berlin sind selbst im Sommer nur etwa 50 % der Globalstrahlung durch direkte Sonneneinstrahlung gegeben. Die andere Hälfte der Strahlung ist die diffuse Strahlung. Im Winter gibt es in Berlin an den meisten Tagen fast nur diffuse Einstrahlung.

%	Jan	Feb	Mär	Apr	Mai	Jun	Jul	Aug	Sep	Okt	Nov	Dez
Bergen	32	44	55	64	61	59	59	57	54	49	38	23
Berlin	31	43	50	51	51	54	51	52	48	44	36	31
Freiburg	39	49	56	55	50	54	59	57	54	48	40	41
Almería	68	66	59	62	68	72	74	71	65	63	64	63

Tabelle 5.2: Langjährige monatliche prozentuale Mittelwerte des Verhältnisses von direkter Einstrahlung zu globaler Gesamteinstrahlung.

An einem bewölkten Tag ist 100 % der solaren Einstrahlung, die noch auf der Erdoberfläche ankommt, diffuse Einstrahlung. Selbst an einem klaren Tag sind noch etwa 20 % der Einstrahlung diffus. In Abbildung 5.6 sind die jeweiligen Anteile von direkter und diffuser Einstrahlung an den täglichen Einstrahlungssummen über ein Jahr für den Standort Paderborn dargestellt. Neben der Tatsache, dass im Winter oft tägliche Einstrahlungssummen von nur 0,3 kWh/(m^{2}d) zustande kommen, fällt auf, dass diese niedrigen Einstrahlungen vollständig diffus sind.

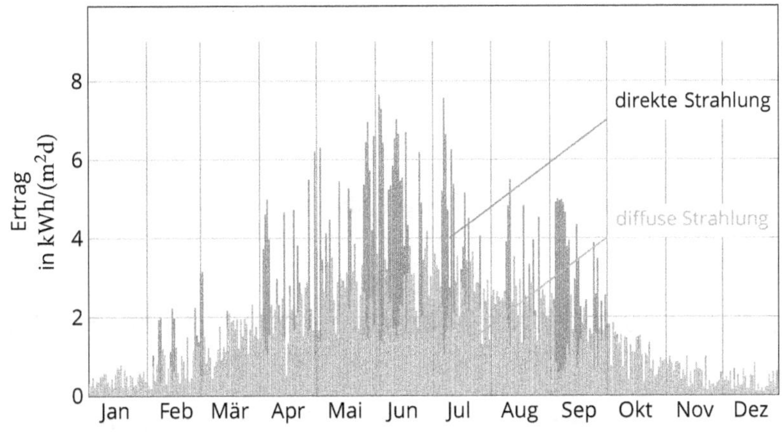

Abbildung 5.6: Tägliche Einstrahlungssummen mit den Anteilen von direkter (dunkel) und diffuser (hell) Einstrahlung in Paderborn über ein Jahr.

In südlichen Regionen, wie in Kairo oder in Almería (Spanien), beträgt der direkte Anteil im Sommer bis zu über 70 % und auch im Winter ist der direkte Anteil noch relativ hoch.

Der relative Anteil der indirekten Strahlung hängt von einer Reihe von Faktoren ab. Einer der Hauptfaktoren ist die Länge der Strecke, die das Licht in der Atmosphäre zurücklegt. Je länger diese Strecke ist, desto mehr Licht wird absorbiert und gestreut. Weil das Licht abends und morgens jeweils eine längere Strecke in der Atmosphäre zurücklegt als während der Mittagsstunden, liegt zu diesen Stunden ein höherer Anteil an diffuser Strahlung vor. Je niedriger der direkte Anteil der Strahlung ist, desto niedriger ist auch die gesamte Einstrahlung und desto niedriger ist dann die elektrische Leistung, die ein Solarmodul erzeugen kann. Standardsolarmodule wandeln sowohl direkte Sonneneinstrahlung als auch diffuse Sonneneinstrahlung in elektrischen Strom um. Es gibt übrigens auch konzentrierende Solarmodule, bei denen das Licht über eine Linse noch einmal fokussiert wird. Solche Module können nur direktes Sonnenlicht in elektrischen Strom umwandeln, da die Linse nur das direkte Sonnenlicht fokussiert. Solche Solarmodultypen sind nur da sinnvoll, wo der direkte Einstrahlungsanteil sehr hoch ist. Konzentrierende Solarmodule spielen in der Anwendung daher heute kaum noch eine Rolle, zudem sind sie im Verhältnis zu Standardmodulen viel teurer, vor allem weil sie der Sonne nachgeführt werden müssen, damit das konzentrierte Sonnenlicht tatsächlich auf die Solarzelle fällt. Eine andere Möglichkeit, um die direkte Strahlung besser auszunutzen, ist die Sonnenstandsnachführung von Standardmodulen ohne Konzentration des Sonnenlichts, sodass die direkte Sonnenstrahlung stets möglichst senkrecht auf das Modul trifft. Hier wird zwischen ein- und zweiachsiger Nachführung unterschieden. Bei der einachsigen Nachführung wird das Modul meist nur über eine Achse nachgeführt. Bei der zweiachsigen Nachführung wird sowohl azimutal als auch um *Elevationswinkel* (dem Winkel zwischen Sonne und Horizont) nachgeführt.

Rayleigh-Streuung: Warum der Himmel blau ist

Sind Bestandteile der Luft kleiner als die Wellenlänge des Lichtes, so tritt die sogenannte *Rayleigh-Streuung* auf. Diese streut kurzwelliges Licht viel stärker als langwelliges. Da blaues Licht kurzwelliger als rotes Licht ist, wird das blaue Licht stärker gestreut als das rote. Dieses Streulicht macht den Himmel blau. Weil der Weg des Lichtes am Morgen und am Abend durch die Atmosphäre besonders lang ist, wird zu diesen Zeiten mehr blaues Licht aus dem Strahlungsspektrum der Sonne gestreut. Dieser blaue Wellenlängenbereich fehlt dann der direkten Einstrahlung und führt dazu, dass die Sonne morgens und abends rötlicher erscheint.

Die Orientierung der Erde (und ihrer Solarmodule) zur Sonne

Da die Sonne die Energiequelle eines Solarmoduls darstellt, ist es wichtig, den Einfluss der Orientierung des Solarmoduls zur Sonne gut zu verstehen. Die Neigung der Erde zur Sonne, die Deklination, hat darauf einen Einfluss, ebenso die Neigung des Solarmoduls zum Erdboden und die Ausrichtung des Moduls. Dies werden wir im Folgenden genauer betrachten.

Die Erde läuft innerhalb eines Jahres einmal um die Sonne, und zwar auf einer elliptischen Bahn, in deren einem Brennpunkt sich die Sonne befindet. Der Abstand der Erde zur Sonne variiert nur um etwa 3 %. Daher handelt es sich in guter Näherung um eine Kreisbahn. Der sonnenfernste Punkt wird auf der Nordhalbkugel im Sommer und der sonnennächste Punkt im Winter erreicht. Die Jahreszeiten sind darum nicht durch die leicht variierende

Entfernung der Erde zur Sonne, sondern durch die Lage der geneigten Erdachse relativ zur Sonne bestimmt, siehe Abbildung 5.7.

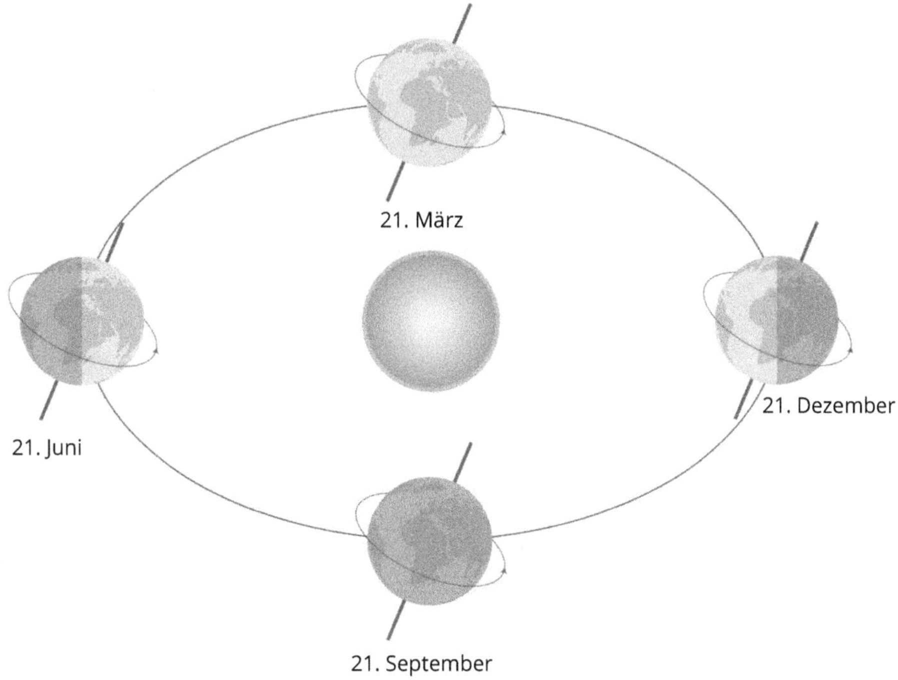

Abbildung 5.7: Erdumlaufbahn um die Sonne mit der um 23,4 Grad verkippten Drehachse der Erde; Quelle: csiling - stock.adobe.com

Die Erdachse ist um 23,4 Grad gegen die Senkrechte (Normale) auf der Erdbahn geneigt. Sie liegt dabei stabil im Raum und zeigt ziemlich genau auf den Polarstern. Durch diese Neigung ist die nördliche Halbkugel der Erde von April bis September (also in unserem Sommer) der Sonne zugeneigt, von Oktober bis März (in unserem Winter und damit dem Südsommer) die südliche Halbkugel, siehe Abbildung 5.8.

Die Verkippung (heute 23,4 Grad) der Erdachse entstand in der sehr frühen Erdgeschichte. Damals war die Achse der jungen Erde noch annähernd senkrecht zur Umlaufbahn ausgerichtet. Forscherinnen und Forscher gehen davon aus, dass kurz nach der Entstehung der Erde ein sehr großer Himmelskörper – *Theia* genannt und ungefähr so groß wie der Mars – die Erde streifte oder mit ihr kollidierte. Dieser gewaltige Einschlag riss Material aus der Erde heraus, woraus dann unser Mond entstand, und bescherte unserem Planeten zudem eine schiefe Rotationsachse. Die Gravitationskräfte des neu entstandenen Mondes haben die Erdachsenneigung in den Jahrmilliarden danach relativ stabil gehalten. Ohne den Mond würde die Achsenneigung deutlich stärker schwanken. Kleinere periodische Veränderungen der Achsenneigung – sogenannte Milanković-Zyklen – werden durch die Schwerkrafteinflüsse anderer Himmelskörper (vor allem Sonne und Mond) und die leicht ungleichmäßige Massenverteilung im Erdinneren verursacht. Ohne das Kollisionsereignis Theia gäbe es keine Jahreszeiten und wir müssten uns bei der Solarinstallation nicht um die Sonneneinstrahlungsunterschiede zwischen Sommer und Winter kümmern.

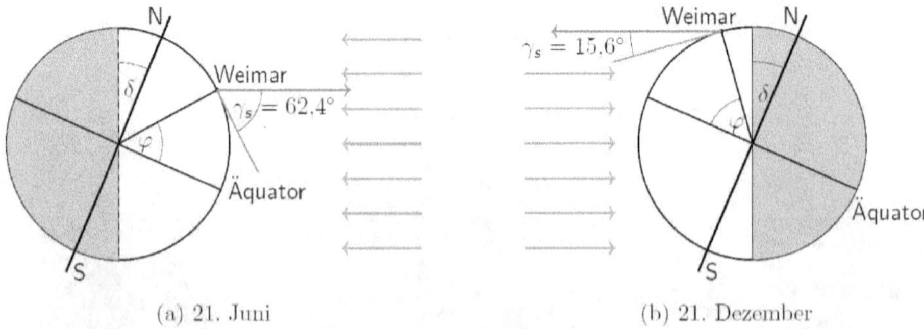

Abbildung 5.8: Einfluss der Erdachsenneigung δ von 23,4 Grad auf die einfallende Sonnenstrahlung zur Sommer- und Wintersonnenwende in Weimar

Die *Sonnenhöhe* γ_S beziehungsweise der Sonnenelevationswinkel definiert den Winkel zwischen dem Horizont und der Sonne – genauer gesagt dem Sonnenmittelpunkt. Diese erreicht zur Sommersonnenwende auf der Nordhalbkugel ihr Maximum (in Weimar steht die Sonne dann um 12 Uhr mittags 62,4 Grad über dem Horizont ($\gamma_S = 62{,}4°$), weil die Erdachse dann in Richtung Sonne weist und so die Sonnenstrahlen unter einem steileren Winkel einfallen. Zur Wintersonnenwende am 21. Dezember weist die Achse von der Sonne weg, und die Sonnenhöhe am Mittag erreicht ein Minimum. Die Sonne steht dann nur flach über dem Horizont, in Weimar etwa um 12 Uhr mittags nur um 15,6 Grad ($\gamma_S = 15{,}6°$). Die Sonnendeklination δ, der Neigungswinkel der Erdachse Richtung Sonne, ändert sich im Lauf des Jahres, siehe Abbildung 5.7. Dadurch entstehen die Jahreszeiten.

Die Sonneneinstrahlung im Jahresverlauf

In Abbildung 5.9 sieht man den jeweiligen Sonnenstand zu verschiedenen Tages- und Jahreszeiten für den Standort Berlin. Im Sommer fällt das Sonnenlicht steiler ein und der Weg des Lichtes durch die Atmosphäre ist kürzer. Der Anteil an direkter Sonnenstrahlung ist dementsprechend ebenfalls höher. Die Einstrahlung pro Fläche ist zusätzlich erhöht, weil die Erdoberfläche weniger geneigt zum einfallenden Sonnenlicht ist. Des Weiteren sind die Tage im Sommer länger und demzufolge gibt es im Sommer potenziell mehr Sonnenstunden pro Tag als im Winter. Insgesamt ist die eingestrahlte Energie auf der Nordhalbkugel im Sommer signifikant höher als im Winter.

Zum Vergleich ist in Abbildung 5.10 auch die Einstrahlung an zwei äquatornahen Standorten dargestellt. Die monatlichen Schwankungen sind dort im Jahresverlauf deutlich geringer als beispielsweise in Berlin. Außerdem ist die übers Jahr insgesamt eingestrahlte Energie etwa doppelt so hoch wie in Berlin.

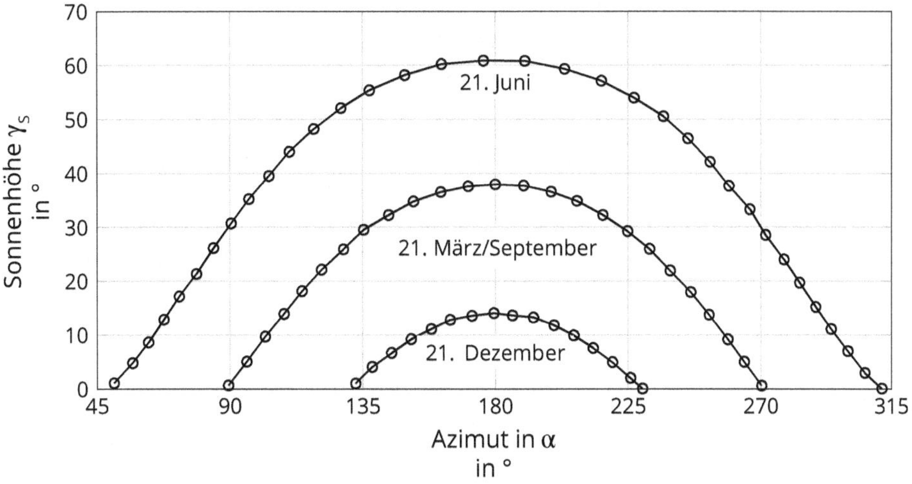

Abbildung 5.9: Sonnenstandsdiagramm zu verschiedenen Tages- und Jahreszeiten: Auf der x-Achse die azimutale Abweichung von Norden (180 Grad Sonnenazimut entsprechen Süden), auf der y-Achse die Sonnenelevation über dem Horizont (Sonnenhöhe) aufgetragen (90 Grad entsprechen dem Zenit).

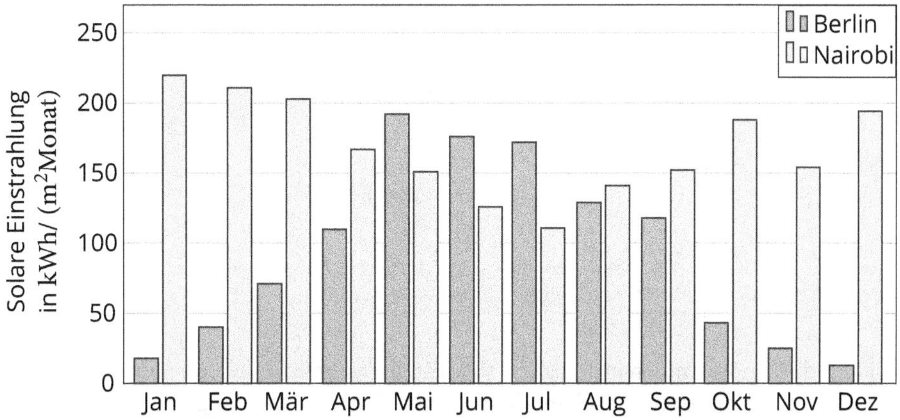

Abbildung 5.10: Vergleich der monatlichen solaren Einstrahlungswerte für die Globalstrahlung über das Jahr für Berlin (Deutschland, 52,5 Grad Nord) und für Nairobi (Kenia, 1,3 Grad Süd).

Für einen maximalen Tagesertrag der Solarmodule sind diese auf der nördlichen Hemisphäre in Richtung des geografischen Südens auszurichten. Unter diesen Bedingungen sind zur Mittagszeit die Einstrahlung und auch die Erträge am höchsten. Richtet man die Solaranlage Richtung Osten oder Westen aus, so kann man die Zeiten maximaler Erträge in die Vormittags- beziehungsweise Abendstunden verlegen. Um die höchsten Gesamtjahreserträge für eine feste Ausrichtung zu erzielen, sollte in unseren Breitengraden die Neigung der Solarmodule zur Horizontalen 30 bis 35 Grad betragen. Soll der Energieertrag im Winter erhöht werden, so kann man die Neigung (Elevationswinkel) auf bis zu 60 Grad steigern, weil die Sonne dann deutlich weniger hoch über dem Horizont steht. Im Sommer steht die

Sonne höher und deshalb würde man für einen optimalen Ertrag im Sommer die Module flacher aufstellen. Insgesamt ist die Abhängigkeit des Gesamtertrags von der Ausrichtung der Anlage aber relativ moderat, wie Abbildung 5.11 zeigt.

Für einen maximalen Jahresertrag sollte eine fix montierte Anlage in Berlin Richtung Süden mit einer Neigung von 30 Grad ausgerichtet werden. Eine Ausrichtung Richtung Westen mit einer Neigung von 30 Grad führt aber auch noch zu einem Ertrag von 90 % des Maximalertrags. Wegen dieser relativen Unempfindlichkeit werden Module auf Dächern meist mit der Ausrichtung und der Neigung des Daches montiert – das ist einfacher und hält meist auch besser.

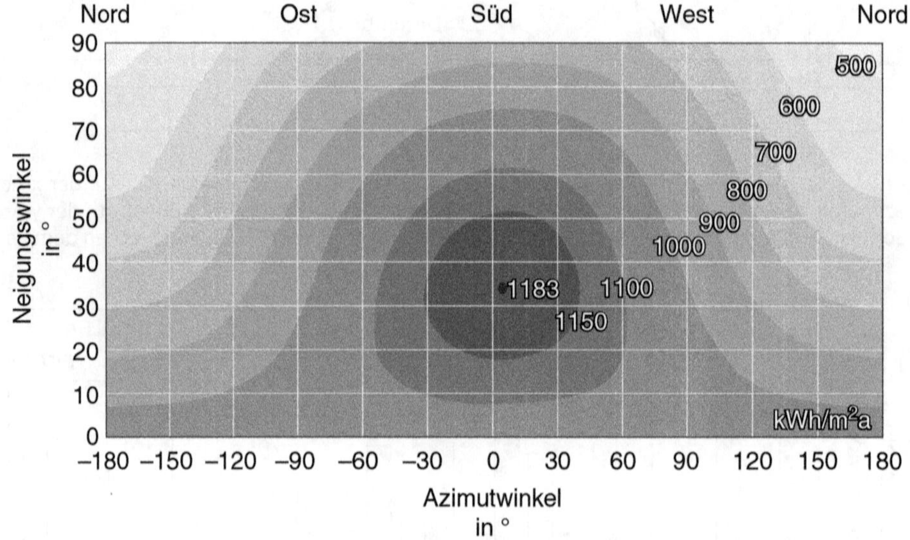

Abbildung 5.11: Summen der gesamten Jahreseinstrahlung in Abhängigkeit der Ausrichtung der Empfängerfläche auf Azimut und deren Neigung; für Berlin in kWh/m^2.

Man kann die Module mechanisch auch so aufstellen, dass sie sich in einer oder sogar zwei Achsen nachführen lassen. Dies dient der besseren Ausrichtung der Solarmodule zur Sonne und somit der Ertragssteigerung über einen Tag und über ein Jahr hinweg. Sind die Module immer senkrecht zur Sonne ausgerichtet, so ist die Leistungsdichte der einfallenden Sonnenstrahlung auf dem Modulen maximal. Zusätzlich ist die Reflexion des Sonnenlichts am Modul minimiert. Durch eine einachsige Nachführung ist die Ertragssteigerung je nach Lage bis zu 30 % im Vergleich zu einem stationären System erhöht. Bei einem zweiachsig nachgeführten System liegt die Steigerung sogar bei bis zu 40 %. Da die Solarmodule in den letzten Jahren sehr günstig geworden sind, findet man in Deutschland immer weniger Freiflächenanlagen, die nachgeführt werden. Häufig kompensiert der Mehrertrag die höheren Kosten für die mechanische Unterkonstruktion nicht. Zusätzlich ist der Wartungsaufwand durch die komplexere Mechanik erhöht.

Die Sonneneinstrahlung im Tagesverlauf

Abbildung 5.12 zeigt den Verlauf der Bestrahlungsstärke an einem klaren Tag für einen horizontal fix ausgerichteten sowie für einen nachgeführten Empfänger – bei dem die direkte solare Einstrahlung stets senkrecht auf die Empfängerfläche trifft. Da im Winter die Sonne sehr tief steht, ist die Einstrahlung auf eine horizontale Fläche entsprechend gering. Eine Nachführung bringt hier eine erhebliche Steigerung der Bestrahlungsstärke. Hierbei sei allerdings angemerkt, dass es sich um einen klaren Tag mit hoher direkter Einstrahlung handelt, von denen es vergleichsweise wenig im Winter gibt. Im Sommer steht die Sonne viel höher, wodurch die horizontale Fläche viel besser bestrahlt wird und der Unterschied zum Bestrahlungsstärkeverlauf bei nachgeführter Empfängerfläche geringer ausfällt. Neben dem Ertragszugewinn, der 30 bis 40 Prozent gegenüber einer Festausrichtung mit 30 Grad Anstellwinkel ausmacht, bietet ein so nachgeführtes Solarpanel den Vorteil, dass vor allem morgens und abends erheblich mehr von der Sonne beschienen wird und entsprechend mehr PV-Strom produziert wird – dadurch fällt die Erzeugungskurve im Tagesverlauf viel flacher und damit gleichmäßiger aus, die ausgeprägte Mittagsspitze entfällt.

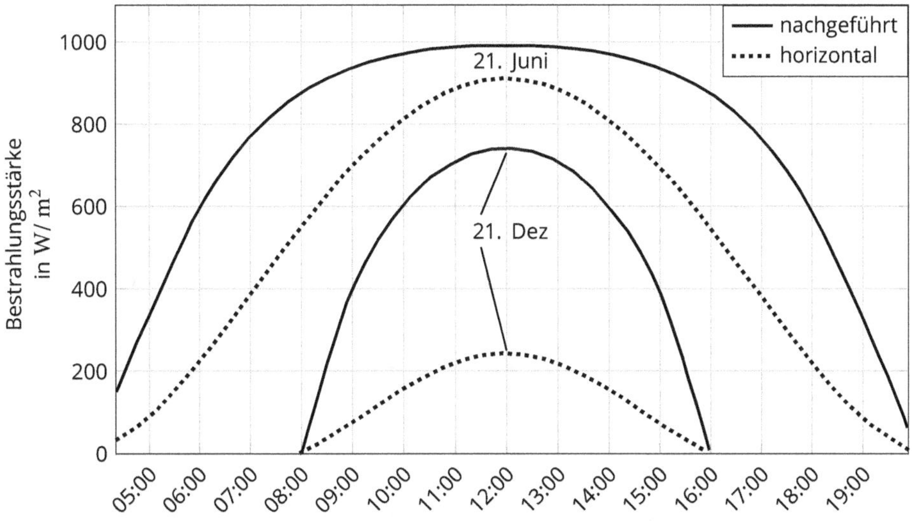

Abbildung 5.12: Bestrahlungsstärkenverlauf an einem klaren und wolkenlosen Tag für den 50. nördlichen Breitengrad (München) für eine horizontale Empfängerfläche sowie für eine stets der Sonne nachgeführte Empfängerfläche. Quelle: Nach Quaschning, Erneuerbare Energiesysteme, 2025.

Bestrahlung auf geneigten Flächen

Liegt die Photovoltaikanlage nicht direkt auf dem Boden, sondern ist, wie in den meisten Fällen, geneigt aufgestellt, so trägt neben der direkten Sonnenstrahlung E_{Direkt} und der diffusen Sonnenstrahlung E_{Diffus} auch das vom Untergrund reflektierte Sonnenlicht E_{Refl} zur gesamten Einstrahlung E_{Gen} bei:

$$E_{\text{Gen}} = E_{\text{Direkt}} + E_{\text{Diffus}} + E_{\text{Refl}}$$

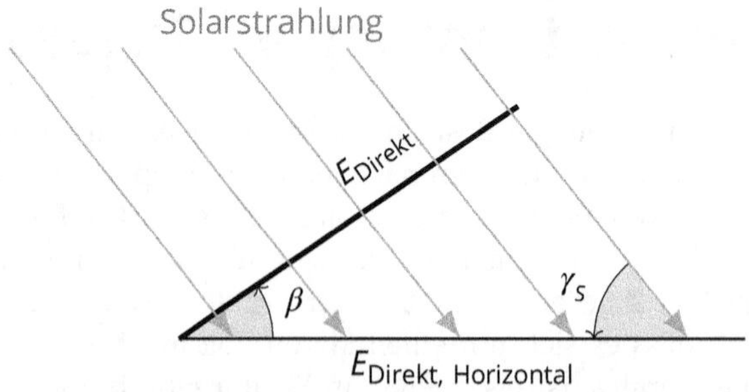

Abbildung 5.13: Einfluss der Neigung der Fläche auf die direkte Sonneneinstrahlung. Die mit dem Winkel β zur Horizontalen geneigte Fläche erhält eine höhere Dichte der Sonnenstrahlung (die mit dem Winkel γ_S über der Horizontalen einfällt) als die horizontale Strahlungsdichte.

In Abbildung 5.13 ist die direkte Einstrahlung auf eine geneigte Photovoltaikanlage dargestellt. Für die direkte Einstrahlung ergibt sich die Einstrahlungsdichte für eine mit dem Winkel β geneigte Fläche, auf die die Sonnenstrahlung mit einem Winkel γ_S gegenüber der Horizontalen einfällt, zu:

$$E_{\text{Direkt}} = E_{\text{Direkt, Horizontal}} \cdot \frac{\sin(\gamma_S + \beta)}{\sin \gamma_S}$$

Durch die Neigung erhöht sich die Strahlungsdichte, es sei denn, das Modul liegt zur Mittagszeit auf dem Nullmeridian. Die direkte Einstrahlung ist immer am höchsten, wenn das Modul senkrecht zur Einstrahlungsrichtung steht.

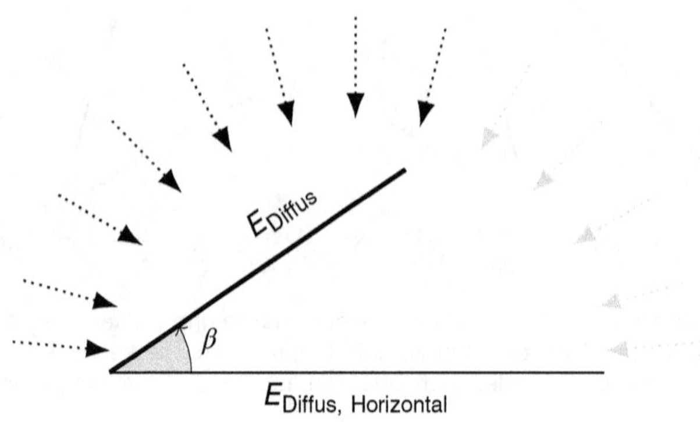

Abbildung 5.14: Diffuse Einstrahlung auf ein PV-Modul, welches um den Winkel β zur Horizontalen geneigt ist.

Bei der Annahme, dass die diffuse Einstrahlung aus allen Richtungen gleich groß ist, spricht man von einer isotropen diffusen Strahlung. In diesem Fall trifft das diffuse Sonnenlicht aus allen Richtungen auf das Photovoltaikmodul. Wird das Modul gegen die Horizontale geneigt, so trifft nur noch Licht aus dem dem Modul zugewandten Raum auf das Modul ein (siehe Abbildung 5.14). Dies kann durch folgende Formel beschrieben werden:

$$E_{\text{Diffus}} = E_{\text{Diffus, Horizontal}} \cdot \frac{1}{2} \cdot \left(1 + \cos\beta\right)$$

Die maximale diffuse Strahlung gelangt bei horizontaler Lage ($\beta = 0$) auf das Modul, weil der ganze (Halb-)Raum das Modul bestrahlt. Bei senkrechter Aufstellung trifft nur die Hälfte der diffusen Strahlung auf das Modul, sodass die Bestrahlung nur halb so groß ist. Die Annahme der isotropen diffusen Einstrahlung trifft nur bei bedecktem Himmel vollständig zu. Ansonsten ist der diffuse Anteil bei klarem Himmel in Sonnennähe erhöht. Dies wird in anspruchsvolleren Simulationsprogrammen berücksichtigt. Hier wird darauf aber nicht weiter eingegangen.

Die Reflexion des Bodens stellt den letzten Anteil der Bestrahlungsstärke dar. Hier wird in einer guten Annahme von einer gleichmäßigen, also isotropen, Reflexion ausgegangen. Die Stärke der Bodenreflexion wird durch die *Albedo A* beschrieben. Sie gibt an, welcher relative Anteil der Strahlung von einer gegebenen Oberfläche reflektiert wird. In Tabelle 5.3 sind Albedowerte für einige Untergründe angegeben.

Untergrund	Albedo	Untergrund	Albedo
Asphalt	0,15	Schnee, frisch	0,8–0,9
Rasen	0,18–0,23	Schnee, alt	0,4–0,75
Zement (sauber)	0,55	unbestellte Felder	0,26
Wasser	0,05–0,22	Wälder	0,05–0,18

Tabelle 5.3: Die Albedo A beschreibt die Rückreflexion des Sonnenlichts von einer Fläche. Hier sind die Albedos für verschiedene Bodenoberflächen angegeben.

Die Werte reichen von fast völliger Absorption bei Wäldern mit einer Albedo von 0,05 bis hin zu fast völliger Reflexion bei Neuschnee mit einem Wert von bis zu 0,9. Ist der Albedowert nicht bekannt, so wird typischerweise mit einer Albedo von 0,2 gerechnet. Da die reflektierte Strahlung in unserem Fall vom Untergrund ausgeht und ebenfalls als isotrop angenommen wird, kann folgende Gleichung verwendet werden:

$$E_{\text{Refl}} = E_{\text{G,Horizontal}} \cdot A \cdot \frac{1}{2} \cdot \left(1 - \cos\beta\right)$$

Im Falle eines auf dem Boden liegenden Moduls ($\beta = 0$) ist der vom Boden reflektierte Anteil, welcher die Modulfrontseite erreicht, null. Steht das Modul senkrecht, so trifft die Hälfte der vom Boden reflektierten Strahlung auf das Modul.

Die beschriebenen Phänomene geben eine grobe Abhängigkeit der Bestrahlungsstärke vom Aufstellwinkel β wieder. Für eine genaue Planung werden Jahreseinstrahlungssimulationen und detailliertere Modelle eingesetzt.

Schattenwurf

Die Bestrahlung eines Solarmoduls mit Sonnenlicht kann durch Schattenwurf umgebender Objekte wie Bäume oder benachbarte Häuser stark beeinflusst werden. Dies muss in einer Analyse berücksichtigt werden, da Schattenwürfe auf Photovoltaikmodule nicht nur die Leistung des verschatteten Moduls reduzieren, sondern sich auch auf alle weiteren Module, die mit dem verschatteten Modul in Reihe geschaltet sind, auswirken.

Abbildung 5.15: Freifeld-PV-Kraftwerk mit parallelen Reihen an Modulen (mittags im Sommer: noch keine Verschattung durch die Modulreihen).

Eine relativ typische Aufstellungskonfiguration von großen Photovoltaikanlagen auf dem Boden im freien Feld zeigt Abbildung 5.15 (da die Aufnahme mittags im Sommer entstanden ist, gibt es auf dem Foto gerade keine Eigenverschattung der Modulreihen, im Winter schon). Eine ähnliche Verschattungsproblematik gibt es aber auch auf Flachdächern mit mehreren parallelen Reihen von aufgeständerten PV-Modulen. Den schematischen Querschnitt und die geometrischen Verhältnisse zwischen zwei Reihen zeigt Abbildung 5.16. Zur Berechnung der Beschattung der hinteren Reihe, insbesondere bei tiefstehender Sonne, sind folgende Größen relevant:

- ✔ d: Abstand der Solarmodulreihen
- ✔ l: Länge eines Solarmoduls
- ✔ h: Höhe der Solarmodulreihe
- ✔ β: Elevationswinkel der Aufständerung

Der sogenannte Verschattungswinkel α ist der tiefste Einstrahlungswinkel der Sonne, bei welchem gerade noch keine Verschattung der dahinterliegenden Modulreihe auftritt. Wenn die Sonne tiefer steht, wird ein Schatten geworfen. Häufig wird der Abstand so ausgelegt, dass am Tag des Jahres mit dem tiefsten Sonnenstand (21.12. auf der Nordhalbkugel) mittags gerade noch keine Verschattung auftritt, das heißt, der Verschattungswinkel α identisch mit der Sonnenhöhe γ_S ist. Am 21./22.12. beträgt beispielsweise um 12 Uhr mittags der Sonnenhöhenwinkel in Berlin und damit wäre dann $\alpha = \gamma_S = 14{,}1$ Grad zu wählen.

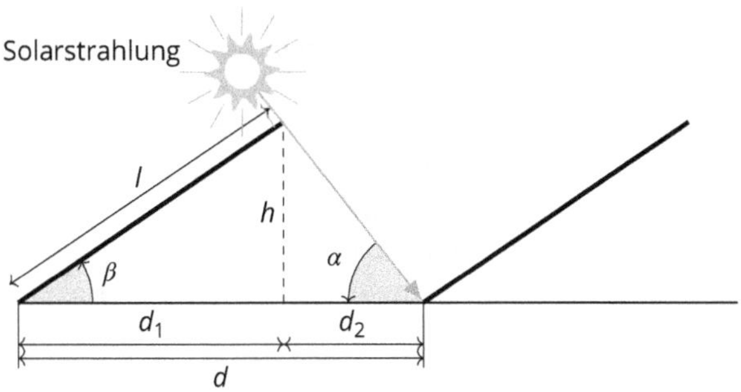

Abbildung 5.16: Geometrische Verhältnisse zwischen zwei Reihen von PV-Modulen.

Um die Berechnung zu vereinfachen, teilen wir den Abstand d in zwei Teile d_1 und d_2 so auf, dass zwei rechtwinklige Dreiecke entstehen. d_1 lässt sich nach dem Satz des Pythagoras berechnen:

$$l^2 = d_1^2 + h^2 \quad \rightarrow \quad d_1 = \sqrt{l^2 - h^2}$$

d_2 nach dem Tangenssatz:

$$\tan\alpha = \frac{h}{d_2} \quad \rightarrow \quad d_2 = \frac{h}{\tan\alpha}$$

Die Höhe h kennen wir noch nicht, sie berechnet sich nach dem Sinussatz:

$$\sin\beta = \frac{h}{l} \quad \rightarrow \quad h = l \cdot \sin\beta$$

Damit erhält man für d:

$$d = d_1 + d_2 = \sqrt{l^2 - h^2} + \frac{h}{\tan\alpha} = l\sqrt{1 - (\sin\beta)^2} + l\frac{\sin\beta}{\tan\alpha} = l \cdot \left(\cos\beta + \frac{\sin\beta}{\tan\alpha} \right)$$

Rechnen wir ein typisches Beispiel: Am Standort Berlin wird eine Reihe PV-Module mit der Länge $l = 2\,\text{m}$ und dem Aufstellungswinkel $\beta = 30°$ aufgestellt. Welchen Abstand muss nun die zweite Reihe haben, damit am 21./22.12.

um 12 Uhr mittags gerade noch keine Verschattung auf dieser auftritt? Für den 21./22.12. um 12 Uhr mittags in Berlin gilt: $\gamma_S = \alpha = 14{,}1°$

$$d = l \cdot \left(\cos\beta + \frac{\sin\beta}{\tan\alpha} \right) = 2\,\text{m} \cdot \left(\cos 30° + \frac{\sin 30°}{\tan 14{,}1°} \right) = 3{,}234\,\text{m}$$

Es ist hier also ein Abstand der PV-Modulreihen von rund 3,2 Metern erforderlich.

Wir wollen nun für das obige Beispiel die relative Flächennutzung des Bodens in Abhängigkeit vom Aufstellungswinkel der PV-Module und des Abschattungswinkels – das heißt der minimalen Sonnenhöhe, bei der gerade noch Verschattungsfreiheit auftritt – betrachten. Dies wird in Abbildung 5.17 dargestellt. Zusätzlich wurde mit der gestrichelten Linie unser obiges Beispiel für PV in Berlin gerechnet mit einem Aufstellungswinkel des Empfängers (PV-Modul) von β = 30 Grad und einem Abschattungswinkel von α = 14,1 Grad (Sonnenstand mittags am 21./22.12.): Man gelangt zu einer relativen Flächennutzung des Bodens (Flächennutzungsgrad f) von ca. 34 Prozent. Wenn man die Module flacher aufstellt (β kleiner), so erhöht sich die Flächennutzung (bei weniger Winterertrag und etwas mehr Sommerertrag). Wenn die Module steiler aufgestellt werden, reduziert sich der Flächennutzungsgrad (bei mehr Winterertrag und weniger Sommerertrag). Wird die Anlage weiter südlich aufgebaut, erhöht sich die niedrigste Mittags-Sonnenhöhe im Jahr (und damit der Abschattungswinkel α), wodurch der Flächennutzungsgrad ansteigt.

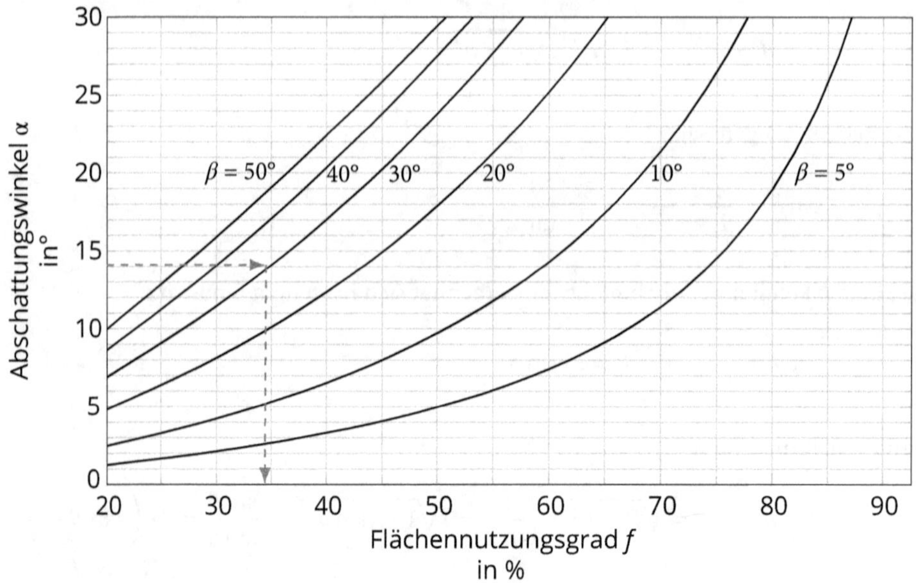

Abbildung 5.17: Relative Flächennutzung f in Abhängigkeit von Aufstellungswinkel β der PV-Module und Abschattungswinkel α (minimale Sonnenhöhe bei noch Verschattungsfreiheit). Gestrichelte Linie: Beispiel für PV in Berlin mit Aufstellungswinkel β = 30 Grad und Abschattungswinkel α = 14,1 Grad.

Zwar ist es so, dass bei unserem Beispiel um 12 Uhr mittags am kürzesten Tag des Jahres keine Beschattung auftritt, aber vormittags und nachmittags schon, weil die Sonne dann tiefer steht. Das heißt, diese Konfiguration ist nicht verlustfrei. Dies wird in Abbildung 5.18 verdeutlicht. Man sieht, dass sich für unser Beispiel mit PV in Berlin bei einem Aufstellungswinkel von $\beta = 30°$ und einem Abschattungswinkel von $\alpha = 14{,}1$ Grad ein relativer Abschattungsverlust s (übers Jahr gesehen) von etwa 5,5 Prozent ergibt. Werden die PV-Module steiler aufgestellt (β nimmt zu), so erhöhen sich auch die relativen Abschattungsverluste. Ein höherer Abschattungswinkel führt zu höheren Abschattungsverlusten.

Oftmals hat man es aber nicht mit Verschattung durch regelmäßige PV-Modulreihen zu tun, deren Abstand man gegebenenfalls variieren kann, sondern mit gegebenen, weniger regelmäßig geformten Verschattungselementen wie beispielsweise Kirchtürmen, Strommasten, Bäumen oder Häusern. Hierfür ist dann zunächst eine genaue geometrische Aufnahme der jeweiligen Höhenwinkel γ der oberen Verschattungsränder erforderlich. Idealerweise ergibt dies dann eine Verschattungssilhouette der sonnenstandsrelevanten Umgebung. Wenn die Verschattungsobjekte nicht sehr weit von der PV-Anlage entfernt sind und die Entfernungen d und Höhen h_1 und h_2 sich ausmessen lassen (siehe Abbildung 5.19), kann man den Höhenwinkel berechnen.

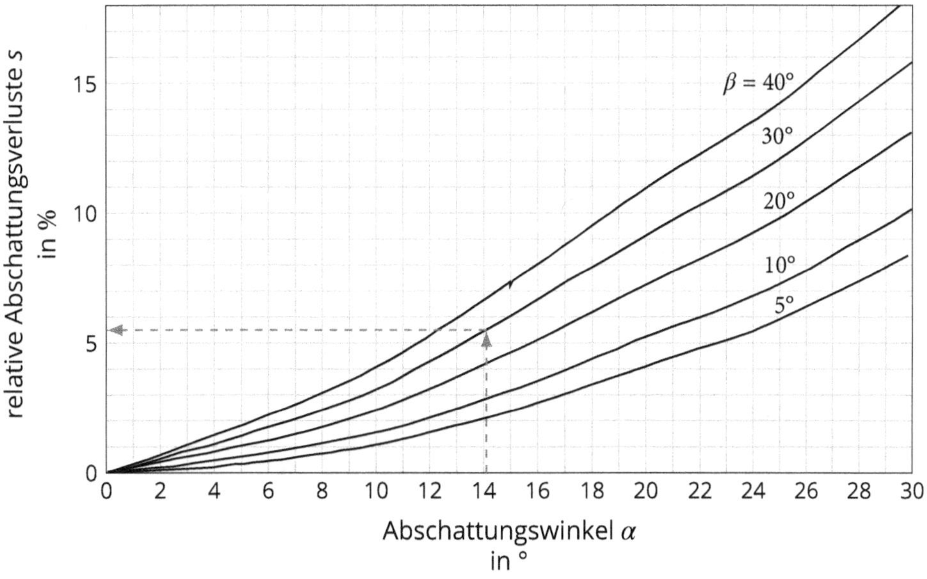

Abbildung 5.18: Relative Abschattungsverluste s für den Standort Berlin in Abhängigkeit vom Aufstellungswinkel der PV-Module β und dem Abschattungswinkel α (minimale Sonnenhöhe bei noch Verschattungsfreiheit). Gestrichelte Linie: Beispiel für PV in Berlin mit Aufstellungswinkel $\beta = 30$ Grad und Abschattungswinkel $\alpha = 14{,}1$ Grad. Quelle: Quaschning, Erneuerbare Energiesysteme 2025, modifiziert

Als Bezugspunkt nimmt man sinnvollerweise den niedrigsten Punkt der PV-Anlage, also den Worst Case. Wenn dieser Punkt verschattungsfrei ist, ist auch der Rest der PV-Module verschattungsfrei.

$$\gamma = \arctan\left(\frac{h_2 - h_1}{d}\right) = \arctan\left(\frac{\Delta h}{d}\right)$$

Die weitere Berechnung kann man geometrisch analog zu den Eigenverschattungen durch PV-Modul-Reihen, wie für Abbildung 5.16 beschrieben, vornehmen.

Wenn es dann aber viele Verschattungsobjekte gibt, deren Entfernungen d man zudem nicht genau kennt, ist es sinnvoll, mithilfe eines optischen Instruments oder einer entsprechenden Kamera (entweder im Fachhandel kaufen oder mieten) die Höhenwinkel γ der Verschattungsbegrenzungen bei den entsprechenden Azimutwinkeln aufzunehmen – man erhält dann eine Verschattungssilhouette, wie sie exemplarisch in Abbildung 5.20 dargestellt ist.

Diese Silhouette überträgt man in das schon bekannte Sonnenstandsdiagramm (siehe Abbildung 5.9) und kann dann daraus ablesen, zu welchen Uhrzeiten und wie lange und zu welchen Jahreszeiten Verschattung auftritt (siehe Abbildung 5.21).

Man kann so eine Sonnenstands- und Verschattungsanalyse auch für den Terrassenplatz seines Lieblingscafés durchführen, dann weiß man genau, zu welchen Uhrzeiten man dort die Sonne genießen kann – zumindest bei schönem Wetter).

Neben der Abschattung der direkten Sonneneinstrahlung findet natürlich auch eine Abschirmung bezüglich der diffusen Einstrahlung statt, deren Anteil vom gegenwärtigen Atmosphärenzustand abhängt (Nebel, Wolken, Aerosole). Zudem ist die Verteilung der diffusen Einstrahlung über die Hemisphäre nicht völlig homogen, sodass eine genaue Berechnung sehr aufwendig werden würde.

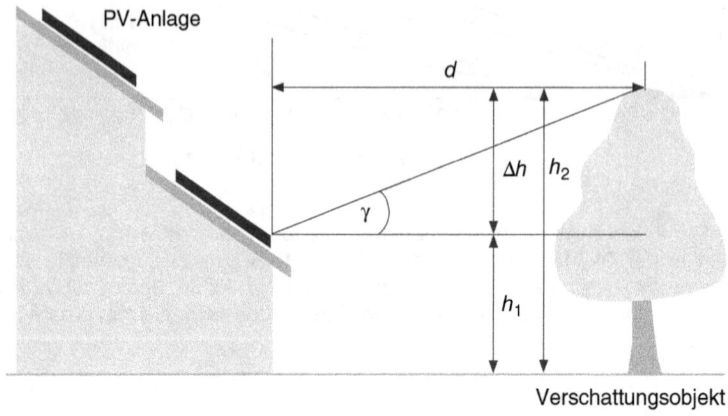

Abbildung 5.19: Verschattungsberechnung mit wenigen Verschattungsobjekten (hier: ein Baum), deren Abstände und Höhen man ausmessen kann – beziehungsweise die bekannt sind. Bezugspunkt ist der niedrigste Punkt der PV-Anlage.

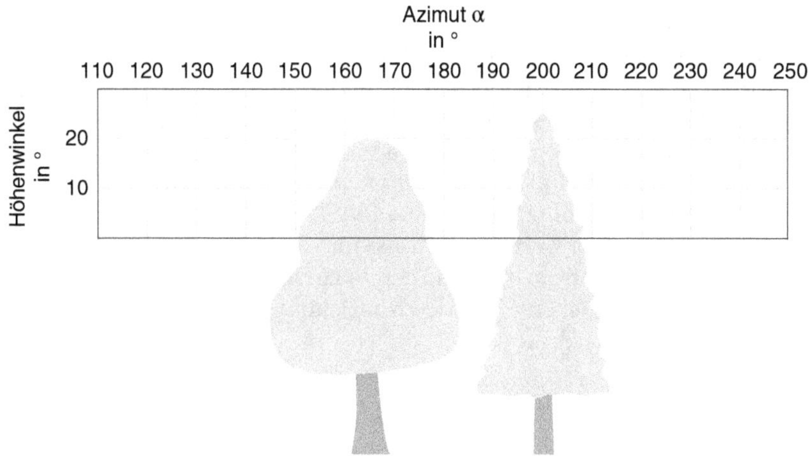

Abbildung 5.20: Verschattungssilhouette über das gesamte Panorama möglicher Azimutwinkel (Süden entspricht 180°). Nach oben aufgetragen sind die entsprechenden Höhenwinkel der Verschattung beziehungsweise des Sonnenstandes.

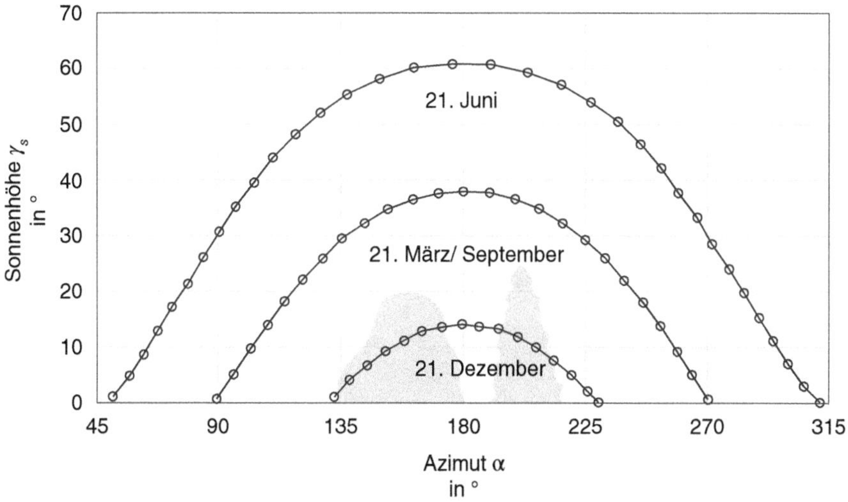

Abbildung 5.21: Sonnenbahndiagramm für Berlin über das ganze Jahr mit Verschattungssilhouette nach Abbildung 5.20.

In der täglichen Praxis werden solche Berechnungen mittels Simulationsprogrammen wie PV-Syst oder PV-SOL durchgeführt. Damit lassen sich verschiedene Varianten durchspielen und das PV-System wirtschaftlich optimieren, etwa durch Abwägen der Kosten von zusätzlichem Bodenkauf und dem Wert des zusätzlichen Stromertrags durch Verringerung der Verschattungsverluste bei größeren Abständen der Modulreihen. Oder man vergleicht den erhöhten Wintertrag bei steilerer Aufstellung mit dem dann höheren Flächenbedarf und niedrigerem Sommerertrag.

Das Simulationsprogramm PV*SOL berücksichtigt sogar das Wachstum von verschattenden Bäumen über mehrere Jahre und bei Laubbäumen den Unterschied zwischen Sommer- (mit Blättern) und Winterverschattung (ohne Blätter). Deshalb ist in diesem Simulationspaket auch die Art der Bäume einzugeben, obwohl diese Angabe auf den ersten Blick völlig unnötig erscheint.

In Zukunft ist generell davon auszugehen, dass 1 kWh Solarstrom, welche mittags im Sommer erzeugt wird, viel weniger wert sein wird als eine kWh morgens oder abends im Winter, wenn das Angebot von Solarstrom klein und der Bedarf hoch ist. Dann müssen bei der Simulation zusätzlich der Wert einer erzeugten kWh beziehungsweise die vermutete, momentane Nachfrage berücksichtigt werden.

Teil III
Der Generator, der sich nicht bewegt

IN DIESEM TEIL…

- ✔ Blicken wir in die Geschichte der Photovoltaik.
- ✔ Erklären wir die Physik der Solarzelle.
- ✔ Beschreiben wir den Einfluss von Umwelteinflüssen auf ein Solarmodul.
- ✔ Klären wir, wie nachhaltig Photovoltaik ist.

IN DIESEM KAPITEL ...

- Die Sonnenenergie in der Menschheitsgeschichte
- Umwandlung von Sonnenlicht in elektrischen Strom
- Von der Nische zum Massenmarkt

Kapitel 6
Die Entwicklung der Photovoltaik

Die Nutzung der Sonnenenergie reicht beinahe so weit zurück wie die Geschichte der Menschheit selbst. Seit nicht ganz so langer Zeit können wir Sonnenlicht direkt in elektrischen Strom umwandeln. Ein auf den ersten Blick unspektakuläres Gesetz machte dann das Potenzial der Photovoltaik für unsere Gesellschaft sichtbar. Diese Entwicklung und wie es dazu kam, dass die Gewinnung von Strom aus Sonnenstrahlen den weltweiten Durchbruch schaffte, behandeln wir in diesem Kapitel.

Der Ursprung

Ist es nicht erstaunlich, wie eng die Geschichte der Menschheit mit der Nutzung von Energie zusammenhängt? Am Anfang lernten wir, das Feuer für uns zu nutzen. Mit dessen Wärmeenergie konnten wir uns wärmen, Fleisch und Früchte besser verwerten und Werkzeuge aus Eisen schmieden. Durch die Photosynthese – die Umwandlung von Sonnenlicht in chemische Energie (Zucker) in Pflanzen – können Menschen (und alle anderen Tiere) überhaupt erst leben und Nahrung finden. Die Erfindung der Landwirtschaft hob dies dann auf ein neues, technisches Level. Wir bauten Getreide (nachhaltig) an und nutzten die chemische Energie der Pflanzen in ganz neuem Umfang. Mit ihrer Hilfe konnten wir Nutztiere halten und mit deren Zugkraft erste mechanische Maschinen betreiben – sozusagen als die ersten (indirekten) Solartraktoren der Geschichte. Und schon vor mehr als 4000 Jahren nutzten die Menschen die Energie der Sonne auch direkt, indem sie Häuser Richtung Süden ausrichteten und so die Wärme der Sonnenstrahlung besser nutzten. Man spricht hier von Solarthermie, die auch heute noch technisch genutzt wird, um Innenräume und Brauchwasser zu erwärmen. Auch die Windenergie, die wir in Form von Windmühlen nutzen, ist letztlich eine Form der Sonnenenergie, denn ohne Sonneneinstrahlung gäbe es keine Temperaturunterschiede auf der Erdoberfläche und dementsprechend keine Druckunterschiede und Ausgleichsströmungen, das heißt Winde.

Mit der industriellen Revolution ersetzten wir die Muskelkraft von Mensch und Tier durch Dampfmaschinen, später Verbrennungs- und Elektromotoren. So gelang es uns, mechanische Energie in bis dahin unvorstellbarer Menge bereitzustellen. Durch die Entdeckung der elektrischen Energie und deren Erzeugung mit Generatoren konnten wir zudem die Nacht zum Tag machen und mit einem einfachen Kabel Energie in jeden Haushalt bringen.

Die für die Energiegewinnung revolutionäre Entdeckung, dass sich elektrische Energie auch ohne Umwege direkt aus dem Licht der Sonne gewinnen lässt, begann relativ unscheinbar 1839, als Alexandre Edmond Becquerel den *photoelektrischen Effekt* entdeckte. Diesen Effekt beschreiben wir ausführlich in einem eigenen Abschnitt, nämlich Kapitel 7. Wie eine Solarzelle funktioniert, weil er wesentlich für das Verständnis einer Solarzelle ist und wir uns hier auf die Entwicklung der Photovoltaik konzentrieren. In den folgenden Jahrzehnten lieferten Forscher wie Heinrich Hertz, Albert Einstein und Werner Heisenberg wichtige Beiträge zum Verständnis dieses Effekts. Der technische Durchbruch gelang schließlich Russell Ohl, der 1940 in den USA die erste funktionierende Siliziumsolarzelle entwickelte, und ein Patent für eine *lichtempfindliche elektrische Vorrichtung* erhielt. Seine Arbeiten bildeten die technologische Grundlage für unsere modernen Solarzellen und ebneten den Weg von einer physikalischen Entdeckung zu einer technologischen Anwendung.

Erste Schritte im Weltraum

Erst mit Russell Ohls Solarzelle war es möglich, photovoltaisch aktive Strukturen praktisch herzustellen. Seine Erfindung bildete den entscheidenden Schritt, Solarzellen mit einem technisch relevanten Wirkungsgrad herzustellen.

Die Entdeckung der photovoltaischen Eigenschaften des Siliziums durch Ohl legte die Grundlage für eine ganze Reihe weiterer Technologien, die heute nicht mehr aus unserem Alltag wegzudenken sind. So beruhen Leuchtdioden (LEDs), wie sie heute in handelsüblichen Lampen eingesetzt werden, oder Transistoren, die in jedem Computer, Handy oder Radio vorkommen, im Wesentlichen auf derselben Technologie, die bereits bei den ersten Silizium-Solarzellen entwickelt wurde. Auch moderne kompakte Laser nutzen (unter anderem) Erkenntnisse aus der Geburtsstunde der Silizium-Solarzellentechnologie.

Chapin, Fuller und Pearson gelang schließlich 1954 die Herstellung einer Solarzelle mit einem Wirkungsgrad von 6 %, siehe Abbildung 6.1. Dieser Wirkungsgrad stellte einen weiteren bedeutenden Fortschritt dar. Ihre Solarzelle bestand aus auf verschiedene Weise modifiziertem Silizium, wodurch einzelne Schichten unterschiedliche elektrische Eigenschaften erhielten, sogenanntes p- und n-Silizium. Die metallischen Kontakte befanden sich auf der Rückseite der Solarzelle, um möglichst viel Licht auf der Vorderseite einfangen zu können. Dies beides hilft auch heute noch, den so wichtigen Wirkungsgrad einer Solarzelle zu optimieren.

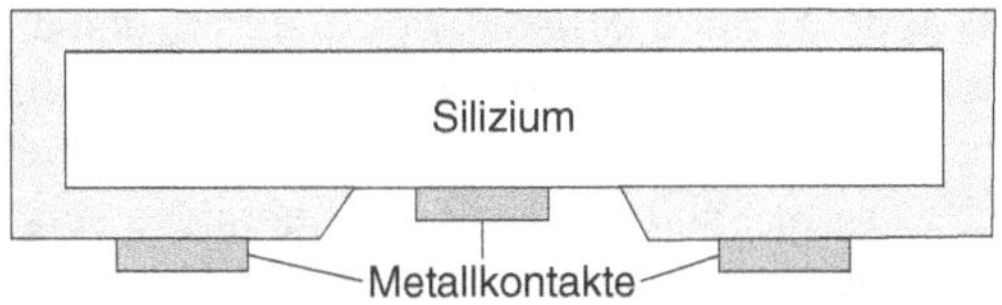

Abbildung 6.1: Erste Siliziumsolarzellenstruktur 1954 von Chapin, Fuller und Pearson.

Im weiteren Verlauf konnte die Technologie für Solarzellen von den Fortschritten der Halbleiterindustrie profitieren, da beide Industrien als Basismaterial Silizium verwendeten. Es ergaben sich erste kommerzielle Anwendungen.

Parallel zur Entwicklung der Silizium-Solarzelle arbeiteten Wissenschaftler auch an der Nutzung der Kernenergie. Sie konstruierten Bauelemente, die den Solarzellen ähnelten, jedoch nicht Sonnenlicht, sondern radioaktive Strahlung über den photoelektrischen Effekt zur Stromerzeugung nutzten. Ihre Hoffnung war, auf diese Weise aus den Abfallprodukten der Kernenergie, dem radioaktiven Müll, kostengünstig elektrische Energie gewinnen zu können. Die Versuche mussten allerdings in absoluter Dunkelheit durchgeführt werden, weil ansonsten die Stromerzeugung durch das einfallende Licht den Effekt durch die radioaktive Strahlung um einen Faktor 1000 übertroffen hätte. Diese Tatsache wurde jedoch verschwiegen, um der Technologie eine größere Chance der Realisierung zu geben. Trotz dieser Geheimhaltung konnte sich die Entwicklung nicht durchsetzen.

Mit den Kosten der Erzeugung von Elektrizität aus herkömmlichen Kohlekraftwerken konnten Silizium-Solarzellen aber noch lange nicht mithalten. Chapin berechnet sie 1956 zu 286 US-$/Watt. Heutzutage liegen die Kosten bei unter 0,1 US-$/Watt – fast um einen Faktor 3000 günstiger als 1956. Damals gab es zwar schon die Idee, Haushalte mit Strom aus Photovoltaikanlagen zu versorgen, aber ökonomisch war das noch unrealistisch. Eine solche Anlage hätte deutlich über 1 Million US-$ gekostet.

Trotzdem entwickelte sich die Technologie weiter und die Solarzellen konnten in kurzer Zeit ihren Wirkungsgrad auf 12 % verdoppeln. Als Ersatz für Kraftwerke kam die Photovoltaik aber immer noch nicht in Frage. Jedoch fanden sich Nischenanwendungen, in denen sie überlegen war und wo sie sich technisch weiterentwickeln konnte. Zu diesen Nischenanwendungen gehörte vor allem der Einsatz in Satelliten.

Aufgrund der breiten öffentlichen Aufmerksamkeit, die Chapin und seine Kollegen 1954 mit der Präsentation einer Siliziumsolarzelle erregten, entsandte die US-Armee Mitarbeiter zu den Bell Labs. Sie sollten mögliche militärische Einsatzgebiete prüfen und schließlich fand die Solarzelle eine geeignete Anwendung in einem damals streng geheimen Programm: der Entwicklung von künstlichen Erdsatelliten. Der Einsatz außerhalb der Erdatmosphäre versprach ideale Bedingungen. Die Solarzelle war weder dem Wetter noch Tag-Nacht-Schwankungen ausgesetzt, weshalb sie kontinuierlich für elektrischen Strom sorgen konnte. Solarzellen sind modular skalierbar, sodass ihre Energieerzeugung ideal an die Bedürfnisse des jeweiligen Satelliten angepasst werden kann. Zum Einsatz kamen die ersten Solarzellen im Satelliten Vanguard I 1958. Er hatte ein Gewicht von knapp 1,5 kg und einen Durchmesser von 15 cm.

Im Vergleich zu Sputnik 1, dem ersten künstlichen Satelliten, den die Sowjetunion 1957 auf eine Erdumlaufbahn brachte, der knapp 84 kg wog und einen Durchmesser von 58 cm hatte, war Vanguard 1 winzig. Aber dafür hatte er eine für die Weltraumtechnik revolutionäre Innovation: Vanguard 1 war mit Solarzellen für die Energieversorgung ausgestattet. Diese erlaubten es, sechs Jahre lang Signale auf die Erde zu senden, und verhalfen dadurch dem Satelliten zu einer wesentlich längeren Funktionsbereitschaft im Vergleich zu batteriebetriebenen Satelliten. Auch der sowjetische Satellit Sputnik III nutzte im selben Jahr Solarzellen als Energiequelle. Batteriebetriebene Satelliten konnten nur eine sehr begrenzte Zeit, typischerweise ein paar Wochen, mit der Erde kommunizieren, bevor die Batterien erschöpft waren und die Satelliten somit nutzlos wurden. So kam Solarzellen eine erste strategische Bedeutung in den US-amerikanischen und sowjetischen Satellitenprogrammen zu. Mithilfe von Solarzellen im Weltraum ließen sich nämlich langfristige Beobachtungen im Weltraum durchführen, etwa Spionageaktivitäten oder die Überwachung des Verbots terrestrischer Nukleartests. Die Kosten der Solarzellen spielten dabei im Vergleich zu ihrer strategischen Bedeutung keine Rolle.

Nahezu alle künstlichen Satelliten und interplanetaren Sonden sind heute mit Solarzellen ausgestattet. Während die Solarzellen der Vanguard weniger als 1 Watt Leistung erzeugten, erzeugen die Solarmodule auf der Internationalen Raumstation ISS eine Leistung von bis zu 240 000 Watt bei einer Solarmodulfläche von etwas mehr als 400 Quadratmetern. Die Kosten, auch für die Weltraumanwendungen, konnten im Laufe der Zeit immer weiter reduziert werden, lagen aber 1971 immer noch bei etwa 100 US-$/Watt. Die hohen Anforderungen an die Langlebigkeit und Funktionssicherheit im Weltraum, die Forderung nach einem möglichst hohen Wirkungsgrad bei möglichst niedrigem Gewicht sowie die geringe Standardisierungsmöglichkeit führten schließlich zu einer Entwicklung von Solarzellen speziell für Weltraumanwendungen.

Heute ist die Photovoltaik aus dem Weltraum nicht mehr wegzudenken (siehe Abbildung 6.2). Hauptsächlich werden dort aber Solarzellen aus Galliumarsenid (GaAs) eingesetzt und nicht mehr aus Silizium. Sie haben einen deutlich höheren Wirkungsgrad und wiegen pro erzeugtem Watt weniger als Siliziumsolarzellen (Gramm/Watt). Für den Transport in den Weltraum ist das Gewicht entscheidend, daher zählt bei Weltraumsolarzellen das Verhältnis Masse zu Leistung, die Kosten sind eher unbedeutend. Auf der Erde hingegen spielt das Gewicht kaum eine Rolle. Hier ist die entscheidende Optimierungsgröße Kosten pro Leistung, um mit herkömmlichen Kraftwerken vergleichbar und wettbewerbsfähig zu sein.

Vom Weltraum auf die Erde

Interessanterweise waren es Ölfirmen (Arco, BP, Shell, Total), die erste Entwicklungen von Solarmodulen für terrestrische Anwendungen förderten. Solarmodule waren zum einen an netzfernen Standorten eine kostengünstigere Alternative zu batterie- oder dieselbetriebenen Systemen. Zum anderen sahen die Ölfirmen relativ früh den potenziellen Nutzen einer Energieversorgung durch Photovoltaik.

Abbildung 6.2: Weltraumtechnik funktioniert auch heutzutage fast ausschließlich mit Photovoltaik. Quelle: Andrei Armiagov - stock.adobe.com

Man glaubte zunächst, dass man zumindest langfristig auf andere Materialien zurückgreifen müsse, um die Kosten signifikant zu reduzieren. Die Siliziumsolarmodule für Weltraumanwendungen waren zu teuer. Doch konnten durch relativ einfache Maßnahmen die Kosten für terrestrische Anwendungen von Siliziumsolarzellen rasch reduziert werden. So verwendete man einfach direkt die runden Silizium-Wafer aus der Kristallzucht, anstatt sie quadratisch zu schneiden. Dadurch sank zwar der Wirkungsgrad der Module, weil deren Flächen nicht mehr lückenlos mit Solarzellen ausgelegt werden konnten, aber man musste nicht so viel Material verwerfen, um aus den runden Kristallen rechteckige Wafer zu fertigen. Ebenso setzte man Silizium von geringerer Qualität ein und produzierte zunehmend größere Wafer. Diese und weitere einfache Optimierungen konnten die Kosten für Solarmodule rasch von 100 US–$/$W_p$ im Jahr 1970 auf etwa 10 bis 20 USD/Watt im Jahr 1983 reduzieren und eröffneten dadurch einen Markt für terrestrische Anwendungen. Strom aus Solarzellen wurde nun günstiger als Strom aus Batterien, konnte aber immer noch nicht mit Strom aus dem Netz oder Dieselgeneratoren konkurrieren.

Erste terrestrische Anwendungen waren kleine Signaleinrichtungen für Ölplattformen im Golf von Mexiko, die sich nicht über Kabel versorgen ließen. Die bis dahin verwendeten Batterien mussten mindestens einmal jährlich ausgetauscht werden. Da diese groß und schwer waren, war dieser Austausch aufwendig und teuer. Weitere Anwendungen für Solarzellen gab es in Überwachungssystemen von abgelegenen Öl- und Gasfeldern, die keinen Zugang zu Stromleitungen hatten. Ebenso konnte die Korrosion von Gasleitungen durch solarbetriebene Opferelektroden verhindert werden. Die Ölindustrie stand so am Beginn der Entwicklung der terrestrischen Photovoltaik, wenn auch nur mit speziellen Nischenanwendungen. Zu Beginn der 1970er Jahre wurden über 70 % der Solarmodule in den USA an Ölfirmen verkauft. Nahezu alle namhaften Ölfirmen investierten in die Solarzellenforschung, weil sie zum einen neue Anwendungen erkannten und zum anderen ein Potenzial zu erheblicher Kostenreduktion. Trotzdem war der durch Solarenergie erzeugte Strom auch dann noch 40-mal teurer als der Strom aus konventionellen Kraftwerken.

Die Ölkrise und der erste Bericht des *Club of Rome* mit dem Titel *Die Grenzen des Wachstums* führten jedoch in den 1970er Jahren zu einem starken Interesse an der Gewinnung von elektrischer Energie ohne fossile Brennstoffe. Ölfirmen kauften die ersten Solarfirmen auf. So übernahm die *Atlantic Richfield Company* die *Solar Technology International* und benannte sie in *ARCO Solar* um. Diese Firma baute dann 1980 in Kalifornien die damals größte Solarmodulfabrik der Welt mit einer Jahresproduktion von 1 MW auf. Mit Modulen aus dieser Produktion wurde dann 1983 das erste photovoltaische Solarkraftwerk der Welt, *Carrisa Plain* in Kalifornien, mit einer Leistung von 5 MW errichtet. Damit war klar, dass sich Solarmodule industriell fertigen lassen. Als die Ölpreise nach der Ölkrise wieder fielen, schwand allerdings das Interesse an der terrestrischen Photovoltaik wieder für eine Reihe von Jahren.

Eine andere Möglichkeit, um aus Sonnenstrahlung Strom zu erzeugen, ist die Dampferzeugung durch solare Wärme. Am 1. September 1907 erteilte das kaiserliche Patentamt die Patenturkunde Nr. 237294 an die deutschen Ingenieure Wilhelm Maier aus Aalen und Adolf Remshardt aus Stuttgart für eine *Vorrichtung zur unmittelbaren Verwendung der Sonnenwärme zur Dampferzeugung*. 1912 wurden solare Parabolrinnen zur Dampferzeugung für eine 45-kW-Dampfmotorpumpe in Maadi/Ägypten von Frank Shuman und Charles Boys eingesetzt. In den Jahren 1962 bis 1968 entstand ein elektrisches Solarkraftwerk auf solarthermischer Basis in Frankreich (*Four Solaire* in Odeillo, siehe Abbildung 6.3). Es wurde anfangs als Forschungseinrichtung benutzt, nahm aber 1977 den Betrieb als kommerzieller Stromerzeuger auf und hatte eine elektrische Leistung von 60 kW. Das größte solarthermische Kraftwerk war das Ensemble von Parabolrinnenkraftwerken *Solar Energy Generating Systems* (SEGS) in der Wüste von Arizona, USA, mit einer elektrischen Leistung von insgesamt 354 MW, das

Abbildung 6.3: Solarthermisches Kraftwerk *Four Solaire* in Odeillo, Frankreich. Quelle: Jordi - stock.adobe.com

1985 seinen Betrieb aufnahm (siehe Abbildung 6.4). Dabei wurde in den Kollektoren Öl auf 300 Grad Celsius erwärmt und dann zum zentralen Turbinenhaus gepumpt. Dort wurde über einen Wärmetauscher Wasserdampf erzeugt, der dann über die Turbinen Stromgeneratoren antrieb. Das war billiger, als aufwendige Dampfrohre zu jedem Kollektor zu verlegen. Zusätzlich ließ sich das heiße Öl in großen Tanks zwischenlagern, sodass auch nachts Strom erzeugt werden konnte.

Abbildung 6.4: *SEGS* mit $354 MW_{el}$ in der Wüste von Arizona mit Parabolrinnenkollektoren. Quelle: Tom - stock.adobe.com

Das Erneuerbare-Energien-Gesetz (EEG)

In Deutschland startete 1990 das sogenannte 1000-Dächer-Programm auf Initiative des Bundesministeriums für Umwelt, Naturschutz und Reaktorsicherheit, um darzustellen, wie weit die Technik für netzgebundene Photovoltaik ausgereift war und welcher Entwicklungsbedarf noch bestand. Die Anlagen mussten mit mehreren Messzählern ausgestattet werden und die Werte mussten jedes Quartal an eine Berichtsstelle gefaxt werden. Zudem wurden 100 ausgewählte Anlagen intensiv vermessen und analysiert. Damit war das 1000-Dächer-Programm der weltweit erste wissenschaftlich begleitete Feldtest für netzgekoppelte Photovoltaikanlagen.

Nach einer längeren Pause erfolgte 1999 ein 100 000-Dächer-Programm, welches die Installierung netzgebundener Photovoltaikanlagen förderte. Innerhalb dieses Förderprogramms gab es erstmals eine kostendeckende Förderung für die Einspeisung in das Stromnetz. Dieses Programm war äußerst erfolgreich und wurde schließlich von dem Erneuerbare-Energien-Gesetz (EEG) im Jahr 2000 abgelöst. Zentraler Bestandteil in diesem Gesetz war auch hier die Einführung einer kostendeckenden Einspeisevergütung – mit einer jährlichen Vergütungsreduktion für später installierte Anlagen. Dieses deutsche Gesetz löste einen enormen Nachfrage- und Entwicklungsschub aus und wird als Ausgangspunkt für die kommerzielle Nutzung der Photovoltaik in terrestrischen, netzgebundenen Anwendungen gesehen. In dieser Zeit gründeten sich auch die ersten unabhängigen

Solarproduktionsfirmen – vor allem in Deutschland. Auch der Anlagenbau für die Automatisierung und Industrialisierung fand in dieser Zeit im Wesentlichen in Europa statt. Das Gesetz wurde in vielen weiteren Ländern kopiert und führte auch dort zu einer starken Erweiterung des Marktes mitsamt der damit typischerweise verbundenen Kostensenkung.

Industrialisierung der Technologie

Die große Nachfrage nach Solarmodulen hatte einen massiven Ausbau von Produktionskapazitäten in China zur Folge. Dort erkannte man die strategische Bedeutung der Photovoltaik frühzeitig. Zunächst wurden Anlagen zur Herstellung der Solarzellen aus Europa importiert und neue Produktionslinien errichtet. Die fertigen Solarmodule wurden dann wieder nach Europa exportiert. Ab den 2010er Jahren reduzierte sich der Ausbau in Europa wegen geringerer Förderung. Dies hatte zur Folge, dass China wesentliche Mengen an Solarmodulen im eigenen Land installierte und heute das Land mit den höchsten jährlichen Zubauraten für Photovoltaik ist. Von der einstmals führenden deutschen Solarindustrie ist hingegen nicht mehr viel übrig. China gewann schnell auch in der Anlagentechnik eine marktbeherrschende Rolle und erwarb sich so sukzessive die Marktführerschaft, unterstützt durch strategische staatliche Subventionen. In der Siliziumtechnologie, der derzeit beherrschenden Technologie, dominiert China den Markt in allen Wertschöpfungsstufen mit über 95 % Marktanteil. Die Kosten sind mittlerweile so weit gesunken, dass man ein Modul für weniger als 20 ct/W_p kaufen kann. In sonnenreichen Gegenden wie etwa Portugal wurde ein Solarkraftwerk installiert, welches Strom für unter 1,5 ct/kWh erzeugt. Dies führte in den letzten Jahren dazu, dass Photovoltaik auf vielen Märkten die Energie mit der höchsten Wachstumsrate und den geringsten Gestehungskosten ist.

Auch wenn die Photovoltaik nun an vielen Orten der Welt die günstigste Form der elektrischen Energieerzeugung ist, wird die Technologie immer noch optimiert, um die Kosten weiter zu senken. Ein wichtiger Kostenfaktor war und ist dabei immer der Wirkungsgrad der Solarmodule.

Auch wenn der Wirkungsgrad eine wichtige Rolle bei der Kostenoptimierung spielt, so ist doch die entscheidende Optimierungsgröße die Kosten je gewonnenem Watt Leistung. Die Herstellungskosten einer Solarzelle aus Galliumarsenid sind sehr hoch. Deshalb sind die Euro/Watt-Kosten dieser Technologie deutlich höher als die der Siliziumtechnologie und Galliumarsenidzellen spielen in terrestrischen Anwendungen keine Rolle.

Solarmodule auf Siliziumbasis nähern sich langsam, aber sicher dem physikalisch maximal möglichen Wirkungsgrad. Es stellt sich die Frage, wie in Zukunft weitere Kosteneinsparungen erzielt werden sollen. Zum einen könnten komplexere Solarzellen mit höheren Wirkungsgradpotenzialen entwickelt werden oder aber die Herstellungskosten in der Siliziumindustrie machen weitere Fortschritte, auch ohne wesentliche Wirkungsgradsteigerungen zu realisieren. Eine Antwort auf diese Frage wird uns die Zukunft weisen. Sicher aber ist, dass auch in Zukunft die Photovoltaik eine der treibenden Kräfte beim Ausbau der elektrischen Energie sein wird – *It's the economy, stupid.*

IN DIESEM KAPITEL ...

Der photoelektrische Effekt

Kennlinien einer Solarzelle

Typen und Wirkungsgrade

Kapitel 7
Wie eine Solarzelle funktioniert

Um die Arbeitsweise einer Solarzelle zu verstehen, sind Modelle der Quantenmechanik erforderlich. Das erklärt auch, warum es so lange dauerte, bis der von Alexandre Becquerel 1839 entdeckte Effekt vollständig begriffen wurde. Zentrale Bedeutung hat dabei ein neues Verständnis von Licht als Energiequelle, vom Aufbau von Festkörpern sowie von der Wechselwirkung zwischen Licht und diesen Festkörpern. Letztere bildet die Grundlage für die Funktionsweise einer Solarzelle, die wir in diesem Kapitel erläutern. Heutige Solarzellen bestehen meist aus Silizium, ebenso wie viele andere elektronische Bauelemente, etwa Transistoren oder Dioden in den Mikrochips von Computern oder Mobiltelefonen. Daher behandeln wir in diesem Kapitel vorrangig Funktion und Herstellung von Silizium-Solarzellen.

Der photoelektrische Effekt

Unter *Photovoltaik* versteht man die direkte Umwandlung von Licht in elektrische Energie in einer Solarzelle. Viele denken, dabei handele es sich um eine relativ neue Technologie. Doch das zugrundeliegende physikalische Phänomen ist der *photoelektrische Effekt* und diesen hat bereits 1839 Alexandre Edmond Becquerel (der Vater von Henri Becquerel) in einer wässrigen Lösung entdeckt. In dieser konnte er einen elektrischen Strom messen, wenn er die Flüssigkeit mit Licht bestrahlte, siehe Abbildung 7.1. Dies konnte man sich jedoch zunächst nicht erklären. Es war eine bis dahin unbekannte Art der Energieumwandlung: die Umwandlung von Strahlung in elektrische Energie. Bis dahin waren nur Umwandlungsprozesse bekannt, bei denen chemische Energie durch Verbrennung in verschiedene andere Energieformen überführt wurde – etwa in Wärme oder in Bewegungsenergie. Eine möglichst wirkungsvolle Weiterentwicklung dieser Umwandlungsprozesse mithilfe von Wärmekraftmaschinen war der Motor der Industrialisierung. Becquerels unmittelbare Umwandlung von Licht in elektrischen Strom war damals hingegen nicht nur unerklärlich, sondern zudem so ineffizient, dass die erzielbaren Wirkungsgrade nicht ausreichten, um einen wirtschaftlich relevanten Beitrag leisten zu können.

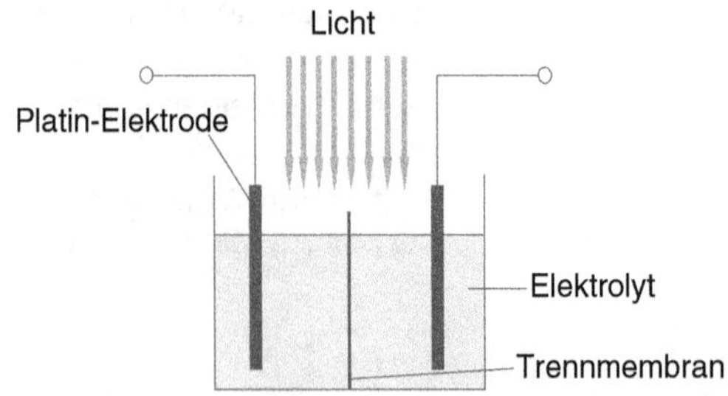

Abbildung 7.1: Beleuchteter Elektrolyt: Versuchsaufbau von Alexandre Becquerel 1839.

Alexandre Becquerel entdeckte im Jahr 1839 im Alter von 19 Jahren im Labor seines Vaters, dass sich der Strom in einer elektrisch leitenden Flüssigkeit geringfügig erhöhte, wenn man eine der Elektroden mit Licht bestrahlte. Der Effekt war minimal und ließ nicht an eine technische Anwendung zur Energieerzeugung denken. Interessanterweise entdeckte Alexandres Sohn Henri Becquerel später die Radioaktivität, wofür er 1903 den Nobelpreis zusammen mit Marie und Pierre Curie erhielt. Daraus erwuchs eine weitere Möglichkeit, um elektrische Energie zu gewinnen: die Kernenergie. Auch gibt es die Einheit Becquerel (Bq), die nach Henri benannt ist und angibt, wie viele Atomkerne einer radioaktiven Substanz pro Sekunde radioaktiv zerfallen. Der Sohn von Alexandre Becquerel ist also der deutlich berühmtere Spross der Familie.

Der nächste bedeutende Entwicklungsschritt nach Becquerels Entdeckung war die Entdeckung des photoelektrischen Effekts auch in festen Körpern. Willoughby Smith arbeitete an Unterseetelegrafenkabeln und nutzte Blöcke aus Selen, um die Kabel auf ihre elektrische Leitfähigkeit zu testen. Zu seiner Überraschung wich dabei die Leitfähigkeit der Selen-Blöcke von seinen Messungen im Labor ab. Smith entdeckte 1873 die Ursache und stellte fest, dass sich die Leitfähigkeit von Selen mit der Beleuchtung ändert. Auch Werner von Siemens beschäftigte sich mit dem Einfluss der Beleuchtung auf die elektrische Leitfähigkeit von Selen und nutzte den Effekt zum Bau eines Geräts zur Messung der Lichtstärke, des Selen-Photometers. 1876 entdeckte dann William Grylls Adams zusammen mit seinem Schüler Richard Evans Day, dass Selen nicht nur seine elektrische Leitfähigkeit ändert, sondern sogar Elektrizität produzieren kann, wenn man es Licht aussetzt. Hiermit war der Beweis erbracht, dass ein Feststoff Licht direkt in elektrische Energie umwandeln kann. Dies war der erste Nachweis des photoelektrischen Effekts in einem festen Körper. Der US-Amerikaner Charles Fritts entwickelte 1883 die Technologie weiter und stellte das erste photovoltaische Modul her, siehe Abbildung 7.3. Er brachte eine dünne Selen-Schicht auf einer Kupferplatte auf. Die Vorderseite des Selens kontaktierte er mit einer dünnen, semitransparenten Goldschicht. Dieses Selen-Modul erzeugte einen konstanten kontinuierlichen Strom, wenn es Licht ausgesetzt wurde. Das Modul hatte eine Fläche von etwa 30 cm^2, seine spezifische Flächenleistung lag bei 4,9 W/m^2. Damit lag der Wirkungsgrad bei etwa einem halben Prozent.

Obwohl Fritts Ergebnisse experimentell bestätigt wurden, wurden die Ergebnisse angezweifelt. Wie konnte Strom erzeugt werden, ohne dass etwas verbrannt wurde? Einige Wissenschaftler erklärten gar, dass Fritts Solarzelle die Gesetze der Thermodynamik

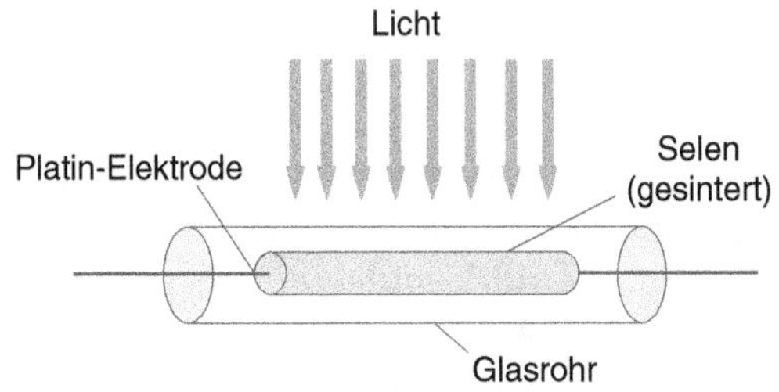

Abbildung 7.2: Das Prinzip einer Selen-Solarzelle.

verletzen würde. Der Energieerhaltungssatz besagt, dass die Gesamtenergie eines geschlossenen Systems erhalten bleibt. Ohne eine offensichtliche Energiequelle sahen sie das Gesetz von der Erhaltung der Energie verletzt und betrachteten die Ergebnisse kritisch. Dass hier die Energie des Lichtes in elektrische Energie umgewandelt wurde und so die Energieerhaltung nicht verletzt wurde, erkannten sie nicht.

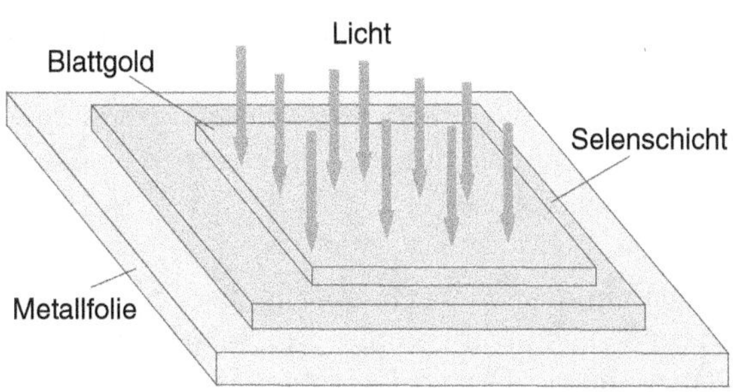

Abbildung 7.3: Das Dünnschicht-Selen-Modul von Charles Fritts 1883 hatte einen Wirkungsgrad von 0,5 %.

Fritts glaubte, trotz des Widerstands, an das enorme Potenzial seiner Erfindung und deren Wettbewerbsfähigkeit. Er wollte mit den von Thomas Edison drei Jahre zuvor aufgebauten Kohlekraftwerken zur Stromerzeugung konkurrieren. In den Vereinigten Staaten wurde er jedoch kritisch betrachtet, weshalb er seine Module zu Werner von Siemens nach Deutschland schickte. Siemens bewertete den Effekt als von größter wissenschaftlicher Bedeutung. Auch der Begründer der Elektrodynamik, James Clerk Maxwell, pries die Entdeckung. Dennoch gelang mit den Modulen von Fritts kein kommerzieller Erfolg, da sie zu teuer waren. Die Fortschritte in der Energietechnik, die mit der Verbrennung von Kohle einhergingen, waren deutlich höher. Zudem gelang es zu der damaligen Zeit niemandem, den Effekt zu erklären, weshalb es auch zu keinen signifikanten technischen Fortschritten kam. Für ein vollständiges Verständnis sollten noch über 50 Jahre vergehen, denn dafür bedarf es der Quantenmechanik.

Für die Wissenschaft war bis zu Beginn des 20. Jahrhunderts klar, dass Licht durch eine Welle beschrieben wird. James Clark Maxwell beschrieb das Licht in seinen berühmten Maxwell-Gleichungen als *elektromagnetische Wellen*. Mit diesen schönen Gleichungen konnte man so gut wie alle Ende des 19. Jahrhunderts bekannten Phänomene von Elektrizität, Magnetismus und Optik erklären. Licht ist demnach einfach eine elektromagnetische Welle. Und bei den wenigen Phänomenen, die man nicht beschreiben konnte, war man sich sicher, dass man sie doch über kurz oder lang mithilfe der Welleneigenschaften des Lichtes erklären können würde.

Licht als Welle

Ein berühmtes Experiment, welches die Wellennatur des Lichtes belegt, ist das sogenannte Doppelspaltexperiment. Beim Doppelspaltexperiment, siehe Abbildung 7.4, tritt Licht durch zwei schmale, parallele Spalte und wird auf einem Beobachtungsschirm aufgefangen. Durch Beugung am Doppelspalt entsteht dort ein sogenanntes Interferenzmuster. Bei Lichtwellen mit einheitlicher Wellenlänge, etwa bei monochromatischen Licht eines Lasers, besteht das Muster auf dem Schirm aus abwechselnd hellen und dunklen Streifen, also Intensitätsmaxima beziehungsweise Intensitätsminima. Die Maxima ergeben sich, wenn sich die Unterschiede in den Weglängen durch die beiden Spalte auf dem Beobachtungsschirm um genau ein Vielfaches der Wellenlänge unterscheiden. Dann addieren sich die beiden Wellen und es entstehen Maxima. Die Minima, also Dunkelheit, ergeben sich, wenn sich die Wegunterschiede um ein (ungerades) halbzahliges Vielfaches der Wellenlänge des Lichtes unterscheiden. Die Wellen heben sich dann gerade auf. Da die korrekte Erklärung eindeutig auf dem Wellencharakter des Lichtes basiert, galt dieses erstmals von Thomas Young 1802 durchgeführte Experiment als eindeutiger Beweis für die Wellennatur des Lichtes.

Mit den Welleneigenschaften des Lichtes lässt sich allerdings der photoelektrische Effekt einfach nicht erklären (und auch nicht kompliziert …). Einstein akzeptierte das und führte, aufbauend auf Max Plancks Ideen, deshalb die Lichtquanten ein. Diese haben Teilcheneigenschaften, tragen aber eine Energie, die mit der Wellenlänge λ beziehungsweise der Frequenz ν des Lichtes, seiner Farbe, verbunden ist:

$$E = h \cdot \nu = \frac{h \cdot c}{\lambda}$$

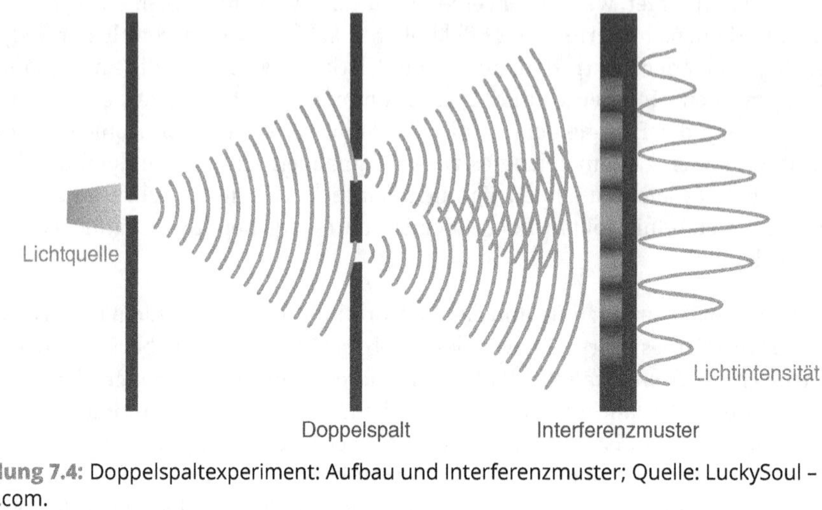

Abbildung 7.4: Doppelspaltexperiment: Aufbau und Interferenzmuster; Quelle: LuckySoul – stock.adobe.com.

c ist in der Formel die Lichtgeschwindigkeit und h das Plancksche Wirkungsquantum. Jedes Lichtquant kann nach der neuen Theorie Einsteins seine Energie nur als Ganzes abgeben, etwa an ein Elektron in einem Festkörper. Dieses freigesetzte Elektron kann nur zu einem Strom beitragen, wenn das Lichtquant genügend Energie mitbringt. Das ist die Erklärung des *photoelektrischen Effekts*. Diese Lichtquanten werden heute Photonen genannt und sind die Träger der elektromagnetischen Strahlungsenergie.

Der photoelektrische Effekt beschreibt das Herauslösen von Elektronen aus einem Material, wenn dieses von Licht getroffen wird. Dabei gilt:

- ✔ Nicht die Helligkeit (Intensität) des Lichtes ist entscheidend, sondern seine Frequenz beziehungsweise die Photonenenergie.
- ✔ Die Photonen müssen eine Mindestenergie haben, um Elektronen aus einem Material herauslösen zu können.

Dieser Effekt zeigt, dass Licht sowohl Wellen- als auch Teilcheneigenschaften besitzt und deshalb ein Quantenphänomen ist.

Der Triumph der Quantenmechanik

Um die Funktionsweise von Solarzellen zu verstehen, ist es erforderlich, die elektrischen Eigenschaften von Festkörpern zu verstehen. Auch hier werden wir wieder auf Phänomene stoßen, die sich mit klassischen Theorien nicht erklären lassen, und feststellen, dass quantenmechanische Prinzipien für deren Verständnis notwendig sind. Insbesondere werden wir verstehen, was ein Metall, einen Isolator und was einen Halbleiter ausmacht.

Da ein Festkörper aus Atomen aufgebaut ist, beginnen wir zunächst mit den Atomen und bauen dann einen Festkörper aus ihnen auf.

Atome und Atommodelle

Schon der griechische Philosoph Demokrit formulierte etwa 400 vor Christus die Idee von kleinsten Teilen, aus denen die gesamte Welt aufgebaut ist. Doch für eine umfassende physikalische Erklärung des Atoms braucht es die Quantenmechanik. Das Atom spielte sogar die zentrale Rolle in der Entwicklung dieser Theorie, siehe Abbildung 7.5.

Ein Atom besteht im Zentrum aus einem elektrisch positiven Kern, der sogenannte *Protonen* enthält. Ihn umgeben negativ geladene Elektronen, sodass das Atom insgesamt ungeladen, also neutral ist. Der Kern ist extrem dicht und positiv geladen. Um ihn herum bewegen sich die Elektronen. Die Atome sind etwa 10 000-mal größer als der Atomkern, in dem sich aber fast die gesamte Masse der Atome konzentriert. Dies beschreibt das Atommodell, wie es Ernest Rutherford 1911 aufgestellt hat. Er entwickelte dieses Modell nach Experimenten, bei denen er eine dünne Goldfolie mit positiv geladenen Heliumatomen (α-Teilchen) beschoss. Zu seiner Überraschung durchquerten die allermeisten α-Teilchen ungehindert die Goldfolie, jedoch wurden ein paar α-Teilchen auch zurückreflektiert. Daraus schloss Rutherford,

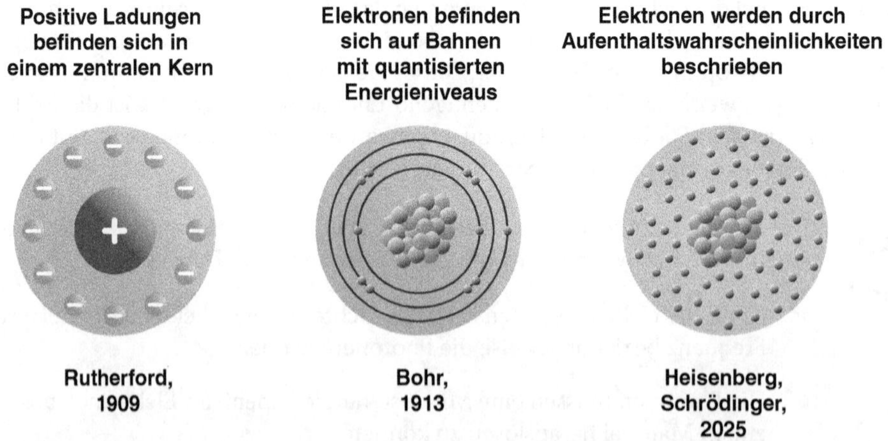

Abbildung 7.5: Die Atommodelle von Rutherford, Bohr und das quantenmechanische Modell von Atomen; Quelle: udaix – stock.adobe.com.

dass der größte Teil eines Goldatoms aus Nichts (Vakuum) besteht und sich fast die gesamte Masse des Goldes im Zentrum des Atoms befindet. Denn nur wenn das positiv geladene α-Teilchen direkt auf ein positiv geladenes Zentrum trifft, so schloss Rutherford, wird es wie ein Ball, der gegen eine Wand fliegt, zurückgeworfen. Die Elektronen müssen dann den Rest des Raumes auffüllen, damit das Atom insgesamt neutral ist.

Wenn sich nun die Elektronen als geladene Teilchen um den Atomkern herum bewegen, müssten sie nach der klassischen Theorie elektromagnetische Strahlung aussenden. Dabei würde aber das Elektron wegen der Energieerhaltung Energie verlieren und müsste in den Atomkern stürzen! Atome wären also nicht stabil. Dies ist aber offensichtlich nicht der Fall und widerspricht unserer Erfahrung. Die klassische Theorie der Elektrodynamik kann demnach für Atome nicht gelten.

Um Atome beschreiben zu können, die trotz kreisender Elektronen stabil sind, löste sich Niels Bohr 1913 von der Gültigkeit der klassischen Theorie. Er postulierte einfach, dass es für Elektronen im Atom bestimmte Bahnen gibt, auf denen sie stabil den Kern umkreisen, ohne elektromagnetische Strahlung zu erzeugen (Abbildung 7.5). Andere Bahnen, die nach der klassischen Mechanik auch möglich wären, kommen seinem Modell zufolge in der Natur nicht vor. Strahlungsenergie gibt das Atom nach Bohr nur beim Übergang eines Elektrons von einer erlaubten Bahn in eine andere erlaubte ab. Auch hier tritt wieder die Regel auf, dass Energie nur in diskreten Einheiten abgegeben werden kann, wie es Planck und Einstein für ganz unterschiedliche Phänomene auch schon formulierten. Das Elektron kann nur von einem stationären Zustand in einen anderen springen. Beim Sprung zwischen stationären Zuständen mit verschiedener Energie, den *Energieniveaus*, wird elektromagnetische Strahlung emittiert oder absorbiert. Bohr postuliert also in seinem Atommodell, dass das Atom in seinen stabilen Zuständen nicht strahlt. Die Tatsache, dass nur bestimmte Energieniveaus erlaubt sind, ist wesentlich für das Verständnis von Atomen. Das Bohrsche Atommodell kann damit das einfachste Atom, den Wasserstoff, recht gut beschreiben. Es reicht aber für schwerere Atome, Moleküle oder gar ganze Festkörper nicht aus. Hierzu ist die vollständige

Quantenmechanik notwendig, wie sie in den 1920er Jahren unter anderem von Werner Heisenberg und Erwin Schrödinger entwickelt wurde.

In der Quantenmechanik wird der Aufenthaltsort der Elektronen durch eine Wahrscheinlichkeits-Wellenfunktion beschrieben, siehe Abbildung 7.5. Der exakte Ort des Elektrons ist nicht mehr bekannt, sondern nur noch die Wahrscheinlichkeit, mit der sich ein Elektron an einem Ort befindet. In der zugehörigen Mathematik ergeben sich ebenfalls wieder nur diskrete Energieniveaus, welche die Elektronen besetzen können. Für das Wasserstoffatom finden sich im Wesentlichen die gleichen Energieniveaus, die auch Bohr beschrieben hat. Es treten diskrete Zahlen und Werte auf, weil es nur eine definierte Anzahl von Lösungen für die quantenmechanischen Wellengleichungen gibt. Jeder mögliche Zustand der Elektronen wird durch diese Quantenzahlen beschrieben, die zu einer bestimmten Wellenfunktion gehören.

Elektronen haben neben ihrer elektrischen Ladung eine weitere fundamentale quantenmechanische Eigenschaft, den sogenannten *Spin*. Dieser spielt eine wichtige Rolle, weil er für die Besetzung der Energieniveaus mitverantwortlich ist. Elektronen gehören aufgrund ihres Spins zu der Elementarteilchensorte der *Fermionen*. Für diese Teilchen gilt die sogenannte *Fermionenstatistik*.

Der Spin von Elektronen und anderen Elementarteilchen ist eine grundlegende quantenmechanische Eigenschaft. Sie wurde erst mit der Quantenmechanik entdeckt. Sie ähnelt in manchen Aspekten einem klassischen Drehimpuls und ist wie dieser mit einem Magnetfeld verbunden, wenn das zugehörige Teilchen elektrisch geladen ist. Dieser Spin wird beispielsweise ausgenutzt, wenn wir uns in ein MRT legen und uns mit seiner Hilfe ein Bild von unserem Körper machen.

Die Fermionenstatistik besagt, dass nur maximal zwei Elektronen durch ein und dieselbe Wellenfunktion gleichzeitig beschrieben werden können. Darum können sich nicht alle Elektronen auf dem niedrigsten erlaubten energetischen Niveau befinden, stattdessen werden die unterschiedlichen Energieniveaus und damit die zugehörigen Wellenfunktionen Schritt für Schritt besetzt. Für chemische Reaktionen spielen dann nur die äußersten Elektronen, das sind die am schwächsten an das Atom gebundenen Elektronen, eine Rolle. Daher lassen sich Festkörper nach den Eigenschaften der äußeren Elektronen ihrer Atome kategorisieren.

Metalle, Isolatoren und Halbleiter

Aus den Atomen entsteht ein Festkörper, indem man sehr viele von ihnen (wirklich sehr, sehr viele!) zusammenbringt. Dabei treten die Atome in Wechselwirkung miteinander. Bringt man zunächst nur zwei Atome nahe zusammen, so bilden sich aus den Wellenfunktionen der beiden einzelnen Atome mit zwei identischen Energien aufgrund der gegenseitigen Beeinflussung zwei Wellenfunktionen mit leicht unterschiedlichen Energieniveaus, siehe Abbildung 7.6. In dieser Darstellung werden nicht die Wellenfunktionen der Atome dargestellt, sondern die Energieniveaus der Elektronen. Die Energie der Elektronen liegt unter der Nulllinie, weil die Elektronen an den Atomkern gebunden sind und Energie frei würde, wenn man die Elektronen entfernt. Die Atomniveaus der beiden verbundenen Atome spalten sich auf. Je näher sich die Atome kommen, desto größer die Aufspaltung. Nähert man

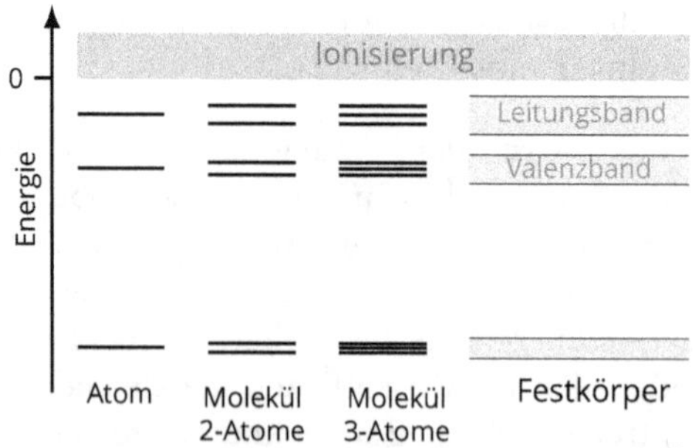

Abbildung 7.6: Energieniveaus von Atomen, Molekülen, Festkörpern.

nun weitere Atome an, so wechselwirken diese mit den bereits vorhandenen Atomen und aus den jeweils diskreten Niveaus mit ähnlicher Energie entwickeln sich unzählige beliebig dicht beieinanderliegende Energieniveaus – zu jedem Atom gehört ein Energieniveau. Diese werden *Energiebänder* genannt. Auf diesen Energiebändern verteilen sich nun die Elektronen der Atome. Da die Energiebänder aus einer endlichen (wenn auch unvorstellbar großen) Zahl von Atomen hervorgegangen sind, können sie auch nur eine endliche Zahl von Elektronen aufnehmen. Anders als bei den ursprünglichen Wellenfunktionen der Atome sind diese nun aber für die schwach gebundenen Elektronen über den gesamten Festkörper verteilt. Die Elektronen besetzen wieder die Energieniveaus, ebenso wie bei den Atomen, beginnend mit dem niedrigsten Energieniveau. Das äußerste, energetisch am wenigsten gebundene, vollständig besetzte Band heißt *Valenzband.* Das nächsthöhere Band ist entweder gar nicht oder nur teilweise besetzt. Dieses Band heißt *Leitungsband.*

Ist das Leitungsband nur teilweise besetzt, so kann ein Elektron leicht Energie aufnehmen, ins Leitungsband wechseln und sich dann frei im Festkörper bewegen. Dies kann zum Beispiel durch das Anlegen einer elektrischen Spannung geschehen. Die Elektronen können dann einen elektrischen Strom tragen. Festkörper mit dieser Eigenschaft werden *Metalle* oder *Leiter* genannt. Beispiele sind Kupfer oder Silber.

Festkörper, deren Bänder voll besetzt sind, können keinen Strom tragen, weil deren Elektronen nicht kleine Energiemengen aufnehmen können. Um in das energetisch nächsthöhere Energieband zu gelangen, müsste eine Energie aufgebracht werden, die viel größer ist, als durch das Anlegen einer üblichen Spannung übertragen wird. Diese Festkörper heißen *Isolatoren.* Isolatoren werden zum Beispiel dazu benutzt, um Leiter zu umhüllen: Das schützt dann Menschen und Gegenstände davor, ungewollt mit elektrischer Spannung in Kontakt zu kommen. Für die Photovoltaik wichtige Isolatoren sind Oxide, beispielsweise *Siliziumdioxid* SiO_2, der Grundbestandteil von Glas. Glas kann keine Energie von sichtbaren Photonen aufnehmen, sodass diese Photonen ungehindert durch den Festkörper treten. Das erklärt, warum Glas durchsichtig ist.

Halbleiter sind eine besonders wichtige Festkörper-Klasse für die Photovoltaik. Ihre Leitfähigkeit liegt zwischen der Leitfähigkeit von Isolatoren und der von Leitern. Bei Halbleitern nimmt – im Unterschied zu Metallen – die Leitfähigkeit mit steigender Temperatur zu. Wie bei Isolatoren ist das Valenzband vollständig mit Elektronen besetzt und das Leitungsband ist unbesetzt. Jedoch ist der energetische Abstand zwischen Valenz- und Leitungsband hier deutlich geringer als bei Isolatoren. Allein schon durch eine Temperaturerhöhung können

Elektronen vom Valenzband ins Leitungsband gelangen und dort zu einem Strom beitragen. Bei Isolatoren ist die Energielücke zwischen Valenz- und Leitungsband dagegen so groß, dass die Lücke nicht durch thermische Energie überbrückt werden kann. Durch Bestrahlung mit Licht können ebenfalls Elektronen die Energielücke zwischen Valenzband und Leitungsband überwinden und dort dann zu einem elektrischen Strom beitragen – genau das ist, wie wir gleich sehen werden, der Knackpunkt beim photoelektrischen Effekt und der gesamten Weltrettung via Photovoltaik! Ein typischer Halbleiter ist Silizium.

Der photoelektrische Effekt im Halbleiter

Halbleiter haben, wie soeben beschrieben, eine energetische Lücke zwischen dem obersten besetzten Band, dem Valenzband, und dem untersten unbesetzten Band, dem Leitungsband. Diese energetische Lücke wird *Bandlücke* E_G genannt (nach Englisch gap = »Lücke«). Meist misst man die Energie der Bandlücke in der Einheit Elektronenvolt (eV), das ist die Energie, die ein Elektron aufnimmt, wenn es eine elektrische Spannung von einem Volt durchläuft. Albert Einstein war es, der dem Licht erstmals Teilcheneigenschaften zuschrieb und 1905 eine Erklärung für den lange zuvor von Alexandre Becquerel entdeckten photoelektrischen Effekt lieferte. Die einzelnen Lichtteilchen, die *Photonen,* haben jeweils die Energie $E = h \cdot \nu$. Trifft ein Photon auf ein Elektron, so kann es diese Energie auf das Elektron übertragen. Ist die Energie des Photons größer als die Bandlücke E_G, so wird das Elektron vom Valenzband in das Leitungsband gehoben und kann dort zur elektrischen Leitfähigkeit beitragen. Die Photonen müssen demnach eine Mindestenergie haben, die der Bandlücke E_G des Halbleiters entspricht, um die Elektronen vom Leitungsband ins Valenzband anzuheben, siehe Abbildung 7.7. Dieser Effekt wird *innerer photoelektrischer Effekt* genannt. Beim *äußeren photoelektrischen Effekt* wird das Elektron durch ein auf den Festkörper treffendes Photon aus dem Festkörper befreit. Auch hier hängt es nur von der Farbe des Lichtes (seiner Wellenlänge λ) und nicht von der Intensität des Lichtes ab, ob die Elektronen durch das Licht aus dem Festkörper herausgelöst werden können. In der klassischen Theorie, in der Licht als kontinuierliche Welle galt, wäre so eine Mindestenergie der elektromagnetischen Strahlung nicht nötig. Allein durch Erhöhen der Intensität sollte die Energie genügend ansteigen und schließlich ausreichen, um das notwendige Energieniveau zu erreichen. Eine Abhängigkeit von der Farbe und damit von der Frequenz (beziehungsweise Wellenlänge) des Lichtes lässt sich klassisch nicht erklären.

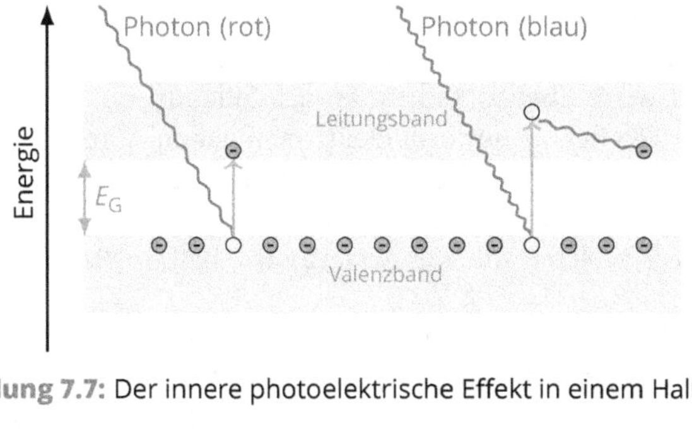

Abbildung 7.7: Der innere photoelektrische Effekt in einem Halbleiter.

Albert Einstein erhielt 1921 den Physik-Nobelpreis nicht etwa für die revolutionäre Spezielle oder Allgemeine Relativitätstheorie, sondern für die theoretische Erklärung des (äußeren) photoelektrischen Effekts. Damit hat er die Grundlagen der *Quantenmechanik* mitgeschaffen. Ironischerweise wurde er später zum prominentesten Kritiker der Quantenphysik: Ihn störte, dass die neue Physik nur noch mit Wahrscheinlichkeiten arbeitete, seine Kritik gipfelte in der Aussage: »Gott würfelt nicht«. Darauf entgegnete Niels Bohr, ebenfalls ein Vater der Quantenmechanik, woher Einstein denn wissen wolle, dass Gott nicht würfelt.

Wie eine Solarzelle funktioniert

Licht befördert durch den *inneren photoelektrischen Effekt* ein Elektron in das Leitungsband aus dem Valenzband und hinterlässt dort eine Leerstelle. Diese wird als *Loch* bezeichnet. Statt das Valenzband als fast vollständig gefülltes Band mit Elektronen zu betrachten, kann man es auch als Leitungsband für einzelne Löcher beschreiben (und das Leitungsband entsprechend als fast vollständig mit Löchern gefüllt – ein sehr wichtiger Gedanke in diesem Zusammenhang ist, dass man ein Loch physikalisch wie ein eigenständiges Teilchen mit positiver Ladung betrachten kann). Das Elektron kann im Leitungsband nun eine gewisse Zeit durch den Festkörper diffundieren, bevor es in das Valenzband zurückfällt und dort mit dem Loch oder einem anderen rekombiniert (das heißt, das Loch füllt). Im Gleichgewicht heben sich die Generations- und Rekombinationsprozesse auf, sodass sich kein Stromfluss im homogenen Halbleiter ergibt.

Um einen elektrischen Strom zu erhalten, müssen die Elektronen in dem Halbleiter von ihren »Herkunfts«-Löchern getrennt werden. Dies kann erreicht werden, indem man innerhalb des Halbleiters ein elektrisches Feld erzeugt. Da die Elektronen eine negative und die Löcher eine positive Ladung tragen, trennt dieses Feld die Ladungsträger und man bekommt einen Stromfluss.

Der am häufigsten verwendete Halbleiter in der Photovoltaik ist Silizium. Atome dieses Elements besitzen in ihrer äußersten Elektronenschale vier Elektronen. Bringt man nun im Festkörper geringe Mengen an Phosphor mit *fünf* Elektronen in das Kristallgitter des Siliziums ein, so hat das Silizium in der Umgebung des Phosphors ein zusätzliches Elektron, welches sich dann im Leitungsband des Siliziumkristalls befindet. Durch das Dotieren mit Phosphor gibt es also in diesem Bereich zusätzliche freie negative Ladungen, weshalb er als *n-Bereich* bezeichnet wird. Ebenso kann man das Silizium mit Bor dotieren, bei dem die Atome in ihrer äußersten Schale nur drei Elektronen haben. Wird ein Bor-Atom in den Siliziumkristall eingebaut, so wird ein Elektron aus dem Siliziumvalenzband in die Schale des Bor-Atoms eingebaut. Es entsteht ein Loch im Valenzband, das dort frei beweglich ist. Der Bereich des Halbleiters, welcher mit Bor dotiert wird, heißt *p-Bereich.*

Das gezielte Einbringen von Fremdatomen in einen Kristall bezeichnet man als *Dotieren.* Die Leitfähigkeit von Halbleitern wird dadurch signifikant erhöht. Die Fremdatome besitzen in der äußersten Atomhülle entweder ein Elektron mehr oder ein Elektron weniger als das Kristallatom, welches sie ersetzen. Dadurch befindet sich ein zusätzliches Elektron im Leitungsband des Halbleiters, erhöht dessen Leitfähigkeit und der Halbleiter ist n-dotiert. Hat das Fremdatom ein Elektron weniger als das Kristallatom, gibt es ein positiv geladenes Loch im Valenzband und der Kristall ist p-dotiert.

Eine Solarzelle besteht nun aus einem sogenannten p-n-Übergang, bei dem ein Teil des Halbleiters p-dotiert ist und der andere n-dotiert. Solch eine Anordnung bezeichnet man auch als Halbleiterdiode.

Aufgrund der Konzentrationsunterschiede an der Grenze zwischen den beiden Regionen diffundieren Elektronen in die p-Region und Löcher in die n-Region. Auf diese Weise entsteht ein elektrisches Feld in der ehemals elektrisch neutralen Region: die sogenannte Raumladungsregion oder *Raumladungszone*. Dieses elektrische Feld nimmt so lange zu, bis seine Stärke das weitere Eindiffundieren verhindert.

Wenn jetzt Licht auf die als Solarzelle arbeitende Diode fällt, erzeugt es durch den photoelektrischen Effekt Elektronen im Leitungsband und Löcher im Valenzband. Die Ladungsträger diffundieren in die Raumladungszone und werden dort durch das elektrische Feld getrennt (Abbildung 7.8). Zwischen den Kontakten der n-Seite und der p-Seite misst man dann eine Spannung U. Werden die Kontakte über einen Widerstand R leitend verbunden, fließt ein Strom $I = U/R$ und es kann elektrische Leistung abgeführt werden. Die Kennlinie einer Solarzelle ohne jegliche Einstrahlung (Dunkelkennlinie) entspricht einer Diodenkennlinie, wie in Abbildung 7.9 dargestellt. Wird die Solarzelle dagegen beleuchtet, verschiebt sich diese Kennlinie um den Betrag des Photostroms I_{Photo} (Hellkennlinie).

Der Kurzschlussstrom I_K ist eine der wichtigsten Kenngrößen einer Solarzelle. Er fließt in einer beleuchteten, kurzgeschlossenen Solarzelle. Beachten Sie hier bitte noch einmal, dass Photonen, deren Energie kleiner als die Bandlücke ist, nicht im Halbleiter absorbiert werden. Nur Photonen mit einer Energie, die größer als die Bandlücke ist, können daher zum Kurzschlussstrom beitragen.

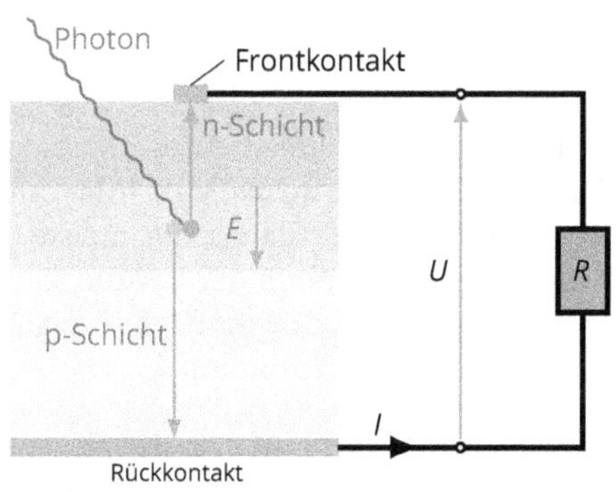

Abbildung 7.8: Schema einer Solarzelle mit Raumladungsregion E, Strom I, Spannung U und externem Verbraucher R.

Bei Siliziumsolarzellen liegt das Limit der Photonen, deren Energie kleiner ist als die Bandlücke, bei einer Wellenlänge von etwa 1150 nm (nahes Infrarot): Strahlung mit einer Wellenlänge größer als dieses Limit wird nicht absorbiert. Photonen mit einer wesentlich kürzeren Wellenlänge enthalten zwar wesentlich mehr Energie, tragen aber auch nur mit einem Elektron zum Stromfluss bei. Die Energie der Photonen, die größer als die Bandlücke ist, geht als thermische Energie verloren.

Die Leerlaufspannung U_L beschreibt die Spannung zwischen den Kontakten, wenn kein Strom entnommen wird (Leerlauf), siehe Abbildung 7.9. Die Leistung, die einer Solarzelle entnommen werden kann, ergibt sich aus dem Produkt von Strom und Spannung entlang der Hellkennlinie:

$$P = U(I) \cdot I$$

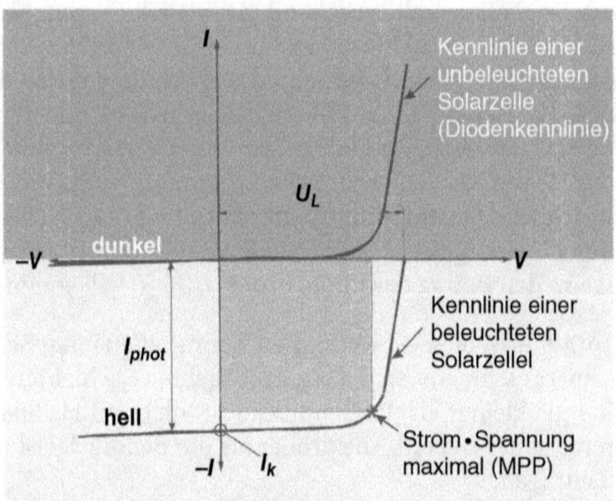

Abbildung 7.9: Solarzellenkennlinie im unbeleuchteten und im beleuchteten Zustand sowie dem Punkt der maximalen Leistung $P = U \cdot I$.

Die Solarzelle wird in dem Punkt der Kennlinie betrieben, an dem das Produkt aus Spannung und Strom maximal ist. Dieser Punkt wird als MPP (Maximum-Power-Point) bezeichnet. An diesem Punkt wird der Solarzelle daher die meiste Leistung entnommen. In Abbildung 7.10 erkennt man dies am Maximum der Leistungskurve. In dieser Darstellung wird der Photostrom mit positiven Werten dargestellt. Die zugehörige Spannung bezeichnet man als U_{MPP} und den entsprechenden Strom mit I_{MPP}.

Der photovoltaische *Umwandlungswirkungsgrad* η ist definiert als das Verhältnis der abgegebenen elektrischen Leistung der Solarzelle zur eingestrahlten solaren Strahlungsleistung. η ist abhängig von der Bestrahlungsstärke und dem Spektrum des Lichtes. Der Umwandlungswirkungsgrad wird unter Standardtestbedingungen (STC) bestimmt: einer Bestrahlungsstärke von 1000 W/m^2 senkrecht auf die Vorderseite, einer Zelltemperatur von 25 °C und einer spektralen Verteilung entsprechend der Sonneneinstrahlung, die dem Sonnenstand bei AM1,5 entspricht.

$$\eta = \frac{I_{\mathrm{MPP}} \cdot U_{\mathrm{MPP}}}{P_{\mathrm{AM1,5}}}$$

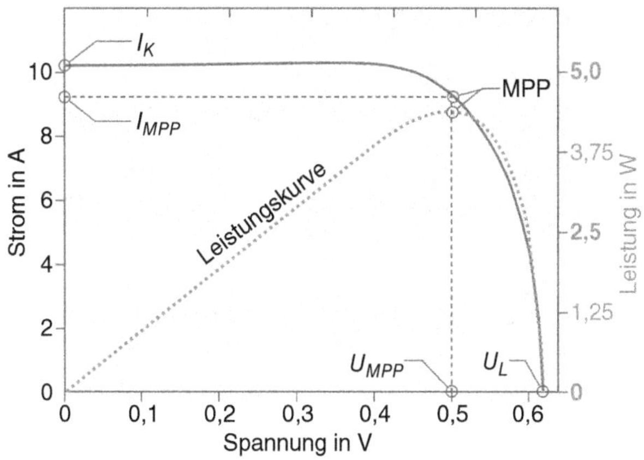

Abbildung 7.10: Strom-Spannungs- und Leistungskurve mit Kurzschlussstrom I_K, Strom im Punkt maximaler Leistung I_{MPP}, Leerlaufspannung U_L sowie Spannung im Punkt maximaler Leistung U_{MPP}. Hier ist der Kurzschlussstrom I_K mit positiven Werten dargestellt.

Der Wirkungsgrad einer Solarzelle ist definiert als das Verhältnis der elektrischen Leistung im Maximum-Power-Point der Solarzelle zur eingestrahlten Leistung eines AM1,5-Sonnenspektrums bei 25 Grad Celsius.

Der Wirkungsgrad eines typischen Siliziumsolarmoduls liegt heute bei circa 22 %. Die besten Module am Markt haben einen Wirkungsgrad von bis zu 24 %. Beachten Sie, dass ein Solarmodul immer einen niedrigeren Wirkungsgrad als eine einzelne Solarzelle hat. Dies liegt an zusätzlichen Verlusten, die etwa durch elektrische Leitungen auftreten. Die Wirkungsgrade von Solarzellen, die in Instituten und Forschungseinrichtungen veröffentlicht werden, sind meist noch deutlich höher als die Wirkungsgrade von kommerziell erhältlichen Solarzellen. Meist sind die Wirkungsgrade der Laborzellen aber auf deutlich kleineren Flächen realisiert und dienen erst einmal nur der Demonstration des Potenzials der entsprechenden Zellen.

Typische Wirkungsgrade von kommerziellen Siliziumsolarzellen liegen derzeit bei 24 % bis 26 %. Häufig wird gesagt, dass dies ja ein sehr geringer Wirkungsgrad für eine Energieumwandlung sei. Im Vergleich zu den meisten Prozessen ist dies aber eigentlich ein sehr hoher Wirkungsgrad. So wird beispielsweise bei einer Zuckerrübe aus der photosynthetischen Umwandlung von Licht nur 1 % der Lichtenergie genutzt, um Zucker zu bilden. Ein Auto mit Verbrennungsmotor bringt nur 15 % des Energiegehalts des Benzins in Bewegungsenergie auf die Straße. Berücksichtigt man noch, dass es Millionen von Jahren gedauert hat, um das Erdöl zu erzeugen, so ist der Wirkungsgrad von Solarzellen tatsächlich bemerkenswert hoch.

In der Literatur wird gelegentlich auch der Füllfaktor *FF* einer Solarzelle angegeben. Dieser errechnet sich gemäß:

$$FF = \frac{U_{\mathrm{MPP}} \cdot I_{\mathrm{MPP}}}{U_{\mathrm{L}} \cdot I_{\mathrm{K}}} \tag{7.1}$$

Er sagt etwas über die Qualität der Solarzelle aus. Für gute Siliziumsolarzellen liegt er zwischen 0,75 und 0,85. Sind die Werte niedriger, so hat die Solarzelle zu große innere Verluste.

Um das Verhalten von Solarzellen zu charakterisieren, wird jeder mögliche Betriebsfall betrachtet und das Ergebnis für die vier Quadranten der Kennlinie in Tabelle 7.1 zusammengefasst.

Quadrant	Bedeutung für die PV-Kennlinie	Verhalten
erster	Strom und Spannung positiv (bei Dioden)	Vorwärtsbetrieb: Strom wird durchgelassen, fließt durch die Diode
zweiter	Strom positiv, Spannung negativ	Strom fließt »falsch«, Diode sperrt: nur sehr geringer Rückwärtsstrom
dritter	Strom und Spannung negativ	Rückwärtsbetrieb: Diode sperrt stark, kann bei hohen Spannungen durchbrechen
vierter	Strom negativ, Spannung positiv (PV!)	Solarzelle liefert Strom, der eigentliche Arbeitsbereich der Solarzelle

Tabelle 7.1: Die vier Quadranten einer Solarzellenkennlinie nach Abbildung 7.9.

Im dritten Quadranten kann die Solarzelle bei hohen negativen Spannungen nicht mehr sperren und bricht durch.

Einfaches Diodenmodell einer Solarzelle
Im einfachsten Fall wird eine Solarzelle durch folgende Kennliniengleichung dargestellt:

$$I(U) = I_{\mathrm{Ph}} - I_{\mathrm{D}} = I_{\mathrm{Ph}} - I_S \cdot (\mathrm{e}^{\frac{U}{nkT}} - 1)$$

$I(U)$ ist der Strom, der durch die Solarzelle fließt, I_{Ph} ist der Photostrom, der aufgrund der Beleuchtung der Solarzelle entsteht, I_{D} ist der Diodenstrom einer Halbleiterdiode, I_{S} ist der sogenannte Sperrsättigungsstrom der Diode, U ist die Spannung, die an der Solarzelle anliegt, k die Boltzmannkonstante, T die Temperatur und n der Idealitätsfaktor, der für eine ideale Diode eins beträgt. Aus dieser Kennlinie lassen sich wesentliche Parameter einer Solarzelle entnehmen.

Der Kurzschlussstrom I_K ist derjenige Strom, den die Solarzelle liefert, wenn man sie an den Anschlüssen kurzschließt, die Spannung zwischen den Anschlüssen also 0 V beträgt. In der angelsächsischen Literatur oder auf Datenblättern findet man häufig die Bezeichnung I_{SC} für *Short Circuit Current*. Der Kurzschlussstrom entspricht also dem Photostrom I_{Ph}, welcher abhängig von der Bestrahlungsstärke ist.

Ein weiterer charakteristischer Punkt auf der Kennlinie ist die Leerlaufspannung U_L. Häufig wird dafür auch die Bezeichnung U_{OC} aus dem Angelsächsischen (für *Open-Circuit-Voltage*) verwendet. Bei $U = U_{OC}$ ihr fließt kein Strom.

Um Solarzellen realistischer zu beschreiben, wird das einfache Diodenmodell um Widerstände ergänzt, die parallel, R_P, und in Serie, R_S, zur Diode geschaltet sind. R_S wird beispielsweise durch die Widerstände in den metallischen Kontakten der Solarzelle bestimmt, R_P ist stark von der Güte des p-n-Übergangs abhängig sowie von der elektrischen Isolierung der Vorder- und Rückseite der Solarzelle.

Verlustmechanismen einer Solarzelle

Der Wirkungsgrad einer Solarzelle ist ein wichtiger Parameter, weil von ihm viele Kosten des Solarsystems abhängen. Im Folgenden wollen wir zunächst den theoretisch maximalen Wirkungsgrad einer Solarzelle untersuchen und anschließend die technologischen Verlustmechanismen beschreiben.

Der maximale Wirkungsgrad einer Solarzelle ist natürlich kleiner als 100 Prozent, denn es können nur Photonen aus dem Sonnenspektrum zum Strom der Solarzelle beitragen, deren Energie größer ist als die Bandlücke des Halbleiters. Photonen mit einer geringeren Energie als die Bandlücke werden vom Halbleiter nicht absorbiert und können daher auch nicht zum Strom beitragen. Ist die Energielücke E_G des Halbleiters null, so können alle Photonen des einfallenden Sonnenlichts beitragen und der Strom wird maximal. Allerdings ist bei einer Energielücke null auch die maximale Spannung der Solarzelle null, denn die maximale Spannung ergibt sich im Wesentlichen aus der Bandlücke des Halbleiters. Damit ergibt sich dann für die Leistung der Solarzelle für einen Halbleiter mit $E_G = 0$ und $P = I \cdot U$ auch eine Leistung von null und damit ist ebenso der Wirkungsgrad $\eta = 0\,\%$. Die maximale Spannung entspricht der Bandlücke und nimmt deshalb mit wachsender Bandlücke zu. Der Kurzschlussstrom sinkt aber, weil immer weniger Photonen vom Halbleiter absorbiert werden können. Für große Bandlücken ist eine große maximale Spannung erreichbar, aber der Kurzschlussstrom ist null, weil es keine Photonen im Sonnenspektrum gibt, welche die Bandlücke überwinden können. Auch in diesem Fall sind die Leistung und Wirkungsgrad der Solarzelle null. Es gibt also ein Optimum für die Bandlücke des Halbleiters. Dies ist in Abbildung 7.11 dargestellt. Man erkennt, dass das Optimum relativ breit ist und für Bandlücken zwischen 1,1 und 1,6 eV bei etwas über 30 % liegt. Silizium liegt mit seiner Bandlücke von 1,12 eV in diesem theoretischen Optimum. Dabei werden lediglich Verluste berücksichtigt, die daraus resultieren, dass wegen der Bandlücke nicht alle Photonen zum Strom beitragen können und die Elektronen, die durch Photonen ins Leitungsband angehoben wurden, mit der Energie der Bandlücke zur elektrischen Leistung beitragen.

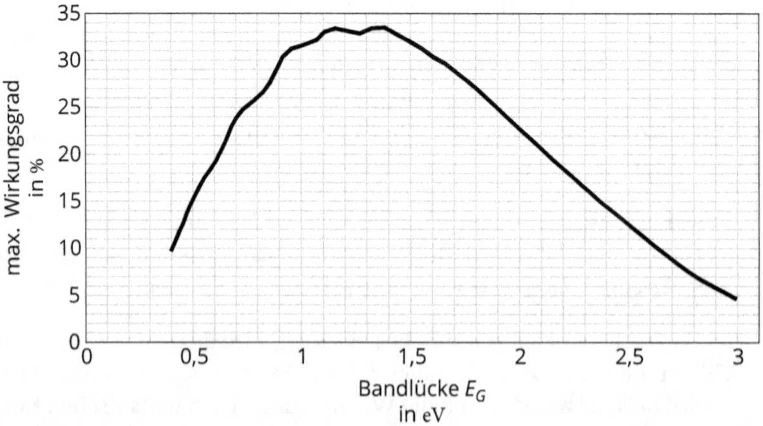

Abbildung 7.11: Maximaler theoretischer Wirkungsgrad einer Solarzelle in Abhängigkeit von der Bandlücke. Hier wird die Einheit der Energie in eV angegeben.

Technologisch treten weitere Verlustmechanismen auf. Ist der Halbleiter nicht frei von Fremdatomen, so können die durch das Licht erzeugten Elektronen und Löcher an solchen Defekten rekombinieren und als Ladungsträger verloren gehen. Ebenso können Elektronen und Löcher an der Oberfläche und den Kontakten der Solarzelle rekombinieren und nicht zum Stromfluss beitragen. Dies sind *Rekombinationsverluste*, die durch unreine Materialien auftreten.

Ein weiterer Verlustmechanismus sind Reflexionsverluste an der Oberfläche der Solarzellen. Sonnenlicht, das auf die Oberfläche der Solarzelle auftrifft und dort reflektiert wird, trägt nicht zum Strom bei. Dies sind *optische Verluste*, die ebenfalls den Wirkungsgrad reduzieren.

Der Strom der Solarzelle durchläuft die Solarzelle und wird über die elektrischen Kontakte abgeführt. Da sowohl der Halbleiter als auch die Metallkontakte einen elektrischen Widerstand haben, fallen beim Betrieb der Solarzelle zusätzlich *ohmsche Verluste* an.

Modellierung ohmscher Verluste einer Solarzelle
Üblicherweise hat eine Solarzelle aus reinerem Material weniger interne Stromabflüsse, der sogenannte parasitäre Parallelwiderstand R_P ist groß. Bei weniger reinem Basismaterial ist es umgekehrt: Der parasitäre Parallelwiderstand wird kleiner. Das Ganze ist dargestellt in dem *elektrischen Ersatzschaltbild* (ESB) einer Solarzelle in Abbildung 7.12. Bei geringer Einstrahlung muss der externe Lastwiderstand R_Verbr prinzipiell immer höher eingestellt werden, damit der MPP erreicht wird. Damit rückt der Lastwiderstand näher in den Bereich des internen Parallelwiderstands, wodurch – relativ gesehen – ein größerer Teil durch diesen nutzlos abfließt: Der Wirkungsgrad fällt bei niedrigen Bestrahlungsstärken ab. Je niedriger der parasitäre Parallelwiderstand ausfällt, desto größer ist dieser Abfall.

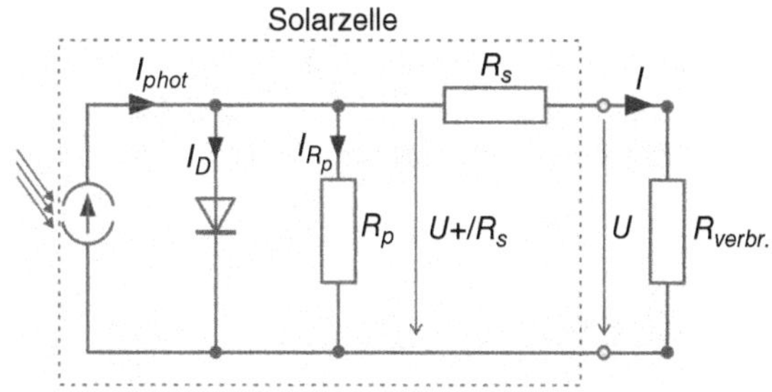

Abbildung 7.12: *Elektrisches Ersatzschaltbild* (ESB) einer Solarzelle: Links die von der Einstrahlung gesteuerte Stromquelle, eine Diode in Durchlassrichtung (leitet erst ab einer gewissen Durchlassspannung), dann der parasitäre Parallelwiderstand R_P und oben der Serienwiderstand R_S. Ganz rechts, schon außerhalb der Solarzelle, ist der Lastwiderstand des Verbrauchers R_{Verbr}.

In Abbildung 7.13 sieht man den prinzipiellen Einfluss der parasitären Widerstände R_P und R_S auf den Kurvenverlauf der Strom-Spannungs-Kurve. Die Kurve wird weicher. Damit wird die entnehmbare elektrische Leistung im MPP geringer, obwohl Leerlaufspannung und Kurzschlussstrom nicht wesentlich reduziert werden.

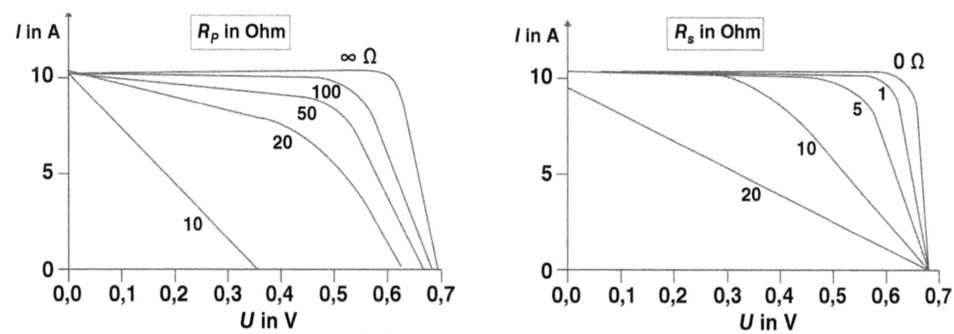

Abbildung 7.13: Prinzipieller Einfluss der parasitären Widerstände R_P und R_S auf die Strom-Spannungs-Kennlinie einer Solarzelle.

Diese Verluste verringern den theoretischen Wirkungsgrad einer Solarzelle weiter. Gleichzeitig liefern sie Ansätze zur kontinuierlichen Verbesserung des Wirkungsgrads in Forschung und Entwicklung sowie Produktion. So lassen sich die Rekombinationsverluste innerhalb der Solarzelle dadurch verbessern, dass immer reineres Silizium verwendet wird. Die optischen Verluste lassen sich beispielsweise durch eine funktionale Strukturierung der Oberfläche verbessern. Dadurch kann die Reflexion der Sonnenstrahlung reduziert werden. Eine weitere Möglichkeit der Verringerung der optischen Verluste ist, dass man die Kontaktfläche auf der Vorderseite verringert. Die Kontaktflächen sind meist aus Silber und reflektieren daher das Sonnenlicht. Gelingt es, wie bei Rückseitenkontaktsolarzellen, alle elektrischen Kontakte auf die Rückseite zu legen, so wird der optische Verlust auf der Vorderseite durch die Kontakte komplett vermieden. Die elektrischen Verluste kann man beispielsweise durch die Erhöhung der Leitfähigkeit der elektrischen Kontakte reduzieren, etwa durch eine Vergrößerung des Kontaktquerschnitts oder die Verwendung von Silber statt Aluminium.

Solarzellentypen

Solarzellen können aus einer Vielzahl von Halbleitern hergestellt werden. Wie in Abbildung 7.11 zu erkennen, spielt die Bandlücke eine entscheidende Rolle, da sie den maximalen Wirkungsgrad für den entsprechenden Halbleiter darstellt. Hierfür sollte die Bandlücke des Halbleiters zwischen 1,1 eV und 1,6 eV liegen. Dies entspricht Licht mit einer Wellenlänge von weniger als 1100 beziehungsweise 774 nm, welches zum Strom der Solarzelle beitragen kann. Silizium liegt mit einer Bandlücke von 1,12 eV in diesem Optimum. Es gibt aber auch andere Halbleiter, die in diesem Optimum liegen.

Dünnschichtsolarzellen

Bei Siliziummodulen spielen die Kosten zur Herstellung der Siliziumsolarzelle eine dominierende Rolle. Zudem haben Solarzellen aus Silizium eine Dicke von über 100 µm. Der physikalische Grund für die Dicke der Siliziumsolarzelle liegt in ihrem geringen Absorptionsvermögen für infrarotes Licht. Um einen möglichst hohen Strom zu erreichen, muss eine Solarzelle aus Silizium deshalb relativ dick sein. Es gibt darum viele Ansätze, Solarzellen kosteneffizient aus anderen Halbleitermaterialien herzustellen, die dünner sein können und deshalb wesentlich weniger Material benötigen.

Materialien, die für die Herstellung von sogenannten Dünnschichtsolarzellen zum Einsatz kommen, sind: amorphes Silizium (a-Si, $E_G = 1{,}6$ eV), Cadmiumtellurid (CdTe, $E_G = 1{,}45$ eV), Kupfer-Indium-Gallium-Diselenid (CIGS, $E_G = 1{,}13$ eV) und Galliumarsenid (GaAs, $E_G = 1{,}42$ eV). Sie haben einen wesentlich höheren Absorptionskoeffizienten als kristallines Silizium. Deshalb können sie Licht viel besser absorbieren. Die typische Dicke dieser Solarzellen beträgt nur wenige µm und verspricht Materialeinsparungen um einen Faktor 100 im Vergleich zu Silizium. Ein weiterer Vorteil dieser Solarzellentypen ist, dass sie aufgrund ihrer geringen Dicke kontinuierlich auf flexiblen Substraten abgeschieden werden können und dadurch ein kostengünstiges Herstellungsverfahren versprechen. Zudem lässt sich ein Großteil der elektrischen Verschaltung der Solarmodule bereits in die Abscheideprozesse für die einzelnen Schichten integrieren. Ein typischer Aufbau einer Dünnschichtsolarzelle ist in Abbildung 7.14 dargestellt. Allerdings haben Dünnschichtsolarzellen häufig einen schlechteren Wirkungsgrad als Siliziumsolarzellen. Bei amorphem Silizium liegen die derzeit besten Laborwirkungsgrade bei 14 %, bei CIGS bei 23,6 % und bei CdTe bei 23,1 %. Trotz des deutlich geringeren Materialeinsatzes für die Herstellung der Dünnschichtsolarzellen sind diese bis heute deutlich teurer als Siliziumsolarmodule. Dies liegt vor allem an der Skalierung. Typische Produktionskapazitäten für Siliziumsolarmodule liegen im zweistelligen Gigawatt-Bereich, wohingegen Dünnschichtsolarmodule maximal im Gigawatt-Bereich in einzelnen Produktionen gefertigt werden. Insgesamt liegt die Produktionskapazität für Siliziummodule bei über 500 Gigawatt. Dies entspricht einer Jahresproduktion von 500 Kernkraftwerken.

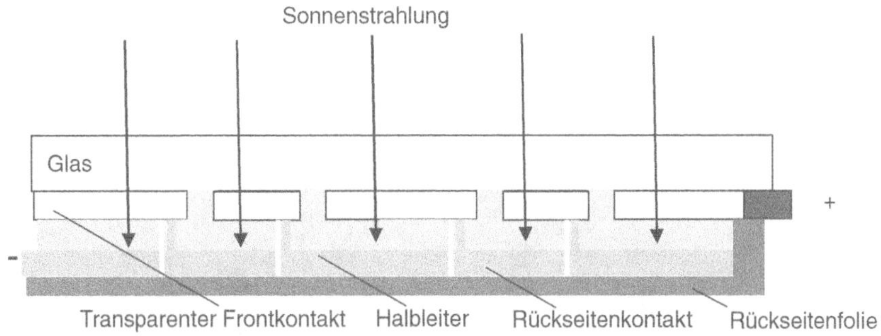

Abbildung 7.14: Schema Dünnschichtsolarmodul.

Dünnschichtsolarzellen finden heutzutage aus den oben genannten Kostengründen kaum Anwendung für Solaranlagen. Solarzellen aus amorphem Silizium findet man noch in Taschenrechnern und billigen Uhren. Dort spielen die Kosten eine untergeordnete Rolle und die Solarzellen lassen sich gleich im Herstellungsprozess in der richtigen Größe fertigen. Auch fällt der Wirkungsgrad bei Solarzellen aus amorphem Silizium bei diffusem und geringerem Licht nicht so schnell ab wie derjenige kristalliner Siliziumsolarzellen, was die Anwendung innerhalb von Gebäuden begünstigt.

Ein relativ neuer Dünnschichtsolarzellen-Typ basiert auf Perowskiten. Auch diese Solarzellen könnten deutlich dünner hergestellt werden als Solarzellen auf Siliziumbasis. Perowskit-Solarzellen verwerten grünes und blaues Licht deutlich effizienter als Siliziumzellen, weil sie eine größere Bandlücke haben. Bei diesem Typ von Solarzelle steht allerdings der Nachweis der Langzeitstabilität noch aus. Insbesondere sind sie deutlich empfindlicher gegen Feuchtigkeit. Die stabilsten Solarzellen auf Perowskitbasis mit den höchsten Wirkungsgraden enthalten zudem Blei, wenn auch in sehr geringer Menge. Die Wirkungsgrade dieser Solarzellen liegen im Labor bei knapp 27 %, also etwa gleichauf mit Siliziumzellen. Die Perowskit-Zelle ist aktuell der Solarzellentyp mit der stärksten Wirkungsgradsteigerung und gilt daher als Kandidat, der die derzeit beherrschende Siliziumtechnologie ablösen könnte. Da diese Typen von Solarzellen kein Silizium enthalten, ist der Energieaufwand für ihre Herstellung gering. Ebenfalls vielversprechend ist das Konzept von Tandem-Solarzellen in Verbindung mit Silizium, wie sie noch beschrieben werden.

Organische Solarzellen

Halbleitende organische Materialien, wie sie für Solarzellen benötigt werden, bestehen im Wesentlichen aus kleinen Molekülen von Kohlenwasserstoffen bis hin zu langkettigen Polymeren. Die lichtabsorbierenden Schichten der organischen Solarzellen sind mit einigen hundert Nanometern etwa 1000-mal dünner als bei Silizium-Solarzellen und bis zu 10-mal dünner als Dünnschichtsolarzellen, siehe Abbildung 7.15.

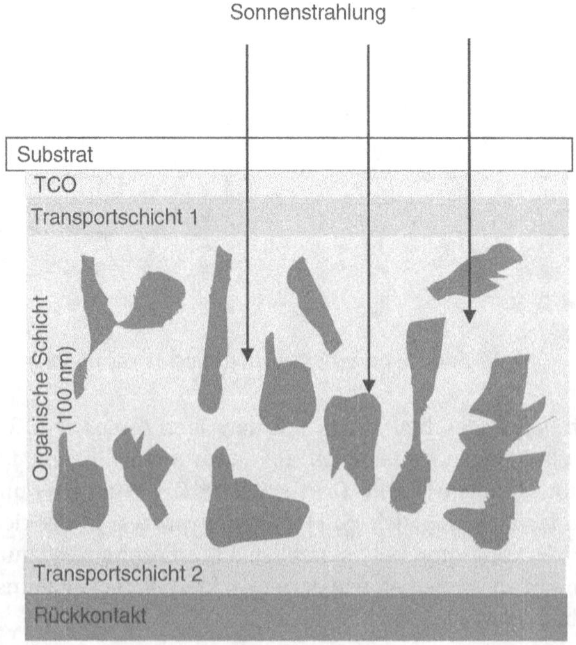

Abbildung 7.15: Schematische Darstellung einer organischen Solarzelle. Die lichtabsorbierende Schicht ist für diese Solarzellen lediglich etwa 100 nm dick.

Organische Solarzellen sind damit extrem leicht und flexibel. Durch den geringen Materialverbrauch, die einfache Prozessierung mit Druck- und Beschichtungsprozessen und die Vermeidung kritischer chemischer Elemente ist der ökologische Fußabdruck gering. Organische Photovoltaik hat wegen des geringen Energiebedarfs für ihre Herstellung das Potenzial, den CO_2-Fußabdruck für Solarmodule noch einmal stark zu reduzieren. Solarzellen dieses Typs haben im Labor inzwischen einen Wirkungsgrad von 19,2 % erreicht. In der Serienproduktion liegt er aber nur bei maximal 8 %. Eine weitere Herausforderung ist die noch nicht ausreichend nachgewiesene Langzeitstabilität. Zum kommerziellen Durchbruch müssen daher sowohl der Wirkungsgrad als auch die Langzeitstabilität, insbesondere auf flexiblen Trägern und großen Flächen, noch deutlich gesteigert werden. Das technologische und ökonomische Potenzial der organischen Photovoltaik wird gestützt durch die angestrebte Massenfertigung auf Basis etablierter, günstiger Druckverfahren. In einem solchen Szenario ist die organische Photovoltaik auch in neuen Bereichen interessant, beispielsweise in Sensoren für das Internet der Dinge (IoT) oder in Textilien.

Tandem- und Mehrfachsolarzellen

Der maximale Wirkungsgrad von Solarzellen, bei denen das Licht lediglich in einer Schicht absorbiert wird, ist durch deren Bandlücke E_G bestimmt. Die maximale Energie, die bei der Absorption des Photons in dem Halbleiter an elektrischer Energie gewonnen werden kann, hängt von dieser Bandlücke ab, nicht von der Energie der Photonen selbst. Photonen mit einer Energie größer als die Bandlücke liefern denselben Beitrag zum elektrischen Energiefluss, egal ob sie aus dem ultravioletten oder infraroten Bereich stammen. Des Weiteren tragen Photonen, deren Energie kleiner als die Bandlücke ist, überhaupt nicht zum elektrischen Energiefluss einer Solarzelle bei, weil sie nicht absorbiert werden können. Eine optimale Umwandlung erfolgt für Strahlung, deren Energie derjenigen der Bandlücke entspricht. Um die Energiebeiträge der Photonen besser auszunutzen, kann man Tandem- und Mehrfachsolarzellen einsetzen. Diese Bauelemente bestehen aus mehreren Schichten, sodass die Photonen mit der höheren Energie in dem Halbleiter mit der größeren Bandlücke absorbiert werden und die Photonen mit der niedrigeren Energie in dem Halbleiter mit der geringeren Bandlücke. Durch diesen Effekt wird der theoretisch maximal erreichbare Wirkungsgrad für Tandem- oder Mehrfachsolarzellen gegenüber dem maximalen Wirkungsgrad einer Einfachsolarzelle deutlich erhöht. Ziel ist es, das breitbandige Sonnenlicht in einer Kaskade von Solarzellen mit absteigender Bandlückenenergie zu absorbieren. Die oberen Solarzellen sind hierbei für das Licht, welches in den darunterliegenden Teil-Solarzellen absorbiert werden soll, transparent.

Mehrfachsolarzellen können im Wesentlichen auf zwei Arten aufgebaut werden. Bei einer Variante sind die einzelnen Solarzellen elektrisch voneinander getrennt, und jede Teilzelle verfügt über eigene Kontakte. Die Verschaltung dieser Teilsolarzellen erfolgt erst später auf Modulebene. Häufiger wird jedoch eine integrierte Verschaltung eingesetzt, bei der der Strom direkt durch den gesamten Stapel der Solarzellen fließt, sodass nur zwei Kontakte benötigt werden. In diesem zweiten Fall müssen die Teilsolarzellen so aufeinander abgestimmt sein, dass in jeder von ihnen derselbe Strom erzeugt wird, da es sonst durch die Reihenschaltung zu zusätzlichen Verlusten kommt.

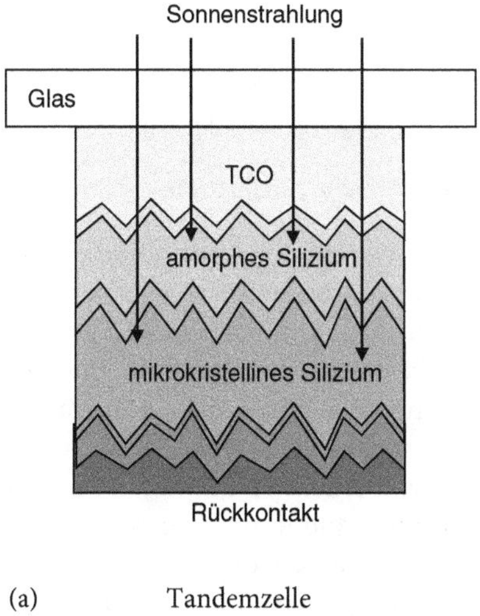

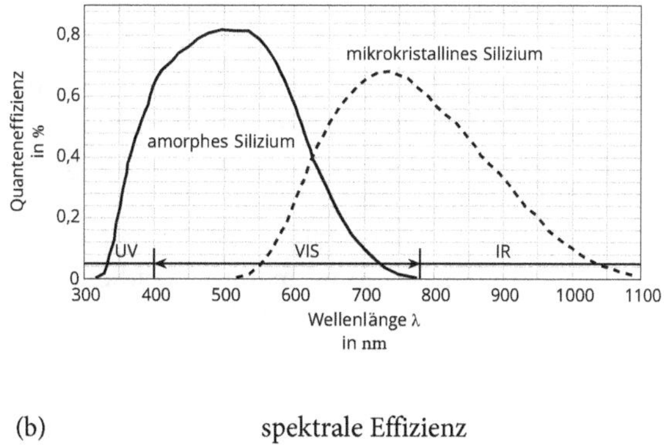

(a) Tandemzelle (b) spektrale Effizienz

Abbildung 7.16: Schema sowie spektrale Effizienz beider Zellen einer Tandemsolarzelle aus amorphem (a-Si) und (mikro-)kristallinem Silizium.

Die derzeit wichtigste Nutzung von Mehrfachsolarzellen findet im Weltraum statt. Dabei handelt es sich überwiegend um Tripelsolarzellen auf GaAs-Basis, für die im Labor Wirkungsgrade von 40 % erzielt werden.

Da Siliziumsolarzellen sich ihrem technologischen Wirkungsgradmaximum annähern, wird daran gearbeitet, sie als Bestandteil von Mehrfachsolarzellen einzusetzen. In den vergangenen Jahren wurden erhebliche Fortschritte bei Tandemsolarzellen aus Silizium und Perowskit erzielt. Deren im Labor erzielter Wirkungsgrad liegt bei 36 %. Erste Untersuchungen zur Langzeitstabilität fielen positiv aus, eine Massenfertigung im industriellen Maßstab existiert jedoch noch nicht, ist aber bereits vorgesehen.

Es wurden bereits Tandemsolarzellen entwickelt, die ausschließlich auf Perowskit basieren. Im Vergleich zu Tandemsolarzellen mit Siliziumunterlage lassen sie sich deutlich kostengünstiger produzieren, da bei ihrer Herstellung vollständig auf Siliziumtechnologie verzichtet werden kann.

Siliziumsolarzellen

Siliziumsolarzelle ist nicht gleich Siliziumsolarzelle. Die unterschiedlichen Typen von Siliziumsolarzellen, die den Markt in den vergangenen Jahren geprägt haben, sind in Abbildung 7.17 dargestellt.

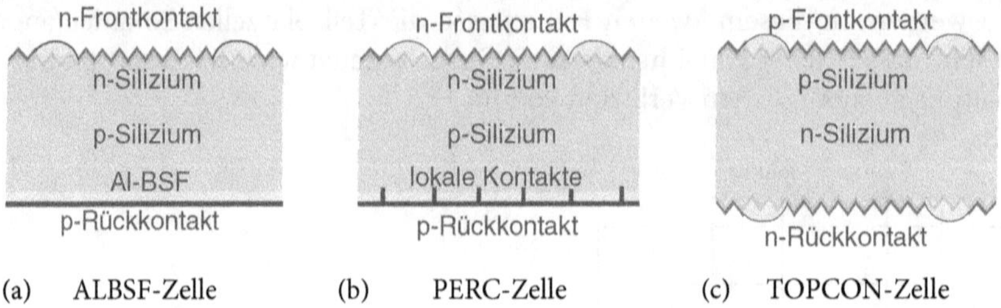

Abbildung 7.17: Die evolutionäre Entwicklung der Silizium-Solarzelle.

Die Siliziumsolarzelle hat sich im Laufe ihrer Geschichte kontinuierlich weiterentwickelt. Meist wurden lediglich ein paar Prozessschritte optimiert oder auch komplett verändert. Dies zeigt sich auch in den letzten drei Haupttechnologien von der ALBSF-Zelle zur PERC-Zelle und schließlich zur TOPCon-Zelle. Es mussten jeweils nur ein paar Maschinen ergänzt oder ausgetauscht werden, während man den restlichen Maschinenpark weiterverwenden konnte. Man kann also im Falle der Siliziumsolarzelle von einer evolutionären Entwicklung sprechen. Dieser evolutionären Entwicklung stand immer der Ansatz einer drastischen oder revolutionären Änderung gegenüber, die durch komplett neue Technologien und Materialien massive Einsparungen versprach. Bis heute hat sich aber die Siliziumsolarzelle gut gehalten und ihr Produktionsvolumen hat mittlerweile eine Größenordnung erreicht, die es für neue revolutionäre Ansätze extrem schwierig macht, wettbewerbsfähig zu werden.

Die bis 2018 dominierende Silizium-Technologie war die sogenannte *Aluminium-Back-Surface-Field-Zelle* (ALBSF-Zelle). Sie hatte als erste industrielle Solarzelle auf der Rückseite eine Aluminiumschicht, die neben der elektrischen Leitfähigkeit auch die Passivierung an der Rückseite durch ein zusätzliches internes elektrisches Feld realisierte.

Ihr Wirkungsgrad lag zwischen 18 und 19 %. Ab 2015 kam dann die *Passivated-Emitter-and-Rear-Contact-Zelle* (PERC-Zelle) auf den Markt und verdrängte die ALBSF-Zelle. Bei diesem Solarzellentyp wurde die Passivierung auf der Vorder- und Rückseite durch eine Oxidschicht verbessert. Zusätzlich wurde die Solarzelle auf der Rückseite nicht mehr über die gesamte Fläche metallisch kontaktiert. Dies erlaubt erstmals bifaziale Anwendungen, bei denen Licht auch auf der Rückseite einer Solarzelle zum Wirkungsgrad beitragen kann. Dies kann bei »hochkant«-stehenden Freiflächenanlagen und in der Agri-Photovoltaik sehr nützlich sein. Der Wirkungsgrad von PERC-Zellen liegt bei 20 bis 23 %, der Bifazialitätsfaktor, der den Wirkungsgrad der Rückseite im Verhältnis zur Vorderseite angibt, liegt bei bis zu 70 %. Seit 2022 ist die *Tunnel-Oxide-Passivated-Contact-Zelle* (TOPCon-Zelle) auf dem Markt. Bei diesem Typ von Solarzelle sind zusätzlich die elektrischen Kontakte durch eine sehr dünne (etwa 1,5 nm) Oxidschicht passiviert. Die Ladungsträger gelangen über den quantenmechanischen Tunneleffekt in die elektrischen Kontakte. Mit dieser Solarzellentechnologie werden Wirkungsgrade bis zu 25 % erreicht. Der Bifazialitätsfaktor liegt bei bis zu 85 % und macht diesen Typ noch interessanter für bifaziale Anwendungen. Ein weiterer Vorteil der TOPCon-Zelle ist die geringere Temperaturabhängigkeit des Wirkungsgrades. Während der Temperaturkoeffizient von PERC-Zellen bei 0,38 %/°C liegt, ist dieser Wert bei TOPCon-Zellen bei lediglich 0,29 %/°C. Inzwischen sind Solarzellen, die mit dem TOPCon-Prozess hergestellt werden, die dominierende Technologie.

Neben dieser Technologie existieren noch zwei weitere auf dem Markt verfügbare Konzepte für Siliziumsolarzellen. Eines davon ist die Rückseitenkontaktzelle, auch *Interdigitated-Back-Contact-Cell* (IBC-Zelle) genannt. Bei diesem Zelltyp liegen sämtliche elektrischen Kontakte auf der Rückseite, sodass auf der Vorderseite keine Abschattung durch Metallstrukturen besteht. Dadurch erzielen diese Zellen höhere Wirkungsgrade und wirken optisch ansprechender, da die Vorderseite homogen schwarz erscheint. Die Prozessierung ist jedoch komplexer, weil die unterschiedlich dotierten Bereiche auf der Rückseite gezielt strukturiert werden müssen.

Die andere hier erwähnenswerte Zelltechnologie ist die sogenannte *Hetero-Kontakt-Zelle*. Hier wird die Dotierung nicht bei hohen Temperaturen in den Wafer eindiffundiert, sondern es werden Schichten aus dotiertem amorphem Silizium auf dem Wafer abgeschieden. Weil die amorphen Siliziumschichten eine geringe Leitfähigkeit haben, müssen bei diesem Typ weitere Schichten auf der Vorder- und Rückseite der Solarzellen abgeschieden werden, die die Leitfähigkeit erhöhen. Diese Schichten sind sogenannte *leitende Oxidschichten*, die einerseits transparent für Licht sind, aber andererseits trotzdem eine relativ hohe elektrische Leitfähigkeit haben. Das am häufigsten verwendete Material ist Indium-Zinn-Oxid (oft mit ITO abgekürzt für Englisch: Indium Tin Oxide). Diese Solarzellen zeichnen sich ebenfalls durch eine schwache Temperaturabhängigkeit und einen hohen Wirkungsgrad aus.

Konzentrierende Photovoltaiksysteme

Eine gewisse Besonderheit stellen konzentrierende Photovoltaiksysteme dar. Sie bestehen aus einer Kombination von Linsen und Solarzellen. Durch die Linsen wird das Licht auf die Solarzelle fokussiert, wodurch sich die notwendige Solarzellenfläche reduziert. Zusätzlich erhöht sich durch die Konzentration des Lichtes der Wirkungsgrad der Solarzellen. Bei diesen Systemen muss auf eine effiziente Wärmeabfuhr geachtet werden, weil sich die Solarzelle durch das fokussierte Licht stärker erhitzt. Der Einsatzort beschränkt sich auf Gegenden mit einer hohen direkten Sonneneinstrahlung. Diffus einfallendes Licht kann durch die Linsen nicht auf die Solarzelle konzentriert werden.

Als Halbleitermaterial können nun teurere Halbleiter wie zum Beispiel die Vierfachdünnschichtsolarzelle aus Gallium-Indium-Phosphid/Gallium-Arsenit/Gallium-Indium-Arsenit/Indium-Phosphid zum Einsatz kommen. Neben diesen Halbleitern wurden aber auch schon Hocheffizienzsolarzellen aus Silizium eingesetzt.

Da in Konzentratorzellen auch höhere Ströme erzeugt werden, müssen auch die Kontakte und Busbars entsprechend größer ausgelegt werden, sonst kommt es zu erhöhten Verlusten.

Systeme, bei denen Linsen zum Einsatz kommen, müssen nachgeführt werden, damit die Solarzelle mit dem Sonnenlauf immer im Fokus der Linse bleibt. Die Wirtschaftlichkeit eines konzentrierenden Photovoltaiksystems hängt von der Verfügbarkeit von günstigen Konzentrator- und Nachführsystemen ab. Zusätzlich muss mit einem erhöhten Wartungsaufwand für die mechanische Nachführung gerechnet werden.

Konzentratorsysteme können nur das direkte Sonnenlicht nutzen, nicht jedoch das diffuse. Wenn bei einer Ertragsberechnung übliche Tabellen mit den Globaleinstrahlungswerten benutzt werden, kann dies zu signifikanten Fehleinschätzungen des Ertrags führen, denn selbst sonnige Standorte haben einen Diffuseinstrahlungsanteil von 30 Prozent, bei anderen Standorten kann er auch über 70 Prozent ausmachen – besonders im Winter. Deshalb ist hier eine gesonderte Erhebung mit expliziter Messung von Direkt- und Diffuseinstrahlungsanteilen dringend anzuraten.

Technologieoffenheit: Soll ich auf die nächste große, revolutionäre Technologie warten?

Vielleicht haben Sie gerade in der Zeitung gelesen, dass es im Bereich der Photovoltaik gerade eine wichtige Neuentwicklung gegeben hat, und sind verunsichert, ob Sie gerade jetzt in eine Solaranlage investieren sollen. Soll man nicht noch auf die Verfügbarkeit dieser neuen Technologie am Markt warten, weil diese doch angeblich so viel besser und effizienter ist? Das ist eine wichtige Frage, die wir Ihnen gerne beantworten. Die einfache Antwort lautet: Nein.

Sicher wird es immer weitere Fortschritte bei der Solarzellentechnologie, aber auch bei den Systemen geben. Aber gerade die Photovoltaik hat sich in den letzten 50 Jahren dadurch ausgezeichnet, dass es keine revolutionären Änderungen gab.

Der Grund, weshalb es so viele Pressemitteilungen mit angeblich revolutionären Entwicklungen gibt, liegt an dem gemeinsamen Interesse von Presse, Forschungsinstituten und Industrie: Die Presse braucht sensationelle Meldungen und die Forschungsinstitute und die Industrie müssen sich gegenüber Mitbewerbern profilieren, um an Forschungsgelder und Kunden zu kommen.

Die meisten Änderungen waren kleine, kontinuierliche Verbesserungen in allen möglichen Aspekten. Sie sehen das daran, dass immer noch die Siliziumsolarzelle den Markt beherrscht, wie vor fünfzig Jahren. Über die Jahre sind aber die Kosten für ein Solarsystem dramatisch gefallen. Deshalb rechnet sich eine Solaranlage heute schon fast bei jeder Installation. Sie kaufen die Anlage vermutlich nicht, weil Sie die Solaranlage mit dem allerhöchsten Wirkungsgrad haben wollen, sondern aller Wahrscheinlichkeit nach überlegen Sie die Anschaffung aus ökonomischen oder ökologischen Gründen.

Die entscheidende Größe, die man für eine ökonomische Bewertung in Betracht ziehen sollte, sind die Stromerzeugungskosten in ct/kWh, die sich über die Lebensdauer der Solaranlage berechnen. Solarmodule haben eine Lebensdauer von über 30 Jahren, sodass in dieser Zeit viel Strom erzeugt wird. Die Betriebskosten während der Laufzeit der Solaranlage sind gering, insbesondere wenn Sie qualitativ hochwertige Produkte gekauft haben. Die Kosten einer Solaranlage, insbesondere die Installationskosten, variieren stark. Lassen Sie sich deshalb von mehreren Anbietern ein Angebot machen. Meist kommen sie auf Stromerzeugungskosten im Bereich von 5 bis 15 ct/kWh. Diesen Wert vergleichen Sie mit Ihrem Strompreis: In den allermeisten Fällen erhalten Sie den Strom aus der eigenen Solaranlage sehr viel günstiger als den Strom, den Sie von irgendeinem Stromversorger beziehen könnten.

Aus ökologischer Sicht ist es sowieso sinnvoll, Strom aus einer Photovoltaikanlage zu beziehen: Strom aus Solarmodulen erzeugt viel weniger klimaschädliches CO_2 als Strom, den man gegenwärtig aus dem Netz bezieht. In Deutschland kommt der Strom noch zu einem erheblichen Anteil aus Kohle- und Gaskraftwerken, sodass im Mittel 363 Gramm CO_2 beim Erzeugen von 1 kWh Strom freigesetzt werden – bei Strom aus Solarmodulen liegt dieser Wert nur bei etwa 50 Gramm (Daten von 2024).

Der Wirkungsgrad von Solarmodulen ist für Sie vor allem dann interessant, wenn Sie eine begrenzte Dachfläche haben. In diesem Fall sollten Sie Module mit einem besonders hohen Wirkungsgrad einsetzen, die dann auch meist etwas teurer sind. Sollte der Wirkungsgrad für Sie keine Bedeutung haben, so ist er doch ein wichtiger Treiber in der Weiterentwicklung der Technologie. Durch steigende Wirkungsgrade benötigt man für die gleiche Energieerzeugung weniger Rohstoffe. Vermeidung und Reduktion von Rohstoffen ist umweltfreundlich und senkt im Verlauf der Zeit die Kosten.

Die Herstellung von Siliziumsolarzellen

Siliziumsolarzellen stellen aktuell die vorherrschende Technologie dar. In den folgenden Abschnitten werden Sie daher die Wertschöpfungskette sowie den Herstellungsprozess einer Siliziumsolarzelle kennenlernen.

Gewinnung von Rohsilizium

Silizium entsteht – kosmisch gesehen – bei der Kernfusion in massereichen Sternen aus Sauerstoff. Am Ende eines Sternenlebens werden bei einer Supernova die entstandenen Stoffe in das Universum geschleudert. In unserem aus dem Sternenstaub früherer

Sternexplosionen gebildeten Sonnensystem hat sich Silizium in den Planeten angesammelt. Silizium ist der auf der Erde am häufigsten vorkommende Halbleiter und in der Erdkruste nach Sauerstoff in seinen verschiedenen Verbindungen das zweithäufigste Element. Als reines Silizium kommt es hingegen kaum vor.

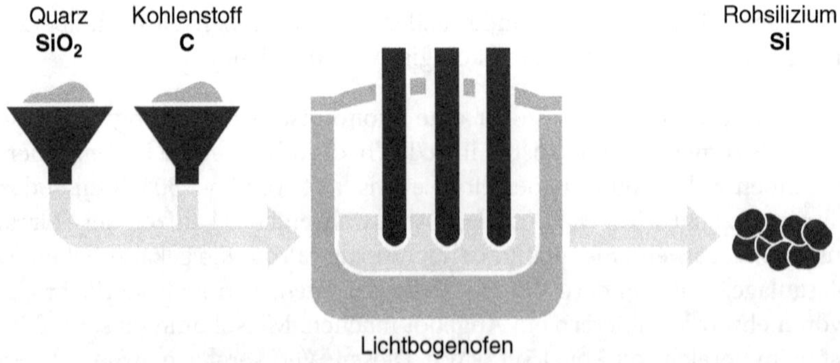

Abbildung 7.18: Herstellung von Rohsilizium.

Zur Gewinnung von Silizium wird zunächst Quarzsand, oder chemisch gesprochen Siliziumdioxid, SiO_2, in einem Schmelzofen bei 2000 °C mit Kohlenstoff versetzt, wodurch sogenanntes metallurgisches Silizium entsteht.

$$SiO_2 + 2\,C \longrightarrow Si + 2\,CO$$

Dieses metallurgische Silizium hat eine Reinheit von 98 bis 99 % – das ist leider für die Photovoltaikindustrie bei Weitem nicht rein genug und muss daher weiter aufbereitet werden. Um für die Photovoltaik eingesetzt werden zu können, darf auf 100 Millionen Siliziumatome nur ein anderes Atom kommen.

Die Reinheit von Silizium wird technisch in »N« angegeben: 3N heißt zum Beispiel 99,9 % Reinheit, 5N 99,999 % rein. Die Zahl, die nach dem N steht, bedeutet die Anzahl von Neunen bei der Reinheitsangabe.

Das metallurgische Silizium wird fein vermahlen und mit Chlorwasserstoff versetzt. Dabei entsteht das flüssige Trichlorsilan ($SiHCl_3$). Trichlorsilan ist eine bei 31 °C siedende Flüssigkeit und wird durch mehrfache Destillation weiter gereinigt. Im anschließenden Siemensverfahren wird bei über 1000 °C das Trichlorsilan unter Zugabe von Wasserstoff an beheizten Siliziumstäben abgeschieden:

$$SiHCl_3 + H_2 \longrightarrow Si + 3\,HCl$$

Das dort abgeschiedene Silizium hat nun die erforderliche Reinheit, um für die photovoltaische Anwendung eingesetzt werden zu können. Wesentlich für eine effektive Funktionsweise einer Solarzelle ist, dass so viel wie möglich des einfallenden Sonnenlichts auch in der Solarzelle absorbiert wird und in elektrischen Strom umgewandelt werden kann. Hierzu sind eine bestimmte Reinheit und eine minimale Materialdicke notwendig, welche die Solarzellen haben sollten. Silizium hat einen relativ geringen Absorptionskoeffizienten für Licht und muss deshalb mindestens 100 µm dick sein, um ausreichend Licht einzufangen. Wenn das Silizium nicht rein genug wäre, würden die Elektronen des Halbleiters an den Fremdatomen zurück in das Valenzband fallen und nicht zum Strom beitragen können.

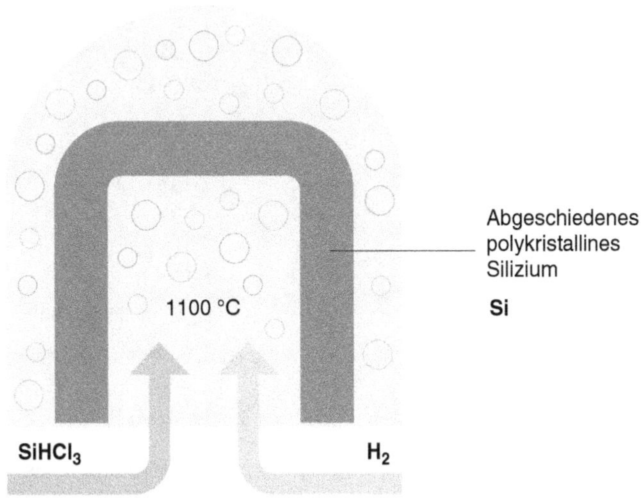

Abbildung 7.19: Im *Siemensverfahren* wird hochreines Silizium an beheizten Siliziumstäben abgeschieden.

Herstellung der Kristalle und Wafer

Neben der Reinheit spielt auch die kristalline Struktur des Siliziums eine wichtige Rolle für die maximal erreichbaren Wirkungsgrade. Bei Solarzellen aus monokristallinem Silizium besteht die gesamte Solarzelle aus einem einzigen Kristall. Solarzellen aus multikristallinem Material bestehen aus einer Vielzahl von kristallinen Bereichen, die unterschiedlich orientiert sind (siehe Abbildung 7.20). An den Stellen, an denen die unterschiedlich orientierten Kristalle aneinanderstoßen, den sogenannten Korngrenzen, treten Fehlstellen auf, an denen die Elektron-Loch-Paare rekombinieren können, was zu einem niedrigeren Wirkungsgrad der Solarzelle führt. Die ersten kommerziellen Solarzellen wurden aus monokristallinem Material hergestellt. Auch heute spielen sie wieder die dominierende Rolle.

Für die Herstellung von einkristallinem Silizium wird das hochreine Silizium aus dem Siemensverfahren unter Schutzgasatmosphäre in einem runden Quarztiegel bei über 1400 °C eingeschmolzen. Zusätzlich werden noch spezielle Fremdatome als Dotierung in einem Verhältnis von etwa eins zu einer Million in den Tiegel eingebracht. Nach Temperaturstabilisierung der Schmelze wird ein rotierender monokristalliner Silizium-Impfkristall in die Schmelze getaucht. Die Orientierung des Impfkristalls legt die Kristallorientierung fest. Durch eine leichte Temperaturabsenkung wird nun die Kristallisation von Silizium am Impfkristall eingeleitet. Wenn der Impfkristall langsam nach oben gezogen wird, bildet sich an ihm ein zylindrischer, nach unten hängender Silizium-Einkristall. Die Ziehgeschwindigkeit und die Temperatur werden so reguliert, dass ein Silizium-Einkristall, dessen Orientierung und Struktur dem Impfkristall entsprechen, mit einem konstanten Durchmesser gezogen

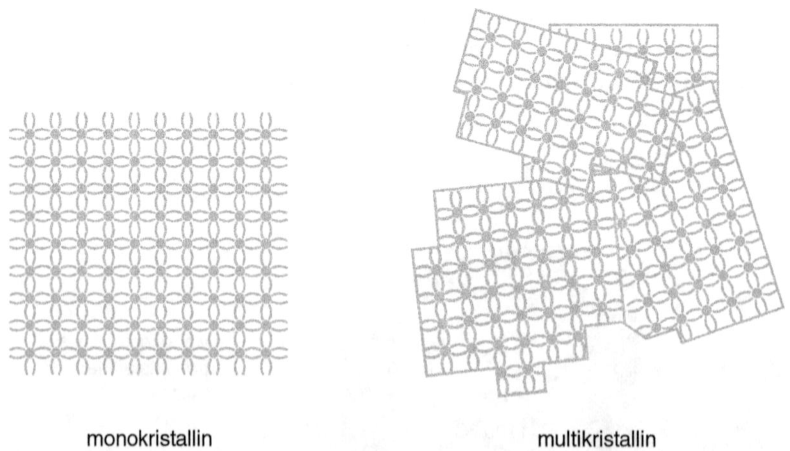

Abbildung 7.20: Monokristalline Kristallstruktur im Vergleich zu einer multikristallinen Kristallstruktur. An den Korngrenzen entstehen Fehlstellen.

werden kann. Die Ziehgeschwindigkeit beträgt bis zu 60 mm/h. Dieses Verfahren ist das sogenannte *Czochralski*-Verfahren (Cz) und stellt heute das häufigste Verfahren für Siliziumkristalle in der Photovoltaik dar, siehe Abbildung 7.21.

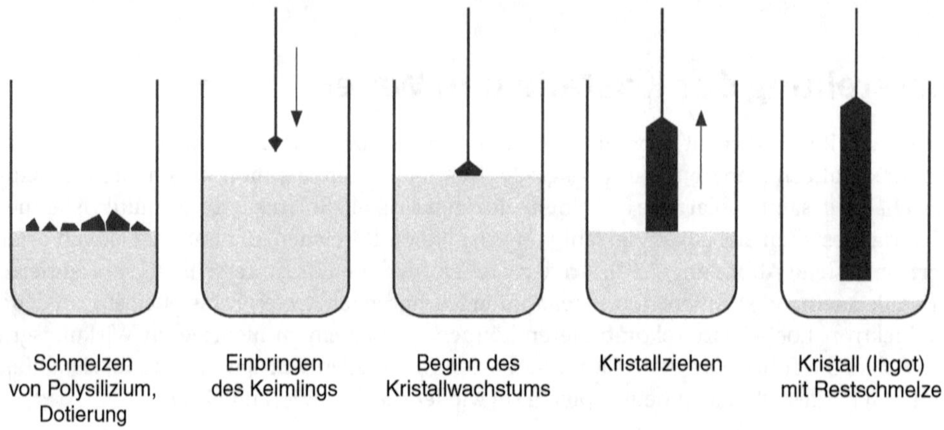

Abbildung 7.21: *Czochralski*-Verfahren.

Heute wird das Silizium in den Quarztiegeln in der Regel während der Kristallisation *nachchargiert*. Darunter versteht man das Befüllen des Quarztiegels mit neuem Silizium in die noch vorhandene Schmelze. Zum einen können dadurch längere Kristalle gezogen werden, zum anderen kann eine homogenere Dotierung im Kristall erreicht werden. Da sich die Fremdatome in einem anderen Verhältnis in der Schmelze als im Kristall anlagern, kann durch *Nachchargieren* die Konzentration in der Schmelze konstant gehalten werden. Dadurch bleibt dann auch die Konzentration der Fremdatome im Kristall konstant und der Kristall behält über seine gesamte Länge den gleichen elektrischen Widerstand. Die Herstellung der Siliziumkristalle dauert mehrere Tage und ist sehr energieintensiv. Sie stellt einen der teuersten Prozessschritte bei der Herstellung von Solarmodulen aus Silizium dar. Der gewonnene Kristall ist rund und hat einen Durchmesser von bis zu 30 cm. Die Länge der Stäbe beträgt mehrere Meter.

Der polnische Chemiker Jan Czochralski entdeckte 1916 durch ein Versehen das nach ihm benannte Czochralski-Verfahren zur Herstellung von Einkristallen. Dabei tauchte er seine Schreibfeder in einen Schmelztiegel mit flüssigem Zinn anstatt in sein Tintenfass. Beim Herausziehen der Feder bemerkte er, dass ein langer, dünner Faden an der Spitze hing. Dies war der erste nach dem Czochralski-Verfahren gezogene Einkristall! In der kapillarähnlichen Verengung der stählernen Schreibfeder hatte sich beim Herausziehen einkristallines Zinn abgeschieden. Dieser dünne Einkristall wirkte als Keim (Impfling), an den sich dann weitere Zinn-Atome aus der Schmelze anlagerten. Dieses Verfahren stellt damit das erste Zieh-Kristallisationsverfahren dar. Trotz seines hohen Alters konnte sich das Verfahren bisher gegen alle anderen Methoden zur Herstellung von Siliziumkristallen für die photovoltaische Anwendung durchsetzen.

Siliziumsolarzellen sind heutzutage quadratisch oder rechteckig, um einen möglichst hohen Flächennutzungsgrad zu realisieren. Daher werden bei dem Kristall zunächst Anfang und Ende abgeschnitten, anschließend wird der runde Kristall *quadriert*. Bei dem Prozess fallen über 30 % des Siliziums als Abfall an, der zunächst nicht weiterverwendet wird. Um diese Verluste zu vermeiden, wurden bis in die 1980er Jahre runde Solarzellen gefertigt. Heutzutage werden die abgesägten Abfallstücke wieder in den Tiegeln eingeschmolzen. Die quadrierten Kristalle werden an den Kanten geschliffen, um Sollbruchstellen der späteren Wafer zu vermeiden. Dies erhöht die mechanische Stabilität der Kristalle und Wafer. Die quadrierten Kristalle werden nun zu Wafern gesägt. Die Dicke eines einzelnen Wafers beträgt dabei etwa 140 µm.

Ein menschliches Haar ist bis zu 100 µm dick. Ein Wafer für Siliziumsolarzellen ist damit nur unwesentlich dicker als ein Haar. Wafer, die für die Chipherstellung in der Mikroelektronik eingesetzt werden, haben eine Dicke von etwa 700 µm. Sie sind also wesentlich dicker und mechanisch stabiler als ein Solarzellen-Wafer. Siliziumsolarzellen haben diese geringe Dicke, weil sie bereits ausreicht, um das Licht des Sonnenspektrums innerhalb des Wafers zu absorbieren. Dicker sollten die Wafer nicht sein, denn sonst müssten die Elektronen eine zusätzliche Strecke zu den elektrischen Kontakten zurücklegen. Dadurch würden unnötige Verluste entstehen. Des Weiteren ist das Silizium ein wesentlicher Kostenbestandteil dieses Typs von Solarzellen. Je dünner die Wafer sind, desto weniger Silizium kommt zum Einsatz und umso günstiger wird die Solarzelle.

Die Wafer werden mit Diamantdrahtsägen aus dem Kristall gesägt, siehe Abbildung 7.22. Dabei wird ein diamantbesetzter Draht mithilfe von Führungsrollen mehrfach über den Siliziumkristall geführt, dabei sägt er gleichzeitig den gesamten Kristall auf. Der Draht hat eine Dicke von nur etwa 50 µm, um die Schnittverluste zu minimieren. Die 50 µm des Drahtes fallen bei dem Sägeprozess nämlich als Schnittverlust an. So werden aus einem Kristall in einem einzigen Vorgang mehrere tausend Wafer auf einmal gesägt. Deshalb wird das Verfahren auch als *Multi-Wire-Sägeverfahren* bezeichnet. Der Draht hat dabei eine Länge von mehreren hundert Kilometern. Die Wafer werden im Anschluss vereinzelt und gereinigt, bevor sie dann zu Solarzellen verarbeitet werden.

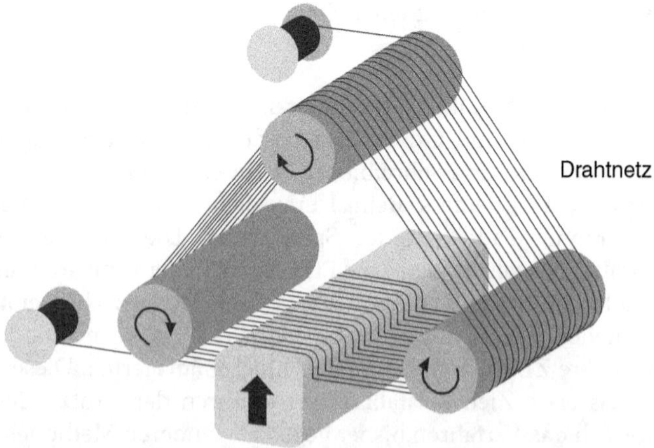

Abbildung 7.22: In einer Diamantdrahtsäge werden mehrere tausend Wafer auf einmal gesägt.

Siliziumsolarzellen können auch aus multikristallinem Material bestehen. Dies erfordert ein anderes Kristallzuchtverfahren. In den meisten Fällen kommt das Verfahren *Directional Solidification* (DS) zum Einsatz, siehe Abbildung 7.23. Nachdem das Verfahren zu Beginn des Jahrtausends optimiert wurde, war es aufgrund der deutlich niedrigeren Herstellungskosten im Vergleich zum monokristallinen Cz-Verfahren das wichtigste Verfahren zur Herstellung von Siliziumsolarzellen. Zunächst wird das Silizium in einen rechteckigen Quarztiegel gefüllt. Der Tiegel wird auf dem Boden und an den Seiten von Graphitplatten gestützt. Die DS-Öfen verwenden Seitenheizer und oft auch Ober- und/oder Unterheizer aus Graphit. Das Silizium wird aufgeschmolzen und anschließend durch gezielte Steuerung der Heizelemente wieder verfestigt. Dabei werden die Heizelemente so gesteuert, dass eine gerichtete Kristallisation des Siliziums stattfindet und die Schmelze von unten nach oben erstarrt. Es bilden sich zunächst am Boden des Tiegels eine Vielzahl von Kristallisationskeimen, die dann nach oben wachsen. Dadurch wird erreicht, dass die Kristalle eine Orientierung nach oben haben und sich die Elektronen in der späteren Solarzelle hauptsächlich in einem Kristall bewegen. Der Kristallisationsprozess wird dabei so geführt, dass möglichst große Kristalle entstehen. So können Verluste an den Korngrenzen minimiert werden.

Die Siliziumeinwaage in den Tiegel beträgt bis zu 800 kg. Der Kristallisationsprozess benötigt hier ebenfalls mehrere Tage. Ein Block ist typischerweise bis zu 1 m × 1 m breit und etwa 35 cm hoch. Nach dem Erkalten müssen von dem Block die Seiten sowie das Oberteil und das Unterteil des Kristalls entfernt werden. Diese können nicht wiederverwertet werden, weil sie von den Seitenwänden mit Fremdatomen kontaminiert wurden. Der verbleibende Block wird nun in einzelne quadratische Kristallblöcke gesägt. Wie bei den monokristallinen Kristallen werden auch diese Blöcke an den Seiten geschliffen, um die Stabilität der Wafer zu erhöhen.

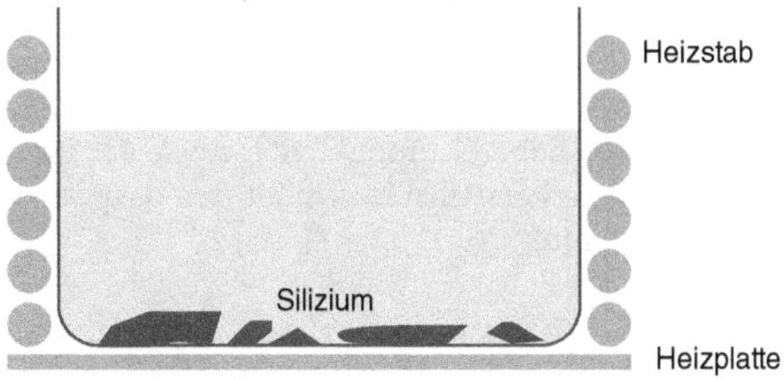

Abbildung 7.23: *Directional Solidification* (DS)-Verfahren zur Herstellung von multikristallinem Silizium.

Blöcke aus multikristallinem Material können wegen der Korngrenzen nicht mit Diamantdraht gesägt werden. Sie werden zwar ebenfalls mit Drahtsägen zu Wafern weiterverarbeitet, aber der verwendete Draht, der hierbei zum Einsatz kommt, ist kein Diamantdraht, sondern ein glatter Draht, bei dem das Sägemittel, die sogenannte *Slurry*, als feinkörniges Schnittmittel zugefügt wird. Die eingesetzten Drähte sind über 100 µm dick. Zusätzlich ergibt sich durch das Sägemittel, die Slurry, ein breiterer Schnittspalt, der die Schnittverluste beim Sägen gegenüber dem nur 50 µm dicken Diamantdraht weiter erhöht. Die Schnittgeschwindigkeit beim slurrybasierten Sägen ist gegenüber dem Diamantdrahtsägen um einen Faktor 2 reduziert. Obwohl das Kristallisationsverfahren für multikristallines Silizium deutlich günstiger ist, konnte sich diese Art der Kristallisation schließlich doch nicht durchsetzen. Die Kosten beziehungsweise Verluste beim anschließenden Wafersägen übertreffen die Einsparungen bei der Kristallisation, sodass die gesamte Prozesskette teurer wird als die Prozesskette für monokristallines Silizium. Deshalb werden heute kaum noch Solarzellen aus multikristallinem Silizium hergestellt.

Gerade weil die Kristallisation des Siliziums ein sehr kostenintensiver Prozess ist, gab es eine Vielzahl von weiteren technologischen Ansätzen. Meist ging es darum, die Sägeverluste zu vermeiden oder zumindest signifikant zu verringern. Ein typisches Verfahren war das *String-Ribbon-Verfahren*, siehe Abbildung 7.24 (a). Silizium wird in einem flachen Tiegel aufgeschmolzen. Zwei Kohlenstoff- oder Quarzfäden werden durch das flüssige Silizium gezogen. Das Silizium bildet zwischen den Fäden einen dünnen Film, wie eine Seifenlauge zwischen zwei Fäden, und kristallisiert dann aus. Die Bänder haben die Dicke von Siliziumwafern und müssen mithilfe eines Lasers auf die entsprechende Größe geschnitten werden. Das dabei entstehende Silizium ist polykristallin, die Kristalle sind kleiner als bei dem oben beschriebenen DS-Verfahren. Ein weiterer Nachteil ist die im Vergleich zu gesägten Wafern welligere Oberfläche. Die Wafer sind dadurch bruchempfindlicher. Solarzellen aus dem String-Ribbon-Verfahren erreichten nie die Wirkungsgrade von Solarzellen aus multikristallinen Wafern. Ein anderes vielversprechendes Verfahren war das sogenannte EFG-Verfahren (für *Edge defined Film fed Growth*). Dabei wurden Silizium-Oktogone direkt aus der Schmelze gezogen. Auch hier entspricht die Wandstärke der Dicke der späteren Wafer. Durch Kapillarkräfte tritt das flüssige Silizium durch den Spalt eines achteckigen Graphitformteils und erstarrt an der darüberliegenden Siliziumfolie. Diese wird kontinuierlich nach oben gezogen, sodass bis zu 8 m lange Oktagone entstehen. Diese werden im Anschluss entlang der Oktagonkanten mit einem Laser in Streifen geschnitten. Die einzelnen Streifen werden dann, wie beim String-Ribbon-Verfahren, mit einem Laser auf das gewünschte Waferformat geschnitten. Auch diese Wafer hatten eine höhere Welligkeit als gesägte Wafer. Die Weiterentwicklung in der Sägetechnologie hin zu geringeren Schnittverlusten und höherer Produktivität sowie der Einsatz immer dünnerer Wafer, die sich mit Sägeverfahren herstellen lassen, führten dazu, dass auch diese Technologie sich nicht durchsetzen konnte.

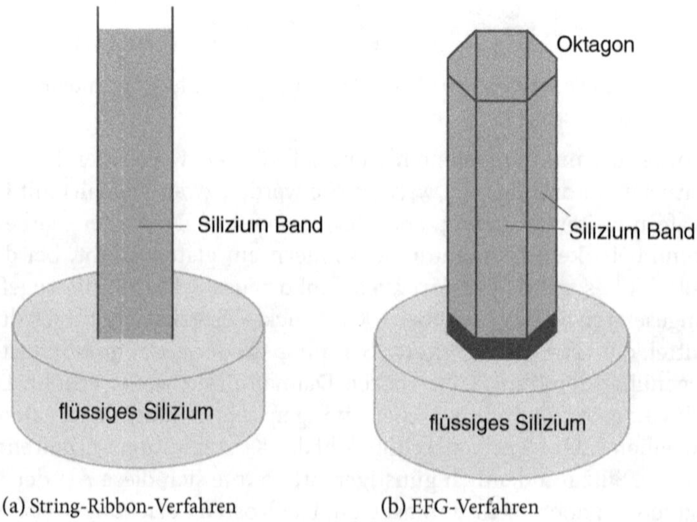

Abbildung 7.24: Zwei Kristallziehverfahren, bei welchen das spätere Sägen weitgehend entfällt.

Ein prinzipieller Nachteil der beiden letzten Verfahren war neben der Welligkeit und der prozessbedingten Mindestdicke die geringe Produktivität der Anlagen. Da bei diesen Verfahren die Kristallisationsrichtung mit der Ziehrichtung des Prozesses zusammenfällt, ist die Ziehgeschwindigkeit mit der Kristallisationsgeschwindigkeit gekoppelt und dadurch limitiert. Die kristallisierte Fläche wächst nur entlang der Ziehrichtung, wohingegen beim Cz-Verfahren die kristallisierte Fläche senkrecht zur Ziehrichtung wächst und durch den Kristalldurchmesser begrenzt ist. Ein relativ neuer Ansatz, um die Einschränkungen bezüglich Welligkeit, Waferqualität und Produktivität zu umgehen, ist das sogenannte *Epi-Wafer-Verfahren*. Dabei wird das Silizium direkt auf einem *Saatwafer* in der gewünschten Dicke abgeschieden. Der Saatwafer hat eine Oberfläche, die es erlaubt, dass das Silizium einerseits monokristallin aufwächst, andererseits an einer Trennschicht getrennt werden kann. Der Saatwafer kann nach dem Trennprozess wiederverwendet werden. Dieses Verfahren vermeidet ebenfalls Sägeverluste. Darüber hinaus versprechen die Wafer eine hohe elektrische Qualität, da sie aus der Gasphase auf monokristallinen Wafern abgeschieden werden. Ein zusätzlicher Vorteil ist, dass sich die Dicke der Epi-Wafer über die Abscheidezeit nahezu beliebig einstellen lässt, womit auch sehr dünne Wafer mit einer Dicke von unter 100 µm möglich werden. Diese ultradünnen Wafer sind flexibel und könnten auf gekrümmten Flächen wie Fahrzeugdächern zum Einsatz kommen.

Obwohl es eine Vielzahl von Ansätzen gab, das vermeintlich teure und ressourcenverschwendende Cz-Kristallisationsverfahren zu ersetzen, konnte sich dieses bisher behaupten. Dies gelang, auch weil die Begleitprozesse, insbesondere die Sägeverfahren, signifikant weiterentwickelt wurden.

Waferbehandlung

Im Inneren einer Solarzelle wird die Strahlungsenergie des Sonnenlichts in elektrische Energie umgewandelt. Um aus dem halbleitenden Siliziumwafer ein Bauelement zu erzeugen, welches diese Funktion erfüllt und so wenig wie möglich Verluste erzeugt, hat sich die Prozessierung über die Jahrzehnte kontinuierlich weiterentwickelt. In einem ersten Schritt werden die Wafer gereinigt, indem in einer sogenannten Sägeschadenätzung eine möglichst homogene Oberfläche erzeugt wird. Danach können sie texturiert werden, siehe Abbildung 7.25.

Anisotrope Ätzmittel ätzen bestimmte Kristallorientierungen schneller als andere. Dies ist die Grundlage für den anisotropen Ätzprozess, der zur Erzeugung von Pyramidenoberflächen verwendet wird. Er erzeugt Pyramiden in der Größenordnung von einem µm. Mithilfe der texturierten Oberfläche wird die Reflexion deutlich reduziert, weil das durch die Pyramide reflektierte Licht ein zweites Mal auf die Siliziumoberfläche trifft und absorbiert werden kann. Durch die reduzierte Reflexion tritt mehr Licht in den Siliziumwafer ein und kann zum Strom der Solarzelle beitragen. In Abbildung 7.26 ist die Reflexion in Abhängigkeit von der Wellenlänge des einfallenden Lichtes dargestellt. Ein glatter Wafer ohne Textur hat über den gesamten Wellenlängenbereich eine Reflexion von über 40 %. Durch eine Pyramidentexturierung lässt sich die Reflexion über einen weiten Wellenlängenbereich auf unter 20 % reduzieren.

Abbildung 7.25: Texturierter monokristalliner Siliziumwafer. Die Größe der Pyramiden liegt im Bereich von etwa einem Mikrometer. Dies entspricht auch den Wellenlängen, die in der Solarzelle absorbiert werden.

Dotierung

Da die Solarzelle im Grunde eine große Diode ist, spielt die Dotierung der Wafer die entscheidende Rolle für die prinzipielle Funktionsfähigkeit. Mit ihrer Hilfe wird der p-n-Übergang gebildet, welcher das elektrische Feld innerhalb der Solarzelle erzeugt und für die Trennung der Ladungsträger sorgt. Um diesen herzustellen, muss in die Oberfläche des Wafers eine Schicht eindiffundiert werden, welche die vorhandene Dotierung des Wafers überkompensiert. Bei n-dotierten Wafern wird eine p-Diffusion beispielsweise mit Bor durchgeführt, bei p-dotierten Wafern eine n-Diffusion mit Phosphor. Die Prozesstemperaturen liegen zwischen 800 und 1200 °C, je nach Dotand und gewünschtem Dotierprofil. Hochdotierte Schichten sind nur wenige 100 nm tief, sodass sich der p/n-Übergang nahe an

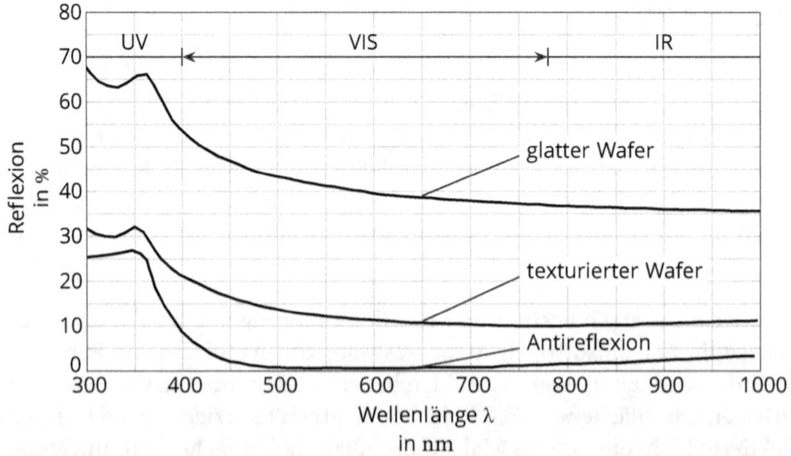

Abbildung 7.26: Durch die Texturierung der Solarzellenoberfläche und eine Antireflexionsbeschichtung wird die optische Reflexion an der Solarzelle deutlich reduziert und so der Strom der Solarzelle erhöht.

der Oberfläche des ca. 120 µm dicken Wafers befindet. Eine präzise Steuerung von Dotierkonzentration und -tiefe ist dabei wichtig, um den Wirkungsgrad und die Stabilität der Solarzelle zu optimieren. Um elektrische Verluste an der Oberfläche der Wafer zu verringern, werden die Wafer später zusätzlich in einer Sauerstoffatmosphäre in einem weiteren Hochtemperaturprozess an der Oberfläche zu SiO_2 oxidiert. Dies führt zu einer elektrischen Passivierung der Oberfläche, welche nur wenige nm dick ist.

Antireflexbeschichtung

Die Antireflexionsbeschichtung spielt eine wichtige Rolle für die Effizienz der Solarzelle. Ohne sie würde ein erheblicher Teil des einfallenden Sonnenlichts an der Oberfläche der Solarzelle reflektiert und somit nicht zur Stromerzeugung genutzt. Die Beschichtung reduziert diese Reflexionsverluste, indem sie den Übergang des Lichtes von der Luft in das Halbleitermaterial optisch anpasst. Dies geschieht durch das Aufbringen einer dünnen Schicht aus Materialien mit einem geeigneten Brechungsindex, wie etwa Siliziumnitrid. Die Schichtdicke wird dabei so gewählt, dass destruktive Interferenz entsteht: Die reflektierten Lichtwellen aus der oberen und unteren Grenzfläche der Beschichtung löschen sich gegenseitig aus. Dadurch kann mehr Licht in die Solarzelle eindringen und in elektrische Energie umgewandelt werden. Die Schichten lassen die Solarzellen schwarz erscheinen. Die Dicke wird so gewählt, dass das Reflexionsminimum mit dem Maximum des Sonnenspektrums bei 600 nm zusammenfällt. Bei der Verwendung von Siliziumnitrid als Antireflexionsschicht beträgt die Dicke der Schicht etwa 60 nm. Abbildung 7.26 zeigt, wie stark die Reflexion durch die Nitridschichten weiter reduziert werden kann. Die Kombination aus Textur und Antireflexionsbeschichtung erzielt die niedrigsten Reflexionswerte. Das Licht wird im sichtbaren Bereich nahezu vollständig absorbiert, wodurch die Solarzellen annähernd schwarz erscheinen.

Metallisierung

Auf der Vorder- und/oder Rückseite der Solarzelle werden elektrische Kontakte aufgebracht, um den Strom abführen zu können. Die elektrischen Kontakte müssen wegen der späteren Verschaltung im Modul lötbar sein. Deshalb besteht die Metallpaste im Wesentlichen aus Silber oder einem Aluminium-Silber-Gemisch. An das Kontaktdesign werden folgende Anforderungen gestellt:

- ✔ eine hohe Leitfähigkeit, um die Ströme möglichst effizient abzuführen,
- ✔ eine geringe Oberflächenbedeckung, um die optischen Verluste an den Metallkontakten zu minimieren.

Stetige Weiterentwicklungen bei den Pasten und der Modultechnik haben dazu geführt, dass sich das optische Erscheinungsbild der Solarzellen über die Jahre deutlich verändert hat. Zu Beginn wurde das Layout aus zwei Stromsammelschienen (*Busbars*) gebildet, die den Strom über die senkrecht dazu angeordneten Finger einsammelten. Die Finger wurden immer feiner und die Busbars stiegen zunächst auf drei, dann auf fünf an. Weil auch die Solarzellen immer größer wurden, finden sich auf Solarzellen heute bis zu 20 Busbars, die aber eine sehr geringe Breite aufweisen.

Endkontrolle

Nach der Fertigstellung wird jede einzelne Solarzelle hinsichtlich einer Vielzahl von Parametern vermessen. Die wichtigsten sind dabei der Kurzschlussstrom, der Wirkungsgrad und die Farbe. Danach werden die Solarzellen sortiert, sodass später im Modul möglichst Solarzellen mit einem ähnlichen Kurzschlussstrom zusammengeschaltet werden, denn bei einer Reihenschaltung bestimmt das Element mit dem geringsten Strom den Gesamtstrom. Solarzellen, welche starke Abweichungen von der geforderten Charakteristik haben, werden aussortiert – oder für eigentlich baugleiche Module mit einem geringeren Strom und dementsprechend einer geringeren Leistung verwendet. Deshalb findet man in den Datenblättern oft mehrere Leistungsklassen desselben Moduls. Bei genauerer Betrachtung der technischen Daten erkennt man, dass sich die Module nur im Strom unterscheiden – die Spannungen sind nahezu identisch.

Der gesamte Prozessablauf

Die wesentlichen Schritte bei der Herstellung einer einfachen ALBSF-Siliziumsolarzelle sind in Abbildung 7.27 nochmals dargestellt: die Texturierung, die Dotierung zur Erzeugung des inneren elektrischen Feldes, die Antireflexionsbeschichtung zur Reduktion der optischen Verluste, die Metallisierung zur Kontaktierung und die anschließende Vermessung der Solarzelle.

Durch die Wahl des rückseitigen Kontaktmaterials der ALBSF-Solarzelle wird die Dotierung noch verstärkt, sodass zusätzlich eine p^+-Zone entsteht, welche den Wirkungsgrad der Solarzelle steigert – eine Art Booster.

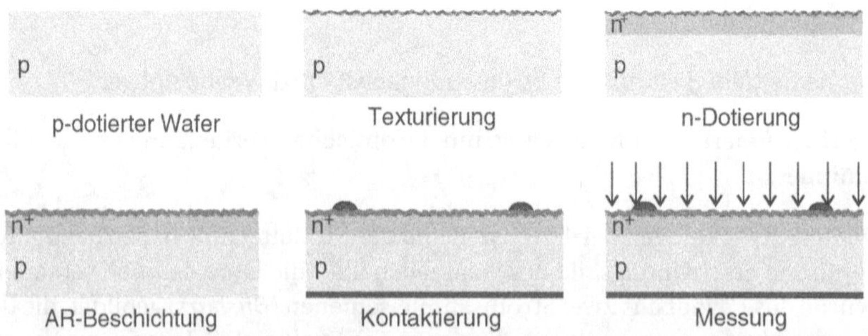

Abbildung 7.27: Prozesskette der Herstellung einer ALBSF-Silizium-Solarzelle (obere Reihe von links nach rechts, dann untere Reihe von links nach rechts).

IN DIESEM KAPITEL …

Verschaltung der Solarzellen im Modul

Welchen Zweck haben Bypassdioden?

Wie prüft man die Qualität von Solarmodulen?

Wie werden Solarmodule hergestellt?

Welche Nachhaltigkeitsaspekte gibt es bei einer Solaranlage?

Kapitel 8
Solarmodule

Die Solarzelle ist das Herz eines Solarmoduls: Sie ist das aktive Element im Modul, welches das einfallende Licht in Strom umwandelt. Aber einzelne Solarzellen haben eine sehr niedrige Spannung und sind zudem sehr empfindlich. Deshalb werden sie zusammen mit vielen anderen Solarzellen in Reihe geschaltet und dauerhaft eingekapselt. Das Solarmodul ist typischerweise das Produkt, welches Sie als Kunde kaufen können. Es hat eine komplexe Wertschöpfungskette, ist allen Umwelteinflüssen ausgesetzt und sollte möglichst ökologisch hergestellt werden. Auf diese Themen werden wir in diesem etwas längeren Kapitel eingehen.

Solarmodule und Solargeneratoren

In diesem Abschnitt werden verschiedene Eigenschaften und typische Kenndaten von Solarmodulen mit ihren Abhängigkeiten beschrieben.

Bezeichnungen

Abbildung 8.1 zeigt die üblichen Bezeichnungen: Von der Solarzelle zur Reihenschaltung (auch oft als Serienschaltung bezeichnet) von Solarzellen, dem *Solarzellenstring*, bis zum Solarmodul und Solarpanel. Oft bezeichnet man die in einem Modul ausgelegten Strings mit insgesamt 60 bis 144 Zellen auch als *Solarzellenmatrix*. Die einlaminierte Solarzellenmatrix mit Anschlussdose und Rahmen ist dann das Solarmodul oder PV-Modul. Braucht man höhere Leistungen, als ein einzelnes Modul liefern kann (circa 500 Watt), so schaltet man mehrere PV-Module in Reihe. Dies nennt man dann Solarpanel oder *PV-Generator*.

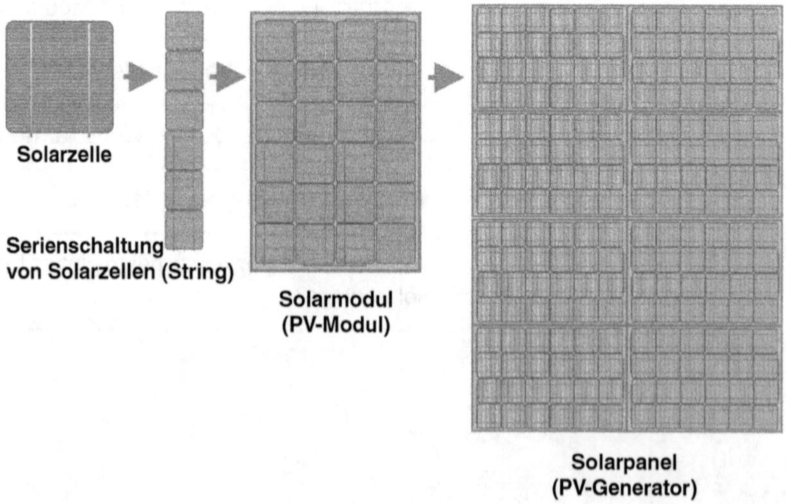

Abbildung 8.1: Bezeichnungen: von der Solarzelle über den Solarzellenstring zum Solarmodul (PV-Modul), dann eventuell zum Solarpanel (PV-Generator).

Verschaltung der Solarzellen im Modul

Einzelne Siliziumsolarzellen erzeugen eine relativ niedrige Spannung (kleiner als 1 V) und große Ströme (größer 10 A). In Reihe geschaltete Solarzellen bilden wie beschrieben den Solarzellenstring. Bestehen die Solarmodule aus ganzen Solarzellen, so spricht man von einem Vollzellenmodul. Dort sind alle Strings in Reihe geschaltet. Besteht das Solarmodul aus halben Zellen, so spricht man von einem Halbzellenmodul, bei dem zwei Stringgruppen parallel geschaltet werden. Dadurch fließt in den einzelnen Solarzellen ein geringerer Strom. Dies hat insbesondere bei teilverschatteten Modulen einen Einfluss auf die Leistung, die ein Modul erzeugen kann. Daher betrachten wir die verschiedenen Verschaltungstypen und ihr Verhalten bei Verschattung separat.

Reihenschaltung von Solarzellen

Da Solarzellen in einem Modul unterschiedlich verschaltet werden können, betrachten wir zunächst eine Reihenschaltung von Solarzellen, siehe Abbildung 8.2.

In einer Reihenschaltung fließt durch alle Zellen der gleiche Strom und die Einzelspannungen der Solarzellen addieren sich zur Gesamtspannung:

$$I = I_1 = I_2 = I_3 \quad \text{und} \quad U = U_1 + U_2 + U_3$$

Aus diesen Gleichungen kann man erkennen, dass man die Kennlinie des Strings erhält, wenn man für den jeweiligen Stromwert I die entsprechenden Einzelspannungen addiert, wie es in Abbildung 8.2 gezeigt ist. Diese Gleichungen gelten für alle Betriebsbedingungen. Ein wichtiger Anwendungsfall ist beispielsweise, wenn eine der Zellen verschattet ist. Für den Kurzschlussfall gilt die Bedingung:

$$U = U_1 + U_2 + U_3 = 0\,\text{V}$$

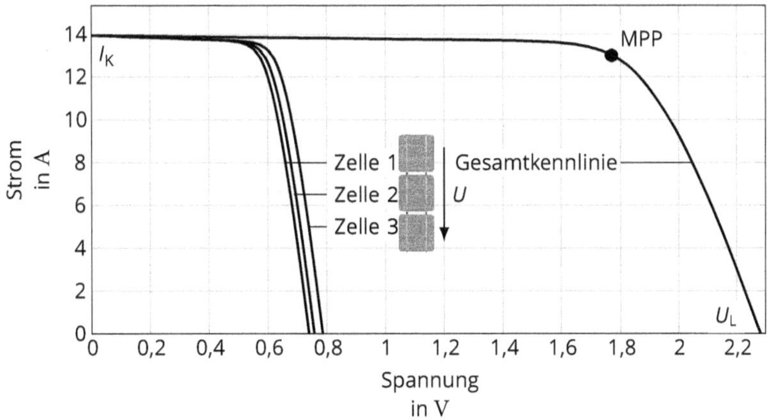

Abbildung 8.2: Reihenschaltung von drei Solarzellen

Die Spannung U_1 muss dann im verschatteten Fall negativ sein, weil für die Solarzellen Nr. 2 und Nr. 3 nur bei positiven Spannungen der niedrige Strom der verschatteten Zelle Nr. 1 fließt. Addiert man wieder die Einzelspannungen bei vorgegebenen Strömen, so gelangt man zur Kennlinie für die Serienschaltung bei einer verschatteten Zelle in Abbildung 8.3. Der Strom wird also in einer Serienschaltung durch die verschattete Zelle bestimmt.

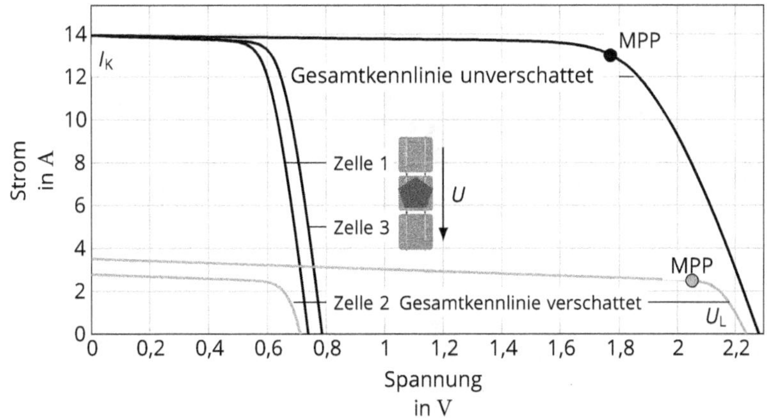

Abbildung 8.3: Reihenschaltung von drei Solarzellen, wobei Zelle Nr. 2 teilweise verschattet ist.

Abbildung 8.4 zeigt, wie es zu der Spannungsumkehr an der beschatteten Solarzelle kommt: Bei der unbeschatteten Reihenschaltung in (a) stellt jede Zelle eine Spannungsquelle dar, jede Zelle hat ihre normale Polarität als Stromerzeuger. Die Beschattung in (b) reduziert den Strom der beschatteten Solarzelle und damit den Gesamtstrom stark. Man kann sich eine vollständige Beschattung, bei welcher der Strom auf 0 reduziert wird, auch als Unterbrechung des Stromkreises vorstellen (c), wodurch an der Unterbrechungsstelle, nämlich der beschatteten Solarzelle, eine umgekehrte Spannung (– von der oberen Solarzelle, + von der unteren Solarzelle) an der beschatteten Zelle anliegt, die selber keinen Beitrag mehr liefert. Dadurch wird nun der negative Bereich der *I*-*U*-Kennlinie dieser Zelle relevant.

Abbildung 8.5 leitet die *I*-*U*-Kennlinie eines Solarmoduls mit 60 Solarzellen her, bei welchem eine Solarzelle abgeschattet ist:

⓪ zeigt zunächst rechts die Kennlinie eines unverschatteten Solarmoduls mit 60 in Reihe geschalteten Solarzellen. ① zeigt die Kennlinie einer einzelnen, ebenfalls voll bestrahlten Solarzelle. Bei einer Beschattung zu 75 Prozent wird diese Kennlinie zu ❶, da diese Solarzelle im Stromkreis mit den anderen Zellen und dem Verbraucher den Stromfluss nahezu unterbricht. An ihr (wie bei einer Unterbrechung) baut sich eine hohe Spannung auf, die jedoch in Gegenrichtung zu ihrer Erzeugerspannung liegt. Deshalb müssen wir hier den negativen Teil der Solarzellenkennlinie betrachten (links). Da überall derselbe Strom fließt (Reihenschaltung), müssen wir bei einem bestimmten Strom die entsprechende Spannung der Kennlinie für die 59 unverschatteten Zellen ② mit der Spannung der verschatteten Zelle, einschließlich ihrem negativen Teil, addieren. Es ergibt sich die finale Modulkennlinie ❸.

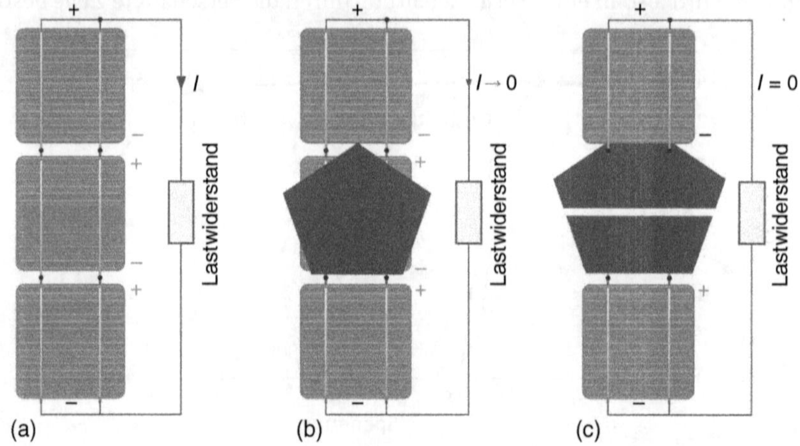

Abbildung 8.4: Drei Solarzellen in Reihenschaltung mit Verbraucher (Lastwiderstand): (a) ohne Verschattung, (b) mit fast vollständiger Verschattung, (c) mit vollständiger Verschattung.

Bei der Verschattung einer einzelnen Solarzelle in einer Serienschaltung reduziert sich die Gesamtleistung nicht um die reduzierte Leistung der verschatteten Solarzelle, sondern sie reduziert sich in etwa um den Prozentsatz der Verschattung der einzelnen Zelle!

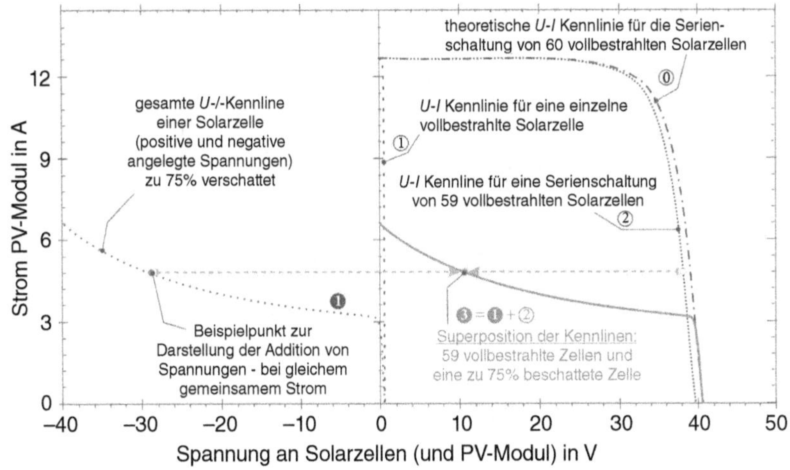

Abbildung 8.5: Herleitung der Kennlinie eines Solarmoduls, bei welchem eine Solarzelle abgeschattet ist – durch Addition (Superposition) zweier Kennlinien.

Parallelschaltung von Solarzellen

Bei einer Parallelschaltung von Solarzellen liegt an allen Solarzellen die gleiche Spannung an und die Ströme addieren sich zum Gesamtstrom:

$$I = I_1 + I_2 + I_3 \quad \text{und} \quad U = U_1 = U_2 = U_3$$

Die Gesamtkennlinie ergibt sich nun aus den Einzelkennlinien, indem man bei gleicher Spannung die Ströme addiert, siehe Abbildung 8.6.

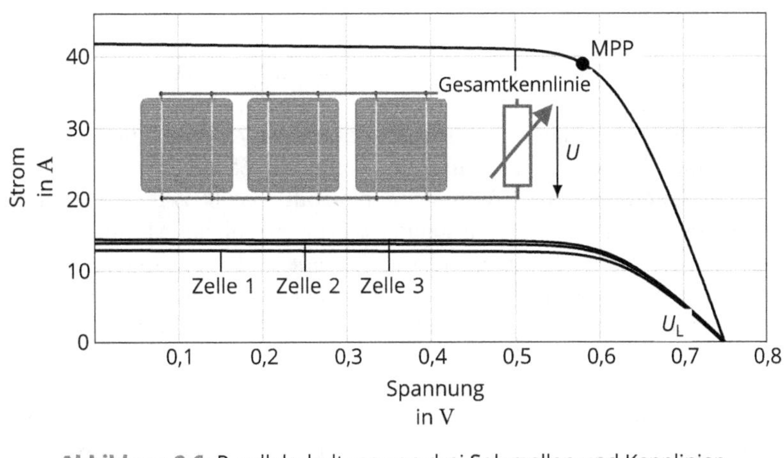

Abbildung 8.6: Parallelschaltung von drei Solarzellen und Kennlinien.

Wie sieht in diesem Fall die Gesamtkennlinie aus, wenn eine Solarzelle verschattet ist?

Wenn man in diesem Fall bei Kurzschlussbedingung $U = 0\,V$ die zugehörigen Ströme addiert, ist der resultierende Strom deutlich höher als bei einer Serienschaltung. Der Gesamtstrom reduziert sich nur um den Stromverlust der verschatteten Zelle. Da die Abhängigkeit der Leerlaufspannung U_L von der Verschattung deutlich geringer ist als die Abhängigkeit des Kurzschlussstroms von der Verschattung, wird die Gesamtkennlinie durch die Verschattung wesentlich geringer beeinflusst (siehe Abbildung 8.7).

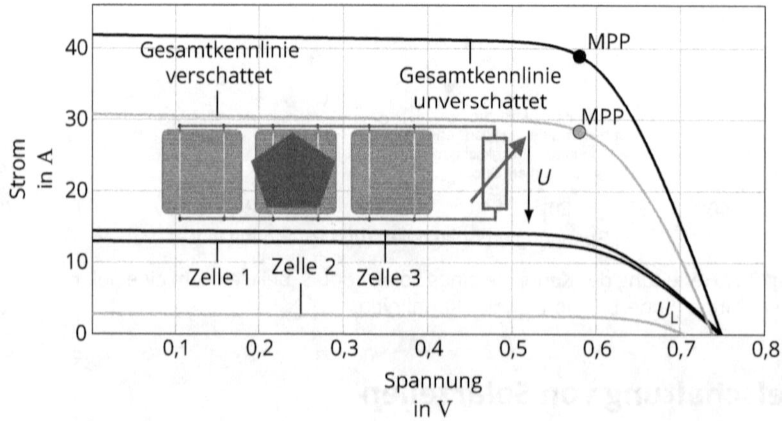

Abbildung 8.7: Parallelschaltung von drei Solarzellen, wobei eine Zelle verschattet ist, und deren Kennlinien.

Der Leistungsverlust entspricht also in etwa dem Flächenverlust der abgeschatteten Fläche. Bei der Reihenschaltung lag die Modulleistung deutlich niedriger. Die Leistungsverluste sind also für teilverschattete Systeme bei Parallelschaltung der Zellen deutlich geringer als bei Serienverschaltung.

Warum werden dann in den meisten Modulen die einzelnen Solarzellen in Reihe geschaltet und nicht parallel, wo doch der Leistungsverlust bei Verschattung viel geringer ist? Da die einzelnen Solarzellen eine geringe Spannung (kleiner als 1 V) und große Ströme (10 A) tragen, würden bei einer Parallelschaltung der Solarzellen die Spannungen niedrig bleiben und sich die Ströme addieren. Dies würde bei einem 60-Zellen-Silizium-Modul zu einem Modul mit einer Spannung von 0,6 V und einem Strom von 600 A führen. Weil die Verlustleistungen quadratisch mit dem Strom steigen, würde ein solches Modul entweder enorme Verlustleistungen erzeugen oder die Kabel müssten einen extremen Querschnitt haben. Eine Reihenschaltung in einem Modul ist auch viel einfacher zu realisieren, weil lediglich benachbarte Zellen mit nur einem Leiter miteinander verbunden werden müssen.

Auch um elektrische Leistung über große Strecken zu transportieren, werden möglichst hohe Spannungen verwendet, da dies die Verlustleistung minimiert. Hochspannungsleitungen werden deshalb bei 380 000 V betrieben und nicht bei 230 V.

Eine Möglichkeit, die Verluste auch in Modulen mit serienverschalteten Zellen zu reduzieren, ist der Einsatz von *Bypassdioden*, der im folgenden Abschnitt näher untersucht wird.

Bypassdioden

Bei einer Reihenschaltung fließt durch jede Solarzelle der gleiche Strom, wie wir im vorigen Abschnitt gesehen haben. Wird nun nur eine Zelle durch ein darauf liegendes Blatt verschattet, so reduziert dies den Strom in allen Solarzellen und reduziert deshalb die Leistung des Moduls drastisch, siehe Abbildung 8.8.

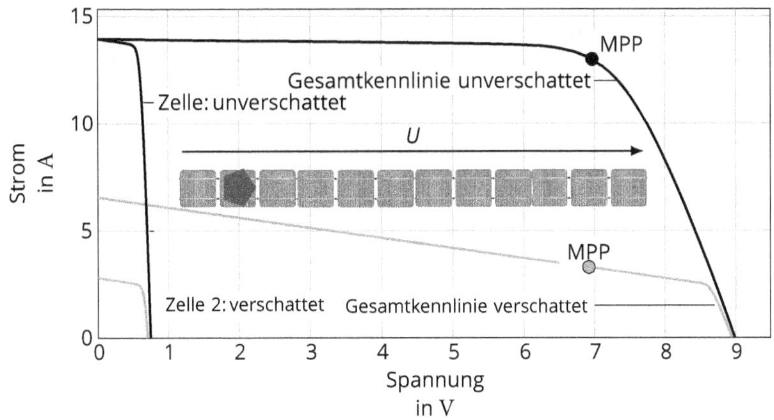

Abbildung 8.8: Kennlinie eines PV-Moduls ohne Bypassdioden bei Verschattung einer Zelle

Bypassdioden sind Bauelemente, die diesen Effekt reduzieren und das Solarmodul schützen. Es sind Dioden, die entgegen ihrer Durchlassrichtung parallel zu den Solarzellen geschaltet werden und so den Strom in bestimmten Fällen (nämlich dann, wenn die Spannung umgekehrt zur eigentlichen Spannung der Solarzelle ist) an der Solarzelle »vorbeileiten« (Bypass). Dies wird in Abbildung 8.9 erläutert. Ohne Verschattung (a) liegt die Bypassdiode in Sperrrichtung, da an ihr die Spannung der unbeschatteten, mittleren Solarzelle anliegt. Es fließt kein Strom durch die Bypassdiode, nur durch die Solarzelle. Wenn die mittlere Solarzelle nun zunehmend beschattet wird (b), wird der Strom durch diese geringer, und wenn er bei vollständiger Beschattung (c) nahezu 0 erreicht, dann liegt an dieser Zelle und der parallel liegenden Diode die Spannung des restlichen Stromkreises an, deren Polarität umgekehrt wie die der unbeschatteten Solarzelle ist. Dadurch gerät die Bypassdiode in den Durchlasszustand und leitet den Strom an der beschatteten Solarzelle vorbei.

Die typische Sperrspannung einer Silizium-Bypassdiode beträgt 0,7 V. Diese kann auf 0,3 V reduziert werden, indem man Germaniumdioden oder Schottky-Dioden als Bypassdioden verwendet.

Ist nun die (umgekehrte) Spannung an der beschatteten Solarzelle (durch den Rest-Stromkreis) größer als die Durchlassspannung der Bypassdiode, so leitet diese und der Strom wird um die beschattete Zelle herumgeleitet und der Gesamtstrom wird nicht mehr durch die verschattete Zelle begrenzt. Dies wird in Abbildung 8.10 veranschaulicht. Im Idealfall ist zu jeder Solarzelle eine Bypassdiode parallelgeschaltet. Dann würde an jeder verschatteten Zelle eine Spannung entsprechend der Durchlassspannung der Bypassdioden abfallen. Weil dies auch etwa die U_{MPP} Spannung der Zelle ist, geht dem Modul etwa die Leistung von zwei Zellen verloren – wesentlich geringer, als wenn durch das gesamte Modul nur der stark reduzierte Strom fließen würde. Ohne Bypassdiode wird die in

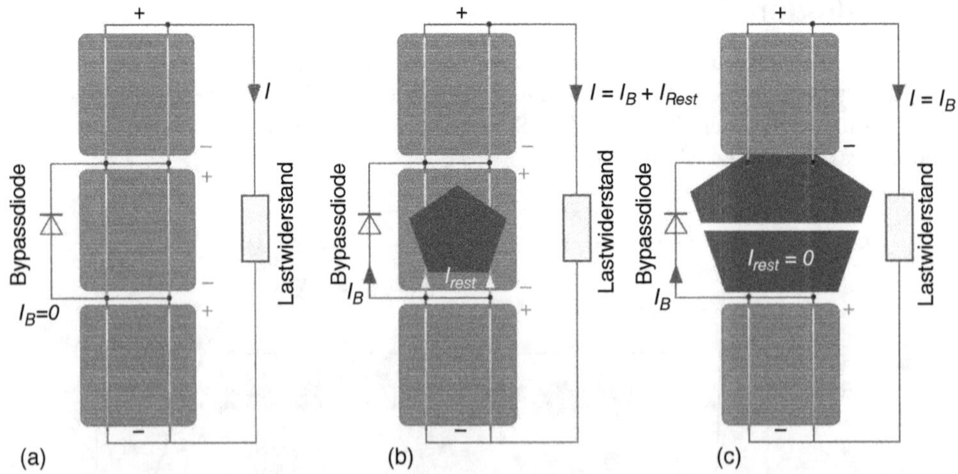

Abbildung 8.9: Drei Solarzellen in Reihenschaltung mit Bypassdiode und Lastwiderstand: (a) ohne Verschattung, (b) mit Verschattung, (c) mit vollständiger Verschattung.

Sperrrichtung betriebene verschattete Zelle stark erwärmt (Heizleistung entsprechend Sperrspannung mal Reststrom). Oftmals erfolgt die Erwärmung ungleichmäßig über die Fläche der Solarzelle und konzentriert sich auf einen kleinen Bereich, der dann als *Hotspot* bezeichnet wird. Diese Hotspots können so heiß werden, dass die Zelle und die Moduleinkapselung dauerhaft beschädigt werden. Durch das Durchbrennen mittels Hotspot wird die Zelle kurzgeschlossen und es kann dann zwar wieder Strom hindurchfließen, aber die Zelle kann niemals mehr Leistung liefern. All dies würde durch eine Bypassdiode verhindert.

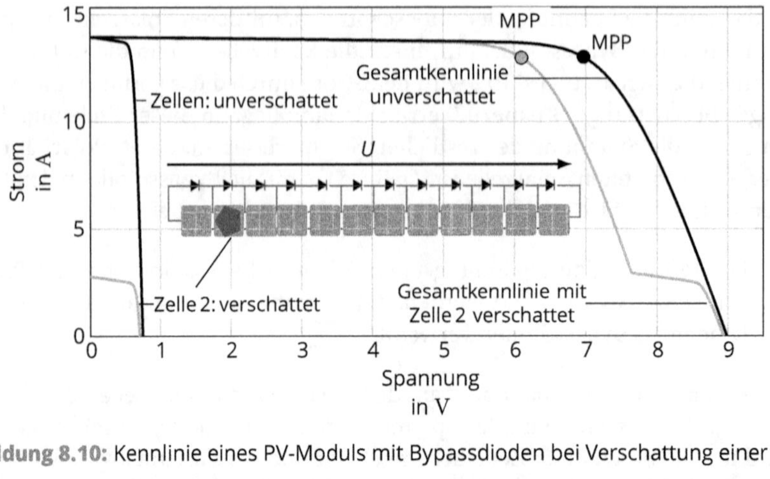

Abbildung 8.10: Kennlinie eines PV-Moduls mit Bypassdioden bei Verschattung einer Zelle.

Die Modulkennlinie für eine variierende Anzahl von Bypassdioden ist in Abbildung 8.11 dargestellt. Je mehr Bypassdioden integriert sind, desto weniger wird die Kennlinie des Moduls durch die Verschattung einer Zelle beeinflusst. Aus dieser Sicht wäre es sinnvoll, zu jeder Solarzelle eine Bypassdiode zu schalten. Die Integration von Bypassdioden an jeder einzelnen Solarzelle ist aber aufwendig, weil diese in das Laminat des Moduls integriert werden müssten. Auch würden die sich erhitzenden Bypassdioden die Wärme nur über das

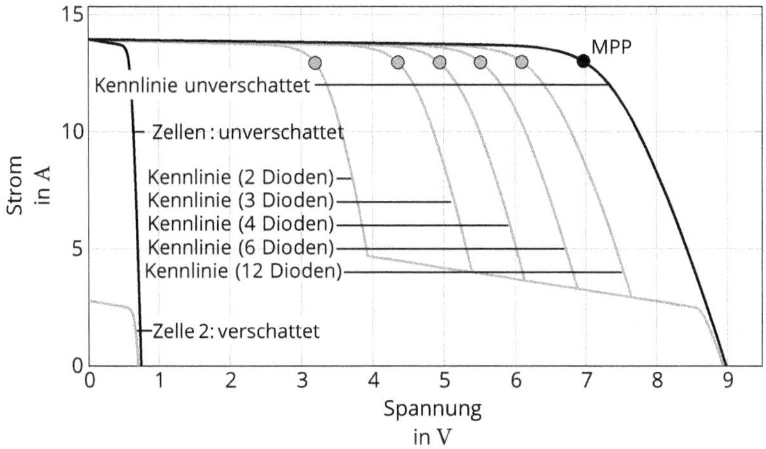

Abbildung 8.11: Kennlinie eines PV-Moduls mit 12 Solarzellen, mit einer variierenden Anzahl (2, 3, 4, 6, 12) von Bypassdioden.

Laminat abführen können und so das Modul gegebenenfalls beschädigen. Um die Erhitzung im Laminat zu vermeiden, werden die Bypassdioden in die Anschlussdose integriert.

Die Firma BP hatte vor 30 Jahren Bypassdioden in jede einzelne Solarzelle integriert, die Fertigung war jedoch zu teuer.

Dort werden die Bypassdioden parallel zu 18 bis 24 Solarzellen geschaltet: Dies ist in der Anschlussdose einfach realisierbar, da hier die Solarzellenstrings beginnen und enden. In einem Modul mit 60 Zellen werden typischerweise 3 Bypassdioden verwendet, sodass jeweils 20 Solarzellen durch eine Bypassdiode überbrückt werden. Bei entsprechender Verschattung fällt dann nur dieser Teilstring durch Überbrückung aus und kann nichts zur Ausgangsleistung beitragen. Wenn die Anschlussdose nicht versiegelt ist, lassen sich defekte Bypassdioden auch austauschen.

Die Bypassdiode hat zwei wichtige Funktionen in einem Solarmodul. Zum einen vermindert sie die Verluste, die bei Verschattung von einzelnen Zellen auftreten. Zum anderen minimiert sie auch die Wärmeleistung, die in der verschatteten Zelle erzeugt wird, weil ein großer Anteil des Stromes über die Bypassdiode fließt und die maximale externe Spannung an der einzelnen Zelle ebenfalls durch die Bypassdiode begrenzt wird. Da in dem Fall einer Verschattung einer Solarzelle ein erheblicher Strom über die Bypassdiode fließt, ist es wichtig, dass Dioden mit einer geringen Verlustleistung eingesetzt werden und eine gute Wärmeabfuhr gewährleistet ist. Die Verlustleistung berechnet sich aus dem Spannungsabfall an der Diode (Silizium-Dioden: 0,7 V, Germanium- und Schottky-Dioden: 0,3 V) multipliziert mit dem Strom durch sie (im Worst-Case der gesamte

Kurzschlussstrom des Moduls). Beispielsweise beträgt die maximale Verlustleistung bei einer Schottky-Diode (Spannungsabfall 0,3 V) und einem Modul mit I_K= 16 A: $P_{Verlust} = 0{,}3\,V \cdot 16\,A = 4{,}8\,W$

Entsprechend der Prüfnorm IEC 61215 werden die Bypassdioden mit dem 1,25-Fachen des Kurzschlussstroms über 1 Stunde bei 75 °C getestet. Dünnschichtmodule haben weniger oder manchmal sogar keine Bypassdioden, weil die aktive Schicht (die Solarzelle) als langgestreckte Bahn auf das Trägermaterial (meist Glas) aufgebracht ist und nicht als einzelne kompakte Zellen. Die Wahrscheinlichkeit, dass ein solcher Streifen selektiv abgeschattet wird, ist sehr gering. Die Verschattung wird insgesamt gleichmäßiger über mehrere Zellen auf dem Modul verteilt und wirkt sich weniger aus. Trotzdem wird oft eine Bypassdiode eingebaut: Diese soll sicherstellen, dass das komplette Modul im Falle einer Verschattung überbrückt werden kann. Wenn nun doch eine einzelne Zelle des Dünnschichtmoduls durch eine Verschattung in Sperrrichtung betrieben wird, so kann die Spannung eines Moduls über diese Zelle abfallen. Die relativen Inhomogenitäten sind bei Dünnschichtmodulen höher, deshalb besteht ein erhöhtes Hotspot-Risiko.

Funktion von Bypassdioden und deren Einfluss auf die Kennlinie

Funktion: Schutz vor Hotspot-Effekten und Defekten

- ✔ Bei Teilverschattung oder einem Defekt in einer Solarzelle entsteht lokal ein hoher Widerstand. Dadurch kann sich die betreffende Zelle stark erhitzen (Hotspot-Effekt), was zu irreparablen Schäden führt.
- ✔ Bypassdioden leiten den Strom um verschattete oder defekte Bereiche herum und verhindern so Überhitzung und Leistungsabfall. Das erhält die Funktionalität der übrigen Zellen und schützt das Modul vor Schäden.

Funktion: Effizienzsteigerung und Lebensdauer

- ✔ Bypassdioden minimieren Leistungsverluste durch Verschattung und sorgen dafür, dass der Energieertrag möglichst hoch bleibt, auch wenn einzelne Zellen beeinträchtigt sind.
- ✔ Sie verlängern die Lebensdauer der Module und erhalten deren Investitionswert über viele Jahre hinweg.

Funktion: Einfluss auf die Kennlinie

- ✔ Wenn eine Bypassdiode aktiviert wird (durch Verschattung), entsteht im Modul ein Knick in der Strom-Spannungs-Kennlinie.
- ✔ Die Gesamtleistung des Moduls sinkt zwar, aber sie fällt nicht so stark, wie es ohne Bypassdiode der Fall wäre.

✔ Die Auswertung der Kennlinien erlaubt es, Verschattungen, Defekte und Funktionstüchtigkeit der Bypass-Dioden zu erkennen. Ein plötzlicher Sprung oder Knick in der Strom-Spannungs-Kennlinie kann auf eine aktivierte Bypassdiode hinweisen.

Bei der Kennlinienanalyse ist das Verhalten von Bypassdioden ein wichtiger Prüfpunkt, um verdeckte Fehler oder Verschattungsprobleme zu identifizieren und zu dokumentieren. Ihre Integration ist entscheidend für die Sicherheit und Leistungsfähigkeit von PV-Anlagen.

Halbe Sache, erhöhter Ertrag: Halbzellenmodule

Um die Herstellungskosten zu senken, wurden Siliziumsolarzellen in den letzten Jahren immer größer. So können mit einem Prozessschritt größere Einheiten bearbeitet werden. Damit stieg aber auch der Strom der Solarzelle, weil er proportional zur Fläche der Solarzelle ist. Da die Verlustleistung quadratisch mit der Stromstärke steigt, wachsen die Verluste überproportional. Eine Lösung, um die Verluste zu verringern, ist entweder, die Kontaktbahnen auf den Zellen größer zu machen (dadurch bleibt aber weniger Fläche für den aktiven Teil der Solarzelle übrig) oder die Zellen (und damit die Stromerzeugung) zu halbieren. Dann fließt pro Solarzelle nur noch der halbe Strom und der Verlust reduziert sich auf ein Viertel. Abbildung 8.12 zeigt die Serienverschaltung von Halbzellen in der Produktion und in Abbildung 8.13 ist die Reihenschaltung von drei Halbzellen zu sehen.

Abbildung 8.12: Prozess der Serienverschaltung von zwei Halbzellen in einer Fabrik.

Man könnte nun alle Halbzellen in Reihe schalten, wie es auch bei dem 60-Vollzellenmodul getan wird. Allerdings sind dann in den Außenanschlüssen die Ströme halb so groß und die Spannungen doppelt so groß wie in einem vergleichbaren Vollzellenmodul. Dies würde

Abbildung 8.13: Fertige Serienschaltung von drei Halbzellen.

dann die Systemauslegung für das gesamte System deutlich beeinflussen. Um dies zu vermeiden, werden die Zellen im Modul so verschaltet, dass an den Außenanschlüssen vergleichbare Spannungen und Ströme wie bei Vollzellenmodulen auftreten. Um dies möglichst einfach zu erreichen, werden die Strings im Modul in eine obere und eine untere Hälfte aufgeteilt. Jeweils 20 in Reihe geschaltete Halbzellen aus dem oberen String werden mit 20 in Reihe geschalteten Halbzellen aus dem unteren String parallelgeschaltet. Die Parallelschaltung erfolgt in der Mitte des Moduls, sodass sich auch die Anschlussdose bei einem Halbzellenmodul in der Mitte des Moduls befindet. Dabei ist die Anschlussdose in drei kleine Teildosen aufgeteilt. Die Anschlusskabel finden sich jeweils an den äußeren Anschlussdosen. Zusätzlich verschatten die kleinen Teildosen auch die Solarzellen von der Rückseite weniger als eine einzige Anschlussdose, sodass diese geeigneter für einen bifazialen Einsatz sind. Durch dieses neue Moduldesign ergeben sich Vorteile bei teilverschatteten Solarmodulen.

Sind alle 6 Zellen einer Reihe bei einem typischen Vollzellenmodul verschattet, so fließt durch dieses Modul kein Strom und es kann keine Leistung erzeugt werden. Tritt die gleiche Situation bei einem Halbzellenmodul auf, so kann die obere Hälfte der parallelgeschalteten Strings zum Strom beitragen, während die untere Hälfte der Module durch die Bypassdiode überbrückt wird. Das Modul kann also immer noch zu 50 % seiner Nominalleistung beitragen. Durch die kombinierte Parallel- und Reihenschaltung kommen Halbzellenmodule daher mit Verschattungssituationen besser zurecht als Vollzellenmodule. Typischerweise sind in einer Solaranlage mehrere Module in Reihe geschaltet (oft bis zur maximal zulässigen Systemspannung). Auch in diesem Fall unterstützt die Parallelschaltung innerhalb des Halbzellenmoduls bei teilverschatteten Modulen eine bessere Leistungsausbeute des gesamten Solarmodulstrings als bei Vollzellenmodulen.

Es ergeben sich durch die neuartige Verschaltung im Halbzellenmodul zusammengefasst vor allem die folgenden Vorteile:

- ✔ Die Widerstandsverluste innerhalb eines Halbzellenmoduls sind geringer als bei einem Vollzellenmodul.
- ✔ Dadurch ist die Betriebstemperatur eines Halbzellenmoduls niedriger, was ebenfalls zu einem geringeren Leistungsverlust beiträgt.
- ✔ In einem Halbzellenmodul tritt bei Verwendung von einer weißen Rückseitenfolie etwas mehr Reflexionsfläche auf, sodass in dem Modul durch Mehrfachreflexion die Ströme etwas höher ausfallen können.
- ✔ Weil ein Teil der Solarzellenstrings im Halbzellenmodul parallel zueinander geschaltet ist, sind Halbzellenmodule toleranter bei Verschattungssituationen.
- ✔ Die Anschlussdosen der Halbzellenmodule bestehen meist aus drei Teilen. Dadurch kann die Wärme in den einzelnen Dosen besser abgeführt werden.
- ✔ Die Anschlusskabel können kürzer ausgeführt werden, da sich die äußeren Dosen jeweils am Rand befinden und die Kabel nicht von der Mitte heraus bis zur Mitte des nächsten Moduls geführt werden müssen.

Aus diesen Gründen wird für gängige Siliziumsolarmodule heutzutage fast ausschließlich das Halbzellendesign genutzt.

Das Wetter macht's: Einfluss der Umweltbedingungen auf die Kennlinie von Solarmodulen

Die Sonne scheint nicht immer und im Winter ist es kälter als im Sommer. Dies beeinflusst natürlich auch die Leistung, die ein Solarmodul erzeugen kann. In den folgenden Abschnitten lernen Sie den Einfluss von Bestrahlungsstärke und Temperatur auf die Kennlinie eines Solarmoduls kennen.

Einfluss der Bestrahlungsintensität

Abbildung 8.14 zeigt die typische Kennlinie eines Solarmoduls bei verschiedenen Bestrahlungsintensitäten. Bei den Standardtestbedingungen von $E = 1000\,\text{W/m}^2$ und 25 °C liefert das Solarmodul seine nominelle Leistung im Maximum-Power-Point. Das ist die Leistung, die im Datenblatt und auf der Modulrückseite angegeben ist. Wie zu erwarten, werden bei höherer Bestrahlungsstärke mehr Photonen absorbiert und ihre Energie in einen proportional größeren Elektronenfluss umgewandelt. Mit abnehmender Bestrahlungsstärke nimmt in erster Linie der Kurzschlussstrom ab, aber, in geringerem Maße, auch die Leerlaufspannung. Aus diesem Grund ist der Wirkungsgrad eines Solarmoduls bei geringeren Bestrahlungsstärken auch etwas niedriger als bei Standardtestbedingungen. Weil ein Solarmodul im Feldeinsatz auch in Regionen mit geringer Einstrahlung betrieben wird beziehungsweise die Einstrahlungswerte im Tages-und Jahresverlauf sehr niedrig werden können, spielt dieses Schwachlichtverhalten eine wichtige Rolle.

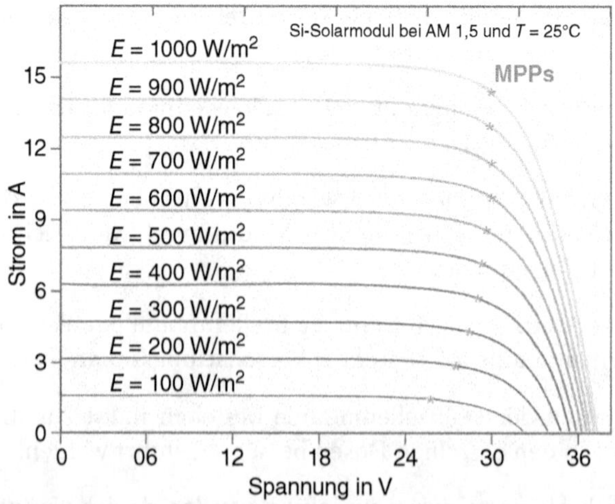

Abbildung 8.14: Kennlinie eines Si-Solarmoduls bei verschiedenen Bestrahlungsstärken E und einer konstanten Zelltemperatur von $T = 25\,°C$. Die Sternchen auf der Kennlinie zeigen die Arbeitspunkte für maximale Leistungsabgabe (MPPs).

Einfluss der Temperatur

Ein weiterer wichtiger Einfluss auf die Kennlinie ist die Temperatur der Zellen im Modul, siehe Abbildung 8.15. Anders als man es zunächst erwarten könnte, hat die Temperatur einen negativen Einfluss auf die Leistung eines Siliziumsolarmoduls.

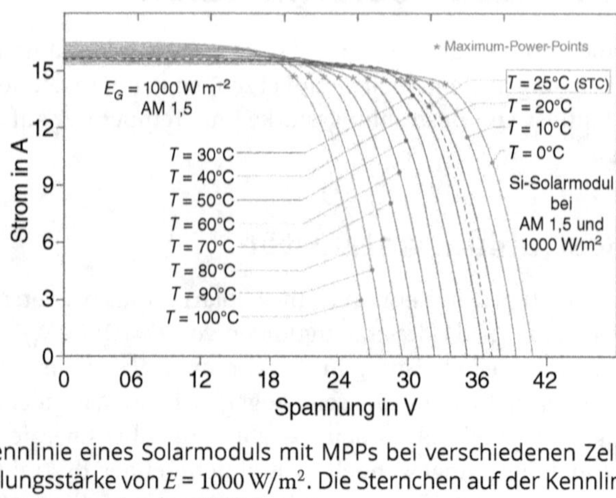

Abbildung 8.15: Kennlinie eines Solarmoduls mit MPPs bei verschiedenen Zelltemperaturen T und einer festen Bestrahlungsstärke von $E = 1000\,W/m^2$. Die Sternchen auf der Kennlinie zeigen die Arbeitspunkte für maximale Leistungsabgabe (MPPs).

Die Modul- beziehungsweise Zelltemperatur bei den Standardtestbedingungen liegt bei 25 °C. Beim Betrieb eines Moduls ist diese Temperatur meist höher, vor allem bei der in den Standardtestbedingungen geforderten hohen Bestrahlungsstärke von 1000 W/m² ist die Modultemperatur typischerweise etwa 30 K höher als die Außentemperatur. Tatsächlich hängt die Temperatur der Solarzellen im Solarmodul von vielen Bedingungen ab: So haben die Außentemperatur, die Montageart, die Hinterlüftung, die Sonneneinstrahlung und die

Windgeschwindigkeit einen großen Einfluss auf die Modultemperatur im Betrieb. Natürlich beeinflusst die Bestrahlungsstärke die Temperatur des Moduls stark, weil etwa 75 % der Photonenenergie im Modul in Wärme umgewandelt wird, was zu einer erhöhten Modultemperatur führt. Die Leerlaufspannung des Moduls hängt viel stärker von der Temperatur ab als der Kurzschlussstrom. Die Ursache hierfür liegt in den Tiefen der Halbleiterphysik, in die wir uns hier lieber nicht ableiten wollen. Jedenfalls sinkt die Leerlaufspannung mit steigender Temperatur, während der Kurzschlussstrom leicht steigt. Insgesamt nimmt also die Leistung mit steigender Temperatur für Silizium-Module ab.

Die Zelltemperatur ist je nach Modulaufbau etwa 2 K höher als die Modultemperatur, die meist an der Oberfläche der Modulrückseite gemessen wird. Da die Zelltemperatur schwer direkt zu messen ist, wird meist auf die Modultemperatur zurückgegriffen.

Fun Fact: Die Zelltemperatur bei hocheffizienten Hochleistungsmodulen ist NIEDRIGER als bei Solarmodulen mit einem niedrigeren Wirkungsgrad! Erklärung: Bei dem Modul mit dem hohen Wirkungsgrad wird ein höherer Anteil der Photonenenergie in elektrische Energie umgewandelt. So bleibt weniger Photonenenergie übrig, die Wärme erzeugen kann. Resultat: geringere Betriebstemperatur!

Bei den meisten Berechnungen wird ein linearer Zusammenhang von Strom, Spannung und Leistung mit der Temperatur angenommen. Die entsprechenden linearen Faktoren, die *Temperaturkoeffizienten*, werden mit α_K, α_{UL} und α_P bezeichnet. Ein typischer Wert für die Abnahme der Leistung liegt bei 0,3 %/°C. Bei einem Temperaturanstieg von 25 °C fällt also die Modulleistung um 7,5 % ab. In der Regel treten im Betrieb eines Solarmoduls die Standardtestbedingungen selten auf, weil das Solarmodul über den ganzen Tag und das ganze Jahr Strom erzeugt. Deshalb werden neben den Daten unter Standardtestbedingungen (STC) auch die Daten eines Moduls unter *Nominal Operating Conditions* (NOC) verwendet. Dabei ist besonders die *Nominal-Operating-Cell-Temperature* (NOCT) relevant, weil sie einen realistischeren Wert für die Betriebstemperatur angibt als die konstanten 25 Grad Celsius unter STC. Die NOC-Temperatur stellt sich unter folgenden Bedingungen ein:

1. Bestrahlungsstärke $E = 800\ \text{W/m}^2$
2. Umgebungstemperatur $T = 20\ °\text{C}$
3. Windgeschwindigkeit $v = 1\ \text{m/s}$

Die typische NOC-Temperatur für Silizium-Module liegt zwischen 40 °C und 50 °C. Diese Temperatur ist deutlich höher als die Temperatur bei Standardtestbedingungen (25 °C) und deshalb weicht auch die Leistung unter diesen Bedingungen wegen der geringeren Einstrahlungsstärke und der erhöhten Temperatur im Vergleich zu den Standardtestbedingungen signifikant (um circa 30 Prozent, je nach Temperaturkoeffizient und NOCT) von der üblichen STC-Nennleistung ab.

Eigentlich sind die Performance-Werte eines PV-Moduls unter NOC realistischer als die unter STC, sie sind aber aufwendiger zu messen. Zudem werden die Leistungswerte auf dem Datenblatt geringer (etwa 30 Prozent), was die Modulhersteller abschreckt. Leider ist durch die Entscheidung, STC anstatt NOC zu verwenden, auch die errechnete Volllaststundenanzahl um etwa 30 Prozent geringer, wodurch die Photovoltaik gegenüber anderen Energietechnologien »weniger verfügbar« erscheint, als sie es tatsächlich ist.

In Datenblättern von Solarmodulen werden die Temperaturkoeffizienten der Leistung, des Kurzschlussstroms und der Spannung in der Einheit %/°C angegeben. Hiermit lässt sich die Abhängigkeit dieser Größen von der Temperatur berechnen und untersuchen. Ebenso sind die Leistungen des Solarmoduls bei NOCT-Bedingungen angegeben. Diese Daten sind in vielen Simulationsprogrammen hinterlegt, um die Jahreserträge des entsprechenden Moduls abzuschätzen. Für die richtige Auslegung des gesamten Photovoltaiksystems sind diese Parameter von großer Bedeutung, weil das System ja über einen weiten Temperaturbereich betrieben wird.

Sie möchten die Leistung wissen, die ein Modul bei einer Umgebungstemperatur von $T_U = 30\,°C$ und $1000\,W/m^2$ liefert.

Dem Datenblatt entnehmen Sie folgende Angaben: Leistung unter STC-Bedingungen: $P_{STC} = 440\,W$ (für STC auch als $440\,W_p$ gekennzeichnet), NOC-Temperatur: $T_{NOCT} = 42\,°C$; Temperaturkoeffizient für die Leistung: $\alpha_P = -0{,}3\,\%/°C$.

Zunächst berechnet man die Zelltemperatur aus der Umgebungstemperatur von 30 °C und der NOC-Temperatur unter der Annahme, dass die Temperaturerhöhung proportional zur Bestrahlungsstärke ist, zu:

$$T_Z = 30\,°C + (42\,°C - 20\,°C) \cdot \frac{1000}{800} = 57{,}5\,°C$$

Mit der Zelltemperatur von 57,5 °C und dem Temperaturkoeffizienten für die Leistung gewinnt man schließlich die Leistung des Moduls zu:

$$P = P_{STC} \cdot (1 + \alpha_P \cdot (\vartheta_Z - 25\,°C)) = 440\,W \cdot (1 - 0{,}3\,\%/°C \cdot 32{,}5\,°C) = 397{,}1\,W$$

Dieses Solarmodul liefert also unter den angenommenen Betriebsbedingungen etwa 10 % weniger Leistung als unter Standardtestbedingungen.

Tests, die ein Solarmodul bestehen muss

Die IEC 61730 legt die Sicherheitsanforderungen für Photovoltaikmodule fest, damit sie gefahrlos installiert und betrieben werden können. Sie umfasst sowohl konstruktive Anforderungen als auch Prüfverfahren, die zeigen, ob ein Modul elektrische, mechanische und thermische Belastungen sicher übersteht. Die Norm behandelt Schutz gegen elektrischen Schlag, Feuer, mechanische Beschädigung und Gefahren für Personen oder Sachen. Zusätzlich definiert sie Anforderungen an Isolation, Erdung und das Moduldesign, um die langfristige Betriebssicherheit zu gewährleisten. Insgesamt stellt die IEC 61730 sicher, dass PV-Module umfangreiche Sicherheitsstandards erfüllen.

Die wichtigste Norm – mit vielen zu bestehenden Tests – für kristalline Siliziumsolarmodule ist die IEC 61215. Die Zertifizierung von Photovoltaikmodulen nach IEC 61215 ist ein standardisierter Prozess, der die Qualität, Zuverlässigkeit und Langlebigkeit von kristallinen Silizium-PV-Modulen für den langfristigen Betrieb im Freien nachweist. Heutzutage wird kaum noch ein Solarmodul ohne Zertifizierung nach IEC 61215 verkauft – außer Spielzeuge.

Der Testumfang der IEC 61215

Der Ablauf umfasst mehrere definierte Schritte und Prüfungen:

1. Probenahme:

   Es werden in der Regel acht PV-Module per Zufallsprinzip aus der laufenden Produktion entnommen, um eine repräsentative Stichprobe zu gewährleisten.

2. Aufteilung der Prüflinge:

   Die Module werden auf verschiedene Prüfpfade verteilt, um die Abläufe zeitlich zu optimieren. Das heißt, verschiedene Tests können parallel ausgeführt werden. Ein Modul dient als Referenz und wird nicht geprüft, sondern für spätere Vergleichsmessungen verwendet.

3. Visuelle Inspektion:

   Das Modul wird auf gravierende visuelle Defekte überprüft:

   gebrochene oder gerissene Außenflächen (Glas, Rückseitenfolie, Anschlusskästen, Rahmen),

   Blasen oder Delaminierungen, insbesondere wenn diese zwischen Leitern der Solarzellenmatrix und dem Rand des Moduls auftreten,

   Brandstellen, Zellrisse, Korrosion an Leitern, unleserliche oder fehlende Etiketten.

4. Isolationsmessungen:

   Als Mindestanforderung gilt ein Isolationswiderstand von 40 Megaohm je Quadratmeter Modulfläche im trockenen Zustand. Dieser Wert stellt sicher, dass das PV-Modul keine gefährlichen Leckströme aufweist und die Isolation ausreichenden Schutz gewährleistet. Die Spannung für die Messung wird zwischen den aktiven Leitern (Plus- und Minus-Anschluss) und dem Modulrahmen angelegt.

   Zudem wird im nassen (untergetauchten) Zustand der Leckstrom bei einer angelegten Spannung von 1000 V (wenn die zugelassene Systemspannung so viel beträgt) gemessen. Dieser darf 50 μA nicht überschreiten.

5. Charakterisierungsmessungen:

   Vor Beginn der Stresstests werden die elektrischen und thermischen Eigenschaften der Module gemessen, darunter:

   Temperaturkoeffizienten (TK) für Spannung, Strom und Leistung, Nennbetriebs-Zelltemperatur (NOCT): Hierbei wird bei einer Bestrahlungsstärke von 800 W/m² und bei einer Windgeschwindigkeit von 1 m/s die Temperatur im PV-Modul gemessen (dieser Wert ist viel realistischer als die fixen 25 °C der Standardprüfbedingungen),

   elektrische PV-Leistung bei niedriger Bestrahlungsstärke (200 W/m²).

6. Durchführung der Umweltsimulationen und Belastungstests:

   Die Module werden gezielt verschiedenen künstlichen Belastungen ausgesetzt, die typische Umwelteinflüsse simulieren:

   UV-Belastung und Sonnenlicht

   Temperaturwechsel (Kälte, Wärme, Feuchtigkeit, Klimawechsel)

   Mechanische Belastungen (Schnee, Hagel, Windsog, Winddruck)

   Feuchte-Frost-Zyklen (von –40 °C bis 85 °C).

7. Freilandexposition:

   Mindestens ein Modul wird einer Freilandexposition ausgesetzt, solange bis eine bestimmte Gesamtbestrahlung (60 kWh/m²) erreicht ist.

   Im Sommer wird in Deutschland diese 60 kWh/m² Freilandexposition nach etwa ein bis zwei Wochen erreicht, im Winter kann dies aber Monate dauern, sodass Module von Prüfinstituten oft in den Mittelmeerraum transportiert werden, um dort in der Sonne zu liegen.

8. Wiederholte Messungen:

   Nach den Belastungstests werden die elektrischen Eigenschaften erneut gemessen, um Leistungsverluste oder Schäden zu identifizieren.

   Überschreiten die elektrischen Leistungsverluste nach den Tests die Acht-Prozent-Marke, so gilt das PV-Modul als durchgefallen.

9. Bewertung und Zertifikatsvergabe:

   Die Prüfergebnisse werden mit den Anforderungen der IEC 61215 verglichen. Bei Bestehen aller Tests wird das Zertifikat ausgestellt, welches die Konformität und Qualität des PV-Moduls bestätigt.

   Wenn das Modul technisch verändert wird (beispielsweise wenn andere Komponenten eingesetzt werden), muss eine Neuzertifizierung mit den meisten oben genannten Tests erfolgen.

Tabelle 8.1 liefert eine Übersicht der wichtigsten Tests für PV-Module nach IEC 61215.

Testart	Zweck
Feuchte-Hitze-Dauertest (1000 h 85 °C 85% LF)	Prüfung auf Beständigkeit und Lebensdauer
thermische Zyklierung (–40 °C – 85 °C)	Prüfung auf Temperaturwechselbeständigkeit
Feuchte-Frost-Zyklen	Beständigkeit gegen Feuchtigkeit und Frost
UV-Belastung	Alterungsbeständigkeit gegen Sonnenlicht
mechanische Belastung	Stabilität bei viel Schnee, Wind, Hagel
Isolationsprüfung (nass und trocken)	elektrische Sicherheit
Freilandexposition	Langzeitverhalten im realen Umfeld
Feuertest	Brandschutz

Tabelle 8.1: Übersicht der wichtigsten Tests der Modul-Zuverlässigkeitsnorm IEC 61215

Die IEC 61215 ist insbesondere für kristalline Silizium-PV-Module relevant. Für Dünnschichtmodule gibt es die ähnliche Norm, die IEC 61646, die aber in Zukunft von der IEC 61215 miterfasst und somit obsolet wird.

Die Zertifizierung ist Voraussetzung für viele nationale und internationale Fördermaßnahmen und den Marktzugang in Europa. Module ohne diese Zertifizierung sollte man nicht kaufen. Die Durchführung der Tests erfolgt durch akkreditierte Prüflabore wie den TÜV oder VDE in Deutschland.

Es gibt weitere, darüber hinausgehende Tests, vor allem für Spezialanforderungen, beispielsweise eine zusätzliche Ammoniakfestigkeit, wenn das Solarmodul auf einem Schweinestall montiert wird, oder eine verstärkte Hagelfestigkeit, wenn die Module in einer Region installiert werden, in welcher besonders große Hagelkörner auftreten, die nicht in der IEC 61215 berücksichtigt werden.

Röntgenbild eines PV-Moduls: Elektrolumineszenzaufnahme

Um besser lokale Defekte eines Moduls zu identifizieren, kann die sogenannte *Elektrolumineszenz-Messung* (EL) eingesetzt werden. Hierbei wird die Umkehrung des photoelektrischen Effekts ausgenutzt. Anstatt durch Licht Strom zu erzeugen, wird Licht durch Strom erzeugt, ganz ähnlich wie bei einer Leuchtdiode (LED). Allerdings leuchtet ein Solarmodul nicht im sichtbaren Bereich, sondern im infraroten Wellenlängenbereich, der für das menschliche Auge unsichtbar ist. Deshalb wird eine spezielle Kamera für die Bildaufnahme eingesetzt. Je heller ein Teil des Solarmoduls im Elektrolumineszenzbetrieb strahlt, desto besser funktioniert dieser Teil auch im photovoltaischen Betrieb. Je dunkler ein Bereich bleibt, beispielsweise durch umfassende Mikrorisse in einer Solarzelle, desto schlechter funktioniert auch die Solarzelle in diesem Bereich. Die Wellenlänge der erzeugten Strahlung liegt im nahen Infrarotbereich (IR) bei etwa 1100 nm, der Bandlücke von Siliziumsolarzellen. Deshalb erhält man durch die Messung auch Informationen über die

Funktionalität der Siliziumsolarzelle. Es wird dabei übrigens nicht die Wärmestrahlung des Solarmoduls gemessen, die läge im fernen Infrarot bei etwa 10 000 nm. Deshalb braucht man einen Bildsensor für nahes Infrarot (NIR).

Einen solchen Bildsensor für nahes Infrarot hat fast jeder: Der Bildsensor jeder Digitalkamera sieht nahes Infrarot – allerdings ist für das normale Fotografieren der nahe Infrarotbereich unerwünscht, weshalb er durch ein optisches IR-Filter geblockt wird. Damit wir die Kamera für unsere EL-Zwecke nutzen können, müssen wir also diesen Filter wieder entfernen. Dafür gibt es entsprechende Fachfirmen, die eine sogenannte *Astro-Modifikation* der Kamera durchführen, denn viele Sterne strahlen auch im NIR und Astrofotografen wollen auch diese Sterne fotografieren. Eine normale Digitalkamera mit Astromodifikation ist meist um den Faktor vier billiger als eine entsprechende NIR-Kamera.

Achtung: Die Kamera ist nach dem Entfernen des IR-Filters für den normalen Gebrauch, das heißt das konventionelle Fotografieren, kaum noch zu gebrauchen, weil die zusätzliche IR-Einstrahlung auf dem Sensor die Bildqualität stark reduziert.

Damit das Solarmodul stark im NIR leuchtet, wird meist der doppelte Nennstrom in das PV-Modul eingespeist. Die Belichtungszeiten betragen dann üblicherweise etwa 10 Sekunden, je nach Empfindlichkeit des Sensors der Kamera und der optischen Durchlässigkeit des verwendeten Objektivs.

Abbildung 8.16 zeigt eine Elektrolumineszenzaufnahme eines PV-Moduls mit mehreren beschädigten Solarzellen.

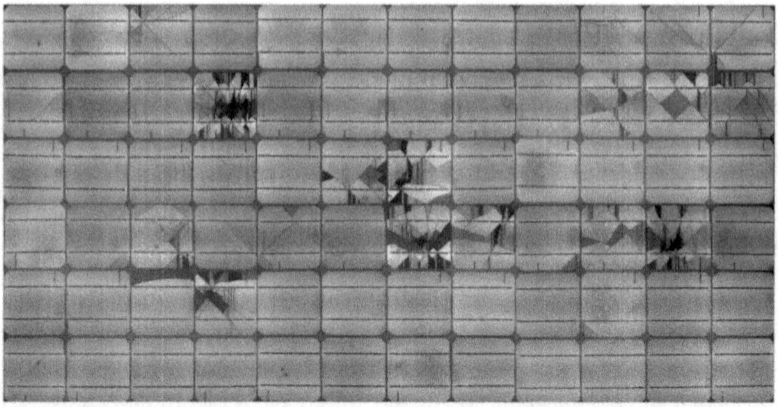

Abbildung 8.16: Elektrolumineszenzaufnahme eines Solarmoduls mit mehreren beschädigten Solarzellen.

Sehr kleine Risse in den Solarzellen, sogenannte Mikrorisse, sind visuell kaum zu entdecken, aber in einer EL-Aufnahme sehr deutlich zu sehen. Dadurch, dass der Strom durch die schlechteste (das heißt die dunkelste) Zelle den Gesamtstrom des Solarmoduls bestimmt, können Mikrorisse unterschiedlich ausgeprägte Wirkungen haben: Wenn sie konzentriert in einer Solarzelle auftreten, wird die Leistung stärker reduziert, als wenn sie nur vereinzelt über die Fläche verteilt sind. Auch die Richtung der Risse in Bezug auf die

Kontaktbahnen spielt eine Rolle. Zunächst kleine Mikrorisse können sich im Laufe der Jahre »fortpflanzen« und sich vergrößern, insbesondere wenn das Modul mechanisch oder thermisch belastet wird. Zusätzlich sind in der Abbildung dunkle »Finger« zu sehen. Hier hat die metallische Kontaktierung der Solarzelle nicht funktioniert.

Die Herstellung von PV-Modulen

Die Herstellung von Solarmodulen hängt stark von den eingesetzten Halbleitern ab. In den folgenden Abschnitten wird auf die Herstellung der wichtigsten Modultypen eingegangen.

Herstellungsprozess der Si-Solarmodule

Eine einzelne Solarzelle hat ungünstige Parameter, denn ihre elektrische Spannung ist für die allermeisten Anwendungen zu klein und sie ist nicht stabil gegenüber mechanischen Belastungen und Witterungseinflüssen. Deshalb werden in der Modulfertigung die einzelnen Zellen elektrisch verschaltet, in Folien und Gläser eingebettet, mit Rahmen und Anschlussdose ausgestattet und anschließend vermessen.

Typische Solarmodule für Aufdach-Anwendungen bestehen aus 60 *Vollzellen* oder, weil die Fläche und damit der Strom der einzelnen Zellen im Laufe der Zeit immer größer wurde, aus 120 *Halbzellen*. Die Solarzellen werden mithilfe von sogenannten *Stringern* in Reihe geschaltet. Dabei werden die bis zu 20 Verbindungsdrähte (*Zellverbinder*) an den elektrischen Kontakten der zu verbindenden Zellen angelötet.

In den 1980er Jahren hatten die Module oft nur 1 Busbar zum Einsammeln des Stromes aus den Kontaktgittern und auch nur einen Zellverbinder. Durch höhere Effizienzen und die Vergrößerung der Solarzellenfläche waren es in den 1990er Jahren 2 Busbars und 2 Zellverbinder, in den 2000er Jahren 3 bis 4, dann in den 2010er Jahren 8 bis 12, und heutzutage hat man in Extremfällen bis zu 20 Zellverbinder.

Zur Reihenschaltung wird die Vorderseite einer Solarzelle mit der Rückseite der nächsten Solarzelle verbunden. Dadurch addieren sich die Spannungen der einzelnen Zellen zur Gesamtspannung, wohingegen der Strom gleich bleibt. Früher wurden 6 dieser Reihenschaltungen (*Strings*) mit je 10 Solarzellen wiederum in Reihe geschaltet, sodass sich insgesamt 60 Solarzellen in einer Reihenschaltung befanden. Heutzutage werden typischerweise 10 Halbzellen zu einem *String* verschaltet.

Wechselrichter, welche beispielsweise für die Einspeisung des Solarstroms ins Wechselstromnetz eines Haushalts benötigt werden, sind eingangsseitig auf den Spannungsbereich von Solarmodulen mit 60 bis 72 Solarzellen ausgelegt – oder deren Vielfaches bei größeren Anlagen, bis zur maximal zulässigen Spannung von typischerweise 1000 V. Deshalb werden die Halbzellenmodule so ausgelegt, dass sie an den Außenanschlüssen in etwa die gleiche Spannung aufweisen wie ein 60-Zellen-Modul. In dem Solarzellenmodul aus 120 Halbzellen werden daher wieder sechs Strings, also 60 Zellen, in Reihe geschaltet. Zwei dieser 60-Zellen-Matrizen werden nun parallel geschaltet, sodass sich die Ströme zum Gesamtstrom addieren und so die Spannung gleich bleibt. Die Ströme werden in dickeren Querverbindern zusammengeführt, sodass die ohmschen Verluste durch den geringeren Widerstand des Querverbinders reduziert werden. Die Zellmatrix wird auf der Vorder- und Rückseite in eine Folie eingebettet. Lange Zeit wurden dafür Ethylen-Vinylacetat-Folien (EVA-Folien) genutzt. Heutzutage werden oft Polyvinylbutyral-Folien (PVB-Folie) verwendet, da sie die gegen Feuchte empfindlicheren Solarzellen besser schützen.

Abbildung 8.17: Folie vor dem Laminierungsvorgang: Durch das Erhitzen wird die ursprünglich etwas milchige Folie glasklar. Der Laminierprozess mit EVA oder PVB ist irreversibel.

Darüber wird ein Glas gelegt, darunter eine Folie oder ebenfalls ein Glas. Man spricht von Glas-Folie- beziehungsweise Glas-Glas-Modulen. Beim Laminieren unter Hitze und Druck vernetzt die Folie. Dies ist ein kritischer und fehleranfälliger Prozessschritt, denn die Qualität eines Moduls ist maßgeblich von der gleichmäßigen chemischen *Vernetzung* abhängig, die wesentlich zur Langlebigkeit und Witterungsbeständigkeit des Moduls beiträgt. Die Folie soll Hohlräume füllen und das Laminat mit den Gläsern verbinden. Der Laminierprozess mit EVA oder PVB ist durch die Vernetzung irreversibel. Es gäbe andere Einbettungsmaterialien wie beispielsweise thermoplastisches Polyurethan (TPU), welches wiederaufschmelzbar wäre, was für ein einfaches Recycling sehr vorteilhaft wäre. Jedoch ist dieses Material mehr als doppelt so teuer wie EVA oder PVB.

Oftmals wird bei Qualitätskontrollen nur der Vernetzungsgrad der EVA- oder PVB-Folie nach dem Laminieren geprüft. Wenn aber die Glasoberflächen vor dem Laminieren nicht völlig fettfrei waren, so reduziert sich die Haftung mit dem Glas und damit die Lebensdauer des Laminats erheblich. Hier ist ein Abreißtest aufschlussreicher, bei welchem die Mindestkraft zum Auseinanderreißen eines Laminats gemessen wird.

Nach dem Laminieren des Moduls wird es gerahmt. Der Rahmen besteht meist aus eloxiertem Aluminium. In das Innere des Rahmens wird Silikon eingespritzt, um den Rahmen fest mit dem Modul zu verbinden, sodass die mechanische Stabilität weiter erhöht wird – beispielsweise, um hohen Schnee- und Windlasten widerstehen zu können. Gleichzeitig wird durch die Silikoneinspritzung verhindert, dass Feuchte eindringt, bis zur Außenkante des Laminats gelangt, im Lauf der Jahre bis zu den Zellen vordringt und diese dann oxidiert. Zusätzlich schützt der Rahmen das Modul vor Glasbruch beim Transport und bei der Montage und dient gleichzeitig als Halterung für die Montagesysteme. Das Modul wird bei der Montage über den Rahmen elektrisch geerdet, um potenzielle Stromschläge zu vermeiden.

Die elektrischen Querverbinder der Strings werden über Öffnungen des Glases oder der Folie nach außen geführt. Diese werden dann in der Anschlussdose verschaltet. Sie wird auf der Rückseite des Solarmoduls angebracht und dient als sicherer Ort für die elektrischen Anschlüsse. Vollzellenmodule haben meist eine Anschlussdose am oberen Rand des Moduls. Bei Halbzellenmodulen befinden sich in der Regel drei kleinere Anschlussdosen in der Mitte des Moduls. Die Ausgangskabel, die aus der Anschlussdose herausführen, tragen normalerweise verpolungssichere MC4-Steckverbinder, die zur Verbindung mit anderen Solarmodulen oder mit Wechselrichtern verwendet werden (siehe Abbildung 8.18). Die Anschlussdose spielt eine wichtige Rolle bei der Sicherheit und Leistungsfähigkeit eines Solarmoduls, siehe Abbildung 8.19. Sie schützt die elektrischen Verbindungen vor Umwelteinflüssen wie Feuchtigkeit, Staub und mechanischen Belastungen und trägt so zur Langlebigkeit des Moduls bei. Die meisten Anschlussdosen enthalten auch Bypassdioden. Dadurch wird verhindert, dass die Leistung des gesamten Moduls oder der gesamten Anlage durch eine einzelne Fehlfunktion oder auch nur Verschattung beeinträchtigt wird. Die Qualität und Konstruktion der Anschlussdose haben einen erheblichen Einfluss auf die Leistung und Zuverlässigkeit eines Solarmoduls.

Abbildung 8.18: Anschlussdose mit Anschlusskabeln und MC4-Steckverbindern.

Abbildung 8.20 zeigt ein fertiges Solarmodul aus Halbzellen mit Befestigungsklemmen am Rahmen, der hier aus ästhetischen Gründen (Architekten lieben das) schwarz eingefärbt ist.

Der letzte Prozessschritt des Solarmoduls ist die elektrische und optische Vermessung. Es werden für jedes einzelne Modul wichtige elektrische und optische Daten wie Kurzschlussstrom, Leerlaufspannung und Leistung ermittelt und auf ein Label gedruckt. Anschließend werden die Module nach Leistungsklassen sortiert.

Leichtbaumodule

Module aus kristallinem Silizium sind entweder als Glas–Glas- oder als Glas–Folie-Variante erhältlich. Der Einsatz von Glas führt dazu, dass das Modulgewicht typischerweise über 10 kg/m² liegt. Viele Industriedächer sind für eine Belastung dieser Größe nicht ausgelegt und können daher nicht mit Standard-Siliziummodulen belegt werden. Es wird davon ausgegangen, dass bis zu circa 60 % dieser Industriedächer herkömmliche Solarmodule nicht dauerhaft tragen können. In den letzten Jahren wurden daher Module aus kristallinem Silizium entwickelt, die auf Glas verzichten und daher deutlich leichter sind. Statt Glas kommt hier meist Polymerverbundmaterial zum Einsatz. Dadurch reduziert sich die Flächenlast auf bis zu 3 kg/m². Häufig wird bei diesen Modulen auch auf den Aluminiumrahmen verzichtet. Die Module können auf das Dach geklebt werden, sodass man sich zusätzlich die Unterkonstruktion spart. Solche Leichtbaumodule finden auch in mobilen Applikationen Verwendung. Da sie flexibel sind, eignen sie sich auch für eine Montage auf unebenen Flächen, wie Silos oder Tonnendächern.

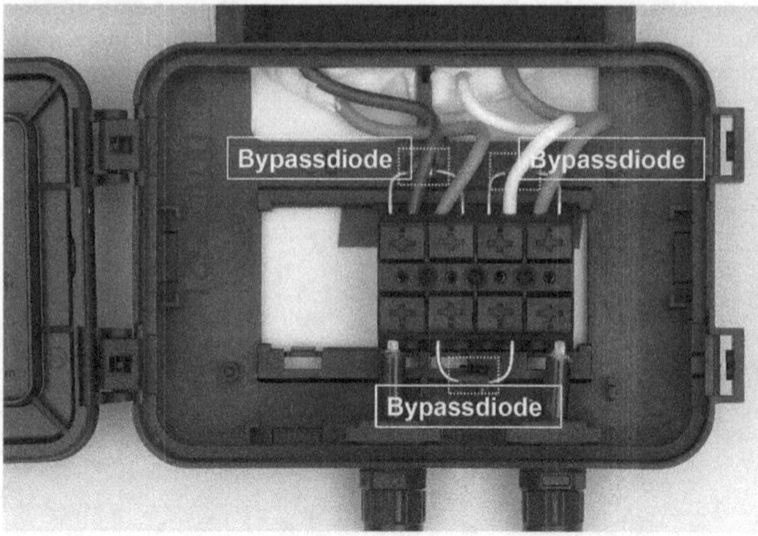

Abbildung 8.19: Anschlussdose eines PV-Moduls mit drei Bypassdioden.

Eine weitere Anwendung ist die Möglichkeit einer Überkopfmontage, weil ohne Glas eine Verletzungsgefahr durch Splitter ausgeschlossen ist. Außer der Stabilität dient das Glas eines Moduls allerdings auch als Feuchtebarriere und garantiert so dessen Langlebigkeit. Deshalb ist es wichtig, darauf zu achten, dass Leichtbaumodule die gleichen Lebensdauertests bestehen wie Glasmodule.

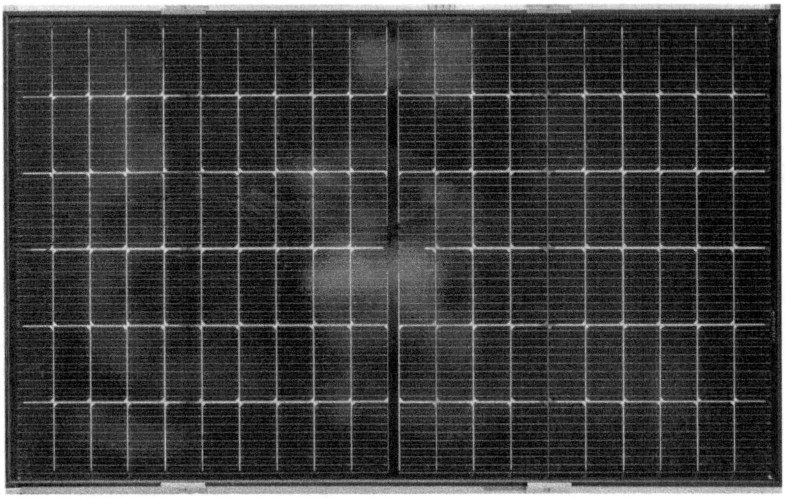

Abbildung 8.20: Fertiges PV-Modul aus Halbzellen, oben und unten sind Befestigungsklemmen zu erkennen.

Dünnschichtmodule

Dünnschichtmodule verwenden als Halbleiter meist amorphes Silizium (a-Si), Cadmiumtellurid (CdTe) oder Kupferindiumdiselenid (CIS). Sie versprechen einen geringeren Materialeinsatz. Trotzdem sind sie zurzeit gegenüber Modulen aus kristallinem Silizium (c-Si) nicht wettbewerbsfähig, weil die Prozesse und die Produktionstechnik nicht vergleichbar kosteneffizient gestaltet sind (*Economy of Scale*). Zudem sind der Wirkungsgrad und die Lebensdauer von Dünnschichttechnologien oft geringer. Im Unterschied zur kristallinen Siliziumtechnologie (auch Dickschichttechnologie genannt), werden bei den Dünnschichttechnologien die kompletten Module direkt auf dem Basismaterial verschaltet und nicht erst die einzelnen Solarzellen, welche dann erst im Modul miteinander verschaltet werden – als String- und Matrixverlötung. Die Schichten werden direkt auf Folien oder Glas abgeschieden – eine Art integrierte Schaltung. Man spart im Vergleich zur Siliziumtechnologie also eigentlich viele Prozessschritte ein. Bei Dünnschichtmodulen aus amorphem Silizium wird das amorphe Silizium direkt per chemischer Gasphasenabscheidung (CVD) auf eine Metallfolie, beschichtetes Glas oder Plastik abgeschieden. Die Schichten werden mit Lasern strukturiert, sodass einzelne Solarzellen/Solarzellenbahnen entstehen. Anschließend werden die Zellen durch Aufbringen weiterer Schichten miteinander verschaltet. Eine typische Prozesssequenz für die Herstellung von Dünnschichtmodulen ist in Abbildung 8.21 dargestellt.

Dünnschichtmodule haben durch ihren Herstellungsprozess meist ein homogeneres Erscheinungsbild als Module aus kristallinem Silizium und werden deshalb oft von Architekten geliebt. Durch die zuvor genannten Nachteile haben Dünnschichtmodule jedoch inzwischen einen Marktanteil von weniger als 5 %.

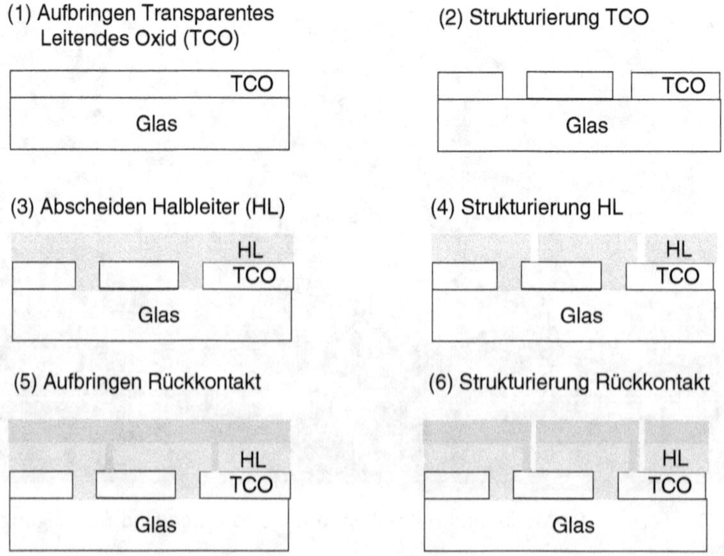

Abbildung 8.21: Typische Prozesssequenz für die Herstellung von Dünnschichtmodulen.

Kostenentwicklung

Es gibt kaum eine andere Technologie, bei welcher die Kosten so stark gesunken sind wie in der Photovoltaik. Dies verdeutlicht Abbildung 8.22. Es handelt sich um die Darstellung einer sogenannten *Lernkurve*. Auf der x-Achse ist die insgesamt installierte Leistung aller bisher installierter Solarmodule abgetragen. Auf der y-Achse ist der Modulpreis in Euro pro W_p dargestellt. Hier ist eine doppelt-logarithmische Darstellung gewählt, um die Entwicklung über einen langen Zeitraum gut abbilden zu können. Bei einer einfachen linearen Darstellung für die letzten 20 Jahre wäre nur eine Linie direkt auf der x-Achse zu sehen gewesen. Die Preissenkung erfolgt analog zur installierten Leistung: Je mehr gebaut wird, desto schneller sinken die Preise. Über die letzten 40 Jahre hat sich dabei als relativ zuverlässig herausgestellt, dass bei einer Verdoppelung der gesamten jemals installierten Leistung eine relative Kostenreduktion von circa 25 Prozent eintrat – dies wird durch die durchgezogene Linie dargestellt. Während anfangs noch 20 000 Euro für einen Solargenerator (nur die Module, ohne Installation) mit 1 kW_p Nennleistung bezahlt werden mussten, ist dieser Wert um die Jahrtausendwende auf 5000 Euro gesunken und hat 2024/25 Werte von unter 100 Euro erreicht – bei einer insgesamt installierten PV-Leistung von nunmehr 2 TW_p.

Würde man nur die Solarmodule einfach auf die Wiese legen, ganz ohne Installation, Wechselrichter, Speicher et cetera, so käme man auf einen Preis für den Solarstrom von 0,3 Cent je kWh (kein Druckfehler). Kurz die Rechnung dazu: PV mit einer 1-kW-Nennleistung erzeugt ungefähr 1000 kWh Solarstrom im Jahr (im Norden weniger, im Süden etwas mehr). Über 30 Jahre sind dies dann 30 00 kWh (Degradation vernachlässigt) – und dafür hat man nur 100 Euro bezahlt, also 0,0033 Euro je kWh. Selbst wenn sich der Systempreis wegen Installation, Kabel, Wechselrichter, Batterie noch verdoppelt oder verdreifacht, ist dies immer noch die billigste Stromquelle aller Zeiten!

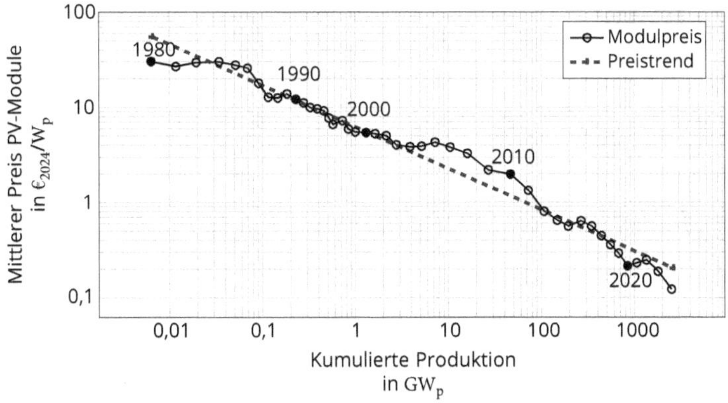

Abbildung 8.22: Preisentwicklung für PV-Module von 1980 bis 2024 (in inflationsbereinigten Euro-Werten vom Jahr 2020): Seit 40 Jahren ist bei einer Verdopplung der installierten PV-Kapazität eine Preisreduktion von circa 26 Prozent zu beobachten: PV-Module kosteten in den 80er Jahren noch 200-mal mehr als heute. Quelle: nach Fraunhofer ISE 2025.

Nachhaltigkeitsaspekte von Solarmodulen

Die ganzheitliche Betrachtung der Umweltauswirkungen einer Solaranlage kann in Form einer sogenannten *Ökobilanz* oder auch eines *Life-Cycle-Assessments* (LCA) erfolgen. Diese stellt eine systematische Analyse der Umweltwirkungen entlang des gesamten Lebenswegs *von der Wiege bis zur Bahre* dar. Dazu gehören sämtliche Einflüsse der Anlage, die sich aus Rohstoffen und Komponenten vor und während der Produktion, in der Nutzungsphase und bei der Entsorgung entstehen. Die Ökobilanz wiederum ist in DIN EN ISO 14040/44 standardisiert. Das prinzipielle Vorgehen bei der Durchführung einer Ökobilanz besteht aus der Analyse der Stoff- und Energieströme des gesamten Produktsystems inklusive aller beteiligten Prozesse entlang des Lebenswegs eines Produkts sowie der damit verbundenen Emissionen in Luft, Wasser und Boden. Besonderes Augenmerk finden auch die Toxizität sowie übergeordnete Probleme wie die Klimaerwärmung. Sie werden im Folgenden wesentliche Aspekte einer Ökobilanz für eine Solaranlage mit kristallinen Silizium-Modulen kennenlernen. Auf Besonderheiten von Dünnschichtmodulen weisen wir hin.

Sie erkennen, dass für eine Ökobilanz sehr, sehr viele Daten erhoben werden müssen, die weit über die Kenntnisse einzelner Unternehmen hinausgehen. Aus diesem Grund werden viele Kenntnisse aus Datenbanken, wie *Ecoinvent* oder *GaBi*, entnommen. Sie sind darauf angewiesen, dass in dieser Datenbank die aktuellsten Daten hinterlegt sind, beziehungsweise die Daten, die für die eigene Bilanz relevant sind. Da in der Photovoltaik die technologische Innovationsrate sehr hoch ist, ist es nicht sichergestellt, dass sich die gewünschten Daten in aktueller Form in der Datenbank befinden, sodass eigene Recherchen notwendig werden könnten. Da oft viele Komponenten nicht im eigenen Land hergestellt werden, ist zum Beispiel die Kenntnis über den aktuellen Strommix der Zulieferländer beziehungsweise der Fabriken notwendig – unter Einbeziehung der Transportaufwendungen.

Energieströme

Für die Berechnung der Energieströme einer Ökobilanz teilt man den Lebenszyklus in die Phasen

- ✔ Herstellung der Komponenten (Materialien, Prozessierung),
- ✔ Betrieb der Anlage (Aufbau, Betrieb, Wartung),
- ✔ Entsorgung (besser: Recycling) und
- ✔ Transporte (Herstellung, Aufbau, Rückbau)

ein. Für jede einzelne dieser Phasen wird die für die in dieser Phase aufgewendete Energie bestimmt. Wichtig ist, dass sich bei der Energiebilanz immer auf die benötigte Primärenergie und nicht auf die Endenergie bezogen wird, das heißt, dass alle Energieverluste, von der Energieerzeugung bis zur Energienutzung, mitberücksichtigt werden. In den folgenden Abschnitten gehen wir auf die einzelnen Phasen ein.

Eine Ökobilanz muss sich auf den Primärenergieverbrauch beziehen. Es spielt also eine Rolle, wo die Produkte hergestellt werden. An Standorten mit großen Verlusten zwischen Primärenergieeinsatz und Nutzenergie ist zur Herstellung desselben Produkts ein höherer Primärenergieverbrauch notwendig. Auch spielt die Art der Energieerzeugung eine wichtige Rolle, weil ihr Wirkungsgrad einen erheblichen Einfluss auf die aus der Primärenergie erzeugte Nutzenergie hat.

Die Herstellung der Komponenten beinhaltet auch die Energie, die notwendig ist, um die benötigten Rohstoffe zu gewinnen. Im Falle einer Solaranlage sind das hauptsächlich Silizium, Glas, Aluminium, Kupfer und Kunststofffolien. Ebenfalls müssen die Komponenten für den Rest des Systems berücksichtigt werden. Dies sind unter anderem die Gestelle für die Montage, die Wechselrichter, Kabel und der Netzanschluss. Die Herstellungsphase ist für Solaranlagen die mit Abstand energieintensivste Phase.

Während des Betriebs der Anlage fallen lediglich Wartungs- und Reparaturarbeiten an, die Energie benötigen – wobei Solaranlagen als weitgehend wartungsfrei gelten. In diese Phase wird auch die Installation der Anlage mitaufgenommen. Im Unterschied zu konventionellen Kraftwerken, bei denen Rohstoffe verbrannt werden, werden während des Betriebs der Solaranlage kaum Ressourcen als Betriebsstoffe verbraucht.

Zur Berücksichtigung der letzten Phase der Entsorgung beziehungsweise des Recyclings wird zunächst nur die Entsorgung betrachtet. Hierzu zählt die komplette Demontage der Anlage. Ein Recycling kann die Energiebilanz erheblich verbessern, weil viele energieintensive Rohstoffe wie Aluminium, Glas und Silizium zu einem großen Teil wiederverwendet werden können.

Der energetische Aufwand von Transporten umfasst neben dem Transport der Anlage zum für die Montage vorgesehenen Standort auch die Transporte von Komponenten und Rohstoffen.

Addiert man die Energiebedarfe der einzelnen Lebenszyklusphasen, so erhält man den Gesamtenergiebedarf für die Solaranlage. Um dies vergleichbar für andere Energieerzeugungssysteme zu machen, normiert man den Energiebedarf auf die Größe der installierten Leistung. Typischerweise beträgt der Gesamtenergiebedarf circa 1000 kWh/kW_p. Der Hauptteil entfällt mit circa 70 % auf die Herstellung der Solarmodule. Die Herstellung der Komponenten der Anlage benötigt circa 25 % des Primärenergiebedarfs. Circa 4 % entfallen auf den Transport. Für Konstruktion und Demontage des Solarparks werden lediglich 1 % der Energie benötigt. Der größten Anteil am Energieverbrauch eines Solarmoduls entfällt also auf die Siliziumherstellung und vor allem dessen Kristallisation. Dies ist auch ein Grund, warum immer wieder Alternativen zur Siliziumtechnologie gesucht werden.

Energierückzahlzeit

In dem vorherigen Abschnitt haben Sie gelernt, welcher Energieaufwand während des Lebenszyklus einer Solaranlage anfällt. Demgegenüber erzeugt die Solaranlage während der Nutzungsdauer Energie. Gegebenenfalls haben Sie schon einmal gehört, dass die Energie, die für die Herstellung von Solarmodulen benötigt wird, größer ist als die Energie, die ein Solarmodul in seiner Lebenszeit erzeugt. Diese Aussage ist glücklicherweise falsch. Die typische Zeit, die ein Solarsystem Energie erzeugen muss, um die Energie für seine Herstellung, seinen Betrieb und seine Demontage zu kompensieren, liegt zwischen drei Monaten und zwei Jahren. Man nennt diesen Zeitraum die *Energierückzahlzeit* der Anlage. Teilweise wird dafür auch die Bezeichnung *Energierücklaufzeit* verwendet, auf Englisch: Energy Payback Time (EPBT). Dazu werden alle Energieaufwände addiert, die zur Herstellung (E_H), während des Betriebs (E_B), zur Demontage und Entsorgung (E_D) sowie für den Transport (E_T) des Solarsystems notwendig sind. Dies wird dann ins Verhältnis zu der Energie gesetzt, die ein solches System pro Jahr (E_{Ernte}) erzeugt.

$$EPBT = \frac{E_H + E_B + E_D + E_T}{E_{Ernte}}$$

Diese Größe gibt an, in wie vielen Jahren die Anlage die Energie erzeugt hat, die für den kompletten Lebenszyklus der Anlage notwendig ist. Je kleiner sie ist, desto besser ist die Energiebilanz des Systems. Die EPBT ist ein wichtiger Indikator für die Sinnhaftigkeit einer PV-Anlage. Die Hersteller geben häufig eine Garantie von 25 Jahren, für Solarmodule zum Teil auch 30 Jahre oder sogar 40 Jahre. Für die Nutzungsdauer eines PV-Solarsystems kann man in etwa mit 30 Jahren rechnen. Drei Hauptfaktoren bestimmen die EPBT:

- ✔ Der energetische Aufwand zur Herstellung der PV-Systeme: Systeme, die mit einem geringen Energieaufwand E_H hergestellt werden können, reduzieren die EPBT.
- ✔ Der Ort, an dem das PV-System aufgebaut wird: In sonnenreichen Regionen ist E_{Ernte} erhöht und dadurch EPBT reduziert.
- ✔ Der Energieertrag, den das System spezifisch erzeugt: Systeme mit einem hohen Wirkungsgrad erhöhen E_{Ernte} und verkürzen die EPBT.

Sie haben im letzten Abschnitt gelernt, dass ein Primärenergieaufwand für eine Solaranlage mit Silizium-Modulen von etwa 1000 kWh pro kW_p nötig ist. An einem Standort in der Region Freiburg kann man mit einem Ertrag von 1000 kWh pro kW_p und Jahr rechnen (das ist sogar noch konservativ gerechnet). Daraus ergibt sich also eine Energierückzahlzeit von einem Jahr. In sonnenreicheren Regionen wie beispielsweise Südafrika ergibt sich eine Energierückzahlzeit von 0,5 bis 0,7 Jahren (je nach genauem Standort). In sonnenärmeren Regionen ist die Energierücklaufzeit erhöht: Für Kanada errechnet sich eine energetische Amortisationszeit von 0,7 bis 1,5 Jahren.

In den letzten Jahrzehnten wurden erhebliche Fortschritte bei der Verringerung der Energierückzahlzeit gemacht, siehe Abbildung 8.23.

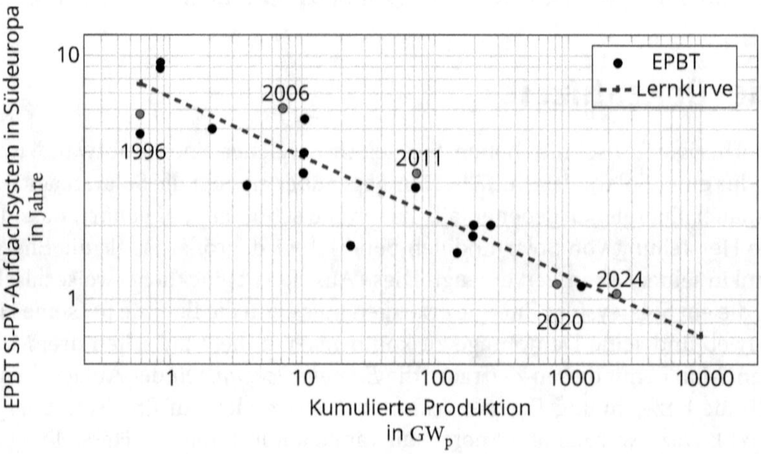

Abbildung 8.23: Entwicklung der EPBT: Durch Verbesserungen in der PV-Produktion sinkt die EPBT bei Verdoppelung der installierten PV-Leistung um 12,8 Prozent. Quelle: Nach Fraunhofer ISE, 2025.

Konventionelle Kraftwerke haben eine *unendlich lange* Energierücklaufzeit. Bei ihnen fällt der Hauptprimärenergiebedarf während des Betriebes an. Beim Befeuern der Anlage wird immer mehr Primärenergie verbraucht, als Nutzenergie erzeugt wird.

Bei modernen Anlagen, die eine ausgereifte Technologie einsetzen und richtig aufgestellt werden, ist die Energierückzahlzeit immer kürzer als die Lebensdauer. Nur bei nicht erprobten Systemen oder falschem Einsatz der Anlage kann es passieren, dass die Energierückzahlzeit länger als die Lebensdauer der Anlage ist. Häufig sind Solaranlagen 30 Jahre in Betrieb und erzeugen während ihres Betriebes die 15- bis 100-fache Energie, die zu ihrer Herstellung benötigt wurde.

Die Energierückzahlzeit hat sich durch technologische Fortschritte kontinuierlich verbessert. In der Frühzeit der Photovoltaik waren wenige Schritte automatisiert und der Ressourcenverbrauch war enorm. Es machte kaum Sinn, zu diesem Zeitpunkt diese Zahl zu betrachten. Tatsächlich stammen aber die Vorwürfe, dass ein Solarmodul mehr Energie für seine Herstellung benötigt, aus genau dieser Zeit. Zu Beginn der 2000er Jahre, als schon erste größere Anlagen installiert waren, lag die Energierücklaufzeit bereits bei nur noch etwa sechs Jahren. Mit der damaligen Lebensdauer von über 20 Jahren war also schon zu diesem Zeitpunkt eine Solaranlage energetisch sinnvoll. Heute liegt die Energierücklaufzeit einer Anlage bei 0,5 bis 1,6 Jahren, siehe Abbildung 8.24. Einer der Haupttreiber bei der Reduktion der Energierückzahlzeit ist der deutlich reduzierte Siliziumeinsatz. Während im Jahr 2000 noch bis zu 20 g Silizium eingesetzt wurden, um eine Solarzelle mit 1 W_p herzustellen, benötigt man heute nur noch 2 g/W^{-1}.

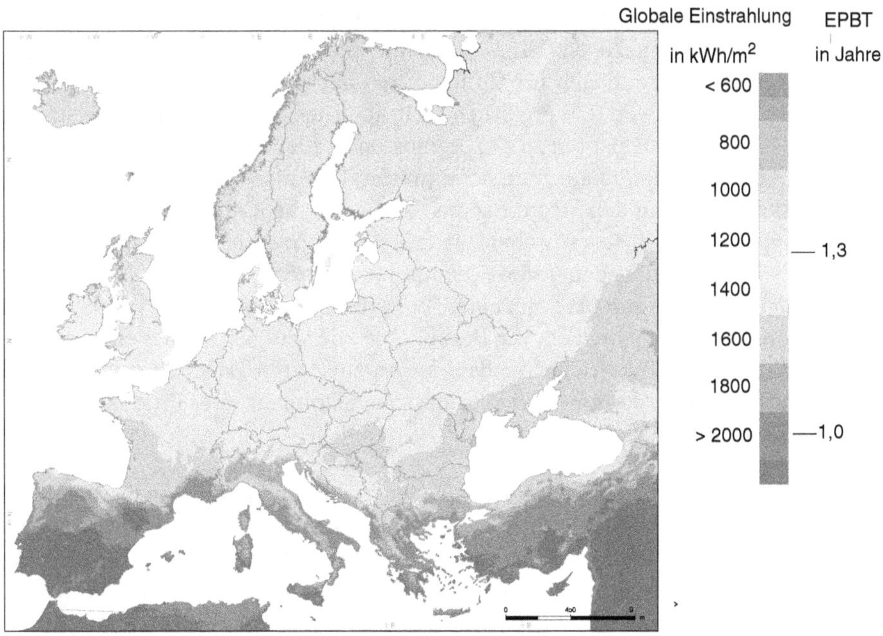

Abbildung 8.24: Standortabhängigkeit der Energierücklaufzeit von PV: In Europa beträgt die EPBT zwischen 1 und 1,6 Jahren. Quelle: Nach PVGIS und Fraunhofer ISE, 2025.

CO_2-Bilanz

Ja, auch Solaranlagen verursachen die Emission des Treibhausgases CO_2, denn in einer Ökobilanz ist der gesamte Lebenszyklus des Produkts zu betrachten. Während des Betriebes fällt bei einer Solaranlage tatsächlich kein CO_2 an, wenn man von den verschwindend geringen Wartungsarbeiten absieht, bei denen theoretisch CO_2 anfallen könnte.

Doch während der Herstellung, des Transports und der Entsorgung wird Energie benötigt. Stammt die benötigte Energie auch aus fossilen Brennstoffen wie Gas oder Braunkohle, so muss dies der Solaranlage in der Ökobilanz zugerechnet werden. Tabelle 8.2 können Sie die für die Bereitstellung von 1 kWh Strom benötigte Menge CO_2 entnehmen (da auch andere Treibhausgase adressiert werden, spricht man korrekterweise von $CO_{2Äq}$).

	Braunkohle	Erdgas	Wasserkraft	PV
$CO_{2Äq}$ Entstehung in g pro kWh	1120	392	25	50

Tabelle 8.2: $CO_{2Äq}$-Erzeugung bei Stromerzeugung durch verschiedene Energieträger (ungefähre Richtwerte)

Da der Strommix länderspezifisch ist, wird der Strommix des jeweiligen Herstellungslandes für die CO_2-Bilanz herangezogen. Für Deutschland ergibt sich ein Wert von 445 g $CO_{2Äq}$ pro erzeugter kWh, während sich für China, durch den deutlich höheren Anteil an Kohleverstromung, ein Wert von 775 ergibt. Der Zusatz »Äq« berücksichtigt alle schädlichen Treibhausgase, die in Äquivalenten zu CO_2 gemessen werden. Die CO_2-Emissionen für eine Solaranlage ließen sich signifikant reduzieren, wenn die Anlage in Deutschland hergestellt würde! Berücksichtigt man den Strommix aus China, weil heutzutage dort der Großteil der Wertschöpfung stattfindet, so entstehen für die Ökobilanz einer Solaranlage 775 kg CO_2 pro kW_p. Bei einer Nutzungsdauer von 30 Jahren und einem jährlichen Energieertrag von 1000 kWh fallen pro erzeugter kWh mit einer PV-Anlage 25 g CO_2 an. Im Vergleich zu Strom aus konventionellen Energiequellen, wie Braunkohle oder Erdgas, ist dies ein sehr niedriger Wert, siehe Tabelle 8.2. Durch den Ausbau der erneuerbaren Energien reduziert sich der CO_2-Anteil am Strommix kontinuierlich, sodass die Ökobilanz aller Produkte mit der Zeit immer günstiger wird.

Installiert man eine Solaranlage, die in einem Land mit vielen fossilen Kraftwerken hergestellt wurde, zum Beispiel China, in einem Land, welches schon heute seinen Strom hauptsächlich aus erneuerbaren Energien bezieht, zum Beispiel Norwegen, so kann es theoretisch sein, dass sich der CO_2-Anteil in dem Strommix erhöht, obwohl eine Solarkraftanlage installiert wurde. Norwegen bezieht 98,8 % seines Stromes aus erneuerbaren Energien, davon 90 % aus der besonders CO_2-armen Stromquelle Wasserkraft. Um dies zu vermeiden, müsste die Anlage in einem Land mit niedrigem fossilen Anteil im Strommix hergestellt werden.

Insgesamt haben sich die CO_2-Emissionen bei der Ökobilanz von Solaranlagen in den letzten Jahren um mehr als 80 % reduziert und es gibt noch einige Möglichkeiten, um den CO_2-Fußabdruck weiter zu reduzieren:

- ✔ Strommix zur Herstellung der Komponenten auf erneuerbare Energien umstellen
- ✔ Einsatz von Rohstoffen aus Recyclingprozessen
- ✔ Transport CO_2-minimal gestalten (Strecke, Transportmittel)
- ✔ Herstellungsprozesse weiter optimieren
- ✔ Wirkungsgrad der Module weiter erhöhen
- ✔ bestimmte energieintensive Komponenten wie etwa Aluminiumrahmen ersetzen
- ✔ sonnenreiche Standorte auswählen

- ✔ Betrieb an Orten und zu Zeiten, bei welchen die vorhandene Stromversorgung besonders CO_2-intensiv ist
- ✔ Lebensdauer der Module weiter erhöhen
- ✔ PV-Recycling mit Energiegewinn statt mit Energieverbrauch

Es fällt aber mit Kohlenmonoxid noch ein weiteres Treibhausgas an, und zwar selbst dann, wenn der Strommix für die Herstellung komplett CO_2-frei ist. Bei der Gewinnung von metallurgischem Silizium wird gemäß der chemischen Reaktion

$$SiO_2 + 2\,C \rightarrow Si + 2\,CO$$

Kohlenstoff benötigt. Das entstehende Kohlenstoffmonoxid hat das gleiche globale Erderwärmungspotenzial wie CO_2, sodass für die Herstellung einer Solaranlage mit einer kW_p Leistung unabhängig vom Strommix etwa 4 kg $CO_{2Äq}$ anfallen. Im Vergleich zu dem aktuellen CO_2-Beitrag durch den Strommix in Höhe von 775 kg ist dies ein verschwindend geringer Anteil, der aber bei dieser Art der Gewinnung von Silizium in jedem Fall anfällt. Das anfallende $CO_{2Äq}$ errechnet sich zu 0,2 g pro erzeugter kWh Strom. Um den CO_2-Einsatz weiter zu reduzieren, müsste man Silizium auf eine andere Weise gewinnen. Eine Möglichkeit ist die Herstellung mithilfe von grünem Wasserstoff, wodurch der Kohlenstoff durch Wasserstoff als Reduktionsmittel ersetzt wird. Dieser Prozess ist aber zurzeit noch sehr kosten- und energieintensiv, da der dafür notwendige CO_2-freie Wasserstoff über eine Elektrolyse aus Wasser gewonnen werden muss. Es ist aber prinzipiell möglich, eine Solaranlage komplett CO_2-frei herzustellen. Allerdings befinden sich die Arbeiten hierzu noch im Forschungsstadium.

Interessant ist auch, welche Emissionen durch den Einsatz einer Photovoltaikanlage vermieden werden. Entscheidend hierfür ist, welche konventionellen Kraftwerke durch das fluktuierende Erzeugungsprofil mit ausgeprägter tageszeitlicher und saisonaler Schwankung verdrängt werden können. Die Kraftwerke müssen entsprechend regelbar sein, weshalb beispielsweise Kern- und oft auch Braunkohlekraftwerke nicht durch PV-Anlagen ersetzt werden, da diese konstant weiterproduzieren, auch wenn zusätzlicher PV-Strom bereitgestellt wird. Es können jedoch die Einsatzzeiten von Gas- und Steinkohlekraftwerken reduziert werden, weil diese etwas flexibler einsetzbar sind. In Deutschland werden dadurch Emissionen in Höhe von 746 g $CO_{2Äq}$ pro kWh vermieden. Da eine PV-Anlage durch ihre Herstellungs-, Transport-, Montage-, Wartungs- und Recyclingaufwände auch etwas CO_2 über ihre Lebensdauer generiert, liegt der Netto-Vermeidungsgrad der Photovoltaik nicht bei dem vollen Emissionsgrad der Fossilen, sondern nur bei etwa 690 g $CO_{2Äq}$ je kWh (Umweltbundesamt 2024).

Recycling

Die garantierte Lebensdauer eines Photovoltaik-Moduls beträgt im Regelfall 25 bis 30 Jahre. Es sind sogar heute noch Photovoltaikmodule aus den 1980er Jahren im Betrieb, die über 80 % der ursprünglichen Leistung liefern. Dennoch fallen Module aus und müssen ersetzt werden. Insbesondere wenn die Photovoltaik einen wesentlichen Beitrag zur Stromversorgung liefern wird, fallen erhebliche Mengen an, die zukünftig jährlich ersetzt werden müssen, weshalb sich dieser Abschnitt mit dem Recycling von Solarmodulen und -anlagen beschäftigt.

Allein in Deutschland müssen für eine Energieversorgung aus erneuerbaren Energien Photovoltaikkraftwerke mit einer Leistung von 400 GW installiert werden. Wenn man von einer Lebensdauer von 40 Jahren ausgeht, müssen zukünftig pro Jahr 10 GW ersetzt werden. Pro Jahr werden dann etwa 500 000 000 kg an Solarmodulen anfallen!

In Abbildung 8.25 sind Anteile der einzelnen Bestandteile eines Siliziumsolarmoduls in Gewichtsprozent angegeben.

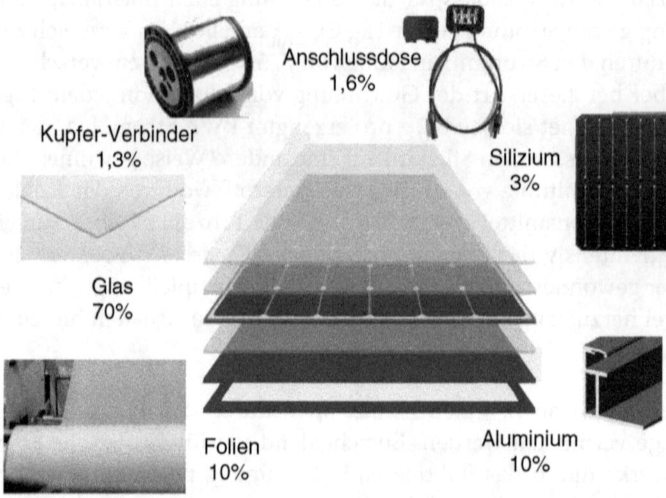

Abbildung 8.25: Recycling von PV-Modulen: Komponenten mit relativen Gewichtsanteilen.

Alle in einem Siliziumsolarmodul enthaltenen Stoffe sind, bis auf das in den Lötverbindungen in geringen Mengen vorkommende Blei, unbedenklich. Glas, Aluminiumrahmen und die Anschlussdose lassen sich einfach recyceln. Die Prozesse sind in der Industrie etabliert. So wird leicht eine Recycling-Quote von über 80 Gewichtsprozent erreicht, wie sie im Elektro- und Elektrogeräte-Gesetz gefordert wird. Handelt es sich um Glas-Glas-Module, bei welchen die Rückseitenfolie durch eine Glasscheibe ersetzt ist, erhöht sich die Recyclingquote sogar auf über 90 Gewichtsprozent.

Der aktuelle Standard-Recyclingprozess beruht vorwiegend auf mechanischen Prozessschritten. Dabei werden zunächst der Aluminiumrahmen und die Anschlussdose entfernt und sortenrein getrennt. Das Laminat aus Glas, Einbettungsfolie und Solarzellen wird zerkleinert und anschließend ebenfalls sortenrein getrennt. Meist wird aktuell nur die Glasfraktion einem echten Recycling zugeführt. Die Recyclingquote in Deutschland für die Vorbereitung zur Wiederverwendung und das Recycling liegt derzeit bei 92,4 %.

Ein neuerer, interessanter Ansatz zur Trennung der Komponenten des Laminats nutzt intensive Lichtblitze. Diese heizen die lichtabsorbierenden Solarzellen im Laminat stark auf.

Durch die Abwesenheit von Sauerstoff findet eine teilweise Pyrolyse der Einbettungsfolie statt, sodass sich das Laminat schon vor dem Zerkleinern besser in seine wesentlichen Komponenten trennen lässt: Glas, Folie, Solarzelle und Verbinder. Höherwertige Recyclingprozesse, die es ermöglichen, Silber aus den Solarzellen, Kupfer aus den Verbindern, sowie Silizium und Kunststoffe getrennt zurück in die Wiederverwertung zu bringen, sind in der Entwicklung, aber noch nicht im großflächigen Einsatz. Hierbei kommen häufig chemische Verfahren zum Einsatz, die die verschiedenen Elemente auslösen und reinigen. Sie bieten ein großes Potenzial, da diese Materialien zu den wertvollsten Stoffen innerhalb eines Solarmoduls gehören, wie Abbildung 8.26 zeigt.

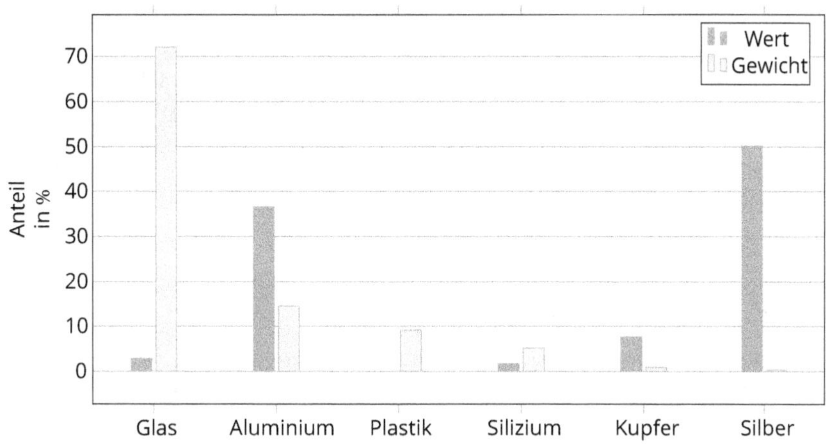

Abbildung 8.26: Relative Gewichtsanteile und relative ökonomische Werte der einzelnen Komponenten eines Solarmoduls. Quelle: nach Solar Materials, 2025.

Obwohl Silber nur einen Gewichtsanteil von 0,04 % hat, so ist es doch für fast 50 % des Wertes eines Moduls verantwortlich. Kupfer hat ebenfalls einen mit 8 % nicht zu vernachlässigenden Wertanteil eines Moduls. Eine Wiederverwendung des Siliziums für die Herstellung von Solarzellen wurde demonstriert.

Neben Nachhaltigkeitsaspekten spielte Recycling von Silizium aus Modulen zu Beginn der 2000er Jahre eine wichtige Rolle, weil die Siliziumpreise wegen der starken Nachfrage nach Solarmodulen durch die Decke gingen. Silizium kostete damals bis zu 400 Euro pro kg. Heute liegen die Werte nur noch bei 10 Euro pro kg. Recycling von Silizium innerhalb der Produktion von Siliziumkristallen und -wafern ist ein Routineprozess, der für eine kosteneffiziente Herstellung von Siliziumsolarzellen unabdingbar ist. Das Recyceln von Silizium aus Modulen ist hingegen noch nicht im großflächigen Einsatz.

Lediglich die Einbettungsfolie kann nicht recycelt werden, da sie sich als Duroplast nicht aufschmelzen lässt. Rein technisch gesehen, wären thermoplastische recyclebare Einbettungsmaterialien problemlos als Ersatz möglich, zum Beispiel thermoplastisches Polyurethan. Dieses wird aber aufgrund des etwa doppelt so hohen Preises nicht eingesetzt. Gleiches gilt für die Tedlar©-Polyester-Rückseitenfolie, welche aber zunehmend durch eine recycelbare Glasrückseite ersetzt wird.

Weitere Ansätze, um Solarmodule besser recyceln zu können, zielen darauf, die Recyclingfähigkeit gleich bei der Herstellung der Module zu berücksichtigen. Sie haben in diesem Abschnitt erfahren, dass das Trennen des Laminats in sortenreine Komponenten wegen der haftschichtbildenden Folie eine der großen Schwierigkeiten darstellt. Sie sorgt für die Langlebigkeit der Module, andererseits lässt sie sich eben auch am Ende der Lebensdauer des Produkts nur schwer von den Solarzellen und dem Glas abtrennen. Deshalb befinden sich Einbettungsfolien in Entwicklung, die es ermöglichen, dass sich die Komponenten des Laminats leichter separieren lassen.

Ansätze, die verwendeten Materialien aus nachwachsenden Rohstoffen herzustellen und in geschlossene Kreisläufe zu integrieren, könnten die Solarindustrie noch grüner machen. Erste Prototypen existieren, bei denen der Modulrahmen aus Holz besteht. Werden die Zellen mit elektrisch leitfähigem Kleber verbunden, statt sie zu verlöten, entfällt der Einsatz von giftigem Blei. In den Einbettungsfolien konnten die fossilen Rohstoffe durch biologisches Zuckerrohr-Ethylen um bis zu 60 % ersetzt werden. Gerade im Bereich Recycling bietet sich noch viel Potenzial, um zu einer echten Kreislaufwirtschaft zu gelangen und die Photovoltaik noch nachhaltiger zu gestalten.

Toxizität und Verfügbarkeit

Um eine nachhaltige Energieversorgung mithilfe der Photovoltaik sicherzustellen, ist es auch wichtig, die Toxizität und Verfügbarkeit der verwendeten Rohstoffe zu bewerten und gegebenenfalls Ersatzstoffe zu finden.

Photovoltaik-Module bestehen zu über 60 Gewichtsprozent aus Glas und zu über 10 Gewichtsprozent aus Aluminium, siehe Abbildung 8.25. Diese Rohstoffe sind unschädlich und haben keine zu erwartende Verfügbarkeitsgrenze. An nachhaltigen Ersatzstoffen für die etwa 10 Gewichtsprozent Folienmaterial wird geforscht, wie im letzten Abschnitt beschrieben. Es besteht aber auch dort kein Toxizitäts- oder Verfügbarkeitsproblem.

Bei Siliziummodulen ist, wie der Name schon sagt, Silizium das halbleitende Element. Es ist das zweithäufigste Element der Erdkruste. Es steht daher in ausreichender Menge zur Verfügung und der Ausbau der Photovoltaik ist hierdurch nicht limitiert. Giftig ist Silizium ebenfalls nicht. Für die Herstellung von Solarzellen auf Basis von Silizium wird Silber für die leitenden Kontakte eingesetzt. Inzwischen geht über 20 % der weltweiten Silbernutzung auf das Konto der Photovoltaik. Bei einem weiteren Ausbau der Produktionskapazität ist eine Substitution des Silbers durch andere leitende Metalle notwendig. Am weitesten fortgeschritten ist der Einsatz von Kupfer statt Silber, das ebenfalls nicht toxisch ist. Der einzige toxische Rohstoff in einem Silizium-Modul ist das mit etwa 0,1 Gewichtsprozent in den Lötverbindern enthaltene Blei. Durch leitfähige Kleber anstelle der Zellverbinder lassen sich Siliziummodule ohne Blei herstellen. Für Siliziummodule existiert somit keine prinzipielle Ressourcenknappheit oder Toxizität und die Energieversorgung kann aus dieser Perspektive ohne Bedenken auf Photovoltaik transformiert werden.

Während des Zweiten Weltkriegs stand in dem kriegswichtigen Manhattan-Projekt, dem amerikanischen Atombombenprogramm, Kupfer nicht in ausreichender Menge zur Verfügung. Es sollte für Magnetspulen in Massenspektrometern eingesetzt werden, um spaltfähiges Uran 235 für die Atombombe zu gewinnen. Die Notenbanker der USA fragten die Wissenschaftler des Projekts, wie viele Unzen Silber sie denn benötigen würden. Die Antwort war, dass sie statt des nicht verfügbaren Kupfers sagenhafte 1400 Tonnen Silber benötigen. In diesem Ausnahmefall ersetzte Silber das Kupfer, weil das Silber nach dem Krieg wieder zurückgewonnen und wieder als »Notenbanksilber« genutzt werden konnte.

Dünnschichtsolarmodule unterscheiden sich von Siliziumsolarmodulen aus der Perspektive des Materialeinsatzes im Wesentlichen durch die Verwendung eines anderen Halbleiters, weshalb sich die Untersuchung auf Verfügbarkeit und Toxizität auf die eingesetzten Halbleiter beschränkt. Cadmiumtellurid gilt als gesundheitsschädlich, weshalb für diesen Typ von Solarmodulen auch eigene Recyclingprozesse entwickelt wurden. Die Verfügbarkeit von Tellurid gilt derzeit als beschränkt, sodass die Produktion limitiert ist. Dünnschichtmodule aus CIS benötigen das limitierende Element Indium in ihrer halbleitenden Schicht. Darüber hinaus wird Indium auch in transparenten leitenden Oxiden eingesetzt, sodass Indium häufig in Flachbildschirmen vorkommt. Dies führt zu einer zusätzlichen Konkurrenzsituation.

Grundsätzlich sind die Rohstoffe zur Herstellung von Siliziummodulen verfügbar. Bei den derzeitigen Dünnschichtmodulen scheint die Produktionskapazität durch bestimmte Rohstoffe begrenzt zu sein. Allerdings wird derzeit weit über 90 % der solaren Wertschöpfungskette in China realisiert. Hierdurch ist auch bei Siliziummodulen zwar keine prinzipielle, wohl aber eine strategische beziehungsweise politische Abhängigkeit (nämlich von der chinesischen Regierung) gegeben.

In der folgenden Beispielrechnung wird grob abgeschätzt, inwieweit knappe Rohstoffe die Produktionskapazität von Cadmiumtellurid- und Siliziummodulen einschränken.

Die Jahresförderung von Tellur betrug in den letzten Jahren etwa 600 t. Man braucht etwa 0,1 g Tellur für 1 W PV-Leistung. Mit der kompletten Jahresproduktion von Tellur lassen sich also CdTe-Solarmodule mit einer Kapazität von etwa 6 GW produzieren (vorausgesetzt, dass niemand sonst das Tellur braucht, was keine sehr realistische Annahme ist).

Die jährliche Produktion von Silizium betrug in den letzten Jahren etwa 9 000 000 t und man benötigt 2 g Silizium um 1 W PV-Leistung zu bekommen. Würde die komplette Jahresproduktion für Siliziumsolarmodule eingesetzt, so ließen sich jedes Jahr Siliziumsolarmodule mit einer Kapazität von 4500 GW herstellen.

Tatsächlich werden derzeit weltweit jährlich etwa 700 GW Solarmodule gefertigt. An diesem Beispiel lässt sich zum einen feststellen, dass das Tellur eine begrenzte Ressource ist, und zum anderen, dass Silizium schon heute in ausreichender Menge gefördert wird. Darüber hinaus fällt Tellur nur als Nebenprodukt von Kupfer- und Nickel-Minen an. Eine Eigengewinnung ist unrentabel. Deshalb hängt die Steigerung der Tellurgewinnung von einer Steigerung der Kupfer- und Nickelgewinnung ab. Für Silizium existiert eine eigenständige Wertschöpfungskette, die sich bei Bedarf problemlos weiter ausbauen lässt.

Teil IV

Alles, was wir sonst noch brauchen: Das komplette Solarsystem

IN DIESEM TEIL…

- ✔ Lernen Sie die einzelnen Komponenten eines photovoltaischen Energiesystems kennen.
- ✔ Erfahren Sie, wie man aus Gleichstrom Wechselstrom macht.
- ✔ Stellen wir Ihnen vor, wie man Sonnenenergie kurz- und langfristig speichern kann, um über die Nacht, die Dunkelflaute oder den Winter zu kommen.

IN DIESEM KAPITEL …

Funktion und Aufbau von Wechselrichtern

Wirkungsgrade von Wechselrichtern

Zentral-, String-, und Modulwechselrichter

Kapitel 9
Wechselrichter

Ein Solarmodul ist eine Gleichstromquelle, deren Strom und Spannung direkt von der augenblicklichen solaren Einstrahlung und Betriebstemperatur abhängen. Der Wechselrichter ist die zentrale Schnittstelle zwischen dem Solarmodul und dem Hausnetz oder dem Stromnetz, die bekanntlich mit Wechselstrom betrieben werden. Zukünftig werden ihm noch weitere Funktionen zukommen, wenn die Anlagen besser geregelt werden sollen. In diesem Kapitel befassen wir uns mit den verschiedenen Wechselrichtertypen und ihren einzelnen Komponenten.

Aufbau von Wechselrichtern

Solarmodule liefern Gleichstrom (DC), während in einem üblichen Hausnetz Wechselstrom (AC) fließt, genauso wie im Stromnetz. Die Hauptaufgabe der Wechselrichter ist deshalb die Umwandlung des Gleichstroms aus der Photovoltaikanlage in kompatiblen Wechselstrom, sodass dieser im Hausnetz verbraucht oder ins öffentliche Stromnetz eingespeist werden kann. In den allermeisten Wechselrichtern ist auf der Gleichstromseite, das heißt beim Solarmoduleingang, eine Komponente eingebaut, der *Maximum-Power-Point-Tracker* (MPPT), der sicherstellt, dass dem Solarmodul auch bei variablen Betriebsbedingungen (unterschiedliche Einstrahlung, verschiedene Temperaturen) stets die optimale Gleichstromleistung entnommen werden kann. Damit der Strom nach der Umwandlung ins Stromnetz eingespeist werden kann, muss der Wechselrichter zudem dafür sorgen, dass der Wechselstrom die gleiche Spannung wie das Stromnetz aufweist, die gleiche Frequenz liefert und synchron zur Wechselspannung des Netzes arbeitet. Aus Sicherheitsgründen muss der Wechselrichter eine Einrichtung zur Netzüberwachung mit zugeordneten Schaltorganen beinhalten, kurz *ENS*. Diese stellt sicher, dass der Wechselrichter keinen Strom einspeist, wenn das Stromnetz abgeschaltet wurde oder ausgefallen ist. Wechselrichter haben sich inzwischen zur Informationszentrale jedes Photovoltaiksystems entwickelt. Der Wechselrichter beinhaltet also nicht nur den eigentlichen Wandler von Gleichstrom in Wechselstrom. Wir besprechen in der Folge seine einzelnen Komponenten.

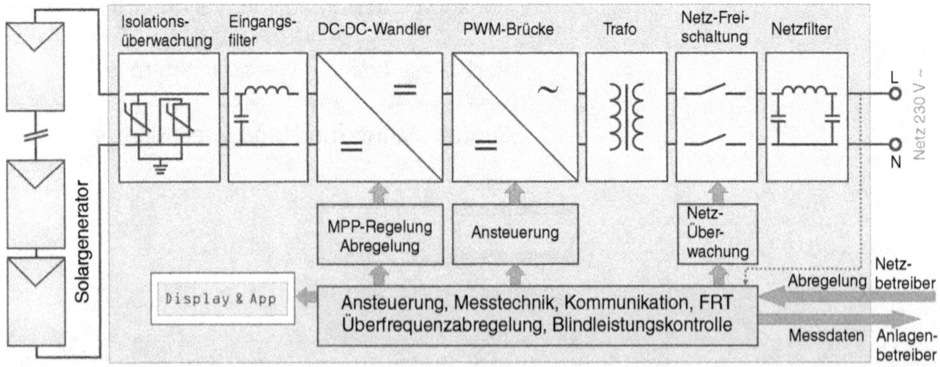

Abbildung 9.1: PV-Wechselrichter mit Transformator zur Netzeinspeisung, einschließlich Isolationsschutz, MPPT, PWM-Brücke, Eingangs- und Netzfilter. Der Transformator stellt eine galvanische Trennung zwischen Wechselrichter und Netz sicher. FRT (Fault-Ride-Through): Anforderung für kurzfristigen Weiterbetrieb bei Netzausfall. Quelle: Volker Quaschning, Regenerative Energiesysteme, 2025, modifiziert.

Maximum-Power-Point-Tracker (MPPT)

Den Arbeitspunkt auf der Kennlinie, bei welchem die maximale Leistung entnommen wird, bezeichnet man als *Maximum-Power-Point* (MPP). Schließt man an das Solarmodul einen Verbraucher mit dem ohmschen Widerstand R_V an, so wird das Modul in dem Arbeitspunkt betrieben, in dem die ohmsche Kennlinie des Verbrauchers die Kennlinie des Solarmoduls schneidet (siehe Abbildung 9.2). Dieser Schnittpunkt stimmt meist nicht mit dem Maximum-Power-Point des Solarmoduls überein. Da sich die Einstrahlungen und die Temperaturen eines Solarmoduls im Laufe eines Tages ändern, wird mit dieser Verschaltung dasSolarmodul in den seltensten Fällen genau im MPP betrieben. Um nun zu gewährleisten, dass ein Solarmodul immer so nah wie möglich am MPP arbeitet, muss man

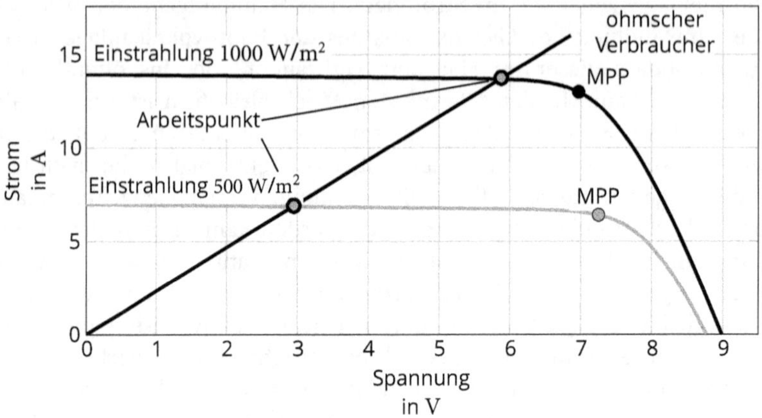

Abbildung 9.2: Kennlinie eines Solarmoduls bei verschiedenen Einstrahlungsgrößen sowie die Strom-Spannungs-Kennlinie eines ohmschen Verbrauchers.

den Verbraucher vom Modul entkoppeln. Dies geschieht mithilfe eines DC-DC-Wandlers (Gleichspannungswandlers). Dieses elektronische Bauelement stellt sicher, dass das Modul mit einer bestimmten, geeigneten Spannung betrieben wird, während der Verbraucher bei einer anderen Spannung arbeiten kann. Der DC-DC-Wandler legt also die Maximum-Power-Spannung an dem Solarmodul an, welche sich mit den Betriebsbedingungen des Solarmoduls ändert.

Neben dem DC-DC-Wandler wird eine Steuerung benötigt, die sicherstellt, dass das Modul über den ganzen Tag im MPP betrieben wird. Die gebräuchlichsten Algorithmen durchfahren die Strom-Spannungs-Kennlinie und berechnen aus Strom und Spannung die Leistung, die über einem Widerstand abfällt. Dabei startet das Verfahren bei der Leerlaufspannung. Anschließend wird die Spannung reduziert und der Strom wird erneut gemessen. Ist die gemessene Leistung größer als die vorherige Leistung, so wird die Spannung weiter reduziert. Dieses Verfahren wird so lange fortgesetzt, bis die Leistung nicht mehr ansteigt, sondern sinkt. In diesem Fall hat man das Leistungsmaximum überschritten und der Algorithmus erhöht die Spannung wieder etwas, sodass sich eine Spannung in der Nähe der Maximum-Power-Spannung, U_{MPP}, einstellt. Sind Teile eines Modulstrings verschattet, so kann es zu mehreren Maxima auf der Leistungskennlinie kommen (siehe Abbildung 9.3).

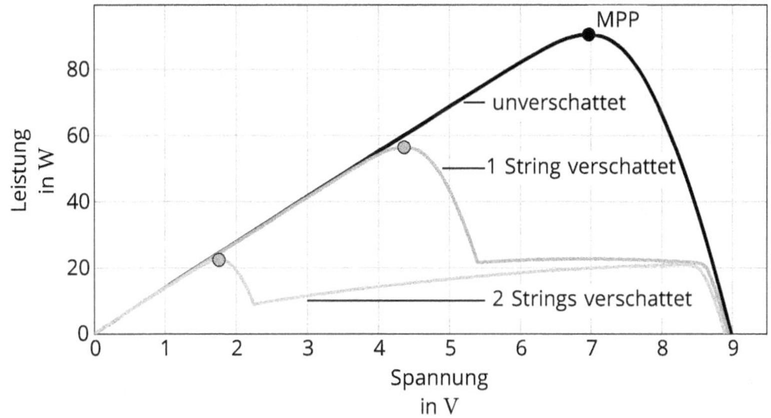

Abbildung 9.3: Leistungskurve eines verschatteten PV-Moduls.

Um in diesem Fall die richtige Spannung für das Modul einzustellen, muss der Algorithmus regelmäßig die komplette Strom-Spannungs-Kennlinie abfahren. So wird vermieden, dass der Algorithmus in einem lokalen Maximum hängen bleibt und nicht das globale Maximum findet. Durch Vergleich wird dann das globale Maximum der Kennlinie identifiziert und damit die gesuchte Spannung U_{MPP} eingestellt. Der DC-DC-Wandler, der zusammen mit der automatischen Nachsteuerung zur Einstellung des Maximum-Power-Points führt, wird als *Maximum-Power-Point-Tracker* oder kurz MPP-Tracker beziehungsweise MPPT bezeichnet. Die Effizienz eines Wechselrichters hängt häufig davon ab, wie genau und wie schnell der verwendete Algorithmus das Leistungsmaximum einer Kennlinie findet. Gelegentlich wirft es Fragen auf, dass zwei Wechselrichter mit derselben Wirkungsgradkennlinie und entsprechend mit denselben Wirkungsgraden unterschiedliche Erträge aufweisen. Dies liegt in den allermeisten Fällen an unterschiedlichen Konzepten beim

Maximum-Power-Point-Tracking (MPPT) sowie an unterschiedlichen Geschwindigkeiten und unterschiedlicher Präzision beim Auffinden des MPP. Diese dynamischen Aspekte werden in der Bestimmung der Wirkungsgrade nicht berücksichtigt.

Zur Bestimmung des MPP gibt es beispielsweise differenzielle Verfahren, die den Betriebspunkt durch Spannungsveränderung geringfügig verschieben und dann prüfen, ob sich die Ausgangsleistung des PV-Moduls oder des PV-Generators erhöht oder erniedrigt. Falls er sich erhöht, wird der Betriebspunkt auf den neuen Wert verschoben, falls er sich erniedrigt, bleibt er an der ursprünglichen Stelle.

Bei komplexen Verschattungssituationen auf dem Modul kann es vorkommen, dass es zwei lokale Maxima auf der Modulkennlinie gibt – hier ist wichtig, dass der MPPT-Algorithmus nicht ausschließlich differenziell arbeitet, da er dabei das andere Maximum nicht entdecken würde. Vielmehr muss er in regelmäßigen zeitlichen Abständen die gesamte Kennlinie durchlaufen, um garantiert das globale Maximum zu finden.

Grundlegende Schaltungen für Wechselrichter

Solaranlagen liefern durch den photoelektrischen Effekt prinzipiell Gleichspannung. Das heißt, dass der Strom bei einem Verbraucher immer in eine Richtung fließt, wie es in Abbildung 9.4 (links) dargestellt ist.

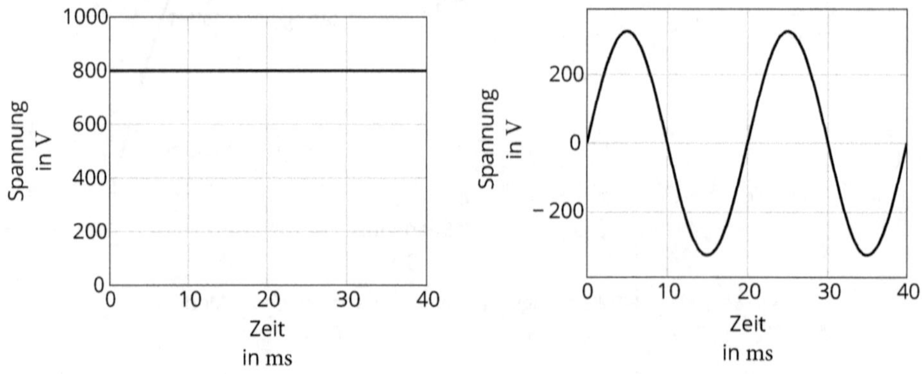

Abbildung 9.4: Gleichspannung (links) und Wechselspannung (rechts).

Die meisten in einem Haushalt verwendeten Verbraucher benötigen aber Wechselspannung, wie sie auf der rechten Seite der Abbildung 9.4 dargestellt ist. Spannung und Strom wechseln dabei periodisch die Richtung. Ebenso ist das elektrische Stromnetz ein Wechselstromnetz. Um die elektrische Energie der Photovoltaikanlage im Haushalt einsetzen zu können oder die Energie ins Netz einzuspeisen, muss daher die Gleichspannung der Solarmodule in eine Wechselspannung umgewandelt werden.

Inzwischen könnte durch die Weiterentwicklung der Leistungselektronik (zum Beispiel DC-DC-Wandler) zunehmend auch im Übertragungsnetz Gleichstromtechnik eingesetzt werden. Beispielsweise werden für den Stromtransport über längere Strecken, die sogenannte HGÜ (Hochspannungs-Gleichstrom-Übertragung), Gleichspannungen von bis zu 1000 kV gewählt. Auch werden viele elektronische Geräte eigentlich mit Gleichstrom betrieben. Man könnte also auf die Umwandlung in Wechselstrom verzichten und so die Effizienz des Gesamtsystems steigern. Aus historischen Gründen kommt aber hauptsächlich noch Wechselstrom zum Einsatz.

H-Brücke

Die einfachste Möglichkeit, um aus Gleichstrom einen Wechselstrom zu erzeugen, bietet die *H-Brückenschaltung*. Sie lässt sich durch vier Schalter realisieren, von denen jeweils zwei Schalter auf Durchlass und zwei Schalter gesperrt sind, siehe Abbildung 9.5. Ihr Schaltaufbau entspricht einem »H«, daher der Name.

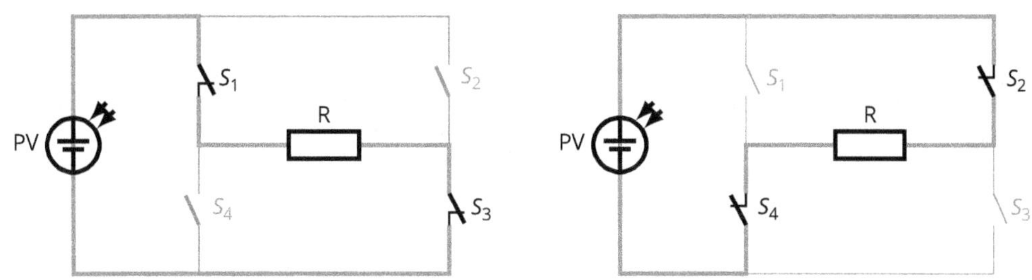

(a) Schalter S1 und S3 sind geschlossen (b) Schalter S2 und S4 sind geschlossen

Abbildung 9.5: Funktionsweise einer H-Brücke zur periodischen Umpolung am Widerstand *R* zur Erzeugung von Wechselstrom.

Zwischen den Schaltern befindet sich der Verbraucher. Die Stromrichtung durch den Verbraucher wechselt beim Schalten der Schalterpaare. Durch abwechselndes Ein- und Ausschalten der Schalter lässt sich so ein rechteckförmiger Spannungsverlauf am Verbraucher erzeugen, wie er in Abbildung 9.6 dargestellt ist.

Diese Rechteckform wiederholt sich durch das Schalten zyklisch. Die Häufigkeit der Wiederholungen pro Sekunde wird als Frequenz der Spannung bezeichnet. In Europa werden die Stromnetze mit 50 Hz und in den USA mit 60 Hz betrieben. Diese Schaltvorgänge werden bei Wechselrichtern in der Regel nicht mit mechanischen Schaltern realisiert, sondern durch elektronische Bauelemente.

Die Schalter einer H-Brücke sind schaltbare Halbleiterbauelemente wie MOSFETs, IGBTs oder bei sehr hohen Leistungen Thyristoren.

Die einfachste Form des Wechselrichters ist der sogenannte Rechteckwechselrichter. Bei diesem wird die Gleichspannung immer nach 10 ms umgepolt: Man erhält eine Rechteckschwingung mit einer Periode von 20 ms, was einer Frequenz von 50 Hz entspricht. Da während einer Periode nur zweimal umgeschaltet wird, sind die Schaltverluste gering und dementsprechend der Wirkungsgrad hoch. Allerdings hat die Kurvenform wenig mit der geforderten 50-Hz-Sinusschwingung zu tun, sondern weist eine hohe Verzerrung auf.

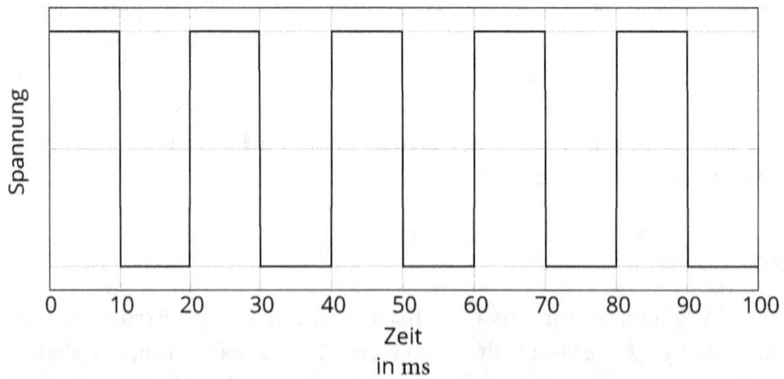

Abbildung 9.6: Durch abwechselndes Schalten von zwei Schaltern in einer H-Brücke wird eine Rechteckwechselspannung erzeugt.

Die harmonische Verzerrung bezeichnet die Abweichung von einem sinusförmigen Verlauf der elektrischen Spannung oder des Stromes. Die harmonische Verzerrung wird häufig mit dem Begriff *Total Harmonic Distortion* (THD) beschrieben. Sie wird in Prozent angegeben. Je niedriger der Wert ist, desto besser wird die Sinusform erreicht.

Die Einspeisung einer Rechteckschwingung ins Stromnetz ist nicht gestattet. Auch die direkte Nutzung eines Rechteckwechselrichters, beispielsweise als Inselwechselrichter, ist mit Vorsicht zu genießen. Durch die hohe harmonische Verzerrung können empfindliche Geräte, wie etwa Motoren, Schaden nehmen. Die harmonische Verzerrung kann dort zu Problemen wie Überhitzung, erhöhten Verlusten und Fehlfunktionen in elektrischen Systemen führen.

Etwas besser liegt der Fall bei einem Trapezwechselrichter. Dort wird während des Umschaltvorgangs eine kleine Ruhepause eingelegt. Der Strom liegt dann für circa 3–5 ms bei null. Dadurch reduziert sich die harmonische Verzerrung etwas, der Wirkungsgrad ist durch den zusätzlichen Schaltvorgang etwas geringer. Oftmals findet man solche Wechselrichter bei Billiganbietern für Autozubehör, etwa für den 12-V-Zigarettenanzünder.

Pulsweitenmodulation

Zur konformen Netzeinspeisung müssen weitgehend sinusförmige Spannungen erzeugt und eingespeist werden. Dies erfolgt heutzutage ausschließlich mit pulsweitenmodulierenden Wechselrichtern, sogenannten PWM-Wechselrichtern. Dabei wird aus dem Rechtecksignal ein sinusförmiges Signal erzeugt, wie es in Abbildung 9.4 zu sehen ist. Die Spannung ändert sich dann mit der Zeit kontinuierlich und nicht sprunghaft. Dies wird durch die Pulsweitenmodulation, oder PWM, erreicht. Aus einer gegebenen Gleichspannung lässt sich im Mittel eine niedrigere Gleichspannung erzeugen, indem die ursprüngliche Gleichspannung für eine entsprechende Zeit ausgeschaltet und dann wieder angeschaltet wird. Man spricht dabei von dem Tastgrad, der das Verhältnis von angeschaltetem Signal im Verhältnis zur gesamten Schaltdauer angibt.

$$\text{Tastgrad} = \frac{t_{\text{On}}}{t_{\text{Periode}}}$$

Beträgt der Tastgrad beispielsweise ein Viertel, so beträgt die erzeugte Spannung lediglich ein Viertel der ursprünglichen. Durch Variation des Tastgrads lassen sich also verschiedene Spannungen erzeugen, siehe Abbildung 9.7. Eine Erhöhung des Tastgrades erzeugt eine höhere Spannung.

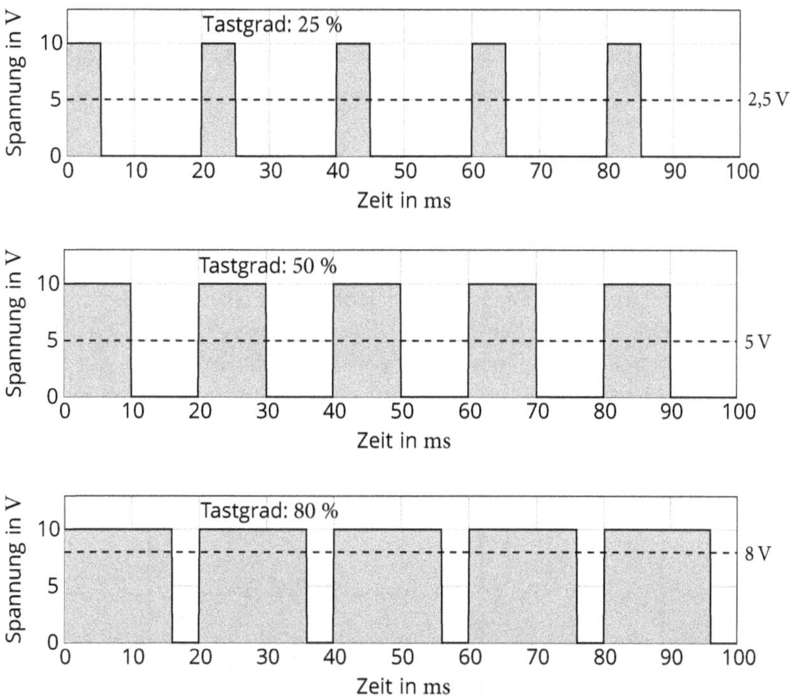

Abbildung 9.7: Unterschiedliche Tastgrade erzeugen (gemittelt) unterschiedliche Spannungen (gestrichelt eingetragen).

Die Sinusspannung lässt sich nun durch eine Reihe von Gleichspannungen mit unterschiedlichen Breiten annähern. Diese Gleichspannungen werden jeweils durch den Tastgrad (englisch: *Duty Cycle*) realisiert, siehe Abbildung 9.8. In diesem Fall wurde die Sinusspannung durch 32 unterschiedlich breite Gleichspannungsintervalle angenähert. Je mehr (gemittelte) Gleichspannungen realisiert werden, desto besser kann die Sinuskurve angenähert werden. Dazu müssen die Schalter entsprechend schnell geschaltet werden. Typische Schaltfrequenzen liegen bei 20 000 Hz, sodass die Sinuskurve einer 50-Hz-Spannung mit den vielen Zwischenwerten sehr gut angenähert werden kann. Dieses Schaltungskonzept reduziert die harmonische Verzerrung deutlich.

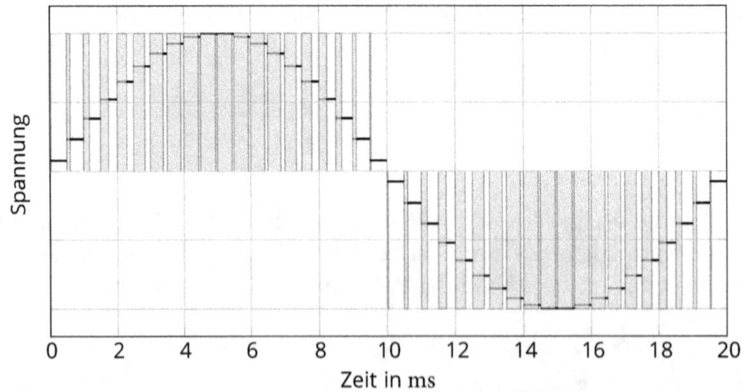

Abbildung 9.8: Annäherung der 50 Hz-Sinusspannung durch unterschiedlich breite Pulse mithilfe der Pulsweitenmodulation (PWM).

Damit die Rechteckform weiter abgerundet werden kann, findet man einen zusätzlichen Tiefpassfilter in der Schaltung. Dieser besteht aus einer Spule in Reihenschaltung, welche die Fortpflanzung höherer Frequenzen behindert, und einem parallelgeschalteten Kondensator, der hohe Frequenzen kurzschließt. Der gesamte Schaltkreis für einen Wechselrichter ist in Abbildung 9.9 dargestellt. Er lässt sich leicht aus dem Schaltkreis für die sogenannte H-Brücke ableiten. Der Verbraucher der H-Brückenschaltung ist lediglich als externer, austauschbarer Verbraucher herausgenommen. Vor den Verbrauchern ist der soeben besprochene Tiefpassfilter abgebildet.

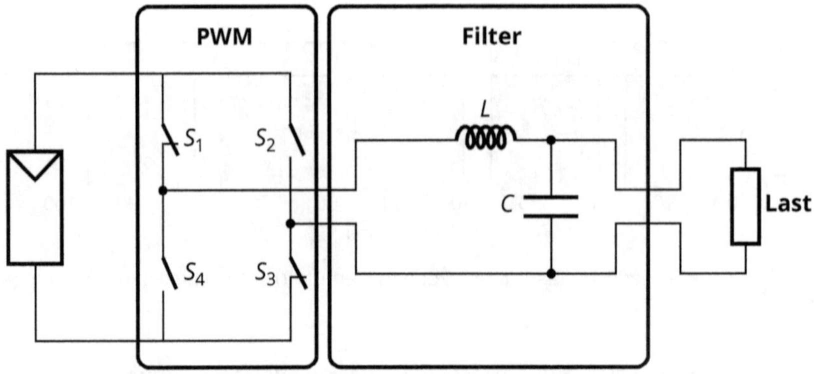

Abbildung 9.9: Prinzipielle Schaltung eines PV-Wechselrichters.

Wird die Energie der Photovoltaikanlage durch einen einphasigen Wechselrichter nur auf eine Phase des Stromnetzes eingespeist, so muss ein Teil der konstanten Leistung der Photovoltaikanlage im Wechselrichter zwischengespeichert werden, weil die einphasige Wechselspannung nicht kontinuierlich Leistung aufnehmen kann. Dieser Speicher wird durch große Kondensatoren im Wechselrichter realisiert, die die Energie kurzzeitig speichern und die parallel zur Photovoltaikanlage geschaltet sind. Weil die Einspeisung nur über eine Phase erfolgt, wird das Stromnetz asymmetrisch belastet. Insbesondere bei größeren PV-Anlagen mit einer Leistungseinspeisung über 4,6 kW ist dies verboten, um sogenannte *Schieflasten* zu vermeiden. In einem dreiphasigen Wechselrichter wird die Leistung der Solaranlage hingegen auf alle drei Phasen des Netzes verteilt. Die Schaltung ist sehr ähnlich der des einphasigen Wechselrichters, siehe Abbildung 9.10. Anstatt der vier Schalter werden sechs Schalter benötigt, welche die Leistung auf die drei Phasen verteilen. Dabei sind die drei Phasen jeweils um 120 Grad gegeneinander verschoben, sodass insgesamt eine viel gleichmäßigere Leistungsübertragung ins Netz stattfindet. Die benötigten Kondensatoren zur Zwischenspeicherung der Energie im Wechselrichter können dadurch kleiner ausfallen.

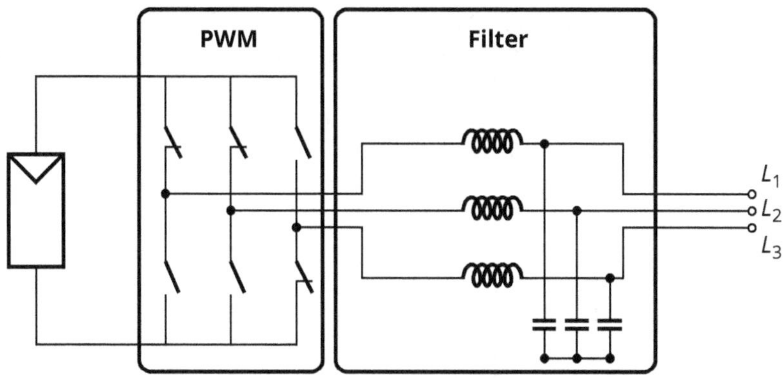

Abbildung 9.10: Schaltschema eines dreiphasigen PV-Wechselrichters.

Die übliche Haushaltssteckdose überträgt eine Stromphase, einen Neutralleiter sowie eine Erdung. Am Netzanschluss eines Hauses (sowie am Anschluss für den Küchenherd) werden aber in der Regel vieradrige Kabel bereitgestellt, wobei drei Adern einen jeweils um 120° verschobenen Wechselstrom führen, der gegenüber dem vierten, dem Neutralleiter, eine effektive Spannung von 230 V aufweist. Die stromführenden Adern untereinander weisen wegen ihrer Phasenverschiebung eine effektive Spannung von 400 V auf. Ein einphasiger Wechselrichter speist lediglich in eine der drei Phasen ein, ein dreiphasiger Wechselrichter in alle drei Phasen – zwischen jeweils zwei Phasen ist durch die 120-Grad-Phasenverschiebung die Differenzspannung um den Faktor $\sqrt{3}$ höher als zwischen einer der Phasen (beziehungsweise einem Außenleiter) und dem Neutralleiter. Wechselrichter für große Leistungen müssen dreiphasig einspeisen, damit die jeweiligen Phasen alle eine etwa gleiche Leistung erhalten und es so zu keiner Schieflast im Netz kommt.

Wechselrichtertopologien und weitere Features

Die bisher beschriebenen Wechselrichter kommen ohne Transformator (Trafo) aus. Der in der Solaranlage erzeugte Strom wird in das Stromnetz direkt eingespeist. Der DC-DC-Wandler entkoppelt zwar die Spannung an der Photovoltaikanlage von der Netzspannung, aber nicht den Stromfluss. Er ermöglicht mit einer Regelung, dass der Modulstrang am optimalen Arbeitspunkt, dem MPP, arbeitet. Dies wird durch den Regelkreis des MPP-Trackers realisiert. Die Spannung des DC-DC-Wandlers auf der Seite zum DC-AC-Wandler muss dabei über der Scheitelspannung des Stromnetzes liegen, damit aus der Gleichspannung über die Pulsweitenmodulation eine sinusförmige Spannung ins Netz eingespeist werden kann. Der DC-DC-Wandler sorgt also auch dafür, dass auch dann ins Netz eingespeist werden kann, wenn die Spannung am Solarmodulstring geringer als die Netzspannung ist. Ein zweiter Regelkreis muss sicherstellen, dass der Spannungsverlauf und die Frequenz des Wechselrichters synchron zum Stromnetz sind. Dies wird durch die Steuerung des DC-AC-Pulsweitenmodulators sichergestellt. Bei trafolosen Wechselrichtern findet keine galvanische Trennung zwischen Stromnetz und Solaranlage statt. Berührt eine Person beispielsweise eine defekte Leitung, so wird der Stromkreis über die Erdung geschlossen und Strom fließt über die Person zur Erde (das ist nicht gut!). Schon Wechselströme von 30 mA können bereits eine tödliche Wirkung haben. Deshalb ist für solche Wechselrichter eine sogenannte Fehlerstromüberwachung vorgeschrieben, die bereits bei Fehlströmen von 30 mA reagiert, um Personenschäden zu vermeiden. Zusätzlich liegen durch die direkte Kopplung des Wechselrichters mit dem Netz bei der Solaranlage sowohl positive als auch negative Spannungen gegenüber der Erde an.

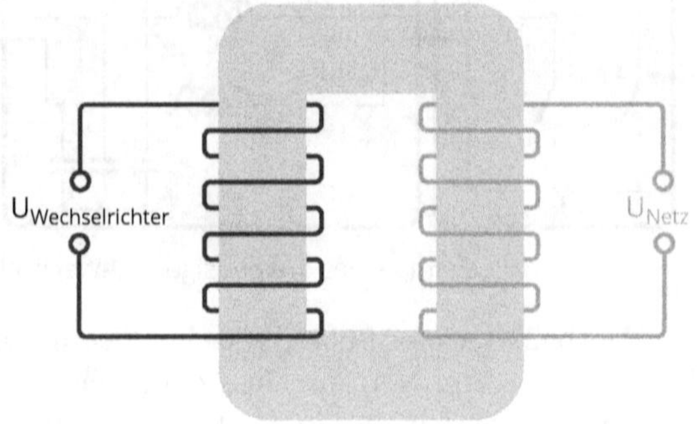

Abbildung 9.11: Ein Transformator entkoppelt zwei Stromkreise: Die galvanische Trennung bewirkt eine nur noch magnetische Kopplung.

Eine Alternative bietet der Einsatz eines Transformators, kurz *Trafo*, siehe Abbildung 9.11. Durch den Transformator erfolgt die Stromübertragung von einem Stromkreis zum anderen magnetisch und es besteht keine elektrische Verbindung zwischen den beiden Stromkreisen. Man spricht dann von einer galvanischen Trennung beziehungsweise magnetischen Kopplung. Die Solaranlage ist dann selbst bei Kurzschluss nicht mit einer Leitung des Netzes verbunden. In der Regel wird ein 50-Hz-Transformator zwischen das Netz und den DC-AC-Wandler der *Pulsweitenmodulation* (PWM) geschaltet, siehe Abbildung 9.12.

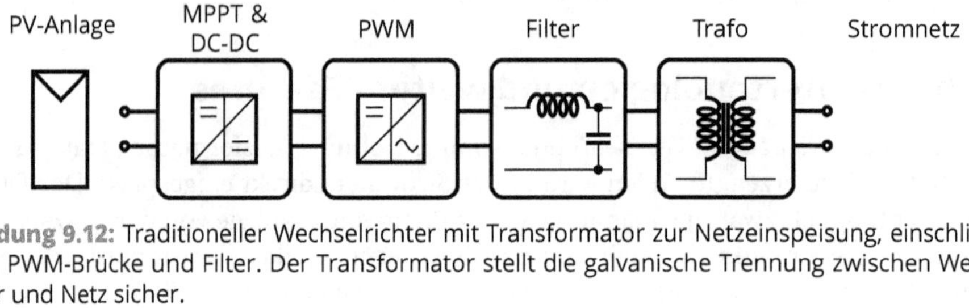

Abbildung 9.12: Traditioneller Wechselrichter mit Transformator zur Netzeinspeisung, einschließlich MPPT, PWM-Brücke und Filter. Der Transformator stellt die galvanische Trennung zwischen Wechselrichter und Netz sicher.

Der Transformator stellt auf diese Weise eine vollständige galvanische Trennung von Wechselrichter und Stromnetz sicher und ist für einige Länder, darunter Griechenland, Zypern, Malta und Teile Kroatiens, sowie Sonderanwendungen, beispielsweise Krankenhäuser, vorgeschrieben. Der Transformator kann dann auch zur Spannungsanpassung ans Netz beitragen. Ein weiterer Vorteil ist, dass durch die galvanische Trennung auch die negative Leitung der Module geerdet werden kann und so nur positive Spannungen an den Modulen anliegen. Dies verhindert eine potenzialinduzierte Degradation mancher Modultypen, auch unter dem Namen PID bekannt. Deshalb ist bei der Wahl des Wechselrichters darauf zu achten, für welche Modultypen er freigegeben ist. Allerdings sind 50-Hz-Wechselrichter mit Trafo durch dessen Eisenkern groß, schwer und teuer. Zudem verursachen die Transformatoren relativ hohe elektrische Wandlungsverluste.

Transformatoren können deutlich kleiner dimensioniert werden, wenn sie bei höherer Frequenz arbeiten. Man spricht dann oft nicht mehr von Transformatoren, sondern von *Übertragern*. Deshalb existieren Schaltungskonzepte, die sogenannte Hochfrequenzgeneratoren verwenden. Wenn man den Gleichstrom der Solarmodule zunächst per Pulsweitenmodulation in einen hochfrequenten Wechselstrom (je nach Hersteller zwischen 7 und 100 kHz) wandelt, kann ein deutlich kompakterer Transformator (beziehungsweise Übertrager) eingesetzt werden. Danach wird der Strom erst wieder gleichgerichtet, um schließlich in Wechselstrom mit der üblichen Netzfrequenz von 50 Hz umgewandelt zu werden. Tabelle 9.1 zeigt wichtige Merkmale der verschiedenen Wechselrichtertopologien.

	Wechselrichter ohne Trafo	**Wechselrichter mit 50-Hz-Trafo**	**Wechselrichter mit HF-Übertrager**
galvanische Trennung	nein	ja	ja
Fehlerstromüberwachung notwendig	ja	nein	nein
Gewicht	leicht	schwer	mittel
Wirkungsgrad	hoch	schlecht	mittel
Kosten	niedrig	hoch	mittel

Tabelle 9.1: Vergleich von Wechselrichtern ohne Trafo, mit 50-Hz-Trafo und mit Hochfrequenz-(HF-)Trafo beziehungsweise Übertrager.

Neben den beschriebenen Topologien bieten Wechselrichterhersteller noch weitere Konzepte, die den Ertrag der Solaranlage optimieren können: Teilweise verfügen Wechselrichter über zwei oder sogar mehrere MPP-Tracker. Dadurch können verschieden ausgerichtete Dachneigungen oder Verschattungssituationen mit einem Wechselrichter verlustarm aufgefangen werden. Die Modulstrings einer Dachausrichtung beziehungsweise einer Verschattungssituation werden jeweils einem MPP-Tracker-Eingang zugeordnet. So müssen bei größeren Anlagen Modulstränge mit verschiedenen Bestrahlungssituationen nicht mehr parallel geschaltet werden, sondern werden getrennt jeweils nur einem individuellen MPP-Tracker zugeführt. Im Idealfall wird dadurch jeder Modulstring separat optimiert.

Ein weiteres Konzept bietet die sogenannte *Master-Slave-Anordnung*. Dabei wird eine Photovoltaikanlage über mehrere gestaffelte Wechselrichter betrieben. Wechselrichter haben, je nach Eingangsleistung, variierende Umwandlungswirkungsgrade: Typischerweise wird der höchste Wirkungsgrad nahe der Maximalleistung erreicht, während er im niedrigen Teillastbereich geringer ist. Ist die Bestrahlungsstärke auf einer relativ großen Photovoltaikanlage in den frühen Morgenstunden gering, so kann es sinnvoll sein, dass die Umwandlung über nur einen einzigen Wechselrichter mehr Leistung erbringt, als wenn die Leistung über mehrere Wechselrichter parallel umgewandelt wird, die dann alle im Teillastbetrieb arbeiten würden. Die Steuerung der Wechselrichter erfolgt über eine Master-Slave-Anordnung. Inzwischen haben aber moderne Wechselrichter auch im Teillastbetrieb hohe Wirkungsgrade, sodass der Vorteil des Master-Slave-Konzepts zunehmend geringer wird.

Wirkungsgrad von Wechselrichtern

Ein wesentliches Merkmal eines Wechselrichters ist der Wirkungsgrad. Dabei versteht man das Verhältnis von der Wechselstromleistung P_{AC} am Ausgang des Wechselrichters zu der Eingangsleistung P_{DC}, die durch die Solarmodule in den Wechselrichter eingespeist wird:

$$\eta_{\mathrm{WR}} = \frac{P_{\mathrm{AC}}}{P_{\mathrm{DC}}}$$

In Wechselrichtern entstehen Verluste, etwa bei der Umwandlung des Gleichstroms zu Wechselstrom, am MPPT, beim Filter und im Transformator/HF-Übertrager. In den Datenblättern der Wechselrichterhersteller findet sich manchmal nur der maximale Umwandlungswirkungsgrad. Allerdings hängt der Wirkungsgrad sowohl von der Auslastung als auch von der Eingangsspannung ab. Dies können Sie Abbildung 9.13 entnehmen.

Der Wirkungsgrad fällt für niedrige Leistungen stark ab, weil die Elektronik im Wechselrichter einen Eigenbedarf hat und diese Verluste bei geringen Leistungen stärker zu Buche schlagen. Mit steigender Leistung steigt der Wirkungsgrad an, erreicht bei etwa 50 % der Nennleistung sein Maximum und fällt dann flach ab. Früher waren Wechselrichter darauf ausgelegt, bei Nennleistung die geringsten Verluste – sprich den höchsten Wirkungsgrad – zu haben. Tatsächlich wird die Nennleistung selten erreicht, zumindest wenn man deutsche Einstrahlungsbedingungen (Schmuddelwetterwahrscheinlichkeiten) berücksichtigt und die Nennleistung des Wechselrichters identisch mit der Nennleistung der PV-Module beziehungsweise des PV-Generators ist. Deshalb werden Wechselrichter heute nicht mehr auf die maximale Nennleistung ausgelegt. Der Abfall bei hohen Leistungen ist auf steigende ohmsche Verluste im Wechselrichter zurückzuführen. Neben der Abhängigkeit des Wirkungsgrads von der Leistung, hängt dieser auch von der Eingangsspannung ab. Bei niedrigen Eingangsspannungen muss die Spannung durch den DC-DC-Wandler im Wechselrichter stärker angehoben werden, um die notwendige Ausgangswechselspannung zu erreichen. Je höher die Spannungsunterschiede, desto größer sind die Leistungsverluste im DC-DC-Wandler. Gute Wechselrichter haben heutzutage einen maximalen Wirkungsgrad von 98 % bis 99 %. Die Wechselrichter-Wirkungsgrade sind also im Laufe der Jahre schon recht weitgehend optimiert worden.

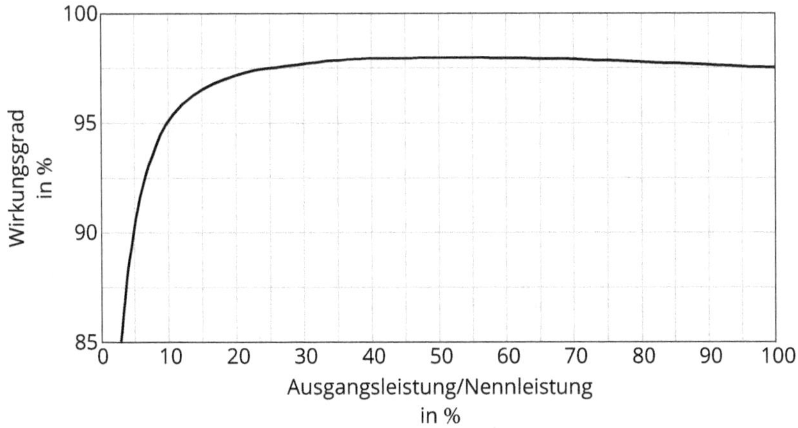

Abbildung 9.13: Wirkungsgrad eines Wechselrichters bei unterschiedlichen Eingangsleistungen im Verhältnis zur relativen Nennleistung des Wechselrichters.

Die Verluste in den Wechselrichtern konnten durch die Entwicklung von Leistungsbauelementen, die aus Siliziumcarbid statt aus Silizium bestehen, deutlich reduziert werden. Siliziumcarbid besitzt eine größere Bandlücke als Silizium. Dies ermöglicht Bauelemente mit höheren Sperrspannungen und geringeren Leckströmen, was insbesondere bei hohen Spannungen zu geringeren Verlusten führt.

Europäischer und Kalifornischer Wirkungsgrad

Für den maximalen Ertrag über den Jahresverlauf reicht es nicht, nur den maximalen Wirkungsgrad eines Wechselrichters zu bewerten, sondern es müssen die unterschiedlichen Teillastwirkungsgrade berücksichtigt werden – entsprechend den auftretenden Einstrahlungswahrscheinlichkeiten. Dies wird im *Europäischen Wirkungsgrad* η_{EU} beziehungsweise im *Kalifornischen Wirkungsgrad* η_{CEC} berücksichtigt. Beim Europäischen Wirkungsgrad wird der Wirkungsgrad über verschiedene Teillastbereiche entsprechend der europäischen Einstrahlungsstatistik berücksichtigt. Der sogenannte *Europäische Wirkungsgrad* η_{EU} ist über die DIN EN 50524 definiert:

$$\eta_{EU} = 0{,}03 \cdot \eta_{5\,\%} + 0{,}06 \cdot \eta_{10\,\%} + 0{,}13 \cdot \eta_{20\,\%} + 0{,}1 \cdot \eta_{30\,\%} + 0{,}48 \cdot \eta_{50\,\%} + 0{,}2 \cdot \eta_{100\,\%}$$

Der Wirkungsgrad berücksichtigt, dass der Wechselrichter nur zu 20 % seiner Betriebszeit mit seiner Nennleistung von 100 % und mit dem Wirkungsgrad $\eta_{100\%}$ betrieben wird. Er arbeitet in der meisten Betriebszeit (48 %) bei lediglich 50 % seiner Nennleistung. Weitere Teillastwirkungsgrade sind in der Formel berücksichtigt, um einen möglichst realistischen effektiven Wirkungsgrad unter europäischen Einstrahlungsbedingungen zu ermitteln. Beim Europäischen Wirkungsgrad wird nur bei einer Eingangsbetriebsspannung bewertet, während der Kalifornische Wirkungsgrad η_{CEC} auch berücksichtigt, dass der Wirkungsgrad eines Wechselrichters auch von den Betriebsspannungen U_i abhängt:

$$\eta_{CEC} = \frac{1}{3}\sum_{i=1}^{3}(0{,}04 \cdot \eta_{10\,\%} + 0{,}05 \cdot \eta_{20\,\%} + 0{,}12 \cdot \eta_{30\,\%} + 0{,}21 \cdot \eta_{50\,\%} + 0{,}53 \cdot \eta_{75\,\%} + 0{,}05 \cdot \eta_{100\,\%}))|_{U_i}$$

Der Kalifornische Wirkungsgrad gewichtet die höheren Teillastbereiche stärker als der Europäische. Dies zeigt sich beispielsweise darin, dass der Teillastbereich von 75 % dort mit einem Faktor von 53 % eingeht. Deshalb ist für sonnenreiche Gegenden der Kalifornische Wirkungsgrad der realistischere Wirkungsgrad. Zusätzlich wird zur Ermittlung des Kalifornischen Wirkungsgrads noch über die Wirkungsgrade bei unterer, mittlerer und maximaler Spannung des Regelbereichs gemittelt. In Datenblättern ist häufig der Europäische Wirkungsgrad angegeben. Ist zusätzlich die Wirkungsgradkennlinie eines Wechselrichters verzeichnet, kann man daraus sowohl den Europäischen als auch den Kalifornischen – sowie jeden anderen gewichteten Wirkungsgrad – berechnen. Die gewichteten Wirkungsgrade liegen heutzutage meist etwa 0,5 bis 1 % unter den maximalen Wirkungsgraden.

Zusätzliche Verluste an Wechselrichtern

Der Europäische und der Kalifornische Wirkungsgrad berücksichtigen die Umwandlungsverluste vom Gleichstrom zu Wechselstrom, aber nicht inwieweit der Wechselrichter den exakten Punkt der maximalen Leistung der Solaranlage findet. Dieser Wert wird durch den Suchalgorithmus des MPP-Trackers bestimmt und wird als MPPT-Anpassungswirkungsgrad η_{MPPT} bezeichnet. Dieser Wirkungsgrad berücksichtigt, dass der MPP-Tracker nicht den exakten Punkt für die maximale Leistungsentnahme findet. Gängige Wechselrichter haben aber bereits einen Wirkungsgrad von über 99,9 %, sodass diese Verluste zu vernachlässigen sind. Zudem ist die Geschwindigkeit des Trackings wichtig: Bei wechselnden Einstrahlungsbedingungen, zum Beispiel wegen durchziehender Wolken, finden manche MPPTs den MPP erst nach einigen Minuten, wodurch (etwas) der elektrische Energieertrag reduziert wird.

Eine weitere Ursache für eine reduzierte Leistungsübertragung von Wechselrichtern, die nicht in den Wirkungsgraden berücksichtigt ist, stellt das sogenannte *Derating* dar: Auch wenn die Wirkungsgrade von Wechselrichtern inzwischen recht hoch sind, so fällt doch durch die verbleibenden auftretenden Verluste Wärme an. Diese erhitzt den Wechselrichter und könnte dessen Elektronik beschädigen. Um dies zu vermeiden, befinden sich in dem Wechselrichter Temperatursensoren, die bei Überschreiten einer Temperatur von 40 bis 50 °C die Leistungsübertragung reduzieren, um dadurch die Wärmeerzeugung zu reduzieren. Wechselrichter haben zum Teil auch Lüfter, um eine aktive Kühlung zu gewährleisten. Allerdings verbrauchen diese Lüfter natürlich Energie, was den Wirkungsgrad zusätzlich reduziert. Zudem sind solche aktiven Lüfter anfällig für Staub, Wasser (zum Beispiel Regen) und Insektenbefall. Die Temperatur eines Wechselrichters hängt selbstverständlich auch von der Umgebungstemperatur ab, weshalb es sinnvoll ist, den Wechselrichter an einem kühlen und gut ventilierten Ort zu installieren.

Netzeinspeisung

Damit ein Wechselrichter ins Netz einspeisen darf, muss die durch PWM erzeugte und vom Filter geglättete Sinuswelle ausreichend nahe an der idealen Sinusform liegen. Je rechteckiger oder verzerrter die Form ist, desto mehr Oberfrequenzen treten auf. Man spricht auch von sogenannten *Harmonischen*. Der zulässige relative Anteil dieser *Harmonischen* ist in den sogenannten *Grid-Codes* festgelegt. Diese können von Land zu Land abweichen, die EU strebt aber eine Vereinheitlichung an.

Abschaltung – wenn das Netz fehlt

Bei kleineren Wechselrichtern ist es Vorschrift, dass die Wechselrichter sofort ihren Betrieb einstellen und vom Netz getrennt werden, wenn das Stromnetz nicht mehr detektiert werden kann. Dies ist vor allem eine Sicherheitsmaßnahme, damit derjenige, der gerade den Wechselrichter vom Netz getrennt hat oder die Netzsicherungen eines Haushalts abgeschaltet hat, keinen elektrischen Schlag bekommen kann, wenn er beispielsweise Reparaturarbeiten im Haushaltsstromnetz durchführt. Neben dem Personenschutz ist die Abschaltung der Wechselrichter beispielsweise nach einem Stromausfall oder einer Netzstörung auch dafür vorgesehen, dass kein Inselnetz entsteht: Wenn der Wechselrichter weiter einspeisen und damit einzelne Haushalte oder Straßen mit Strom versorgen würde, fehlt in diesem Fall das stabile Stromnetz für Spannungs- und Frequenzvorgabe, was im schlimmsten Fall zu Fehlfunktionen oder Schäden an elektrischen Geräten führen kann.

Netzstützend

Während kleinere Wechselrichter bei Netzverlust sofort ihren Betrieb einstellen, geht man bei größeren Wechselrichtern, inzwischen sogar auch bei mittelgroßen, zunehmend dazu über, einen *Fault-Ride-Through*-Betrieb (FRT) vorzuschreiben. Das heißt, der Wechselrichter soll bei einer Netzstörung trotzdem noch einige Zeit weiterarbeiten, um das Netz zu stützen – denn er trägt dazu bei, es vor dem völligen Zusammenbruch zu bewahren. Es ist sogar oft ein direkter Zugriff des Netzbetreibers auf größere Wechselrichter vorgeschrieben, sodass der Netzbetreiber diesen beispielsweise bei Netzüberlastung ferngesteuert abschalten kann.

Netzbildend

Hier ist der Wechselrichter dazu befähigt, beispielsweise nach einem Totalausfall eigenständig ein Netz aufzubauen, ähnlich wie dies Wechselrichter für den Off-Grid-Betrieb machen. Wenn das Netz allerdings extern wieder hochgefahren wird, ist es sehr wahrscheinlich, dass der netzbildende Wechselrichter und das Netz nicht synchronisiert sind. Der Wechselrichter kann zerstört werden, wenn er sich nicht schnell genug dem neuen Netz anpasst und auf dieses synchronisiert. Inzwischen ist dieses Problem allerdings gelöst und der VDE hat die Anforderungen für solche netzbildenden Geräte im Mai 2025 formuliert und herausgegeben.

Wechselrichtertypen

Man unterscheidet die Typen von Wechselrichtern nach der Anzahl der an ihn angeschlossenen Solarmodule, insbesondere in Reihenschaltung. Prinzipiell wäre es natürlich am besten, wenn jedes einzelne PV-Modul ein MPPT und eine Betriebsüberwachung hätte, wie dies bei Modulwechselrichtern der Fall ist, aber dies wäre auch die teuerste Konfiguration. Insbesondere bei größeren, gleichförmigen Anlagen ohne komplexe Verschattungssituationen werden deshalb Zentral- und String-Wechselrichterkonfigurationen verwendet.

Zentralwechselrichter

Diese Wechselrichter waren früher bei großen Freiflächenanlagen mit vielen MW Leistung erste Wahl. Beim Zentralwechselrichter wird der gesamte PV-Generator an einen einzigen Wechselrichter angeschlossen, siehe Abbildung 9.14.

Dabei werden üblicherweise die PV-Module zunächst in Reihe geschaltet. Die Spannung erhöht sich, der Strom bleibt gleich. Wird die maximal zulässige Systemspannung erreicht, so wird eine zweite Reihenschaltung, ein zweiter String, über eine *Stringdiode* oder eine Sicherung parallel zur ersten Reihenschaltung geschaltet. Die Stringdiode wird in Reihe zum String eingebaut. Dabei ist die Diode so gepolt, dass sie beim normalen Betrieb in Durchlassrichtung liegt. Nur wenn ein parallel geschalteter Strang eine höhere Spannung aufweist und damit die Gefahr bestünde, dass nicht nur Strom aus dem Strang hineinflösse, sperrt diese Stringdiode. Sie wirkt also als Ventil, das nur Strom hinauslässt, aber keinen Strom hineinlässt. Allerdings fällt an den Stringdioden immer eine Verlustleistung ab.

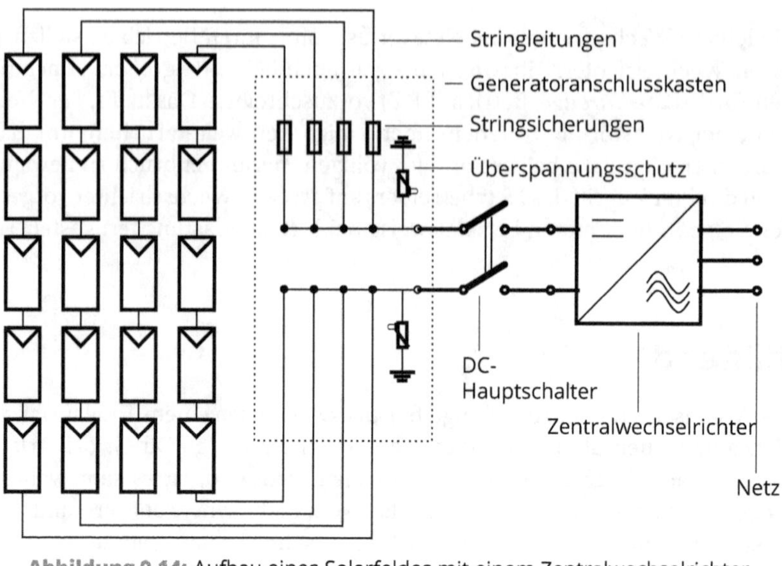

Abbildung 9.14: Aufbau eines Solarfeldes mit einem Zentralwechselrichter.

Die Verluste durch Stringdioden werden durch den Einsatz von Germanium- oder Schottky-Dioden reduziert, da an ihnen eine geringere Spannung (0,3 anstatt 0,7 Volt) als an Siliziumdioden abfällt.

Mittlerweile werden aber heute meist *Stringsicherungen* eingesetzt. Sie werden typischerweise auf den zwei- bis dreifachen Nennstrom der Module ausgelegt. Dies bedeutet, dass die Module auch die entsprechenden Rückströme tragen müssen, was dem entsprechenden Moduldatenblatt zu entnehmen ist. Auch bei weiteren Strings verfährt man so. Die Parallelschaltung der Strings findet dabei in dem sogenannten *Generatoranschlusskasten* (GAK) statt. Dort befindet sich neben den Stringdioden beziehungsweise den Stringsicherungen auch ein Gleichstrom-Hauptschalter, der speziell für Gleichstrom ausgelegt sein muss, um einen beim Öffnen entstehenden Lichtbogen zu löschen. Die eingezeichneten Varistoren sorgen für einen Schutz gegen gewitterbedingte Überspannungen. Durch die DC-Trenner können einzelne Strings aus dem System entnommen werden. Dies darf aber erst geschehen, nachdem der DC-Hauptschalter geöffnet wurde, um mögliche Lichtbögen auszuschließen. Im Generatoranschlusskasten befindet sich schließlich meistens noch der Stromzähler. Zentralwechselrichter weisen die niedrigsten spezifischen Kosten auf. In diesem Fall wird nur der Betriebspunkt des gesamten PV-Generators festgelegt. Bei Teilverschattung einzelner Strings führt dies teilweise zu erheblichen Verlusten. Moderne Zentralwechselrichter werden deshalb mit mehreren MPPTs ausgeliefert, sodass jeder Subgenerator für sich in seinem optimalen Betriebspunkt betrieben wird. In den Gleichstromkabeln kann es ebenfalls zu erheblichen Verlusten kommen, weil dort sehr hohe Ströme fließen können.

Stringwechselrichter

Im Grunde ist ein Stringwechselrichter ein Zentralwechselrichter, der jedoch nur einen einzigen Modulstring aufnimmt, siehe Abbildung 9.15.

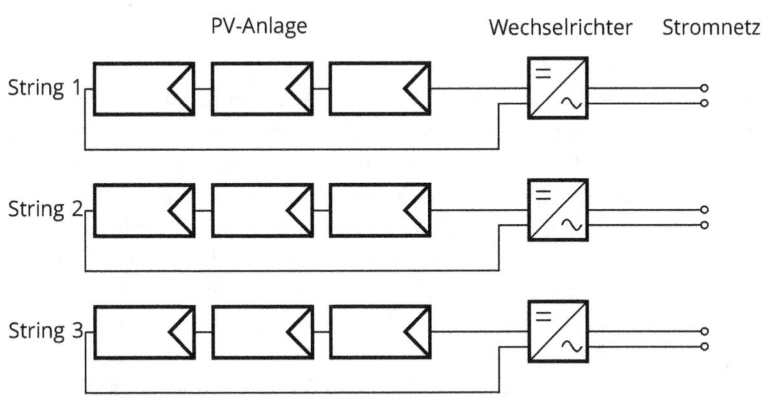

Abbildung 9.15: Aufbau eines Solarfeldes mit Stringwechselrichtern.

Dadurch entfällt der Generatoranschlusskasten und die einzelnen Modulstrings werden im optimalen Betriebspunkt betrieben und einzeln überwacht.

Der Verkabelungsaufwand ist bei Stringwechselrichtern gegenüber Zentralwechselrichtern deutlich reduziert, weil die Wechselrichter in der Nähe der einzelnen Strings angebracht werden können. Stringwechselrichter wandeln den Gleichstrom früher in Wechselstrom um, was die Länge der DC-Verkabelung reduziert.

Eine spätere Erweiterung der Anlage wird durch diesen modularen Aufbau deutlich erleichtert. Allerdings sind die spezifischen Kosten etwas höher als beim Zentralwechselrichter. Durch zunehmende Massenproduktion der Stringwechselrichter fällt dies aber immer weniger ins Gewicht.

Modulwechselrichter

Wie der Name andeutet, erhält beim Modulwechselrichter jedes einzelne Modul seinen persönlichen Wechselrichter und stellt damit ein unabhängiges PV-Kraftwerk dar, siehe Abbildung 9.16.

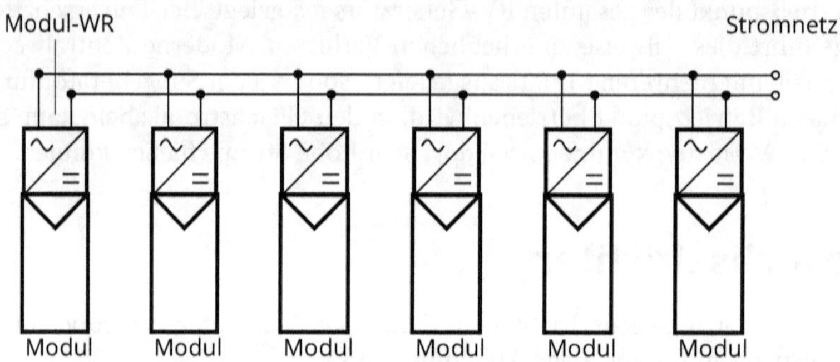

Abbildung 9.16: Aufbau eines PV-Systems mit Modulwechselrichtern.

Jedes Modul wird somit in seinem individuellen MPP optimal betrieben und überwacht. Die Verkabelung auf der Gleichstromseite entfällt vollständig, da die Modulwechselrichter direkt bei den PV-Modulen installiert werden. Eine Erweiterung des Solarfelds kann sogar im laufenden Betrieb erfolgen, da keine Leitung unterbrochen werden muss, sondern nur eine zusätzliche Einspeisung in die Wechselstromleitung erfolgt. Auch Reparatur und Austausch von einzelnen PV-Modul-Wechselrichter-Kombinationen können im laufenden Betrieb erfolgen. Zudem können Fehler direkt auf das einzelne Modul zurückgeführt werden, da jeder einzelne Wechselrichter meist über eine eigene Betriebsüberwachung und Kommunikationsschnittstelle verfügt. Im Gegensatz dazu gestaltet sich eine Fehlersuche insbesondere bei Zentralwechselrichtern oft sehr aufwendig und kann dazu führen, dass jedes einzelne Modul (beziehungsweise jeder Modulstrang) abgeklemmt und einzeln geprüft werden muss. Dazu muss meistens ein Großteil der Anlage abgeschaltet werden.

Im Gegensatz zu Zentral- und Stringwechselrichtern werden Modulwechselrichter direkt bei den einzelnen Modulen angebracht. Dadurch sind sie auch direkt den Witterungsbedingungen ausgesetzt. Dazu kann die Wartung im Fehlerfall aufwendig sein, weil man direkt das jeweils betroffene Modul erreichen muss. Die Modulwechselrichter sind, spezifisch auf die Generatorleistung bezogen, erheblich teurer als String- oder Zentralwechselrichter, da jeder einzelne Wechselrichter eine Betriebsüberwachung und alle Sicherheitsfeatures enthalten muss. Inzwischen gibt es auch Modulwechselrichter für zwei oder vier Module, wodurch die spezifischen Kosten etwas reduziert werden. Andererseits reduzieren sich die Kosten wegen der einfacheren Installation auf der Gleichspannungsseite. Modulwechselrichter sind in den USA verbreiteter als in Europa, vermutlich weil eine solche Anlage wenig bis gar keine Planung erfordert, einfacher aufzubauen und im laufenden Betrieb skalierbar ist. In Europa kommen sie inzwischen vor allem immer häufiger in Verbindung mit sogenannten *Balkonkraftwerken* zum Einsatz, weil in diesem Fall nur ein bis zwei (oder vier) Module ans Stromnetz angeschlossen werden und auf eine einfache Installation Wert gelegt wird. Inzwischen ist sogar die Einspeisung über eine normale Haushaltssteckdose möglich.

Leistungsoptimierer

Eine vereinfachte individuelle Moduloptimierung stellen sogenannte *Leistungsoptimierer* dar, siehe Abbildung 9.17.

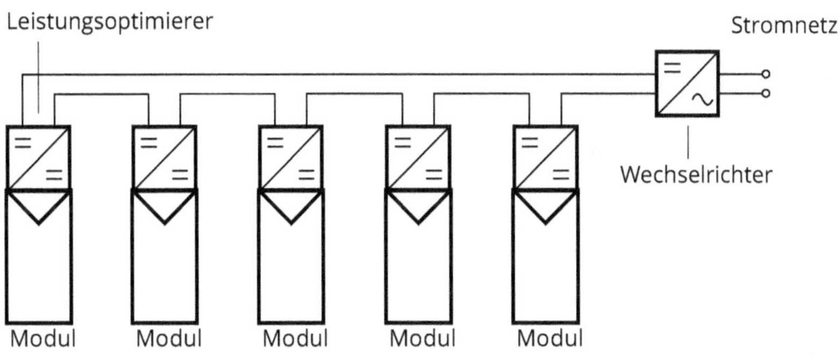

Abbildung 9.17: Aufbau eines Systems mit Leistungsoptimierern.

Hier erhält jedes Modul einen MPPT, wodurch der optimale individuelle Betriebspunkt an jedem einzelnen Modul gewährleistet ist – unter Berücksichtigung der lokalen Einstrahlung und Betriebstemperatur. Die Elektronik für den Leistungsoptimierer ist wesentlich einfacher als bei einem Modulwechselrichter, da der eigentliche Wechselrichter fehlt. Deshalb ist die Installation direkt am Modul auch unkritischer bezüglich des Ausfallrisikos. Die Ausgänge der einzelnen Leistungsoptimierer werden wieder in Reihe geschaltet. Die Wechselrichtung erfolgt dann an einem zentralen Wechselrichter, der hier jedoch keinen DC-DC-Wandler und keinen MPP-Tracker enthält. Leistungsoptimierer sind sinnvoll, wenn komplizierte Verschattungssituationen auftreten, die ein Stringwechselrichter nicht mehr bewältigen kann. In der Regel sind Leistungsoptimierer kostengünstiger als Modulwechselrichter.

Inselwechselrichter

Inselanlagen sind nicht ans öffentliche Stromnetz angebunden und speisen auch in kein Netz ein. Die zugehörigen Wechselrichter werden nicht mit dem Netz gekoppelt und synchronisiert, sondern schaffen ihr eigenes Netz, sie sind *netzbildend*. Der Inselwechselrichter muss also die Frequenz für das Wechselstromnetz selbst erzeugen und kann sich nicht an der Frequenz des Netzstroms orientieren. Der Anschluss an ein Stromnetz ist in diesem Fall sogar explizit verboten und würde auch meist zur Zerstörung des Inselwechselrichters führen, weil die Spannungen nicht synchronisiert sind. Es gibt inzwischen allerdings auch hybride Wechselrichter, die, sofern ein Netz vorhanden ist, in dieses einspeisen, und andernfalls ein Inselnetz aufbauen. Dies ist für den sogenannten Notstrombetrieb sinnvoll. Im Falle eines Stromausfalls muss bei der Umschaltung auf den Inselbetrieb das Netz vom Hausanschluss getrennt werden.

Je nach Modell übernimmt der Wechselrichter bei einem Stromausfall die Versorgung einzelner Verbraucher, einiger ausgewählter oder aller Stromkreise im Haus. Die stark gestiegene Nachfrage ist auf den Wunsch nach mehr Versorgungssicherheit bei einem Netzausfall zurückzuführen. Bevor man diese Anschaffung tätigt, ist es empfehlenswert, die Gesamtkosten für diese Funktion zu ermitteln, da eventuell der Schaltschrank überarbeitet und zusätzliche Geräte wie eine *Switchbox* integriert werden müssen. Die Switchbox stellt die Trennung des Hausstroms vom öffentlichen Netz im Falle eines Netzausfalls sicher, um Rückspeisung in das Netz zu verhindern, und erfüllt so eine wichtige Schutzfunktion.

Sehr häufig wird in einem Inselsystem die elektrische Energie in einer Batterie gespeichert, um auch dann Energie zur Verfügung zu haben, wenn die Sonne nicht scheint. Die Batterie wird dann häufig über einen im Wechselrichter befindlichen Laderegler ge- beziehungsweise entladen. Dies stellt sicher, dass die Batterie weder unter- noch überladen wird. Durch den starken Preisverfall von Batterien ist diese Option zunehmend attraktiv geworden.

Betriebsdatenerfassung

Die Betriebsdatenerfassung und das Monitoring von Photovoltaikanlagen sind entscheidend für die Überwachung und Optimierung der Anlagenleistung. Im einfachsten Fall geschieht dies über den Einspeise-Stromzähler oder über ein Smartmeter mit einem *Smartmeter-Gateway* zur Übermittlung der Daten. Der Vergleich zur theoretisch möglichen Leistung beziehungsweise dem Monatsertrag erfolgt dann über Einstrahlungsstatistiken oder aktuelle Onlinedaten von Wetterstationen in der Nähe. Vor allem bei großen PV-Anlagen erfolgt eine Vor-Ort-Messung der Einstrahlung direkt am PV-Generator, entweder durch einen spektral neutralen Einstrahlungsmesser wie ein *Pyranometer* oder einen spektral gewichteten Einstrahlungsmesser wie eine Referenzsolarzelle, die auf der gleichen Technologie basieren sollte wie die des PV-Generators, zum Beispiel eine kristalline Siliziumsolarzelle.

Die Funktionsweise eines Pyranometers ist relativ einfach erklärt: Die einfallende Strahlung wird von einem nahezu ideal-schwarzen Absorber fast vollständig absorbiert und erwärmt diesen. Nun wird die Differenztemperatur zu einem nicht bestrahlten Referenzkörper gemessen. Dazu wird ein Thermoelement verwendet, welches eine sehr geringe, aber zur Temperaturdifferenz und zur Bestrahlungsstärke proportionale Spannung ausgibt. Diese Spannung wird verstärkt und gemessen. Damit die Absorberplatte nicht durch den Wind abgekühlt wird, wird sie unter einer kleinen Quarzglaskuppel installiert. Der Vorteil eines Pyranometers ist eine spektral neutrale Messung, der Nachteil ist eine gewisse Trägheit, da die Absorberplatte eine kleine, aber nicht zu vernachlässigende Wärmekapazität besitzt.

Damit wirklich nur der Strahlungsanteil gemessen wird, welcher auf die PV-Module beziehungsweise den PV-Generator einfällt, sollte der Einstrahlungsmesssensor in der gleichen Einstrahlungsebene aufgebaut werden wie der PV-Generator, also mit gleichem Aufstellungswinkel und gleicher Ausrichtung.

Dadurch ergeben sich gewisse Unterschiede zu den an einer meteorologischen Messstation gemessenen Daten, dort wird nämlich nur die auf eine horizontale Fläche einfallende Strahlung gemessen.

Um Abweichungen in der Performance der PV-Anlage zu erfassen, sollte auch die PV-Zelltemperatur gemessen werden. Bei Temperaturen an der Oberfläche des PV-Moduls wird meist eine 2 bis 3K niedrigere Temperatur gemessen. Oftmals wird jedoch nur die Außentemperatur überwacht. Diese lässt aber nur bedingt Rückschlüsse auf die Betriebstemperatur der Solarzellen zu, da diese von der lokalen Windgeschwindigkeit, dem Aufstellungswinkel und der Moduleinkapselung abhängt.

Man kann als Faustregel sagen, dass bei einer Bestrahlungsstärke von 1000 W/m^2 die Zelltemperatur etwa 30K über der Außentemperatur liegt. Das hängt aber natürlich noch von der Windgeschwindigkeit und der Montageart ab.

Die Erfassung der elektrischen Betriebsdaten einer PV-Anlage erfolgt meist über den Wechselrichter. Dort werden eingangsseitig (am PV-Generator) Spannung, Strom und Leistung (DC) erfasst. Ausgangsseitig (zwischen Wechselrichter und Netzeinspeisepunkt oder AC-Verbraucher) werden Spannung, Strom, AC-Ausgangsleistung und gegebenenfalls die Frequenz erfasst. Je nach Hersteller werden diese Daten direkt an einem Display im Wechselrichter angezeigt oder über Kabel, Bluetooth oder WLAN an eine Internetschnittstelle oder direkt an einen Computer beziehungsweise an ein Smartphone übertragen. Sofern der Smartmeterhersteller die jeweiligen Schnittstellen freigibt, können die wechselstromseitigen Daten auch über das Smartmeter ausgelesen werden.

Es gibt Behelfskonstruktionen, bei welchen nicht direkt über den Stromzähler oder das Smartmeter ausgelesen wird, sondern über einen Lichtsensor auf der Anzeige des Stromzählers. Der Stromzähler gibt nämlich über die Blinkfrequenz einer Funktionsindikator-LED den augenblicklichen Stromverbrauch aus: Je schneller die LED blinkt, desto höher ist der Stromverbrauch – und umgekehrt: Das genaue Verhältnis zwischen der Blinkfrequenz und dem Stromverbrauch ist auf dem Stromzähler angegeben.

Während häufig ein einheitlicher, tageszeitunabhängiger Einspeisetarif bezahlt wird, kommen inzwischen auch tageszeitabhängige Einspeisetarife vor. Wird dies von der Betriebsdatenerfassung berücksichtigt, so kann auch aktiv in einem Speicher zwischengespeichert werden.

Nulleinspeisung: Nulleinspeisung bedeutet, dass der von einer Photovoltaikanlage erzeugte Strom ausschließlich im eigenen Haushalt verbraucht oder gespeichert wird, ohne dass PV-Überschüsse ins öffentliche Netz eingespeist werden. Bei der Nulleinspeisung misst ein intelligenter Wechselrichter permanent den aktuellen Stromverbrauch und regelt die Stromproduktion so, dass nur so viel

Strom erzeugt wird, wie direkt verbraucht oder in einem Speicher zwischengespeichert werden kann. Überschüsse werden entweder in Batteriespeichern abgelegt oder durch Leistungsdrosselung der PV-Anlage vermieden. Die Komponenten der technischen Umsetzung sind

- ✔ ein Wechselrichter mit der Fähigkeit, eine *Einspeisegrenze null* einzustellen,
- ✔ ein Smartmeter, welches laufend den Eigenverbrauch überwacht,
- ✔ optional ein Stromspeicher (das kann neben einem konventionellen stationären Speicher auch ein Elektroauto sein), um den tagsüber erzeugten PV-Überschuss für später vorzuhalten,
- ✔ ein *Haus-Energiemanagementsystem* (HEMS), welches Stromproduktion, Haushaltsverbrauch und Speicher koordiniert.

Dadurch gelangt kein Solarstrom ins öffentliche Netz, sodass keine Einspeisevergütung gezahlt wird. Haushalte mit Nulleinspeisung sind weiterhin ans Stromnetz angeschlossen und beziehen Strom aus dem Netz, wenn die eigene PV-Produktion oder die gespeicherte elektrische Energie nicht reichen. Diese Lösung ist besonders bei fehlender Einspeisevergütung oder begrenztem Netzanschluss sinnvoll, beispielsweise bei Einspeisesperre wegen ungenügendem Netzausbau beziehungsweise Netzüberlastung.

Ein **Hybridwechselrichter** ist ein multifunktionaler Wechselrichter, der die Funktionen eines PV-Wechselrichters (Solar-DC zu Haushalts-AC) und eines Batterie-Wechselrichters (Batterie-DC zu Haushalts-AC und umgekehrt) in einem Gerät vereint. Das macht einen zusätzlichen Batteriewechselrichter überflüssig. Ein Hybridwechselrichter ist somit optimal für PV-Neuanlagen mit geplantem oder später nachrüstbarem Speicher.

Während ein **PV-Wechselrichter** MPPT durchführt, beispielsweise durch das Durchfahren der PV-Modulkennlinie vom Leerlauf bis zum Kurzschluss, würde dies beim Anschluss einer Batterie an einen solchen Wechselrichter zu dessen sofortiger Zerstörung führen, da im Kurzschlussfall extrem hohe Ströme an der Batterie aufträten.

IN DIESEM KAPITEL ...

Speichertechnologien

Kurzzeit- versus Langzeitspeicherung

Preisentwicklung, Lebensdauer, Konzepte

Kapitel 10
Speichersysteme

Elektrizität aus erneuerbaren Energien, wie von einer Solaranlage, steht nicht immer genau dann zur Verfügung, wenn sie benötigt wird. Dieses Phänomen fällt bei größeren Zeitintervallen unter den Begriff *Dunkelflaute*: Es scheint weder die Sonne noch weht ein Wind, es wird aber natürlich trotzdem elektrische Energie benötigt. Glücklicherweise existieren inzwischen Möglichkeiten, um auch in diesen Zeiten Energie aus erneuerbaren Quellen zu erhalten. Dies kann mit Speichern realisiert werden, die die wechselnd verfügbare Energie aus erneuerbaren Quellen zwischenspeichern und dann abgeben, wenn sie benötigt wird. In dem folgenden Kapitel werden Sie Speichersysteme kennenlernen, die geeignet sind, Energie für Stunden, Tage oder Wochen zu speichern.

Batteriespeicher

In den letzten Jahren haben sich Batteriespeicher (beziehungsweise elektrische Akkumulatoren, kurz: Akkus), also Speicher, welche die photovoltaisch erzeugte Energie elektrochemisch speichern, enorm verbilligt.

Der Begriff »Batteriespeicher« wird in der Solartechnik inzwischen hauptsächlich benutzt, auch wenn »Akkumulator« der technisch korrekte Ausdruck wäre. Batterien lassen sich eigentlich nicht wieder aufladen. Wir nutzen hier aber auch den üblichen Begriff »Batteriespeicher«.

Batterien beziehungsweise Akkus finden sich inzwischen in vielen Speichersystemen wieder. Insbesondere in Speichern für den selbst erzeugten Solarstrom kommen sie in vielen Haushalten zum Einsatz. Nutzt man eine Batterie, so braucht man sein Verhalten bezüglich des elektrischen Verbrauchs nicht der aktuellen Verfügbarkeit von Solarstrom anzupassen. Die Batterie speichert die Energie aus der Solaranlage und stellt sie zur Verfügung, wenn sie benötigt wird. Mit Batterien lässt sich die Energie eines Haushalts für mehrere Stunden oder Tage speichern. Man spricht von sogenannten Kurzzeitspeichern. Eine saisonale oder

Langzeitspeicherung, um die elektrische Energie vom Sommer im Winter zur Verfügung zu stellen, ist aufgrund der großen benötigten Speicherkapazität (zumindest derzeit) mit Batterien noch zu kostspielig.

Mit einer Batterie lässt sich der *Autarkiegrad* eines Haushalts erhöhen. Unter dem Autarkiegrad versteht man den prozentualen elektrischen Energieanteil, den man mit der eigenen Solaranlage decken kann.

$$\text{Autarkiegrad} = \frac{\text{Eigenenergieverbrauch}}{\text{Gesamtenergieverbrauch}}$$

Mit einem Batteriespeicher kann der Bedarf an elektrischer Energie in den Abend- und Nachtstunden durch gespeicherten Strom gedeckt werden. Während ohne Batteriespeicher ein typischer Autarkiegrad bei etwa 30 % liegt, lassen sich mit einem Batteriespeicher tagesweise häufig bis zu 100 % erreichen.

Ein Batteriesystem (*Battery Energy System* – BES) besteht aus einer Reihe von elektrochemischen Zellen, einem Laderegler, einer Spannungsanpassung und dem Batteriemanagementsystem (*Battery Management System* – BMS), siehe Abbildung 10.1.

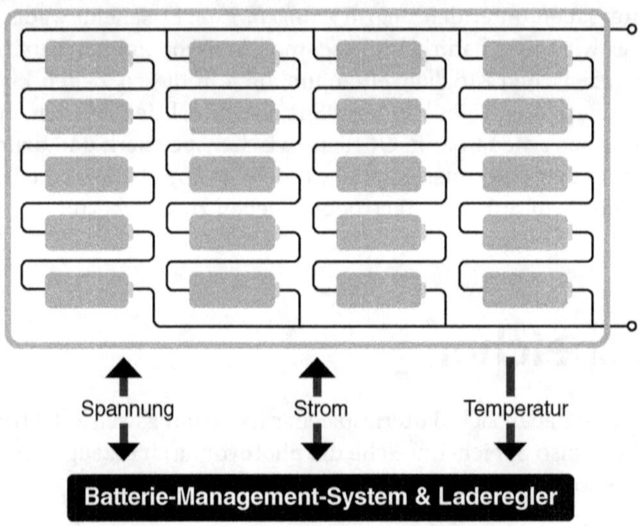

Abbildung 10.1: Aufbau eines Batterieenergiesystems (BES): Batteriezellen, Laderegler und Batteriemanagementsystem (BMS).

Der Laderegler steuert das Be- und Entladen der Batterie, sodass diese weder über- noch unterladen wird, was zu verkürzten Lebensdauern einer Batterie führen würde. Die Spannungsanpassung des DC-DC-Wandlers sorgt dafür, dass die Batterien mit der richtigen Spannung geladen werden. Eine einzelne Batteriezelle hat je nach Materialzusammensetzung eine Spannung zwischen 2 und 4 V. Um höhere Spannungen zu erreichen, werden die einzelnen Batteriezellen in Reihe geschaltet. Zum Teil, aber eher selten, werden zusätzlich mehrere von den in Reihe geschalteten Batteriesystemen parallel geschaltet. So lässt sich auch der Strom des Systems erhöhen. Dieses System wird als *Batterie-Pack* bezeichnet. Das *Batteriemanagementsystem* überwacht das Batteriesystem. Es stellt sicher, dass die einzelnen Batteriemodule gleichmäßig ge- beziehungsweise entladen werden. Es überwacht den Ladezustand und die Temperatur des Batteriesystems. Ein Batteriemanagementsystem kommuniziert zudem mit externen Geräten oder Systemen und liefert Echtzeitinformationen über den Zustand des Systems, insbesondere den Ladezustand (*State of Charge* – SoC) der Batterie. Auf diese Weise gewährleistet ein Batteriemanagementsystem eine maximale Leistung, einen sicheren und zuverlässigen Betrieb und eine optimale Lebensdauer unter verschiedenen Lade- und Entlade- sowie Umweltbedingungen.

Da die maximale Ladespannung temperaturabhängig ist, verfügen Batteriemanagementsysteme über Temperatursensoren, die thermisch gut in der Mitte des Batteriesystems angebracht sind. Die Temperaturüberwachung spielt auch für die Sicherheit eines Batteriesystems eine wichtige Rolle.

Häufig befindet sich in dem Batteriesystem auch ein Lüfter, um die Batterie bei Bedarf aktiv kühlen zu können. Hierbei ist beim Einbau dafür Sorge zu tragen, dass der Ventilator oder der Luftstrom nicht blockiert werden – etwa durch Verschmutzungen oder Insekten. Neben dem Batteriemanagementsystem gibt es meist noch Untersysteme, welche nicht nur die Batterie insgesamt, sondern auch die einzelnen Zellen überwachen und gegebenenfalls für einen Ladungsausgleich zwischen einzelnen Zellen sorgen. Man spricht dabei von sogenannten *Balancern*. Diese verlängern die Lebensdauer der Batterie erheblich, da ansonsten vorgeschädigte Zellen kaum mehr vollständig geladen werden, sondern fast ständig entladen sind, was deren Lebenserwartung zusätzlich reduziert. Voraussetzung für solche *Balancer* sind – neben dem eigentlichen Zellmanagementsystem – natürlich auch extra Anschlüsse sowie Kabel für jede einzelne Zelle.

Batteriekennwerte

Eine Batterie ist eine Konstantspannungsquelle mit einer bestimmten Nennspannung. Diese hängt von der Zellchemie und der Anzahl der in Reihe geschalteten Batteriezellen ab. Dieser Wert ist nicht als Maximalwert zu verstehen, sondern als nominaler Wert für den typischen Betrieb. Die Nennspannung ist nicht unbedingt die tatsächliche Spannung im Betrieb. Sie dient vielmehr als standardisierter Wert zur Klassifizierung und zum Vergleich von Batterien. Typische Werte für die Nennspannung eines Batteriesystems sind 12 V, 24 V oder 48 V.

Die tatsächliche Spannung kann etwas höher oder tiefer liegen und hängt unter anderem von dem aktuellen Ladezustand und der Temperatur ab. Eine voll geladene Batterie hat eine etwas höhere Spannung als die Nennspannung. Beim Entladen nimmt die Spannung der Batterie dann ab und sinkt unter Umständen unter die Nennspannung (normalerweise nur bei starker Entladung). Früher verwendete man diese Spannung zur Kontrolle des Ladezustands, insbesondere bei Blei-Säure-Batterien. Allerdings ist diese Methode ungenau, da die Spannung auch von der unmittelbaren Vorgeschichte abhängt (wurde kurz vorher geladen oder entladen?).

In einer Batterie ist eine bestimmte Menge an elektrischer Ladung gespeichert, die sie an einen Verbraucher abgeben kann. Ihr Maximalwert wird als Batteriekapazität bezeichnet und wird bei Batterien meist in *Amperestunden* (Ah) gemessen. Sie gibt an, wie lange eine Batterie einen bestimmten Strom liefern kann. Hierauf bezieht sich auch der sogenannte Coulomb'sche Wirkungsgrad η_C (oder Ah-Wirkungsgrad) einer Batterie: Er ist das Verhältnis aus abgegebenen Ah und durch Ladung aufgenommenen. Da die Ladespannung höher als die Entladespannung ist, finden zusätzlich Verluste statt, die in diesem Wirkungsgrad nicht berücksichtigt sind. Es ergibt sich der Spannungswirkungsgrad $\eta_U = Entladespannung/Ladespannung$. Der gesamte (energetische) Wirkungsgrad η_E ergibt sich somit zu $\eta_E = \eta_C \cdot \eta_U$.

Oftmals wird nur der Coulomb'sche Wirkungsgrad in den Datenblättern angegeben – dadurch kann es zu einer Fehlauslegung in einem System kommen, wenn der Spannungswirkungsgrad des Speichers nicht zusätzlich mitberücksichtigt wird.

Die gespeicherte Energie einer Batterie wird typischerweise in kWh angegeben. Sie errechnet sich, indem man die Nennspannung mit der Batteriekapazität multipliziert.

Eine Batterie mit einer Batteriespeicherkapazität von 10 Ah kann eine Stromstärke von 10 A über eine Stunde liefern. Sie kann aber auch über 10 h eine Stromstärke von 1 A liefern. In beiden Fällen wird die gleiche Ladungsmenge geliefert. Beträgt die Nennspannung der Batterie 48 V, so kann eine Energie von 480 Wh gespeichert werden.

Das obige Beispiel stimmt nicht ganz: Bei höheren Strömen (sowohl bei der Ladung als auch bei der Entladung) sinkt die Effizienz eines Batteriespeichers. Das heißt, Sie können weniger kWh entnehmen, als Sie hineingesteckt haben.

Wird die Batterie entladen, so ändert sich der Ladungszustand (*State of Charge*, kurz SoC), dieser gibt das Verhältnis der noch vorhandenen Energie zur maximal möglichen gespeicherten Energie an:

$$\mathrm{SoC} = \frac{E_{\mathrm{Batterie}}}{E_{\mathrm{Batterie,max}}}$$

Gelegentlich wird statt des SoC auch der Stand der Entladung angegeben. Er wird als *Depth of Discharge* (DoD) bezeichnet.

Der Wirkungsgrad einer Batterie ist definiert als das Verhältnis der möglichen abgegebenen Energie E_{ab} zu der dafür zugeführten Energie E_{ein}:

$$\eta_{\mathrm{Bat}} = \frac{E_{\mathrm{ab}}}{E_{\mathrm{ein}}}$$

Die Wirkungsgrade der Batterien hängen stark von den Batterietypen ab. Während Batterien auf Lithium-Basis einen Wirkungsgrad von bis zu 95 % erreichen, haben Batteriesysteme auf Blei-Säure-Basis lediglich einen Wirkungsgrad von bis zu 85 %. Lädt man eine Blei-Säure-Batterie etwa mit 1 kWh, so kann man ihr lediglich 850 Wh entnehmen.

Ladekapazität und Leistung einer Batterie nehmen mit der Zeit ab. Dabei unterscheidet man die kalendarische Alterung von der zyklischen. Die kalendarische Alterung beschreibt den allmählichen Abbau von Leistung und Kapazität über die Zeit, unabhängig von der Nutzung. Sie wird durch die Temperatur und dauerhaft hohe oder niedrige Ladungszustände beeinflusst. Die Lebensdauer einer Batterie bezüglich der kalendarischen Alterung wird in Jahren angegeben. Die zyklische Alterung hängt von der Zahl der durchgeführten Lade- und Entladezyklen ab. Die Lebensdauer diesbezüglich wird in Zyklen angegeben.

Batterien unterliegen zwei Alterungsmechanismen. Zum einen einer kalendarischen Alterung, die durch das zeitliche Altern der Batterie bestimmt ist. Zum anderen einer zyklischen Alterung, die durch die Häufigkeit des Be- und Entladens bestimmt wird.

Bei der zyklischen Alterung betrachtet man meist Vollzyklen und meint damit, wie häufig eine Batterie vollständig be- und entladen wird. In der Regel wird angegeben, nach wie vielen Vollzyklen die Ladekapazität auf 80 % abgesunken ist. Durch die Ladevorgänge kann es zu einer Ausdünnung des Elektrolyten kommen oder das Elektrodenmaterial wird abgebaut. Auch die Bildung von unerwünschten Kristallen an den Elektroden kann zur zyklischen Alterung beitragen. Wird die Batterie nicht vollständig entladen oder nicht vollständig geladen, spricht man von einem Teilzyklus. Dies beansprucht die Batterien weniger stark, sodass sich die Anzahl der Zyklen erhöht, bis die Ladekapazität auf 80 % gesunken ist.

Integration eines Batteriespeichers in ein Energiesystem

Für den Aufbau in Heimanwendungen existieren zwei Anschlussmöglichkeiten des Batteriesystems, siehe Abbildung 10.2.

Wird die Batterie über einen DC-DC-Wandler direkt an die Gleichstromleitung der Photovoltaikanlage angeschlossen, so spricht man von einer DC-Kopplung. Durch diesen Anschluss kann die elektrische Energie der Photovoltaikanlage direkt in der Batterie gespeichert werden, weil Batterien auch mit Gleichstrom betrieben werden müssen.

Der zugehörige Wechselrichter wird als *Hybridwechselrichter* bezeichnet, weil er den Wechselstrom sowohl aus der DC-Photovoltaikanlage (mit MPPT) als auch aus dem DC-Batteriespeicher erzeugt (keinesfalls mit MPPT). Man spart sich so einen zusätzlichen Batteriewechselrichter, siehe auch Kapitel 9.

Erfolgt das Laden des Batteriespeichers nach der Umwandlung in Wechselstrom, so spricht man von einer AC-Kopplung. Um Wechselstrom in einer Batterie zu speichern, muss dieser über einen AC-DC-Wandler zunächst in Gleichstrom (zurück) umgewandelt werden. Durch die doppelte Umwandlung von Gleichstrom in Wechselstrom und anschließend wieder in Gleichstrom haben diese Systeme tendenziell höhere Verluste. Allerdings kann die Spannungsanpassung bei dem zusätzlichen AC-DC-Wandler besser auf die Batteriespannungen, die wesentlich geringer als die Spannungen an Solaranlagen sind, abgestimmt werden. Deshalb sind die Unterschiede zwischen AC- und DC-gekoppelten Systemen gering. Der Einbau

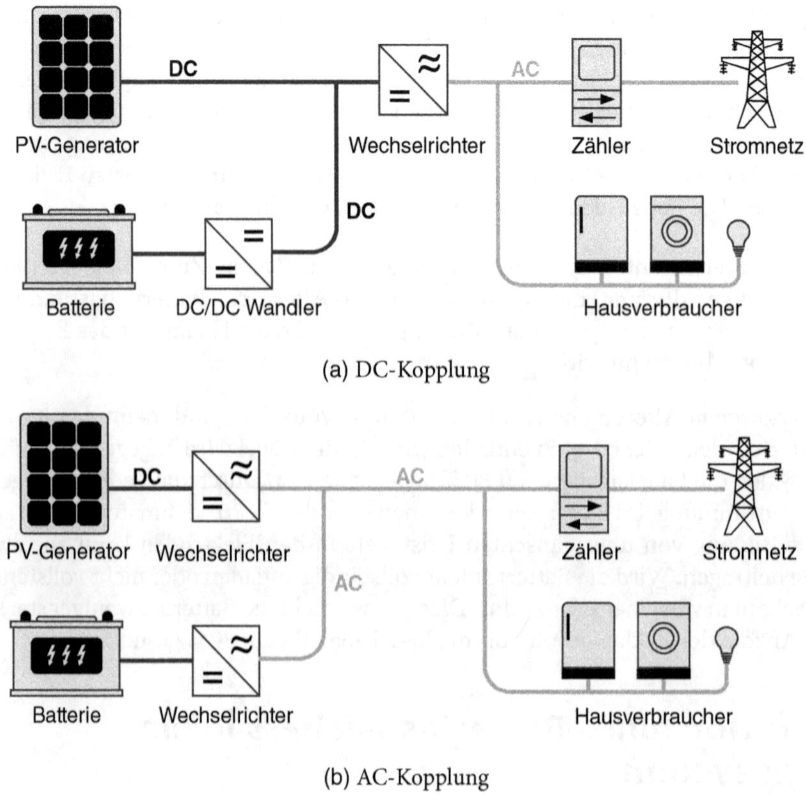

Abbildung 10.2: Aufbau einer netzgekoppelten Photovoltaikanlage mit Batteriespeicher mit DC-Kopplung und AC-Kopplung des Speichers.

eines AC-gekoppelten Systems ist bei einer bestehenden Solaranlage relativ einfach möglich. Ebenso lässt es sich unabhängig von einer Solaranlage installieren. Bei der Neuerrichtung einer PV-Anlage mit Speicher empfiehlt es sich, direkt einen Hybridwechselrichter zu installieren, der auf DC-Kopplung basiert. Zum einen fließt der Strom als Wechselstrom direkt zu den Verbrauchern, zum anderen als Gleichstrom in den Batteriespeicher.

In den folgenden Abschnitten werden die derzeit gängigsten Batteriespeicher besprochen.

Blei-Säure-Batterien

Blei-Sulfid-Säure-Batterien, auch Blei-Säure-Batterien genannt, wurden bereits 1859 von dem französischen Physiker Gaston Planté erfunden. Sie bildeten über viele Jahre hinweg den am häufigsten eingesetzten wiederaufladbaren Batterietyp. Wie bei allen wiederaufladbaren Batterien wandeln Blei-Säure-Batterien beim Aufladen elektrische Energie in chemische Energie um. Beim Entladen wird die chemische Energie wieder in elektrische Energie zurückverwandelt, siehe Abbildung 10.3.

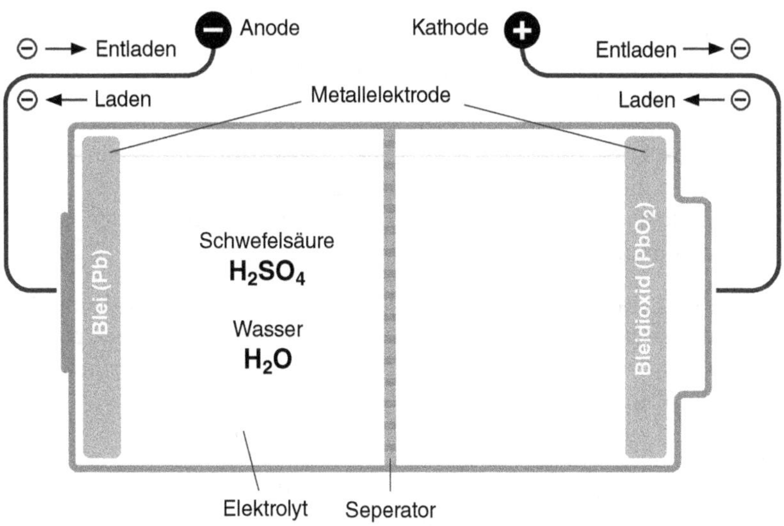

Abbildung 10.3: Schematische Darstellung einer Blei-Säure-Batterie mit einer Blei- und einer Bleioxid-Elektrode.

Der Elektrolyt einer Blei-Säure-Batterie ist verdünnte Schwefelsäure, H_2SO_4. Der negative Pol besteht aus Blei, Pb, der positive Pol aus Bleioxid, PbO_2. Am negativen Pol werden beim Entladen Elektronen freigesetzt:

$$\text{negative Elektrode} : \quad Pb + SO_4^{2-} \underset{\text{Laden}}{\overset{\text{Entladen}}{\rightleftharpoons}} PbSO_4 + 2e^-$$

Diese fließen über den äußeren Stromkreis ab. Während der chemischen Reaktion reagiert das Blei der Elektrode zu Bleisulfat. Dieses schlägt sich auf der Elektrode nieder. An der positiven Elektrode reagieren die Elektronen mit dem Bleioxid:

$$\text{positive Elektrode} : \quad PbO_2 + 2\,H_2SO_4 + 2\,e^- \underset{\text{Laden}}{\overset{\text{Entladen}}{\rightleftharpoons}} PbSO_4 + 2\,H_2O$$

Auch hier entsteht Bleisulfat an der Elektrode. Wird der Bleiakku zu tief entladen, so bildet sich kristallines Bleisulfat, welches von der Elektrode abbröckelt und sich am Boden der Batterie sammelt. Man spricht von *Sulfatierung*. Durch diesen Prozess altern Blei-Säure-Batterien rasch, weshalb insbesondere bei diesem Typ von Batteriespeicher Tiefentladungen vermieden werden sollten. Wird eine Blei-Säure-Batterie regelmäßig auf etwa 30 % ihrer Kapazität entladen, so sinkt die Ladekapazität bereits nach 300 Zyklen auf unter 80 % ab. Der Prozess tritt auch auf, wenn eine Batterie zu lange in entladenem Zustand gelagert wird, wenn sie nie vollständig geladen wird oder wenn der Elektrolytstand aufgrund von übermäßigem Wasserverlust durch Überladung oder Verdampfung ungewöhnlich niedrig geworden ist. Oft kann die Sulfatierung durch sehr langsames Laden bei einer höheren Spannung als normal etwas rückgängig gemacht werden.

Aufpassen: Die Begriffe *Anode* und *Kathode* beziehen sich stets auf die Richtung der Elektronenbewegung und sind daher abhängig davon, ob die Batterie gerade geladen oder entladen wird.

- Beim **Entladen** ist die Anode der Minuspol und die Kathode der Pluspol. Elektronen fließen von der Anode zur Kathode: Die Anode gibt beim Entladen Elektronen ab (Oxidation), während die Kathode Elektronen aufnimmt (Reduktion).
- Beim **Laden** kehrt sich die Polarität um: Die Anode wird zum Pluspol und die Kathode zum Minuspol. Beim Laden nehmen die Elektroden ihre Funktionen wie bei der Elektrolyse ein: Die Anode ist beim Laden positiv, die Kathode negativ.

Beim Laden der Batterie wird das Bleisulfat an den Elektroden abgebaut und die Sulfat-Ionen lösen sich im Elektrolyten. Durch den Anstieg der Sulfatkonzentration steigt auch die Dichte im Elektrolyten. Deshalb lässt sich mit einem einfachen Dichtemessgerät der Ladezustand der Batterie bestimmen. Tabelle 10.1 zeigt die Abhängigkeit des Ladezustands, SoC, einer Batterie von der Dichte der Schwefelsäure.

Ladezustand (SoC)	**100 %**	**75 %**	**50 %**	**25 %**	**0 %**
Dichte in kg/l	1,26	1,22	1,19	1,15	1,12

Tabelle 10.1: Abhängigkeit des Ladezustands (SoC) von der Dichte der Schwefelsäure.

Entladende Blei-Säure-Batterien haben einen geringeren Anteil an Schwefelsäure in ihrem Elektrolyten und dafür mehr Wasser – das macht die Batterie wesentlich frostempfindlicher. Im Winter sollten deshalb Blei-Säure-Batterien stets nur geladen nach draußen gebracht werden.

Ist die Batterie voll geladen und wird die Ladespannung weiter erhöht, so kommt es an den Elektroden zur Elektrolyse von Wasser. Dies wird als *Gasung* bezeichnet. An der positiven Elektrode bildet sich Sauerstoff, an der negativen Elektrode Wasserstoff, sodass eine Knallgasexplosion droht. Bei Batterien dieses Typs sollte darum auf gute Durchlüftung des Aufstellungsraumes geachtet werden, um kritische Gaskonzentrationen zu vermeiden. Da sich die Gasung nicht komplett vermeiden lässt, müssen Blei-Säure-Batterien regelmäßig mit destilliertem Wasser nachgefüllt werden. Teilweise sind sogenannte *Rekuperationsstopfen* in Gebrauch, welche die Gase wieder zurück in Wasser verwandeln und an die Batterie zurückführen. Dadurch werden die Batterien wartungsfrei. Auch gibt es geschlossene Blei-Säure-Batterien, deren Elektrolyt zu Gelform verdickt ist. Dadurch müssen sie nicht ausschließlich senkrecht betrieben werden. Allerdings ist die Lebensdauer dann gegenüber gut gewarteten konventionellen Blei-Säure-Batterien geringer, da kein destilliertes Wasser mehr nachgefüllt werden kann.

Da die chemischen Reaktionen an der Oberfläche der Elektroden stattfinden, spielt die Elektrodenform eine wichtige Rolle, um die entsprechenden Reaktionen möglichst effizient zu ermöglichen. Meist wird versucht, möglichst poröse Oberflächen zu erstellen, um eine möglichst große Reaktionsfläche bieten zu können. Die entnehmbare Ladekapazität hängt auch von der Größe des Entladestroms ab. Je höher der Entladestrom (beziehungsweise je länger es dauert, bis das System entladen ist), desto geringer ist die entnehmbare Ladekapazität, weil die in den Elektroden gebildeten Bleisulfate eine weitere Reaktion verhindern, siehe Abbildung 10.4. Deshalb wird die Nennkapazität einer Blei-Säure-Batterie auch immer für einen bestimmten Entladestrom angegeben. C_{10} gibt beispielsweise die Kapazität an, wenn der Entladestrom so gewählt wird, dass die Batterie in 10 Stunden entladen ist. Auch die Temperatur beeinflusst die Ladekapazität einer Blei-Säure-Batterie. So ist die Kapazität bei 0 °C etwa 20 % geringer als bei einer Temperatur von 25 °C, siehe ebenfalls Abbildung 10.4.

Man könnte jetzt meinen, durch eine Temperaturerhöhung käme man einfach zu höheren Kapazitäten. Dies trifft teilweise auch zu, aber gleichzeitig reduziert eine Temperaturerhöhung die Lebensdauer enorm: Faustregel: 10 Grad mehr halbieren die Lebensdauer!

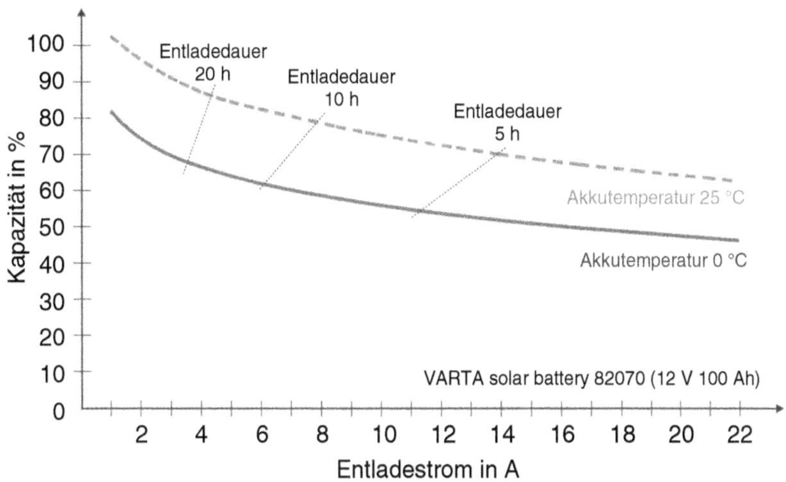

Abbildung 10.4: Entnehmbare Kapazität eines typischen Blei-Säure-Akkus in Abhängigkeit vom Entladestrom (als Dauer bis zur völligen Entladung in Stunden (h) angegeben) und der Betriebstemperatur (0 °C und 25 °C). Quelle: Datenblatt Varta.

Während die Kapazität etwas erhöht wird, reduziert sich die Lebensdauer von Batteriesystemen bei Temperaturerhöhung erheblich, wie dies in Abbildung 10.5 ersichtlich ist: Dargestellt sind neben den Blei-Säure-Batterien auch Nickel-Cadmium-Akkus (NiCd-Akkus), die zwar eine geringere Temperaturempfindlichkeit haben, aber etwa doppelt so teuer wie Blei-Säure-Batterien sind.

Bei Blei-Säure-Batterien tritt eine relativ starke *Selbstentladung* von etwa 9 % pro Monat auf, wenn sie bei 25 °C gelagert werden. In der Batteriezelle finden nämlich elektrochemische Reaktionen statt, die auch ohne externe Verbraucher zu Entladung führen. Bei höheren Temperaturen steigt die Selbstentladungsrate noch weiter an. Dies kann man Abbildung 10.6 entnehmen.

Während das Energie-Volumen-Verhältnis einer Blei-Säure-Batterie akzeptabel ist, ist das Energie-Gewichts-Verhältnis im Vergleich zu anderen Batterietypen eher niedrig. Blei-Säure-Batterien können hohe Stoßströme liefern (beispielsweise für den Anlasser von

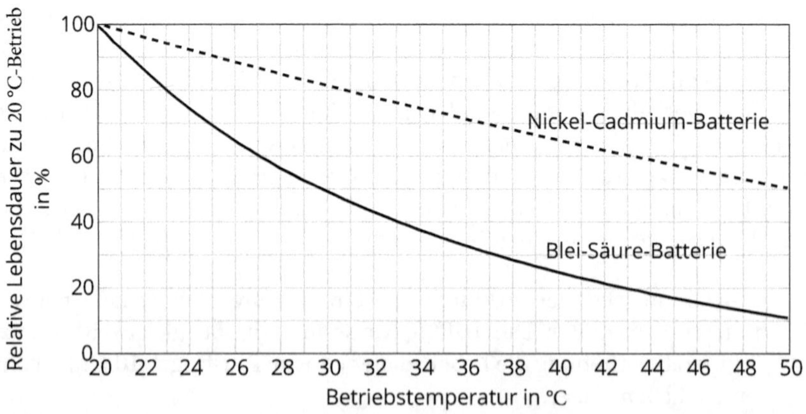

Abbildung 10.5: Relative Abnahme der Lebensdauer von Blei-Säure- und von Nickel-Cadmium-Batterien bei Temperaturerhöhung, ausgehend von einem Basisfall bei 20 °C.

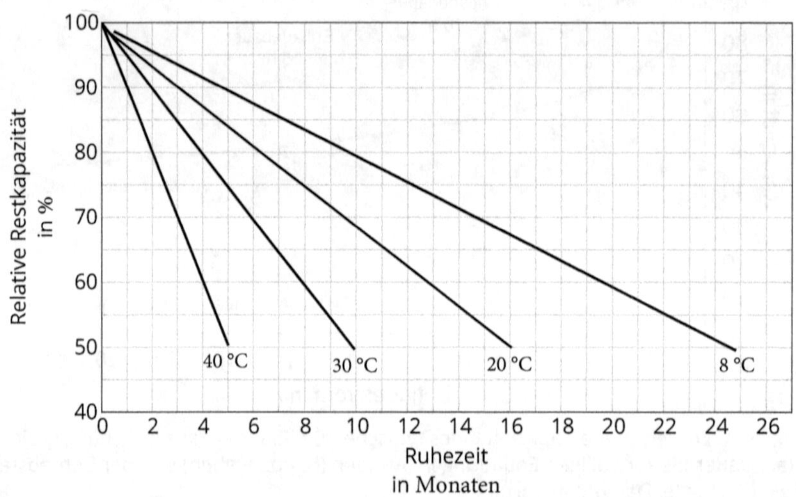

Abbildung 10.6: Selbstentladung über die Zeit eines typischen Blei-Säure-Akkus bei verschiedenen Temperaturen.

Benzin- und Dieselmotoren), haben aber meist eine geringe Zyklenlebensdauer von unter 2000 Zyklen. Die Lebensdauer hängt von der Bauart der Batterie sowie stark von der relativen Entladetiefe ab. Dies wird in Abbildung 10.7 gut veranschaulicht.

Jede Batteriezelle hat eine Nennspannung von 2 V, die durch eine Reihenschaltung von mehreren Batteriezellen erhöht werden kann. Bei Batterien mit einer Nennspannung von 12 V sind demnach sechs Batteriezellen in Reihe geschaltet.

Weil Blei-Säure-Batterien schon so lange auf dem Markt sind, haben sie sich ein weites Anwendungsfeld erschlossen. Ihre bekannteste Anwendung ist die als Starterbatterie in einem Pkw mit Verbrennungsmotor. Diese Batterie ist für kurze Entladezeiten und hohe

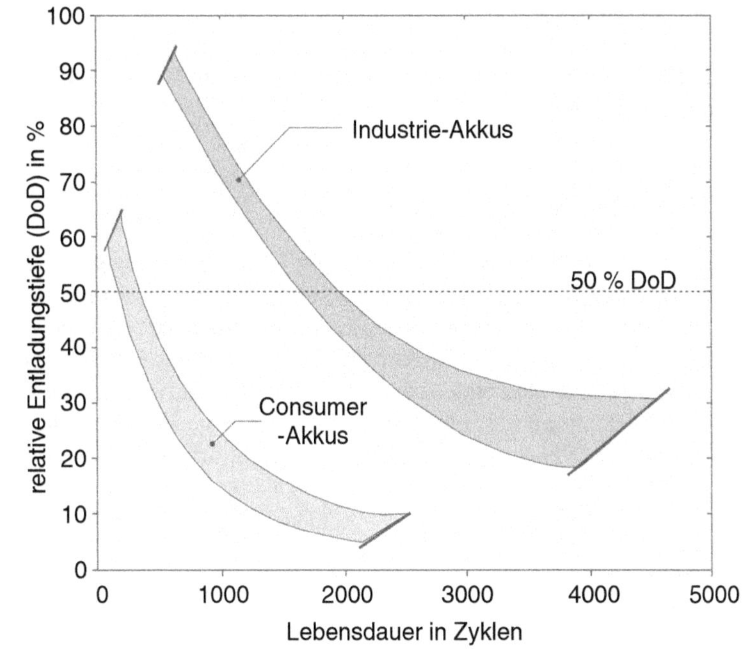

Abbildung 10.7: Anzahl der Lade-Entladezyklen (äquivalente Vollzyklen) von Blei-Säure-Batterien in Abhängigkeit von der relativen Entladetiefe (DoD). Dargestellt sind zwei unterschiedliche Akkutypen: stationäre Industriebatterien und einfache Massenware.

Leistungen, aber nicht für viele Zyklen mit tiefen Entladungen ausgelegt. Damit die Lebensdauer akzeptabel bleibt, sollte die maximale Entladung nicht über 50 % liegen. Wird dieser Batterietyp für längere Zeit außer Betrieb genommen, so sollte er regelmäßig nachgeladen werden. Obwohl diese Autobatterien nicht unbedingt für eine photovoltaische Anwendung geeignet sind, werden sie immer noch wegen ihrer weiten Verbreitung und Verfügbarkeit eingesetzt.

Industriebatterien werden sowohl für kleinere elektrische Nutzfahrzeuge wie Gabelstapler, als auch für stationäre Anwendungen eingesetzt. Bei diesen Anwendungen sollten die Batterien tiefer entladen werden können und die Zyklenlebensdauer erhöht sein. Dies ist durch die Verwendung dickerer Platten ohne Struktur und röhrenförmiger Elektroden möglich. Die aktive Masse in der Röhrenbatterie ist mit einem Kunststoffschutz versehen, um ein Abfallen der Masse zu verhindern. Der röhrenförmige Typ wird häufig auch für Solaranwendungen verwendet, da seine spezifischen Kosten relativ niedrig sind.

Für die Photovoltaik wurden auch spezielle Typen von Blei-Säure-Batterien entwickelt. Ähnlich wie bei Industriebatterien haben diese dickere Elektroden, die zum Teil in sogenannte Taschenseparatoren eingebettet sind, um die Zyklenzahl und die tolerierbare Entladetiefe zu erhöhen. Die Taschenseparatoren sorgen dafür, dass die einzelnen Elektroden zusammengehalten werden und so keine elektrochemisch aktive Masse verloren geht. Damit wird die Sulfatisierung reduziert und dadurch verursachte Kurzschlüsse werden vermieden. Durch den Einsatz antimonfreier Legierungen können die Gasbildung und somit auch die Selbstentladung reduziert werden. Bei Blei-Gel-Batterien ist die Schwefelsäure durch Zugabe von Kieselsäure gebunden und die Batterie ist verschlossen. Dadurch ist sie völlig wartungsfrei, da keine Zugabe von Wasser mehr nötig ist.

Lithium-Ionen-Batterie

Inzwischen haben sich Solarbatterien auf Basis von Lithium durchgesetzt. Ihren Durchbruch erlangten sie zunächst in kleinen elektrischen Geräten wie Kameras, Handys und vor allem Smartphones. Aufgrund ihrer hohen Ladekapazität setzten sie sich dann auch in den Elektromobilen durch und in der Folge auch als Solarspeicher. Bei den ersten Lithium-Ionen-Batterien bestand eine Elektrode aus metallischem Lithium. Da metallisches Lithium extrem reaktionsfreudig ist und sich selbst entzünden kann, wurden die Elektroden modifiziert. Abbildung 10.8 zeigt den Aufbau einer heutigen Lithium-Ionen-Batterie.

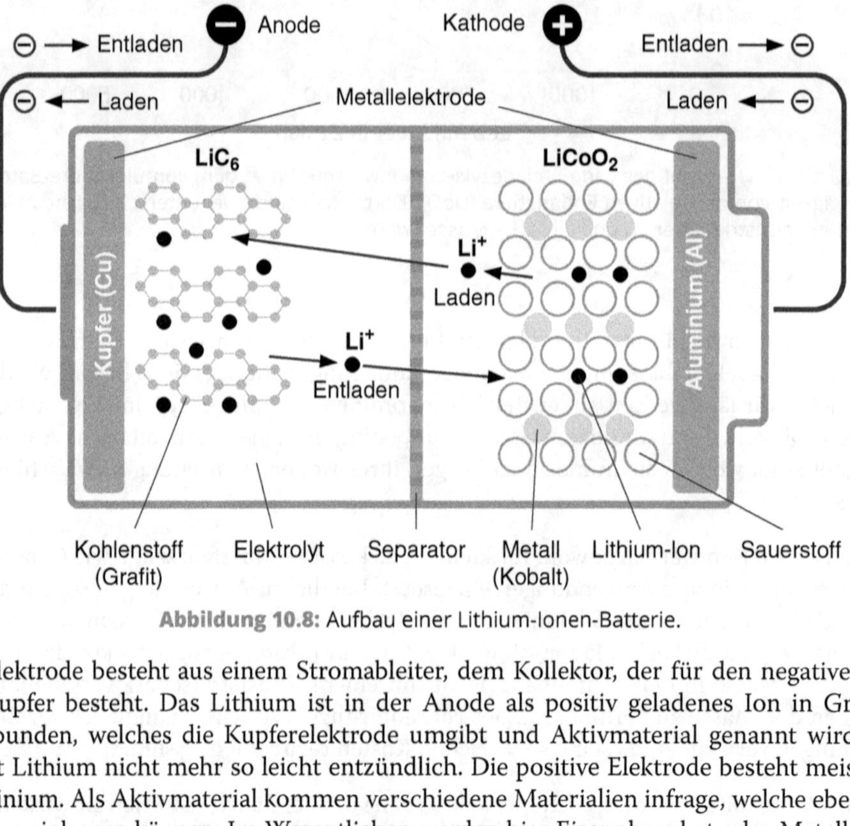

Abbildung 10.8: Aufbau einer Lithium-Ionen-Batterie.

Die Elektrode besteht aus einem Stromableiter, dem Kollektor, der für den negativen Pol aus Kupfer besteht. Das Lithium ist in der Anode als positiv geladenes Ion in Graphit eingebunden, welches die Kupferelektrode umgibt und Aktivmaterial genannt wird. Als Ion ist Lithium nicht mehr so leicht entzündlich. Die positive Elektrode besteht meist aus Aluminium. Als Aktivmaterial kommen verschiedene Materialien infrage, welche ebenfalls Lithium einlagern können. Im Wesentlichen werden hier Eisenphosphat oder Metalloxide aus Mangan, Nickel oder Kobalt eingesetzt. Der genaue Name einer Lithium-Ionen-Batterie bezieht sich auf die spezielle Zusammensetzung der positiven Elektrode. Die Batterie besteht nun noch aus dem Lithium-Ionen leitenden Elektrolyten und einem Separator, der sicherstellt, dass sich die Elektroden nicht berühren und nur Lithium-Ionen an die jeweils andere

Elektrode gelangen können. Als Elektrolyt kommt hauptsächlich Lithiumhexafluorophosphat $LiPF_6$ zum Einsatz. Wichtig ist, dass dieser Elektrolyt nicht mit Wasser in Berührung kommt. Ansonsten bildet sich hochgiftige Flußsäure, HF.

Im geladenen Zustand sind die Lithium-Ionen am negativen Pol in den Graphitschichten eingelagert. Beim Entladen werden an diesem negativen Pol Elektronen generiert:

$$\text{negative Elektrode}: \quad LiC_6 \underset{\text{Laden}}{\overset{\text{Entladen}}{\rightleftharpoons}} Li^+ + e^- + 6\,C$$

Diese fließen über den äußeren Stromkreis ab. Die Lithium-Ionen gelangen durch den Separator und lagern sich in das Metalloxid ein:

$$\text{positive Elektrode}: \quad FePO_4 + Li^+ + e^- \underset{\text{Laden}}{\overset{\text{Entladen}}{\rightleftharpoons}} LiFePO_4$$

Beim Laden der Batterie laufen die Reaktionen in der umgekehrten Richtung ab. Die Spannung der einzelnen Batteriezellen ergibt sich aus der Potenzialdifferenz der Aktivmaterialien. Dieser hängt wie bei den Blei-Säure-Batterien auch vom Ladezustand der Batterie ab. Für die heute gebräuchlichste Form der Batteriezellen mit Lithium-Eisen-Phosphat ergibt sich für einen weiten Ladungsbereich eine Spannung von 3,3 V. Dieses Material ist ungiftig und günstiger als viele Metalloxide. Ebenso können fast alle Lithium-Ionen zur Energiespeicherung genutzt werden, was zu einer relativ hohen Ladungsdichte für diesen Batterietyp führt.

Wenn die Batterie thermisch, mechanisch oder elektrisch überlastet wird, kann es zu einem Ausgasen oder im schlimmeren Fall zu einem Brand des Akkus kommen und die Batteriesicherheit ist nicht mehr gegeben. Dabei kann dann das Material der Elektroden mit dem Elektrolyten reagieren und es können giftige Gase und Flüssigkeiten freigesetzt werden. Ein mechanisch stabiler Aufbau sorgt dafür, dass es selbst beim Öffnen der Batterie nicht zu einem Brand kommen kann. Ebenso spielt das Batteriemanagement in der Überwachung der Batterie eine wichtige Rolle. Die Batterie wird abgeregelt, wenn kritische Batteriezustände erreicht werden. Durch Alterung oder Überladung kann sich metallisches Lithium bilden, welches durch den Separator hindurchwächst und so zu einem Kurzschluss führen kann. Deshalb spielt auch die Steuerung der Ladung der Batterie eine wichtige Rolle. Zu Beginn der Ladung wird der Ladestrom begrenzt, bis eine bestimmte Spannung der Batterie erreicht ist. Im Anschluss wird dann die Spannung konstant gehalten, bis die Batterie den gewünschten Ladezustand erreicht hat.

Alterung

Die Alterung und damit die Lebensdauer von Lithium-Batterien hängt von mehreren Parametern ab. Man spricht von der sogenannten *kalendarischen Alterung*, wenn die Lithium-Batterie altert und an nutzbarer Kapazität verliert, obwohl sie überhaupt nicht genutzt wird. Der Kapazitätsverlust hängt von der Temperatur und stark vom ursprünglichen Ladezustand der Batterie ab. Die RWTH in Aachen hat dazu einige Untersuchungen angestellt.

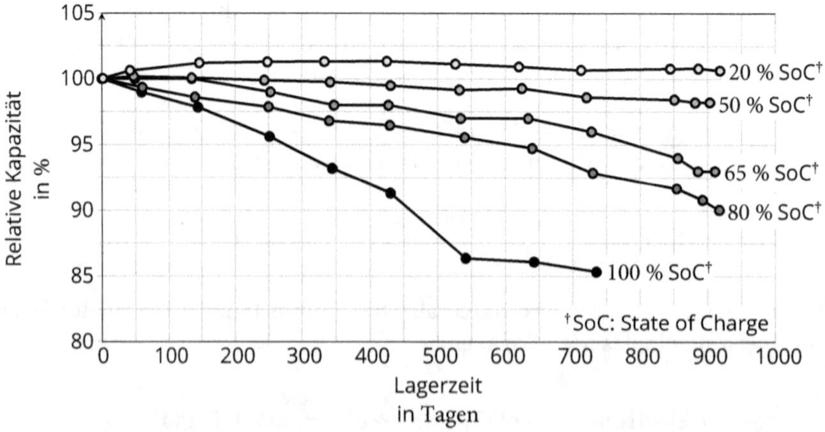

Abbildung 10.9: Abhängigkeit der kalendarischen Alterung vom Ladezustand, State of Charge (SoC), bei Beginn der Lagerung; Quelle: Nach Kairies, 2019.

Abbildung 10.9 zeigt, dass die geringste kalendarische Alterung dann erreicht wird, wenn sich der Ladezustand, SoC, im mittleren bis unteren Bereich bewegt. Deshalb sollte man Lithium-Ionen-Akkus über längere Zeit bei einem mittleren SoC von 20 bis 50 Prozent lagern. Dies ist gerade anders als bei Blei-Säure-Batterien, welche die höchste kalendarische Lebensdauer im vollgeladenen Zustand erreichen.

Einen wichtigen Einfluss auf die kalendarische Lebensdauer hat auch die Temperatur. Die Reaktionsgeschwindigkeit von chemischen und elektrochemischen Prozessen hängt stark von der Temperatur ab. Eine Erhöhung der Temperatur um 10K halbiert die kalendarische Lebensdauer. Deshalb ist es vorteilhaft, die Batterien möglichst kühl zu lagern und zu betreiben. Häufig gelten deshalb die Lebensdauergarantien nur für einen vorgegebenen Temperaturbereich.

Ähnlich wie bei Blei-Säure-Batterien wirkt sich eine hohe Entladetiefe negativ auf die zyklische Lebensdauer des Energiespeichers aus. Der Effekt ist nicht ganz so ausgeprägt wie bei Blei-Säure-Batterien, die man deshalb eigentlich nur bis zu einer Entladetiefe, DoD, von 50 Prozent betreiben sollte, darf aber auch bei Lithium-Batterien nicht vernachlässigt werden.

Neben der genutzten Kapazität der Batterie spielt auch eine Rolle, ob eine Teilentladung bei vollem Ladezustand, bei mittlerem Ladezustand oder bei tiefem Ladezustand erfolgt. Für Lithium-Batterien ist ein Betriebsfenster im mittleren Entladebereich ideal.

Kostenentwicklung

Während sich die Kosten von Blei-Säure-Batterien über Jahrzehnte kaum geändert haben (auch weil rund 30 Prozent dieses Batterietyps aus Blei bestehen, was die Kosten dominiert), gab es bei den Lithium-Ionen-Batterien im letzten Jahrzehnt eine signifikante Preissenkung. Dieser Batterietyp ist weniger von den Materialkosten bestimmt, da für 1 kWh Speicherkapazität nur 0,15 kg Lithium benötigt wird, während eine Blei-Säure-Batterie 33 kg Blei je kWh Speicherkapazität benötigt. Preislich liegen Bleiakkus wegen der geringeren nutzbaren Entladetiefe inzwischen sogar über den Preisen von Lithium-Ionen-Batterien. Während im

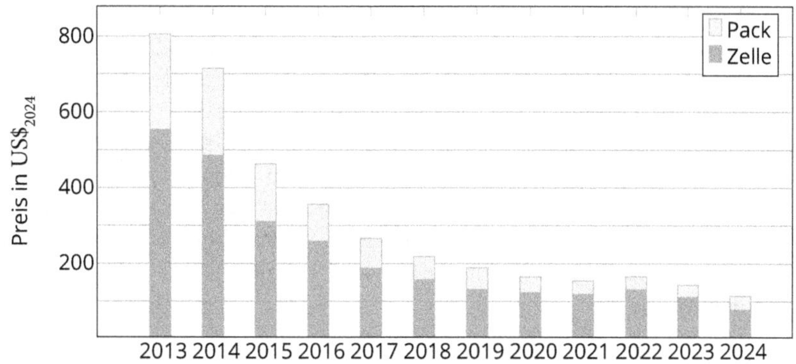

Abbildung 10.10: Entwicklung der Preise von Lithium-Batterien in US-$ (Zelle sowie Akkupack) von 2013 bis 2024 (bei Großabnahme); Quelle: Bloomberg NEF, 2025.

Jahr 2013 1 kWh Speicherkapazität eines Akkupacks noch 400 bis 1100 Euro gekostet hat, sind es heute (2025) nur noch etwa 100 bis 250 Euro, siehe Abbildung 10.10. Es wird sogar erwartet, dass sich der Preis innerhalb der nächsten drei Jahre weiter auf etwa 50 Euro je kWh bei Großprojekten reduzieren wird.

Vergleich der Batterietypen

Tabelle 10.2 stellt wichtige Kenngrößen für Blei-Säure-Batterien und Lithium-Ionen-Batterien einander gegenüber.

	Blei	Lithium
Energiedichte nach Volumen (Wh/l)	70	350
Energiedichte nach Gewicht (Wh/kg)	35	150
energetischer Wirkungsgrad eines Zyklus (%)	85	95
Zyklenanzahl (äqu. Vollzyklen)	800–3000	2000–7000
Selbstentladung (%/Monat)	9	4
übliche Vollladung (%)	100	80
übliche Entladetiefe (%)	50	20
Kosten (Euro/kWh)	150	300

Tabelle 10.2: Vergleich wichtiger Eigenschaften von Blei-Säure- und Lithium-Ionen-Batterien.

Die Energiedichte ist bei einer Lithium-Ionen-Batterie bis zu 5-mal höher als bei Blei-Batterien. Dadurch lassen sich Speichersysteme aufbauen, die ein viel kompakteres Volumen haben. Auch ist der Wirkungsgrad der Lithium-Ionen-Batterien um etwa 10 % höher als der von Blei-Batterien. Besonders wichtig für solare Anwendungen ist aber die Anzahl der Zyklen und die maximale empfohlene Entladetiefe. Weil Blei-Batterien nur etwa zu

50 % entladen werden sollen, um eine sehr kurze Lebensdauer zu vermeiden, halbiert sich deren nutzbare Speicherkapazität entsprechend. Zusammen mit der deutlich niedrigeren Zyklenzahl ergibt sich über die Lebensdauer der Batterie für die Blei-Batterie eine gesamte Speicherkapazität von 500 kWh. Für die Lithium-Ionen-Batterie ergibt sich hingegen eine gesamte gespeicherte Energie von 10 000 kWh, also eine 20-fach größere Energiemenge. Die Kosten für eine gespeicherte Kilowattstunde sind mit einer heutigen Lithium-Ionen-Batterie deutlich günstiger als mit einer Bleibatterie. Erst der Einsatz von Lithium-Ionen-Batterien macht Speichersysteme für Haushalte mit Netzanschluss wirklich interessant, weil die Kosten einer gespeicherten kWh Strom inzwischen unter dem Preis einer kWh von vielen Stromanbietern liegen.

Sicherheit von Batteriespeichersystemen

Tatsächlich haben schon einige Photovoltaiksysteme in Verbindung mit Batteriespeichern Brände ausgelöst. Das Sicherheitsproblem von Batteriespeichersystemen, insbesondere auf Basis von Lithium-Ionen-Batterien, ist nicht zu unterschätzen: Es kann beim Verlassen des sicheren Betriebsfensters von Spannung und Strom für das Laden und Entladen zu einem sogenannten *Thermal Runaway* (*thermisches Durchgehen*) und zur Entstehung von giftigen Gasen, Lichtbögen, Explosionen sowie Bränden kommen. Jedoch wurden in den letzten Jahren sicherheitstechnisch große Fortschritte erzielt: Die Separatoren wurden durch neue Polymertechnologien verbessert. Dadurch wurde die Hitzebeständigkeit deutlich erhöht und so das Wachstum von Lithium-Dendriten, welche interne Kurzschlüsse bewirken, verhindert. Neue Zelltechnologien wie Lithium-Eisen-Phosphat (LFP) und Lithium-Mangan-Eisen-Phosphat (LMFP) bieten mehr Sicherheit durch bessere thermische Stabilität und nur schwach exotherme Reaktionen. Heutige Systeme arbeiten meist auf Lithium-Basis und werden häufig in Wohnumgebungen eingesetzt. Deshalb sollten sie unbedingt die Sicherheitsnormen IEC 62619 und VDE AR 2510-50 einhalten. Diese prüfen die Sicherheit der Zellen und des ganzen Batteriesystems, siehe Tabelle 10.3.

DIN EN 62619 legt die sicherheitstechnische Basis, indem sie die einzelnen Zellen und Module einer Batterie bewertet und damit die Fundamentqualität des gesamten Speichers bestimmt. Die VDE-AR-E 2510-50 betrachtet komplette stationäre Speichersysteme in Wohnumgebungen und stellt Anforderungen an Konstruktion, Software, Schutzschaltungen und Installation. UL 9540A ist ein Prüfstandard aus den USA, der sich speziell mit dem Brand- und thermischen Verhalten von Energiespeichersystemen (ESS) befasst. Er gibt eine Testmethode vor, die prüft, wie ein System im schlimmsten Fall – einem Thermal Runaway – tatsächlich reagiert. Zusammen ergänzen sich die Normen: 62619 stellt die Zellbasis sicher, 2510-50 den sicheren Systemaufbau und UL 9540A liefert den realitätsnahen Nachweis eines sicheren Brandverhaltens. Für hochwertige Heimspeicher gilt deshalb: Ein gutes System erfüllt mindestens 62619 und 2510-50 und hat idealerweise zusätzlich einen 9540A-Test bestanden. Bei der Sicherheit des Gesamtsystems ist neben der mechanischen Konstruktion ein *Batterie-Management-System* (BMS) von entscheidender Bedeutung, welches mit Temperatursensoren und Überladeschutz sowie zellinternen Sicherungen das Batteriesystem steuert.

Kriterium	DIN EN 62619	VDE-AR-E 2510-50	UL 9540A
Zweck	Sicherheitsanforderungen für Lithium-Ionen-Zellen und -Module	Sicherheit und funktionale Anforderungen an komplette stationäre Batteriespeichersysteme	Testmethode zur Bewertung der thermischen Propagation in Batteriespeichersystemen
Ebene	Zelle	Gesamtsystem inkl. BMS, Elektronik, Gehäuse	Gesamtsystem, Fokus auf Brand- und Thermal-Runaway-Verhalten
Schwerpunkte	elektrische und mechanische Sicherheit, Überladung, Kurzschluss, Zellenhalten	Konstruktion, Risikoanalyse, BMS-Funktionen, Installation, Propagation auf Systemebene	thermische Ausbreitung in Bezug auf Systembrand
Pflicht?	wichtige IEC/EN-Norm, nicht gesetzlich vorgeschrieben aber Quasi-Standard für EU-Marktzugang	wird als Stand der Technik gesehen und von Behörden und Versicherungen oft verlangt	keine Pflicht in der EU, aber globaler Qualitätsnachweis
Anwendung	Herstellung sicherer Batteriemodule	Zertifizierung von Heimspeichern und gewerblichen BESS	Brandschutzbewertung

Tabelle 10.3: Vergleich der wichtigsten Batterievorschriften für Lithium-Batterien. Die UL-Norm gilt für die USA, wird aber auch international genutzt und ist eine gute Ergänzung zu den europäischen Vorschriften.

In Zukunft werden voraussichtlich vermehrt Festkörperbatterien zum Einsatz kommen, welche feste statt flüssiger Elektrolyte verwenden. Dies reduziert das Risiko von Bränden und Kurzschlüssen. Zudem weisen sie eine höhere thermische Stabilität auf und kommen zudem ohne das umstrittene Element Cobalt aus. Auch Blei-Säure-Batterien sind wegen der Schwefelsäure und dem eventuellen Ausgasen von explosivem Wasserstoff nicht ohne Gefährdungspotenzial. Die Systeme sollten unbedingt über Schutzelemente wie Temperaturüberwachung und Rauchdetektoren verfügen.

Für eine gute Performance, Langlebigkeit und Betriebssicherheit sorgen gleichmäßige Temperaturen zwischen 10 °C und 30 °C. Minustemperaturen führen zu einer verminderten Leistungsfähigkeit (speziell beim Laden) oder zur Abschaltung und können auch Zellfehler hervorrufen.

Temperaturen weit über 25 °C können ebenfalls zur Abschaltung oder zu reduzierter Leistung führen und sollten vermieden werden. Sie führen, abhängig vom Ladezustand, zu einer beschleunigten Alterung.

Es ist unbedingt darauf zu achten, dass weder Wasser ins System eindringt, noch eine zu hohe Luftfeuchtigkeit im Betriebsraum herrscht (sie sollte 80 Prozent nicht überschreiten). Bei einer Aufstellung im Innenbereich sollten zudem Wärmequellen am Standort vermieden werden. Es sollten sich keine Brennstoffe oder leicht entzündliche Materialien in der Nähe befinden. Lüftungsschlitze und -öffnungen müssen frei und unbehindert zugänglich sein.

Die Systeme sollten über einen inneren Überstrom- und Fehlerstromschutz verfügen sowie gegen Überspannung geschützt sein. Ein DC-Batteriesystem muss mit einem DC-Überspannungsschutz ausgestattet sein. Bei AC-Batteriesystemen müssen ein FI-Schalter und ein Überspannungsschalter integriert sein.

Marktentwicklung

Durch technische Fortschritte wie die Erhöhung der Energiedichte und Sicherheit und vor allem durch die enorme Preissenkung von über 90 Prozent innerhalb eines Jahrzehnts haben sich die Anwendungsmöglichkeiten von wiederaufladbaren Lithium-Batterien vervielfacht. Überall haben sich mobile Geräte mit Lithium-Ionen-Akkus durchgesetzt: Computer, Smartphones, Drohnen, Kameras, Staubsauger, E-Zigaretten, Fahrradluftpumpen, Powerbanks und Elektrofahrzeuge. Die aktuelle Entwicklung in Deutschland ist in Abbildung 10.11 dargestellt. Bis November 2025 waren bereits 23,2 GWh an Akkuspeicherkapazität installiert, ein Großteil davon in Kleinspeichern für Solaranlagen. Es liegen aktuell sogar Anträge für zukünftige Großspeicher von über 150 GWh vor.

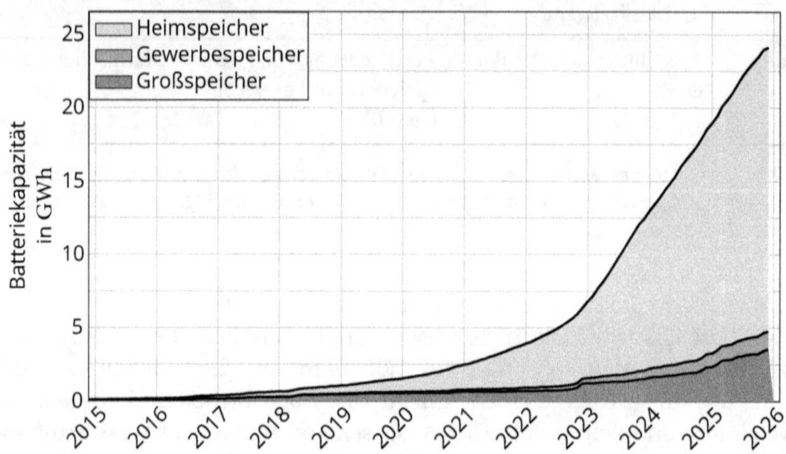

Abbildung 10.11: Entwicklung der installierten Batteriekapazität in Deutschland von 2021 bis zum 01. Dezember 2025 (Großspeicher, Gewerbespeicher, Heimspeicher). Quelle: RWTH, www.battery-charts.de.

Wasserstoffspeicherung

Eine Alternative zur elektrochemischen Speicherung von elektrischer Energie in Batterien bietet die Umwandlung der elektrischen Energie in Wasserstoff mittels Elektrolyse. Mit dieser Art der Energiespeicherung und Rückgewinnung befassen wir uns in diesem Abschnitt.

Wasserstoff

Wasserstoff ist das häufigste Element im Universum, jedoch nicht auf der Erde. Es ist das leichteste chemische Element, dessen Energiegehalt durch Oxidation genutzt werden kann.

Wasserstoff lässt sich als Energieträger speichern und transportieren sowie zur Energieumwandlung einsetzen. Zudem ist er ein wichtiges Industrieprodukt und hat das Potenzial, CO_2 in allen wesentlichen Prozessen zu ersetzen. Da Wasserstoff auf der Erde jedoch nicht allein, sondern immer nur in Form von Verbindungen vorkommt, muss er zunächst unter Einsatz von Energie aus einem wasserstoffreichen Ausgangsstoff abgespalten werden. Als Ausgangsstoffe kommen unter anderem Erdgas oder Biogas, aber auch Wasser und andere wasserstoffhaltige Verbindungen in Frage. Diese Stoffe werden durch chemische, elektrische, thermische oder solare Energie getrennt, wobei dann elementarer Wasserstoff entsteht.

Wasserstoff ist per se nicht umweltfreundlich und nachhaltig – es kommt darauf an, wie viel Kohlenstoffdioxid bei seiner Herstellung anfällt. Deshalb wird er zur genaueren Charakterisierung auf einer Farbskala einsortiert, die ihn nach den mit der Gewinnung verbundenen CO_2-Emissionen kategorisiert, siehe 10.12.

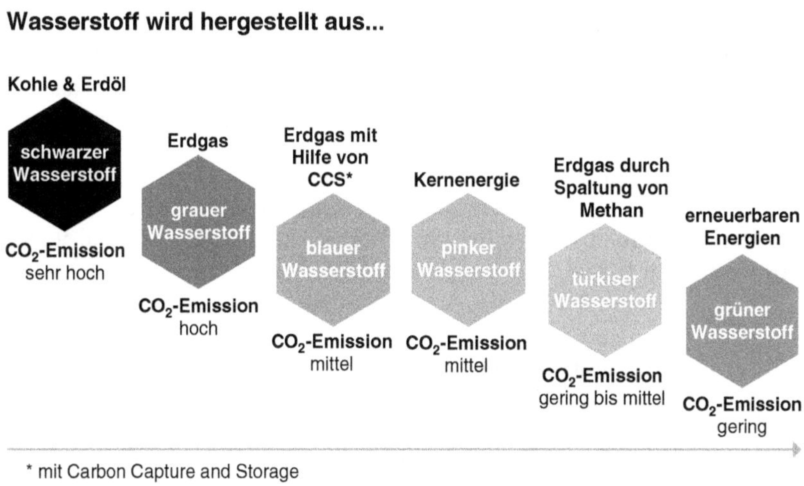

Abbildung 10.12: Die *Farben von Wasserstoff* ; y-Achse: Relativer CO_2-Ausstoß.

Man spricht von schwarzem Wasserstoff, wenn er aus Kohle durch Vergasung oder Pyrolyse hergestellt wird:

$$C + H_2O \longrightarrow CO + H_2$$

Bei dieser Reaktion entsteht genauso viel CO_2 wie bei einer direkten Verbrennung. Ähnlich ist es bei grauem Wasserstoff. Im industriellen Maßstab wird (grauer) Wasserstoff heute aus Erdgas durch Zugabe von Wasserdampf (*Dampfreformierung*) erzeugt:

$$CH_4 + 2\,H_2O \longrightarrow CO_2 + 2\,H_2$$

Auch hierbei entsteht neben Wasserstoff Kohlenstoffdioxid. Wird das entstandene CO_2 nach der Wasserstoffgewinnung aufgefangen und in geologischen Lagerstätten gespeichert (*Carbon Capture and Storage*, CCS) oder weiterverwendet (*Carbon Capture and Utilization*, CCU), spricht man von blauem Wasserstoff. Dieser ist ebenfalls klimaneutral, solange das abgeschiedene CO_2 niemals wieder in die Atmosphäre gelangt. Bisher gibt es solche Verfahren im industriellen Maßstab aber noch nicht.

Türkisen Wasserstoff gewinnt man bei der *Methanpyrolyse.* Dabei wird Methan (CH_4) unter Zugabe von Hitze gespalten.

$$CH_4 \longrightarrow C + 2\,H_2$$

Es entstehen Wasserstoff und fester Kohlenstoff. Damit das Verfahren CO_2-neutral ist, muss die Energieversorgung des dafür benötigten Hochtemperaturreaktors aus erneuerbaren Energiequellen stammen. Außerdem muss der entstehende Kohlenstoff langfristig gebunden werden. Er kann beispielsweise in der Bau- oder Werkstoffindustrie sowie im Straßenbau benutzt werden. Die Herstellung von Wasserstoff ist im Wesentlichen CO_2-frei, wenn bei der Elektrolyse von Wasser ausschließlich Strom aus erneuerbaren Energien eingesetzt wird. Dann spricht man von *grünem Wasserstoff*.

Heute wird der weitaus größte Teil des Wasserstoffs aus fossilem Erdgas mittels Dampfreformierung gewonnen, also »grau«. Im Jahr 2022 lag der Anteil noch bei 93,7 Prozent. Dadurch ist der Umweltnutzen durch die Freisetzung von CO_2 teilweise sogar negativ, wenn man Umwandlungsverluste und Leckagen mitberücksichtigt. *Greenwashing* von Wasserstoff durch Teile der Politik und der Industrie stellt ein ernsthaftes Problem dar. Wasserstoff ist in diesem Fall eine nur vermeintlich nachhaltige Lösung sämtlicher Probleme.

Uns geht es hier jedoch um den mit Strom aus erneuerbaren Energien durch Elektrolyse von Wasser erzeugten Wasserstoff, dem sogenannten *grünen Wasserstoff*. Allerdings ist der bisherige Anteil des grünen Wasserstoffs eher homöopathisch. Zwar ist ein starker Ausbau der Elektrolyse geplant (siehe Abbildung 10.13), jedoch noch lange nicht realisiert.

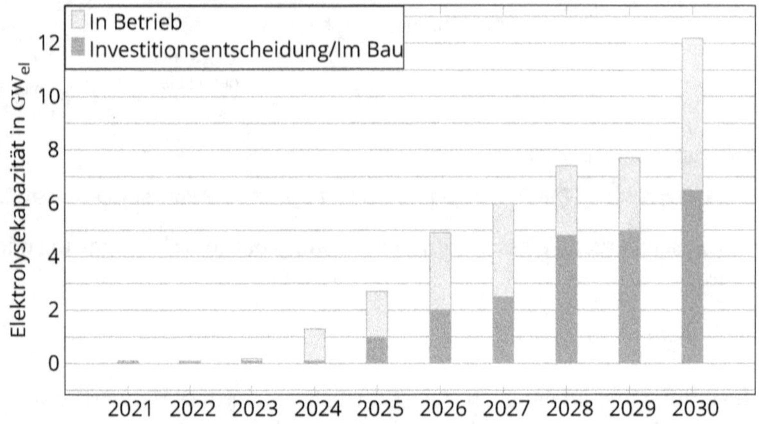

Abbildung 10.13: Ausbaupläne der Elektrolysekapazität von *dekarbonisiertem* Wasserstoff, Quelle: BDEW, 2025.

Die Wasserstofferzeugung durch Elektrolyse

Bei der Wasserelektrolyse wird Wasser unter Einsatz von Strom in seine Bestandteile Wasserstoff und Sauerstoff zerlegt, siehe Abbildung 10.14.

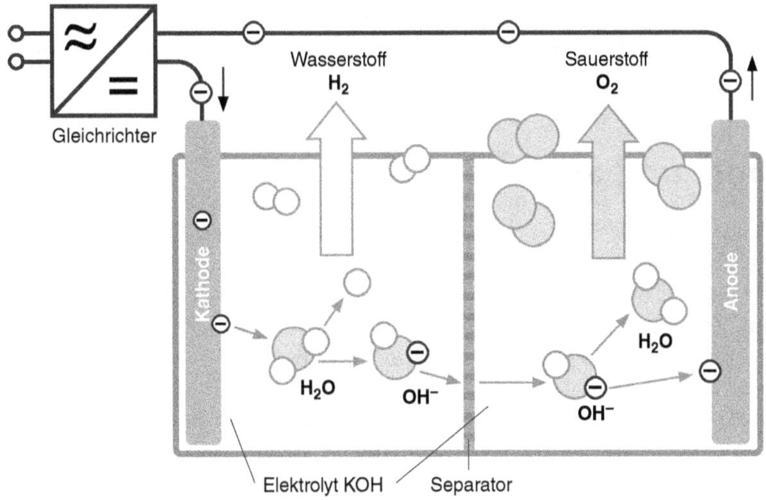

Abbildung 10.14: Funktionsweise der alkalischen Elektrolyse.

Der Aufbau besteht aus zwei Elektroden, über die eine Gleichspannung an den Elektrolyten angelegt wird. Eine spezielle Membran trennt die beiden Elektroden, um Kurzschlüsse zu vermeiden. An den beiden Kathoden findet die folgende Reaktion statt:

$$\text{Anode: } 2H_2O \longrightarrow O_2 + 4\,H^+ + 4\,e^-$$
$$\text{Kathode: } 4H^+ + 4\,e^- \longrightarrow 2\,H_2$$

Dabei wandert der Wasserstoff zur negativ geladenen und der Sauerstoff zur positiv geladenen Elektrode. Die eingesetzte elektrische Energie wird in chemische Energie umgewandelt und im Wasserstoff gespeichert. Stammt der zur Elektrolyse benötigte Strom zu 100 % aus erneuerbaren Quellen, hat man wirklich *grünen Wasserstoff* gewonnen.

Die Membran ist für die Elektrolyse wesentlich, denn sie entscheidet, welche Art von Ionen durch sie hindurchtreten und welche gerade nicht. Bei der Polymer-Elektrolyse-Membran (PEM) können nur Wasserstoff-Ionen die Membran passieren. Die Reaktion beginnt sehr schnell nach Anlegen einer Spannung. Diese schnelle Schaltzeit ist ein großer Vorteil des Verfahrens, insbesondere hinsichtlich der Integration ins Stromnetz mit seinem immer variableren Angebot an erneuerbaren Energiequellen.

Der erzeugte Wasserstoff wird komprimiert und in Tanks gelagert. Die Speicherung von Sauerstoff für Energiezwecke lohnt sich nicht, da sie nicht nur zu aufwendig, sondern auch ziemlich sinnlos ist, da unsere Atmosphäre sowieso zu 21 % aus Sauerstoff besteht.

Es gibt auf dem Gebiet der Gewinnung des Wasserstoffs auch sehr innovative Ansätze. Forscher arbeiten an neuen Technologien, wie etwa wasserstoffproduzierenden Solarmodulen. Diese Module können Wasserdampf aus der Luft direkt in Wasserstoffgas umwandeln und produzieren bis zu 250 Liter Wasserstoff pro Tag mit einem Wirkungsgrad von 15 Prozent. Allerdings ist die dazugehörige Infrastruktur wie ein flächendeckendes Wasserstoff-Leitungsnetz vermutlich zu aufwendig, um eine kosteneffiziente Alternative zu bieten.

Weitere Möglichkeiten, um grünen Wasserstoff zu erzeugen, bestehen in der Vergasung und Vergärung von Biomasse sowie der Reformierung von Biogas. All diese Verfahren sind CO_2-neutral.

Transport und Speicherung

Da Wasserstoffmoleküle sehr viel kleiner als Methanmoleküle sind, des Hauptbestandteils von Erdgas, sind Transport und Speicherung aufwendiger als bei Erdgas. Sämtliche Komponenten (wie beispielsweise Leitungen, Ventile, Kompressoren, Behälter) müssen wesentlich dichter sein. Zudem tritt das Phänomen der *Wasserstoffversprödung* auf, was die Nutzung hochwertigerer (und damit teurerer) Materialien erfordert.

Bei der *Wasserstoffversprödung* dringt Wasserstoff in metallische Werkstoffe ein und verschlechtert deren mechanische Eigenschaften, insbesondere wird die Sprödigkeit erhöht. Dabei diffundiert atomarer Wasserstoff (das kleinste Atom) in die Kristallstruktur von Metallen ein und lagert sich bevorzugt an Fehlstellen, Korngrenzen oder Materialfehlern ab. Dort kann es zur Bildung von Wasserstoffmolekülen kommen, die nicht mehr diffusionsfähig sind und bei mechanischer Belastung oder Temperaturerhöhung zu Sprödbrüchen führen. Maßnahmen zur Vermeidung umfassen die Auswahl geeigneter Werkstoffe, die Vermeidung von Oberflächenfehlern wie Riefen und Kerben sowie spezielle Verarbeitungs- und Beschichtungstechniken.

Im Unterschied zu elektrischer Energie lässt sich Wasserstoff in großen Mengen relativ kostengünstig und vor allem fast beliebig lange speichern. Hier sind die wichtigsten Möglichkeiten im Überblick:

- ✔ *Druckgasspeicher:* Wasserstoff wird in Hochdruckzylindern aus Stahl bei typischerweise 350 oder 700 bar als komprimiertes Gas gespeichert. Geeignet ist dies für mobile Anwendungen wie Fahrzeuge sowie kleine stationäre Anlagen.
- ✔ *Flüssiggasspeicher* (LH_2): Wasserstoff wird auf −253 °C heruntergekühlt und als Flüssigkeit gespeichert. Vorteil: hohe Energiedichte (etwa 800-mal dichter als gasförmiger Wasserstoff bei Normaldruck). Nachteil: sehr hoher Energieaufwand für die Verflüssigung, Verlust durch Verdampfung (Boil-off), anspruchsvolle Wärmedämmung ist erforderlich.
- ✔ *Unterirdische Speicher* (Porenspeicher, Kavernenspeicher): Große Mengen Wasserstoff können in leergeschöpften Erdgas-/Erdöllagerstätten oder Salzkavernen eingelagert werden. Dabei spielen die geologische Eignung des Reservoirs (Dichtigkeit), die Materialverträglichkeit der Komponenten (Stähle und Ventile) und die Anpassung der technischen Einbauten eine große Rolle.
- ✔ *Feststoffspeicher* (Hydride, adsorptive Träger): Ein möglicher Träger sind *Metallhydride.* Wasserstoff wird hier bei Raumtemperatur und Umgebungsdruck in Feststoffen wie Magnesiumhydrid chemisch gebunden und kann bei Bedarf wieder freigesetzt werden. Die »Powerpaste« auf Basis von Magnesiumhydrid ist ein Beispiel für ein innovatives Feststoffspeichersystem. Adsorptiv arbeiten *Metal Organic Frameworks* (MOFs), Zeolithe und Kohlenstoffträger. Hier wird Wasserstoff nur physikalisch (nicht chemisch)

angelagert beziehungsweise adsorbiert. Solche Speicher sind noch nicht kommerziell erhältlich, es gibt lediglich Prototypen. Vorteil: sicher und kompakt, vor allem für mobile Kleinanwendungen.

- *Flüssige organische Wasserstoffträger* (LOHC): Wasserstoff wird in Trägerflüssigkeiten wie Dibenzyltoluol gebunden und unter Umgebungsbedingungen transportiert und gespeichert. Die Wasserstofffreisetzung erfolgt dann bei Bedarf durch chemische Reaktion. Es kann dieselbe Infrastruktur wie für fossile Kraftstoffe genutzt werden.

Ein wichtiger Aspekt ist die Sicherheit bei der Speicherung. Tanks, Leitungen, Ventile, Kompressoren und sonstige Gerätschaften müssen speziell für Wasserstoff ausgelegt werden (beispielsweise mehrere Barrieren, H_2-beständige Stähle, Sicherheitsventile). Wasserstoff ist hochentzündlich und bildet mit Sauerstoff ein explosives Gemisch (Knallgas). Andererseits ist Wasserstoff sehr leicht flüchtig, sodass er anders als Erdgas, Propan oder Butan keine gefährlichen Gasansammlungen in Bodennähe bilden kann.

Die Rückverstromung des Wasserstoffs

Der gespeicherte Wasserstoff kann in einer Brennstoffzelle wieder elektrische Energie erzeugen. In dieser findet die umgekehrte Reaktion wie bei der Elektrolyse von Wasser zu Wasserstoff statt. An der Anode wird der zugeführte Wasserstoff in einen positiv geladenen Wasserstoffkern (Proton) und ein Elektron zerlegt:

$$\text{Anode: } 2\,H_2 \longrightarrow 4\,H^+ + 4\,e^-$$

Die Elektronen können die Membran nicht durchqueren und fließen über einen äußeren Stromkreis ab. Dadurch wird elektrische Energie frei. An der Kathode reagieren die Protonen, die Elektronen und der Sauerstoff aus der Luft zu Wasser und schließen so den Stromkreis:

$$\text{Kathode: } O_2 + 4\,H^+ + 4\,e^- \longrightarrow 2\,H_2O$$

Eine Brennstoffzelle funktioniert also wie ein umgekehrter Wasserelektrolyseur. Neben der elektrischen Energie fällt auch thermische Energie in Form von Wärme an. Bei der Reaktion entsteht kein klimaschädliches CO_2 sondern einfach nur Wasser.

Während die heute übliche *Protonenaustauschmembran-Brennstoffzelle* (PEM) einen elektrischen Wirkungsgrad von etwa 50 % aufweist, bewegt sich der Wirkungsgrad von in Entwicklung befindlichen *Festoxid-Brennstoffzellen* (SOFC) zwischen 50 und 60 %. Obwohl der Wirkungsgrad der PEM-Brennstoffzellen niedriger ist, weist dieses System längere Lebenszyklen von zehn Jahren und mehr auf. Zurückführen lässt sich dies auf ihre geringere Betriebstemperatur von 80 Grad Celsius, während SOFC-Brennstoffzellen bei 600 bis 1000 °C arbeiten.

Alternativ kann Wasserstoff in einem Gaskraftwerk zu Wasser verbrannt werden und auf die übliche Weise über eine Gasturbine Strom erzeugen, was aber wegen der Zwischenschritte einen deutlich geringeren Wirkungsgrad bedeutet.

Der Wirkungsgrad über die gesamte Kette von der Herstellung (Elektrolyse) über die Speicherung und Rückverstromung des Wasserstoffs (*Roundtrip-Wirkungsgrad* Strom → Wasserstoff → Strom) liegt derzeit meist zwischen 30 und 43 Prozent und errechnet sich aus dem Produkt der einzelnen Wirkungsgrade für die Prozesse:

- ✔ *Elektrolyse:* typischer Wirkungsgrad 60 bis 75 Prozent. Energie wird von Strom in Wasserstoff umgewandelt, der Sauerstoff wird meist ungenutzt an die Umwelt abgegeben.
- ✔ *Speicherung und Transport:* Energieverluste durch Verdichtung, Zwischenspeicherung und Verflüssigung reduzieren die Effizienz. Typische Verluste liegen bei etwa 5 bis 10 Prozent.
- ✔ *Rückverstromung:* In Brennstoffzellen werden Wirkungsgrade von etwa 40 bis 60 Prozent erreicht, neuere Systeme im Labor schaffen bis zu 62 Prozent und darüber. Bei Verbrennung in Gasturbinen sinkt der Wirkungsgrad deutlich auf circa 30–50 Prozent, je nach Anlagentyp.

Selbst im günstigsten Fall liegt der Gesamtwirkungsgrad demnach bei etwa 43 %. Wird Wasserstoff in einem Gaskraftwerk verbrannt, so errechnet sich der Gesamtwirkungsgrad zu gerade einmal 28 Prozent. Der Roundtrip-Wirkungsgrad für einen elektrischen Energiespeicher liegt bei etwa 90 Prozent. Dies erklärt den dominierenden Einsatz von Batteriespeichern im Vergleich zu Wasserstoffspeichern.

Dennoch wird Wasserstoff in einem zukünftigen Energiesystem vermutlich eine wichtige Rolle spielen, nämlich dann, wenn es um die Überbrückung von sogenannten Dunkelflauten geht. In Abbildung 10.15 ist der prinzipielle Strom-Wasserstoff-Strom-Kreislauf, einschließlich der Möglichkeiten der Rückverstromung durch Wasserstoffturbinen oder Brennstoffzellen, abgebildet.

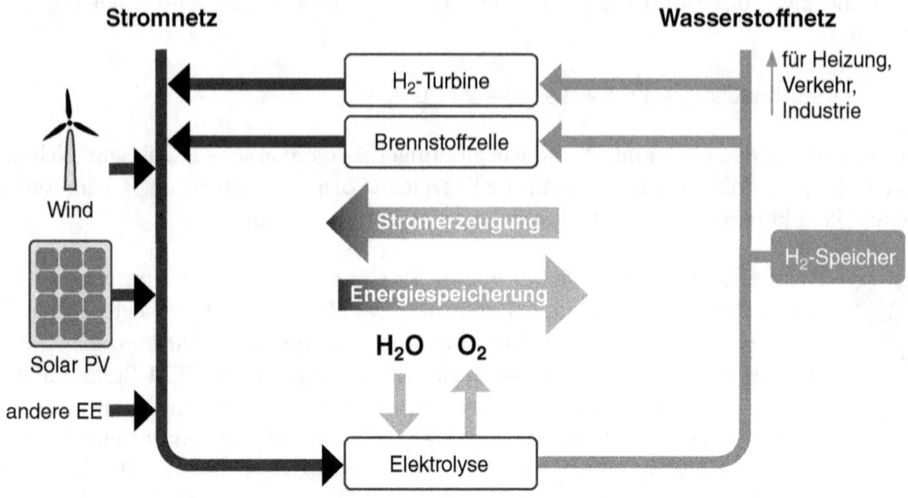

Abbildung 10.15: Erzeugung von grünem Wasserstoff durch Umwandlung von Wasser und Strom aus erneuerbaren Energien (EE), Einspeisung in das Wasserstoffnetz und Rückverstromung durch Wasserstoffturbinen oder Brennstoffzellen.

Alternative Nutzung des Wasserstoffs

Wasserstoff, der aus erneuerbaren Energien erzeugt wurde, ist voraussichtlich für die klimaneutrale Transformation unseres gesamten Wirtschaftssystems von größter Bedeutung, weil er nicht nur zur Rückverstromung genutzt werden kann. Er ist vielseitig einsetzbar: als Kraftstoff und als Speichermedium, als industrieller Rohstoff sowie zur Dekarbonisierung besonders energieintensiver Sektoren, in denen eine vollständige Elektrifizierung noch nicht möglich ist. Beispiele hierfür sind:

1. *Wärmeversorgung:* Wasserstoff kann theoretisch wie Erdgas verbrannt werden und erzeugt dabei Wärme für Haushalte und Industrie – lokal entsteht dabei nur Wasserdampf, kein CO_2. Allerdings ist dies eine sehr ineffiziente Nutzung.

2. *Mobilität und Verkehr:* Direktbetrieb in Brennstoffzellenfahrzeugen. Fahrzeuge mit Wasserstoff-Brennstoffzellen stoßen kein CO_2 aus und eignen sich besonders für Bereiche, in denen eine direkte Elektrifizierung schwer möglich ist – etwa die Luftfahrt. Viele Bereiche, in denen der Einsatz von Wasserstoff für die Mobilität genutzt wurde, etwa Schwerlastverkehr und Busse, scheinen inzwischen sinnvoller mit Batterien zu funktionieren. Es existieren zwar bereits Wasserstofftankstellen für Individualverkehr und Nutzfahrzeuge. Allerdings ist die Verbreitung rückläufig. Immer mehr Wasserstofftankstellen in Deutschland werden geschlossen, weil es viel zu wenig Kunden dafür gibt.

3. *Industrie:* Prozesswärme und hohe Temperaturen. In der produzierenden Industrie, insbesondere bei der Metall-, Glas-, Ziegel- und Stahlherstellung, wird Wasserstoff als Ersatz für fossile Brennstoffe verwendet, beispielsweise bei der Direktreduktion von Eisen im Hochofen oder als Brenngas. Auch für die grüne Zementherstellung spielt Wasserstoff eine Schlüsselrolle.

4. *Chemische Grundstoffproduktion:* Wasserstoff spielt als Ausgangsstoff für Ammoniak (Dünger), Methanol und zahlreiche andere Produkte eine zentrale Rolle. Zudem wird er in Raffinerien und bei der Papierherstellung eingesetzt.

5. *Herstellung von synthetischen Energieträgern:* Wasserstoff wird direkt genutzt, um synthetische, flüssige Kraftstoffe (*E-Fuels*) herzustellen, die konventionelle Verbrennungsmotoren antreiben könnten. Allerdings ist diese Art der Nutzung sehr ineffizient.

6. *Weitere Anwendungen:* Zur Bindung und Rückführung von Industrie-CO_2 kann Wasserstoff in chemischen Prozessen als Reduktionsmittel dienen.

Weiterverarbeitung von Wasserstoff

Weil in Deutschland ein sehr umfangreiches Gasnetz vorhanden ist, könnte dieses kostengünstig genutzt werden, wenn man Erdgas aus erneuerbaren Energien gewinnen könnte. Dies kann durch die Methanisierung von grünem Wasserstoff über die Sabatier-Reaktion erreicht werden:

$$CO_2 + 4\,H_2 \longrightarrow CH_4 + 2\,H_2O$$

Das in der Luft enthaltene CO_2 ist für eine technische Nutzung nicht ausreichend konzentriert, weshalb die klimaneutrale Gewinnung recht aufwendig ist. Andererseits fällt bei der Reaktion Abwärme an, die zusätzlich genutzt werden kann, etwa per Fernwärme. Der große Vorteil ist, dass das entstandene Methan in seiner Zusammensetzung dem Erdgas entspricht und somit ohne Umbauten in bestehenden Gasnetzen gespeichert, transportiert und genutzt werden kann. Der zusätzliche Prozess der Methanisierung erzeugt allerdings weitere Verluste, sodass sich der Roundtrip-Wirkungsgrad weiter verringert. Dennoch kann er ebenfalls eine wichtige Möglichkeit bieten, Strom aus erneuerbaren Energien in einem bestehenden Gasnetz zu speichern und später wieder nutzbar zu machen, etwa zur Überbrückung von Dunkelflauten.

Abbildung 10.16 zeigt den Strom-Wasserstoff-Methan-Strom-Kreislauf, der zwar aufwendiger und weniger effizient ist, aber die vorhandene Erdgas-Infrastruktur sehr gut nutzen würde. Theoretisch könnten bei der Rückverstromung auch Erdgas-Brennstoffzellen genutzt werden, allerdings gibt es dabei noch folgende Herausforderungen zu berücksichtigen beziehungsweise zu lösen:

- ✔ Der Langzeitbetrieb mit realen Anlagen ist bisher wenig erprobt.
- ✔ Die Degradation im Betrieb und das Verhalten bei Teillast müssen noch genauer untersucht werden.
- ✔ Die Gasaufbereitung und der Einfluss des CO_2 auf die Brennstoffzellen-Elektroden sind relevante Größen, aber noch nicht vollständig verstanden.

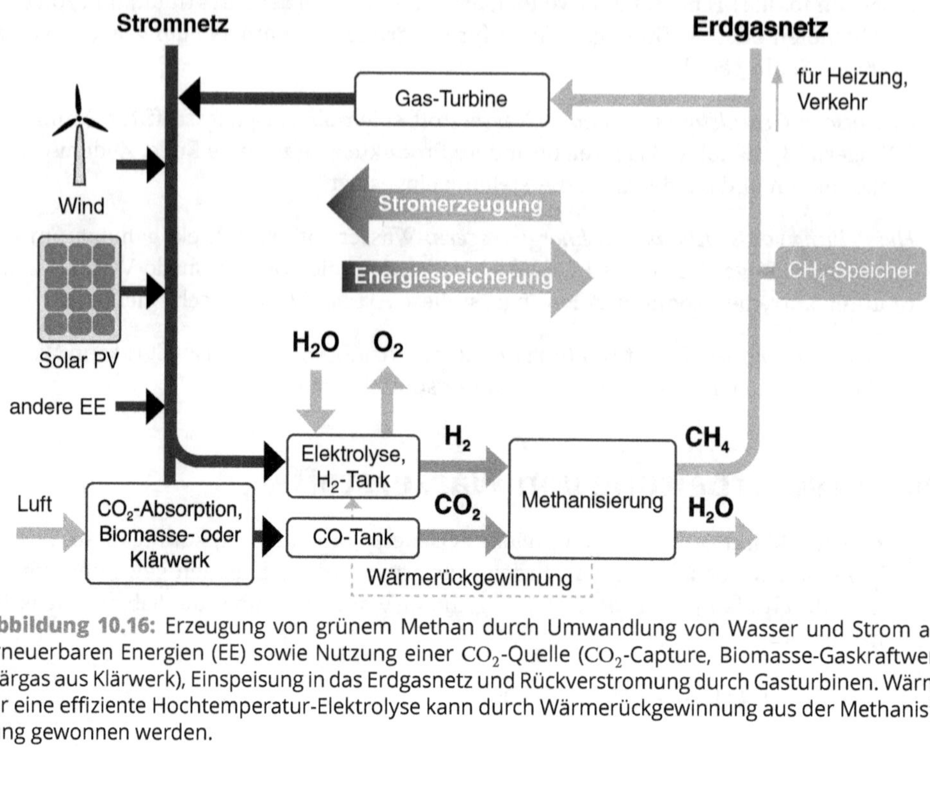

Abbildung 10.16: Erzeugung von grünem Methan durch Umwandlung von Wasser und Strom aus erneuerbaren Energien (EE) sowie Nutzung einer CO_2-Quelle (CO_2-Capture, Biomasse-Gaskraftwerk, Klärgas aus Klärwerk), Einspeisung in das Erdgasnetz und Rückverstromung durch Gasturbinen. Wärme für eine effiziente Hochtemperatur-Elektrolyse kann durch Wärmerückgewinnung aus der Methanisierung gewonnen werden.

Wie grüner Wasserstoff wettbewerbsfähig werden kann

Für die Skalierung von Elektrolyseuren im Gigawattbereich sind mehrere gezielte Kostensenkungen entscheidend: Industrialisierung der Produktion, Innovationen bei Materialien und Prozessen, Skaleneffekte und ein günstiges Finanzierungsumfeld. Nur durch diese Maßnahmen wird grüner Wasserstoff weltweit wettbewerbsfähig. Diese sind im Einzelnen:

- ✔ *Serienfertigung und Automatisierung:* Die Umstellung von Einzel- auf Serienfertigung sowie modulare und automatisierte Produktionsprozesse führen zu deutlichen Stückkostensenkungen bei Elektrolyseuren.
- ✔ *Skaleneffekte:* Mit jedem Verdopplungsschritt der global installierten Kapazität können die Kosten um 10–20 Prozent sinken, vor allem durch »Lernen durch Anwendung« und steigende industrielle Know-how-Basis. So konnten bei PV-Modulen in den letzten 20 Jahren die Kosten um über 90 % gesenkt werden.
- ✔ *Materialinnovationen:* günstigere oder substituierbare Katalysatoren (zum Beispiel weniger seltene Metalle), optimierte Membranen und stromsparende Betriebskonzepte senken die Investitions- und Betriebskosten.
- ✔ *Energiepreise:* Kostengünstiger Strom aus Erneuerbaren verringert die spezifischen Produktionskosten für Wasserstoff erheblich.
- ✔ *Finanzierung und Markthochlauf:* Förderinstrumente, garantierte langfristige Abnahmeverträge und die Reduzierung regulatorischer Unsicherheiten schaffen Investitionssicherheit und senken die Kapitalkosten.

Laut Fraunhofer ISE, anderen Forschungsinstituten und der Industrie fiel der Preis für PEM-Elektrolyseure im letzten Jahrzehnt von etwa 2000 €/kW in Richtung 800 €/kW. Bei starker Skalierung sind Kosten unter 500 €/kW bis 2030 möglich. Angeblich sollen Elektrolyseanlagen chinesischer Fertigung in Kürze nur noch 350 €/kW kosten.

Der Wasserstoffpreis aus erneuerbaren Quellen muss mittelfristig unter 2 €/kg sinken, um in der Industrie konkurrieren zu können; Stand 2024 liegt er meist noch bei 3 bis 5 €/kg. Die Stromgestehungskosten erneuerbarer Energien sind ein weiterer Hebel. Eine Senkung auf unter 4 bis 5 ct/kWh würde eine konkurrenzfähige Elektrolyse erlauben, sofern die Kosten der Elektrolyseure auf unter 500 €/kW sänken.

Teil V

PV über alles: Off-Grid, Balkon, Dach, Freifläche

IN DIESEM TEIL...

- Lernen Sie die vielfältigen Einsatzgebiete der Photovoltaik kennen.
- Erfahren Sie, wie modular Photovoltaik einsetzbar ist.
- Lernen Sie, wie Photovoltaik autark oder im Verbund mit einem Stromnetz arbeitet.
- Stellen wir neue Einsatzgebiete der Photovoltaik vor.

IN DIESEM KAPITEL...

Inselanlagen gibt es schon lange

Hybridsysteme

Die Komponenten: PV, Regler und Batterien

Kapitel 11
Inselanlagen

Inselanlagen sind das Gegenstück zu netzgekoppelten Anlagen, die ihren Strom in ein bestehendes Stromnetz einspeisen. Im Gegensatz dazu arbeiten Inselanlagen unabhängig vom öffentlichen Netz und können ein eigenes, autarkes Stromnetz aufbauen – selbst wenn dieses in der einfachsten Form nur aus einem Photovoltaikmodul und einem einzelnen Verbraucher besteht.

Einige Verbraucher lassen sich direkt an den PV-Generator anschließen, zum Beispiel Bewässerungspumpen in der Landwirtschaft. Andere Anwendungen, etwa Beleuchtung in der Nacht, benötigen einen Energiespeicher, um den erzeugten Strom zwischenzuspeichern.

Die Begriffe *Inselanlage*, *Off-Grid-Anlage* oder *autonomes System* werden weitgehend synonym verwendet. Größere Systeme, die mehrere Verbraucher und häufig auch verschiedene Energiequellen, etwa Photovoltaik, Windkraft oder Dieselgeneratoren, umfassen, bezeichnet man als *Microgrids*. Vermutlich werden Inselsysteme in Zukunft eine noch größere Rolle spielen, weil mit ihrer Hilfe die Resilienz der Stromversorgung von kritischer Infrastruktur erhöht werden kann.

Off-Grid- oder Insel-Anlagen

Die ersten terrestrischen Solaranlagen waren nicht netzgekoppelt, sondern versorgten in netzfernen Gegenden elektrische Geräte mit Strom. Noch heute spielen Off-Grid-Solaranlagen in Ländern des globalen Südens eine wichtige Rolle bei der autonomen Stromversorgung. Laut einem Bericht der Weltbank aus dem Jahr 2023 haben etwa 730 Millionen Menschen keinen Zugang zu Elektrizität. Häufig leben diese Menschen in entlegenen Regionen, sodass die Erweiterung der öffentlichen Stromnetze dorthin unwirtschaftlich ist. Inselsysteme mit Solaranlagen bieten eine sinnvolle Möglichkeit der Elektrifizierung.

Die wichtigsten Faktoren für die Auslegung eines Inselsystems sind:

- ✔ *Energiebedarf:* Wie groß ist der tägliche Energiebedarf?
- ✔ *Nutzungszeitraum:* Zu welchen Zeiten soll die elektrische Energie genutzt werden?
- ✔ *Meteorologische Bedingungen:* Wie sind die Einstrahlungsbedingungen für die Solaranlage?
- ✔ *Maximale Anschlussleistung:* Welche Leistung soll durch die Photovoltaikanlage maximal zur Verfügung gestellt werden?

Ein typischer Aufbau eines einfachen Inselsystems ist in Abbildung 11.1 dargestellt.

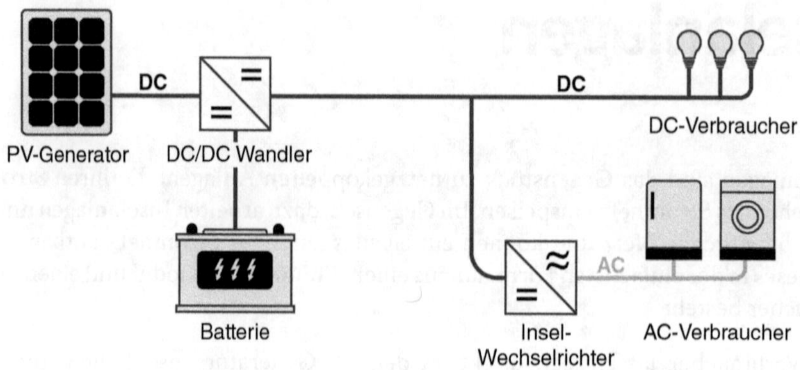

Abbildung 11.1: Typischer Aufbau eines einfachen PV-Insel-Systems mit einem Batterie-Zwischenspeicher. Die Versorgung der Verbraucher erfolgt mit Gleichstrom direkt aus dem Speicher oder mit Wechselstrom über einen Insel-Wechselrichter.

Die Solaranlage stellt die einzige Energiequelle des Inselsystems dar. Die meisten Inselsysteme enthalten eine Batterie, sodass auch ohne Sonne für eine gewisse Zeit elektrische Energie bereitgestellt werden kann. Diese sorgt zusätzlich für eine stabile Spannungsversorgung, auch bei schwankender Sonneneinstrahlung. Die Systeme lassen sich in Gleich- und Wechselstromsysteme unterscheiden. In Gleichstromsystemen (DC-Systemen) werden die Solarmodule über MPP-Tracker und DC-DC-Laderegler in das System eingebunden, welche die Gleichspannung im System meist auf 12 V halten. Größere Systeme sind auf 24 oder 48 V ausgelegt. Der Laderegler steuert die Batteriebe- und -entladung und stellt sicher, dass die Batterie weder über- noch tiefentladen wird. Diese Systeme kommen in einfachen Aufbauten, sogenannten *Solar-Home-Systemen* (SHS), zum Einsatz, die lediglich für eine Leistung von einigen hundert Watt ausgelegt sind. Sie bestehen aus ein bis zwei Solarmodulen und einer kleinen Batterie. Solch ein System stellt elektrische Energie für die Beleuchtung oder den Betrieb eines Radios oder kleinen TVs auch abends zur Verfügung.

Wird für bestimmte Verbraucher Wechselstrom benötigt, so muss in das System ein spezieller *inselfähiger* Wechselrichter integriert werden. Dieser kann sich nicht mit dem externen Stromnetz synchronisieren und muss deshalb selbst die Wechselspannungsfrequenz erzeugen und konstant halten. Solche Anlagen benötigen dann meist mehr Leistung und kommen in kleinen Betrieben oder Farmhäusern zum Einsatz. Für eine sichere Stromversorgung kann ein Dieselgenerator zugeschaltet sein, der auch die Batterie aufladen kann. Allerdings wird die Anlage durch die Nutzung von Gleich- und Wechselstromkomponenten komplexer. Insbesondere bei größeren Inselanlagen sind inzwischen hauptsächlich reine Wechselstromsysteme im Einsatz, bei denen alle Verbraucher Wechselstrom nutzen. Man spricht von einer AC-Kopplung. Diese Systeme sind leichter erweiterbar und können auf standardisierte Komponenten zurückgreifen.

Hybridsysteme und Microgrids

Soll für ein Off-Grid-System eine stabile Energieversorgung sichergestellt werden, so ist das mit Solarmodulen allein kaum möglich, weil sehr lange Zeiten ohne Sonneneinstrahlung meist nicht durch Batteriespeicher überbrückt werden können. Deshalb kommen in einem solchen Hybridsystem zusätzliche Energieerzeuger zum Einsatz, siehe Abbildung 11.2.

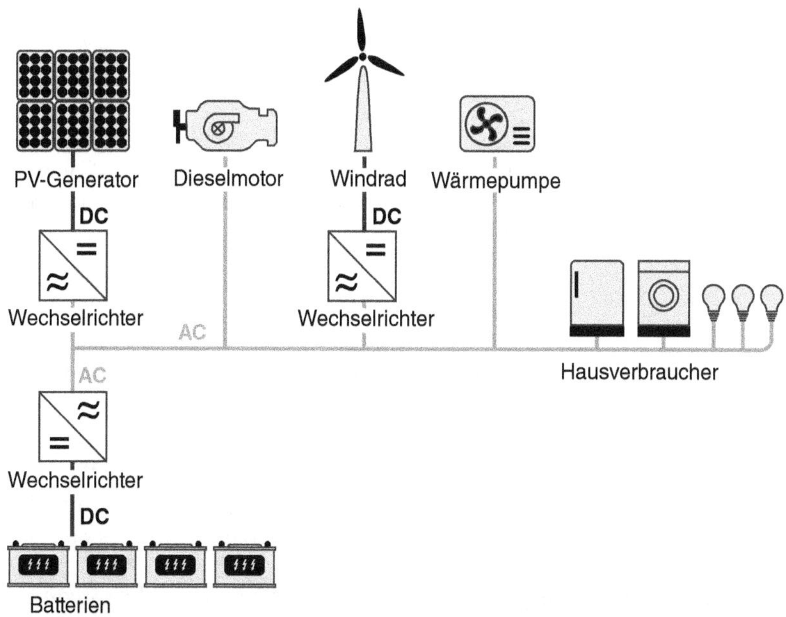

Abbildung 11.2: Darstellung eines Hybridsystems. Neben der Solaranlage dient hier ein Dieselgenerator als zusätzliche elektrische Energiequelle.

In dem dargestellten Fall bildet ein Dieselgenerator die zusätzliche Energiequelle. Alle angeschlossenen Energiequellen können die Batterien laden beziehungsweise den Verbrauchern die notwendige Energie im Bedarfsfall zur Verfügung stellen. Der Inselwechselrichter stellt die Steuereinheit des gesamten Systems dar und überprüft selbstständig die Verfügbarkeit des Netzes und seiner Komponenten. Das System lässt sich einfach durch Hinzunahme von weiteren Erzeugern erweitern und wird so einem steigenden Energiebedarf gerecht. So können ganze Dörfer stabil mit elektrischer Energie versorgt werden, man spricht hierbei auch von einem Microgrid. Microgrids mit Solarmodulen, Batterien und Dieselgenerator erweisen sich inzwischen durchweg als kostengünstiger im Vergleich zu einem System mit reinem

Dieselgenerator. Dies liegt an dem geringen Wirkungsgrad des Dieselgenerators im Teillastbereich, zunehmenden Kraftstoffpreisen und hohen Wartungskosten – neben regelmäßigen Ölwechseln ist nach rund 8000 Betriebsstunden eine Generalüberholung erforderlich.

Auslegung einer Inselanlage

Die Systemauslegung ist von entscheidender Bedeutung für die Wirtschaftlichkeit sowie die Zuverlässigkeit der Anlage. Für eine genaue Auslegung sollte zumindest eine professionelle Software wie PV*SOL oder HOMER eingesetzt werden. Insbesondere muss die jahreszeitliche Schwankung bei der Auslegung der Komponenten berücksichtigt werden. Dennoch ist es auch sinnvoll, eine überschlägige Berechnung durchzuführen, um die Ergebnisse einer professionellen Analyse auf Plausibilität zu prüfen. Als Anhaltspunkt kann die im folgenden Abschnitt gemachte Einschätzung allemal gelten.

In einem ersten Schritt wird der Energiebedarf ermittelt. Dazu werden die Leistung des Elektrogeräts und die erwartete tägliche Nutzungsdauer notiert. Multipliziert man die beiden Werte und addiert alle über alle Geräte auf, so ergibt sich die täglich benötigte elektrische Energie für das System.

Als Beispiel sei ein Staubsauger mit einer Leistung von 2000 W genannt, der im Durchschnitt pro Tag 10 Minuten in Betrieb ist. Daraus errechnet sich dann die benötigte elektrische Energie E_S pro Tag zu

$$E_S = 2000\,\text{W} \cdot \frac{1}{6}\,\text{h} = 0{,}33\,\text{kWh}$$

Rechnet man dies für alle Geräte aus und summiert die einzelnen Werte, so ergibt sich der geschätzte tägliche Bedarf an Energie. Mit einem Herd von 2500 W und einer täglichen Nutzung von einer Stunde, einem Kühlschrank mit 100 W und einer Betriebszeit von 5 h, sowie einer Klimaanlage mit 3000 W und einer Nutzungsdauer von täglich 2 h errechnet sich ein täglicher Gesamtbedarf E_{ges} von 9,33 kWh. Die Leistung der einzelnen Komponenten addiert sich zu 7,6 kW.

Der Wechselrichter sollte so ausgelegt werden, dass er die maximal benötigte Leistung zur Verfügung stellen kann, entweder aus den Solarmodulen oder/und der Batterie. In dem angenommenen Beispiel wäre dies ein Wechselrichter mit einer Leistung von 7,6 kW oder mehr. Um die Energieversorgung durch eine Batterie sicherzustellen, ist es erforderlich, den Zeitraum zu definieren, über den das System autark sein soll. Zusätzlich müssen die Verluste durch die Energiespeicherung berücksichtigt werden: Die Energiemenge, welche der Batterie entnommen werden kann, ist geringer als die, welche hineinfließt: Man berücksichtigt dies mit einem Wirkungsgrad von $\eta = 0{,}9$.

Oftmals findet man in den Datenblättern nicht den relevanten energetischen Wirkungsgrad des Speichers, sondern nur den sogenannten Coulomb'schen Wirkungsgrad: Dieser fällt höher aus, da er nur den Stromoutput mit dem Strominput vergleicht, nicht die jeweiligen Spannungen. Tatsächlich ist die Ladespannung höher als die Entnahme- oder Betriebsspannung, woraus sich zusätzliche Verluste ergeben.

Legt man als Autarkiezeit T_A eine Dauer von beispielsweise zwei Tagen fest, so berechnet sich die Speicherkapazität K der Batterie zu

$$K = E_{ges} \cdot \frac{T_A}{\eta}$$

Wenn die Anlage in einer Region mit längeren Schlechtwetterperioden installiert wird, kann eine Autonomiezeit von vier bis fünf Tagen sinnvoll sein.

In dem Beispiel wäre das also eine nutzbare Speicherkapazität von 20,7 kWh. Wenn die Solaranlage diese Leistung erbringen soll, so müsste sie ebenfalls mindestens 7,6 kW_p Leistung erzeugen, was schon eine recht große Anlage wäre. Typischerweise werden aber nicht alle Verbraucher gleichzeitig betrieben oder zumindest zum Teil auch aus den Batterien betrieben. Für Deutschland kann man mit einem Jahresertrag E_a bei einer Solaranlage von 900 kWh/kW_p rechnen. Den Systemwirkungsgrad aus den Leitungsverlusten und Umwandlungsverlusten kann man konservativ mit $\eta = 0{,}7$ ansetzen. Die benötigte Jahresgesamtenergie errechnet sich aus dem Tagesbedarf E_{ges} durch Multiplikation mit 365 Tagen, sodass sich als erste Einschätzung die benötigte Leistung einer Photovoltaikanlage P_{PV} in dem Beispiel mithilfe der Gleichung

$$P_{PV} = E_{ges} \cdot \frac{365}{E_a \cdot \eta} = 9{,}33 \cdot \frac{365}{900 \cdot 0{,}7}\, kW_p = 5{,}4\, kW_p$$

Die Auslegung der Solaranlage ist hier sehr holzschnittartig durchgeführt. Eine genaue Auslegung berücksichtigt natürlich die Ausrichtung und den genauen Standort der Anlage. Wenn das Inselsystem das ganze Jahr über autark sein soll, ist dem System ein Dieselgenerator hinzuzufügen, weil die Erträge der Solaranlage in Deutschland im Winter bis zu zehnmal geringer ausfallen als im Sommer. Die Solaranlage für den Winter auszulegen, würde zu einer unverhältnismäßig großen und teuren Anlage führen.

Für die bestmögliche Auslegung eines Systems mit PV, Akkus und gegebenenfalls Generator, einschließlich der Nutzung von Wetterdaten und Festlegung einer maximalen Ausfallwahrscheinlichkeit, empfehlen sich Simulationsprogramme wie HOMER pro.

IN DIESEM KAPITEL ...

Was sind Balkonkraftwerke?

Balkonkraftwerke versus Steckersolar

Rechtliches

Kapitel 12
Balkonkraftwerke

Balkonkraftwerke bieten einen einfachen Einstieg in die Nutzung der Solarenergie im Haushalt. Sie sind kostengünstig und ohne Handwerker zu realisieren. Gerade Mietern, die kein eigenes Dach haben, ermöglicht der Einsatz eines Balkonkraftwerks den Zugang zu selbst erzeugtem Solarstrom. Mit den mitgelieferten Balkonhaken, Montageschienen oder geeigneten Halterungen ist eine einfache Montage möglich. Dabei sollte auf eine stabile und windsichere Montage geachtet werden.

Einfacher Einstieg

Auch wenn der Begriff *Balkonkraftwerk* bekannter ist, geht es eigentlich um alle Photovoltaikanlagen, die von Laien per Stecker ans Stromnetz angeschlossen werden können. Folgerichtig können sie nicht nur am Balkon, sondern an allen möglichen Orten verwendet werden, an denen die Sonne scheint.

In aktuellen Gesetzen und Normen wird nicht der Begriff *Balkonkraftwerk*, sondern der Begriff *Steckersolargerät* verwendet. Der Einsatzort ist nicht an den Balkon gebunden.

Damit die Einspeisung von zusätzlicher Energie in den Haushalt verträglich bleibt, gelten Leistungsbeschränkungen für ein Steckersolargerät. Laut EEG sind das aktuell 800 W Wechselrichtereinspeiseleistung und 2000 W_p Modulleistung.

Grundsätzlich ist es auch möglich, Solaranlagen mit größerer Leistung direkt an den Haushalt anzuschließen. Selbst wenn diese am Balkon angebracht wären, spricht man dann aber nicht mehr vom (klassischen) Balkonkraftwerk oder Steckersolargerät. Zudem müssen diese Anlagen von einer entsprechenden Fachkraft angeschlossen und auch aufwendiger angemeldet werden. Der Anschluss geschieht dann nicht über einen handelsüblichen Schutzkontakt-Stecker, sondern durch spezielle Einspeisestecker (oft wird dafür ein sogenannter Wieland-Stecker von der gleichnamigen Firma verwendet) oder die Anlage wird sogar direkt über den Stromverteilungsanschlusskasten angeschlossen.

Potenzial von Balkonkraftwerken

Es gibt in Deutschland rund 20 Millionen Balkone. Wenn die Hälfte davon mit Balkonkraftwerken mit der Nennleistung von durchschnittlich 800 Watt ausgestattet würde, erzeugten diese im Jahr bei einem Eigenverbrauch von 80 Prozent der erzeugten Energie $0{,}8\,\mathrm{kW} \cdot 0{,}8 \cdot 1000\,\mathrm{h} \cdot 0{,}5 \cdot 20\,\mathrm{Mio} = 6{,}4\,\mathrm{TWh}$. Das wären dann schon rund 1,2 Prozent des deutschen Stromverbrauchs.

Die Nennleistung eines Wechselrichters gibt die maximale elektrische Leistung an, die er unter idealen Bedingungen dauerhaft aus dem Gleichstrom in nutzbaren Wechselstrom umwandeln kann.

Wahrscheinlich wird dieser Anteil in Zukunft etwas höher, da in den seit 2024 geltenden Neuregelungen für Balkonkraftwerke voraussichtlich PV-Modulleistungen von 960 W_p oder größer (wahrscheinlich 2000 W_p) zugelassen werden (die Ausgangsleistung des Wechselrichters zur Netzeinspeisung bleibt jedoch auf 0,8 kW beschränkt). Die wenigsten Nutzer werden mehr als vier Quadratmeter Platz (bedeutet aktuell etwa 800 W_p) an der Balkonbrüstung haben, doch durch die stetige Weiterentwicklung der Solartechnik und dadurch steigende Wirkungsgrade, erscheint eine Ausschöpfung der zulässigen Maximalleistung künftig auch auf kleinem Raum durchaus möglich.

Bei höherem Wirkungsgrad der Solarmodule verringert sich bei gleicher elektrischer Leistung die benötigte Fläche eines Solarmoduls. Bei 23 Prozent Wirkungsgrad braucht ein 2000 W_p-Modul etwa nur noch eine Fläche von 1,74 Quadratmetern statt 2 Quadratmetern bei einem Modul mit nur 20 Prozent Wirkungsgrad.

Steckersolaranlagen, die auf Terrassen, in Gärten, auf Vordächern, Lauben, Carports und Garagen betrieben werden, bieten noch weitaus mehr Möglichkeiten. Mit diesen Geräten wird das Potenzial dieser Technik vervielfacht – auch, weil sie häufig mehr Platz bieten als nur die Balkone und daher auch mehr Leistung liefern können.

So nützt das Balkonkraftwerk allen

Neben der Verringerung der Stromrechnung durch den selbst erzeugten Strom bieten Balkonkraftwerke den Nutzern weitere Vorteile, die weniger bekannt sind. Die Belastung des Stromnetzes wird etwas reduziert. Im Vergleich zu Wärmepumpen und Wallboxen zum Laden von Elektrofahrzeugen sind die Leistungen von Balkonkraftwerken zwar ziemlich klein, aber je mehr es von ihnen gibt, desto weniger Strom muss das Stromnetz zu den Verbrauchern bringen (Balkonkraftwerke liegen wesentlich näher bei den Verbrauchern als konventionelle Kraftwerke). Dadurch werden Leitungen und Transformatoren weniger belastet, haben weniger Verluste und halten sogar länger, weil sie sich weniger erwärmen. Das reduziert die Netzkosten für alle.

Die Solarstromerzeugung wird zudem durch Balkonkraftwerke jahreszeitlich gesehen etwas ausgeglichener. Das liegt zum einen an der bereits erwähnten sommerlichen Begrenzung der Einspeisung durch den Wechselrichter, die größere PV-Anlagen oft nicht bieten. Darüber hinaus werden die Module bei Balkonkraftwerken häufig senkrecht anstatt, wie bei herkömmlichen Photovoltaik-Anlagen, mit einem Neigungswinkel von 25 bis 35 Grad montiert. Dadurch ist ihr Ertrag im Sommer, bei hochstehender Sonne, etwas geringer, dafür aber im Winter, bei tiefstehender Sonne, etwas höher.

Auch tageszeitlich gesehen bringen Balkonkraftwerke einen Ausgleich. Während herkömmliche PV-Kraftwerke zur Ertragsmaximierung fast ausschließlich nach Süden ausgerichtet sind und damit alle gleichzeitig sehr viel Strom um die Mittagszeit produzieren, sind Balkone nicht ausschließlich auf der Südseite zu finden. Viele sind auch nach Osten oder Westen orientiert. Die Balkonkraftwerke auf den Ostbalkonen produzieren schon früh morgens Strom, die auf den Westbalkonen nachmittags bis zum Sonnenuntergang. Dadurch ist insgesamt auch etwas weniger zusätzliche Leistung aus konventionellen Kraftwerken (oder Großspeichern) notwendig, die den Strom morgens und abends bereitstellen, wenn die großen PV-Kraftwerke wenig Strom liefern. Das spart Kosten und reduziert die CO_2-Emissionen.

Steckersolargeräte werden heute bereits häufig zusammen mit Speichern eingesetzt. Steckerfertige Kleinspeicher sollten daher hinsichtlich Einspeiseleistung, Anmeldung, Zählertausch und Zusammenfassung den Steckersolargeräten gleichgestellt werden. Ihr breiter Einsatz reduziert zusätzlich die Netzbelastung.

Genehmigungen und Recht

Ob als Mieter, Selbstnutzer in der Eigentümergemeinschaft oder Vermieter: Ohne Bürokratie geht es in Deutschland nicht. Aber seit 2024 ist es einfacher: Steckersolaranlagen gelten als eigene Kategorie und privilegierte Maßnahme – das heißt, Eigentümer und Mieter haben ein grundsätzliches Recht auf die Installation, sofern keine unzumutbaren Gründe dagegen sprechen.

Obwohl der Vermieter eine Installation verboten hatte, installierte ein Mieter mit Elektrotechnikkenntnissen Solarmodule über eine Holzkonstruktion auf seinem Balkon und verband sie mit dem Stromnetz des Mietshauses. Die Klage auf Beseitigung verlor der Vermieter. Die Anlage sei fachmännisch installiert und störe optisch nicht, so das Amtsgericht Stuttgart in seiner Begründung bereits im März 2021. Angesichts der politisch gewollten Energiewende habe der Mieter einen Anspruch auf Zustimmung zur Anlage.

Dennoch sollten Sie als Mieterin oder Mieter nicht ohne Erlaubnis eine Anlage errichten. Die Entscheidung vor Gericht zu klären, birgt immer Risiken.

Ein Kritikpunkt, der sowohl bei Mietern als auch bei einzelnen Eigentümern in der Wohnungseigentümergemeinschaft noch viele Kontroversen auslösen wird, ist die Frage nach dem »Wie«. So erhalten Interessenten, die ihre Vermietenden um Genehmigung zur Installation eines Balkonkraftwerks bitten, oft noch Antwortschreiben mit folgendem Inhalt:

»Wir haben grundsätzlich nichts gegen Balkonkraftwerke,

- ✔ aber sie dürfen von der Straße aus nicht sichtbar sein, also nur im Innenhof montiert werden;
- ✔ sie müssen hinter dem Balkongeländer (also auf dem Balkon) angebracht oder aufgestellt werden;
- ✔ sie müssen von einem Fachbetrieb installiert werden;
- ✔ sie müssen jährlich von einem Fachbetrieb überprüft werden.«

Schon der letzte Punkt sorgt dafür, dass sich das Ganze finanziell nicht mehr lohnt, da dann die Installationskosten die Einsparungen übersteigen.

Beispiel aus der Praxis

Wie das in der Praxis ablaufen kann, zeigt exemplarisch der Fall *Mutmacher*, der in Finanztest 1/2024 vorgestellt wurde:

Der wissenschaftliche Mitarbeiter Matthias Weyland und seine Partnerin wollten als Mieter einer Wohnung in Kiel ein Balkonkraftwerk auf ihrem Balkon errichten. Nachdem sie sich entschieden hatten, die Investition zu tätigen, bat Weyland die Hausverwaltung um Erlaubnis, weil das gesetzlich so vorgeschrieben ist. Die Hausverwaltung lehnte das zunächst ab, mit einer Routineantwort: Die Panels würden die Optik der Fassade stören. Und permanente Änderungen am äußeren Erscheinungsbild eines Mehrparteienhauses sind durch die Eigentümergemeinschaft oder das Immobilienunternehmen zustimmungspflichtig. In einer weiteren Anfrage schilderte Weyland sein Vorhaben detailliert. Er beschrieb, welche Anlage es genau sein solle, und dass seine Haftpflichtversicherung mögliche Schäden abdecke. Die Hausverwaltung forderte nun ein Statik- und ein Brandschutzgutachten sowie die Prüfung der Elektrik des gesamten Mietshauses. Allein die Kosten für die Gutachten wären um ein Vielfaches höher gewesen als die Kosten für das Balkonkraftwerk selbst. Es sei erschreckend, mit welchem Aufwand Vermieter selbst kleine Anlagen verhindern wollten, meinte Weyland. Auch eine Androhung von Rechtsmitteln bewegte die Verwaltung nicht zu einer Zustimmung. Im Oktober 2023 fand dann die Gerichtsverhandlung statt, zu der die Vermieterseite nicht erschien. Immerhin erkannte sie die Klage an. So fiel ein Anerkennungsurteil zugunsten der Kieler Familie. Matthias Weyland freute sich und schloss wenige Tage nach dem Urteil sein Balkonkraftwerk an das Stromnetz der Wohnung an.

Änderungen sind aber sowohl im Mietrecht (BGB) als auch im Wohneigentumsrecht (WEG) erfolgt. Künftig gilt die Installation eines Steckersolargeräts gemäß Wohnungseigentumsgesetz als *privilegierte Maßnahme.* Das bedeutet: Wollen Mieterinnen oder Eigentümer ein Balkonkraftwerk aufstellen oder installieren, können Vermieter oder die Eigentümergemeinschaft den entsprechenden Antrag nur noch in Ausnahmefällen ablehnen. Vermieter, auch Wohnungseigentümergemeinschaften, dürfen dann einzelnen Eigentümern und auch ihren Mieterinnen den Einbau einer Steckersolaranlage nur verbieten, wenn dieser für sie unzumutbar ist. Diese Gesetzesänderungen wurden am 27. September 2024 im Bundesrat verabschiedet.

Anmeldung beim Marktdatenstammregister

Der Wegfall der Anmeldung beim Netzbetreiber wird im neuen Absatz 5a des Paragraphen 8 EEG geregelt werden. Dort heißt es »Ein Steckersolargerät oder mehrere Steckersolargeräte mit einer installierten Leistung von insgesamt bis zu 2 Kilowatt und einer Wechselrichterleistung von insgesamt bis zu 800 Voltampere, die hinter der Entnahmestelle eines Letztverbrauchers betrieben werden und der unentgeltlichen Abnahme zugeordnet werden, können unter Einhaltung der für die Ausführung eines Netzanschlusses maßgeblichen Regelungen angeschlossen werden. Registrierungspflichten nach der Marktstammdatenregisterverordnung bleiben unberührt; zusätzliche gegenüber dem Netzbetreiber abzugebende Meldungen von Anlagen nach Satz 1 können nicht verlangt werden.« Hier fällt neben der neuen Grenze von 800 Voltampere (Watt) gleich die zusätzliche Begrenzung der Modulleistung ins Auge. Zunächst scheint es nicht nachvollziehbar, die Leistung der Module auf 2 kW_p zu beschränken, denn schließlich ist es doch die Leistung des Wechselrichters, welche auf die elektrischen Leitungen wirkt. Der Grund, warum diese Angabe dennoch ihren Weg in das Gesetz gefunden hat, ist einfach: Das EEG kannte bis zu dieser Änderung keine Wechselrichterleistung. Auch die Regelungen für Aufdach- und Freiflächen-Solaranlagen wurden bisher stets an der Modulleistung festgemacht. Eine vollständige Abkehr von dieser Praxis war daher auch bei Balkonkraftwerken nicht möglich.

Der Wegfall der Anmeldung beim Netzbetreiber bedeutet keine völlige Anmeldefreiheit. Auch heute gilt nämlich zusätzlich die gesetzliche Pflicht zur Registrierung des Balkonkraftwerks und seines Betreibers im *Marktstammdatenregister* (MaStR), siehe 12.1. Was es damit genau auf sich hat, klären wir hier. Der Eintrag dort ist im Grunde recht schnell erledigt und bringt wesentlich weniger Probleme mit sich als die frühere Anmeldung beim Netzbetreiber. Dennoch ist er für viele Nutzer eine gewisse Hürde, da er zum Teil mit Begriffen aufwartet, mit denen sich Laien zum Glück für gewöhnlich nicht oft beschäftigen müssen. Nicht jeder weiß auf Anhieb, ob bei einem Balkonkraftwerk Voll- oder Teileinspeisung gilt, oder auf welcher Spannungsebene es betrieben wird. Der Gesetzentwurf für das Solarpaket I schlägt auch tatsächlich Änderungen in dieser Hinsicht vor. Das ist allerdings eher eine Randnotiz im Vergleich zu den übrigen bereits vereinfachten Punkten.

MaStR

Marktstammdatenregister

Abbildung 12.1: Logo des Marktstammdatenregisters MaStR; Quelle: Bundesnetzagentur.

Zähleraustausch

Über Jahre wurde behauptet, dass das unkontrollierte Einspeisen von Überschüssen aus dem Balkonkraftwerk rechtswidrig sei. Dabei bezog man sich auf die bei Rückspeisung zum Teil rückwärtslaufenden *Ferraris-Zähler* mit Drehscheibe, welche bis vor einigen Jahren der Standard bei den Stromzählern waren, siehe Abbildung 12.2. Die Balkonsolar-Petition forderte, dieses Rückwärtslaufen (sogenanntes *Net-Metering*) zu erlauben, konnte dies aber nicht vollständig durchsetzen. Allerdings sieht der Entwurf dennoch eine wesentliche Vereinfachung vor und ist dabei überraschend kreativ. Zwar hat nach dem neuen Paragrafen 10a des EEG auch weiterhin

»der Messstellenbetreiber Messstellen an Zählpunkten von Steckersolargeräten [...] mit einer modernen Messeinrichtung als Zweirichtungszähler [...] auszustatten«

(die Petition hatte hier auf eine Duldung bis zum ohnehin verpflichtenden Einbau im Rahmen des *Smart–Meter-Rollouts* gehofft), aber der Nutzer muss nicht mehr darauf warten, bis der Tausch erfolgt ist. Er kann sein Balkonkraftwerk sofort einstecken und Sonne ernten, auch wenn ein alter Zähler dann rückwärts läuft. Warum das nicht zu Problemen führt, wie jahrelang behauptet? Weil man einfach so tut, als würde es nicht passieren! In Juristen-Deutsch:

„Die Richtigkeit der von der Messeinrichtung ermittelten Messwerte wird [...] vermutet.«

Wer hätte gedacht, dass es so einfach geht, wenn man nur will? In der Praxis haben bereits einige Netzbetreiber von sich aus damit begonnen, auf den Zählerwechsel direkt nach Anmeldung eines Balkonkraftwerks zu verzichten, da dieser aufgrund der anstehenden Modernisierung der Zähler in Deutschland ohnehin in den nächsten Jahren ansteht und die separate Bearbeitung bei immer stärker steigenden Anmeldezahlen eine enorme Mehrarbeit bedeuten würde.

Abbildung 12.2: Verschiedene traditionelle Ferrariszähler; in der Mitte unten, leicht rechts: Moderner Zweirichtungszähler zur Einspeise- und Verbrauchsmessung. Quelle: – stock.adobe.com

Balkonkraftwerke und steuerbare Verbraucher

Der neue Absatz 1 des Paragraphen 9 EEG soll bestimmen, dass die Pflicht zur Auslesebarkeit/Fernsteuerbarkeit von Solaranlagen in Verbindung mit steuerbaren Verbrauchsgeräten nach dem erst seit 2024 in Kraft getretenen neuen §14a EnWG nicht für Balkonkraftwerke gilt. Das ist sinnvoll, denn solche steuerbaren Verbrauchsgeräte werden in Zukunft häufiger werden. Sie können nämlich durchaus attraktiv sein. So kann künftig etwa vereinbart werden, dass die heimische Wallbox zu Zeiten mit weniger Energie im Netz das E-Auto langsamer lädt, um das Stromnetz zu entlasten.

Da fossile Reservekraftwerke zu Zeiten von Erneuerbare-Energien-Mangel einspringen, ist der Strom dann stärker mit CO_2 belastet. Durch eine geringere Ladeleistung beim Laden eines (vieler) Elektroautos wird so die konventionelle Kraftwerksleistung reduziert.

Der Netzbetreiber verzichtet im Gegenzug dann auf einen Teil der Netzentgelte. Wer solche Möglichkeiten nutzt und zugleich eine Solaranlage betreibt, der muss eigentlich zusätzliche Technik zum Auslesen der Einspeiseleistung oder gleich zur Abregelbarkeit der Solaranlage (im Fall von zu viel überschüssigem Strom im Netz) einbauen. Bei einem Balkonkraftwerk wäre das übertrieben, daher soll eine gesetzliche Ausnahme geschaffen werden.

Balkonkraftwerke und andere PV-Anlagen

Gleiches gilt für den Absatz 3 desselben Paragraphen. Dort geht es um die Zusammenlegung mit anderen PV-Anlagen auf demselben Grundstück oder Gebäude, etwa auf dem Dach. Das ist wichtig, denn andernfalls könnte ein zusätzliches Balkonkraftwerk mit seiner Leistung zur Leistung der bestehenden Anlage hinzugezählt werden und diese damit über bestimmte Grenzwerte kommen, was beispielsweise die Pflicht zur Fernsteuerbarkeit für die Anlage mit sich brächte. Auch hier braucht es also eine Ausnahme für Balkonkraftwerke (beispielsweise in Abbildung 12.3), welche die Gesetzesänderungen auch vorsehen.

Abbildung 12.3: Mietwohnungen mit Balkonkraftwerken (Montage zum Teil in über 4 m Höhe); Quelle: AlexGo - stock.adobe.com

Erweiterte Liste an privilegierten Maßnahmen

Dies ist ein wesentlicher Faktor für die Durchsetzung des Balkonkraftwerks: Die mögliche Nutzung von Balkonen, Fassaden, Dachteilen, Terrassen, Vorgärten und anderen Bereichen mit Sonneneinstrahlung an Miet- und Eigentumswohnungen, siehe Abbildung 12.3. Die Liste enthielt bisher lediglich den Anspruch, bauliche Veränderungen vornehmen zu dürfen, die dem Gebrauch durch Menschen mit Behinderungen (Rampen, Geländer, Treppenlifte und so weiter), dem Laden elektrisch betriebener Fahrzeuge (insbesondere Wallboxen), dem Einbruchschutz (zum Beispiel Schlösser, Riegel, Alarmanlagen) und dem Anschluss an ein Telekommunikationsnetz mit sehr hoher Kapazität (insbesondere Glasfaseranschluss) dienen. Diese Freigaben wurden erst 2020 eingeführt. Die Nutzung von Photovoltaik wurde damals allerdings nicht integriert. Zumindest für Balkonkraftwerke wurde das nun aber durch einen Gesetzentwurf des Justizministeriums in den Bereich des Möglichen gerückt. Die Zustimmung zu dieser Änderung kam nicht nur aus Kreisen der damaligen Ampelregierung. Auch die CDU/CSU hatte bereits mit einem eigenen, ähnlich lautenden Gesetzesentwurf aufgewartet, der allerdings im Parlament keine Zustimmung fand. Der Regierungsentwurf *Solarpaket 1* hingegen schon. Er wurde im Juli 2024 verabschiedet.

Die Auswirkungen dieser Änderung sind fundamental. Die Privilegierung bedeutet hier nichts anderes als eine Beweislastumkehr: Während Vermieter und Wohnungseigentümergemeinschaften sowie die durch selbige beauftragten Hausverwaltungen bisher auch ohne Angabe von Gründen die Erlaubnis zur Montage eines Balkonkraftwerks verweigern konnten, bedeutet die Privilegierung nun eine grundsätzliche Freigabe. Sollten dennoch Argumente gegen das Balkonkraftwerk sprechen, so müssen diese stichhaltig begründet werden. Denkbar wären hier etwa kurzfristig anstehende Instandsetzungsarbeiten an den Balkonen oder der elektrischen Anlage. Befindet sich direkt unter den Balkonen ein Verkehrsweg, dann kann auch dies ein Grund sein, die Freigabe zunächst juristisch abzuklären. (Das gilt übrigens auch schon für Blumenkästen.)

Die Hürden, welche der Denkmalschutz, Erhaltungssatzungen oder ähnliche baurechtliche Regelungen aufwerfen, sind hiervon übrigens nicht betroffen. Diese gelten weiterhin uneingeschränkt und können Balkonsolar-Projekte verhindern. Auf regionaler Ebene gibt es aber immer häufiger Regelwerke, welche diese Beschränkungen reduzieren, wie etwa Klimaschutzrichtlinien. So werden zunehmend Solaranlagen auf Kirchendächern und eben auch Balkonkraftwerke an denkmalgeschützten Häusern möglich. Es lohnt sich also, sich selbst vor Ort für solche Anpassungen einzusetzen, falls sie nicht bereits vorhanden sind.

Offene Fragen

Trotz der umgesetzten und geplanten Änderungen gibt es auch weiterhin noch ungeklärte Fragen. So ist etwa nicht festgelegt, was passiert, wenn ein Netzbetreiber trotz gesetzlicher Verpflichtung über Jahre den Zähler nicht tauscht. Das käme im Falle eines für das Rückwärtslaufen anfälligen alten Zählers einer Art *Net-Metering* gleich, also dem direkten Abzug von eingespeisten Überschüssen vom tatsächlichen Verbrauch – eine Abrechnungsart, die in Deutschland nicht zulässig ist (aber in einigen anderen Ländern). Insbesondere ist noch nicht abschließend geklärt, welche Vorgaben zur Umsetzung eines Balkonkraftwerk-Projekts durch Vermieter und Wohnungseigentümergemeinschaften beziehungsweise Hausverwaltungen überhaupt gemacht werden dürfen. Wie exakt können etwa Modulfarbe und -größe vorgeschrieben werden? Ab wann kommen die durch die Vorgaben entstehenden Mehrkosten einer unzulässigen Verhinderung gleich? Kann vorgeschrieben werden, dass das Kraftwerk nur im Innenbereich des Balkons betrieben werden darf, wo wesentlich weniger Sonne ankommt? Entsprechende Klarstellungen wurden bereits von vielen Experten angemahnt, und zwar vor Inkrafttreten des Gesetzentwurfs. Andernfalls befürchten sie eine Klagewelle, welche die ohnehin überlasteten Gerichte über Jahre hinweg mit der Klärung dieser Detailfragen beschäftigen wird. Wie viel die Gerichte hier zu tun bekommen werden, bleibt vorerst offen.

Die Registrierung im Marktstammdatenregister

Das Marktstammdatenregister ist eine Online-Datenbank der Bundesnetzagentur, der obersten Aufsichtsbehörde des deutschen Stromnetzes. Sie ist zugleich der einzige Ort, an dem sämtliche registrierten Anlagen zur Erzeugung erneuerbarer Energie erfasst sein müssen – vom gigantischen Windpark in der Nordsee bis zum Steckersolarkraftwerk am heimischen Balkon. Der Eintrag ist gesetzlich verpflichtend (Marktstammdatenregisterverordnung/EEG). Diese Datenbank wurde 2019 eingeführt und ersetzte mehrere bis dahin parallel geführte Anlagenverzeichnisse. Jeder Interessierte hat Zugriff auf einige der gespeicherten Daten wie Anlagenleistung und Adresse, nicht jedoch auf Daten der Betreiber. Diese sind Behörden vorbehalten, wie etwa dem Statistischen Bundesamt oder dem Wirtschaftsministerium. Bei Eintragung eines Kraftwerks erhält zudem der Netzbetreiber, welcher dabei anzugeben ist, eine Benachrichtigung über die Eintragung. Das macht verständlich, warum eine separate Anmeldung beim Netzbetreiber entfallen kann, denn diese Benachrichtigung enthält bereits alle relevanten Daten.

Wenn man allerdings in den öffentlich zugänglichen Daten nach PV-Anlagen mit bis zu 600 Watt Leistung sucht, so erhält man nur ein paar Hunderttausend Treffer. Anhand der im Markt bekannten Absatzzahlen lässt sich jedoch bereits auf weit über eine Million tatsächlich in Betrieb befindliche Balkonkraftwerke schließen. Die Dunkelziffer der nicht gemeldeten Anlagen ist also noch immer recht hoch.

Ursachen für die Nicht-Anmeldung

1. Zumindest in den Anfangsjahren waren die Besitzer und Nutzer in erster Linie Pioniere, Tüftler und Technikbegeisterte, denen eher an der Machbarkeit als an der Konformität gelegen war.

2. Ein weiterer Faktor ist, dass bislang kaum Sanktionen bei einer Nichtanmeldung ausgesprochen wurden, obwohl diese gesetzlich festgeschrieben sind. Die Nichtverhängung kann nicht verwundern, da der nicht angemeldete Betrieb bei Vorhandensein eines Zählers mit nur einem Zählwerk ja nicht nachzuweisen ist (falls der Zähler nicht beim Ablesen gerade rückwärts läuft). Da, wo es aufgrund eingebauter Zweirichtungszähler Sanktionen gab, waren diese mit 10 € pro installierter kW_p Modulleistung pro Monat (zum Beispiel bei einem 800 kW_p–Panel 96 € pro Jahr) in den meisten Fällen zudem niedriger als die Ersparnis durch den Betrieb.

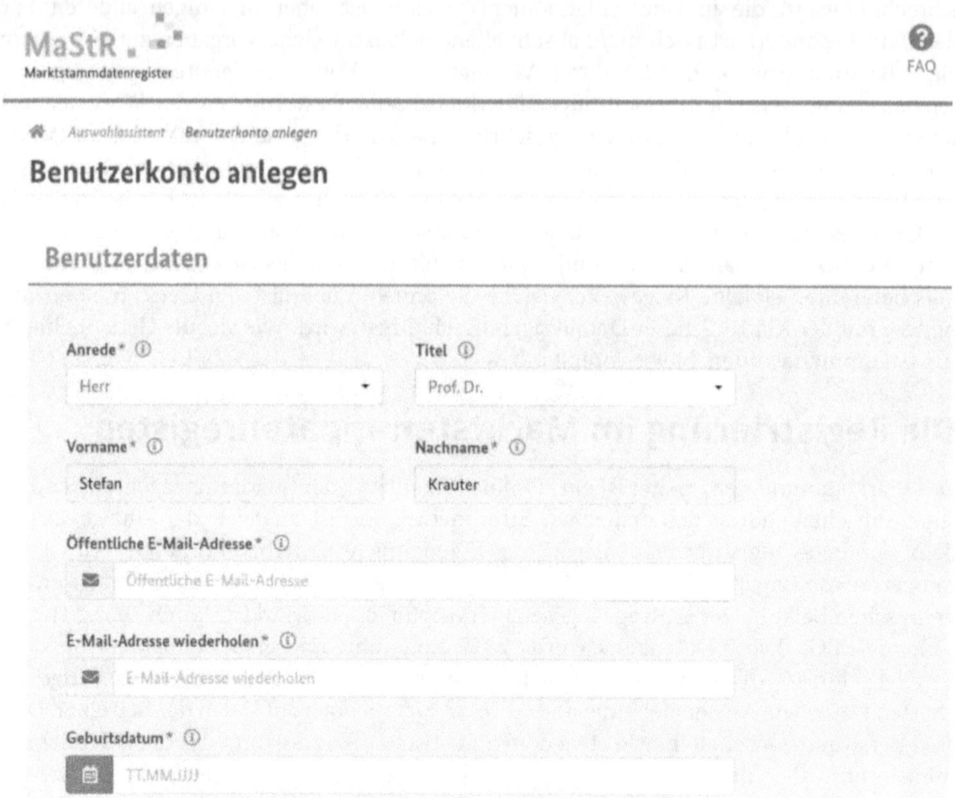

Abbildung 12.4: Online-Registrierung im MaStR: Person.

Da sich das Balkonkraftwerk zunehmend als Massenprodukt etabliert und damit auch andere Bevölkerungsschichten erreicht, führen jedoch anteilig immer mehr Nutzer die Anmeldung durch. In den letzten Jahren ist dies zudem wesentlich einfacher geworden. Auch die Netzbetreiber hatten, zum Teil durch Überzeugungsarbeit, zum Teil durch Eigeninitiative, nach und nach ein Einsehen und reduzierten die Anmeldeformulare auf ein schlichtes DIN-A4-Blatt oder eine Online-Eingabemaske. Auf verschiedenen Plattformen wie `https://www.MachDeinenStrom.de` und bei einigen Anbietern wurden sogar kostenlose Anmeldedienste angeboten. Im Folgenden wird der Anmeldeprozess anhand der vor Verabschiedung des Solarpakets gültigen Benutzerführung beschrieben.

Die Registrierung erfolgt online über `https://www.marktstammdatenregister.de` Sie ist in zwei Stufen durchzuführen. Der Betreiber des Geräts ist zunächst als sogenannter Marktakteur anzumelden. Dabei sind Name, Geburtsdatum und Adresse ebenso anzugeben wie auch Telefonnummer und Mailadresse für eventuelle Rückfragen.

Die Eingabemasken ändern sich relativ oft, sodass die hier abgebildeten Masken vielleicht inzwischen etwas anders aussehen können. Am dargestellten prinzipiellen Ablauf dürfte sich aber nichts Wesentliches geändert haben.

Die weiteren möglichen Angaben wie Faxnummer, Webadresse, »ACER-Code« und Umsatzsteuer-ID können als nicht vorhanden abgewählt werden. Die zum Ende auftauchende Frage danach, ob der Betreiber Einkünfte aus selbstständiger Arbeit bezieht, ist keine Pflichtangabe und kann unbeantwortet bleiben. Sie erhalten eine *Registrierungsnummer*. Als Nächstes folgt dann die Anmeldung der eigentlichen Solaranlage oder des Steckersolargeräts beziehungsweise der Einheit.

Hier sind zunächst die grundlegenden Daten anzugeben. Dazu gehören die Art der Einheit (*Solaranlage*) und die spezifische Unterart (*steckerfertige Solaranlage*). Aber auch die Frage, ob es sich um eine privat betriebene Anlage handelt, wird gestellt. Hier empfiehlt es sich,

Abbildung 12.5: Online-Registrierung im MaStR: Art der Anlage.

immer Ja zu wählen. Tut man dies nicht, dann verlässt man den geführten Anmeldepfad für Steckersolargeräte und muss sich durch eine ältere, umständlichere Anmeldemaske navigieren. Sollte die Anmeldung also für eine andere Person erfolgen, dann ist diese immer als separater Marktakteur anzulegen, damit man hier Ja auswählen kann.

Danach ist der Betriebsstatus anzugeben, siehe Abbildung 12.6. Dabei kann man auch eine geplante Anlage anmelden. Um sich aber Arbeit zu sparen, empfiehlt es sich, die Anmeldung erst nach der Inbetriebnahme durchzuführen. Man hat nach dem Inbetriebnahmedatum vier Wochen Zeit dafür. In dem Fall kann man in Betrieb wählen.

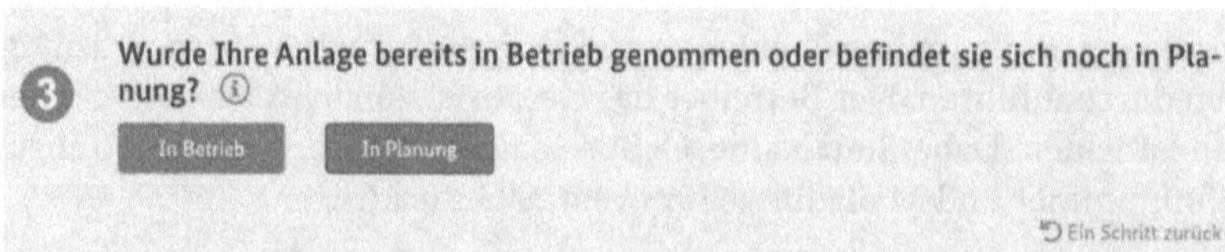

Abbildung 12.6: Online-Registrierung im MaStR: Solaranlage in Planung oder bereits in Betrieb?

An dieser Stelle steigt man mit Registrierung starten in den zum Glück sehr kurzen technischen Teil der Anmeldung ein, siehe Abbildung 12.7.

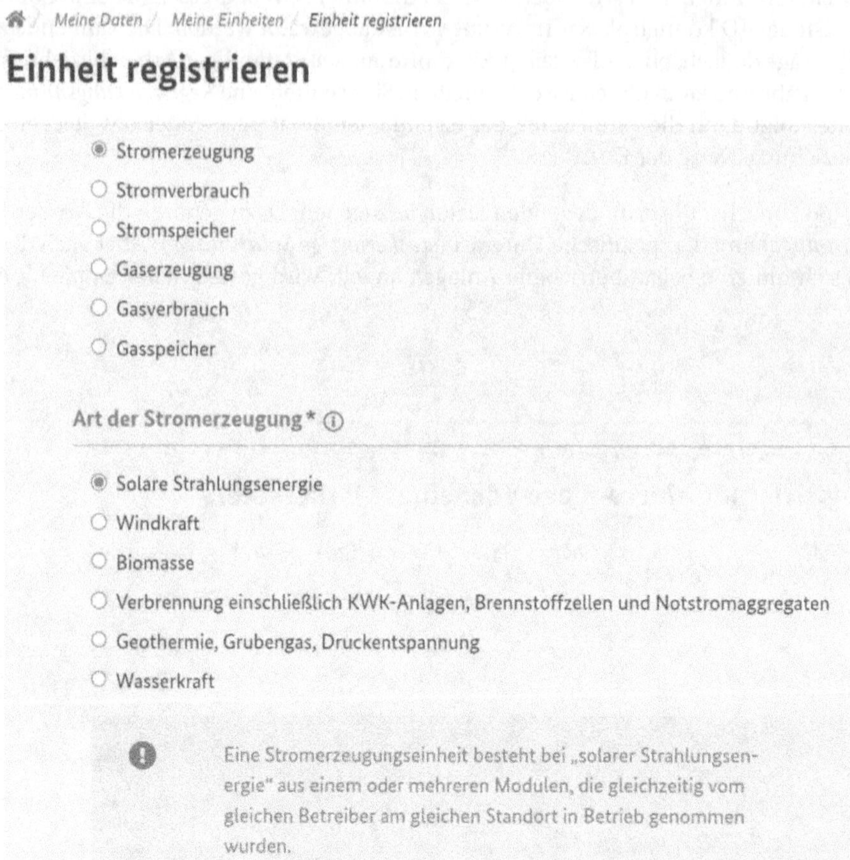

Abbildung 12.7: Online-Registrierung der Stromerzeugungseinheit (PV-Anlage).

Zunächst braucht das Balkonkraftwerk (oder die größere PV-Anlage) einen Namen. Hier empfiehlt sich eine möglichst genaue Beschreibung mit Typenbezeichnung oder Anbringungsort. Das macht das Gerät unterscheidbarer – falls Sie sich derart begeistern, dass Sie gleich mehrere Anlagen betreiben wollen. Da dieser Name aber öffentlich ist, sollte man sich dabei mit zu vielen privaten Details zurückhalten.

Die Angaben zur Geräteleistung dürften selbsterklärend sein und sollten den dem Gerät beigelegten Dokumenten beziehungsweise der Webseite von Angebot oder Anbieter entnommen werden können. Da die Einspeisevergütung im Vergleich zu den Strombezugskosten relativ gering ist, wird im Normalfall immer versucht werden, einen möglichst hohen Eigenverbrauch zu erzielen. Daher ist hier TEILEINSPEISUNG auszuwählen, eine VOLLEINSPEISUNG dürfte inzwischen eher die Ausnahme sein. Die Zählernummer kann dem Stromzähler selbst oder der Stromrechnung entnommen werden.

Sofern mit dem Steckersolargerät auch ein Stromspeicher genutzt wird, kann dieser hier gleich mit angemeldet werden. Hierzu sind lediglich der Name, die Leistung (maximale Ausgangsleistung) sowie die Kapazität des Speichers anzugeben.

Sobald alle Angaben gemacht sind, kann die Registrierung mit Klick auf die entsprechende Schaltfläche abgeschlossen werden. Man wird dann zum Download der Registrierungsbestätigung geführt. Es empfiehlt sich, diese Bestätigung herunterzuladen und zu speichern. Sie kann für die Beantragung von Förderungen, aber auch für einen eventuellen Austausch mit dem Netzbetreiber notwendig sein. Allerdings lässt sie sich, etwa bei Verlust, auch beliebig häufig erneut aus dem Marktstammdatenregister herunterladen.

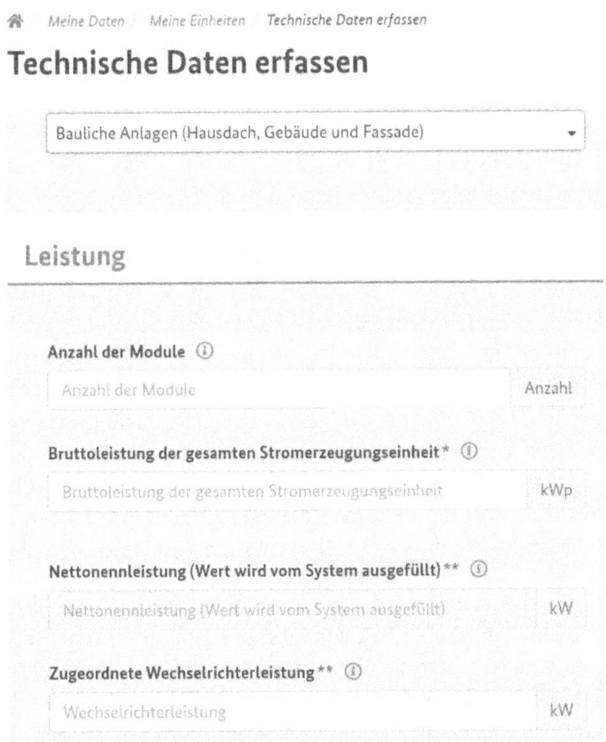

Abbildung 12.8: Online-Registrierung im MaStR: Technische Daten, Teil 1.

Es passiert mitunter, dass der Netzbetreiber über das Portal des Marktstammdatenregisters noch Aufforderungen zu Anpassungen sendet. Diese können entweder beachtet oder ignoriert werden. Falls sie ignoriert werden, ändern sich die Daten nach 4 Wochen automatisch auf den vom Netzbetreiber gewünschten Wert. Dieser kann allerdings mitunter fehlerhaft sein, da auch die Mitarbeiter des Netzbetreibers nicht immer auf dem aktuellen Informationsstand sind. Es ist also möglich, dass hier vereinzelt weiterer Abstimmungsbedarf entsteht.

Unabhängig hiervon sollte der Netzbetreiber nach Erhalt der automatischen Registrierungsbenachrichtigung, sofern notwendig, zeitnah auf den Betreiber mit einem Terminvorschlag für den Zählerwechsel zukommen. Dank erfolgter Anpassung der gesetzlichen Grundlagen ist die sofortige Inbetriebnahme aber unabhängig davon direkt nach Kauf möglich.

Wer haftet bei Schäden?

Reißt ein Balkonkraftwerk an einem stürmischen Tag von der Halterung und stürzt nach unten, kann die Haftungsfrage, also wer verantwortlich ist, von der Stärke des Sturmes abhängen. So empfiehlt der Jurist Marcus Seyfahrt in einem vom Verein Balkonsolar beauftragten juristischen Gutachten zu Haftungsfragen bei Balkonkraftwerken den Nutzerinnen und Nutzern, die Installation und insbesondere die Befestigung der Panels gut zu dokumentieren. Am einfachsten dürften wohl eine ausführliche Fotodokumentation der gesamten Anlage und Nahaufnahmen aller Befestigungselemente sein. Denn Mieter können bei Schäden durch ein abgestürztes Solarpanel vom Grundstückseigentümer in Haftung genommen werden.

Bei einem außergewöhnlich starken Sturm wäre den Eigentümern der Solarpanels hingegen kein Vorwurf zu machen, eine Haftung wäre dann auszuschließen.

Erfahrungsgemäß verhält es sich wohl so, dass viele Vermieterinnen und Vermieter Angst vor Steckersolargeräten auf oder an den Balkonen ihrer Mieter haben. Sie befürchten zum Beispiel, wegen einer nicht fachgerecht angebrachten Anlage für die Fehler der Mieterinnen und Mieter haften zu müssen. Eine private Haftpflichtversicherung deckt aber auch Schäden durch die Fälle ab, in denen die Solarpanels nicht ordnungsgemäß befestigt gewesen sind. Auch eine durchaus übliche Vorgabe von Vermieterinnen oder Wohnungseigentümergemeinschaften (WEG): Dem Mieter und Erwerber eines Balkonkraftwerks wird die Auflage erteilt, dass eine Fachfirma mit der Installation der Panels beauftragt werden muss. Eine geforderte *fachgerechte Durchführung* bedeutet aber nicht zwangsläufig, dass sie durch eine Fachfirma durchgeführt werden muss. Sie muss nur von gleicher Qualität sein. Und spätestens seitdem es gesetzlich zulässig ist, den Wechselrichter einer Balkon-Solaranlage per normalem Schukostecker mit dem Hausnetz zu verbinden, gibt es keinen Grund mehr, die Installation durch einen Elektrofachbetrieb vornehmen zu lassen.

Auch andere Auflagen, die immer wieder gern gemacht wurden, sind ohne sachliche Gründe eher als Schikane zu betrachten. Ein Sachverständigengutachten für die Statik und den Brandschutz oder eine sachverständige Prüfung der gesamten Hauselektrik des Gebäudes ist nicht gerechtfertigt. Eine Balkonsolaranlage mit zwei PV-Modulen und einer Einspeiseleistung von 800 Watt stellt das Hausnetz des Gebäudes nicht vor größere Herausforderungen als viele andere und deutlich leistungsstärkere Geräte im Haushalt.

Abbildung 12.9: Online-Registrierung im MaStR: Technische Daten, Teil 2.

Aber wie ist das nun tatsächlich? Wer haftet bei Schäden durch ein abgestürztes Modul? Rein rechtlich könnten sowohl gegen die Mieterin oder den Mieter als auch gegen die Vermieterin oder den Vermieter Haftungsansprüche bestehen, sollte sich erweisen, dass diese ihren Pflichten zur Sicherung der Solaranlage nicht ordnungsgemäß nachgekommen sind. »Die rechtlich gebotene Verkehrssicherung umfasst diejenigen Maßnahmen, die ein umsichtiger und verständiger, in vernünftigen Grenzen vorsichtiger Mensch für notwendig und ausreichend hält, um andere vor Schäden zu schützen«, heißt es nach Rechtsprechung des Bundesgerichtshofs. Das bedeutet in unserem Fall: Paragraf 836 (Haftung des Grundstücksbesitzers) des Bürgerlichen Gesetzbuchs (BGB) ist zunächst gegen den Wohnungseigentümer gerichtet. Der kann die sogenannte Obhutspflicht aber auf andere Personen übertragen. Stimmt die Vermieterin der Installation der Balkonsolaranlage zu, überträgt sie dem Mieter die Verpflichtung, die Balkonsolaranlage wie ein ordentlicher Eigentümer zu

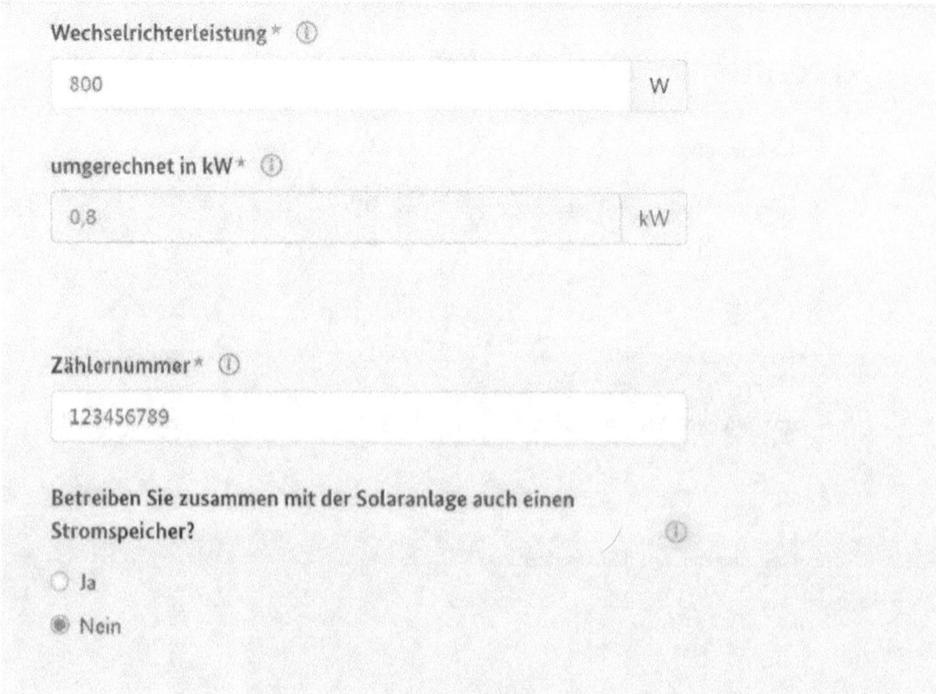
Wechselrichterleistung * ⓘ

800 W

umgerechnet in kW * ⓘ

0,8 kW

Zählernummer * ⓘ

123456789

Betreiben Sie zusammen mit der Solaranlage auch einen Stromspeicher? ⓘ

○ Ja

◉ Nein

Abbildung 12.10: Online-Registrierung im MaStR: Zählernummer, gegebenenfalls Stromspeicher.

behandeln. Dann ist der Mieter dafür verantwortlich, dass die von ihm angebrachten Gegenstände sicher befestigt sind. Stürzt ein Solarpanel ab und verursacht dadurch einen Schaden, geht man zunächst erst einmal davon aus, dass dies aufgrund mangelhafter Befestigung oder eines mangelbehafteten Gebäudeteils erfolgt ist.

Was besagt die Definition des Bundesgerichtshofs? Was heißt es konkret, wenn von »Maßnahmen, die ein umsichtiger und verständiger, in vernünftigen Grenzen vorsichtiger Mensch für notwendig und ausreichend hält, um andere vor Schäden zu schützen«, die Rede ist? Was, wenn sich das Panel durch ein außergewöhnliches Wetterereignis gelöst hat, mit dem erfahrungsgemäß nicht zu rechnen ist? Gerichtsurteilen zufolge kann das bei Stürmen mit Windstärke 12 oder mehr der Fall sein. Dann kommt die Beweispflicht ins Spiel, wie solide die Installation wirklich war und ob sie den technischen Normen genügt hat.

Hier gibt es daher die unbedingte Empfehlung, den Aufbau grundsätzlich immer gemäß der beiliegenden Installationsanleitung durchzuführen und die Befestigungen umfassend zu dokumentieren, etwa durch zahlreiche Fotos, die Sie nachträglich auch nicht manipulieren sollten, also zum Beispiel mit einer Software noch »verschönern«.

Abbildung 12.11: Online-Registrierung im MaStR: Technische Daten des Stromspeichers.

IN DIESEM KAPITEL...

Zusätzliche Vorschriften

Kennzahlen bei gebäudeintegrierten Produkten

Ästhetik einer Photovoltaikanlage

Kapitel 13
Gebäudeintegrierte Photovoltaik

Bei der gebäudeintegrierten oder bauwerksintegrierten Photovoltaik (Building Integrated Photovoltaic – BIPV) ist das Solarmodul direkt in die Gebäudehülle integriert und erfüllt neben der Funktion der Energiegewinnung zusätzliche Aufgaben. Dies können die Dachfunktion, Witterungsschutz, Wärmedämmung, Abschattung oder sogar solarthermische Nutzung sein. Diese Synergien tragen zu einem ressourcenschonenden Umgang bei:

- ✔ Durch BIPV kann ein wesentlich höherer Anteil an Gebäudefläche zum Energieertrag beitragen. Dies kann die notwendige Fläche von Freiflächenanlagen reduzieren, die für eine solare Energieversorgung notwendig ist.
- ✔ Durch die vielfältigen Einsatzmöglichkeiten kann durch BIPV Baumaterial eingespart werden, welches anstatt der Solarmodule eingesetzt würde.
- ✔ Durch den Doppelnutzen können die BIPV-Bauelemente über ihren Lebenszyklus in ökonomischer und ökologischer Hinsicht besser abschneiden als herkömmliche Bauelemente.

Ursprünglich hatte eine Gebäudehülle lediglich die Aufgabe, das Innere des Gebäudes vor äußeren Umwelteinflüssen zu schützen und die notwendigen Lasten zu tragen. Mit der Ölkrise kamen energiewirtschaftliche Betrachtungen hinzu, Energiesparen wurde ein Thema. Inzwischen spielt auch die Energiebereitstellung eine immer wichtigere Rolle. Deshalb müssen BIPV-Produkte sowohl elektrische als auch bautechnische Anforderungen erfüllen. In der Europäischen Union gelten für BIPV-Produkte und -Systeme die Normen EN 50583-1 und EN 50583-2. Als internationale Standards wurden die Normen IEC 63092-1 und -2 eingeführt und von vielen Ländern verwendet. BIPV liefert neben der Erzeugung von elektrischer Energie einen zusätzlichen Nutzen, wie etwa den einer Dachfunktion. Bei der Realisierung von BIPV-Systemen sind deshalb weitere Aspekte zu betrachten:

- ✔ Ästhetische Aspekte
- ✔ Bauphysikalische Anforderungen wie Wärmeisolierung, Regenschutz
- ✔ Energieertrag der Anlage
- ✔ Bauordnung und Normen
- ✔ Wirtschaftlichkeit

In der Vergangenheit war der Wirkungsgrad der Solarmodule wegen der hohen Kosten von großer Bedeutung, andere Aspekte spielten kaum eine Rolle. Bei den heutigen Kosten ist mehr Gestaltungsfreiheit möglich, und ein Effizienzverlust von 10 % bis sogar 30 % kann akzeptabel sein, wenn andere Kriterien, wie etwa Ästhetik, erfüllt werden können.

In der gebäudeintegrierten Photovoltaik kommen auch häufiger Dünnschichtmodule zum Einsatz. Sie bieten die Möglichkeit, eine erhöhte homogene Transparenz zu realisieren. Bei kristallinen Solarmodulen wird die Transparenz durch Variation des Solarzellenabstands erreicht. Die Durchlässigkeit des sichtbaren Lichtes in den Innenraum ist eine wichtige Kenngröße der gebäudeintegrierten Photovoltaik. Bei Solarmodulen auf kristalliner Basis entsteht ein Schattenmuster, welches in bestimmten Gebäudebereichen aus Designgründen erwünscht sein kann. In Arbeitsbereichen sollte das Tageslicht ein homogenes Erscheinungsbild aufweisen. Dies kann durch semitransparente Dünnschichtmodule erreicht werden. Die Transparenz wird bei Dünnschichtmodulen oft dadurch erreicht, dass die photovoltaisch aktiven Schichten mithilfe eines Lasers teilweise entfernt werden.

Der *Gesamtenergiedurchlassgrad*, *g*-Wert, oder *SHGC*-Wert (nach dem englischen *Solar Heat Gain Coefficient*), gibt an, welcher Anteil der einfallenden Sonnenenergie durch das Bauteil nach innen gelangt und zur Erwärmung des Innenraums beiträgt. Dabei werden sowohl die direkt durchgelassene solare Strahlung, als auch das im Glas absorbierte Licht berücksichtigt, welches durch Wärmestrahlung zur Erwärmung des Innenraums beiträgt, siehe Abbildung 13.1.

Der *g*-Wert wird für senkrecht einfallende Strahlung ermittelt, kann aber auch für Einfallswinkel bis zu 30° als gute Näherung genutzt werden.

- ✔ Ein *g*-Wert von 0 bedeutet, dass keine Sonnenenergie durchgelassen wird.
- ✔ Ein *g*-Wert von 1 bedeutet, dass die gesamte Sonnenenergie durchgelassen wird.

Er ist ein wichtiger Kennwert für den sommerlichen Wärmeschutz und die Energieeffizienz von Gebäuden bei der passiven Nutzung der Sonneneinstrahlung. In der Regel besteht das Ziel darin, die Sonneneinstrahlung im Gebäude im Winter zu maximieren, um den Heizbedarf zu verringern, und im Sommer zu kontrollieren, um den Kühlbedarf zu minimieren. Insbesondere in warmen Klimazonen kann ein hoher *g*-Wert zu einem zu starken Aufheizen des Gebäudes führen. Ein niedriger *g*-Wert trägt zu einem kühlen Innenraum bei.

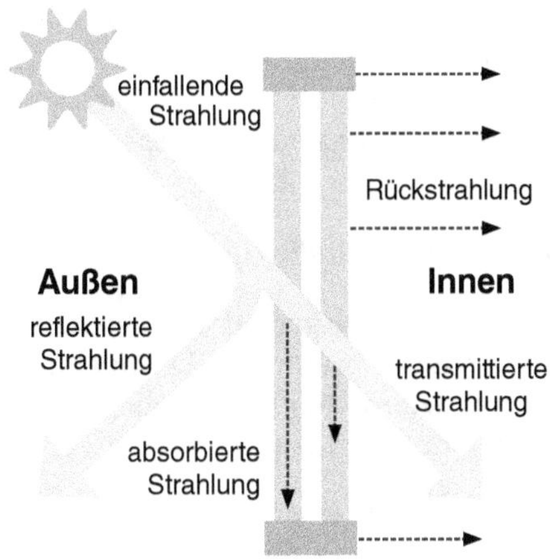

Abbildung 13.1: Der *g*-Wert eines Produktes umfasst die Energie der Sonneneinstrahlung, die direkt durch das Glas tritt, sowie die Energie, welche von Glas und Rahmen absorbiert wird und dann wieder in den Raum abgestrahlt wird – im Verhältnis zur gesamten Einstrahlungsenergie der Sonne.

Eine weitere Kennzahl, die bei der gebäudeintegrierten Photovoltaik hinzukommt, ist der *Wärmedurchgangskoeffizient* oder *U-Wert.* Er gibt an, wie viel Wärmeenergie pro Sekunde durch einen Quadratmeter eines Bauteils bei einem Temperaturunterschied von 1 K zwischen Innen- und Außenseite hindurchfließt. Die Einheit des *U*-Werts ist Watt pro Quadratmeter und Kelvin, W/m^2K. Tabelle 13.1 gibt *U*-Werte für verschiedene Baustoffe an.

Material	*U*-Wert in W/m^2K
Einfachverglasung	3-5
2-fach-Verglasung	1,1–1,5
3-fach-Verglasung	0,5–1,1
Außenwand, ungedämmt (Ziegel)	1,0–1,5
Außenwand, gedämmt	0,15–0,25

Tabelle 13.1: Wärmedurchgangskoeffizienten oder *U*-Werte in W/m^2K verschiedener Baustoffe

Je niedriger der Wert ist, desto geringer ist der Wärmeverlust durch das Bauprodukt im Gebäude. Mit BIPV-Produkten lassen sich *U*-Werte von bis hinab zu 0,7 W/m^2K erreichen, ähnlich den Werten einer guten Dreifach-Verglasung.

Während die meisten Solarmodule heute in China hergestellt werden, finden sich in Europa noch einige Hersteller für gebäudeintegrierte Photovoltaikanlagen. Diese Module werden nicht in Großserienproduktion hergestellt und sind entsprechend teurer. Insgesamt umfassen die Herstellung und Montage von BIPV-Modulen eine Vielzahl von Anforderungen, die Faktoren wie Funktionalität, Ästhetik und Nachhaltigkeit berücksichtigen. Da die Module meist Teil einer Gebäudehülle sind, ist bei BIPV-Modulen besonders auf eine hohe

Qualität zu achten. Durch die Integration in die Gebäudehülle sind die Module besonderen Belastungen, wie erhöhter Temperatur, extremen Verschattungsbedingungen und zum Teil erhöhten mechanischen Belastungen ausgesetzt. Gleichzeitig sollen gebäudeintegrierte Module besonders lange ihre Funktionalität als Gebäudehülle und als Energielieferant erfüllen.

Es gibt im Wesentlichen zwei Ansätze für die Herstellung von BIPV-Modulen:

- *Seriennaher Ansatz:* Der Ansatz zielt darauf ab, Material- und Größenvariationen zu minimieren und dadurch eine halbautomatische Montagelinie zu realisieren, die die meisten der auf dem Markt geforderten Anforderungen erfüllen kann. Automatisierte Schritte wechseln sich mit einzelnen manuellen Arbeiten ab.
- *Einzelanfertigung:* Die Module werden projektspezifisch hergestellt. Sie können in verschiedenen Größen und Formen sowie mit verschiedenen Materialschichten produziert werden. In diesem Fall wird ein Großteil der Produktionsschritte in der Fertigungslinie manuell mit Maschinenunterstützung durchgeführt.

Die Kosten für eine BIPV-Anlage hängen sehr von der Art der Herstellung der Module ab. Durch den starken Preisverfall der einzelnen Modulkomponenten im Vergleich zu früher kann es sich dennoch um eine attraktive Anwendung handeln.

Besonderheiten der gebäudeintegrierten PV

Neben den elektrischen Anforderungen, wie sie auch Standardmodule erfüllen müssen, sind thermische Eigenschaften, Wasserdichtigkeit, Witterungsschutz, Schallschutz, Haltbarkeit, Zuverlässigkeit, Ästhetik sowie mechanische Eigenschaften und Brandschutzanforderungen zu berücksichtigen.

Alles so schön bunt hier: Farbige Module

Bei der gebäudeintegrierten Photovoltaik steht nicht immer der Wirkungsgrad der Module im Vordergrund, sondern auch ihr Aussehen. So befindet sich häufig die Anschlussdose am Rand des Moduls, um eine unsichtbare Verkabelung zu ermöglichen. BIPV-Module können verschiedene Farben aufweisen, um die Ästhetik des Gebäudes zu verbessern. Solarzellen in Standardmodulen sind meist schwarz, um möglichst viel Licht zu absorbieren und so einen möglichst hohen Wirkungsgrad zu erreichen. Die Farbe der Module lässt sich jedoch durch Einbringen zusätzlicher Folien ändern. Befinden sich die Folien hinter den Solarzellen, so hat das einen geringen Einfluss auf die Leistung der Module. Allerdings sieht man in diesem Fall auch noch die schwarzen Solarzellen. Befindet sich die Folie vor den Solarzellen, so hat das Modul ein homogenes farbiges Erscheinungsbild. Allerdings verliert das Modul je nach Farbe 4 bis 20 Prozent an Leistung. Die Farbe in den Folien wird meist durch Pigmente erzeugt, die Licht absorbieren, wodurch weniger Licht die Solarzellen erreicht.

Wird die farbige Erscheinung hingegen dadurch erreicht, dass die Farbigkeit durch Interferenz entsteht, so sind die Leistungsverluste im Solarmodul deutlich geringer. Um eine entsprechende Farbe zu realisieren, wird die Schichtdicke der Antireflexionsschicht der Solarzelle variiert, wodurch die Reflexionsminderung der Antireflexionsschicht bei einer anderen Wellenlänge erfolgt und so ein anderer Farbeindruck entsteht.

Elektrischer Energieertrag

Der Ertrag einer Solaranlage hängt in erster Linie von der solaren Einstrahlung und der Aufstellung der Solarmodule ab. Bei der gebäudeintegrierten Photovoltaik haben die Solarmodule die gleiche Neigung und Ausrichtung wie das Gebäude, sodass diese Randbedingungen schon festgelegt sind. Ein weiterer wichtiger Aspekt ist die Verschaltung untereinander. Sind die Module in Reihe geschaltet, so bestimmt das am meisten verschattete Modul den Strom in allen Modulen und so deren Leistung. Gerade bei Fassaden kann es zu vielen Verschattungssituationen kommen, die bei der Verschaltung der Anlage zu berücksichtigen sind. Wenn möglich, sollten nur Module miteinander verschaltet werden, welche eine ähnliche Verschattung aufweisen. Bei der Modulauswahl ist darauf zu achten, dass die in die Module integrierten Bypassdioden besonders langlebig sind (das heißt, großzügig ausgelegt sind). Module für BIPV-Anwendungen haben teilweise auch breitere zellfreie Ränder, um eine Verschattung der Solarzellen durch die Konstruktionsprofile zu vermeiden.

Eine andere Möglichkeit, um mit komplexen Verschattungssituationen umzugehen, bieten Modulwechselrichter. In diesem Fall wird jedes Modul einzeln optimiert und die Module sind nicht mehr in Reihe geschaltet. Eine ähnliche Funktion bieten Leistungsoptimierer, die auch an jedem Modul installiert sind und dieses optimieren. Da sich in diesem Fall ein größerer Teil der Elektronik auf der Modulrückseite befindet, sollte diese für Wartungsarbeiten gut zugänglich sein.

Die Temperatur von gebäudeintegrierten Modulen kann erhöht sein, weil die Hinterlüftung eingeschränkt ist. Dadurch sinkt die Leistung der Solarmodule. Meist haben Dünnschichtsolarmodule eine geringere Temperaturabhängigkeit als kristalline Solarmodule. Ebenso sind Dünnschichtmodule aufgrund ihrer inneren Verschaltung häufig toleranter gegenüber Verschattungssituationen. Aufgrund dieser Eigenschaften und des meist homogeneren Erscheinens spielen Dünnschichtmodule hier eine gewisse Rolle.

Bilden die Solarmodule die Gebäudehülle, so findet durch sie eine Wärmeleitung vom Gebäudeinneren ins Äußere statt, welche bei der Wärmebilanz des Hauses berücksichtigt werden muss. Der Wärmeübertrag entspricht typischerweise dem eines äquivalenten Glasverbunds ohne Solarzelle. Die Solarzellen spielen bei der Wärmeleitung also eine untergeordnete Rolle. Durch die Sonnenstrahlung und die Absorption der Sonnenstrahlung in dem Solarmodul findet aber ein zusätzlicher Wärmetransfer ins Gebäude statt, der bei der Wärmebilanz zu berücksichtigen ist und durch den g-Wert berücksichtigt wird.

Auf die Mechanik kommt es an

Da gebäudeintegrierte Photovoltaik auch statische Funktionen der Gebäudehülle übernimmt, müssen zusätzliche bautechnische Anforderungen erfüllt werden, die meist durch die Landesbauordnungen geregelt sind. So müssen die Anlagen unter anderem den Anforderungen des Brandschutzes genügen und entsprechende Stabilitäten nachweisen. Dieser Nachweis kann in Deutschland über eine *allgemeine bauaufsichtliche Zulassung* (abZ) oder über eine *Zulassung im Einzelfall* erfolgen.

Für die BIPV-Module kommen häufig dickere Front- und Rückseitengläser mit einer Dicke von 3 mm, zum Teil bis 6 mm und mehr, zum Einsatz – abhängig von Projekt- und Konstruktionsanforderungen. Auch rahmenlose Module finden hier häufiger eine Anwendung, sodass die Module auch ohne Rahmen die notwendige Stabilität erreichen müssen. Die Module sind teilweise als Verbundsicherheitsglas zertifiziert und als Bauelement von den Baubehörden zugelassen, um den Einbau in die Gebäudehülle zu ermöglichen. Dies ist insbesondere bei Überkopfmontagen notwendig.

Die unterschiedlichen Materialien eines Solarmoduls, wie Glas, Aluminium oder Kupfer, haben sehr unterschiedliche thermische Ausdehnungskoeffizienten. Insbesondere weil das Modul bei einer Gebäudeintegration unter Umständen auch die Funktion der Dachhülle erfüllt, werden die Module einem Temperaturzyklentest und einem Feuchte-Frost-Test unterzogen, um ihre Langzeitstabilität und Ermüdungserscheinungen zu testen. Im Temperaturzyklentest der IEC 61215 werden die Module 200 Zyklen mit Temperaturschwankungen zwischen −40 °C und 80 °C ausgesetzt. Dabei wird die Luftfeuchte stets auf einen konstanten Wert nachgeregelt, sodass es nicht zu Kondensationserscheinungen kommt. Der Test simuliert thermische Belastungen, wie sie durch Tag-Nacht-Wechsel oder saisonale Temperaturunterschiede auftreten können. Ziel ist es, mögliche Fehler wie Risse im Modulmaterial oder Degradationen von elektrischen Verbindungen zu identifizieren. Der Feuchte-Frost-Test umfasst nur 10 Zyklen. Dabei wird das Modul in einem Zyklus von einer Luftfeuchtigkeit von 85 Prozent und einer Temperatur von 80 °C auf −40 °C abgekühlt, ohne dass jedoch die Luftfeuchte nachgeregelt wird. Dabei kondensiert das Wasser in kleinsten Rissen, gefriert dann und sprengt dort poröses Material ab. Der Feuchte-Frost-Test dient dazu, potenzielle Fehler wie Delaminationen, Risse in Materialien oder Korrosion an elektrischen Verbindungen zu identifizieren.

Besonders starke mechanische Belastungen können durch Winde auftreten. Die Module müssen auch extremen Wetterereignissen wie Tornados widerstehen können. Aber auch normale Windlasten können zu erheblichen mechanischen Belastungen der Module und ihrer Verankerung führen. Deutschland ist in vier Windlastzonen unterteilt. Diese Zonen berücksichtigen die regional unterschiedlichen Windgeschwindigkeiten und daraus resultierenden Windbelastungen:

- ✔ Windzone 1: Mittlerer und südlicher Bereich Deutschlands; niedrigste maximale Windgeschwindigkeiten (22,5 m/s).
- ✔ Windzone 2: Mittlerer Bereich Deutschlands; moderate maximale Windgeschwindigkeiten (25,0 m/s).
- ✔ Windzone 3: Ostseeküste und nördlicher Bereich Deutschlands; höhere maximale Windgeschwindigkeiten (27,5 m/s).
- ✔ Windzone 4: Küstengebiete der Nord- und Ostsee; höchste maximale Windgeschwindigkeiten.

Weitere Faktoren sind die Höhe des Gebäudes, die umgebende Topografie und die Form des Gebäudes. Die statische Auslegung der Module und ihre Befestigung müssen dies berücksichtigen. Dabei muss die Konstruktion sowohl Sog- als auch Drucklasten widerstehen. So können Teile der Gebäudehülle einer Unterdrucksituation ausgesetzt sein, wenn Luft entlang des Gebäudes in eine Richtung strömt, die der Windrichtung entgegengesetzt ist.

Ein Modulbruchtest muss bestanden werden, um Verletzungen nach der Installation zu minimieren. Dabei wird geprüft, ob die Module den Belastungen durch mechanische Einwirkungen wie Stöße oder Aufprall standhalten können, ohne ihre Funktionalität oder Sicherheit zu verlieren. Finden die Module in einer Überkopfanwendung Einsatz, so müssen sie die gleichen Anforderungen wie ein laminiertes Sicherheitsglas erfüllen, um Verletzungen zu vermeiden.

Brandschutz

Brandschutz ist ein wichtiger Aspekt bei der Integration von Photovoltaiksystemen in die Gebäudehülle, auch wenn die meisten Komponenten eines Solarmoduls, wie Glas, Aluminium, Solarzellen und Zellverbinder, nicht brennbar sind. Lediglich die Folien und Anschlussdosen sind aus brennbarem Kunststoff, weshalb das Brandverhalten von Photovoltaikmodulen berücksichtigt werden muss. Die verwendeten Module sollen keine negativen Auswirkungen auf das Brandverhalten sowohl für die Bewohner als auch für die Feuerwehr im Vergleich zu herkömmlichem Baumaterial haben. Brandtests für BIPV-Fassaden, bei denen das gesamte System bewertet wird, sind in den Bauvorschriften der Länder festgelegt. Die meisten derzeit erhältlichen BIPV-Module erfüllen derzeit nur die verschiedenen Anforderungen der IEC-Normen und haben keinen Brandtest im Systemmaßstab absolviert. Neben den Brandschutzanforderungen, denen auch Standardmodule genügen müssen, sind die folgenden Aspekte bei BIPV-Modulen zu berücksichtigen:

- ✔ veränderte Branddynamik durch Hohlräume hinter den Modulen und
- ✔ Feuerfestigkeit von BIPV-Modulen.

Nach der initialen Entzündung kann die Brandausbreitung in Schrägdächern durch einen Kamineffekt hinter den Modulen und durch nach unten fallendes brennendes Plastik beschleunigt werden. Dies kann auch bei vertikalen Fassadenanlagen, die einen hinterlüfteten Hohlraum aufweisen, passieren und muss bei der Auslegung der Anlage berücksichtigt werden.

So schön: Die BIPV-Ästhetik

Einer der Hauptgründe für gebäudeintegrierte Photovoltaik ist die Ästhetik. Sie bietet Architekten neue Möglichkeiten der Integration von Photovoltaikanlagen in Gebäude, die hohen ästhetischen Ansprüchen genügen sollen. Durch die nahtlose Integration von Solarmodulen in die Gebäudehülle können neue Effekte realisiert werden, die dem Gebäude eine eigene Identität geben. BIPV kann als künstlerisches Element begriffen werden, welches nicht nur Strom erzeugt, sondern auch Licht und Schatten aktiv in die Gestaltung des Gebäudes mit integriert. Um eine entsprechende Realisierung zu ermöglichen, sollte der Architekt frühzeitig in der Planungsphase des Gebäudes überlegen, inwieweit er gebäudeintegrierte

Photovoltaik einsetzen möchte. Im Unterschied zu Aufdachanlagen ist die gebäudeintegrierte Photovoltaik meist ein Projektgeschäft, in dem die Module zumindest teilweise speziell für das gewünschte Projekt hergestellt werden müssen. Deshalb hilft eine frühzeitige Zusammenarbeit zwischen Architekt und Planern beziehungsweise Herstellern. Dieser Ansatz ermöglicht eine ästhetische Integration der BIPV-Anlage in das Gebäude.

Auch wenn der ästhetische Aspekt von BIPV-Anlagen eine große Bedeutung hat, dürfen dennoch nicht die funktionalen Anforderungen vernachlässigt werden. Gerade die mögliche Verschattung von Modulen durch umliegende Gebäude kann einen erheblichen Einfluss auf die Planung der Anlage haben. Durch die Variation der Farbe der Module und der Transparenz kann eine attraktive Lösung gefunden werden, die den ästhetischen Ansprüchen, den notwendigen Lichtverhältnissen im Gebäude und der Energieerzeugung gerecht wird.

Für eine ideale Integration von BIPV-Systemen wird ein fachkundiger Planer gleich zu Beginn in die Planungsphase des Bauprojekts mit einbezogen. Dann können die unterschiedlichen Aspekte am besten aufeinander abgestimmt werden.

- ✔ Die gebäudeintegrierte Photovoltaik, sollte mit der Ästhetik und der Funktion des Gebäudes und der Umgebung harmonieren.
- ✔ Mit der Wahl des Frontglases können Farbe, Transparenz, Oberflächenstruktur und mechanische Stabilität entscheidend beeinflusst werden.
- ✔ Die Anordnung und Verschaltung der Module trägt entscheidend zum elektrischen Ertrag und zur Ästhetik der Anlage bei. Die Anlage kann als Fassade, als Dachintegration oder auch als Sonnenschutz geplant werden.
- ✔ Die Größe der Module sollte sich an den Proportionen des Gebäudes orientieren. Zu große oder zu kleine Module stören ein harmonisches Erscheinungsbild.
- ✔ Abhängig von dem Design des Moduls lässt sich durch die Anordnung der Solarzellen im Modul mit der Transparenz, dem durchscheinenden Licht, und dem Schattenwurf der Solarzellen spielen.
- ✔ Die Module können farblich auf das Gebäude abgestimmt werden. Alternativ kann auch ein deutlicher Kontrast geschaffen werden.

Das übergeordnete Ziel des Architekten ist, ästhetische Anforderungen mit den funktionalen und technischen Anforderungen eines Gebäudes zu vereinen. Die gebäudeintegrierte Photovoltaik ergänzt dabei neben dem elektrischen Ertrag der Solaranlage die Ästhetik und beeinflusst das Erscheinungsbild. Zusätzlich kann sie zur Verbesserung der Nutzbarkeit durch eine Begünstigung der Beleuchtungsverhältnisse und des Raumklimas im Innenraum des Gebäudes beitragen. Architekten können mit der gebäudeintegrierten Photovoltaik die Gebäudehülle gestalten, sie in die Gebäudehülle integrieren, oder die Gebäudehülle so formen, dass der elektrische Ertrag maximiert wird. Die Abmessungen der Module variieren im Vergleich zu Standard-Aufdachmodulen stark. Die Anordnung und das Erscheinen der Modulzwischenräume spielen eine wichtige Rolle für das optische Erscheinungsbild und sollten sich an üblichen Verkleidungssystemen des Gebäudes orientieren. Ebenso müssen die Befestigungssysteme dafür sorgen, dass die elektrische Verkabelung der Solarmodule das Erscheinungsbild nicht negativ beeinflusst und so zur Akzeptanz beiträgt.

Gebäudeintegrierte Produkte

Die höchsten Erträge liefern BIPV-Produkte, wenn sie in Dächer integriert werden. Die Integration in die Fassade vergrößert die potenzielle BIPV-Fläche erheblich. Allerdings müssen in diesem Fall Verschattungssituationen, wie benachbarte Gebäude oder Bäume, besonders berücksichtigt werden. Andererseits lassen sich gebäudeintegrierte Produkte auch selbst gezielt als Beschattungssysteme einsetzen, um das Licht im Gebäude zu reduzieren.

Dach-BIPV

Dächer von Ein- und Mehrfamilienhäusern sind meist geneigt. Häufig werden Dachpfannen oder Schiefer eingesetzt, um das Dach zu decken. Ihre Hauptfunktion ist eine sichere Wasserableitung. Die geneigten Dachflächen sind besonders für eine gebäudeintegrierte photovoltaische Anwendung geeignet, weil diese neben der günstigen Energieerzeugung auch die Funktion des Wasserschutzes realisieren kann. Durch die Integration der Solaranlage in die Dachabdeckung wird nur ein Element verbaut. Die Solaranlage wird nicht bloß mit dem Dach, sondern *als* Dach installiert. Eine nachträgliche Installation ist nicht notwendig. Darüber hinaus werden die Ressourcen für konventionelle Dachziegel eingespart und so zusätzlich der CO_2-Fußabdruck des Gebäudes reduziert. Dachintegrierte Solaranlagen gibt es in zwei Typen: Sogenannte *Indach*-Solaranlagen ähneln Standardmodulen. Sie sind meist aber kleiner und haben keinen Aluminiumrahmen. Alternativ werden *Solardachziegel* angeboten, siehe Abbildung 13.2. Diese PV-Dachziegel haben eine ähnliche Größe und ein ähnliches Gewicht wie herkömmliche Dachziegel und können diese meist einfach ersetzen. Sie sind tatsächlich kaum von normalen Dachziegeln zu unterscheiden und bieten Vorteile bei komplexen Dachformen und erfüllen hohe ästhetische Ansprüche.

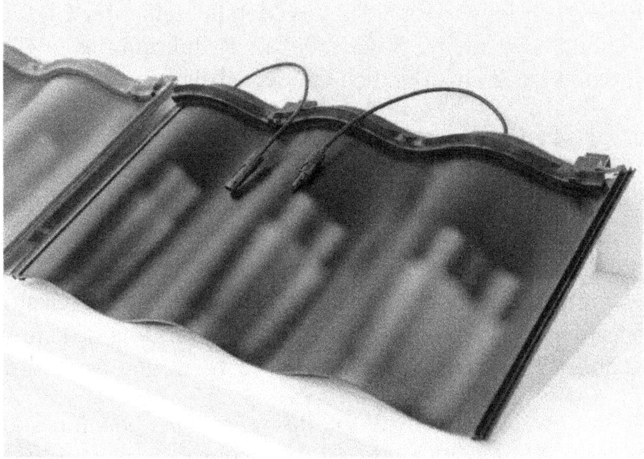

Abbildung 13.2: Solardachziegel der Firma Jackery (IFA 2025).

Mit solchen »Solarziegeln« lassen sich durch ihre geringere Größe auch kleine Flächen zur Stromerzeugung nutzen, auf die ansonsten kein Solarmodul passen würde. Typische Solardachziegel haben eine Leistung von etwa 10 Watt, wohingegen Indachmodule meist Leistungen über 100 Watt aufweisen. Die Installation von Solarziegeln ist durch die geringe Größe aufwendiger und kostenintensiver, da mehr Module miteinander verschaltet werden müssen. Für denkmalgeschützte Gebäude können Solardachziegel die einzige Möglichkeit sein, um Photovoltaik an dem Gebäude einzusetzen. Diese gibt es inzwischen auch in typischen Dachziegelfarben wie etwa Terrakotta. Der Leistungsverlust der farbigen Dachziegel im Vergleich zu schwarzen Dachziegeln beträgt meist weniger als 15 %.

Ein anderer Einsatz der dachintegrierten Photovoltaik liegt in dem Einsatz als Oberlicht oder als komplettes Glasdach. Entweder stellen die Solarmodule die Hauptverglasung des Daches dar, oder sie sind die äußere Komponente einer Isolierglaseinheit. Bei kristallinen Solarmodulen kann durch den Abstand der Solarzellen im Modul die Lichteinstrahlung ins Gebäude beeinflusst werden. Bei Dünnschichtmodulen wird meist ein gedämpfter homogener Lichtdurchtritt erreicht. Die Wahl der Glaskomponenten, wie etwa der Glasdicke, bestimmt auch den Wärmeübergangskoeffizienten und somit die Dämmung des Gebäudes. Ebenso muss beim Einsatz als Oberlicht die akustische Auswirkung auf das Gebäude berücksichtigt werden.

Die Fassade

Fassaden stellen ein bisher kaum genutztes Potenzial für die Integration von gebäudeintegrierter Photovoltaik dar. Insbesondere an Orten nördlich etwa des 45. Breitengrads, also auch in Deutschland, Österreich und der Schweiz, bieten BIPV-Fassaden durch den ganzjährigen verhältnismäßig niedrigen Sonnenverlauf ein zusätzliches Potenzial. Darüber hinaus ist die Fläche der Fassade meist größer als die Fläche des Daches, insbesondere bei mehrstöckigen Gebäuden. Inzwischen sind die Kosten von BIPV-Fassaden vergleichbar oder sogar günstiger als konventionelle Fassaden aus Metall, Stein oder Glas. Durch die zusätzliche Energieerzeugung trägt die BIPV-Fassade zur Reduktion des Energieverbrauchs des Gebäudes bei und senkt dadurch zusätzlich die Betriebskosten.

Unter Umständen passt auch der elektrische Verbrauch des Gebäudes gut zu einer Fassadenanlage. Im Winter steht die Sonne tiefer. Fassaden-PV-Anlagen können in dieser Zeit einen höheren Ertrag erzielen als Dachanlagen, da der Einfallswinkel der Sonnenstrahlen günstiger ist. Dies passt oft besser zum saisonalen Strombedarf, zum Beispiel durch Beleuchtung und Heizung. Zusätzlich können die Fassadenmodule im Winter nicht durch Schnee bedeckt werden. Durch eine erhöhte Lichtreflexion in der Umgebung kann sogar zusätzlich Strom gewonnen werden. Hat die Fassade Ost-West-Ausrichtung, so kann auch dies gut zum Lastprofil des Gebäudes passen, das Strom in den Morgen- und Abendstunden benötigt.

Die Gebäudehülle mit ihrem Rastermaß und ihren Fenstern beeinflusst die BIPV-Fassade. Häufig passen Standard-Module nicht in die Gestaltungsform der Fassade. Auch dies erfordert neben den baurechtlichen Anforderungen häufig maßgeschneiderte BIPV-Module. Durch die starke Kostensenkung für Solarmodule ist dies in vielen Fällen aber finanziell immer noch interessant. Während zu Beginn der gebäudeintegrierten Photovoltaik eher herkömmliche Solarzellen als optisches Stilelement eingesetzt wurden, findet man inzwischen viele angepasste BIPV-Produkte, denen nicht mehr anzusehen ist, dass sie elektrische Energie erzeugen. Die Solarzellen sind hinter farbigen Schichten oder Gläsern verborgen und nicht mehr zu sehen. Das Fraunhofer-Institut ISE hat beispielsweise die MorphoColor®-Farbschicht entwickelt. Dabei werden nur geringe Teile des Lichtspektrums reflektiert und das restliche Sonnenlicht kann die MorphoColor-Schicht ungestört passieren. Der Leistungsverlust des Solarmoduls wird, verglichen mit einem unbeschichteten Modul, um weniger als 10 Prozent verringert. Die Solarzellen sind hinter dem Glas nicht zu erkennen, siehe Abbildung 13.3.

Abbildung 13.3: Fassadenintegrierte PV-Anlage mit grünen MorphoColor®-Modulen am Zentrum für höchsteffiziente Solarzellen des Fraunhofer ISE Quelle: Fraunhofer ISE.

Kaltfassaden beschreiben Gebäude, die aus einer tragenden Struktur, welche auch die Wärme des Gebäudes reguliert, sowie einer Luftschicht und einer getrennten äußeren Verkleidung bestehen. Die äußere Verkleidung kann durch BIPV-Produkte realisiert werden, welche dann auch die Wetterschutzfunktion übernehmen. Durch die Hinterlüftung der Fassade wird die Betriebstemperatur der Solarmodule gesenkt, was typischerweise zu höheren Erträgen führt. Für die Montage gibt es eine Reihe von Systemen, die aus dem normalen Glasfassadenbau übernommen werden können. Deshalb besteht auch die Möglichkeit, bei der Renovierung von Kaltfassaden die alte Fassade durch eine gebäudeintegrierte Photovoltaikfassade zu ersetzen. Kaltfassaden werden vor allem bei Industrie-, Gewerbe- und Bürogebäuden eingesetzt, finden aber auch bei hochwertigen Wohnbauten und öffentlichen Gebäuden Anwendung.

Eine solare Warmfassade mit BIPV-Modulen als Füllungselemente realisiert alle an eine Fassade gestellten Anforderungen des Raumabschlusses: Statik, Wärmedämmung sowie Wetter- und Schallschutz. Die Photovoltaik-Module müssen dann mit Isolierglas hergestellt werden, um die notwendigen niedrigen Wärmeleitfähigkeitswerte zu erreichen. Die vollständige technische Integration aller Fassadenkomponenten in einer Ebene, inklusive der solaren Energieerzeugung, ermöglicht weitere Designvarianten mit flächenbündigen Ansichten über die gesamte Fassade.

Bewegliche Fassaden können beispielsweise zur Verschattung als Fensterläden fungieren. Dadurch wird der Wärmeeintrag des Lichtes in das Gebäude reduziert und der Aufwand für die Kühlung des Gebäudes verringert sich. Werden die Module nach dem Sonnenstand orientiert, so können sie zum einen das Innere des Gebäudes verschatten, zum anderen kann ihre photovoltaisch aktive Oberfläche der Sonne nachgeführt werden und so den elektrischen Energieertrag optimieren, siehe Abbildung 13.4.

Abbildung 13.4: Photovoltaisch aktive Fensterläden, die dem Sonnenstand nachgeführt werden und gleichzeitig das Innere des Gebäudes verschatten.

Weniger komplexe Fensterläden mit photovoltaisch aktiven Elementen können durch den Austausch von Standardfensterläden realisiert werden. Sie werden von Hand geöffnet und geschlossen. Andere Verschattungsmöglichkeiten bieten Überkopfverglasungen mit Photovoltaikmodulen für eine Terrasse oder Veranda. Da bei diesen Bautypen beim Herunterfallen von Gegenständen auf das Photovoltaik-Glasdach Glasbruch entstehen kann, der Personen verletzt, müssen Module für diese Anwendung mit Verbundsicherheitsglas realisiert werden, um mögliche Glassplitter zu vermeiden.

An Fassaden treten häufiger Schattenwürfe durch benachbarte Gebäude oder etwa Bäume auf. Dies erfordert bei der Planung der Anlage und der elektrischen Verschaltung eine besondere Berücksichtigung.

Durch die unterschiedlichen Orientierungen der Fassaden eines Gebäudes lässt sich mithilfe einer fassadenintegrierten Photovoltaik häufig eine über den Tag gleichmäßigere Energieerzeugung bereitstellen als mit einer Solaranlage, die auf dem Dach installiert ist. Dies entspricht dann auch eher dem Nutz- und Lastprofil des Gebäudes, sodass ein höherer Eigenverbrauch des Gebäudes realisiert werden kann.

Carports

Zusätzliche Dachflächen, die sich für eine photovoltaische Nutzung eignen, bieten Carports. Der erzeugte Strom wird meist wie bei einer Dachanlage über einen Wechselrichter ins Haushaltsstromnetz und/oder ins öffentliche Stromnetz eingespeist. Im einfachsten Fall sind handelsübliche Module auf das normale Dach eines Carports montiert. In diesem Fall müssen die Module auch keine Zusatzfunktion erfüllen und es bestehen keine weiteren Anforderungen an das Modul. Allerdings befriedigt die Anlage in diesem Fall auch keine besonderen ästhetischen Ansprüche. Im Unterschied dazu kann das Dach selbst durch Photovoltaikmodule ausgeführt sein. Diese Module müssen dann über eine bauaufsichtliche Zulassung für diese Anwendung verfügen und als Überkopfverglasung nach DIN EN 12600 zugelassen sein. In diesem Fall erfüllt das Solardach die Funktion eines Daches und muss den entsprechenden Anforderungen, wie etwa Regenschutz und Statik, entsprechen. Die Zulassung als Überkopfverglasung stellt sicher, dass die Konstruktion erhöhten Belastungen durch Wind, Schnee und andere Witterungseinflüsse genügt und zudem im Falle eines Glasbruchs vor herabfallenden Glassplittern schützt.

Solarmodule auf dem Carportdach bestehen meist aus monokristallinen Siliziumsolarzellen. Häufig werden teiltransparente Glas-Glas-Module eingesetzt. In diesem Fall schützt das Solarglasdach das Auto zudem vor negativen Umwelteinflüssen, während es Strom erzeugt. Meist sind die Solarzellen auch auf der Rückseite elektrisch aktiv, weil bifaziale Solarzellen eingesetzt werden. Solarcarports können mit einer Wallbox zum Laden von Elektroautos ergänzt werden.

Schon ein Carport mit 20 m^2 kann den elektrischen Jahresverbrauch eines Elektroautos liefern. Gute Solarmodule haben einen Wirkungsgrad von über 20 %. Selbst wenn die Fläche nur zur Hälfte mit Solarzellen belegt ist, lässt sich auf der Dachfläche eine Leistung von 3 kW_p installieren. Daraus lässt sich auch bei ungünstigen Verhältnissen pro Jahr etwa 2000 kWh elektrische Energie erzeugen. Hat das Elektroauto einen Energieverbrauch von 20 kWh/100 km, so reicht die durch den Carport erzeugte Energie für eine Strecke von 10 000 km aus.

Potenziale der BIPV

Weltweit verbrauchen Städte etwas mehr als zwei Drittel der Energieressourcen. Gebäude alleine sind für 36 % des weltweiten Endenergieverbrauchs verantwortlich. Laut dem IPCC-AR5-Bericht von 2014 wird sich der weltweite Energieverbrauch in Gebäuden bis 2050 verdoppeln oder sogar verdreifachen, wenn keine geeigneten Gegenmaßnahmen ergriffen werden, da die Bevölkerung, die in Städten leben wird, weiter zunehmen wird. In Europa sieht es ähnlich aus: Heute leben 75 % der Europäer in städtischen Gebieten.

Solaranlagen werden zunehmend auf Dächern (*Building Applied PV*, BAPV) eingesetzt. Gerade in mehrstöckigen Gebäuden bilden die Dächer aber nur einen Bruchteil der für Photovoltaik verfügbaren Fläche. BIPV mit seiner Anwendung in Fassaden und Fenstern bietet die Möglichkeit, dieses bisher ungenutzte Potenzial zu nutzen. Diese lokale Photovoltaik-Infrastruktur bietet eine direkte Vor-Ort-Erzeugung von erneuerbarem Strom, nicht nur für Heizung und Kühlung, sondern auch für die E-Mobilität. Sie verringert den Bedarf an massiven Netzausbauten und verbessert die Netzstabilität in einer schrittweise elektrifizierten Stadtinfrastruktur. Die Kombination aus lokalem PV-Strom, Speicherung und lokalem Angebots- und Nachfragemanagement macht Gebäude zur kleinsten Einheit in einem eigenen intelligenten Netz. BIPV gilt daher als Schlüsseltechnologie zur Dekarbonisierung des Gebäudesektors.

Weltweit wird zurzeit etwa 1 % der installierten Photovoltaikleistung in Form von gebäudeintegrierter Photovoltaik installiert, wobei hier vermutlich auch Aufdachanlagen mit berücksichtigt wurden, die streng genommen nicht zu BIPV zählen. In Deutschland wurden im Jahr 2023 lediglich etwa 38 MW an gebäudeintegrierter Photovoltaik installiert, was nur ein sehr kleiner Bruchteil der gesamten installierten Leistung ist (Anfang 2025: 105 GW). Europaweit wurde 2023 laut einer Studie von SUPSI 313 MW gebäudeintegrierte Photovoltaik installiert. Frankreich (86 MW), Österreich (68 MW) und die Schweiz (62 MW) bilden dabei die Spitzenreiter bei der gebäudeintegrierten Photovoltaik. Österreich und die Schweiz haben dabei einen Anteil der gebäudeintegrierten Photovoltaik an der insgesamt installierten PV-Leistung von bis zu 10 % erreicht. Für die nächsten 5 Jahre wird im Mittel ein Wachstum von etwa 4 % pro Jahr angenommen.

Abschätzung des Potenzials für BIPV in Deutschland: 1 m^2 Solarmodulfläche erzeugt 200 W bei Standard-Prüfbedingungen (ganz aktuelle erreichen sogar 250 W). Über ein Jahr werden damit in Deutschland etwas weniger als 200 kWh Strom erzeugt. Die für PV geeignete Dachfläche in Deutschland beträgt 2344 km^2, die Fassadenfläche circa 8000 km^2. (Wir nehmen an, dass durch Verschattung und ungünstige Einstrahlwinkel bei den Fassaden im Mittel etwas mehr als 50 Prozent der Einstrahlung verloren gehen). Damit hätten wir insgesamt eine effektive Gebäudefläche von über 6000 km^2 für PV in Deutschland, die über ein Jahr circa 1200 TWh Strom erzeugen könnte – das ist mehr als das Doppelte des gesamten jetzigen Jahresstromverbrauchs von 550 TWh und etwas weniger als der zukünftige gesamte Energieverbrauch, wenn Verkehr und Wärmeerzeugung komplett elektrifiziert sind. Zusammen mit der jetzt schon vorhandenen Windenergie reicht das dann tatsächlich bereits für eine vollständig erneuerbare Energieversorgung (rein rechnerisch, ohne Speicher- und Transportverluste).

In Deutschland stehen etwa 40 Mio. Gebäude. Dächer und Fassaden bieten ein technisches Potenzial in der Größenordnung von 1000 GW. Dabei sind nur solche Flächen berücksichtigt, die mindestens 500 kWh/m^{2}a Einstrahlung empfangen. Zum Vergleich: Für Deutschland soll bis zum Jahr 2030 215 GW Photovoltaikkapazität insgesamt aufgebaut sein. Bisher werden aber weniger als 10 % des Dachpotenzials und weniger als 1 % des Fassadenpotenzials genutzt.

Trotz des vielversprechenden theoretischen Potenzials durch die vielen Flächen erscheint der Ausbau der gebäudeintegrierten Photovoltaik im Vergleich zum riesigen Wachstum der Photovoltaik insgesamt zwar steigend, aber doch recht beschränkt. Nichtsdestotrotz ist das Potenzial des Sektors enorm. Um die Möglichkeiten zu nutzen, muss der Photovoltaiksektor für gebäudeintegrierte Photovoltaik enger mit dem Bausektor zusammenarbeiten. Die Ästhetik, der Preis und die Qualität sind für das Produkt von entscheidender Bedeutung. Wichtig ist auch die Erfüllung der entsprechenden Bauanforderungen. Insgesamt ist die gebäudeintegrierte Photovoltaik daher noch ein Nischenmarkt, der aber bei besserer Kooperation der Akteure hohes Wachstumspotenzial hat.

Wirtschaftliche Betrachtung

Gebäudeintegrierte Photovoltaik ersetzt zum einen Baumaterial, welches ansonsten eingesetzt worden wäre, und zum anderen wird zusätzlich elektrische Energie erzeugt. Je nachdem, welches Material das BIPV-Produkt ersetzt, kann die BIPV-Anlage bereits heute Kostenvorteile liefern, siehe Abbildung 13.5.

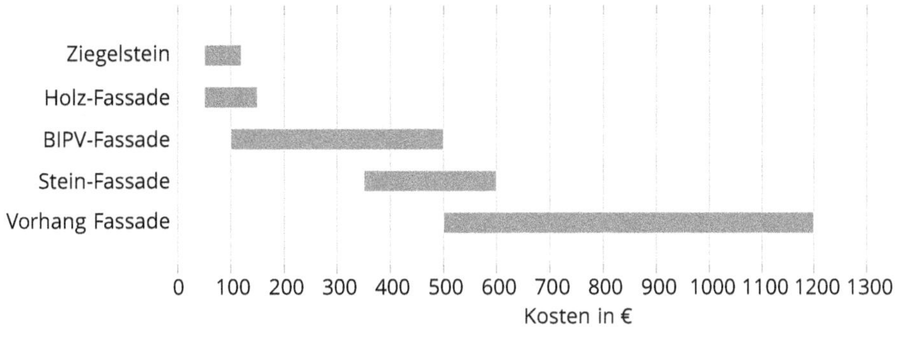

Abbildung 13.5: Vergleich der Kosten verschiedener Fassaden pro Quadratmeter.

Die Grafik stellt die Kosten für Material und Installation verschiedener Fassadenverkleidungen dar. In diesem Beispiel liegen die Preise für eine hochwertige Steinwand zum Teil schon über den Preisen einer BIPV-Fassade. Betrachtet man die Installation einer BIPV-Fassade, so kann man in der Bewertung die Kosten für die Fassade, die sie ersetzt, subtrahieren.

Im Gegensatz zu herkömmlichem Baumaterial erzeugt die BIPV-Fassade noch zusätzlich Strom. Dadurch kann die Fassade im Laufe ihrer Lebensdauer die Energiekosten im Gebäude senken und so die Betriebskosten im Gebäude insgesamt. Betrachtet man BIPV als Baumaterial, so ist sie das einzige Material, das durch seine eigene Energieerzeugung über seine Lebensdauer die Erstellungskosten ausgleichen kann.

IN DIESEM KAPITEL...

Aufbau einer Dachanlage

Gesetzliche Regelungen

Wirtschaftlichkeit

Kapitel 14
Dachanlagen

In Deutschland ist etwa ein Drittel der Solaranlagen auf Einfamilienhäusern installiert. Zur Jahrtausendwende haben diese Installationen erheblich zum Ausbau der Photovoltaik und damit zu ihrem späteren Siegeszug beigetragen. Auch heute noch spielen sie eine wichtige Rolle in Deutschland und ermöglichen ihren Besitzern inzwischen sogar, am Strommarkt teilzunehmen. In den meisten Fällen dienen sie heute aber der Unterstützung der Eigenversorgung mit selbst erzeugter Energie.

Typische Anwendungen

Zur Jahrtausendwende lag der von der Bundesregierung angebotene Stromtarif für den eingespeisten Strom über den Strompreisen der Elektrizitätswerke, sodass der mit PV erzeugte Strom damals überwiegend ins Stromnetz eingespeist wurde. Heute sind die Einspeisetarife in Deutschland geringer als die Strompreise, sodass die Anlagen so ausgelegt sind, dass die eigene Photovoltaikanlage möglichst viel vom Energiebedarf abdeckt. Deshalb finden sich in Eigenheimanlagen auch immer häufiger Batteriespeicher. Diese speichern im Überfluss erzeugten Strom und decken den Strombedarf zu Zeiten, wenn keine Stromerzeugung durch die Photovoltaikanlage möglich ist.

Eine Anlage für das Eigenheim besteht heute deshalb meist aus folgenden Komponenten, auf die wir in den folgenden Abschnitten eingehen werden:

- ✔ Solarmodule
- ✔ Wechselrichter
- ✔ Batteriespeicher
- ✔ Energiemanagement

- ✔ Verkabelung
- ✔ Unterkonstruktion

Die Ausrichtung der Module: Azimut und Neigung

Für die Anwendung auf einem Einfamilienhaus kommen eigentlich nur Module aus kristallinem Silizium oder Dünnschichtmodule infrage. Dünnschichtmodule haben meist ein homogeneres Erscheinungsbild, weshalb sie »hübscher« aussehen. Sie kommen daher eher dort zum Einsatz, wo es auf das optische Erscheinungsbild besonders ankommt. Über 90 % der verwendeten Module bestehen aus monokristallinem Silizium. Diese verfügen über einen höheren Wirkungsgrad als die anderen Typen und bieten dazu ein gutes Preis-Leistungs-Verhältnis.

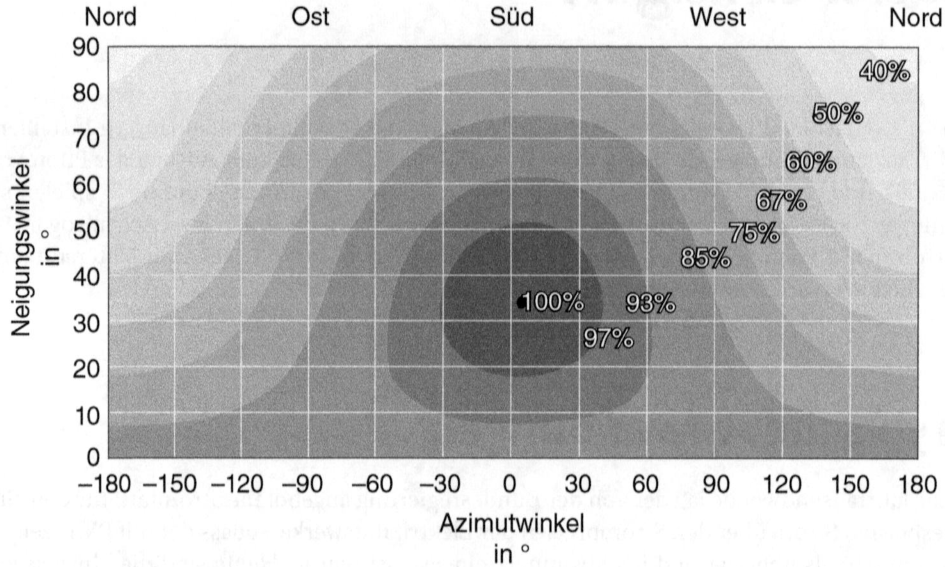

Abbildung 14.1: Relativer jährlicher Ertrag im Vergleich zur Optimalausrichtung einer PV-Anlage am Standort Berlin in Abhängigkeit von Ausrichtung (Azimut) und Neigung.

Die Ausrichtung ist bei Aufdachanlagen für ein Schrägdach gegeben durch den Azimutwinkel, also die horizontale Orientierung beziehungsweise Abweichung von der Nordrichtung, und den Elevationswinkel (die Neigung gegen die Horizontale) des Daches. Idealerweise ist das Dach auf der nördlichen Hemisphäre in Richtung Süden ausgerichtet. Der höchste Jahresertrag wird dann gewonnen, wenn die direkte Sonneneinstrahlung zur Sommersonnenwende in etwa senkrecht auf die Moduloberfläche einfällt (Azimut: 180 Grad = Süden, Neigung in Deutschland: circa 30 Grad), siehe Abbildung 14.1. Eine steile Neigung reduziert zusätzlich den Anteil, den die diffuse Strahlung zum Ertrag beitragen kann. Deshalb bieten niedrige Neigungswinkel gute Erträge. Die Abbildung zeigt aber auch, dass die Verluste bei einer nicht-idealen Ausrichtung über einen relativ großen Winkelbereich gering sind. So liegt beispielsweise der Ertrag bei einer Südausrichtung und einer Neigung von 0° immer noch bei 90 % des maximalen Ertrags. Ebenso liegt er bei einer Westausrichtung und einer Neigung von 30° noch bei über 85 %.

Befindet sich das Gebäude auf der südlichen Hemisphäre, so sollten die Module in Richtung Norden ausgerichtet werden, um den maximalen Ertrag zu erzielen. Auf Höhe des Äquators sind flache Neigungswinkel für die Aufstellung zu bevorzugen, da die Sonne hier ganzjährig am Tage lange Zeit sehr hoch steht.

Für eine Detailplanung zur Auslegung einer Solaranlage werden kommerzielle Programme verwendet, die auch Wetterdaten berücksichtigen. Eine erste Einschätzung ermöglicht das von der Europäischen Kommission entwickelte Online-Programm PV-GIS.

Bei Anlagen auf Flachdächern lassen sich Neigungswinkel und Ausrichtung durch eine entsprechende Montage über einen größeren Bereich variieren, da hier der Neigungswinkel nicht durch das Dach vorgegeben ist. Bei Flachdächern spielt andererseits die mögliche Eigenverschattung der Module eine wichtige Rolle für eine ideale Auslegung, siehe Abbildung 14.2.

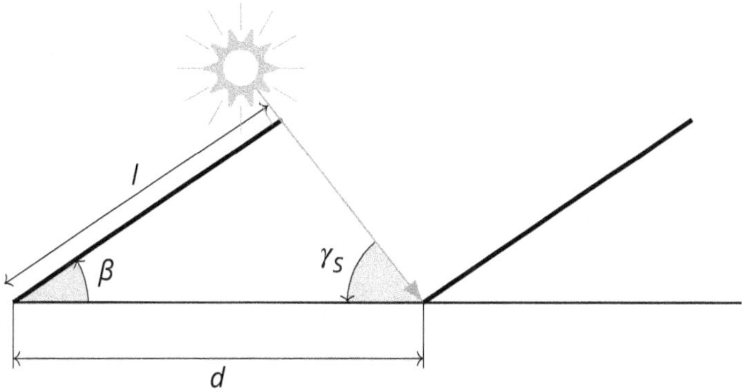

Abbildung 14.2: Eigenverschattung von Modulen durch Schattenwurf von anderen Modulen beziehungsweise Modulreihen, die südlich vor dem Modul liegen. Dargestellt ist der tiefstmögliche Sonnenstand, bei dem noch keine Verschattung der dahinterliegenden Modulreihe auftritt.

Steht die Sonne flach über dem Horizont, wie es in den frühen Morgenstunden oder im Winter der Fall ist, so werden Module durch vor ihnen liegende Module verschattet. Ein hinreichend großer Abstand der Modulreihen reduziert diesen Effekt. Typischerweise werden die Anlagen so ausgelegt, dass die Module zur Zeit der Wintersonnenwende, also am 21. Dezember, um 12:00 Uhr gerade nicht verschattet sind.

Mit der Deklination γ_S zu dieser Zeit über dem Horizont, der Modulneigung β und der Modulbreite l berechnet sich der Abstand d der Modulreihen zu:

$$d = l \cdot \frac{\sin(\gamma_S + \beta)}{\sin(\gamma_S)}$$

Die Module werden dabei im Querformat auf die Aufständerung montiert. In diesem Fall werden innerhalb eines Moduls lediglich einzelne Strings und nicht alle Strings eines Moduls verschattet, wodurch der Leistungsverlust erträglich bleibt.

Der Flächennutzungsgrad gibt das Verhältnis der Modulbreite zum Modulabstand an, er berechnet sich mit der obigen Gleichung zu

$$f = \frac{l}{d} = \frac{\sin(\gamma_S)}{\sin(\gamma_S + \beta)}$$

Durch eine geringe Modulneigung lässt sich die Flächennutzung erheblich erhöhen.

Stellt man ein Modul mit einer Breite von 1 m unter dem ertragsoptimierten Winkel $\beta = 35°$ auf und nimmt den Sonnenhöchststand am 21.12. in Berlin mit $\gamma_S = 14°$ an, so errechnet sich der Modulreihenabstand zu 3,1 m und der zugehörige Flächennutzungsgrad ist 32 %. Unter diesem optimalen Aufstellwinkel wird zwar pro Modul der maximale Energieertrag gewonnen, durch die relativ niedrige Flächennutzung wird aber insgesamt relativ wenig Ertrag für die ganze Anlage gewonnen. Deshalb haben Anlagen auf Flachdächern meist einen Neigungsgrad von nur etwa 10 %. Für eine derartige Aufstellung ergibt sich ein Reihenabstand von nur noch 1,7 m und damit ein Flächennutzungsgrad von 60 %. Der mögliche Gesamtertrag ist also bei einer flachen Aufstellung deutlich höher als bei der optimalen Neigung für ein einzelnes Modul, weil insgesamt mehr Module installiert werden können.

Bei Flachdächern bietet sich meist eine Ost-West-Ausrichtung wie in Abbildung 14.3 an. Bei dieser Ausrichtung tritt keine Verschattung der Module auf, und es kann auf einen Mindestabstand zur Verschattungsvermeidung verzichtet werden. Dadurch kann die Flächennutzung bei einem Flachdach noch einmal deutlich erhöht werden. Der einzige Abstand, der hierbei eingehalten werden muss, sind mögliche Wartungswege.

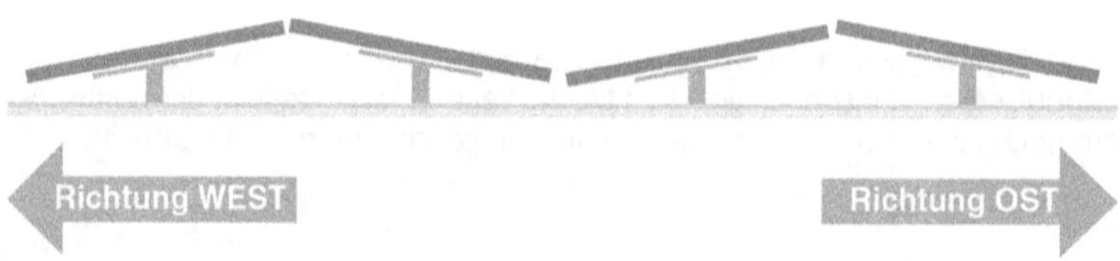

Abbildung 14.3: PV-Aufstellung in Ost-West-Richtung.

Auf die Verschaltung und die Leistung kommt es an: Wechselrichter

Gerade haben wir die Eigenverschattung minimiert. Zusätzlich können Bäume, Gauben oder Kamine einzelne Solarmodule verschatten. Dies hat zur Folge, dass die Leistung nicht nur des einen verschatteten Moduls reduziert ist, sondern auch die Leistung des gesamten Strings mit allen Modulen, welche mit dem verschatteten Modul in Reihe geschaltet sind. Dies lässt sich dadurch erklären, dass bei einer Reihenschaltung das Element mit dem niedrigsten Strom den Gesamtstrom durch alle Elemente definiert. Deshalb sollten idealerweise immer Module mit einer ähnlichen Verschattungssituation in Reihe geschaltet und mit einem Wechselrichter verbunden werden. Ebenso sollten nur Module mit der gleichen Ausrichtung zur Sonne miteinander in Reihe geschaltet werden.

Bei Dachanlagen kommen meist Stringwechselrichter zum Einsatz. Bei diesen werden alle in Reihe geschalteten Module über MPP-Tracker im optimalen Arbeitspunkt des Strings gehalten. Die meisten Stringwechselrichter bieten zwei oder manchmal sogar drei Eingänge, sodass der Wechselrichter entsprechend zwei beziehungsweise drei Strings mit unterschiedlichen Beleuchtungssituationen getrennt optimieren kann. Stringwechselrichter sind meist in einem vor Umwelteinflüssen geschützten Technikraum untergebracht und können so zentral gewartet werden.

Sind die Verschattungsverhältnisse schwieriger, so können einzelne Module über sogenannte Leistungsoptimierer oder Modulwechselrichter betrieben werden, wie sie im Kapitel über Wechselrichter beschrieben werden. Dadurch ist sichergestellt, dass jedes einzelne Modul in einem Betriebspunkt für maximale PV-Leistungsabgabe betrieben wird. Modulwechselrichter für Aufdachanlagen sind in Europa kaum verbreitet, weil sie nach der Montage am Modul schwer zugänglich und relativ teuer sind. Leistungsoptimierer haben dagegen eine weniger aufwendige Elektronik (weil der Wechselrichteranteil fehlt), weshalb von einer längeren Lebensdauer ausgegangen wird und die Zugänglichkeit dann keine so wichtige Rolle spielt.

Der Auslegungsfaktor f_{AC} eines Wechselrichters gibt das Verhältnis aus der Nennleistung der Photovoltaikmodule unter Standardtestbedingungen $P_{PV,STC}$ zur Ausgangsnennleistung des Wechselrichters $P_{WR,AC}$ an:

$$f_{AC} = \frac{P_{PV,STC}}{P_{WR,AC}}$$

Die Nennleistung eines Wechselrichters gibt die maximale elektrische Leistung an, die er unter idealen Bedingungen dauerhaft aus dem Gleichstrom in nutzbaren Wechselstrom umwandeln kann.

Hat der Wechselrichter eine Ausgangsnennleistung, die kleiner als die Leistung der Solarmodule unter Standardtestbedingungen ist, so ist der Auslegungsfaktor größer als eins, der Wechselrichter ist unterdimensioniert. In Deutschland treten meist Betriebsbedingungen für Solarmodule auf, die zu geringeren Leistungen als unter Standardtestbedingungen führen, siehe Abbildung 14.4. In den meisten Fällen ist die Einstrahlung geringer als die in der Norm vorgegebenen 1000 W/m^2.

Zudem sind die Modultemperaturen meist höher als die 25 °C der Standardtestbedingungen. Die Leistung von kristallinen Siliziummodulen sinkt bei einer Temperaturerhöhung von 10 °C um etwa 3 %. Deshalb werden Wechselrichter häufig um etwa 10 % unterdimensioniert, ohne dass es zu nennenswerten Ertragseinbußen kommt.

Bei flacherem, also nicht optimalem, Neigungswinkel oder Ost-West-Ausrichtung kann der Wechselrichter auch noch weiter unterdimensioniert werden, weil unter diesen Umständen Leistungen wie bei Standardtestbedingungen noch seltener erreicht werden.

Führt die eingestrahlte Energie zu einer Leistung, die größer als die Nennleistung des Wechselrichters ist, so wird die Leistung auf die Nennleistung begrenzt. Der Wechselrichter wird aber nicht abgeschaltet. Eine Schädigung des Wechselrichters kann nicht auftreten, weil der Wechselrichter einfach den Arbeitspunkt des Photovoltaikgenerators vom optimalen

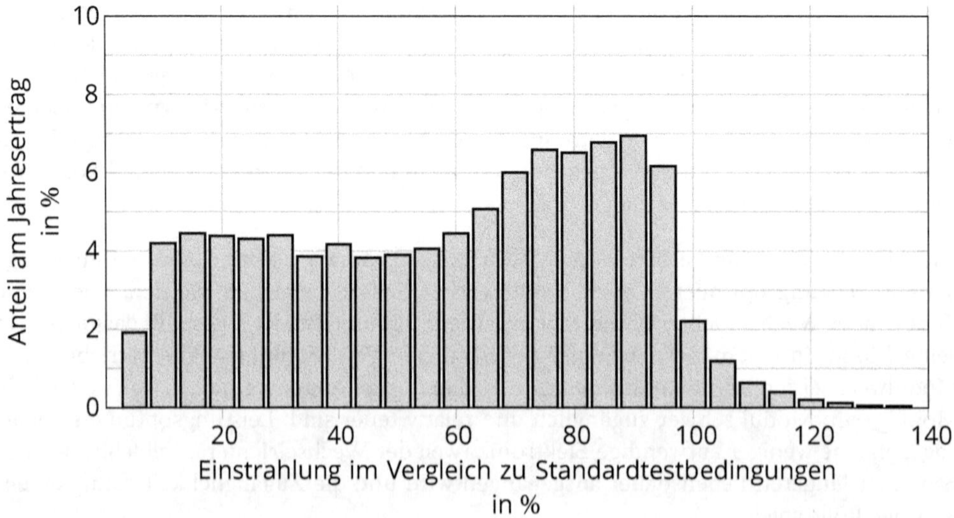

Abbildung 14.4: Häufigkeit und Anteile am Jahresertrag der solaren Einstrahlung im Jahresverlauf für eine PV-Anlage in Berlin. 100 % Einstrahlung entsprechen einer Bestrahlungsstärke von 1000 W/m^2.

Arbeitspunkt (MPP) zu einem Arbeitspunkt verschiebt, der noch zur Nennleistung des Wechselrichters passt. In Ländern mit sehr hohen Einstrahlungswerten kann es aber schon sinnvoll sein, die Wechselrichter etwas zu überdimensionieren, weil die Solarmodule dort recht häufig Leistungen generieren, die einstrahlungsmäßig über den Standardtestbedingungen liegen.

Früher wurden Wechselrichter oft unterdimensioniert, weil die Wechselrichter im Teillastbetrieb deutlich niedrigere Wirkungsgrade hatten. Durch die Unterdimensionierung im Vergleich zur Modulleistung konnten die Wechselrichter häufiger im Vollastbetrieb arbeiten. Man hatte teilweise sogar mehrere kleinere Wechselrichter parallel betrieben – jeweils unter Vollast – und dann bei höheren Leistungsanforderungen zusätzliche Wechselrichter hinzugeschaltet oder einzelne Wechselrichter abgeschaltet, wenn die Einstrahlung geringer wurde. Man nennt diese Betriebsweise *Master-Slave-Betrieb*. Heutzutage sind aber die Wirkungsgrade in modernen Wechselrichtern auch bei Teillast sehr hoch, sodass aus diesem Grund keine Unterdimensionierung beziehungsweise kein Master-Slave-Betrieb mehr nötig ist.

Die Anzahl der Module, die in Reihe geschaltet werden dürfen, hängt von den Spezifikationen der Module und Wechselrichter ab. Meist dürfen 1000 V oder 1500 V nicht überschritten werden. Wird diese Spannung überschritten, so schaltet der Wechselrichter ab, um sich vor Zerstörung zu schützen.

Eine zu hohe Eingangsspannung führt zur Zerstörung der elektrischen Bauelemente des Wechselrichters. Insbesondere sind die in den Wechselrichtern zur Ladungsspeicherung vorhandenen Elektrolytkondensatoren für eine maximale Eingangsspannung ausgelegt und empfindlich gegen Überspannung. Diese führt zu einem Kurzschluss zwischen den Kondensatorfolien und das Bauelement wird zerstört. Deshalb ist die Anzahl der Module, die für den Wechselrichter in Reihe geschaltet werden können, begrenzt.

Die höchste Spannung erreicht ein Modul unter Leerlaufbedingungen bei niedrigen Temperaturen und hoher Einstrahlung. Die Abhängigkeit der Spannung von der Einstrahlung ist aber deutlich geringer und man geht deshalb von einer Einstrahlung entsprechend den Standardtestbedingungen aus. Die Temperaturabhängigkeit β der Leerlaufspannung U_L ist dem Datenblatt des Moduls zu entnehmen, sodass man mit ihrer Hilfe die Leerlaufspannung für das Modul berechnen kann:

$$U_L(T) = U_{L,\,STC} \cdot \left(1 + \beta(T - T_{STC})\right)$$

In Deutschland wird für eine sichere Dimensionierung eine Temperatur von $-10\,°C$ gewählt, sodass sich ein Temperaturunterschied von $35\,°C$ gegenüber den Standardtestbedingungen ergibt. Dies führt bei kristallinen Modulen zu einer Steigerung der Leerlaufspannung um knapp 10 %. An kälteren Standorten, wie etwa auf Bergen oder im Norden Europas, kann es auch sinnvoll sein, von einer Temperatur von $-20\,°C$ auszugehen, was die maximale Leerlaufspannung weiter erhöht. Die **maximale Anzahl** der Module, die sich dann an einem Wechselrichter mit der maximalen Eingangsgleichspannung $U_{WR,\,max}$ in Reihe schalten lassen, errechnet sich daraus zu:

$$n_{max} = \frac{U_{WR,\,max}}{U_L(-10\,°C)}$$

Für eine typische maximale Eingangsgleichspannung von 1000 V eines Wechselrichters errechnet sich für eine Leerlaufspannung bei $-10\,°C$ von etwa 40 V eine maximale Anzahl von 25 Modulen, die in Reihe geschaltet werden dürfen.

Wechselrichter finden mit dem MPP-Tracking lediglich in einem bestimmten Spannungsbereich den optimalen Arbeitspunkt. Hierfür sind im Datenblatt eine minimale und eine maximale Spannung angegeben. Bei Überschreiten der Spannung findet der Wechselrichter nicht den optimalen Arbeitspunkt und man hat mit kleinen Leistungsverlusten zu rechnen. Jedoch führt dies noch zu keiner Schädigung des Wechselrichters, weil die Spannung im Maximum-Power-Point immer niedriger ist als die Leerlaufspannung. Aus diesem Grund wird für die Auslegung des Systems auch nur die untere Grenzspannung herangezogen.

Die untere Grenzspannung für das Maximum-Power-Point-Tracking wird bei den ungünstigsten Betriebsbedingungen der Module erreicht. Diese liegen bei hohen Temperaturen und geringen Einstrahlungen vor. Dann wird die geringste Leistung erzeugt und somit auch nur eine niedrige MPP-Spannung erreicht. Wenn aber die Einstrahlung sehr gering ist, ist auch die Leistung gering und der Energieertrag trägt kaum zum Jahresertrag bei. Deshalb rechnet man mit der MPP-Spannung U_{MPP} bei einer Einstrahlung unter Standardtestbedingungen und erhöhten Temperaturen, die sich dann ergeben können. Diese hängen natürlich vom Standort und den Bedingungen für die Wärmeabgabe der Module ab. Für Dachanlagen können Temperaturen bis zu $70\,°C$ erreicht werden, allerdings nur bei hoher Einstrahlung.

Mit dieser Abschätzung lässt sich die Mindestanzahl von Modulen für einen Wechselrichter mit der minimalen MPP-Spannung $U_{\mathrm{WR,MPP\,min}}$ durch

$$n_{\min} = \frac{U_{\mathrm{WR,MPP,max}}}{U_{\mathrm{MPP}}(70\,^{\circ}\mathrm{C})}$$

ermitteln. Zur Berechnung der Spannung U_{MPP} bei 70 °C benötigt man genau genommen den Temperaturkoeffizienten der MPP-Spannung. Dieser ist jedoch meist nicht in den Datenblättern der Module angegeben. Aus diesem Grund kann man näherungsweise den Temperaturkoeffizienten der Leerlaufspannung β verwenden.

Werden weniger Module in Reihe geschaltet, findet der Wechselrichter den MPP nicht. Dies führt wieder zu Leistungsverlusten. Da diese Situation gerade bei erhöhter Einstrahlung vorliegt, sollte man sie tunlichst vermeiden und gegebenenfalls zusätzliche Module in Reihe schalten oder einen anderen Wechselrichter auswählen.

Da Gleichstromspannungen ab 120 V lebensgefährlich sind, müssen ab diesem Wert verschiedene länderspezifische Sicherheitsvorkehrungen getroffen werden. So sind beispielsweise spezielle, isolierte Kabel zu verwenden. Die typische Spannung eines Moduls beträgt etwa 30 V. Es müssen also bereits ab einer Reihenschaltung von vier Modulen spezielle Sicherheitsvorkehrungen getroffen werden.

Die Anzahl der Strings, die gegebenenfalls parallel in den Eingang des Wechselrichters geführt werden, muss so gewählt werden, dass die Summe der Ströme kleiner ist als der zulässige Eingangsstrom für den Wechselrichter. Für die Stromstärke eines einzelnen Moduls wird meist die 1,25-fache Stromstärke des Maximum-Power-Points I_{MPP} gewählt.

Wenn Sie mehr wollen: Speicher

Inzwischen liegen die Einspeisevergütungen in Deutschland deutlich unter den Strombezugskosten. Daher liegt es nahe, den selbst erzeugten überschüssigen Strom zu speichern. Der Batteriespeicher hilft dann, mehr von der selbst erzeugten Energie auch selbst zu nutzen, ohne dass sich das Verhalten des Verbrauchers verändern müsste. Batteriespeicher dienen als Kurzzeitspeicher, die für einige Stunden, etwa die Nachtstunden, elektrische Energie für den Haushalt vorhalten. Typischerweise wird der Speicher so ausgelegt, dass man an Sommertagen eine vollständige Autarkie erreicht. Dies bedeutet, dass die notwendige Speicherkapazität zwischen 50 % und 100 % des täglichen elektrischen Energieverbrauchs liegen sollte.

Verbraucht ein Haushalt im Jahr etwa 4000 kWh, so errechnet sich eine Speicherkapazität zu 4000 kWh/365 Tage = 11 kWh/Tag. Es kommt allerdings auch auf die Größe Ihrer Solaranlage an. Viele wählen die Speicherkapazität, gemessen in kWh, in der Größe der Solaranlage, gemessen in $\mathrm{kW_p}$. Bei einer 5 $\mathrm{kW_p}$ wäre das ein Speicher mit 5 kWh. Der Speicher sollte also eine Speicherkapazität zwischen 5 kWh und 10 kWh aufweisen.

Bei der Wahl dieser Speichergröße kann man davon ausgehen, dass man in den Sommermonaten sicher autark ist, also keinen Strom vom externen Netzbetreiber benötigt. Dies wird auch für viele Tage im Frühling und Herbst der Fall sein. Im Winter wird die Photovoltaikanlage häufig nicht ausreichen, um den Tagesbedarf zu decken. Deshalb wird in dieser Jahreszeit auch der Speicher kaum aufgeladen und kann nur bedingt zur Erhöhung des Eigenstrombedarfs beitragen. Ohne ein Speichersystem und ohne am Sonnenstand orientierte Nutzung von Haushaltsgeräten kann man typischerweise einen Eigenanteil beim Stromverbrauch von 30 % erreichen. Dieser Wert lässt sich auf bis zu 70 % erhöhen, wenn man einen entsprechenden Batteriespeicher einsetzt.

Wirtschaftlichkeit eines Heimspeichers

In diesem Abschnitt wird die Wirtschaftlichkeit eines Batteriespeichers betrachtet. Abbildung 14.5 zeigt die Entwicklung des Strompreises und die Einspeisevergütung für Solarstrom seit dem Jahr 2000. Zu Zeiten, in denen die Einspeisevergütung über dem Strompreis lag, machte es ökonomisch keinen Sinn, den selbst erzeugten Strom zu speichern. Dies war bis 2012 der Fall. Deshalb hat sich der Speichermarkt auch erst ab etwa diesem Zeitpunkt entwickelt. Heute liegt die Einspeisevergütung für eine Anlage bis 10 kW_p bei 7,86 ct/kWh. Der Strompreis liegt bei etwa 35 ct/kWh. Die Differenz errechnet sich zu 27,14 ct/kWh. Ist die Speicherung des selbst erzeugten Stromes in einer Batterie günstiger als dieser Wert, so ist die Anschaffung eines Speichers definitiv eine Überlegung wert.

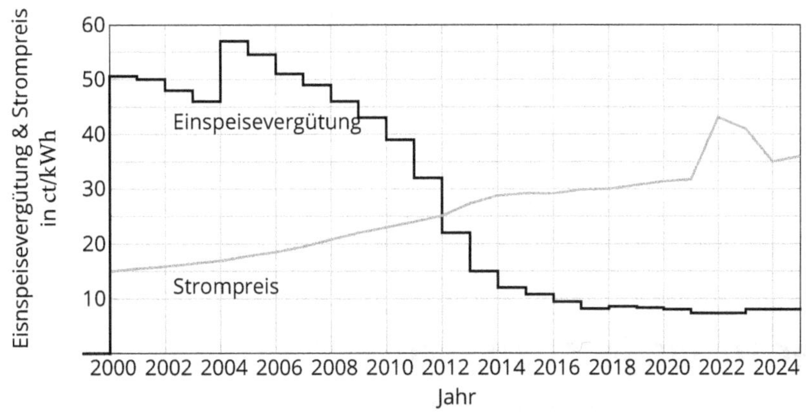

Abbildung 14.5: Entwicklung der Haushaltsstrompreise und der Einspeisevergütung für PV-Anlagen bis zu einer Größe von 10 kW_p in Deutschland seit dem Jahr 2000.

In Tabelle 14.1 sind Kennzahlen für eine typische Lithium-Ionen-Batterie und einen Bleiakku dargestellt. Der Bleiakku zeichnet sich durch eine signifikant niedrigere Zyklenzahl aus. Darüber hinaus können Bleiakkus nur bis zu 50 % entladen werden, ohne dass die Batterie Schaden nimmt. Schließlich ist auch der Wirkungsgrad eines Bleiakkus geringer als der einer Lithium-Ionen-Batterie.

	Lithium	Blei
Speicherkapazität C (kWh)	10	10
Wirkungsgrad η (%)	94	85
Zyklenzahl n (Anz.)	3650	1000
max. Entladetiefe DoD (%)	100	50
Initial-Kosten K (Euro)	5300	2200

Tabelle 14.1: Heimspeicher: Kenndaten einer 10 kWh Lithium-Ionen-Batterie und eines 10 kWh Bleiakkus.

Um die spezifischen Kosten s für die Speicherung der elektrischen Energie in dem Speicher zu ermitteln, werden die Anschaffungskosten durch die während der Lebenszeit insgesamt gespeicherte Energie geteilt:

$$s = \frac{K}{C \cdot n \cdot DoD \cdot \eta}$$

Mit dieser Formel errechnen sich die Kosten der Speicherung für eine in einer Lithium-Ionen-Batterie gespeicherte kWh zu 15,5 ct und für einen Bleiakku zu 51,7 ct. Vergleicht man dies mit der Differenz zwischen Strompreis und Einspeisevergütung von 27,14 ct, so ist die Anschaffung eines Lithium-Ionen-Speichers aus ökonomischer Sicht sinnvoll, während die Anschaffung eines Bleiakkus dies nicht ist. Auch hierdurch erklärt sich die wachsende Nachfrage nach Heimspeichern auf Lithiumbasis.

Diese Rechnung dient nur als grobe Abschätzung. Eine genauere Analyse müsste die Alterung des Speichers ebenso berücksichtigen wie die weitere Entwicklung des Strompreises. Ebenso muss in einer genauen Berechnung berücksichtigt werden, inwieweit die Speicherkapazität ausgelastet wird. Gegebenenfalls lohnt sich eine Anpassung zur Optimierung.

Einer muss ja steuern: Energiemanagement

Das elektrische System eines Hauses mit Dachanlage besteht aus den Solarmodulen, dem Wechselrichter, dem Energiespeicher, den Verbrauchern im Haus und dem elektrischen Hausanschluss. Ein Energiemanagementsystem orchestriert die augenblickliche photovoltaische Stromerzeugung, den Eigenverbrauchsanteil, die Akkuladung und die Netzeinspeisung. Verbraucherseitig entscheidet es, ob der Verbrauch direkt vom PV-Generator, aus dem Stromspeicher (wenn der noch einen ausreichenden Ladezustand hat) oder aus dem Netz erfolgen soll. Bei dynamischen Stromtarifen sind zusätzlich die augenblicklichen Einspeise- und Entnahmepreise wichtig. Generell geht es darum, die Energienutzung zu erfassen, zu optimieren und die Kosten zu senken sowie möglichst netzdienlich zu arbeiten, siehe Abbildung 14.6.

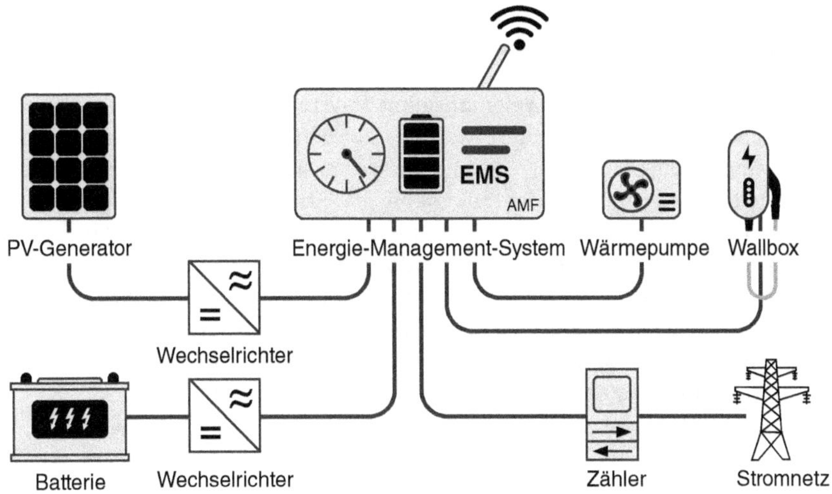

Abbildung 14.6: Energiemanagementsystem (EMS).

Im einfachsten Fall wird diese Funktion vom Wechselrichter mit übernommen, in anderen Fällen macht das ein gesondertes Gerät, ein sogenannter Energiemanager. In jedem Fall benötigt das System einen eigenen Stromzähler beim Hausanschluss. Dadurch misst das Energiemanagement, inwieweit Strom ins Stromnetz eingespeist wird oder Strom aus dem Netz entnommen wird, und kann so die Stromverbräuche visualisieren und analysieren. Damit das Energiemanagementsystem managen kann, müssen natürlich die Verbraucher, wie etwa eine Ladestation für das Auto oder eine Wärmepumpe, durch das Energiemanagementsystem steuerbar sein. Deshalb ist beim Kauf des Energiemanagementsystems darauf zu achten, dass die gewünschten Geräte und Anlagen kompatibel zu dem Energiemanagementsystem sind.

In jedem Fall steuert das Energiemanagementsystem die Be- und Entladung der Batterie. Im einfachsten Fall wird der Batteriespeicher als Erstes geladen. Ist die Batterie vollständig geladen, so wird die überschüssige Energie ins Stromnetz eingespeist. Wenn alle Batteriespeicher eine solche Ladestrategie verfolgen, ist es möglich, dass der gesamte Solarstrom der Region ins Netz eingespeist wird und so das Stromnetz stark belastet wird. Deshalb kann der Energiemanager auch ein netzdienliches Ladeverhalten wählen. Eine Möglichkeit ist, dass der Stromspeicher langsamer geladen wird, sodass er erst am späten Nachmittag vollständig geladen ist. Dies sorgt für geringere Lastspitzen im Stromnetz und wird als *Peak-Shaving* bezeichnet. Verfügt der Energiemanager über Wetterinformationen, so kann die Ladung der Batterie durch eine Prognose der Erzeugung weiter optimiert werden.

Seit 2025 müssen Stromanbieter zeitabhängige Stromtarife anbieten. Hierzu muss ein Smartmeter von Ihrem Stromanbieter in Ihrem Haus installiert sein. Viele Energiemanagementsysteme können solche zeitabhängigen Tarife berücksichtigen. Ist der Strom aus dem Netz gerade besonders günstig und die Sonne scheint nicht, so könnte der Speicher sogar mit günstigem Netzstrom geladen werden (sofern der gerade im Angebot ist).

Zusätzlich können durch das Energiemanagementsystem gesetzliche Anforderungen bezüglich neuer Regularien umgesetzt werden.

Fortschrittlichere Energiemanagementsysteme, die zunehmend durch künstliche Intelligenz gesteuert werden, können sogar selbstständig Lastverschiebungen durchführen – beispielsweise, dass die Waschmaschine eine Stunde später anspringt, weil gerade wenig PV-Strom zur Verfügung steht und/oder der Netzstrom teuer ist. Dafür sind dann aber umfangreiche Daten erforderlich: augenblicklicher und zu erwartender dynamischer Netztarif, Wettervorhersage, Kenntnis darüber, ob eine Lastverschiebung möglich ist (beispielsweise kann keine Lastverschiebung bei einer Gefriertruhe durchgeführt werden, wenn das Gefriergut schon kurz vor dem Auftauen steht), und welche augenblicklichen Prioritäten bestehen.

Verkabelung

Die Kabel eines Photovoltaiksystems leiten den Gleichstrom der Photovoltaikanlage zum Wechselrichter. Vom Wechselrichter wird der Wechselstrom dann ins öffentliche beziehungsweise ins Hausnetz eingespeist. Um die elektrischen Verluste in den Kabeln möglichst gering zu halten, müssen diese geeignet ausgelegt sein. In den folgenden beiden Abschnitten werden die Auslegungen von Gleichstrom- und Wechselstromkabeln vorgestellt.

Kabel sollten am besten durch Kabelkanäle geschützt werden (Tierbisse, Feuer, Wasser). In den USA ist die Nutzung eines metallenen Kabelkanals sogar vorgeschrieben, weil viele Häuser aus Holz gebaut sind und man Feuer durch Kabelbrand befürchtet. Auch sollten UV-beständige Kabelbinder oder Omega-Schellen zur Befestigung verwendet werden. Solarclips ermöglichen eine effiziente und sichere Verlegung ohne Bohren oder Kleben.

Gleichstromseite

An den Gleichstromkabeln einer großen Photovoltaikanlage liegen oft über 800 V Spannung an und es fließen Ströme von teilweise mehr als 30 A. Dies sind deutlich höhere Anforderungen, als sie im Haushalt normalerweise auftreten. Für die Gleichstromkabel einer PV-Anlagegelten deshalb besondere Anforderungen. Zum Schutz gegenüber Kurzschlüssen müssen sie doppelt isoliert ausgelegt werden. Die Kabel sind insbesondere Umwelteinflüssen wie Sonnenstrahlung, Feuchtigkeit und zum Teil hohen Temperaturen ausgesetzt. Deshalb müssen die Kabel UV-beständig, feuchteresistent, schwer entflammbar und für hohe Temperaturen ausgelegt sein. Die Module werden untereinander meist über sogenannte MC4-Stecker miteinander verbunden, siehe Abbildung 14.7. Diese verfügen über ein Klick-System, sodass eine schnelle und sichere Verbindung ohne spezielles Werkzeug möglich ist. Die Konstruktion der Stecker verhindert auch eine falsche Polung und schützt so die Anlage vor falscher Verschaltung. Das integrierte Verriegelungssystem verhindert zudem ein unbeabsichtigtes Lösen der Verbindung und stellt einen niedrigen Kontaktwiderstand sicher.

MC4-Stecker haben sich zu einem Branchenstandard entwickelt und sind mit den meisten Wechselrichtern und Modulen kompatibel.

Abbildung 14.7: MC4-Steckerverbindung zur elektrischen Verbindung von Solarmodulen.

Die elektrischen Verluste hängen vom ohmschen Widerstand des verwendeten Kabels ab. Der Widerstand R eines Kabels hängt von dessen Materialeigenschaften, der Leitfähigkeit σ, der Länge des Kabels l und von dessen Querschnitt A ab:

$$R = \frac{1}{\sigma} \cdot \frac{l}{A}$$

Als Leitungsmaterial wird Kupfer mit einer spezifischen Leitfähigkeit von 56 MS/m eingesetzt. Kabel aus Aluminium haben mit 36 MS/m eine schlechtere Leitfähigkeit und würden so zu höheren Verlusten führen. Kabel aus Silber wären mit einer spezifischen Leitfähigkeit von 62 MS/m zwar noch leitfähiger, aber leider auch deutlich teurer.

S/m bedeutet *Siemens pro Meter* und ist die Einheit für die elektrische Leitfähigkeit σ. Diese ist der Kehrwert des elektrischen Widerstands R, deshalb lässt sich die Einheit von σ auch als A/V oder 1/Ω schreiben.

Die Länge der Kabel lässt sich meist wegen der spezifischen Standortgegebenheiten kaum variieren. Jedoch sollten unnötige Kabel in jedem Fall vermieden werden. Gegebenenfalls werden einzelne Solarstrings an geeigneten Stellen zusammengeführt und von dort aus über eine Hauptleitung an den Wechselrichter angeschlossen. In diesem Fall können die Querschnitte in der Hauptleitung zum Wechselrichter noch einmal vergrößert werden, um Leistungsverluste zu minimieren.

Die Kabel auf der Gleichstromseite sollen so ausgelegt werden, dass die elektrischen Leistungsverluste kleiner als 1 % sind.

Da die Kabel häufig hinter den Solarmodulen verlegt sind, ist in diesen Abschnitten mit einer erhöhten Temperatur zu rechnen. Aus diesem Grund ist die Temperaturabhängigkeit des Widerstands zu berücksichtigen. Diese ist durch

$$R(T) = R \cdot \Big(1 + \alpha(T - T_0)\Big)$$

gegeben. R_0 ist dabei meist der Widerstand bei 20 °C und α der Temperaturkoeffizient. Für Kupfer liegt α bei 0,39 %/K. Bei einer Temperatur von 70 °C, wie sie hinter Solarmodulen auftreten kann, ist demnach der Widerstand für das Kupferkabel in diesen Abschnitten um fast 20 % erhöht. Für die Kabel, die sich nicht hinter Solarmodulen befinden, kann mit der deutlich niedrigeren Umgebungstemperatur gerechnet werden.

Die Leistungsverluste in den Kabeln errechnen sich mit dem ohmschen Widerstand R des Kabels zu:

$$P_{\text{Verlust}} = R \cdot I^2 = \frac{l}{\sigma \cdot A} \cdot I^2$$

Nachdem die Anlage so geplant wurde, dass die Länge der Kabel minimiert ist und in der Regel Kupfer als Leitermaterial genutzt wird, sollte der Querschnitt der Kabel so groß gewählt werden, dass die gesamten Gleichstromverluste kleiner als 1 % der Gesamtleistung der Photovoltaikanlage sind.

Eine PV-Anlage besteht aus 20 Solarmodulen mit je 450 W. Der Strom im Maximum Power Point liegt bei 14,97 A. Der Kabelquerschnitt beträgt 4 mm² und die Gesamtlänge der Kabel bis zum Wechselrichter ist 80 m. Daraus errechnet sich der Gesamtwiderstand bei Raumtemperatur der DC-Kabel gemäß

$$R = \frac{1}{\sigma} \cdot \frac{l}{A} = \frac{1}{56} \cdot \frac{80}{4} \Omega = 0{,}36\,\Omega$$

Der Leistungsverlust beträgt bei einem Maximum-Power-Point-Strom von 14,97 A

$$P_{\text{Verlust}} = R \cdot I^2 = 0{,}36 \cdot (14{,}97)^2 \Omega \text{A}^2 = 80{,}22\,\text{W}$$

Die Photovoltaikanlage erzeugt eine Leistung von $20 \cdot 450\,\text{W} = 9000\,\text{W}$, sodass die relative Verlustleistung in den Gleichstromkabeln bei

$$\frac{P_{\text{Verlust}}}{P_{\text{PV}}} = \frac{80{,}22\,\text{W}}{9000\,\text{W}} = 0{,}89\,\%$$

liegt. Dies ist geringer als die gewünschten 1 %, sodass die Gleichstromkabel der Anlage richtig ausgelegt sind. Tatsächlich wird die Anlage im Betrieb häufig Strom mit geringerer Stromstärke erzeugen. Weil die Leistungsverluste außerdem quadratisch mit der Stromstärke steigen, wird der Verlust im Jahresertrag für die PV-Anlage durch die Gleichstromkabelauslegung noch geringer sein.

Wechselstromseite

Nachdem der Gleichstrom im Wechselrichter in Wechselstrom umgewandelt wurde, entstehen weitere Leistungsverluste im Wechselstromnetz. Diese Verluste hängen von der Art der Einspeisung ins Netz ab, was im Folgenden genauer betrachtet wird.

In den meisten Ländern wird der Strom über drei Phasen (»Drehstrom«) geleitet, siehe Abbildung 14.8.

In einem solchen System sind die Spannungen in den drei Phasen verteilt, wobei die Spannungen um jeweils 120° gegeneinander verschoben sind und ihr Maximum zeitversetzt erreichen. Der Effektivwert der Spannung beträgt in Europa 230 V gegenüber dem Nullleiter. In einem dreiphasigen System summieren sich die in den drei Phasen fließenden

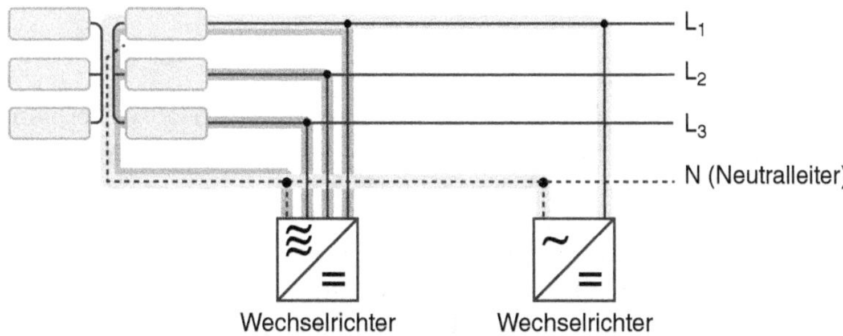

Abbildung 14.8: Drehstromsystem in einem Haushalt mit einphasigem und dreiphasigem Wechselrichter.

Ströme zu null. Deshalb führt der Neutralleiter bei symmetrischer Belastung keinen Strom. Speist man mit einem dreiphasigen Wechselrichter Strom in alle drei Phasen ein, so wird der Neutralleiter weiterhin nicht belastet. Im Gegensatz dazu wird bei einem einphasigen Wechselrichter lediglich Strom auf einer Phase eingespeist. In diesem Fall werden sowohl die entsprechende Phase als auch der Nullleiter mit Strom belastet und es fallen über beide Leiter Leistungsverluste ab.

Bei einem einphasigen Wechselrichter läuft der Stromkreis über die eine Phase und den Nullleiter, sodass sich mit dem Widerstand R des Kabels ein Spannungsabfall von

$$U = 2 \cdot R \cdot I \cdot \cos\varphi$$

errechnet. Hier ist mit der Phasenverschiebung von $\cos\varphi$ ein Verschiebungsfaktor berücksichtigt, da die Wechsel**spannung** um die Phasenverschiebung φ zum Wechsel**strom** versetzt ist. Nur der Teil, welcher mit dem Strom in Phase ist, trägt zu einem ohmschen Leistungsverlust bei. Für Wechselrichter liegt der Verschiebungsfaktor meist zwischen 0,8 und 1. Der Spannungsverlust über das AC-Kabel sollte weniger als 1 % der Netzspannung (230 V), also etwa 2 V, betragen.

Bei einem dreiphasigen Wechselrichter wird der Nullleiter nicht belastet, und der Strom wird gleichmäßig auf die drei Phasen aufgeteilt. Für diesen Fall errechnet sich mit dem Widerstand R des Kabels ein Spannungsverlust von

$$U = \sqrt{3} \cdot R \cdot I \cdot \cos\varphi$$

Der Faktor $\sqrt{3}$ statt des Faktors 2 bei einer einphasigen Einspeisung beruht auf der 120°-Phasenverschiebung der drei Leitungen. Wieder muss lediglich der Wirkstrom berücksichtigt werden, der zu einem ohmschen Leitungsverlust führt.

Die Kabel auf der Wechselstromseite sollen so ausgelegt werden, dass die elektrischen Spannungsverluste kleiner als 1 % sind. Durch die höher tolerierten Leistungsverluste auf der Wechselstromseite können hier auch Kabel mit einem geringeren Leitungsquerschnitt eingesetzt werden.

Montage

Die Lebensdauer einer Photovoltaikanlage beträgt mindestens 25 Jahre. Deshalb ist die Frage nach dem Zustand des Daches wichtig. Eine notwendige Sanierung des Daches sollte vor der Installation der Solaranlage geschehen.

Durch die Montage einer Photovoltaikanlage auf einem Schrägdach sind die Ausrichtung und die Neigung der Solarmodule durch das Dach festgelegt. Meist wird die Anlage als Aufdachanlage installiert. Das bedeutet, dass die Anlage auf ein bereits bestehendes Hausdach montiert wird. Zur Befestigung des Montagesystems werden Edelstahl- oder Aluminium-Dachhaken mit der Dachunterkonstruktion, den Sparren des Daches, verschraubt, siehe Abbildung 14.9.

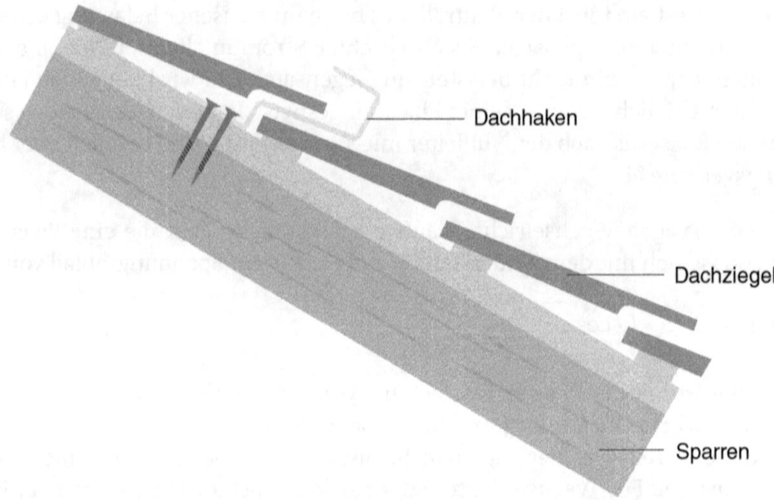

Abbildung 14.9: Dachhaken zur Befestigung des Montagesystems einer Aufdachsolaranlage.

Dabei ist auf einen ausreichenden Abstand des Hakens von den Dachziegeln zu achten, damit die Haken auch unter erhöhter Last, wie etwa Schneelast, die Dachziegel nicht beschädigen. Die Anzahl der Haken auf dem Dach richtet sich nach der Größe der Anlage, dem Gewicht der Module und den zu erwartenden sonstigen Lasten, wie Schnee- und Windlast.

Bedenken Sie, dass über die Dachhaken die gesamte Last der Photovoltaikmodule und des Gestells auch unter Einwirkung von Wind und Schnee getragen werden muss.

Auf den Dachhaken werden in der Regel horizontale Schienen montiert. Diese speziellen Aluminiumprofile, auch Trägerprofile genannt, dienen der Befestigung der Solarmodule und meist auch der Aufnahme der Verbindungskabel. Die Module werden mit vier Klemmen an den Aluminiumprofilen befestigt, sodass eine stabile Verbindung sichergestellt ist. Zwischen Modulen werden Mittelklemmen benutzt, die je zwei Module halten. Am Rand der Solaranlage werden sogenannte Endklemmen eingesetzt, die jeweils das Randmodul fixieren. Für die Klemmen bestehen vorgeschriebene Befestigungspunkte an den Modulen, damit die

Module die geforderten Lasten auch tragen können. Gegebenenfalls müssen dann auf den Dachhaken zunächst vertikal angeordnete Schienen angebracht werden, auf denen dann erst die Montageschienen für die Module befestigt werden, siehe Abbildung 14.10. Diese sogenannte Kreuzschienenmontage erhöht die Flexibilität für die optimale Montage und sorgt zusätzlich für eine bessere Hinterlüftung der Module. Dadurch kann die Modultemperatur an heißen Sommertagen etwas abgesenkt werden, was so zu einem etwas höheren Ertrag führt. Allerdings steigen die Montagekosten durch den höheren Materialeinsatz.

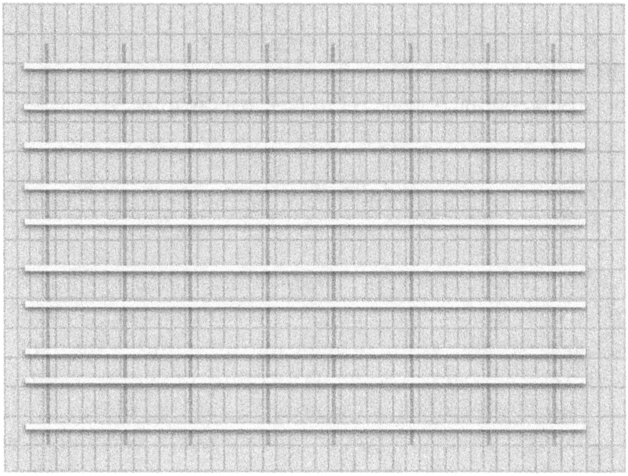

Abbildung 14.10: Kreuzschienenmontage für ein Aufdachsystem.

Häufig finden sich auf Industriedächern Trapezbleche als Dacheindeckung, sodass das Montagesystem nicht mit Dachhaken fixiert werden kann. Für diese Art von Dächern existieren spezielle Montagesysteme. Dabei werden kurze Schienen verwendet, die direkt auf dem Trapezblech vernietet werden. Die Module werden dann mit den Klemmen an den Kurzschienen montiert. Dies stellt eine besonders günstige Montageart dar.

Eine Alternative zu den Aufdachanlagen bilden die sogenannten Indachanlagen, siehe Abbildung 14.11.

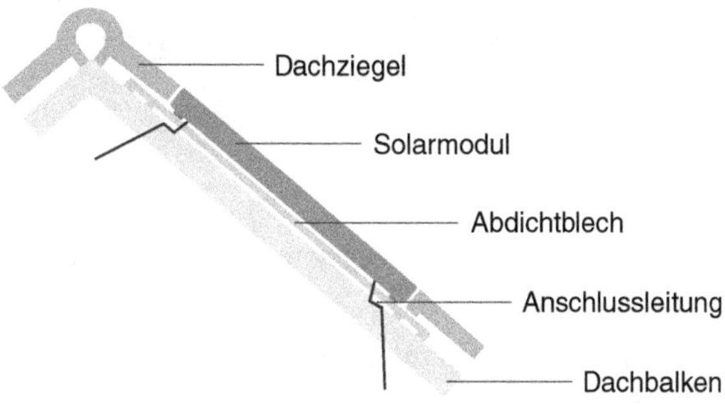

Abbildung 14.11: Aufbau einer Indachanlage.

Hier bilden die Solarmodule die Dachhaut. Das Dach muss entsprechend vorbereitet werden, weil die Solarmodule nun zusätzlich Schutz vor Regen bieten. Dafür wird eine Abdichtschicht, in vielen Fällen Abdichtungsbahnen, auf die Dachunterkonstruktion aufgebracht. Es werden spezielle Montagesysteme verwendet, die unter anderem Regenwasser ableiten können und der Solaranlage Stabilität verleihen. Die Schienen werden direkt auf den Dachsparren oder einer anderen tragenden Struktur befestigt. Auf diesen werden dann die Photovoltaikmodule montiert. Der Übergang zu den Dachziegeln oder dem Hausanschluss wird mit speziellen Blechen abgedichtet, um sicherzustellen, dass das Dach wasserdicht bleibt.

Es ist auf eine gute Hinterlüftung der Solarmodule zu achten, damit die Temperatur der Solarmodule nicht zu hoch wird. Für Neubauten kann eine Indachanlage inzwischen günstiger sein als eine Aufdachanlage, weil keine Dachziegel unter den Solarmodulen benötigt werden.

Bei einem Flachdach können die Module mit einer geeigneten Neigung montiert werden, siehe Abbildung 14.12.

Am einfachsten und kostengünstigsten ist eine Montage ohne Neigung. In diesem Fall wird immerhin noch etwa 85 % des maximal möglichen Jahresertrags erzielt. Dennoch ist diese Montage unüblich. Die Module können nicht gut hinterlüftet werden, sodass sich unter ihnen Wärme staut. Des Weiteren werden Verschmutzungen nicht durch Regen automatisch von den Modulen abgewaschen. Deshalb wird der Vorteil von Flachdächern genutzt, dass sich dort Neigung und Ausrichtung der Module relativ leicht anpassen lassen. Früher wurden die Module wegen der höheren Modulkosten unter dem idealen Winkel Richtung Süden ausgerichtet. Dies maximierte den Ertrag pro Solarmodul. Wegen der gesunkenen Modulkosten werden die Module aber heute auch häufig in Ost-West-Ausrichtung aufgebaut. Dies ermöglicht eine optimale Flächenausnutzung bei geringen Verschattungsverlusten. Die Windlast wird durch diese Art der Aufstellung ebenfalls gering gehalten.

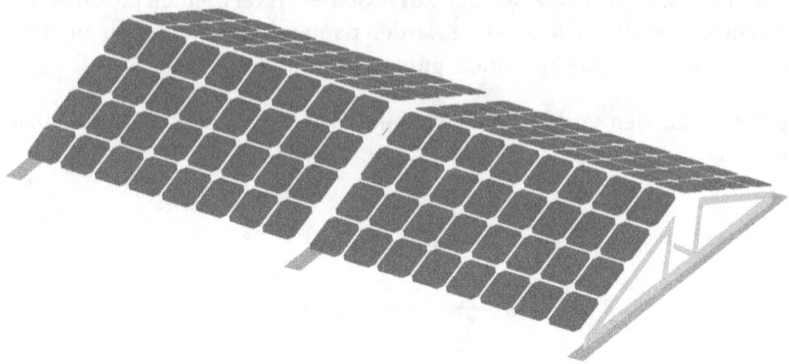

Abbildung 14.12: Montagesystem für ein Flachdach.

Solarmodule und ihre Aufständerungssysteme haben ein nicht zu vernachlässigendes Eigengewicht. Vor einer detaillierten Planung sollte daher ein Statiker das Dach auf seine Belastung überprüfen.

Nicht jedes Dach ist dafür ausgelegt, eine solche Mehrlast zu tragen. Hinzu kommt, dass im Winter gegebenenfalls der Schnee auf dem Flachdach liegen bleibt und zu einer zusätzlichen Traglast führt, die berücksichtigt werden muss. Die Montagesysteme bestehen meist aus Aluminium und werden mit oder ohne Dachdurchdringung montiert. Bei Systemen mit Dachdurchdringung wird das Montagesystem durch Schrauben fest mit dem Dach verbunden. Dies führt zu einer sehr stabilen Montage, doch wird bei dieser Verankerung die Dachhaut durchstoßen. Deshalb muss dann Montage besonders darauf geachtet werden, dass die Montage regensicher ausgeführt wird und das Dach unbedingt regendicht bleibt. Systeme ohne Dachdurchdringung werden mit Gewichten, sogenannten Ballastierungssteinen, beschwert, sodass das System durch sein Eigengewicht auf dem Dach liegt. Das erforderliche Ballastgewicht hängt von dem Aufstellwinkel der Solaranlage und der Windlastzone des Standorts ab. Bei dieser Montageart ist zu berücksichtigen, dass die zulässige Flächenlast des Flachdachs nicht überschritten wird.

Durch einen geringen Neigungswinkel können gegebenenfalls die notwendigen Ballastgewichte reduziert werden.

Blitzschutz

Auch wenn in Deutschland die Wahrscheinlichkeit für einen Blitzeinschlag mit 1 bis 4 Blitzeinschlägen pro Jahr und Quadratkilometer relativ gering ist, kann ein Blitzeinschlag Ihre PV-Anlage erheblich beschädigen und so zu zusätzlichen Kosten führen. Dabei können nicht nur unmittelbare Blitzeinschläge in der Anlage, sondern auch Einschläge in der Umgebung die Solaranlage beschädigen – bis in Entfernungen von mehreren hundert Metern. In letzterem Fall können Induktionsströme in der Photovoltaikanlage oder Überspannungen aus dem Netz Schäden verursachen. Die Wahrscheinlichkeit eines Blitzeinschlags wird durch den Standort und die Höhe eines Gebäudes beeinflusst. Je höher das Gebäude, desto größer ist diese Wahrscheinlichkeit. Befinden sich jedoch in der Umgebung noch höhere Bauwerke, verringert sich die Wahrscheinlichkeit eines Treffers wieder. In Deutschland regelt die Bauordnung der Länder, inwieweit für Photovoltaikanlagen ein Blitzschutz vorgeschrieben ist.

Ein direkter Blitzschutz kann das Einschlagen von Blitzen nicht verhindern. Er hat vielmehr die Aufgabe, den Blitz über unkritische Leitungen ins Erdreich zu leiten. Eine Blitzschutzanlage für diesen äußeren Blitzschutz besteht meist aus Fangstangen, die den Blitzstrom über mehrere Ableitungen ins Erdreich leiten. Die Planung für die Blitzableiter erfolgt durch Blitzschutzfachkräfte. Sie ordnen den Standort in eine Risikoklasse ein, wobei die Risikoklasse 1 die höchste Risikoklasse ist. Die Risikoklasse definiert dann den Abstand der Fangstäbe, wobei bei einer hohen Risikoklasse die Abstände der Fangstangen niedriger sind. Im Idealfall wird der Blitz in mehrere Leitungen abgeleitet, wodurch der Teilblitzstrom – und dessen unerwünschte Auswirkungen – reduziert wird.

Eine Photovoltaikanlage erhöht das Risiko für einen Blitzeinschlag nicht. Deshalb besteht beim Bau einer Photovoltaikanlage auch keine Pflicht zur Installation der Blitzschutzanlage. Verfügt das Gebäude jedoch über eine Blitzschutzeinrichtung, so darf diese nicht durch die

Photovoltaikanlage beeinträchtigt werden. Hierzu muss sich die komplette Anlage mit ihren Modulen, dem Montagesystem und den Kabeln innerhalb des Wirkungsbereichs der Blitzschutzeinrichtung befinden.

Um einen Überschlag der Leitungen der Blitzschutzeinrichtung auf die PV-Anlage zu verhindern, muss ein Mindestabstand gewährleistet sein. Dieser beträgt üblicherweise 0,5 bis 1 m. Dies reduziert häufig die mögliche Fläche für Photovoltaikmodule zum Teil erheblich. Sollen die Abstände unterschritten werden, so ist es erforderlich, eine metallische Verbindung zwischen der Blitzschutzeinrichtung und der Photovoltaikanlage herzustellen. Dann fließt auch ein Teil des Blitzstroms über die Konstruktion der Anlage.

Während ein äußerer Blitzschutz in Deutschland nicht vorgeschrieben ist, ist ein *innerer Blitzschutz* vorgeschrieben, siehe Abbildung 14.13. Er soll verhindern, dass über die Kabel der Photovoltaikanlage zu hohe Spannungen in das Innere des Hauses gelangen. Hierzu muss zunächst ein Potenzialausgleich realisiert werden. In einem Haus sind alle metallischen Gehäuse von elektrischen Geräten ebenso wie alle metallischen wasserführenden Leitungen, wie Heizungsleitungen, über die Potenzialausgleichsschiene mit dem Erdreich verbunden. An diese Schiene müssen auch die Photovoltaikanlage, die metallische Unterkonstruktion und das metallene Gehäuse des Wechselrichters angeschlossen werden. Dies verhindert, dass unerwünschte Spannungen zwischen verschiedenen Geräten und Punkten im Gebäude entstehen. Ohne diese Erdung könnten beispielsweise im ungünstigen Fall sich Lichtbögen zwischen den Leitern bilden und zu Bränden führen.

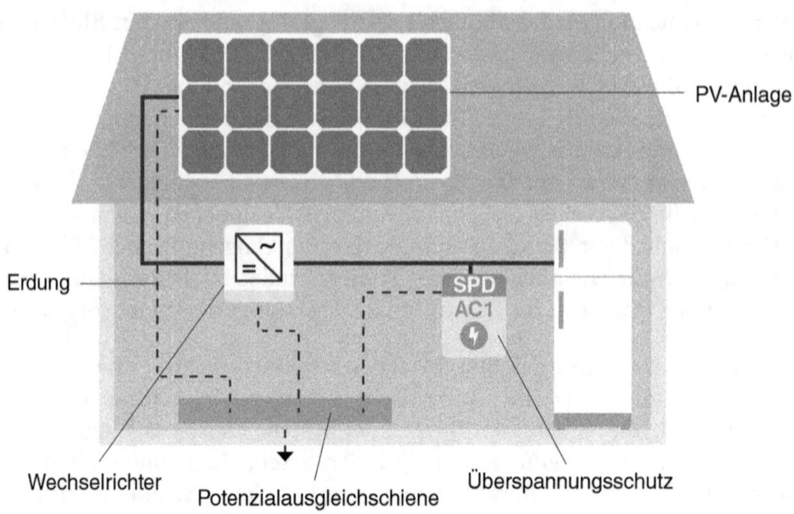

Abbildung 14.13: Innerer Blitzschutz mit Potenzialausgleich und Überspannungsschutz.

Spannungsführende Leitungen können nicht geerdet werden. Für diese Leitungen müssen Überspannungsschutzgeräte eingesetzt werden, die im Falle einer zu hohen Spannung eine Erdung sicherstellen und so die maximale Überspannung reduzieren. So wird der dahinterliegende Stromkreis vor Überspannungen geschützt. Ein Überspannungsschutzgerät muss in kurzer Zeit sehr hohe Spannungen ableiten können. Im normalen Betrieb wirkt es als Isolator.

Überspannungsschutzgeräte sind keine Sicherungen. Ein Überspannungsschutzgerät schützt vor Spannungsspitzen, während eine Sicherung vor Überstrom schützt. Beide ergänzen sich in einem umfassenden Schutzsystem.

Überspannungsschutzgeräte heißen auch Surge Protection Devices, kurz SPD. Man teilt sie in drei Klassen:

- ✔ Typ 1, Grobschutz: Er ist für einen direkten Blitzeinschlag und somit große Ströme und Spannungen ausgelegt und wird dort eingesetzt, wo die Blitzströme auch über elektrische Leitungen abfließen können. Die verbleibende Restspannung darf 1300 V bis 6000 V betragen.
- ✔ Typ 2, Mittelschutz: Reicht die Reduktion der Überspannung nicht aus, um bestimmte Geräte zu schützen, so wird zusätzlich der Typ 2 installiert. Er schützt auch vor den Schäden indirekter Blitzeinschläge. Die verbleibende Restspannung wird auf 600 V bis 2000 V reduziert.
- ✔ Typ 3, Gerätefeinschutz: Schützt empfindliche Geräte, wie Hifi-Anlage, Laptop oder Fernseher.

In Deutschland ist für Häuser ohne äußeren Blitzschutz ein Überspannungsgerät vom Typ 2 am Hausanschluss verpflichtend. Darüber hinaus wird ein Überspannungsschutz vom Typ 2 auf der Gleichstromseite für jeden MPPT-Eingang empfohlen. Überschreiten die Leitungslängen 10 m, so sollte ein weiterer Überspannungsschutz vom Typ 2 eingebaut werden.

Liegt bei dem Gebäude ein äußerer Blitzschutz vor, so muss am Hausanschluss ein Überspannungsschutz 1 installiert werden. Im Falle eines Blitzeinschlags könnten dort hohe Überspannungen auftreten. Ist auch die Photovoltaikanlage mit dem äußeren Blitzschutz verbunden, so sind alle Überspannungsschutzgeräte vom Typ 1 zu wählen und nachgeschaltet weitere Überspannungsschutzgeräte vom Typ 2 beziehungsweise Typ 3. Dabei ist zu beachten, dass Überspannungsschutzgeräte einer höheren Klasse nur wirksam sein können, wenn sie durch Überspannungsschutzgeräte der niedrigeren Klasse(n) geschützt werden.

Um Induktionsströme durch Blitzeinschläge so gering wie möglich zu halten, ist bei der Auslegung einer Photovoltaikanlage darauf zu achten, dass etwaige Stromschleifen der Kabel eine möglichst geringe Fläche einschließen.

Genehmigungen

Dieser Abschnitt gibt einen Überblick über die rechtlichen Aspekte, die bei der Errichtung einer Photovoltaikanlage beachtet werden müssen. Viele Vorschriften sind länder- oder gar bundeslandspezifisch. Die beauftragten Fachfirmen übernehmen die Beantragungen. Da sich die Vorschriften auch immer wieder ändern, bezieht sich dieser Abschnitt auf die Bundesrepublik Deutschland und soll bei der Orientierung helfen, erhebt aber keinen Anspruch auf Vollständigkeit (und ersetzt auf keinen Fall eine rechtliche Beratung!).

Das Genehmigungsverfahren für die Installation einer Photovoltaikanlage ist in den einzelnen Bundesländern unterschiedlich geregelt. In den meisten Bundesländern ist die Installation einer Photovoltaikanlage auf einem Gebäude nicht genehmigungspflichtig. Allerdings gibt es zwei Ausnahmen:

- ✔ Photovoltaikanlagen auf denkmalgeschützten Gebäuden
- ✔ Photovoltaikanlagen mit einer Leistung von mehr als $30\,\mathrm{kW_p}$

Der Netzbetreiber ist für den Betrieb und die Sicherheit des Stromnetzes verantwortlich. Er muss sicherstellen, dass die Photovoltaikanlage mit dem Stromnetz kompatibel ist und keine Störungen verursacht. Die Genehmigung des Netzbetreibers ist für alle Photovoltaikanlagen erforderlich, unabhängig von der Größe der Anlage. Die Genehmigung wird in der Regel erteilt, wenn die Photovoltaikanlage den Anforderungen des Netzbetreibers entspricht. Die Anforderungen des Netzbetreibers sind in den *Technischen Anschlussbedingungen für Photovoltaikanlagen* festgelegt. Diese enthalten unter anderem Anforderungen an die elektrische Sicherheit, die Schutzeinrichtungen und die Einspeisung in das Stromnetz. Der Antrag muss folgende Unterlagen enthalten:

- ✔ einen Lageplan
- ✔ einen Stromlaufplan
- ✔ eine Beschreibung der Anlage
- ✔ eine Erklärung über die Einhaltung der Vorschriften

Der Netzbetreiber prüft den Antrag und entscheidet, ob die Genehmigung erteilt wird. Die Prüfung darf bis zu acht Wochen dauern.

Neben baurechtlichen und elektrotechnischen Vorschriften gibt es noch weitere Vorschriften, die bei der Installation einer Photovoltaikanlage zu beachten sind. Dazu gehören beispielsweise Feuerschutzvorschriften und Brandschutzvorschriften. Die Inbetriebnahme der Photovoltaikanlage muss durch eine Photovoltaik- oder Elektrofirma mit einer Elektrofachkraft erfolgen. Die Firma informiert den Netzbetreiber über die Inbetriebnahme. Dabei wird die Inbetriebnahme mit einem Protokoll dokumentiert. Diese weist nach, dass die Anlage den technischen Anforderungen entspricht.

> In Deutschland muss jede Photovoltaikanlage spätestens vier Wochen nach der Inbetriebnahme im Marktstammdatenregister gemeldet werden.

Damit die vom Energieversorgungsunternehmen gelieferte elektrische Energie und die von der Photovoltaikanlage ins Netz eingespeiste Energie getrennt gemessen werden, benötigt der Hausstromanschluss eine *moderne Messeinrichtung* oder ein *intelligentes Messgerät*, ein Smartmeter. Unter einer modernen Messeinrichtung versteht man einen digitalen Stromzähler.

In Deutschland müssen nur Einkünfte für Photovoltaikanlagen mit einer Leistung über 30 kW_p steuerlich angegeben werden. Für Anlagen bis zu dieser Größe müssen auch keine Abgaben für den Eigenverbrauch entrichtet werden.

Versicherung

Der Betreiber einer Anlage haftet für Schäden, die durch die Anlage verursacht werden, wenn er die Anlage nicht sorgfältig und sachgerecht betrieben hat. Um sich gegen diese Haftung zu schützen, sollten Sie prüfen, inwieweit eine Haftpflichtversicherung für Ihre Photovoltaikanlage vorliegt. Eine Haftpflichtversicherung deckt Schäden ab, die durch die Anlage verursacht werden, auch wenn Sie die Anlage sorgfältig und sachgerecht betrieben haben.

Eine Photovoltaikanlage ist grundsätzlich sehr langlebig. Doch kann sie durch Hagel, schweren Sturm oder Brand beschädigt werden. Grundsätzlich ist die PV-Anlage von der Gebäudeversicherung erfasst. Jedoch lohnt sich der Blick in das Kleingedruckte. Möglicherweise sind dort Solarmodule oder Speicher explizit ausgeschlossen. Im Zweifelsfall sollte mit der Versicherung Kontakt aufgenommen werden, um zu klären, in welchem Umfang die Photovoltaikanlage im Versicherungsschutz enthalten ist. Eventuell muss auch die Versicherungssumme für das Haus angepasst werden, weil die Solaranlage den Wert des Hauses steigert. Eventuell sollten Sie eine Photovoltaikversicherung abschließen. Diese Versicherung deckt Schäden an der Anlage ab, die durch äußere Einflüsse wie Sturm, Hagel oder Blitzschlag verursacht werden.

Wartung

Eine Photovoltaikanlage ist relativ wartungsarm. Für die Photovoltaikmodule wird in der Regel eine Garantie von 25 bis 30 Jahren gegeben. Bei Wechselrichtern und Speichern liegen die Garantiezeiten bei 10 Jahren. Über die Apps zur Überwachung der Anlage können sie schon grobe Fehlfunktionen erkennen. Empfohlen wird eine Wartung alle 4 Jahre. Manche Versicherungen verlangen dies mittlerweile, ansonsten ist es den Anlagenbetreibern selbst überlassen, ob sie für diesen Dienst zahlen wollen. Störungen lassen sich meist auch von Laien erkennen. Dazu gehören:

- ✔ *Überprüfung der Kabel und Stecker:* Liegen sichtbare Schäden vor? Achtung, hier können Spannungen von mehreren hundert Volt auftreten. Fassen Sie beschädigte Leitungen nicht an!
- ✔ *Überprüfung des Montagesystems:* Ist das System noch stabil mit dem Dach verbunden?
- ✔ *Überprüfung der Solarmodule:* Haben die Module sichtbare Schäden? Bei starker Verschmutzung sollten die Glasscheiben gereinigt werden. Am besten nur mit Wasser, um den sogenannten Lotus-Effekt der Glasoberfläche nicht zu zerstören.
- ✔ *Wechselrichter und Stromspeicher:* Hier ist es schwierig, die Funktionsfähigkeit zu überprüfen. Gegebenenfalls können die Lüftungsgitter entstaubt werden.

Wirtschaftlichkeit

Die Frage der Wirtschaftlichkeit spielt eine zentrale Rolle bei der Entscheidung, in eine Photovoltaikanlage zu investieren. Im letzten Jahrtausend haben sich Nischenmärkte, wie etwa netzferne Anwendungen, etabliert, in denen Photovoltaikanlagen zum Einsatz kamen, weil dies die günstigste Möglichkeit war, um dort elektrische Energie zu erzeugen. Erst durch das deutsche Erneuerbare-Energien-Gesetz (EEG) im Jahr 2000, mit der damaligen Einspeisevergütung von bis zu umgerechnet 50 ct/kWh für die Einspeisung von Strom ins Netz, wurde die Investition in eine Solaranlage lukrativ. Die Strombezugskosten lagen damals nämlich bei etwa 12 ct/kWh, siehe Abbildung 14.5. Es war also sinnvoll, seinen erzeugten Strom ins Netz einzuspeisen, weil die Strombezugskosten niedriger als die Einspeisevergütung waren. Dadurch wuchs der Markt extrem und die Kosten für Photovoltaikanlagen sind deutlich gesunken.

Während eine 10 kW_p Photovoltaikanlage im Jahr 2000 umgerechnet etwa 50 000 Euro kostete, ist eine vergleichbare Anlage heute für etwa 14 000 Euro zu haben.

Amortisation

Eine erste Abschätzung, inwieweit eine Investition in eine Photovoltaikanlage sinnvoll ist, kann man durch die Berechnung der Amortisationszeit T_A erhalten. Darunter versteht man die Zeit, die benötigt wird, bis die Photovoltaikanlage durch die Stromeinspeisung den Betrag für ihre Anschaffung A und die jährlichen Instandhaltungskosten I erwirtschaftet hat. Die Einnahmen ergeben sich dabei aus der jährlichen Einspeisevergütung E_{Ein}. So errechnet sich die Amortisationszeit zu

$$T_A = \frac{A}{E_{Ein} - I}$$

In dieser einfachen Rechnung werden keine Zinseffekte berücksichtigt, welche die Amortisationszeit verlängern würden. Liegt diese Zeit deutlich unter der Lebensdauer der Anlage, beziehungsweise unter der Zeit für die garantierten Einspeisebedingungen, so kann man von einer hohen Wirtschaftlichkeit ausgehen. Eine 10 kW_p-Anlage kostet heute 14 000 Euro. Geht man von jährlichen Inbetriebhaltungskosten von 1,5 % aus, so belaufen sich diese auf 210 Euro pro Jahr. Diese Kosten sind relativ hoch angesetzt, wir machen hier also eine konservative Abschätzung. Wird der gesamte Strom ins Netz eingespeist (Volleinspeisung), so liegt die Vergütung bei 12,6 ct/kWh. Bei einem Ertrag von 10 000 kWh errechnen sich die jährlichen Einnahmen zu 1260 Euro und damit die Amortisationszeit zu 13,3 Jahren.

Wird der Strom auch genutzt, um den Eigenbedarf zu decken, so beträgt die Vergütung für in das Netz eingespeisten Strom lediglich 7,94 ct/kWh. Ohne eine spezielle Steuerung liegt der Eigenverbrauch typischerweise bei 30 %. Dieser vermeidet die Stromkosten, die man beim

Energieversorger bezahlen müsste und die derzeit bei etwa 35 ct/kWh liegen. Die jährlichen Einnahmen errechnen sich daraus zu

$$E_{\text{Ein}} = 10\,000\,\text{kWh} \cdot \left(0{,}3 \cdot 35{,}0\frac{\text{ct}}{\text{kWh}} + 0{,}7 \cdot 7{,}94\frac{\text{ct}}{\text{kWh}}\right) = 1605{,}8\ \text{Euro}$$

Mit diesen höheren Einnahmen errechnet sich dann die Amortisationszeit zu 10,03 Jahren, wenn man Instandhaltungskosten auch hier mit berücksichtigt. Je höher der eigengenutzte Stromanteil ist, desto günstiger fällt die wirtschaftliche Bilanz aus.

Durch Energiemanagement und einen Speicher lässt sich der Eigenverbrauch auf bis zu 80 % erhöhen. Nutzt man einen 10 kWh-Speicher für 5300 Euro, so erhöhen sich die Anschaffungskosten auf 19 300 Euro und die Wartungskosten auf 289,5 Euro. Daraus errechnen sich die Einnahmen zu

$$E_{\text{Ein}} = 10\,000\,\text{kWh} \cdot \left(0{,}8 \cdot 35{,}0\frac{\text{ct}}{\text{kWh}} + 0{,}2 \cdot 7{,}94\frac{\text{ct}}{\text{kWh}}\right) = 2958{,}8\ \text{Euro}$$

Mit diesen Einnahmen und den Instandhaltungskosten ergibt sich eine Amortisationszeit von 7,23 Jahren. Allerdings bieten viele Batteriehersteller lediglich eine Garantie von 10 Jahren und man muss eventuell mit erhöhten Instandhaltungskosten rechnen.

Wirtschaftlichkeit mit Renditerechnung

Die Amortisationszeit gibt eine erste Einschätzung, inwieweit eine Investition Sinn ergibt. Sie berücksichtigt aber keine Verzinsung des eingesetzten Kapitals. Eine Möglichkeit ist der Vergleich einer Kapitalanlage über die Ertragsdauer der Anlage mit den Einnahmen aus der Photovoltaikanlage über die Ertragsdauer. Dabei wird das Geld jeweils zu einem festen Zinssatz p über die restliche Ertragsdauer angelegt. Wenn die 10-kW_p-Anlage wieder wie im oben angenommenen Fall 14 000 Euro kostet und jedes Jahr 10 000 kWh Ertrag bei einer Vergütung als Volleinspeiser von 12,6 ct/kWh und jährlichen Betriebskosten von 210 Euro liefert, liegt der jährliche Ertrag E_{Ein} wie oben bei 1050 Euro. Werden die Einnahmen zu dem Zinssatz p und mit dem Zinsfaktor $q = 1 + p$ angelegt, so errechnet sich das Kapital K nach den 20 Jahren zu:

$$K = E_{\text{Ein}} \cdot (q^{19} + q^{18} + \cdots + q^1 + q^0)$$

Dies entspricht der aus der Mathematik bekannten geometrischen Reihe und lässt sich auch als

$$K = E_{\text{Ein}} \cdot \frac{q^{20} - 1}{q - 1}$$

darstellen. Setzt man eine Verzinsung von $p = 3\,\%$ an, so errechnen sich die Einnahmen aus der Photovoltaikanlage zu

$$K = 1050 \cdot \frac{1{,}03^{20} - 1}{1{,}03 - 1}\ \text{Euro} = 28\,213\ \text{Euro}$$

Aus der Anfangsinvestition A von 14 000 Euro sind also durch die Solaranlage nach 20 Jahren 28 213 Euro geworden. Allerdings hätte man das Geld auch direkt für den Zinssatz von 3 % anlegen können. In diesem Fall wären nach den 20 Jahren

$$K = A \cdot q^{20} = 14\,000 \cdot 1{,}03^{20}\ \text{Euro} = 25\,285\ \text{Euro}$$

auf dem Konto. Vergleicht man das mit den verzinsten Erträgen aus der Solaranlage, so ist die Investition in die Solaranlage wirtschaftlicher als das Anlegen der Anfangsinvestition auf einem Konto mit 3 % Verzinsung.

Erhält man aber beispielsweise einen Zinssatz von 6 %, so bringt die Geldanlage 44 900 Euro ein im Vergleich zu 38 624 Euro bei einer Investition in eine Solaranlage. In diesem Fall führt also die Anlage direkt auf einem Konto zum größeren Vermögen.

Nutzt man den erzeugten Strom auch zur Eigenversorgung, was bei Einfamilienhäusern inzwischen typisch ist, so ergab sich im letzten Abschnitt bei einer Eigennutzung von 30 % des Solarstroms ein jährlicher Ertrag von 1605,8 Euro abzüglich der Betriebskosten von 210 Euro. Mit diesen Werten errechnet sich dann das Kapital zu 51 316 Euro bei einem Zinssatz von 6 %. Die Geldanlage auf dem Konto ergab nach 20 Jahren einen Ertrag von 44 900 Euro, sodass selbst bei dieser hohen Verzinsung die Investition in die Solaranlage die wirtschaftlich sinnvollere Geldanlage darstellt.

Zum Abschluss dieses Abschnitts soll die Renditerechnung noch für eine Solaranlage mit Speicher bei einer Investition von 19 300 Euro und einem Eigenverbrauchsanteil von 80 % angestellt werden. Wird das Geld bei einer Bank für 20 Jahre mit 3 % Zinsen angelegt, so ergibt sich ein Betrag von 34 858 Euro. Die jährlichen Einnahmen belaufen sich nach dem letzten Abschnitt auf 2958,8 Euro und die Betriebskosten auf 289,5 Euro. Damit errechnet sich nach 20 Jahren Stromerzeugung ein Betrag von 71,725 Euro, der deutlich über einer reinen Geldanlage liegt. Liegt die Verzinsung bei 6 %, ergibt die reine Kapitalanlage einen Wert von 61 898 Euro und die Investition in die Solaranlage einen Wert von 99 074 Euro. Auch in diesem Fall ist die Investition in eine Solaranlage sinnvoller als die Anlage auf einem Konto, selbst wenn die Verzinsung bei 6 % läge.

Die Kapitalwertmethode

Eine ähnliche Bewertung einer Investition wie die Renditerechnung bietet die Kapitalwertmethode. Der Kapitalwert, oder auch Net-Present-Value, ist eine Möglichkeit, zu bewerten, inwieweit eine Investition Gewinn erwirtschaftet. Ist der Wert positiv, so lohnt sich die Investition. Ist der Wert negativ, so entstehen Verluste. Der Kapitalwert berücksichtigt, dass Einnahmen E_{Ein}, die früher realisiert werden, höher bewertet werden. Ebenso ist es bei den Ausgaben A. Alle Einnahmen und Ausgaben werden durch Abzinsung auf den Zeitpunkt des Beginns der Investition zurückgerechnet. Bei einem Zinssatz von p und einem Zinsfaktor von $q = 1 + p$ berechnet sich der Kapitalwert KW_0 zu:

$$KW_0 = -A_0 + \sum_{i=1}^{n} (E_{\text{Ein,i}} - A_i) \cdot \frac{1}{q^i}$$

A_0 ist die Anfangsinvestition. In unseren Beispielen sind die Ein- und Ausgaben in jedem Jahr gleich. Die Laufzeit beträgt 20 Jahre, sodass sich wieder eine geometrische Summe ergibt:

$$KW_0 = -A_0 + (E_{\text{Ein}} - A) \cdot \sum_{i=1}^{20} \frac{1}{q^i} = -A_0 + (E_{\text{Ein}} - A) \cdot \frac{1 - q^{-n}}{q - 1}$$

Nimmt man wieder die Beispiele aus den oberen Abschnitten, so kommt man zu folgenden Ergebnissen: Die Solaranlage mit einer Leistung von 10 kW_p kostet 14 000 Euro und liefert jährlich einen Ertrag von 10 000 kWh bei Betriebskosten von jährlich 210 Euro. Als Volleinspeiser wird die kWh mit 12,6 ct vergütet, was zu einem Ertrag von 1260 Euro führt. Rechnet man mit einem Zinssatz von 3 %, so ergibt sich der Kapitalertragswert KW_0 zu 1621 Euro, sodass die Investition Gewinn abwirft. Steigt der Zinssatz auf 6 % an, so errechnet sich der Kapitalertragswert zu −1956 Euro. Die Investition ist bei dem erhöhten Zinssatz nicht wirtschaftlich, weil das Anlegen des Kapitals zu diesem Zinssatz einen höheren Ertrag abwerfen würde.

Nutzt man den erzeugten Strom zu 30 % selbst und wird nach dem Eigenstrommodell vergütet, so belaufen sich die jährlichen Erträge auf 1605,8 Euro abzüglich der Betriebskosten von 210 Euro. Bei einer Verzinsung von 3 % errechnet sich der Kapitalwert zu 6754 Euro und bei einer Verzinsung von 6 % immer noch zu positiven 2000 Euro. In diesem Fall ist auch noch bei der erhöhten Verzinsung die Investition wirtschaftlich.

Ergänzt man die Solaranlage wieder durch einen Speicher und steigert den Eigenstromanteil auf 80 %, so erhöhen sich die Investitionen auf 19 300 Euro und die jährlichen Betriebskosten auf 289,5 Euro. Die jährlichen Erträge ergeben sich zu 2958,8 Euro. Der Kapitalertragswert errechnet sich für einen Zinssatz von 3 % zu 20 415 Euro und bei einem Zinssatz von 6 % zu 11 319 Euro. Auch für diese beiden Fälle ergibt sich demnach ein gewinnbringendes Geschäft.

IN DIESEM KAPITEL...

Große Flächen – viel Leistung

Agri-PV: Landwirtschaft und Photovoltaik Hand in Hand

Wenn der Boden nicht ausreicht: PV auf dem Wasser

Kapitel 15 Freiflächenanlagen

Freiflächenanlagen stellen weltweit den Hauptanteil von Photovoltaikanlagen. Sie sind eher mit konventionellen Kraftwerkskonzepten vergleichbar: große und kostengünstige Anlagen, die schneller und standardisierter aufzubauen sind und hohe bis sehr hohe Leistungen bis in den GW-Bereich liefern. Diese müssen dann allerdings zu den Verbrauchern geleitet werden.

Freilandanlagen

Photovoltaik-Freilandanlagen, auch als Solarparks bezeichnet, sind großflächige Solaranlagen, die auf offenen Flächen wie Feldern, Brachland oder Konversionsflächen installiert werden. Im Gegensatz zu Dachanlagen ermöglichen sie eine deutlich größere und damit wirtschaftlichere Skalierung und tragen maßgeblich zur globalen Energiewende und zum Ausbau der erneuerbaren Energien bei. In Deutschland ist etwa die Hälfte der installierten Photovoltaikleistung in Form von Freiflächenanlagen gebaut. Weltweit dominieren die Freiflächenanlagen und erbringen sogar über 90 % der installierten Leistung. Häufig sind Freiflächenanlagen auch nicht mehr über Einspeisegesetze gefördert. Der Strom wird über sogenannte PPAs (*Power Purchase Agreements*) direkt auf dem Strommarkt an Stromversorger, Direktvermarkter oder gleich direkt an die (Groß-)Verbraucher vertrieben.

Die Deutsche Bahn hat eine Vielzahl von PPAs mit Wind- und Photovoltaik-Anlagenbetreibern, um ihre Züge mit Ökostrom anzutreiben. Diese sind wichtige Bausteine auf dem Weg zu 100 Prozent Ökostrom im elektrischen Eisenbahnverkehr.

Beim Verkauf eines größeren PV-Kraftwerks wird meist nicht nur die PV-Anlage verkauft, sondern ein sogenanntes *Special-Purpose-Vehicle* (SPV). Das ist dann eine komplette Firma (oft eine GmbH), der sowohl die PV-Anlage (zunehmend mit Batteriespeichern kombiniert) als auch das Grundstück oder dessen Pachtvertrag gehören. Weiter kommen noch Bau-, Netzanschluss- und Betriebsgenehmigungen, Lizenzen und Stromabnahmeverträge (PPAs), Betriebs- und Wartungsverträge sowie Versicherungen hinzu.

Für die Installation von 1 MW_p Photovoltaikleistung wird in Deutschland etwa 1 ha, also 10 000 m^2, Fläche benötigt (einschließlich der erforderlichen Reihenabstände). Das Ausbauziel der Bundesrepublik für das Jahr 2030 sind 215 GW_p. Wird die Hälfte der Installation, wie bisher, über Freiflächenanlagen realisiert, werden 107 500 ha an Landfläche benötigt. Dies entspricht etwa 0,3 % der Fläche der Bundesrepublik Deutschland (35,8 Mio ha). Bezieht man den Anteil nur auf die landwirtschaftlich nutzbare Fläche, so würde die Photovoltaik gerade einmal 0,6 % dieser Fläche verbrauchen. Für Energiepflanzen zur Erzeugung biomassebasierter Energie wie Biogas, Biodiesel, Pflanzenöl und Bioethanol werden dagegen 14 % der landwirtschaftlichen Flächen genutzt. Allein Energiemais wird auf 1 000 000 ha angebaut. Die Flächeneffizienz der Photovoltaik ist aber um ein Vielfaches höher als die von Bioenergie, was vor allem an dem viel höheren Wirkungsgrad von Solarmodulen im Vergleich zum Wirkungsgrad der Photosynthese liegt. Außerdem erzeugt PV direkt Elektrizität, während die Verbrennung von Biogas in einem ehemaligen Erdgaskraftwerk viele verlustbehaftete Zwischenschritte erfordert. Es müsste für einen nennenswerten Ausbau der Freiflächen-PV also nur ein geringer Anteil der landwirtschaftlichen Flächen in Anspruch genommen werden – hierfür bieten sich sogenannte *benachteiligte Gebiete* an. Dies sind Regionen, in denen die landwirtschaftliche Nutzung durch natürliche oder strukturelle Nachteile sowieso erschwert ist. Interessant ist auch, dass die für Freiflächen-PV benötigte Fläche lediglich etwa doppelt so groß wie die Fläche der Golfplätze in Deutschland alle zusammengenommen wäre. Auch wenn es sicher zu bevorzugen ist, Photovoltaik auf bereits versiegelten Flächen zu installieren, so ist doch der zu erwartende Einfluss auf die Umwelt auch bei Freiflächenanlagen eher gering.

In Deutschland reichen die Leistungen von Solarparks von einigen MW_p bis zu einigen hundert MW_p. So befindet sich auf dem Gelände eines ehemaligen Braunkohletagebaus im Umland von Leipzig der Energiepark Witznitz mit einer PV-Leistung von 605 GW_p. Hier sind auf einer Fläche von etwa 5 km^2 1,1 Millionen Solarmodule verbaut. Weltweit sind relativ viele Freiflächenanlagen mit jeweils einstelligen GW-Leistungen realisiert und selbst Planungen für Freiflächenanlagen mit bis zu 100 Gigawatt laufen bereits. Die Solarparks werden dann über Transformatoren je nach Größe direkt ans Mittelspannungs- oder sogar Hochspannungsnetz angeschlossen. Durch diese massive Skalierung konnten die Stromgestehungskosten enorm gesenkt werden. Dadurch ist die Photovoltaik mittlerweile die günstigste Form elektrischer Energieerzeugung. So wurde in Portugal im Rahmen einer Ausschreibung Photovoltaikstrom für 1,1 ct/kWh angeboten. Dies zeigt eindrucksvoll die Wettbewerbsfähigkeit der Photovoltaik.

Freiflächenanlagen bestehen im Grunde aus den gleichen Komponenten wie Dachanlagen. Die Module haben meist eine größere Fläche, und damit natürlich auch eine höhere Leistung. Dies liegt im Wesentlichen daran, dass sich Module auf dem Dach schwerer handhaben lassen als auf dem Boden und deshalb meist kleiner sind. Bei Freiflächenanlagen ergeben sich dadurch Kostenvorteile, weil die gleiche Leistung durch eine geringere Anzahl an Modulen schneller installiert werden kann. Zusätzlich sind die größeren Module auch meist günstiger. Ähnliches gilt für die Wechselrichter. Für Freiflächenanlagen werden Wechselrichter mit einer vielfach höheren Leistung eingesetzt. Stringwechselrichter können in diesem Fall eine Leistung von über 100 kW transformieren. In vielen Fällen nutzt man auch Zentralwechselrichter, die mehrere Megawatt Leistung transformieren, siehe Abbildung 15.1.

Abbildung 15.1: Der Solarpark Fesselsdorf in Bayern; Quelle: Bildagentur-0 - stock.adobe.com

Bei Freiflächenanlagen werden in der Regel Stäbe aus Stahl oder Profilblech maschinell in den Boden getrieben. Alternativ kann ein Schraubfundament, bei dem der Stab in den Boden geschraubt wird, eingesetzt werden. Ist der Boden felsig, sind Betonfundamente eine Option. Für die Modulunterkonstruktion werden meist, wie bei Dachanlagen, Aluminiumprofile oder verzinkter Stahl eingesetzt.

Teilweise haben Freiflächenanlagen Systeme, die die Module dem Sonnenstand nachführen. Zu Beginn der Jahrtausendwende wurden dafür wegen der hohen Modulpreise auch zweiachsige Systeme eingesetzt, siehe Abbildung 15.2.

Durch diese Nachführung lässt sich der Energieertrag im Prinzip um bis zu 40 % steigern. Dennoch hat sich die Technologie nicht durchgesetzt. Zum einen, weil die zugehörige Mechanik aufwendig und teuer ist, zum anderen, weil die Modulkosten stark gesunken sind. Abbildung 15.3 zeigt die Nachführungsmechanik des Solon-*Mover* im Detail: Links die azimutale Nachführung, rechts die Neigungswinkelverstellung zur Regelung der Elevation.

Abbildung 15.2: Zweiachsig nachgeführte PV-Systeme der Firma Solon AG aus dem Jahr 2007.

Ein weiterer Nachteil der Modulnachführung ist der bis zu fünfmal höhere Flächenbedarf wegen möglicher Verschattungen bei den größeren Konstruktionen im Vergleich zu fest montierten Systemen. Andererseits bietet dann die nur relativ gering belegte Bodenfläche sehr gute Voraussetzungen für die Agri-Photovoltaik, beispielsweise als Weidegrund.

Abbildung 15.3: Nachführungsmechanik des *Solon-Mover* mit zweiachsiger Nachführung im Detail: Links die azimutale Nachführung, rechts die Neigungswinkelverstellung.

Einachsig nachgeführte Systeme, die nur der Sonnenhöhe folgen, finden dagegen auch heute noch Anwendung. Sie können den Jahresertrag in sonnenreichen Regionen mit recht wenig

Aufwand, um bis zu 30 % steigern, in Deutschland um bis zu 20 %. Dabei wird eine horizontale Stange über einen Motor dem Sonnenstand nachgeführt. Die Mechanik ist deutlich einfacher und dadurch auch kostengünstiger als bei zweiachsigen Systemen.

Die Einstellung der Modulneigung kann über eine astronomische Steuerung erfolgen, die sich aus dem Sonnenstand im Tagesverlauf ergibt, oder über ein Sensorsystem. In diesem Fall wird die Neigung der Module aus den tatsächlichen Lichtverhältnissen ermittelt.

Bei einachsig nachgeführten Systemen kann es für einen optimierten Jahresgesamtertrag sinnvoll sein, dass die Module sogar enger als bei einer festen Montage gestellt werden. In diesem Fall wird die Verschattung bei ungünstigen Sonnenständen im Winter durch eine flachere Ausrichtung der Module überkompensiert.

Ein Zaun und Sicherheitssysteme (beispielsweise Kameras) schützten die Anlage vor unbefugtem Zugriff. Um Wildtieren die Nutzfläche nicht zu verwehren, sind in den Zäunen teilweise spezielle Zugänge eingerichtet.

Genehmigungen

Photovoltaik-Großprojekte unterliegen rechtlichen Vorschriften, die eine sichere Planung, Umsetzung und Integration in das Stromnetz gewährleisten sollen. Die Anforderungen variieren je nach Standort und Größe der Anlage. Besonders in Bezug auf den Natur- und Landschaftsschutz, die öffentliche Sicherheit und die Energieeinspeisung gibt es zahlreiche zu beachtende Vorschriften.

Der Genehmigungsprozess für *Photovoltaik-Freiflächenanlagen* (PV-FFA) in Deutschland ist mehrstufig und variiert je nach Bundesland, da Bauordnung und Bauleitplanung Ländersache sind. Grundsätzlich sind folgende Schritte zu beachten: Zunächst muss die Fläche durch einen Bebauungsplan oder Flächennutzungsplan als Sondergebiet für Solarenergie ausgewiesen sein. Falls das Gebiet noch nicht entsprechend ausgewiesen ist, muss die Kommune (oder der zuständige Regionalverband) den Flächennutzungsplan anpassen, was mehrere Monate dauern kann. Sollen PV-FFA nicht auf privilegierten Flächen umgesetzt werden, so ist mit einem langen Genehmigungsprozess zu rechnen. In diesem müssen Zielabweichungsverfahren durchgeführt werden und Bebauungsplan und Flächennutzungsplan müssen auch dann geändert werden, was häufig den Zeitplan für solche Projekte in Gefahr bringt. Auf privilegierten Flächen kann dieses Verfahren deutlich vereinfacht werden. Es bietet sich deshalb an, frühzeitig zur entsprechenden Behörde Kontakt aufzunehmen. Die erste Anlaufstelle für alle Planungsfragen ist immer das örtliche Bauamt.

Für PV-Freiflächenanlagen ist dann in der Regel eine Baugenehmigung erforderlich, die bei der zuständigen Bauaufsichtsbehörde beantragt wird. Die Anforderungen und Schwellenwerte für die Baugenehmigung unterscheiden sich je nach Bundesland. Neben der Baugenehmigung kann das Vorhaben weitere Genehmigungen erfordern, etwa für Landschaftsschutz, Naturschutz, Denkmalpflege oder Waldumwandlung. Die jeweiligen Fachbehörden werden meist im Rahmen des Genehmigungsverfahrens angehört.

PV-FFA benötigen natürlich auch eine Netzanschlussgenehmigung. Diese wird vom zuständigen Netzbetreiber erteilt und regelt, unter welchen Bedingungen die Einspeisung ins öffentliche Netz erfolgen darf. Je nach Netzkapazität und Einspeiseleistung können technische Anforderungen gestellt werden. Eine ausführliche Checkliste zur Planung und zum Bau von PV-FFA findet sich im Anhang.

Um EEG-Förderungen in Anspruch nehmen zu können, müssen Freiflächenanlagen über die Bundesnetzagentur ausgeschrieben werden, wobei die zulässige Anlagengröße meist auf maximal 20 MW begrenzt ist. Die Ausschreibungs- und Förderbedingungen sind im EEG 2023 festgelegt.

Agri-Photovoltaik (Agri-PV)

Agri-Photovoltaik verbindet die Nutzung einer landwirtschaftlichen Nutzfläche mit Photovoltaikanlagen, die auf ebendieser Fläche elektrische Energie erzeugen. Durch die doppelte Nutzung von Landfläche für Photovoltaik und Landwirtschaft ergeben sich vorteilhafte Synergien: Klimafreundliche Energiegewinnung ohne Landverbrauch und verbesserte landwirtschaftliche Nutzung. Wesentlich für die Doppelnutzung ist zum einen, dass der Bereich zwischen den Modulreihen für die landwirtschaftliche Bearbeitung zugänglich ist. Zum anderen müssen die Solarmodule teilweise transparent sein, sodass Licht durch sie hindurchtreten kann und so auch Wachstum unter der Photovoltaikanlage stattfinden kann. Da inzwischen Glas-Glas-Module auf dem Markt kostengünstig verfügbar sind, ist es möglich, transparente Module einzusetzen: Sonnenlicht kann zwischen den Solarzellen hindurchtreten. Je größer die Zellabstände sind, desto mehr Sonnenlicht gelangt auf die darunterliegenden Pflanzen. Die klassischen Module mit einer intransparenten weißen oder schwarzen Rückseitenfolie sind für Agri-Photovoltaik ungeeignet. Theoretisch wären auch transparente Dünnschichtmodule geeignet; diese spielen aber auf dem Markt keine Rolle mehr. Die Konstruktion der Anlage sollte so gestaltet sein, dass auf die Module auftreffender Regen durch eine clevere Wasserführung geschickt unter den Modulen auf die Pflanzen verteilt wird. Durch die Verschattung des Bodens verdunstet bis zu 85 % weniger Wasser, was wegen der aufgrund des Klimawandels immer häufigeren Trockenperioden sehr vorteilhaft ist. Die PV-Module schützen die Pflanzen vor besonders heftigen Niederschlägen, insbesondere Hagel, sodass auch sehr empfindliche Pflanzen, beispielsweise Trauben, mit weniger Risiko angebaut werden können. Agri-Photovoltaik bietet einige zusätzliche Vorteile:

- ✔ **Vorteile für photovoltaischen Ertrag** Durch die relativ hohe Aufständerung der Agri-Photovoltaik kann die Wärme der Solarmodule besser an die Umwelt abgeführt werden, sodass sich dadurch verringerte Modultemperaturen ergeben. Dadurch ergibt sich ein höherer elektrischer Energieertrag. Zusätzlich kühlen die Pflanzen durch Verdunstung die Umgebung, wodurch die Zelltemperatur zusätzlich abgesenkt wird. Auch erhöht sich die Lebensdauer der Photovoltaikanlage, da Extremtemperaturen das PV-Laminat angreifen.
- ✔ **Vorteile für landwirtschaftlichen Ertrag** Viele Pflanzenarten benötigen Halbschatten. Wenn sie vollständig der Sonne ausgesetzt wären, würde sich ihr Ertrag reduzieren. Zudem sind die Pflanzen in Agri-PV-Anlagen weniger stark Extremtemperaturen ausgesetzt, wodurch sich ihre Überlebenswahrscheinlichkeit erhöht und

ein Ernteausfall unwahrscheinlicher wird. Auch viele Tiere freuen sich über Schatten und benötigen dann weniger Trinkwasser. Die Flächen bleiben landwirtschaftlich nutzbar. Pflanzen sind auch vor Extremwetterereignissen wie Hagel oder Frost besser geschützt. Entsprechend angelegte Anlagen fördern zudem die Biodiversität und können in Zeiten des Klimawandels ein Schutzschirm etwa gegen übermäßige Sonnenstrahlung oder Trockenheit sein. Durch die Umzäunung der Anlage werden die Nutztiere effektiv vor Raubtieren geschützt.

✔ **Vorteile für den ländlichen Raum** Agri-PV bietet durch die Stromproduktion eine verlässliche zusätzliche Einnahmequelle für Landwirte. Laut aktuellen Leitlinien darf die Stromerzeugung maximal 15 Prozent der Fläche beanspruchen. So bleiben mindestens 85 Prozent weiterhin für den Anbau oder die Tierhaltung nutzbar.

✔ **CO_2-Bilanz** Agri-Photovoltaik kann in Moorgebieten die Verdunstung reduzieren und so dem Austrocknen von Mooren entgegenwirken. Hierdurch wird weniger CO_2 durch austrocknende Moore freigesetzt.

Für die Förderung von Agri-PV-Systemen gelten umfangreiche und strenge Vorgaben. Die landwirtschaftliche Hauptnutzung muss nachgewiesen werden und mindestens drei Viertel der Fläche umfassen. Die technische Ausführung hängt von den Kulturen, den eingesetzten Maschinen und oft auch von den lokalen Vorschriften ab.

Technische und rechtliche Anforderungen

Die Entwicklung von Agri-PV wird politisch und wissenschaftlich unterstützt. Gesetzliche Regelungen wie das Erneuerbare-Energien-Gesetz (EEG) sorgen für finanzielle Anreize, etwa in Form von Einspeisevergütungen für den erzeugten Strom.

Bedeutung und Zukunft

Agri-PV hat das Potenzial, einen wesentlichen Beitrag zur nachhaltigen Landwirtschaft und zur Energiewende zu leisten. Sie hilft, Wertschöpfung und Einkommen im ländlichen Raum zu stärken, schützt Pflanzenkulturen und unterstützt die Klimaanpassung der landwirtschaftlichen Betriebe. Forschungsprojekte zeigen, dass Agri-PV auch auf großen Flächen erheblichen Solarstrom erzeugen kann – ohne den Verlust landwirtschaftlicher Nutzflächen.

Mit der gezielten Planung und Umsetzung von Agri-PV-Anlagen entstehen innovative, ökologisch und ökonomisch sinnvolle Nutzungskonzepte, die Landwirtschaft und Stromerzeugung für die Zukunft verbinden. Die Kombination von Pflanzenproduktion und Stromerzeugung gilt daher als zukunftsweisend für die Energiewende, da sie Nutzungskonflikte entschärft und Synergien schafft.

Die häufigste Form der tierischen Agri-PV ist die Schafbeweidung unter bodennahen festen Modulen. Tiere profitieren vom Schutz vor Hitze und Wetter. Gleichzeitig ersetzt die Tierhaltung das Mähen und sorgt für geringere Staubentwicklung, siehe Abbildung 15.4.

Abbildung 15.4: Agri-PV mit Tierhaltung; Quelle: SUNFARMING - `www.sunfarming.de`

Eine neuere Anwendung sind bodennah aufgestellte, häufig vertikale Anlagen. Sie ermöglichen es, zwischen den Modulreihen mit gängigen landwirtschaftlichen Maschinen zu arbeiten, siehe Abbildung 15.5. Die bifazialen Solarmodule können von beiden Seiten Sonnenlicht aufnehmen und so besonders bei tiefstehender Sonne morgens und abends den Solarertrag erhöhen.

Abbildung 15.5: Agri-PV-Anlage mit vertikalen Modulreihen und genügend Abstand zur Nutzung von konventionellen landwirtschaftlichen Arbeitsmaschinen in Haferdrusch Wellingen; Quelle: Next2Sun - `www.next2sun.com`

PV auf dem Wasser: Floating-PV

Floating-Photovoltaik (Floating-PV) bezeichnet die schwimmende Installation von Photovoltaikanlagen auf Wasserflächen wie Seen, Stauseen, Baggerseen oder Wasserreservoirs. Die Technologie nutzt bislang ungenutzte Gewässer für die Stromproduktion, ohne wertvolle Landflächen zu beanspruchen. Weltweit ist Floating-PV stark gewachsen: 2023 betrug die installierte Leistung bereits 7,7 GW_p. Das technische Potenzial alleine in Deutschland liegt laut Fraunhofer ISE bei rund 44 GW_p.

Grundprinzip und Aufbau

Die PV-Module sind auf schwimmenden Plattformen montiert, beispielsweise aus Polyethylen (Abbildung 15.6). Spezielle Verankerungs- und Befestigungssysteme sorgen für Stabilität auf dem Wasser – selbst bei schwankendem Wasserstand oder Wind. Die Verkabelung muss natürlich wasserdicht ausgelegt sein. Teilweise sind die Wechselrichter und manchmal auch die Transformatoren direkt auf der schwimmenden Plattform installiert. Über eine Stromleitung wird der Strom dann ans Ufer zur direkten Nutzung und/oder Netzeinspeisung geführt. Neben Standardmodulen existieren auch Systeme mit UV-beständigen Folien, die Wasserreservoirs gleichzeitig vor Verdunstung und Verschmutzung schützen.

Abbildung 15.6: Floating-PV-Anlage; Quelle: Roman Millert - stock.adobe.com

Floating-PV ergänzt klassische PV- und Agri-PV-Anlagen auf dem Land, indem sie Wasserflächen doppelt nutzt – als Gewässer und Stromquelle. Die Wasseroberfläche wirkt kühlend auf die Module, was deren Effizienz steigert und zu einem höheren Jahresertrag führen kann. Gleichzeitig reduziert die Beschattung des Gewässers die Verdunstung um bis zu 30 Prozent, was besonders in regenarmen Regionen vorteilhaft ist. Untersuchungen zeigen, dass die Unterkonstruktionen Lebensraum für Muscheln und Wasserorganismen bieten können. Dies stärkt die Ökologie, muss aber standortspezifisch bewertet werden.

Anforderungen und Herausforderungen

Die Planung einer Floating-PV-Anlage verlangt genaue Kenntnisse über Anschluss- und Montagebedingungen, das jeweilige Gewässer und die lokalen Umwelteinflüsse. Wellen, Wind, Hagel, UV-Bestrahlung und mögliche Auswirkungen auf Flora und Fauna müssen berücksichtigt werden. Zudem sind Genehmigungen und Umweltverträglichkeitsprüfungen unerlässlich. Gerade weil die Anlage intensiv mit Feuchtigkeit in Berührung kommt, ist bei den Komponenten auf die entsprechende Feuchtigkeitsschutzklasse zu achten.

Die aufgedruckte IP-Schutzart (*Ingress Protection*, Eindringschutz) kennzeichnet den Staub- und Feuchtigkeitsschutz. Diese besteht aus zwei Ziffern: Die erste Ziffer beschreibt den Schutz gegen das Eindringen von festen Fremdkörpern (zum Beispiel Staub), siehe Tabelle 15.1. Ab Ziffer 5 darf Staub dem Gerät (zum Beispiel den Wechselrichtern) nichts ausmachen. Und ist die erste Ziffer eine 6, darf keinerlei Staub in das Gehäuse eindringen. Die zweite Ziffer gibt an, inwiefern das Gerät gegen das Eindringen von Wasser geschützt ist, siehe Tabelle 15.2: Eine 3 bedeutet nur Schutz vor üblichem Regen, bei einer 5 ist das Gerät vor einem Wasserstrahl geschützt, bei einer 6 gegen starkes Strahlwasser, bei einer 7 sogar gegen zeitweiliges Untertauchen (30 min in 1 m Tiefe), und bei einer 8 ist dauerhaftes Untertauchen ohne Schaden möglich. Wenn als erste oder zweite Ziffer ein X oder eine 0 auftaucht, so besteht *kein* Schutz in der entsprechenden Kategorie.

1. Kennziffer (Fremdkörper/Staub)	Schutz für Betriebsmittel	Schutz für Personen
0	kein Schutz	kein Schutz
1	≥ 50 mm Durchmesser	Handrücken
2	≥ 12,5 mm Durchmesser	Finger
3	≥ 2,5 mm Durchmesser	Werkzeug
4	≥ 1 mm Durchmesser	Draht
5	staubgeschützt	–
6	staubdicht	–

Tabelle 15.1: IP-Schutzartnorm DIN EN 60529 für Fremdkörper und Staub (erste Kennziffer)

2. Kennziffer (Wasser)	Schutz für Betriebsmittel
0	kein Schutz
1	Tropfwasser
2	Tropfwasser, bei 15° Neigung des Gehäuses
3	Spritzwasser (± 60° von der Senkrechten)
4	Spritzwasser (± 180° von der Senkrechten)
5	12,5 l/min Strahlwasser
6	100 l/min Strahlwasser
7	zeitweiliges Untertauchen: 1 Meter für 30 Minuten
8	dauerhaftes Untertauchen, 1,3-facher Druck (30 min)
9	Hochdruck-/Dampfstrahlen, 80°C, 80–100 bar

Tabelle 15.2: IP-Schutzartnorm DIN EN 60529 für Wasser (zweite Kennziffer)

Bereits heute können durch modulare und effiziente Systeme auch größere Wasserflächen genutzt werden. Besonders künstliche Seen, stillgelegte Tagebauflächen und Wasserreservoirs sind für Floating-PV geeignet.

Floating-PV hilft, Flächennutzungskonflikte zu umgehen. Gleichzeitig kann ein aktiver Beitrag zur Wasser- und Klimaresilienz der Gewässer geleistet werden. Die flexible Skalierbarkeit der Anlagen macht Floating-PV auch für dicht besiedelte Regionen interessant, wo große Freiflächen fehlen. Mit fortschreitender Forschung und Innovation wird erwartet, dass schwimmende Solaranlagen künftig einen immer größeren Anteil der erneuerbaren Energieversorgung in Deutschland und weltweit übernehmen.

Teil VI
PV besser: Wie steigere ich die Performance des Systems

IN DIESEM TEIL …

- Lernen Sie technische Kniffe kennen, mit denen Sie den Energieertrag eines Systems erhöhen können.
- Entdecken Sie Effekte der Natur, um den Ertrag Ihrer Anlage zu steigern.
- Erfahren Sie, wo die Kostentreiber bei einem PV-System liegen.

IN DIESEM KAPITEL …

Mehr Einstrahlung durch Nutzung der Bodenreflexion

Höhere Installation steigert den Energieertrag

Kapitel 16
Mehr Einstrahlung, mehr Ertrag und mehr potenzielle Standorte

Auf den folgenden Seiten geht es nicht vorrangig um die Elektrotechnik, sondern eher um die Physik, genauer gesagt um Optik und Thermodynamik, sowie am Schluss etwas um Jura. Folgen wir unserer Energiequelle, den Sonnenstrahlen, auf dem Weg in die Solarzelle – wie bekommen wir mehr davon ab? Kann ich auch das vom Boden reflektierte Licht nutzen? Wie lassen sich Photonen effizienter photovoltaisch umwandeln? Wie reduziere ich Verluste unterwegs? Wie nahe kann ich dem besten Standort kommen?

Albedooptimierung

Zunehmend werden bifaziale PV-Module eingesetzt. Das heißt, es wird nicht nur wichtig, darauf zu achten, wie viel auf die Vorderseite des PV-Moduls einfällt (direkte und diffuse solare Einstrahlung, etwas Albedo), sondern auch, was von hinten kommt (ausschließlich Albedo).

Allgemein ist die Albedo die Rückstrahlung eines Körpers oder einer Oberfläche. In der Photovoltaik meint man damit in der Regel die vom Boden ausgehende Rückstrahlung. Diese hängt in erster Linie von dessen Oberflächeneigenschaften ab: Dunkler Asphalt hat beispielsweise eine sehr geringe Albedo (nur 5 bis 15 Prozent werden zurückgestrahlt, man spricht dann von einer Albedo von 0,05 bis 0,15), weiße Farbe oder Schnee eine sehr hohe Albedo (80 bis 90 Prozent werden zurückgestrahlt, also eine Albedo von 0,8 bis 0,9).

Hellt man den Boden auf, beispielsweise durch das Aufschütten von hellen Steinen oder ein helles Einfärben des Untergrunds, so wird der Albedo-Effekt verstärkt. Erreicht das am Boden reflektierte Streulicht die Vorderseite des Moduls, so erhöht sich der jährliche Ertrag auch bei monofazialen Modulen.

Bei bifazialen Modulen ist der Effekt stärker ausgeprägt, weil zusätzlich mehr Licht die Rückseite von bifazialen Modulen erreichen kann (siehe Abbildung 16.1).

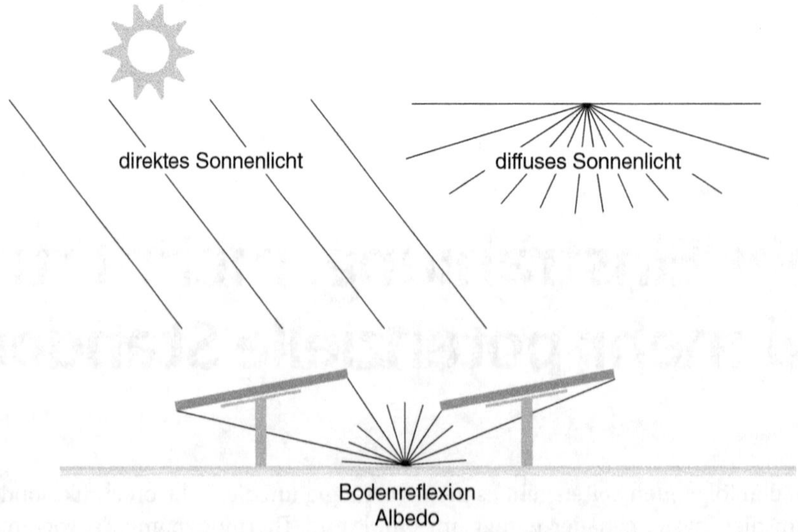

Abbildung 16.1: Rückreflektiertes Licht durch den Albedo-Effekt der Oberfläche des Bodens.

Die erhöhte Reflexion des Sonnenlichts sorgt zusätzlich für eine geringere Temperatur der Umgebung, wodurch der Ertrag der Anlage weiter steigt. Bei monofazialen Aufstellungen konnte eine Ertragserhöhung von etwa 0,7 % pro Albedoerhöhung von 0,1 nachgewiesen werden. Bei bifazialen Modulen lag der Effekt bei bis zu 4,5 % pro 0,1 höherer Albedo.

Durch eine höhere Aufständerung steht das Modul weiter über dem Untergrund. Dadurch können mehr reflektierte Lichtstrahlen die bifaziale Rückseite des Moduls erreichen und die Verschattung wird reduziert. Damit lassen sich die Erträge weiter erhöhen, und zwar sowohl bei der Freiflächeninstallation (insbesondere bei *Agri-Photovoltaik* mit sehr hoch aufgeständerten PV-Modulen) als auch teilweise auf Flachdächern, besonders wenn die Dachfläche hell ist.

Installationshöhe

Neben der verbesserten Nutzung der Rückstrahlung verbessert eine hohe Installationshöhe auch die thermischen Eigenschaften. Die Luftkonvektion auf der Rückseite vergrößert sich, es wird mehr Wärme abgeführt und die Betriebszellentemperatur sinkt, was den elektrischen Ertrag erhöht. Eine direkte Dachmontage (ohne Luftspalt) bewirkt das Gegenteil – die rückwärtige Konvektion wird unterbunden und die Betriebstemperatur steigt, der elektrische Ertrag fällt. Wenn man eine Dachmontage mit einem Abstand der Module vom Dach von 10 bis 12 cm als Referenz nimmt, so ergeben sich bei einer Verringerung des Abstands zur Dachoberfläche Temperaturerhöhungen und dadurch bedingte Ertragseinbußen bei kristallinen Siliziumsolarmodulen. Eine Freiflächenmontage verringert die Temperatur gegenüber der Referenz um 3 Kelvin, wodurch selbst ohne Albedo ein Mehrertrag von 1,2 Prozent zu verzeichnen ist. Dies wird in Tabelle 16.1 verdeutlicht.

Abstand in cm	Temperaturänderung in K	relative Ertragsänderung
10–12	0	0
7,5	+2	–0,8 %
2,5	+11	–4,4 %
0	+18	–7,3 %
Freifläche	–3	+1,2 %

Tabelle 16.1: Temperaturzunahme durch Reduktion des Abstands der Module zur Dachoberfläche sowie Temperaturabnahme bei Freiflächeninstallation. Relativer Ertragsgewinn ohne Berücksichtigung des Albedoeffekts. Referenzsituation ist eine Dachmontage mit 10–12 cm Abstand zur Dachoberfläche.

Agriphotovoltaik (Agri-PV) ist die gemeinsame Nutzung des Bodens sowohl für die Landwirtschaft als auch für die Photovoltaik. Damit dies möglich ist, müssen die Solarmodule einen großen Abstand zum Boden haben, damit darunter Pflanzen wachsen oder Tiere weiden können. Dadurch steigert sich der photovoltaische Ertrag: Es kann bei bifazialen Modulen über einen größeren Bereich mehr Licht auf der Modulrückseite eingefangen werden. Zudem reduzieren die bessere Belüftung und die Verdunstungskälte der darunter wachsenden Pflanzen die Betriebstemperatur, wodurch sich die Spannung und damit der Energieertrag erhöhen.

IN DIESEM KAPITEL...

- Lichteinfall, Verschattung
- Kühlmaßnahmen: Luft-, Wasser- und Emissionskühlung
- Kontakte & Kabel
- Juristische Bremsklötze
- Klimaschutz

Kapitel 17 Verluste reduzieren

In diesem Kapitel stellen wir Möglichkeiten vor, wie wir Erträge maximieren und Verluste minimieren können und so das Gesamtsystem weiter optimieren.

Optische Verluste reduzieren

Folgen wir dem Weg der solaren Einstrahlung: Unser Ziel ist es, so viel wie möglich davon in die Solarzellen zu leiten und alle Hindernisse auf dem Weg dorthin auszuräumen.

Mehr Licht: Saubere Module

Gleichmäßig verstaubte beziehungsweise verschmutzte Module sehen nicht nur unvorteilhaft aus, sie reduzieren auch den Ertrag um etwa 3–5 Prozent. Man kann die Module selbst aufwendig reinigen – inzwischen gibt es sogar Reinigungsroboter zu kaufen – oder darauf warten, dass sie sich selbst reinigen: Je steiler die Module aufgestellt sind, desto stärker ist der Selbstreinigungseffekt durch Regen. In Äquatornähe, mit entsprechend geringen Aufstellungswinkeln beziehungsweise horizontaler Aufstellung, fällt der Selbstreinigungseffekt aus. Deshalb werden dort die Module üblicherweise mit einem künstlich erhöhten Anstellwinkel von 8 bis 10° montiert, obwohl eigentlich 0° (horizontal) ertragsmäßig am meisten brächten.

Inzwischen haben die meisten Module eine spezielle schmutzabweisende Beschichtung, die nach dem Prinzip des *Lotus-Effekts* funktioniert. Diese Beschichtung kann durch unsachgemäße Reinigung zerstört werden, deshalb aufpassen!

Wesentlich kritischer sind ungleichmäßig verschmutzte Module, verursacht beispielsweise durch Vogelkot oder Laub.

Auch jahrelange Schmutzakkumulation an den Modulkanten, beim Übergang zum Rahmen, kann den Lichteinfall auf Zellen oder Zellreihen beeinträchtigen. Teilweise finden sich kleine Bohrungen oder Abläufe in den Modulrahmen, um eine solche Akkumulation durch Stauwasser zu verhindern.

Generell führen solche Teilverschattungen zu ungleichmäßigem Stromfluss durch die beteiligten Zellen. Dadurch, dass der Stromfluss behindert wird, erwärmt sich dieser verschattete Bereich. Zudem baut sich an diesen Engstellen des Stromflusses eine elektrische Spannung auf, die schlimmstenfalls zu einem elektrischen Durchschlag führen kann. Man spricht von sogenannten Hotspots, die auch von außen sichtbar sind. In Extremfällen können durch die Wärmeentwicklung auch der Einbettungskunststoff, das Glas oder das Rückseitenlaminat Schaden nehmen. Meist wird durch den Durchschlag die Zelle an dieser Stelle wieder leitfähig, wodurch der Stromfluss nicht mehr blockiert ist. Jedoch liefert die geschädigte (und nun kurzgeschlossene) Zelle keine Leistung mehr.

Verschattung vermeiden

Es ist generell darauf zu achten, dass eine Verschattung vermieden wird – nicht nur zum Installationszeitpunkt, sondern über den gesamten Jahresverlauf. In Abbildung 17.1 wird dies etwas verdeutlicht: Man sieht das Sonnenstandsdiagramm im Tagesverlauf als Linie mit den jeweiligen Uhrzeiten, auf der x-Achse die Himmelsrichtung der Sonne (Azimut) und auf der y-Achse der Höhenwinkel (Sonnenhöhe).

Je nach Datum und Jahreszeit sehen die Sonnenstandslinien natürlich anders aus: Im Sommer geht die Sonne früh im Nordosten auf, erreicht mittags einen großen Höhenwinkel und geht im Nordwesten spät unter. Im Winter hingegen sind die Tage kurz, die Sonne geht spät im Südosten auf und früh im Südwesten unter, der Höhenwinkel bleibt klein (unter 15°). In diesem Diagramm sind zudem Bäume und ein Haus als verschattende Elemente eingezeichnet. Diese kommen nur im Winter zum Tragen. Im Sommerhalbjahr von März bis September steht die Sonne höher als diese, sodass in diesem Zeitraum keine Verschattung auftritt.

Man kann die jeweiligen Azimut- und Höhenwinkel für die Umrisse der Bäume und Häuser auch selbst mit einer Wasserwaage und einem Winkelmesser mit Anpeileinrichtung aufnehmen. Manche Simulationsprogramme wie beispielsweise PV*SOL ermöglichen es auch, solche Verschattungsdiagramme aus kalibrierten Fotografien zu erstellen.

Wichtig ist dabei, dass sowohl bei der eigenen Winkelmessung als auch bei der Fotografie der eigene Standort genau bei der geplanten Solaranlage liegt. Bei größeren Anlagen sollte man vom verschattungskritischsten Teil der Anlage aus messen. Danach kann man die Umrisse

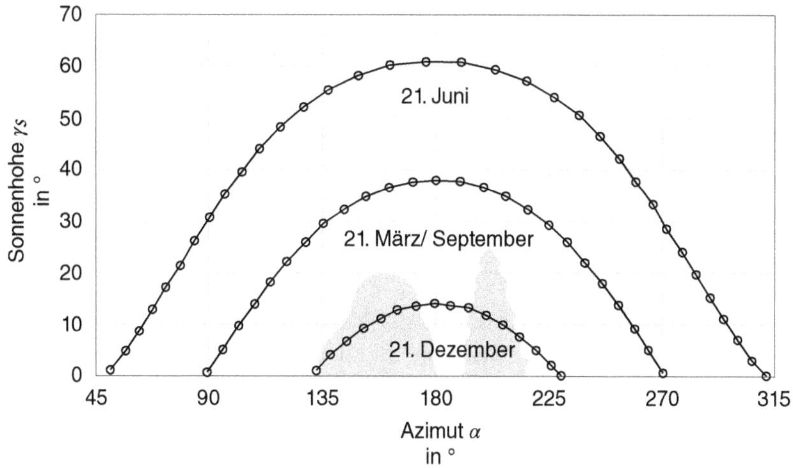

Abbildung 17.1: Sonnenstandsdiagramm mit verschattenden Elementen für Berlin.

in ein Sonnenstandsdiagramm übertragen. Wenn sich eine Verschattung nicht vermeiden lässt, sollte diese sich möglichst gleichmäßig auf mehrere Zellen innerhalb einer Reihenschaltung (beziehungsweise eines Zellstrings) verteilen. Die Zelle mit der stärksten Verschattung bestimmt immer die Gesamtperformance (beziehungsweise -nichtperformance) eines Zellstrings.

PV-Kühlung

Die Kühlung von PV-Modulen bringt durch eine Spannungserhöhung einen höheren elektrischen Ertrag. Sie können mit 4 Prozent mehr Ertrag rechnen, wenn es Ihnen gelingt, die Temperatur im Modul um 10 K zu reduzieren, zumindest bei gängigen kristallinen Silizium-PV-Modulen. Inzwischen ist die Photovoltaik aber so günstig geworden, dass sich der Aufwand für eine aktive Kühlung kaum noch lohnt. Hier ein Rechenbeispiel: Ein 440-W_p-Modul kostet zurzeit (Ende 2025) circa 40–60 Euro. Eine Ertragssteigerung um 4 Prozent hat demzufolge einen Modulkauf-Gegenwert von nur 1,60–2,40 Euro. Deshalb werden in diesem Kapitel Möglichkeiten für eine passive Kühlung von Modulen vorgestellt.

Wind

Zuweilen werden PV-Module an Masten von Windkraftanlagen angebracht. Weil die Anlagen an windstarken Orten aufgestellt werden, ist mit einer verbesserten Kühlung zu rechnen. Jedoch sollten der konstruktive Aufwand zur Befestigung an gekrümmten Oberflächen, hohe Windlasten und die Installation in großer Höhe nicht vernachlässigt werden. Zudem wird es – je nach Windrichtung – Schlagschatten durch die vorbeiziehenden Rotorblätter der Windkraftanlage geben. Mit starken Einspeiseschwankungen ist deshalb zu rechnen. Rein technisch mag es sinnvoll sein, die Erzeugung von Wind- und Solarenergie an einem Ort zu kombinieren, finanziell gesehen dürfte der Nutzen eher fraglich sein.

Wasser

Schwimmende PV-Kraftwerke wurden bereits realisiert. Die Bedingungen sind beispielsweise in wellenarmen Seen günstig, da das Wasser schräg einfallendes Sonnenlicht gut reflektiert (hohe Albedo) und zudem lokal für eine reduzierte Betriebstemperatur sorgt, auch wenn die Module nicht direkt mit dem Wasser in Berührung kommen. Auf Seen ist eine natürliche Modulkühlung durch das Wasser und durch tendenziell höhere Windgeschwindigkeiten als an Land möglich, sodass höhere Stromerträge als bei vergleichbaren Landanlagen zu erwarten sind.

Es ist darauf zu achten, dass ein ausreichender Korrosionsschutz gegeben ist und die elektrische Ausrüstung sehr gut vor Nässe geschützt ist – insbesondere Salzwasser ist sehr aggressiv.

Kühlung durch verbesserte thermische Strahlungsemission

Jede Oberfläche, die eine Temperatur über dem absoluten Nullpunkt bei 0 K hat, gibt Wärmestrahlung ab. Für typische Temperaturen auf der Erde liegt diese fast immer im infraroten Strahlungsbereich. Je heißer das Solarmodul wird, desto mehr und desto kürzer ist das Maximum der abgestrahlten Wellenlänge. Aber auch bei Modultemperaturen von 60 °C liegt das Intensitätsmaximum bei einer Wellenlänge von 10 µm, also immer noch im tiefen Infrarot.

Die thermisch abgestrahlte Leistung hängt nicht nur von der Fläche und der Oberflächentemperatur ab, sondern auch von der sogenannten *Emissionszahl* (manchmal auch *Emissionsfaktor*, *Emissivität* oder ε genannt) der Oberfläche. Idealerweise liegt diese bei 1, aber bei den meisten konventionellen Modulmaterialien sind es eher 0,8 bis 0,9. Während sich die Emissionszahl des Frontglases des Moduls kaum erhöhen lässt, bietet bei laminierten Modulen die Rückseitenfolie Möglichkeiten zur Erhöhung der Emissionszahl, die typischerweise bei 0,86 liegt. Dafür werden polymere Multilayersysteme eingesetzt, welche die Emissionszahl auf 0,9 bis 0,95 steigern. Zudem gibt es Rückseitenfolien, die im sichtbaren Strahlungsbereich (das heißt bei Lichtwellenlängen von 400 nm bis 800 nm) hochreflexiv sind, sodass weniger solare Einstrahlung absorbiert wird, welche das Modul erwärmen könnte. Insgesamt kann damit die Modultemperatur um etwa 2 bis 3 K abgesenkt werden. Da aber aufgrund der zunehmenden Nutzung von bifazialen Modulen immer öfter eine Glasrückseite anstatt einer Rückseitenfolie verwendet wird, spielt diese Maßnahme eine immer geringere Rolle.

Elektrische Verluste reduzieren

Nach der photovoltaischen Umwandlung wollen wir unseren mühsam erzeugten PV-Strom natürlich mit möglichst geringen Verlusten zum Wechselrichter oder zur Batterie bringen.

Kabeltypen und Eigenschaften

PV-Kabel oder *Solarkabel* sind speziell für Photovoltaikanlagen konzipiert. Sie sind einadrig, doppelt isoliert und UV-beständig. Im Einfamilienhausbereich üblich sind Leiterquerschnitte von 4 mm^2 oder 6 mm^2, wobei größere Leiterquerschnitte zu geringeren Leistungsverlusten führen.

Steckverbinder

Meist sind die Kabel bereits mit MC4-Steckverbindern ausgestattet. Man kann diese auch mit speziellem Werkzeug selbst anbringen. Zudem gibt es mittlerweile Hersteller, die MC4-kompatible Steckerverbinder zum Anbringen ohne spezielles Werkzeug ermöglichen (beispielsweise PV-Stick© von der Firma Weidmüller, Sunclix© von Phoenix Contact, MC4-Evo© von Stäubli, Solarlok© von TE). Da Kabel neben Verlusten auch Kosten verursachen, sollten sie so kurz wie möglich gehalten werden, aber auch nicht zu kurz: Keinesfalls dürfen die Kabel wie eine Wäscheleine gespannt sein, sondern sie sollten bei jedem Wetter leicht durchhängen.

Da die Module in den allermeisten Fällen in Serie geschaltet sind, wodurch sich zwar die (elektrische) Spannung, nicht aber der Strom erhöht, braucht man sich auch bei mehreren Modulen keine Gedanken zum Kabeldurchmesser zu machen – bis zur maximal möglichen Spannung, meist 1000 V. Nur extrem große Anlagen verwenden inzwischen 1500, teilweise sogar 2000 V.

Bei Freiflächenanlagen werden die im *Generatoranschlusskasten* (GAK) ankommenden Kabel der PV-Serienschaltungen (*Strings*) über *Stringdioden* oder Sicherungen parallel geschaltet. Vom Generatoranschlusskasten geht dann über einen großen Schalter eine entsprechend dicke Leitung zum Wechselrichter. Faustregel zum Leiterquerschnitt dieser Leitung (*DC-Hauptleitung*):

$$\text{Querschnitt DC-Hauptleitung} = \text{Anzahl der Strings} \cdot 4\ \text{mm}^2$$

Vom Wechselrichter geht dann eine AC-Leitung zum Netzeinspeisepunkt. Zur Auslegung dieser Wechselstromleitungen gibt es folgende Richtwerte:

- ✔ Bei **einphasiger Einspeisung** in das 230-V-Haushaltsstromnetz (bis zu 3,68 kW, das heißt bei 230 V: 16 A) kann man bei kurzen Strecken (bis circa 50 m) einen Querschnitt von 1,5 mm^2 wählen, bei längeren Strecken wird 2,5 mm^2 empfohlen.
- ✔ Bei größeren Leistungen nimmt man das **dreiphasige Drehstromnetz** (3 Phasen, jeweils um 120 ° phasenverschoben). Zwischen zwei Leitern (*Phasen*) im Drehstromnetz beträgt die Spannung 400 V, zwischen einem Leiter und dem spannungslosen *Neutralleiter* nur 230 V (dem *Haushaltsstrom*).
- ✔ Bei **400 V Drehstrom** können deutlich höhere Leistungen übertragen werden:
  - Mit einer 16-A-Absicherung bis zu 11 kW
  - mit einer 32-A-Absicherung bis zu 22 kW

Für diese Leistungen sind folgende Kabelquerschnitte erforderlich:

- 4 mm^2 für Ströme bis etwa 25 A und
- 6 mm^2 Ströme bis etwa 32 A

Spannung und saubere Kontakte

Je höher das Spannungsniveau bei einer bestimmten Leistung ist, desto niedriger wird der Strom und damit einhergehend die Verluste an den Kontakten und in den Leitungen. Die Kontakte der Steckverbinder sollten außerdem generell sauber gehalten werden und gut zueinander passen. Deshalb wird empfohlen, einheitlich nur die Steckverbindungen eines Herstellers zu verwenden. Durch schlechten Kontakt hat die Anlage nicht nur mehr Verluste, sondern es geht auch eine gewisse Brandgefahr von einer solchen Verbindung aus.

Juristische Bremsklötze lösen: Die gesetzlichen Rahmenbedingungen

Das Solarpaket I der Bundesregierung vereinfacht den Bau und Betrieb von Photovoltaikanlagen. Auch Balkonkraftwerke können leichter installiert werden. Das Gesetz erleichtert es Bürgerinnen und Bürgern sowie Unternehmen, Photovoltaikanlagen zu installieren und Solarenergie zu nutzen. Diese neuen Möglichkeiten, auch für Solarstrom vom eigenen Balkon, werden mittlerweile von vielen Menschen erfolgreich in Anspruch genommen. So sind derzeit (Ende 2025) in Deutschland rund 1,5 Millionen angemeldete Balkonkraftwerke/Stecker-Solaranlagen in Betrieb. Es wird aber von einer hohen Dunkelziffer ausgegangen, da viele Betreiber die Anmeldung scheuen. Schätzungen gehen davon aus, dass bis zu drei Millionen Anlagen in Betrieb sind.

Photovoltaik auf dem Balkon

Die Bundesnetzagentur hat die Registrierung von Balkonkraftwerken im sogenannten Marktstammdatenregister (www.marktstammdatenregister.de) bereits zum 1. April 2024 vereinfacht und auf wenige, einfach einzugebende Daten beschränkt. Eine gesonderte Anmeldung beim Netzbetreiber ist nun nicht mehr notwendig, da der Netzbetreiber durch die Meldung im Marktstammdatenregister automatisch über das neue Balkonkraftwerk informiert wird.

Weitere Vereinfachungen durch das Solarpaket-I-Gesetz

Durch das Solarpaket I wurden zusätzlich mögliche Verzögerungen seitens des Netzbetreibers durch Nichtbereitstellen von neuen Stromzählern verhindert, die Maximalleistung der Balkonsolaranlagen erhöht, die Möglichkeit der Einspeisung über eine normale

Haushaltssteckdose geschaffen sowie die Nutzung in Gewerbe, Mehrfamilienhäusern und Mietwohnungen vereinfacht. Zudem wurden die PV-Ausbauziele zur Verbesserung des Klimaschutzes erhöht.

Digitale Stromzähler nicht verpflichtend

Neue Balkon-PV sollen nicht dadurch verhindert werden, dass ein Zweirichtungszähler vorausgesetzt wird. Heutzutage sind solche Zweirichtungszähler digital, da für Einspeisung und Entnahme unterschiedliche Tarife gelten, was mit einem analogen Zähler schwer zu realisieren ist. Übergangsweise dürfen die Anlagen deshalb weiterhin die alten Ferraris-Zähler nutzen. Dieser bisherige Stromzähler läuft dann einfach rückwärts, wenn Strom eingespeist wird, sofern er keine Rücklaufsperre hat, was ziemlich oft der Fall ist. Verbraucherinnen und Verbraucher profitieren davon, denn das reduziert die Strommenge, für die sie bezahlen müssen. Dies bedeutet de facto Einspeisevergütung in der Höhe des Strompreises – man spricht dabei auch von sogenanntem *1:1-Net-Metering.* Da die Netzkosten dabei außen vor bleiben, ist dies nachteilig für die Netzbetreiber. Deshalb haben diese ein hohes Interesse, die Stromzähler baldmöglichst auszutauschen.

Leistungsfähigere PV-Anlagen erlaubt

Außerdem dürfen Balkonsolaranlagen nun leistungsfähiger sein. Für Geräte mit einer installierten Leistung von insgesamt bis zu 2 Kilowatt und einer Wechselrichterleistung von insgesamt bis zu 800 Voltampere gilt außerdem eine vereinfachte Anmeldung.

Die Einheit der Wechselrichterleistung ist eigentlich Watt (W), aber man verwendet den Begriff *Voltampere* (VA), um darzustellen, dass es sich um die sogenannte *Scheinleistung* handelt. Da die *Blindleistung* in diesem Anwendungsfall aber relativ klein bleibt, ergeben sich hier kaum Unterschiede zwischen der *Wirkleistung* (in W) und der *Scheinleistung* (in VA).

Stromeinspeisung über die Steckdose möglich

Die Einspeisung von Balkon-PV kann generell über einen herkömmlichen Schukostecker erfolgen. Das erleichtert die Installation erheblich. Hierzu wurde eine Norm veröffentlicht, welche seit dem 01.12.2025 gültig ist: VDE V 0126-95:2025-12 *Steckersolargeräte für den Netzparallelbetrieb.* Die Norm erlaubt eine Einspeiseleistung von bis zu 800 Watt, während die installierte Modulleistung bis zu 2000 Watt betragen kann, wobei der Wechselrichter die Einspeisung auf 800 Watt drosselt. Eine Checkliste zur Planung und zum Bau von Balkonkraftwerken findet sich im Anhang.

Solarstrom für Mehrfamilienhäuser

Damit Mieterinnen und Mieter in Mehrfamilienhäusern günstigeren Solarstrom von Dächern, Garagen oder Batteriespeichern direkt nutzen können, wurde im Mai 2024 das neue Instrument der *Gemeinschaftlichen Gebäudeversorgung* (GGV) eingeführt. Es ist Teil der deutschen Photovoltaik-Strategie und in § 42b Energiewirtschaftsgesetz (EnWG) geregelt. Damit entfällt der komplizierte Umweg über die Einspeisung des PV-Stroms ins öffentliche Stromnetz. Auch Regelungen zu Abrechnungen und zur rechtzeitigen Ankündigung bei Versorgungsunterbrechungen werden genau festgelegt. Mieterinnen und Mieter sollen künftig außerdem selbst einen günstigen Ergänzungstarif abschließen können für Strom, der nicht durch den günstigen PV-Dachstrom abgedeckt wird.

Verbesserungen beim Mieterstrom

Generell ist beim Mieterstrommodell der Anlagenbetreiber der allgemeine Stromversorger und erfüllt diese Rolle somit mit allen Rechten und Pflichten eines Energieversorgers. Mieterstrom soll in Zukunft auch auf Gewerbegebäuden und Nebenanlagen wie Garagen gefördert werden, wenn der dort erzeugte Strom sofort verbraucht wird, also ohne Netzdurchleitung. Mehrere Anlagen können zusammengefasst werden. Das vermeidet unverhältnismäßige technische Anforderungen – bislang war gerade dies in Wohnquartieren häufig ein Problem.

Gewerbe: Unbürokratisch zu mehr großen PV-Anlagen

Bisher sind Anlagen mit einer installierten Leistung von mehr als 100 Kilowatt zur Direktvermarktung verpflichtet. Das ändert sich: Die Anlagenbetreiber sollen ihre Überschussmengen künftig ohne Vergütung, aber auch ohne Direktvermarktungskosten an die Netzbetreiber weitergeben. Davon profitieren vor allem Anlagenbetreiber mit einem hohen Eigenverbrauch. Die neue unbürokratische Regelung soll sie motivieren, mehr PV auf großen Dächern zu installieren. Außerdem wird mit der Beschlussfassung des Bundestags die Einspeisevergütung für gewerbliche Dach-PV-Anlagen erhöht. Die Grenze, ab der für sehr große Anlagen die Teilnahme an Ausschreibungen verpflichtend ist, wird mit einer Übergangsfrist von einem Jahr von 1000 Kilowatt auf 750 Kilowatt gesenkt. Dafür werden die Ausschreibungsmengen erhöht.

Ausbau von nachhaltigen Freiflächenanlagen stärken

Das Solarpaket regelt zudem den nachhaltigeren Ausbau von Solarparks, ohne mehr freie Flächen zu verbrauchen. Daher soll die kombinierte Nutzung von Flächen für Landwirtschaft und PV-Module besonders gefördert werden, die sogenannte Agri-Photovoltaik. Der Boden wird dadurch mehrfach genutzt und gleichzeitig bleiben landwirtschaftliche Interessen gewahrt. Um mehr versiegelte Flächen zu nutzen, soll PV auch auf beziehungsweise über Parkplätzen gefördert werden. Diese besonderen Solaranlagen werden künftig in den Ausschreibungen durch eine bevorzugte Bezuschlagung und einen höheren Höchstwert sowie im kleinen Segment durch eine höhere Einspeisevergütung gefördert. Für neue PV-Freiflächen werden fünf Naturschutz-Mindestkriterien eingeführt, von denen Betreiber mindestens drei einhalten müssen. Strenge Schutzgebiete nach dem Bundesnaturschutzgesetz bleiben selbstverständlich ausgenommen.

Höhere Ausbauziele für Solarenergie

Die gesetzlichen Ausbauziele für Solarenergie wurden im EEG 2023 bereits angehoben. Mit dem Solarpaket sollen die höheren Ausbauziele für PV erreicht werden: Bis 2030 soll

215 GW_p PV-Nennleistung installiert sein. Für 2023 wurde das Ziel übertroffen: Statt 9 GW_p wurden neue Solaranlagen mit 14,6 GW_p Leistung zugebaut, fast doppelt so viel wie 2022. 2024 sollten nun 13 GW_p installiert werden. Auch dieses Ziel wurde mit 15,9 GW_p übertroffen. Für 2025 sind 18 GW_p Solarleistung geplant und ab 2026 soll dann sogar jährlich 22 GW_p zugebaut werden. Der Zubau soll sich etwa zur Hälfte aus Freiflächen und zur anderen Hälfte aus Dachanlagen ergeben. Grundsätzlich hält auch die neue Bundesregierung an einem 80-prozentigen erneuerbaren Anteil der Stromerzeugung fest, allerdings werden die absoluten Ausbauziele intensiv diskutiert.

Klimaschutz

Zu beseitigende Verluste gibt es nicht nur bei der Solaranlage selbst und deren technischer und gesetzgeberischer Integration in das Energiesystem, sondern es ergeben sich umgekehrt auch Verluste, wenn wir die Solarenergie nicht oder zu wenig nutzen: Durch die vorhandene Energieversorgung auf Basis fossiler Brennstoffe wird das humane Habitat zunehmend reduziert: Landverluste durch Meeresspiegelerhöhung und Überschwemmungen, Missernten durch Dürre und Stürme, Versauerung der Meere, Meeresspiegelanstieg, Hitzetote. Diese gigantischen, kaum quantifizierten Verluste gilt es natürlich auch zu vermeiden, indem man mit Photovoltaik zum Klimaschutz beiträgt.

Mehr Solarenergie für den Klimaschutz

Deutschland will als eine der ersten Industrienationen bis 2045 klimaneutral wirtschaften. Der Stromsektor muss dafür bereits bis 2035 weitgehend ohne Treibhausgas-Emissionen auskommen. Bis 2030 sollen mindestens 80 Prozent des Bruttostromverbrauchs aus erneuerbaren Energien gedeckt werden. Die Solarenergie wird einen wichtigen Teil dazu beitragen, die ambitionierten deutschen Klimaziele zu erreichen.

Klimaschutz: Photovoltaik rettet Menschenleben

Diese Überschrift klingt zwar sehr dramatisch, doch wenn man neuere Studien, beispielsweise in der renommierten wissenschaftlichen Zeitschrift Nature, aufmerksam liest, kommt man ohne Weiteres zu diesem Schluss: In dem Artikel *The mortality cost of carbon* von R.D. Bressler (*Nature communications*, 12, 4467 (2021)) wird berechnet, dass je 4400 Tonnen emittiertem CO_2 ein zusätzlicher Todesfall durch Klimaerwärmung zu verzeichnen ist. Mehrere andere Studien (zum Beispiel *Quantifying Global Greenhouse Gas Emissions in Human Deaths to Guide Energy Policy* von J. M. Pearce und R. Parncutt in *Energies* 2023, 16 (16), 6074) kommen sogar zu dem Schluss, dass bereits bei je 1000 Tonnen emittiertem CO_2 ein zusätzlicher Toter zu beklagen ist. Anders gesagt: Wenn es gelingt, 4400 beziehungsweise 1000 Tonnen CO_2-Emissionen zu vermeiden, so retten wir ein Menschenleben. Konkret angewandt auf die Situation in Deutschland, wo noch einige Braunkohlekraftwerke mit einer spezifischen Emission von 1,15 kg CO_2 je produzierter kWh Strom in Betrieb sind, können wir durch Einsatz von Photovoltaik (max. 0,05 kg CO_2/kWh) rund

1,1 kg CO_2 je kWh einsparen. Bisher sind in Deutschland 104 GW_p Photovoltaikleistung installiert (Stand April 2025), die etwa 95 TWh sauberen Strom im Jahr produzieren. Dadurch werden jährlich 104,5 Millionen Tonnen CO_2 vermieden. Bei einer PV-Lebensdauer von 25 Jahren akkumuliert sich dies zu 2612,5 Millionen Tonnen vermiedenes CO_2, wodurch über diesen Zeitraum zwischen 0,6 (nach Bressler) und 2,6 Millionen Menschen (nach Pearce, Parncutt) gerettet werden. Es ist verwunderlich, dass andere Maßnahmen, die statistisch gesehen weniger Menschenleben retten, in Gesellschaft und Politik viel mehr im Vordergrund stehen als die Photovoltaik.

IN DIESEM KAPITEL …

Lebensdauer

Kosten: Groß gegen Klein

Ertragsoptimierung

Steuerung der Anlage

Speicherung

Kapitel 18
Beste finanzielle Performance

Photovoltaikanlagen sind in vielen Fällen inzwischen die günstigste Form der Energieerzeugung. Deswegen bauen viele Länder heute ihre solaren Kapazitäten massiv aus. Meist werden große Freiflächenanlagen installiert, weil die Kosten pro gewonnene kWh hier deutlich niedriger sind als bei Dachanlagen. Aber inzwischen liegen auch die Kosten für den selbst erzeugten Strom aus einer Dachanlage vielerorts unter denen für zugekauften Strom vom Energieversorger.

In diesem Kapitel beleuchten wir den Einfluss der Anlagengröße auf die Kosten der Stromerzeugung und gehen dann auf mögliche Optimierungen bei Verbrauchssteuerung und Speicherung ein.

Die Basis: Langlebigkeit

Wichtigste Voraussetzung für eine kostengünstige Stromerzeugung mit Photovoltaik ist eine lange Lebensdauer der Produkte. Die langlebigste Komponente ist das PV-Modul. Bei einer entsprechenden Zertifizierung (IEC 61215) kann von bei den Modulen von einer Lebensdauer von mindestens 20 bis 30 Jahren ausgegangen werden. Oftmals testen die Hersteller sogar mit über die Norm hinaus verlängerten Testzyklen. Beispielsweise wird häufig eine auf 2000 Stunden verlängerte Dauer des *Damp-Heat-Tests* bei 85 °C und 85 % Luftfeuchtigkeit durchgeführt, sodass es oft Garantiezeiten von 25 bis 30 Jahren gibt – einige Hersteller bieten sogar 40 Jahre Garantie. Bei PV-Modulen unterscheidet man folgende Garantieformen:

1. Die *gesetzliche Gewährleistung:* beträgt zwei Jahre, wie bei allen Elektro- und Elektronikprodukten. Es ist zu beachten, dass die weiteren Garantien über diese gesetzliche

Gewährleistung von zwei Jahren hinausgehen und daher freiwillige Leistungen der Hersteller darstellen.

2. *Produktgarantie:* Diese deckt Material- und Verarbeitungsfehler ab, wird üblicherweise für einen Zeitraum von 5 bis 10 Jahren gewährt (entspricht im Prinzip der gesetzlichen Gewährleistung bei Mängeln – nur länger). Einige Hersteller bieten sogar eine Produktgarantie von 25 Jahren an.

3. *Leistungsgarantie:* Diese bezieht sich auf die Nennleistung der Solarmodule. Typischerweise ist sie wie folgt gestaffelt:

   - 98,5 % der Nennleistung im ersten Jahr
   - 95,0 % der Nennleistung nach 10 Jahren
   - Bis zu 88 % Nennleistung nach 30 Jahren. Einige Hersteller bieten lineare Leistungsgarantien über 30 Jahre mit einem jährlichen Leistungsverlust von 0,5 bis 0,7 % an.

Diese Garantien sind Voraussetzung für eine kosteneffiziente Stromerzeugung. Auch wenn die Kosten der Solarmodule so stark gesunken sind, ist trotzdem unbedingt auf eine hohe Qualität und lange Garantiebedingungen zu achten, um vor Überraschungen gefeit zu sein.

Wir haben an der TU Berlin PV-Module geprüft, die über 33 Jahre keinerlei Wartung erfahren hatten: Der gemessene Leistungsverlust betrug gegenüber dem Fabrikwert nur 7 Prozent. Die jährliche Leistungsabnahme betrug also nur 0,21 %!

Die Größe macht's

Wie bei den meisten Technologien skalieren die spezifischen Kosten auch bei einer Photovoltaikanlage mit deren Größe. Je mehr Leistung eine Solaranlage bietet, umso geringer sind die Kosten je Leistungseinheit. Darum ist die Anlagengröße einer der wichtigsten Kostenfaktoren. Mit zunehmender installierter Leistung sinken die spezifischen Investitionskosten, wodurch die spezifischen Stromgestehungskosten (*Levelized Cost of Electricity, LCOE*) ebenfalls abnehmen. In diesem Abschnitt stellen wir dar, wie sich die Größe einer Solaranlage auf die Stromkosten auswirkt und welche technischen und wirtschaftlichen Effekte dabei eine Rolle spielen.

Die Stromgestehungskosten einer Photovoltaikanlage geben an, wie viel es kostet, eine Kilowattstunde (kWh) Strom über die Lebensdauer der Anlage gemittelt zu erzeugen. Sie berechnen sich vereinfacht aus

$$\text{Stromkosten (in €/kWh)} = \frac{\text{Investitionskosten (in €)} + \text{Betriebskosten (in €)}}{\text{Ertrag während der Lebensdauer (in kWh)}}$$

Der Stromertrag über die Lebenszeit der PV-Anlage spielt eine wichtige Rolle für die Stromgestehungskosten. Deshalb sind die Langlebigkeit und dazu auch die Ausrichtung der Module von entscheidender Bedeutung für die Kosteneffizienz.

Sowohl die Investitionskosten als auch der Ertrag hängen direkt von der Anlagengröße ab.

Mit zunehmender Größe einer Solaranlage treten Skaleneffekte (*Economies of Scale*) auf. Das bedeutet, dass bestimmte Kostenanteile nicht linear mit der Anlagengröße steigen:

- *Planungs- und Installationskosten:* Diese fallen bei kleinen Anlagen pro Kilowatt höher aus, da der Planungsaufwand auf eine kleinere Anlage umgelegt werden muss.
- *Komponentenpreise:* Projektierer von größeren Anlagen können häufig zu günstigeren Stückpreisen einkaufen, insbesondere Module, Wechselrichter und Montagesysteme.
- *Netzanschlusskosten:* Auch diese steigen meist unterproportional mit der Anlagengröße.
- *Installations- und Logistikeffizienz:* Größere Projekte ermöglichen optimierte Bauprozesse und geringere Installationszeiten pro installiertem Kilowatt.

Aus diesen Gründen sinken die spezifischen Investitionskosten mit zunehmender Anlagengröße. Da die Betriebskosten für die meisten Anlagen kaum eine Rolle spielen, können wir sie hier vernachlässigen. Weil größere Anlagen gleichzeitig mehr Energie produzieren, bedeutet ebenfalls sinkende Stromgestehungskosten pro Kilowattstunde bei zunehmender Größe. Typische Werte sind in Tabelle 18.1 dargestellt.

Anlagengröße	Investitionskosten	Jahresertrag	LCOE
5 kW_p	1500 €/kW_p	950 kWh	11–14 ct/kWh
50 kW_p	1100 €/kW_p	950 kWh	7–9 ct/kWh
500 kW_p	800 €/kW_p	1000 kWh	4–6 ct/kWh

Tabelle 18.1: Stromgestehungskosten für typische Werte von Anlagengröße, Investitionskosten und Jahresertrag. Dabei wird für die 500 kW_p-Anlage eine Freiflächenanlage angenommen, bei den beiden anderen Anlagen handelt es sich um eine Dachinstallation. Es wird angenommen, dass die Freiflächenanlage einen höheren Ertrag aufgrund einer günstigeren Ausrichtung erreicht.

In der Tabelle sind die Anlagen mit 5 und 50 kW_p jeweils als Dachanlagen, die 500 kW_p-Anlage als Freiflächenanlage angenommen. Sie zeigt deutlich, dass größere Anlagen geringere spezifische Stromgestehungskosten aufweisen. Inzwischen werden Anlagen im GW-Bereich aufgebaut, die noch einmal wesentlich niedrigere Stromgestehungskosten aufweisen. Obwohl größere Anlagen in der Regel günstigeren Strom produzieren, zeigen sich bei sehr großen Systemen auch gegenläufige Effekte:

- *Erhöhte Netzanschluss- und Flächenkosten:* Bei Freiflächenanlagen können zusätzliche Investitionen in Transformatoren, Kabeltrassen und Netzanschlüsse erforderlich werden.
- *Genehmigungsaufwand:* Größere Projekte unterliegen häufig komplexeren administrativen Verfahren (zum Beispiel Umweltverträglichkeitsprüfung, Bauleitplanung et cetera).

Diese Effekte führen dazu, dass die Skalenvorteile ab einer gewissen Anlagengröße in die Sättigung gehen und die spezifischen Gestehungskosten nicht weiter sinken. Für die Praxis bedeutet dies, dass es eine optimale Anlagengröße gibt, die stets in Abhängigkeit von

Flächenverfügbarkeit, Netzanschlussbedingungen und regulatorischem Rahmen zu bestimmen ist. Es ist deshalb nicht verwunderlich, dass der Anteil an Freiflächenanlagen weltweit dominiert, diese allerdings nicht beliebig größer werden.

Für die Installation großer Anlagen gibt es professionelle Ingenieurbüros und Unternehmen, die die Kosten weiter optimiert haben. Sie übernehmen die Planung, den Einkauf der Komponenten und den Aufbau der Anlage. Dafür hat sich das Kürzel EPC (*Engineering, Procurement, Construction*) eingebürgert. Da große Anlagen meist über Fremdkapital finanziert werden, ist davon auszugehen, dass der Finanzierer (beispielsweise eine Bank oder ein Investmentfonds) Sicherheiten bezüglich der Errichtungskosten und des zukünftigen finanziellen Ertrags haben will. Meist wird dafür ein unabhängiger, externer Dienstleister beauftragt, der alle Einkaufsverträge und die Qualität der Komponenten überprüft: entweder anhand von Normen, beispielsweise der IEC 61215, oder indem er selbst entsprechende Prüfungen durchführt oder diese in Auftrag gibt. Wird der Strom direkt vermarktet, so sind auch die Stromabnahmeverträge zu prüfen. Zudem wird der Finanzierer auch eine Risikobewertung durchführen, die die Wahrscheinlichkeit von Degradation, Diebstahl oder Naturkatastrophen oder den Konkurs von Komponentenherstellern (auch nach der Auslieferung – wegen eventueller Garantiefälle), des EPC oder des Stromabnehmers mit einbezieht. Bei Projekten außerhalb des Euroraums kommt dann noch ein Aufschlag für das Währungsrisiko und etwaige politische Unwägbarkeiten (zum Beispiel abrupter Regierungswechsel, Bürgerkrieg) hinzu.

Durch die professionalisierten und inzwischen standardisierten Methoden von Aufbau und Betrieb großer PV-Freiflächenanlagen können die Projekte sehr kosteneffizient realisiert werden und so in sonnenreichen Regionen Stromgestehungskosten in der Höhe von lediglich 1 bis 2 ct/kWh erreichen.

Wie die Tabelle zeigt, machen aber auch kleinere Anlagen in Deutschland ökonomisch Sinn, da hier die Stromkosten ebenfalls noch unter den Strompreisen der Energieversorger liegen.

Wählen Sie Ihre eigene PV-Anlage so groß wie möglich. Dies senkt per Skalierung die Stromgestehungskosten. Auch können Sie bei der zunehmenden Elektrifizierung Ihres Haushalts durch Elektromobilität und Wärmepumpe immer mehr Geld durch Eigenverbrauch sparen.

In dicht besiedelten Gebieten ist zudem eine Doppelnutzung von Flächen geboten, um den Flächenverbrauch so gering wie möglich zu halten. Jeder Bürger, der die Möglichkeit hat, eine Dachanlage zu installieren, kann erhebliche Kosten im Vergleich zu einem Strombezug vom Energieerzeuger sparen. Vor diesem Hintergrund ist es wichtig, dass es weiterhin möglich ist, kleinere Anlagen zu installieren und zu betreiben.

Ertragsoptimierung

Alles, was den Ertrag einer PV-Anlage erhöht, reduziert die Stromgestehungskosten. Solche Maßnahmen lassen sich in zwei Gruppen aufteilen:

- ✔ Erhöhung der Einstrahlung auf die Modulfläche durch optimale Standort- und Ausrichtungswahl
- ✔ Minimierung systembedingter Verluste durch technische und betriebliche Optimierungen

Aufstellung

Der Standort einer PV-Anlage bestimmt maßgeblich das solare Energieangebot. In Mitteleuropa beträgt die jährliche Globalstrahlung zwischen 950 und 1250 kWh/m^2 – im Wesentlichen abhängig von geografischer Breite, Bewölkung und Aerosolgehalt der Atmosphäre.

Der optimale Neigungswinkel (β_{opt}) maximiert die jährliche Einstrahlung auf die Modulfläche und hängt von der geografischen Breite φ ab. Für Standorte in Deutschland (7–55° nördliche Breite) liegt der optimale Neigungswinkel zwischen 30° und 40°. Für einen hohen Jahresertrag sind die flacheren Winkel zu wählen. Bei Dachanlagen ist jedoch häufig der vorhandene Dachwinkel vorgegeben, wodurch eine exakte Anpassung nur begrenzt möglich ist.

Die ideale Azimutausrichtung ist die Südausrichtung (180°). Abweichungen von bis zu ±30° führen nur zu geringen Ertragseinbußen (<5 %). Ost-West-Ausrichtungen können hingegen den Eigenverbrauch erhöhen, da sie den Ertrag über den Tag verteilen, was insbesondere bei Eigenverbrauchsanlagen von Vorteil ist – viele Menschen sind eher morgens und abends im Haus als mittags.

Technische Optimierungspotenziale

Die Wahl des Modultyps hat direkten Einfluss auf den Ertrag. Monokristalline Module bieten mit Wirkungsgraden von 20–24 % deutlich höhere Flächenerträge als polykristalline (17–19 %) oder Dünnschichtmodule (10–20 %).

Berechnen Sie selbst den Wirkungsgrad Ihrer Module, indem Sie die Nennleistung durch die Fläche der Module teilen. Hat ein Modul etwa eine Leistung von 385 W und die Abmessungen 1,77 m x 1,04 m, so errechnet sich der Modulwirkungsgrad η_{Modul} mit der Formel

$$\eta_{\text{Modul}} = \frac{\text{Modulleistung}}{1000\,\text{W/m}^2 \cdot \text{Länge} \cdot \text{Breite}}$$

zu 20,9 %. Module mit einer weißen Einbettungsfolie haben meist einen etwas höheren Wirkungsgrad.

Zudem weisen Module mit niedrigem Temperaturkoeffizienten bei hohen Umgebungstemperaturen geringere Leistungsverluste auf.

Der Wechselrichter bestimmt die Umwandlungseffizienz des erzeugten Gleichstroms in Wechselstrom. Eine Überdimensionierung der Modulleistung (Wechselrichterleistung

< PV-Leistung) kann sinnvoll sein, da verschiedene Modulstränge eines Systems selten gleichzeitig ihr Leistungsmaximum erreichen.

Teilverschattungen führen zu überproportional hohen Ertragsverlusten, da sie ganze Modulstränge blockieren. Deshalb sollten immer nur Module mit ähnlichen Verschattungsverhältnissen in Reihe geschaltet werden. Bei komplexen Verschattungssituationen können technische Lösungen wie Leistungsoptimierer oder Mikrowechselrichter den Stromfluss jedes einzelnen Moduls individuell regeln und so den Ertrag erhöhen.

Staub, Pollen oder Vogelkot können die Lichtdurchlässigkeit der Moduloberfläche verringern. Regelmäßige Reinigung – insbesondere in landwirtschaftlich genutzten oder staubigen Regionen – kann den Jahresertrag um 2 bis 5 % steigern. Auch regelmäßige Wartung der elektrischen Komponenten (etwa Stecker, Kabel, Sicherungen) trägt zur Minimierung von Ausfallzeiten bei.

Moderne Anlagen verfügen über Ertragsmonitoring-Systeme, die es mithilfe von Apps der Wechselrichterhersteller erlauben, den Ertrag in Echtzeit auf dem eigenen Smartphone zu verfolgen. Eine frühzeitige Fehlererkennung, beispielsweise bei einer auffallend geringen PV-Erzeugung bei bestem Wetter, kann langfristige Ertragsverluste vermeiden und die Anlagenverfügbarkeit erhöhen.

Energiemanagement

Während der physikalische Ertrag einer PV-Anlage durch Einstrahlung und Anlagentechnik bestimmt wird, kann der selbst nutzbare Ertrag, also der Anteil des erzeugten Stromes, der wirtschaftlich verwertet wird, durch gezieltes Energiemanagement deutlich gesteigert werden. Eine typische Solarstrom-Eigenverbrauchsquote liegt zwischen 20 und 30 %. Ein Energiemanagementsystem (EMS) ermöglicht eine intelligente Steuerung von Erzeugung, Verbrauch, Speicherung und Netzeinspeisung mit dem Ziel, Eigenverbrauchsquote und Energieeffizienz zu maximieren. Aktuelle Energiemanagementsysteme fungieren als übergeordnetes Steuerungssystem, das auf Basis gemessener und prognostizierter Daten die Energieflüsse innerhalb eines Gebäudes oder Betriebs optimiert. Zentrale Funktionen eines EMS sind:

- ✔ Erfassung und Analyse von Erzeugungs- und Verbrauchsdaten
- ✔ Prognose von Solarerträgen und Lastprofilen
- ✔ Regelung und Steuerung von Verbrauchern, Speichern und Einspeisung
- ✔ Kommunikation mit externen Systemen (zum Beispiel Smart Grid, E-Mobilität, Tarif - systeme)

Das Ziel der Steuerung besteht nun darin, den erzeugten PV-Strom möglichst effizient zu nutzen und dadurch Netzabhängigkeit und Energiekosten zu reduzieren. Ohne den Einsatz von Batteriespeichern kann man durch Steuerung von zeitlich flexiblen Verbrauchern die Eigenverbrauchsquote auf bis zu 60 % erhöhen. Die Verschiebung von Lasten hin zu Zeiten, in denen die Sonne scheint, hat also einen erheblichen Anteil an der Steigerung der

Wirtschaftlichkeit der Anlage. Dies kann mit einem Energiemanagementsystem erfolgen. Man kann aber, noch günstiger, auch einfach sein Nutzungsverhalten aktiv selbst ändern und beispielsweise die Wäsche bei Sonnenschein waschen und dann auch gleich noch das Elektroauto laden.

Seit 2025 müssen alle Stromanbieter in Deutschland auch zeitabhängige Stromtarife anbieten. Damit wird ein Energiemanagement finanziell noch interessanter, weil dann zusätzlich günstiger Strom aus dem Netz für die Verbraucher genutzt werden kann, die sich entsprechend steuern lassen.

Speicherung

Die Wirtschaftlichkeit von Photovoltaikanlagen hängt nicht nur von ihrer technischen Leistungsfähigkeit ab, sondern inzwischen auch von der zeitlichen Übereinstimmung von Erzeugung und Verbrauch. Da die Einspeisetarife für PV-Anlagen inzwischen meist unter den Strompreisen der Erzeuger liegen, ist es sinnvoll, den Eigenverbrauchsanteil zu erhöhen. Für Verbraucher, deren Last sich nicht verschieben lässt, wie beispielsweise eine Gefriertruhe, kann die bei Ertragsspitzen überschüssige Solarenergie in einer Batterie zwischengespeichert werden. Auch wenn man sein Nutzerverhalten nicht zu sehr ändern möchte, ermöglicht eine Batterie die Nutzung von PV-Strom zu den gewohnten Zeiten.

Steigende Strompreise erhöhen den wirtschaftlichen Nutzen von Batteriespeichern. Sinkende Einspeisevergütungen verstärken diesen Effekt zusätzlich.

Der Einsatz von Batteriespeichern kann den Eigenverbrauchsanteil und damit die wirtschaftliche Nutzung des erzeugten PV-Stroms auf 70 % bis zu 90 % steigern.

In Gewerbe- und Industriebetrieben bestimmen häufig die maximalen Stromentnahmen den Strompreis. Durch Batterien lassen sich diese Lastspitzen senken. Dies reduziert Netzentgelte und verbessert die Wirtschaftlichkeit weiter.

Sollte es in Zukunft auch zeitabhängige Einspeisetarife geben, lassen sich die Speicher zusätzlich nutzen, indem sie Strom zu günstigen Zeiten speichern und erst dann, wenn der Einspeisetarif attraktiv hoch ist, wieder ins Netz einspeisen.

Batteriespeicher können auch durch netzdienlichen Betrieb zur Entlastung des Stromnetzes beitragen, indem sie lokale Einspeise- und Lastspitzen ausgleichen. Dadurch sinkt der Ausbaubedarf des Netzes und der Ausbau kann kosteneffizienter gestaltet werden. Dies eröffnet für Betreiber von Batteriesystemen zusätzliche Einnahmemöglichkeiten durch die Teilnahme an Energiemärkten. Hier müssen allerdings noch viele regulatorische und Marktbedingungen weiterentwickelt werden.

Kosteneffizienz

Früher waren die PV-Module die mit Abstand teuerste Komponente in einem PV-System. Durch den extremen Preisverfall bei PV-Modulen haben mittlerweile die sogenannten *BoS-Kosten* (*Balance-of-System-Costs*), die einen wesentlichen Anteil an den Kosten des Gesamtsystems. Diese Kosten umfassen alle weiteren Komponenten und Dienstleistungen, die notwendig sind, um eine Photovoltaik-Anlage funktionsfähig zu machen und deren Strom in das öffentliche Netz einzuspeisen. Deren Aufschlüsselung nach Kostenanteilen sieht ungefähr so aus:

- ✔ Wechselrichter: etwa 10–20 %
- ✔ Montagesystem (Dach- oder Freiflächenmontage): etwa 20–30 %
- ✔ Verkabelung: etwa 10–15 %
- ✔ Sicherheitseinrichtungen und Monitoring: etwa 5–10 %
- ✔ Planung, Genehmigungen und Netzanschluss: etwa 10–15 %
- ✔ Arbeits- und Installationskosten: etwa 20–30 %

Diese Anteile können je nach Anlagentyp, Standort und Projektgröße variieren. Größere Freiflächenanlagen haben oft geringere Montagekosten pro Leistungseinheit, während Dachanlagen teurere Tragesysteme benötigen. Personalkosten für Installation und Planung sind wiederum stark von der Region abhängig. In Summe machen BoS-Kosten heute oft bis zu 80 % der Gesamtkosten einer PV-Anlage aus. Bei optimaler Planung und optimalem Einkauf können optimierte BoS-Kosten entscheidend zur Reduzierung der Gesamtkosten und Verbesserung der Wirtschaftlichkeit beitragen.

Es macht bei der Anschaffung einer PV-Anlage viel Sinn, sich stärker mit den BoS-Kosten auseinanderzusetzen. Lassen Sie sich Angebote von verschiedenen Anbietern machen. Vergleichen Sie Hersteller, Dienstleister, Preise und Garantien. Erkundigen Sie sich nach Referenzprojekten. Auch glaubwürdige Bewertungen auf Onlineportalen können einen Anhaltspunkt bieten.

Teil VII
Alles wird elektrisch: Fortbewegung, Heizung ...

IN DIESEM TEIL…

- ✔ Lernen Sie ein komplexes Energieflussdiagramm kennen.
- ✔ Beschreiben wir, warum die Elektrifizierung so sinnvoll ist.
- ✔ Erfahren Sie, wie die Elektrifizierung in den verschiedenen Sektoren abläuft.

IN DIESEM KAPITEL …

Primärenergie und ihre Verwendung

Warum Elektrifizierung?

Was ist die Duck-Curve?

Die Residuallast

Kapitel 19
Energie – der Gesamtüberblick

Unsere Energieversorgung befindet sich in einem tiefgreifenden Wandel: Weg von fossilen Primärenergieträgern, hin zu immer stärker elektrifizierten Anwendungen. Um diese Entwicklung zu verstehen, betrachten wir in diesem Kapitel den heutigen Einsatz der Primärenergie in der Bundesrepublik Deutschland, warum die Elektrifizierung so sinnvoll ist und welche Herausforderungen beim Einsatz von Photovoltaik und Windenergie noch bestehen.

Der Primärenergiebedarf und wie wir ihm begegnen

Wir haben schon in Kapitel 2 Fast alles ist Energie Energieflussdiagramme für Wärmekraftmaschinen kennengelernt. Diese werden auch genutzt, um den Energiebedarf von ganzen Volkswirtschaften abzubilden. Abbildung 19.1 zeigt das Energieflussdiagramm der Bundesrepublik Deutschland für das Jahr 2024. Die Einheiten sind in PJ (1 TWh sind 3,6 PJ) angegeben. In der *Sankey*-Darstellung entspricht die Breite eines Pfades der dargestellten Energiemenge. Auf der linken Seite sieht man das gesamte Primärenergieaufkommen in unserem Land, einschließlich der Importe. Daraus wird ersichtlich, dass Deutschland in erheblichem Maße, nämlich zu immer noch über 70 Prozent, von Primärenergieimporten abhängig ist. Diese Importe bestehen vollständig aus fossilen Energieträgern, nämlich Mineralölen, Erdgas und einem kleinen Anteil Steinkohle. Diese Zahlen verdeutlichen die starke Abhängigkeit der bundesrepublikanischen Gesellschaft von externen fossilen Energieträgern. Mineralöle haben mit fast 39 % den größten Anteil am Primärenergiebedarf, gefolgt von Erdgas mit etwa 26 %.

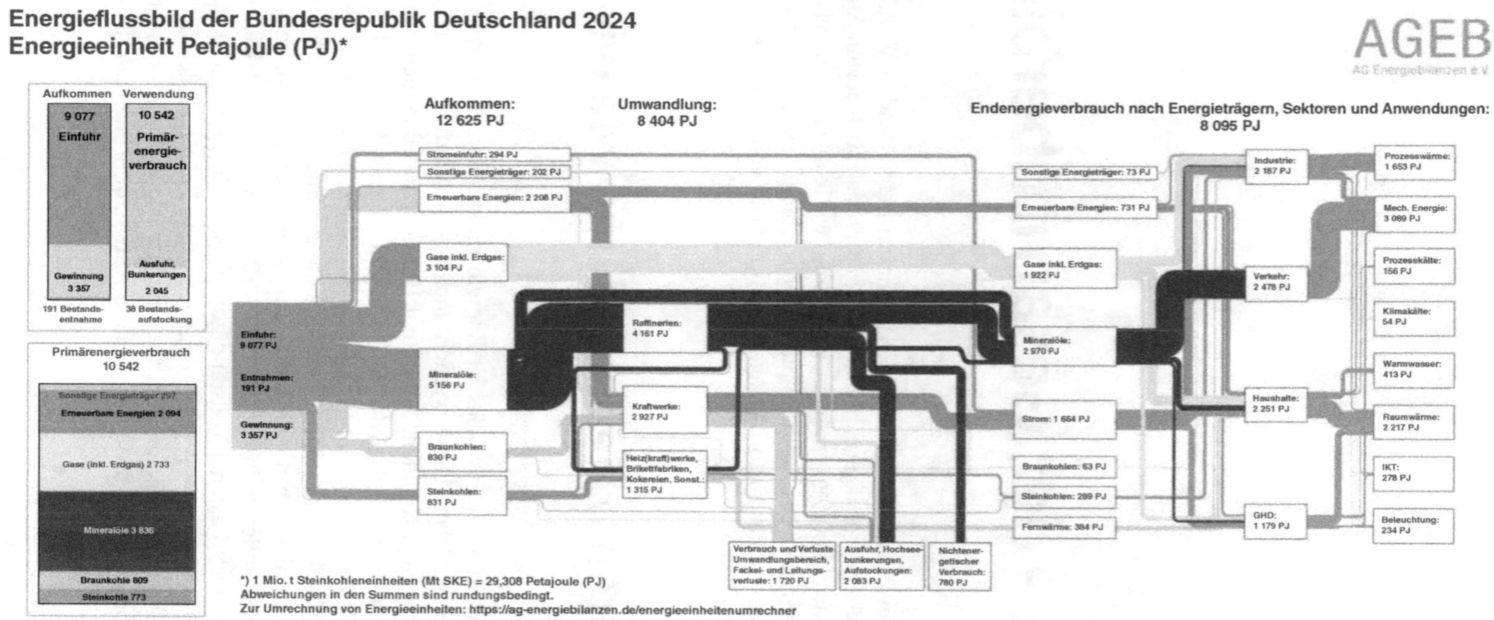

Abbildung 19.1: Energieflussdiagramm Deutschlands im Jahr 2024 (1 TWh = 3,6 PJ). GHD steht für Gewerbe, Handel und Dienstleistungen; IKT steht für Informations- und Kommunikationstechnologie. Quelle: AGEB 2025.

Deutschland erzeugt immerhin 30 Prozent seiner Primärenergie im eigenen Land. Interessanterweise macht Braunkohle nur noch etwa 25 Prozent der Eigenproduktion von Primärenergie aus. Der größte Anteil der inländischen Energieerzeugung stammt mittlerweile mit über 60 Prozent aus erneuerbaren Energien. Insgesamt tragen sie jedoch nur zu knapp 20 Prozent zum Primärenergieaufkommen bei. Auf dem Weg zu einer klimaneutralen Gesellschaft wird dieser Anteil bis 2045 den Großteil unserer Primärenergieversorgung ausmachen. Dadurch wird es gleichzeitig gelingen, die Energieversorgung zu einem weitaus höheren Anteil aus heimischen Quellen sicherzustellen und unsere Unabhängigkeit von Öl- und Gasimporten zu stärken.

Im Zentrum der Grafik werden die unterschiedlichen Umwandlungsarten von Primärenergie und die dabei auftretenden Verluste illustriert. Gas wird dabei kaum in Kraftwerken zu Strom umgewandelt, der Großteil dient der Wärmeerzeugung. Der Stromanteil ist hier so gering, da die Stromerzeugung mit Gas relativ kostspielig ist und daher auf dem Strommarkt nur eingesetzt wird, wenn keine anderen Energiequellen verfügbar sind.

Ein erheblicher Teil des Mineralöls wird in Raffinerien zu Treibstoffen für den Verkehr umgewandelt. Zudem werden etwa 20 Prozent der Mineralöle in der chemischen Industrie als wesentlicher Grundstoff zu nichtenergetischen Produkten verarbeitet, darunter Naphtha, das eine entscheidende Rolle bei der Herstellung von Kunststoffen spielt. Bei Umwandlungen und durch Leckagen gehen mehr als 25 Prozent der Primärenergie verloren. Der größte Verlustanteil entsteht in Kraftwerken, die chemische Energie in elektrische Energie umwandeln, wobei weit über 50 Prozent vor allem als Abwärme verloren gehen. Im Gegensatz dazu haben erneuerbare Energien keine solchen Verluste; sie liefern zu fast 100 Prozent Strom und haben dabei lediglich Leitungsverluste im Prozentbereich.

Der rechte Teil der Grafik zeigt den Endenergieverbrauch in den Bereichen Industrie, Verkehr, Haushalt sowie *Gewerbe, Handel und Dienstleistungen* (GHD). Strom leistet dabei etwa einen Beitrag von 25 Prozent zum Endenergieverbrauch, während er nur einen Anteil von etwa 15 Prozent vom Primärenergiebedarf deckt. In einer zukünftigen Energieversorgung wird der elektrische Anteil an der Primärenergie, aber auch der Nutzenergie erheblich wachsen müssen, um eine klimaneutrale Energieversorgung zu realisieren. Das Verhältnis der Sektoren Industrie : Verkehr : Haushalt : GHD liegt etwa bei 2 : 2 : 2 : 1, sodass es keinen Hauptnutzer der Energie gibt. Die Gesellschaft muss also die Transformation zu einer nachhaltigen, klimaneutralen Energieversorgung als Ganze stemmen.

In dem rechten Teil der Abbildung 19.1 ist die Nutzenergie auch nach der Art der Anwendung, wie etwa Prozesswärme und mechanische Energie, dargestellt. IKT steht dabei für Informations- und Kommunikationstechnologie. Die Anwendungen geben an, wofür die ursprünglich eingesetzte Energie letztendlich genutzt wird. Damit lässt sich dann auch die Frage beantworten, inwieweit Strom, den man bevorzugt aus erneuerbaren Energien gewinnen kann, sich für eine bestimmte Anwendung nutzen lässt. Interessanterweise kann man schon heute die meisten der Anwendungen mit Strom realisieren. Das sind Potenziale, die wir nicht nutzen!

Elektrifizierung

Unter Elektrifizierung versteht man die Umstellung von Technologien, die bisher mit fossilen Brennstoffen betrieben wurden, auf elektrischen Antrieb. Das Ziel ist es, Energie effizienter zu nutzen und den Ausstoß von CO_2 bis auf null zu senken – das bedeutet, auf nachhaltige, erneuerbare Energiequellen wie Wind- oder Solarstrom umzusteigen! Die Elektrifizierung stellt einen Schlüssel für die Energiewende und den Klimaschutz dar.

Mithilfe der erneuerbaren Energien lässt sich der Energieverbrauch der Bevölkerung von den klimaschädlichen CO_2-Emissionen entkoppeln. Denn bei der Stromerzeugung entsteht während des Betriebs kein CO_2, im Gegensatz zur bisher üblichen Verbrennung von fossilen Ressourcen. Zudem kann elektrischer Strom problemlos mit geringen Verlusten in jede andere Energieform umgewandelt werden, etwa in mechanische Energie für alle möglichen Fahrzeuge, für Küchenmaschinen, Aufzüge, Förderbänder, aber auch in Wärme und Kälte sowie in chemische Energie, wie zur Herstellung von Wasserstoff durch Elektrolyse.

In allen Bereichen, in denen Verbrennungsmotoren Verwendung finden, wie etwa bei der Energieerzeugung in Kraftwerken oder im Transportwesen, entstehen unvermeidlich hohe Verluste. Dies resultiert daraus, dass die Effizienz von Verbrennungsmaschinen durch einen theoretischen maximalen Wirkungsgrad begrenzt ist, den Sadi Carnot bereits 1824 ermittelte. Der maximale Wirkungsgrad η_C einer solchen Wärmekraftmaschine, die zwischen zwei Temperaturen arbeitet, wobei T_o die Temperatur der Wärmequelle und T_u die Temperatur der Wärmesenke in Kelvin sind, beträgt:

$$\eta_C = 1 - \frac{T_u}{T_o}$$

Das bedeutet: Je höher die Prozesstemperatur und je niedriger die Außentemperatur sind, desto höher ist der erreichbare Wirkungsgrad. Deswegen streben Ingenieure bei der Konstruktion von Verbrennungsmotoren und -turbinen eine möglichst hohe Verbrennungstemperatur und eine gute Kühlung an. Dem Ganzen sind aber Grenzen durch die thermische Belastbarkeit der Materialien gesetzt. So herrschen in einem Kohlekraftwerk im Mittel etwa 900 Kelvin und das Kühlwasser hat eine Temperatur von 298 Kelvin (25 °C). Daraus errechnet sich dann der maximale Wirkungsgrad in einem Kohlekraftwerk zu

$$\eta_C = 1 - \frac{298\,\mathrm{K}}{900\,\mathrm{K}} = 0{,}669 = 66{,}9\,\%$$

Dieser theoretische Wirkungsgrad ist schon bedeutend niedriger als der Wirkungsgrad, den man mit einem Elektromotor erreichen kann, welcher nicht dem Prinzip einer Wärmekraftmaschine unterliegt.

Der *Carnot-Wirkungsgrad* als theoretische Obergrenze für die Effizienz von Wärmekraftmaschinen ist in der Physik von ähnlich fundamentaler Bedeutung wie der Energieerhaltungssatz. Diese Obergrenze bedeutet nämlich, dass Wärme nicht vollständig in Arbeit umgewandelt werden kann und dass jeder reale Prozess unvermeidbare Verluste verursacht. Bei dem Umwandlungsprozess treten immer Verluste auf. Häufig sind diese Verluste zu spüren. Die Maschine wird warm. Es entsteht neben der gewünschten Nutzenergie auch Energie in Form von (nutzloser) Wärme.

Hinzu kommen bei realen Wärmekraftmaschinen weitere Verluste, die sich nicht vermeiden lassen, wie etwa Reibung oder dass die Prozesse nicht beliebig langsam durchgeführt werden können. Deshalb reduziert sich der reale Wirkungsgrad einer Wärmekraftmaschine meist auf maximal 30 bis 40 Prozent. Allein aus diesen theoretischen Überlegungen heraus ist es sinnvoll, möglichst alle technischen und industriellen Prozesse zu elektrifizieren, sofern es gelingt, effizient genügend Strom zu erzeugen. Glücklicherweise haben wir mit der Photovoltaik und der Windenergie inzwischen sogar erneuerbare Energiequellen, die darüber hinaus noch CO_2-freien Strom liefern.

Betrachtet man also noch einmal die benötigten Nutzenergien auf der rechten Seite von Abbildung 19.1, so ist die zentrale Frage, inwieweit sich diese durch elektrische Energie, und damit maximal effizient, bereitstellen lassen. Bei der Aufteilung in die Sektoren zu den Anwendungen sind in der Grafik keine weiteren Verluste berücksichtigt. Hier wird also die Nutzenergie mit der Endenergie gleichgesetzt. Beispielsweise würde beim Sektor Verkehr alles in mechanische Energie umgesetzt, ohne Wärmeverluste zu berücksichtigen. Solche Verluste muss man aber spätestens dann berücksichtigen, wenn der Prozess zur entsprechenden Anwendung geändert wird, wie es beim Einsatz von Elektromotoren statt Verbrennungsmotoren der Fall ist. Durch den Einsatz von Strom als Energiequelle lassen sich häufig erhebliche versteckte Effizienzpotenziale heben, die schließlich zu einem deutlich reduzierten Primärenergiebedarf führen. Ebenso muss aber in den Szenarien für eine zukünftige Energieversorgung berücksichtigt werden, wie sich die verschiedenen Anwendungen bis 2045 entwickeln werden. Hierbei wird sicherlich der Bereich der Informations- und Kommunikationstechnologie in den nächsten Jahren durch den Einsatz von künstlicher Intelligenz erhebliche zusätzliche Energien benötigen, die aber mit elektrischer und damit potenziell nachhaltiger Energie gedeckt werden können. Der Übergang zu einer nachhaltigen Energieversorgung hat in Deutschland begonnen. Wo die Herausforderungen liegen, ist bekannt. Weil in dem zukünftigen Energiesystem, wie beschrieben, die Energieversorgung mit Strom die bedeutende Rolle spielen wird, sind die Transformation bei der Stromversorgung und der Betrieb der Stromnetze von besonderer Bedeutung.

Tiere in der Energiewende: Die Duck-Curve

Durch die Nutzung von Sonne und Wind unterliegt die Erzeugung der elektrischen Energie zukünftig stärkeren Schwankungen. Die Internationale Energieagentur (IEA) hat den Übergang zu einer Energieversorgung mit erneuerbaren Energien in sechs Phasen unterteilt:

- ✔ Phase 1: Erneuerbare Energien spielen wegen ihrer geringen Menge keine Rolle.
- ✔ Phase 2: Erneuerbare Energien haben geringe Auswirkungen.
- ✔ Phase 3: Erneuerbare Energien bestimmen den Betrieb, lassen sich aber durch die Steuerung anderer Kraftwerke integrieren.
- ✔ Phase 4: Erneuerbare Energien decken zeitweise über 100 % des Bedarfs.

- ✔ Phase 5: Erneuerbare Energien liefern über mehrere Tage erhebliche Überschüsse in der Stromversorgung.
- ✔ Phase 6: Erneuerbare Energien decken einen extrem hohen Anteil des jährlichen Strombedarfs.

Jede Phase bringt neue Herausforderungen mit sich, die gezielte Maßnahmen erfordern, um eine sichere und kosteneffiziente Integration der fluktuierenden erneuerbaren Energien zu ermöglichen. Die Phasen 1 bis 3 haben relativ geringe Auswirkungen, wobei die meisten Herausforderungen durch einfache Modifikationen bestehender Anlagen oder betriebliche Verbesserungen bewältigt werden können. Die Phasen 4 bis 6 kennzeichnen einen zunehmenden Einfluss der erneuerbaren Energien auf den gesamten Netzbetrieb. Dies macht dann einen grundsätzlichen Umbau des Stromnetzes erforderlich. Deutschland hat inzwischen Phase 4 erreicht. Erneuerbare Energien liefern zeitweise über 100 % der benötigten elektrischen Energie. Die zunehmende Einspeisung von Solarstrom beeinflusst den Betrieb des Netzes. Abbildung 19.2 stellt den Strombedarf dar, der nach Abzug der erneuerbaren Energien, hier Solarenergie, im Netz zur Verfügung gestellt werden muss. Dieser Bedarf wird als *Residuallast* bezeichnet.

Die Residuallast bezeichnet in der Energiewirtschaft den Teil der Stromnachfrage, der nach Abzug der Stromproduktion aus fluktuierenden erneuerbaren Energiequellen wie Wind- und Solarenergie übrig bleibt. Das ist also der Restbedarf an Strom, der durch komplementäre Kraftwerke wie Gaskraftwerke und Kohlekraftwerke oder aber Speicherkraftwerke und Batterien gedeckt werden muss. Sie berechnet sich vereinfacht mit der Formel

$$\text{Residuallast} = \text{Gesamtnachfrage} - \text{Einspeisung durch Wind- und Solarenergie}$$

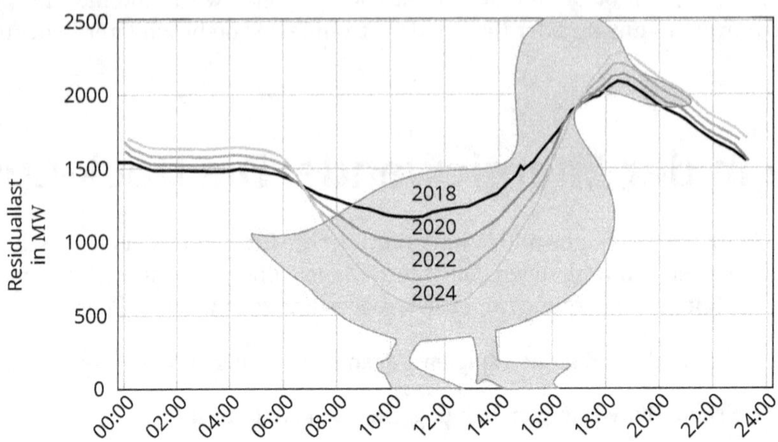

Abbildung 19.2: Mittlere Residuallast über den Tagesverlauf für die Jahre 2018 bis 2024 für eine Region. Durch die mit den Jahren zunehmende Einspeisung von Solarenergie reduziert sich die verbleibende Residuallast um die Mittagszeit. Man spricht auch von der sogenannten *Duck-Curve*.

Je nach Verfügbarkeit von Wind und Sonne schwankt die Residuallast und kann manchmal sogar negativ werden, wenn mehr erneuerbarer Strom erzeugt wird, als gerade verbraucht wird. Das stellt Anforderungen an die Flexibilität des übrigen Energiesystems und die Speicherung oder den Ausgleich durch Netze.

Die Leistung, welche das Netz mittags noch zur Verfügung stellen muss, wird durch die zunehmende Installation von Photovoltaikanlagen reduziert. Je nach Flexibilität und Drosselbarkeit der komplementären konventionellen Kraftwerke kann dies entsprechend angepasst werden – oder auch nicht, wie insbesondere bei sogenannten *Grundlastkraftwerken* (Braunkohle, Kernkraft). Dadurch entsteht dann zeitweise eine Überproduktion, welche zu negativen Strompreisen führt. Abends, bei Sonnenuntergang, bleibt der Bedarf durch den Verbrauch der heimkehrenden Verbraucher aber gleich hoch und kann nicht durch Solarstrom gedeckt werden. Dadurch bildet sich für die Leistung, die das Netz zur Verfügung stellen muss, eine Kurve heraus, die einer Entenform gleicht. Daher der Name *Duck-Curve*. Je größer die eingespeiste solare Leistung, desto stärker bildet sich der Entenbauch aus. Die Grafik zeigt eindrücklich, dass bei zunehmendem Ausbau der erneuerbaren Energien für die Phasen 4 bis 6 Maßnahmen ergriffen werden müssen, die für einen Ausgleich im Netz sorgen. Dies können große Energiespeicher sein, welche die Energie in den Sonnenstunden aufnehmen und in den Abendstunden an die Verbraucher abgeben. Oder es werden Anreize geschaffen, zum Beispiel zeitabhängige Stromtarife, die dafür sorgen, dass vermehrt Strom in den Mittagsstunden verbraucht wird. Alternativ kann der richtige Einsatz von Batteriespeichern, auch in Haushalten, die Einspeisemenge in den Mittagsstunden reduzieren. Durch eine Ausrichtung neuer PV-Anlagen nach Osten und Westen wird morgens und abends mehr Strom erzeugt, dafür mittags weniger, was ebenfalls etwas Abhilfe schafft.

Im deutschen Diskurs wird häufig von einem Abregeln der Solaranlagen oder, im Falle von Windkraftanlagen, vom »aus dem Wind drehen«] gesprochen. Dies stellt auch eine Möglichkeit dar, um die Netze nicht zu überlasten. Es löst aber nicht die grundsätzliche Aufgabe, mehr erneuerbare Energien ins Netz zu integrieren. Die Kosten, wenn ein Kraftwerk der erneuerbaren Energien abgeregelt werden muss, trägt in der Regel der Netzbetreiber. Dem Anlagenbetreiber entsteht ein finanzieller Verlust durch die entgangene Einspeisung. Dieser Verlust wird dem Anlagenbetreiber in Deutschland durch eine Vergütung für die abgeregelte potenzielle Einspeisung finanziell ausgeglichen. Auch kleine Anlagen, mit einer Leistung unter 100 kW_p, können in Zukunft durch den *Smartmeter-Roll-out* vom Netzbetreiber abgeregelt werden. Hier ist dann aber keine Kompensation für den Anlagenbetreiber vorgesehen. Es lohnt sich also, den Strom als Eigennutzer zu gebrauchen.

Sektorkopplung

In Zukunft werden die verschiedenen Sektoren viel stärker miteinander vernetzt sein. Dies ist allgemein als *Sektorkopplung* bekannt. Unter Sektorkopplung versteht man die systemische und systematische Verbindung sowie Optimierung der bislang weitgehend separat betriebenen Sektoren Elektrizität, Wärme/Kälte, Verkehr und Industrie. Das Ziel ist eine ganzheitliche Betrachtung mit dem Ziel, eine insgesamt effiziente und nachhaltige

Energienutzung zu realisieren und zur Reduktion von CO_2-Emissionen und anderen Treibhausgasen beizutragen. Dies wird vor allem durch die Senkung des Verbrauchs fossiler Energieträger durch Elektrifizierung erreicht, einschließlich der Schaffung eines flexiblen und intelligenten Energiesystems. Beispiele sind:

- ✔ *Kraft-Wärme-Kopplung* (KWK): kombinierte Erzeugung von Strom und Wärme in einem System, das verschiedene Sektoren verbindet.
- ✔ *Sektorkopplung in Wärmenetzen*: Solarthermie oder Abwärme aus Industrieprozessen werden in Wärmenetzen genutzt.
- ✔ *Elektromobilität*: Regenerativ erzeugter Strom wird direkt zum Laden von Elektroautos oder zum Betrieb von Bahnen eingesetzt und verbindet somit Strom- und Verkehrssektor.
- ✔ *Power-to-Heat* (P2H): Strom aus erneuerbaren Quellen wird mittels Wärmepumpen oder direkter elektrischer Heizung zur Erzeugung von Wärme genutzt; hier sind zum Beispiel PV-Anlagen mit Speicher und Wärmepumpe im Haushalt klassische Anwendungsfälle.
- ✔ *Power-to-Gas* (P2G): Überschüssiger grüner Strom wird per Elektrolyse in Wasserstoff oder Methan umgewandelt, die dann in anderen Sektoren verwendet werden können.
- ✔ *Nutzung von Biomasse* zur Herstellung von umweltfreundlichem Betriebsgas für Gaskraftwerke und zur Produktion synthetischer Kraftstoffe und nachhaltiger chemischer Grundstoffe für verschiedene Sektoren.
- ✔ *Sektorenübergreifende Steuerung* von Erzeugung, Stromverbrauch und Energiespeicherung (elektrisch und thermisch) durch Smart Grids.

IN DIESEM KAPITEL ...

- Häusliche Energienutzung nach Verbrauchsarten
- Einschätzung des Eigenverbrauchs
- Energiesparen im Haushalt
- Strompreisentwicklung und Preiskomponenten

Kapitel 20
Trautes Heim, Strom allein: Energieverbrauch zu Hause

Der Energieverbrauch der privaten Haushalte macht in Deutschland einen Anteil von knapp 30 % am gesamten Energieverbrauch aus. Diese Energienutzung können auch Sie persönlich beeinflussen. Deshalb tauchen wir im folgenden Kapitel tiefer in die Welt der Energieumwandlung in Privathaushalten ein.

Energieverbrauch daheim

Abbildung 20.1 zeigt den Endenergiebedarf der Haushalte in Deutschland. Daraus wird ersichtlich, dass Heizung und Pkw mit Abstand die größten Energieverbraucher sind. Für diese Anwendungen werden aktuell noch vorwiegend fossile Energieträger wie Kraftstoffe und Gas eingesetzt. Der überwiegende Teil der privaten CO_2-Emissionen entsteht also beim Heizen – ob in Wohn- und Schlafzimmer oder auf der Überholspur.

In dieser Grafik ist im Unterschied zu Abbildung 19.1 auch der Individualverkehr dem Energieverbrauch eines Haushalts zugeordnet. Dies macht deutlich, dass dieser mit 33 % des Endenergieverbrauchs einen erheblichen Anteil an dem gesamten Energieverbrauch eines Haushalts als wirtschaftlicher Einheit hat. Der Einsatz der fossilen Brennstoffe in Verkehr und Heizung ist zudem besonders ineffizient, weil beide Nutzungsformen niedrige Umwandlungswirkungsgrade haben. Auch die Erzeugung von Warmwasser, die etwa 10 Prozent des Endenergiebedarfs eines Haushalts ausmacht, erfolgt überwiegend über fossile Brennstoffe. Der in der Grafik direkt ausgewiesene Anteil an Strom liegt bei nur knapp 10 Prozent. In den privaten Haushalten liegt also ein enormes Potenzial für Effizienzsteigerungen. Durch die zunehmende Elektrifizierung des Pkw-Verkehrs und durch den

Einsatz von Wärmepumpen wird sich der *Strom*anteil eines Haushalts am Gesamtenergiebedarf in den kommenden Jahren deutlich erhöhen. Zusätzlich wird sich aber der *Gesamt*energiebedarf eines Haushalts signifikant verringern, weil sich die Effizienz des Energieverbrauchs durch Wärmepumpe und Elektromobilität wesentlich erhöht.

Der Primärenergieeinsatz für Heizwärme wird sich allein durch den Einsatz von Wärmepumpen um etwa 66 % reduzieren. Ähnliche Potenziale liegen in der Nutzung der Elektromobilität im Vergleich zum Verbrennerauto. Zusätzliche riesige Potenziale ergeben sich durch die Dämmung von Häusern oder den geringeren Energieverbrauch von neugebauten Häusern.

Aus der Aufschlüsselung der häuslichen Energienutzungsarten in Abbildung 20.1 lässt sich ersehen, dass sich alle Nutzungsarten schon heute gut elektrifizieren lassen. Die beiden wichtigsten Transformationen sind der Austausch der fossilen Heizungen durch Wärmepumpen und der Pkws durch Elektroautos.

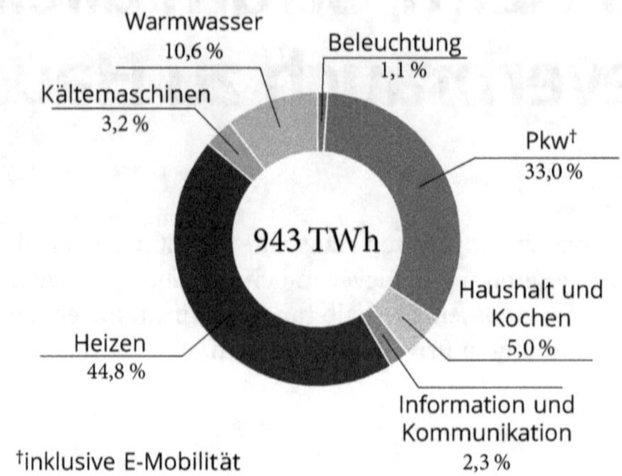

Abbildung 20.1: Gesamtenergieverbrauch aller deutschen Haushalte zusammen im Jahr 2023; Quelle: BDEW 2025.

Stromverbraucher im Haushalt

Aktuell spielt der elektrische Energiebedarf von privaten Haushalten im Gesamtverbrauch eine eher geringe Rolle, doch auch hier lohnt sich ein genauerer Blick. Laut BDEW liegt der mittlere Stromverbrauch eines bundesdeutschen Haushalts im Jahr 2023 bei 2660 kWh, siehe Abbildung 20.2. Im Unterschied zu anderen Energieformen ist Strom im Haushalt die Allzweckwaffe für die unterschiedlichsten Anwendungen. Auffallend ist, dass die Energie für Informations- und Kommunikationstechnik – also TV, Computer, Spielekonsolen, Telefonie, Internet – mit über 27 Prozent inzwischen den Löwenanteil am Stromverbrauch hat.

Gefolgt wird er von Waschen und Trocknen mit gut 13 Prozent und Beleuchtung mit knapp 13 Prozent.

Insbesondere in den Anwendungsfeldern Informations- und Kommunikationstechnik sowie Kühl- und Gefriergeräte gab es deutliche Veränderungen in den letzten 20 Jahren. Der Anteil des Stromverbrauchs für Informations- und Kommunikationstechnik hat sich in diesem Zeitraum mehr als verdoppelt, da sich Gerätevielfalt, Größe und Leistungsfähigkeit, Ausstattungsbestand sowie Nutzungsdauer in den Haushalten stark erhöht haben. Es ist davon auszugehen, dass der Stromverbrauch in diesem Bereich noch weiter steigen wird. Ebenso fällt auf, dass die Beleuchtung einen gehörigen Anteil ausmacht, trotz der Nutzung von energieeffizienter LED-Beleuchtung. In diesen Fällen macht sich der auch auf den anderen Feldern zu beobachtende sogenannte *Rebound*-Effekt bemerkbar: Es wird trotz effizienterer Verbraucher mehr verbraucht, weil die Verbraucher mehr werden, größer ausfallen (TVs, Pkws) oder nicht mehr ausgeschaltet werden (Beleuchtung, Router, Geräte auf Stand-by).

Dagegen hat sich der Stromverbrauchsanteil von Kühl- und Gefriergeräten mit aktuell knapp 11 Prozent im Vergleich zu vor 20 Jahren fast halbiert.

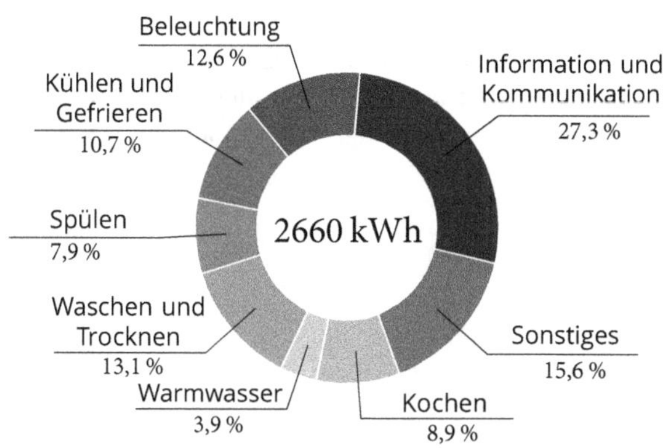

Abbildung 20.2: Durchschnittlicher Stromverbrauch mit Anwendungen eines Privathaushalts 2021 (ohne Haushalte, die mit Strom heizen); Quelle: BDEW 2021.

Das ist vor allem auf effizientere Geräte zurückzuführen. Kühl- und Gefriergeräte waren die erste Gerätegruppe, die in den 1990er Jahren ein Energielabel erhalten hat. Zudem stellt die Ökodesign-Verordnung Mindestanforderungen an die Energieeffizienz, sodass ineffiziente Geräte nicht mehr neu in den europäischen Markt gebracht werden dürfen.

Der eigene Strombedarf

Um den eigenen elektrischen Energiebedarf einzuschätzen, kann man ihn mit vergleichbaren Haushalten vergleichen. Zur Orientierung sind typische Verbrauchsdaten in Tabelle 20.1 dargestellt.

Stromverbrauch pro Jahr	Wohnung	Einfamilienhaus
eine Person	1400 kWh/a	2400 kWh/a
zwei Personen	2200 kWh/a	3100 kWh/a
drei Personen	2700 kWh/a	3800 kWh/a
vier Personen	3200 kWh/a	4500 kWh/a

Tabelle 20.1: Durchschnittlicher elektrischer Energieverbrauch von Wohneinheiten ohne große elektrische Energieverbraucher.

Bei diesen Zahlen ist angenommen, dass die Haushalte weder elektrisch heizen noch elektrisch Warmwasser erzeugen. Dies würde den elektrischen Energieverbrauch erheblich erhöhen. Den elektrischen Energiebedarf in Ihrem eigenen Haushalt entnehmen Sie am einfachsten Ihrer letzten Stromrechnung. Je nachdem, wie Sie im Vergleich zu dem entsprechenden Wert aus Tabelle 20.1 dastehen, können Sie sich als Energiesparer fühlen oder eben nicht.

Ein typischer Tagesverlauf der aufgenommenen Leistung ist in Abbildung 20.3 dargestellt. Nachts zwischen 0:00 Uhr und 7:00 Uhr laufen Gefrierschrank, Kühlschrank und Stand-by-Geräte. Ab 6:00 Uhr werden zusätzliche Verbraucher wie Laptop, Leuchten, Fernseher und Radio genutzt. Die Spitzen der Leistungsnutzung sind auf größere Haushaltsgeräte wie Waschmaschine und Herd zurückzuführen.

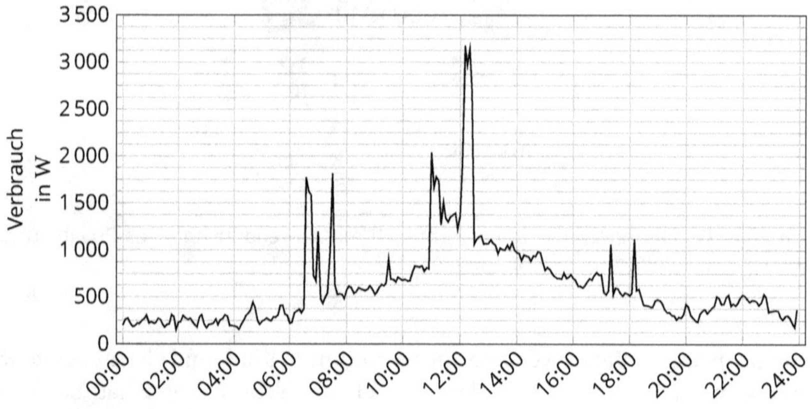

Abbildung 20.3: Typische Leistungskurve im Tagesverlauf des elektrischen Verbrauchs eines Haushalts.

In solch einem »typischen« Haushalt fällt also ein Großteil der elektrischen Energienutzung über den Tag an. Dies hängt aber stark vom individuellen Verhalten der Bewohner ab.

Der elektrische Energiebedarf lässt sich auch über eine Faustformel grob abschätzen. Dafür benötigen Sie Ihre Wohnfläche, die Anzahl der Personen und die Anzahl der Elektrogeräte im Haushalt. Mit diesen Werten lässt sich der jährliche Energieverbrauch E mit der Formel

$$E = (\text{Wohnfl./m}^2 \cdot 9\,\text{kWh}) + (N_{\text{Pers.}} \cdot 200\,\text{kWh}) + (N_{\text{Geräte}} \cdot 200\,\text{kWh})$$

grob abschätzen. Für einen 4-Personen-Haushalt in einer 100 Quadratmeter großen Wohnung mit 8 Elektrogeräten errechnet sich der elektrische Jahresenergiebedarf damit zu 3300 kWh. Diese Berechnung geht davon aus, dass das Warmwasser nicht elektrisch erzeugt wird. Wird das Wasser elektrisch erwärmt, so multipliziert man die Anzahl der Personen nicht mit 200, sondern mit 550 Kilowattstunden.

Verbraucher	elektrische Energienutzung pro Jahr
Küchengeräte, Waschmaschine, Staubsauger	2000 kWh/a
Computer, Internet, Fernsehen	1200 kWh/a
Licht	400 kWh/a
Summe	**3600 kWh/a**

Tabelle 20.2: Beispieljahresverbrauch eines 4-Personen-Haushalts

Eine bessere Methode zur Abschätzung des Energieverbrauchs im Haushalt erhalten Sie, indem Sie den Energieverbrauch Ihrer elektrischen Verbraucher einzeln berechnen. Am einfachsten legen Sie eine Liste für jeden Raum Ihrer Wohnung an. Dazu listen Sie alle elektrischen Verbraucher des Raumes auf. Auf den Geräten ist die maximale elektrische Leistung angegeben. Diesen multiplizieren sie mit der Nutzungsdauer pro Tag. Im Anschluss multiplizieren Sie den Wert mit 365 Tagen, um eine Abschätzung für den Jahresenergieverbrauch zu erhalten. Ein Beispiel für den Energieverbrauch in einem Wohnzimmer finden Sie in Tabelle 20.3.

Verbraucher	Anzahl	Leistung	Nutzung je Tag	Nutzungs-tage im Jahr	Jahres-verbrauch
Lampen	5	20 W	4 h	365	146 kWh
Stereoanlage	1	100 W	1 h	365	36,5 kWh
TV	1	200 W	3 h	365	219 kWh
Router	1	10 W	24 h	365	87 kWh
Summe					**488,5 kWh**

Tabelle 20.3: Abschätzung des elektrischen Energiebedarfs eines Wohnzimmers

Wenn Sie dies für alle Zimmer durchgeführt und die Werte je Zimmer zusammengerechnet haben, erhalten Sie eine erste Abschätzung für Ihren gesamten Jahresenergieverbrauch. Diese Methode enthält viele Unsicherheiten. Manchmal wird es Ihnen schwerfallen, einzuschätzen, wie viele Stunden je Tag ein Verbraucher genutzt wird. Seien Sie mutig und schätzen Sie! Die Leistungsangabe auf den Geräten gibt die maximale Leistungsaufnahme an, sodass Ihre Abschätzung ungenau ist, aber zumindest einen vernünftigen oberen Grenzwert Ihres Jahresenergieverbrauchs ergibt. Sie werden auch feststellen, dass Sie manche Verbraucher überhaupt nicht auf dem Schirm hatten. So werden Sie vermutlich die bisher übersehene Umwälzpumpe Ihrer Heizung entdecken.

Bei vielen Geräten ist der Jahresverbrauch schwer abzuschätzen, weil der Energieverbrauch im Betrieb stark schwankt. Bei einer Waschmaschine wird das Wasser je nachdem, ob Wolle oder Kochwäsche gewaschen wird, auf eine andere Temperatur aufgeheizt. Ebenfalls wird mit unterschiedlichen Drehzahlen geschleudert. Der Energieverbrauch lässt sich nicht einfach abschätzen, indem man die auf der Waschmaschine angegebene Leistung mit der Waschdauer multipliziert. Da auf dem Typenschild eines Geräts aber die maximale Leistung angegeben ist, stellt der so errechnete Wert wiederum eine begründete Obergrenze dar. Im Beispiel einer Waschmaschine mit einer Leistungsaufnahme von 2000 W und einer Waschdauer von 1,5 h errechnet sich der maximale Energieverbrauch zu 3 kWh. Der tatsächliche Energieverbrauch für eine Wäsche liegt aber meist zwischen 0,5 kWh und 1 kWh. Wenn Sie genau wissen möchten, wie hoch der Energieverbrauch Ihrer Geräte tatsächlich ist, so können Sie sich einen einfachen Energiezähler besorgen, der den Energieverbrauch an einer Steckdose ermittelt, siehe Abbildung 20.4.

Abbildung 20.4: Dieses Energiemessgerät ermittelt die Leistung und den elektrischen Energieverbrauch als Zwischenstecker über die Steckdose. Quelle: Robert Poorten - stock.adobe.com

Schließen Sie Geräte, von denen Sie den elektrischen Energieverbrauch genau wissen möchten, über eine gewisse Zeit über das Energiemessgerät an (das Energiemessgerät wird dabei einerseits an den Verbraucher, andererseits an die Steckdose angeschlossen). Meist reicht eine Messdauer von einer Woche. Dies zeigt ihnen den Energieverbrauch über den Zeitraum an. Teilen Sie den Wert durch die Anzahl der Tage, über die Sie gemessen haben, und multiplizieren Sie den Wert mit 365. So können Sie einfach abschätzen, wie hoch der Jahresverbrauch dieses Geräts ist.

Zugegeben, der Aufwand für diese Abschätzungen ist nicht unerheblich und dann auch noch nicht besonders genau. Sie haben sich dafür aber sehr intensiv mit dem elektrischen Energieverbrauch in Ihrem Haushalt beschäftigt und können gut einschätzen, an welchen Stellen Sie in Ihrem Haushalt besonders leicht den elektrischen Energieverbrauch reduzieren können.

Energiesparen

Die weitaus günstigste Art des Stromes ist derjenige, den man überhaupt nicht (ver)braucht. Überlegen Sie anhand Ihrer Liste, wie Sie den elektrischen Energieverbrauch reduzieren können. Dies stellt die technologisch einfachste Möglichkeit dar, einen Beitrag zur Klimarettung zu leisten. Allerdings erfordert dies eine gewisse Verhaltensänderung und eine Sensibilisierung für das Thema.

Energiesparen im IT-Bereich

Es gibt viele Möglichkeiten zur Reduktion des Energieverbrauchs, ohne den Komfort wesentlich einzuschränken:

Über 70 % der Bundesbürger lassen ihre Elektrogeräte im Stand-by-Betrieb laufen. Auch Ladegeräte, die in der Steckdose stecken, an denen aber kein zu ladendes Gerät angeschlossen ist, verbrauchen Strom. So kann man durch einfaches Ausstecken des Netzteils oder Ladegeräts schon Strom sparen. Zusätzlich verringert sich die Brandgefahr bei elektrischen Fehlfunktionen. Ebenso wird das Gerät bei Überspannungen nicht beschädigt. Zwar benötigen die heutigen Ladegeräte viel weniger Leistung als früher, aber es kommen heutzutage viel mehr Ladegeräte zum Einsatz. Dies ist ein weiteres Beispiel für den *Rebound-Effekt*: Man benutzt heute viel mehr Geräte, die zwar einzeln weniger elektrische Energie benötigen, in der Summe aber mehr Energie benötigen.

Weil so viele Geräte so oft im Stand-by stehen, hat die EU in ihrer Ökodesign-Richtlinie von 2008 festgelegt, wie viel Leistung ein Gerät im Stand-by-Modus verbrauchen darf. Durch diese Richtlinie konnte damals die Stand-by-Leistung eines Netzteils beispielsweise von 5 W auf unter 0,5 W gesenkt werden. Die Gesamtheit aller Geräte im Stand-by stellt eine nicht unerhebliche Dauerlast dar – für die elektrische Energie benötigt wird, auch zu Zeiten, wenn der Strom vorwiegend durch fossile Brennstoffe erzeugt wird. Dadurch erhöht sich der CO_2-Ausstoß zusätzlich und belastet das Klima.

Als Beispiel berechnen wir die elektrische Energie, die ein Computer im Stand-by-Betrieb benötigt, und die sich dadurch ergebenden Kosten. Typischerweise verbrauchen die Netzteile von Computer und Bildschirm je 10 W im Stand-by-Betrieb. Von Montag bis Freitag wird der Rechner 8 h benötigt, am Wochenende überhaupt nicht. Den Rest der Zeit werden die Netzteile im Stand-by betrieben.

Daraus lässt sich die verschwendete Stand-by-Energie $W_{\text{Stand-by}}$ in einem Jahr (52 Wochen) abschätzen zu

$$W_{\text{Stand-by}} = 2 \cdot 10\,\text{W} \cdot (16\,\text{h} \cdot 5 + 24\,\text{h} \cdot 2) \cdot 52 = 133{,}12\,\text{kWh}$$

Rechnet man mit einem Strompreis von 30 ct/kWh, so belaufen sich allein die Stand-by-Kosten für einen Rechner auf 39,94 Euro im Jahr. Und dies sind nur die Kosten eines Geräts.

Streamen in hoher Auflösung benötigt ebenfalls extra Energie. Eine Auflösung von 4k ist nur in den seltensten Fällen erforderlich. Für 4k ist die Übertragung der vierfachen Informationsmenge gegenüber Full-HD (1920 Pixel Horizontalauflösung) erforderlich. Da die öffentlich-rechtlichen TV-Sender meist nur mit HD senden (720 Pixel Horizontalauflösung), ist die Einsparung sogar noch höher, wenn man nur HD nutzt – ohne Komforteinschränkung. Im Gegenteil: Die Geräte (Router, Decoder, TV, Festplatte zur Aufzeichnung) werden weniger warm und halten länger. Um einfache TikTok-Videos zu schauen, ist auch nicht immer der 65-Zoll-TV notwendig, zumal die Videos eh nur für das Betrachten auf dem Smartphone konzipiert sind (wenn sie überhaupt konzipiert sind ...), welches weniger als ein Zwanzigstel an Energie verbraucht.

Bitcoin-Mining verbraucht sehr viel Energie: Der Energieaufwand, um auch nur kleine Bitcoin-Beträge neu zu generieren, ist inzwischen gigantisch hoch und wird immer höher. Dies ist sogar gewollt, weil ja die Anzahl der Bitcoins beschränkt ist und es deshalb immer aufwendiger sein muss, einen neuen Bitcoin zu finden. Der Run auf den Bitcoin ist auch deswegen so groß, weil durch eine permanente Überflutung mit Desinformation aus den sozialen Netzwerken gezielt Angst und Unsicherheit geschürt werden und sich viele deswegen in vermeintlich sichere Bitcoins stürzen, die aber in Wirklich keinerlei realen Gegenwert bieten. Überlegen Sie deshalb genau, ob Sie wirklich mit Bitcoins arbeiten wollen.

E-Mail-SPAM: 45 bis 55 Prozent des weltweiten E-Mail-Verkehrs sind nur SPAM, das heißt, dieser Energieverbrauch ließe sich halbieren, wenn geeignete Maßnahmen greifen würden (beispielsweise eine kleine Gebühr je E-Mail). Sie können den Energieverbrauch von Spam-Mails reduzieren, indem Sie unnötige Mails gleich löschen. So verhindern Sie zumindest, dass durch diese Mails unnötige Energie durch deren Speicherung verschwendet wird.

Im Vergleich zum klassischen Brief ist der ökologische Fußabdruck einer E-Mail um den Faktor 60 kleiner. Aber wie viele E-Mails schreiben Sie im Vergleich zu der Anzahl von Briefen, die Sie früher geschrieben haben? Vermutlich mehr als das 60-Fache, nicht wahr? Die Anzahl der heute quer über den Globus versendeten E-Mails ist noch deutlich höher, übersteigt den ökologischen Einspareffekt bei Weitem und wirkt sich damit massiv negativ auf die Umwelt aus. Auch hier schlägt wieder der Rebound-Effekt zu.

Sie können auch die Gebrauchsdauer Ihrer Geräte reduzieren. Dabei sind abschaltbare Mehrfachsteckdosen mit mehreren abschaltbaren Kleinverbrauchern ganz hilfreich. Auch die Reinigung von Belüftungsschlitzen und Lüftern hilft, Energie zu sparen.

Energiesparen im Haushalt

Moderne Haushaltsgeräte verbrauchen oft nur einen Bruchteil der Energie, die Vorgängermodelle zur Zeit unserer Eltern und Großeltern verbraucht haben. Diesem Fortschritt trägt auch das immer strengere *Energielabel* Rechnung. Dessen Energieeffizienzkennzeichnung gibt Verbrauchern klare Informationen über den Energieverbrauch und die Effizienz eines Produkts.

Zunächst wurden *Energieeffizienzklassen* von A bis G eingeführt. Durch immer effizientere Geräte wurde zwischenzeitlich die Skala auf einen Bereich von A+++ bis D angepasst. Der Übersichtlichkeit wegen fängt die Skala jetzt wieder bei – einem neu definierten – A (sehr effizient) an und hört bei G (wenig effizient) auf. Die Einordnung von Geräten in Energieeffizienzklassen erfolgt auf Basis ihres gemessenen oder berechneten Energieverbrauchs im Vergleich zu einem Referenzwert, der regelmäßig an den jeweiligen Stand der Technik angepasst wird. Achten Sie beim Kauf neuer Geräte deshalb auf die jeweils aktuelle Effizienzklasse.

Vermeiden Sie Wärmeerzeugung, denn damit ist immer ein relativ hoher Energieverbrauch verbunden. Wenn, dann sollte die benötigte Wärme möglichst nicht durch einfaches Heizen mit Strom erzeugt werden. Inzwischen gibt es beispielsweise Wäschetrockner, die mit einer Wärmepumpe arbeiten und so erheblich Energie sparen. Auch stellt sich die Frage, ob nicht ein einfacher Wäscheständer dieselbe Aufgabe wie ein elektrischer Wäschetrockner erfüllt und dann auch gleich noch die meist zu trockene Wohnungsluft anfeuchtet. Damit die Trocknung schneller vonstattengeht, gibt es inzwischen auch sich langsam drehende Wäscheständer, die nur sehr wenig elektrische Energie benötigen.

Wasch- und Spülmaschinen mit einem separaten Warmwasseranschluss sind zu bevorzugen, zumindest wenn die Warmwasseraufbereitung im Haus umweltfreundlich vonstattengeht (genau: Wärmepumpe mit eigenem Solarstrom). Moderne Waschmittel reinigen schon bei niedrigen Temperaturen sehr gut, 60 oder gar 90 Grad Waschtemperatur sind nur noch in sehr seltenen Fällen notwendig.

Manche Espressomaschinen haben eine sehr lange Aufheizzeit, weil die Temperaturkonstanz während des Brühvorgangs traditionell durch eine enorme thermische Masse sichergestellt wird, welche vorher natürlich aufgeheizt werden muss. Auch hier gibt es Alternativen, etwa die, die Temperatur durch eine effiziente PID-Regelung während der Brühung konstant zu halten.

Auch das regelmäßige Abtauen von Gefrierschränken, der rechtzeitige Ersatz von spröde gewordenen Kühlschranktürabdichtungen oder das klimabewusste Einstellen von Thermostaten und Nutzungsprofilen senken den Energieverbrauch.

Energiesparen im Verkehr

Die meisten Entfernungen, die man täglich zurücklegen muss, betragen nur wenige Kilometer, die man durchaus mit dem ÖPNV (wenn vorhanden), dem E-Bike oder sogar zu Fuß (das ist das Gesündeste!) zurücklegen kann. Ein Vergleich: Während ein Elektroauto für eine Wegstrecke von 10 km die Energie 1,5 kWh benötigt, sind es bei einem E-Bike nur etwa 0,1 kWh. Die meisten Ärzte empfehlen sowieso, dass man mindestens 10 000 Schritte am Tag (8–9 km) zu Fuß zurücklegen sollte.

Auch stellt sich die Frage, ob das Zurücklegen größerer Entfernungen überhaupt immer notwendig ist: Ist die weit entfernte Shoppingmall tatsächlich so viel günstiger, dass sich Zeit- und Energieaufwand lohnen, um dort hinzufahren? Gäbe es nicht lokale Geschäfte oder Wochenmärkte in der Nähe? Ließe sich ein belangloses Meeting nicht auch über eine Videokonferenz erledigen?

Smarte Lastverschiebung im smarten Haushalt

Am sinnvollsten ist es, den Strom dann zu verbrauchen, wenn er am Strommarkt besonders günstig verfügbar und obendrein mit wenig CO_2-Ausstoß verbunden ist. Das ist beispielsweise mittags bei Sonnenschein der Fall, wenn ein Großteil der Stromversorgung durch die Photovoltaik bereitgestellt wird. Dieses Verhalten würde auch die Ausprägung der *Duck-Curve* in Abbildung 19.2 reduzieren. Hierzu ist aber eine Verhaltensänderung der Nutzer notwendig. Natürlich kann man auch einen Stromspeicher verwenden, um den Verbrauch entsprechend anzupassen, aber wir wollen uns zunächst Abbildung 20.2 anschauen, welche Verbraucher sich auf die Mittagsstunden verlagern lassen.

Beleuchtung lässt sich natürlich nicht verlagern, dieser Anteil macht aber nur knapp 13 Prozent des Stromverbrauchs aus. Bei der Informations- und Kommunikationstechnik, die immerhin für 27 Prozent (Tendenz steigend!) des elektrischen Energieverbrauchs in einem Haushalt verantwortlich ist, bestehen durchaus Möglichkeiten. Man kann im BIOS vieler Laptops (beispielsweise bei DELL) inzwischen Uhrzeiten einprogrammieren, in welchen geladen wird und in welchen Strom aus dem eingebauten Akku genutzt wird. Darüber hinaus ist es sinnvoll, den Ladezustand nicht ständig bei 100 Prozent zu halten, da dies die Lebensdauer eines Lithiumakkus verkürzt. Da das Abspielen von der Festplatte viel weniger Strom verbraucht als das Streamen, könnte man den abendlichen Film schon mittags herunterladen. Auch Rendering und Backup könnten in der Mittagspause realisiert werden.

Bei der thermischen Nutzung des Stromverbrauchs bieten sich sehr einfach nutzbare Potenziale zur zeitlichen Verlagerung des Strombezugs an: Kühl- und Gefrierschränke sind inzwischen so gut isoliert, dass sie tagsüber etwas stärker abgekühlt werden können und dann die gesamte Nacht über unter der Temperaturobergrenze bleiben. Es gibt auf dem Markt inzwischen Kühlschränke, die sogar 72 Stunden ohne aktive Kühlung überbrücken können. Umgekehrt bietet sich für Wärmeprozesse Ähnliches an: Moderne Isolationsbehältnisse schaffen es, erwärmtes Wasser stundenlang auf Temperatur zu halten. Das gilt auch für die Raumwärme und natürlich auch für das Warmwasser. Grob abgeschätzt kann man davon ausgehen, dass sich ca. 70 Prozent des Haushaltsstromverbrauchs netz- und PV-dienlich smart verlagern lassen.

Durch die weitere Elektrifizierung unseres Lebens wird sich dieser Anteil sogar noch deutlich steigern lassen. Die smarte Steuerung der Elektrogeräte im Haushalt kann über vernetzte Systeme erfolgen, die Geräte, Sensoren und zentrale Steuereinheiten miteinander verbinden. Meist kann über eine App oder eine Weboberfläche der Verbrauch über eine Zeitsteuerung oder inzwischen auch KI-optimiert gesteuert werden. Alternativ können die Geräte natürlich auch weiterhin manuell zugeschaltet werden, wenn viel Strom aus erneuerbaren Energien eingespeist wird.

Energiemanagement für netzdienliches Verhalten

Weil die meisten Solaranlagen nach Süden ausgerichtet sind, speisen diese um die Mittagszeit maximal in das Stromnetz ein. Dies war vor 10 Jahren durchaus erwünscht, da um diese Zeit zwar nicht der Maximalverbrauch stattfindet, doch der Verbrauch relativ hoch ist. Inzwischen wurde die Solarstromkapazität stark ausgebaut, sodass an klaren Sommertagen die PV-Erzeugung fast den gesamten Verbrauch im Land abdeckt oder diesen sogar übersteigt, insbesondere in den Sommerferien. Da Einspeisevorrang für regenerative Energien herrscht, müssen alle anderen Kraftwerke ihre Leistung dann sehr stark reduzieren. Dies führt oft zu einer ineffizienten Betriebsweise. Auch sind die Verbrauchsschwerpunkte von Industrie und Ballungszentren nicht dort, wo die meisten großen Solaranlagen stehen (diese stehen eher in ländlichen Gebieten, weil die Flächen dort preiswerter zu bekommen sind). Dies führt zu einer starken Netzbelastung und zu erhöhten Netzkosten.

Eine Möglichkeit, die Netze zu entlasten, wäre der netzdienliche Betrieb von lokalen Speichern in Verbindung mit Solaranlagen: Üblicherweise sind die Speicher morgens relativ leer, sodass diese den Strom des ersten Sonnenlichts nicht in das Stromnetz einspeisen, sondern ausschließlich für das Laden des Speichers nutzen. Gegen Mittag sind viele Akkus von häuslichen PV-Systemen voll, sodass dann in das Stromnetz eingespeist wird. Dies ist das Gegenteil von netzdienlichem Verhalten: Die problematische Differenz zwischen mittags und den Tagesrändern wird dadurch noch verstärkt. Sinnvoll (*netzdienlich*) wäre es, wenn morgens beim ersten Sonnenstrahl die Netzeinspeisung beginnen würde, und das Laden des Akkus erst circa 2 Stunden vor bis circa 2 Stunden nach der Mittagszeit stattfinden würde und danach dann wieder in das Stromnetz eingespeist werden würde, siehe Abbildung 20.5.

Dies ist zum Glück durch eine entsprechende Anpassung der Software des Energiemanagements relativ einfach möglich. Gegebenenfalls braucht man einen etwas größeren Speicher, der die Verbraucher auch noch vormittags bedienen kann. Dadurch würden jedoch die Netzkosten für alle sinken – der Betreiber einer solchen netzdienlichen Anlage sollte deshalb belohnt werden, zum Beispiel durch entsprechende Einspeisetarife: Mittags sehr gering (oder sogar vergütungsfrei), morgens und abends sehr hoch.

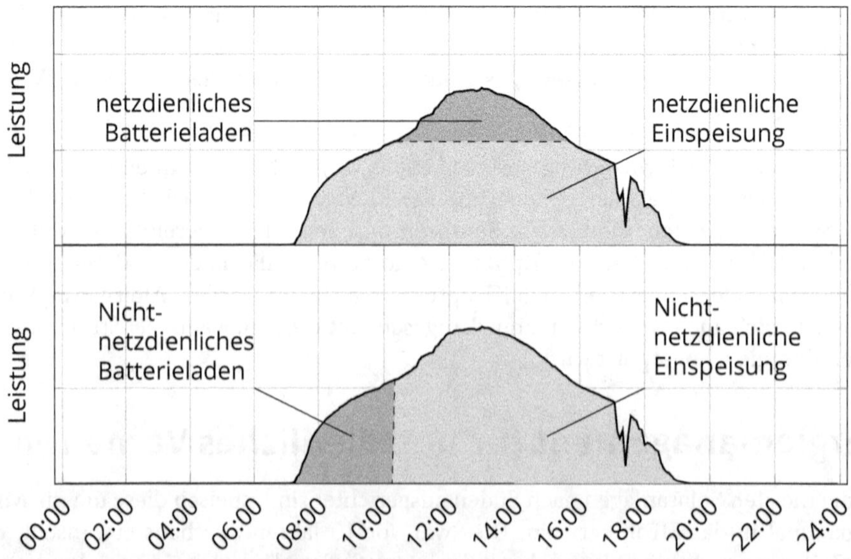

Abbildung 20.5: Nicht-netzdienliche Betriebsweise eines PV-Systems mit Stromspeicher (unten) versus netzdienliche Betriebsweise eines solchen Systems (oben).

Smartmeter als Voraussetzung für die Attraktivität von netzdienlichem Verhalten

Damit sich netzdienliches Verhalten breit durchsetzt und Entnahmen aus dem und Einspeisungen in das Netz zu den richtigen Zeitpunkten erfolgen, muss dies finanziell attraktiv gemacht werden. Glücklicherweise verhält es sich so, dass bei Strommangel die Preise hoch liegen und bei Stromüberschuss die Preise sehr niedrig sind, sodass nur eine 1:1-Abbildung der Preise an der Strombörse (plus dynamischen Netznutzungstarifen) für den Verbraucher beziehungsweise PV-Erzeuger notwendig ist. Dafür wird jedoch ein Smartmeter benötigt, welches eine minutengenaue Abrechnung der aktuellen Strompreise, Einspeisungen und Entnahmen ermöglicht.

Leider hat sich die Einführung (der sogenannte *Roll-out*) von Smartmetern (intelligenten Verbrauchs- und Einspeise-Messsystemen mit Smart-Meter-Gateway und Steuerbox) in Deutschland stark verzögert, unter anderem wegen sehr langer Protokolldiskussionen und hoher Preise. In Diskussion war ein jährlicher Mietpreis von 49 Euro, während die Hardwarekosten eigentlich nur bei circa 20 Euro liegen. Viele europäische Länder haben schon einen Anteil von über 90 % an Smartmetern, während in Deutschland derzeit etwa 2 % der Netzanschlüsse mit Smartmetern ausgerüstet sind, siehe Abbildung 20.6. Inzwischen gibt es aber immerhin einen Fahrplan für den Roll-out für die Smartmeter. Grundlage bildet das vom Gesetzgeber im Mai 2023 verabschiedete Gesetz zum Neustart der Digitalisierung der Energiewende. Danach sollen 95 % der Verbraucher und der Erzeuger, die einen jährlichen Bezug zwischen 6000 und 100 000 kWh haben, bis Ende 2030 mit Smartmetern ausgerüstet sein. Bis Ende 2032 gilt das dann auch für Verbraucher und Erzeuger über jährlich 100 000 kWh.

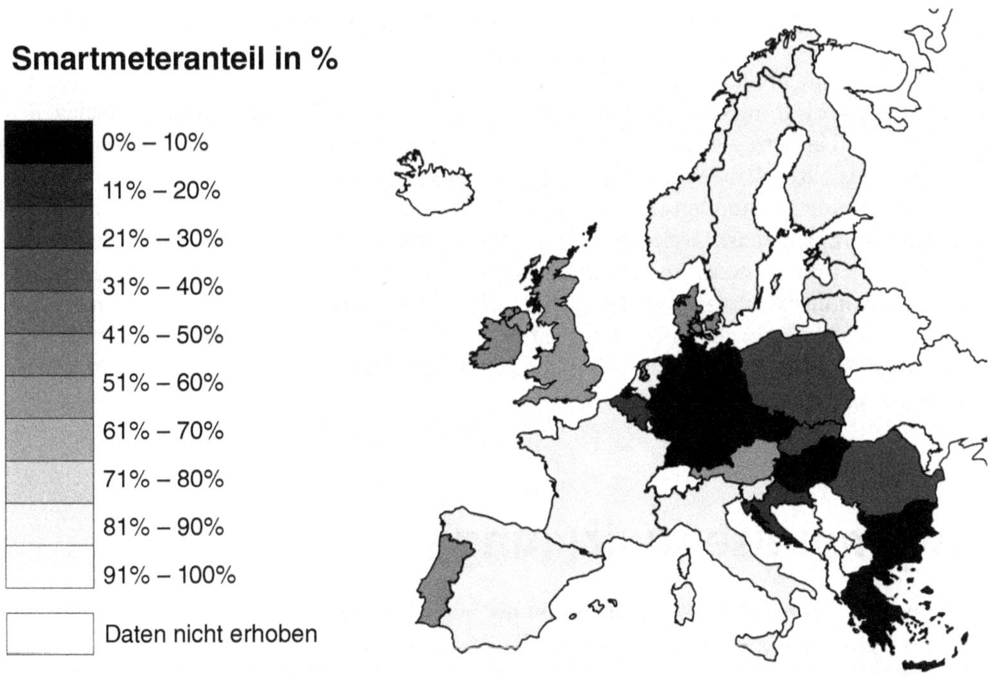

Abbildung 20.6: Relative Verbreitung von Smartmetern in der EU Anfang 2024: Deutschland liegt bei 1 bis 2 Prozent. Quelle: IOT Analytics iot-analytics.com/smart-meter-adoption/

Wie dringend notwendig dies ist beziehungsweise wie weit Deutschland bei der Einführung von Smartmetern in Europa hinten liegt, wird aus Abbildung 20.6 ersichtlich. Während in Frankreich die Netzanschlüsse schon zu über 90 % mit Smartmetern ausgerüstet sind, verfügen in Deutschland lediglich 2 % der Netzanschlüsse über Smartmeter.

Für viele Wohnungen und Haushalte ohne größere Erzeugungsanlagen oder steuerbare Verbraucher oder mit niedrigem Stromverbrauch ist ein Smartmeter nicht kosteneffizient und technisch zu komplex. Um Kleinspeicher und intelligente Verbraucher netzdienlich nutzen zu können, ist eine zeitgenaue Erfassung des Verbrauchs jedoch trotzdem notwendig. Für solche Haushalte wäre eine moderne Messeinrichtung mit vereinfachter Datenkommunikation ohne Rückkanal effizienter und günstiger. Zudem kann damit ein beschleunigter Rollout erreicht werden. BSI und BNetzA sollten daher die Nutzung solcher »Smartmeter Light« für diese Anwendungen zulassen.

Netzentgelte, Steuern und Umlagen sind aktuell nicht transparent verfügbar. Um diese Daten zur netzdienlichen Verwendung von Kleinspeichern nutzen zu können, müssen sie durch die BNetzA zentral, transparent und automatisiert abrufbar sein, um sie für autonomes Energiemanagement nutzen zu können. Wünschenswert wäre auch eine Verpflichtung von Anbietern dynamischer Stromtarife zu einer einheitlichen Schnittstelle, um ihre Angebote für netzdienliche Speicher besser nutzbar zu machen.

Energiemanagement für netzbildendes Verhalten

Nach den bestehenden Regeln wird ein netzeinspeisender Wechselrichter dazu gezwungen, sich sofort vom Netz zu trennen, wenn das Netz ausfällt. Bei größeren Anlagen in bestimmten Ländern gibt es aber FRT, also *Fault-Ride-Through*-Bestimmungen: Auch wenn das Netz ausfällt, soll die Anlage das Netz – zumindest über einen gewissen Zeitraum, etwa 500 ms – weiter nachbilden und einspeisen. Dadurch werden Mini-Stromausfälle sinnvoll überbrückt. Einen Schritt weiter wäre dauerhaft *netzbildendes* Verhalten. Das bedeutet, dass sich das Netz nach einem Ausfall unabhängig selbst wiederaufbaut. Eine Aufgabe, die früher die Grundlastkraftwerke übernommen haben. Die Aufstellung der entsprechenden Vorschriften, *Grid-Codes* genannt, ist zurzeit in vollem Gange und soll auf europäischer Ebene vereinheitlicht werden. Das Energiemanagement der PV-Systeme muss in der Zukunft in der Lage sein, netzbildend zu wirken.

Strompreisentwicklung

Wie aus Abbildung 20.7 ersichtlich, nahm der Strompreis für die Haushalte in Deutschland über die Jahre stetig zu. Betrachtet man die Bestandteile des Stromendpreises, so fällt auf, dass für die Beschaffung und den Vertrieb des Stromes, also die eigentliche Erzeugung, weniger als die Hälfte der Kosten anfällt. Die Beschaffung und der Vertrieb sind erst ab dem Jahr 2022 deutlich von etwa 9 ct/kWh auf über 20 ct/kWh gestiegen.

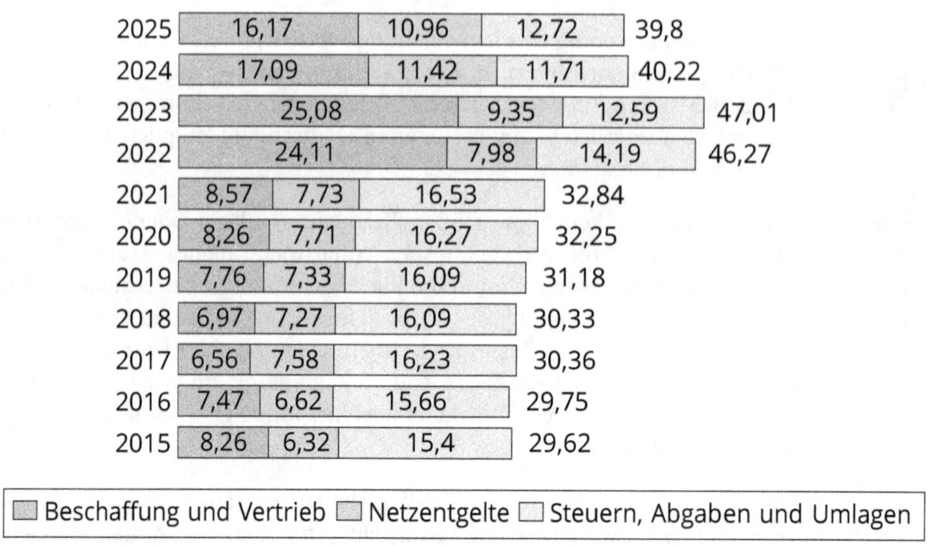

Abbildung 20.7: Durchschnittlicher Strompreis und seine Komponenten für einen deutschen Haushalt in ct/kWh in den Jahren 2015 bis 2025, Jahresverbrauch 3500 kWh. Der Grundpreis ist anteilig enthalten. Quelle: BDEW 2025; Stand: 3/2025.

Dies ist auf die deutlich höheren Beschaffungskosten von Erdgas infolge des russischen Angriffskriegs auf die Ukraine zurückzuführen und nicht auf den Ausbau der erneuerbaren Energien.

Die Strompreise in Deutschland sind nicht durch die erneuerbaren Energien so hoch, sondern weil der Betrieb der Gaskraftwerke zu hohen Kosten führt. Ohne erneuerbare Energien wären die Kosten noch höher, weil wir häufiger Gaskraftwerke am Stromnetz hätten.

Stromabnahmepreise für Solaranlagen werden inzwischen in jedem Fall mit weniger als 9 ct/kWh vergütet, für große Anlagen mit lediglich etwa 5 ct/kWh, sodass ein Ausbau der Solarenergie den Beschaffungs- und Vertriebspreis weiter reduzieren wird. Bei einem Ausbau der erneuerbaren Energien werden die Kosten für Beschaffung und Vertrieb also deutlich sinken, da die Stromerzeugung aus Photovoltaik und Windanlagen inzwischen die günstigste Form der Energieerzeugung ist. Selbst die Abschaffung der EEG-Umlage im Juli 2022, die sich in der Abnahme der Kosten für Steuern, Abgaben und Umlagen zeigt, reichte nicht aus, um den Anstieg der Großhandelspreise auszugleichen. Der Posten Steuern, Abgaben und Umlagen hat seitdem nur noch durch eine Abgabe für eine Offshore-Netzumlage mit dem Ausbau der erneuerbaren Energien zu tun. Dieser Anteil liegt mit etwa 0,8 ct/kWh nur bei weniger als 8 Prozent der gesamten Steuern, Abgaben und Umlagekosten. Auch in diesem Fall spielt also der Ausbau der erneuerbaren Energien keine nennenswerte Rolle beim Anstieg der Strompreise. Den größten Anteil haben bei dieser Kostenart Stromsteuer und Mehrwertsteuer.

Die Netzentgelte fassen die Kosten für Stromtransport, Netzinfrastruktur, Messstellenbetrieb und Abrechnung zusammen und haben inzwischen einen Anteil von knapp 30 Prozent an den Gesamtkosten erreicht. Die Kosten für diesen Anteil werden in den kommenden Jahren steigen. Dies liegt zum einen daran, dass ein Großteil der Energieversorgung auf eine strombasierte Energie umgestellt wird. Dadurch muss das Netz, welches heute etwa 600 TWh elektrische Energie trägt, in Zukunft nach Studien des ISE auf bis zu 1500 TWh ausgelegt sein. Zusätzlich muss das Stromnetz für einen deutlich höheren Anteil an schwankendem Strom ausgelegt werden.

Wie hoch die Kosten für den Netzausbau sind, wird heiß diskutiert und ist stark umstritten, die Schätzungen liegen zwischen 200 und 800 Mrd. Euro. Diese Summen klingen gewaltig. Rechnet man aber mit einer Nutzungsdauer von 40 Jahren für das Netz, einem mittleren Kosten-Szenario von 500 Mrd. Euro und einem jährlichen Strombedarf von 1000 TWh, so errechnen sich hierfür nur ein Aufschlag von lediglich 1,25 ct/kWh. Diese Kosten erscheinen dann doch nicht so gigantisch und sind sogar gering im Vergleich zu den Strompreissteigerungen im Jahr 2022, der durch den kriegsbedingten Anstieg der Gaspreise verursacht wurden. Natürlich ist das nur eine Überschlagsrechnung und wir müssten noch weitere Kosten, wie etwa die Finanzierung, berücksichtigen. Andererseits ist aber zu berücksichtigen, dass andere jährliche Kosten entfallen werden, wie die Kosten für die Gasnetze. Zusätzlich erreichen wir eine bessere Vorhersagbarkeit der Preise und eine höhere Unabhängigkeit.

Netzentgelte sowie Steuern, Abgaben und Umlagen machen zusammen also einen Anteil von deutlich über 50 Prozent der Gesamtkosten aus. In anderen Ländern ist dieser Anteil geringer, beziehungsweise wird teilweise auch heruntersubventioniert. Auffällig ist auch, dass der Haushaltsstromendpreis in Deutschland an der Spitze in der EU liegt, der Industriestrom jedoch mit etwa 18 ct/kWh eher im Mittelfeld. Das Klagen über den hohen Industriestrompreis ist also eher unberechtigt. Nichtsdestotrotz wird in politischen Reden zwischen dem Industrie- und Haushaltsstrompreis nicht unterschieden, um gegen die erneuerbaren Energien zu argumentieren, die selbst kaum für den aktuellen Preisanstieg verantwortlich sind.

Ein weiteres Gegenbeispiel sind die Stromkosten in Ungarn: Das Land hat mit 25 % den höchsten Solarstromanteil in der Stromversorgung in der EU. Gleichzeitig hat es mit 10,9 Cent je kWh den niedrigsten Haushaltsstromendpreis der EU. In Deutschland wird auf steigende Netzentgelte durch die erneuerbaren Energien hingewiesen, weil das Netz durch die erneuerbaren Energien höhere Leistungen transportieren muss. Sicher müssen die Netze ausgebaut werden, dies hat aber auch zu einem großen Teil mit der Elektrifizierung möglichst aller Sektoren, insbesondere Elektromobilität und Heizung, zu tun. Eine weitere Möglichkeit, die Netzausbaukosten zu reduzieren, wäre die Einführung zeitabhängiger Stromtarife. Dadurch kann eine gleichmäßigere Auslastung des Stromnetzes erreicht werden, was die Netzausbaukosten senkt, weil die Spitzenlasten reduziert werden. Verschiedene Stromanbieter bieten inzwischen zeitabhängige Stromtarife an. Ist viel Strom im Netz, werden zeitflexible Verbraucher zu diesen Zeiten betrieben. Dadurch regeln Angebot und Nachfrage die Nutzung der Netze. Dieser Effekt ließe sich noch verstärken, wenn auch die Netzentgelte zeitabhängig gemacht würden.

IN DIESEM KAPITEL …

Energiearten im Verkehr und Treibhausgasausstoß

Energieflussdiagramm: Verbrenner versus Elektrofahrzeuge

Elektrifizierung des Verkehrssektors

Kapitel 21
Verkehr

Der Verkehrssektor macht mit rund 22 Prozent einen erheblichen Anteil der deutschen Treibhausgasemissionen aus. Leider ist der Verkehr der Sektor, bei welchem die geringsten Erfolge beim Klimaschutz zu verzeichnen sind. Von 1990 bis 2023 konnte nur eine Reduktion der Treibhausgasemission von 10,9 Prozent erreicht werden. Im Vergleich dazu erreichte die Energiewirtschaft im selben Zeitraum eine Reduktion um 56,7 Prozent, siehe Abbildung 21.1. Die notwendigen Anstrengungen, die in diesem Bereich zu erzielen sind, sind demzufolge noch groß. Zu Beginn der 1990er Jahre gab es keine marktreifen Alternativen zum Verbrennungsmotor, heute dagegen stehen sogar mehrere Möglichkeiten kommerziell zur Verfügung. Eigentlich ist es erstaunlich, dass wir bei der Antriebswende noch nicht viel weiter sind.

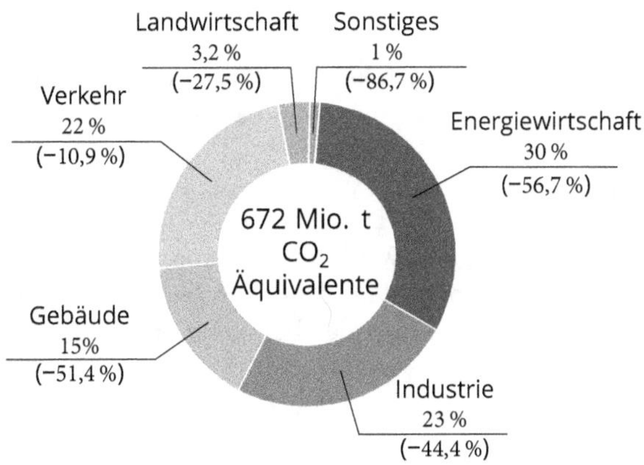

Abbildung 21.1: Anteile der Treibhausgasemissionen in Deutschland im Jahr 2023 (Einteilung entsprechend Klimaschutzgesetz, internationaler Verkehr wurde nicht berücksichtigt). In Klammern steht die Reduktion der Treibhausgase in den verschiedenen Sektoren von 2023 im Vergleich zu 1990. Quelle: Umweltbundesamt 2024.

Antriebsarten im Verkehr

Im Folgenden beschreiben und vergleichen wir die unterschiedlichen Antriebstechnologien. Dabei beginnen wir mit den heute noch weit verbreiteten Verbrennermotoren und wenden uns dann den möglichen zukünftigen Antriebstechnologien zu.

Verbrennungsmotor

Verbrennungsmotoren wie Otto-, Diesel-, Gas- oder Wankelmotoren sind Wärmekraftmaschinen, die ihre Bewegungsenergie durch die Verbrennung von Gasen gewinnen. Der maximale Wirkungsgrad dieser Motoren wird durch den Carnot-Wirkungsgrad begrenzt, den wir bereits in Kapitel 19 im Abschnitt Elektrifizierung kennengelernt haben. Verschiedene Arten von Verlusten verringern die Effizienz, sodass moderne Motoren nur einen Wirkungsgrad von etwa 35 Prozent erreichen, während die restliche Primärenergie als Abwärme verloren geht. Eine höhere Abgastemperatur führt zu einem niedrigeren Wirkungsgrad. Insbesondere bei Antriebsmotoren ist der Wirkungsgrad gering, da das Abgas eine relativ hohe Temperatur hat. Aufgrund des niedrigen Wirkungsgrads stoßen Verbrennungsmotoren auch besonders viel CO_2 aus.

Im Folgenden berechnen wir, wie viel CO_2 von einem Pkw ausgestoßen wird, mit dem man im Jahr 20 000 km fährt: Ein Auto benötigt auf 100 km etwa 7 Liter Kraftstoff, welcher im Wesentlichen aus Oktan, C_8H_{18}, besteht. Dieses verbrennt mit Sauerstoff zu Kohlenstoffdioxid und Wasser:

$$2\,C_8H_{18} + 25\,O_2 \longrightarrow 16\,CO_2 + 18\,H_2O$$

Aus 2 mol Oktan entstehen demnach 16 mol Kohlenstoffdioxid. Die molare Masse von Oktan beträgt 114 g/mol und die Dichte ist 700 g/l. Deshalb werden 7 Liter = 43 mol Oktan zu 344 mol CO_2 (und 387 mol H_2O) verbrannt. Weil Kohlenstoffdioxid eine molare Masse von 44 g/mol hat, entsteht 15 kg CO_2/100 km. Bei moderaten 20 000 km pro Jahr stößt also ein Auto schon 3 Tonnen CO_2 aus!

Elektromotor

Ein Elektromotor unterliegt nicht den Wirkungsgradlimits eines Carnotschen Kreisprozesses, denn er ist keine Wärmekraftmaschine, die durch zwei Temperaturreservoirs angetrieben wird. In ihm wird die elektrische Energie über induzierte Magnetfelder in mechanische Bewegung umgesetzt.

Ein Elektromotor besitzt grundsätzlich einen rotierenden Part, den Rotor, und einen festen, den Stator. In beiden sind Magnete verbaut, die grundsätzlich Dauer- oder Elektromagnete sein können. Der Vorteil bei Letzteren: Sie lassen sich schalten und insbesondere umpolen, was bei Dauermagneten, wie der Name schon sagt, nicht möglich ist. Ein einfaches Beispiel eines Elektromotors hat Dauermagnete am Rotor und darum kreisförmig angeordnete Elektromagnete als Stator. In denen bewirken phasenversetzte Wechselströme ein sich drehendes Magnetfeld, welches die Rotor-Magnete mit sich zieht und so den Rotor und die damit verbundene Motorachse in Drehung versetzt. Das Schöne daran ist, dass der Aufbau auch umgekehrt funktioniert – wenn man die Motorachse von außen dreht, entstehen in den Elektromagneten des Stators Wechselströme: So arbeitet ein Generator.

Je nachdem, ob das rotierende Magnetfeld bei einem Elektromotor im Takt oder versetzt mit dem Rotor läuft, spricht man von einer Synchron- beziehungsweise Asynchronmaschine. Wenn auf dem Rotor kein Dauer-, sondern ebenfalls ein Elektromagnet sitzt, wird dieser über sogenannte Schleifkontakte mit Strom versorgt. Ein weiteres Unterscheidungsmerkmal von Elektromotoren (und Generatoren) ist die Zahl von paarweise angeordneten Magneten, den Polpaaren, welche das Drehfeld hervorrufen. Je mehr Polpaare, desto runder läuft die Maschine und desto höhere Leistungen kann sie auf die Straße (oder wo immer der Motor eingesetzt wird) bringen. Natürlich ist eine Maschine mit vielen Polpaaren komplizierter zu bauen als eine mit wenigen, aber auch aufwendige Elektromotoren sind wesentlich einfacher konstruiert als Verbrennermotoren.

Ein Elektromotor ist wesentlich einfacher aufgebaut als ein Verbrennermotor. Während ein Elektromotor mit 150 Bauteilen auskommt, sind es bei einem Verbrennermotor über 2500 Teile. Und es kommt noch besser: Elektromotoren liefern das maximale Drehmoment sofort ab der ersten Umdrehung, was eine schnelle und ruckfreie Beschleunigung ermöglicht. Verbrennungsmotoren erreichen dagegen ihr maximales Drehmoment nur in einem relativ eng umgrenzten Drehzahlbereich. Deshalb benötigen sie auch ein Getriebe. Elektromotoren sind im Gegensatz dazu »Automatic by Nature«. Es ist also bei Weitem nicht nur der wesentlich höhere Wirkungsgrad, der einen Elektroantrieb attraktiv macht!

In modernen Elektroantrieben wird das Drehfeld durch sogenannte Frequenzumrichter laufend den Erfordernissen angepasst. Dabei ergibt sich insbesondere die Möglichkeit, während der Fahrt vom Motorbetrieb auf Generatorbetrieb zu wechseln, um die Batterie – nach Gleichrichtung der erzeugten Wechselspannung – zu laden. Man spricht hier von *Rekuperation*. Elektromotoren können einen Wirkungsgrad von über 95 Prozent erreichen. Zudem reduziert die Rekuperation den Nettoenergieverbrauch weiter, insbesondere beim Stop-and-go-Verkehr. Dies ist beim Verbrenner physikalisch unmöglich. Übliche Mittelklasse-Elektrofahrzeuge haben einen Verbrauch im Mischbetrieb von 17–20 kWh je 100 km, während der Verbrauch von Verbrennerfahrzeugen eher bei 50 bis 70 kWh liegt (10 kWh entsprechen dem Brennwert von etwa 1 Liter Kraftstoff).

Im Folgenden soll der jährliche CO_2-Ausstoß eines Elektroautos abgeschätzt werden, wenn es 20 000 km gefahren wird. Ein typisches, nicht zu großes Elektroauto hat einen Verbrauch von 17 kWh/100 km. Wird das Auto mit dem Strom aus dem deutschen Stromnetz geladen, so liegt der CO_2-Ausstoß im Strommix in Deutschland im Jahr 2024 bei etwa 363 g/kWh. Für die 20 000 km werden 3400 kWh an elektrischer Energie benötigt. Dies entspricht dann einem Ausstoß von 1,2 Tonnen CO_2 pro Jahr. Dies ist fast ein Drittel des Ausstoßes eines Verbrennermotors, selbst mit »schmutzigem« Strom aus dem deutschen Stromnetz. Nutzt man den selbst erzeugten Strom aus der eigenen PV-Anlage, so ist der Effekt natürlich noch viel größer.

Vergleich der verschiedenen Antriebsarten

Nachdem wir im letzten Abschnitt die Unterschiede und Vorteile eines Elektroantriebs gegenüber einem Verbrennerauto beschrieben haben, soll der Elektromotor in diesem Abschnitt mit anderen auf dem Markt befindlichen Antriebstechnologien verglichen werden. Die Verluste und Wirkungsgrade der verschiedenen Antriebsarten sind in Abbildung 21.2 dargestellt.

Bei einem Elektroauto ergibt sich demnach ein Gesamtwirkungsgrad von 73 %. Dies liegt vor allem daran, dass der Elektromotor elektrische Energie sehr effizient in Bewegungsenergie umsetzt. Zudem wird die Fahrzeuggeschwindigkeit nicht wie bei Verbrennerfahrzeugen durch Scheibenbremsen reduziert, welche die Bewegungsenergie in Wärme und mechanischen Abrieb umsetzen, sondern durch Rekuperation, der Elektromotor wirkt als Generator und gewinnt die Bewegungsenergie mit geringen Verlusten als elektrische Energie zurück, die dann in den Akku nachgeladen wird.

Die Verlustenergie eines Elektromotors liegt nur bei circa 10 Prozent. Deshalb ist der Wirkungsgrad eines Elektroautos insgesamt so hoch.

Bei einem Pkw mit Wasserstoffantrieb muss der elektrische Strom aus Solar- oder Windkraftwerken zunächst einmal durch Elektrolyse in Wasserstoff umgewandelt werden und dann im Fahrzeug mittels einer Brennstoffzelle in Strom zurückgewandelt werden. Diese zwei zusätzlichen Umwandlungen führen dazu, dass der Gesamtwirkungsgrad eines Wasserstoffautos bei gerade einmal etwa 22 Prozent liegt. Damit ist der Wirkungsgrad des Wasserstoffautos deutlich niedriger als der eines Elektroautos und liegt im Bereich eines Verbrennerautos oder sogar darunter.

Der Einsatz von Autos mit E-Fuels ist noch ineffizienter, wie die Abbildung 21.2 zeigt. Neben der Umwandlung von Strom in E-Fuel muss das emittierte CO_2 energieintensiv abgeschieden werden, und die Umwandlung der chemischen Energie in Bewegung erfolgt wieder mit einem Verbrennungsmotor mit einem Wirkungsgrad von circa 30 Prozent. Der Gesamtwirkungsgrad eines Autos mit E-Fuels liegt damit bei etwa 13 Prozent und damit noch einmal deutlich unter dem Gesamtwirkungsgrad eines mit Benzin oder Diesel betankten Verbrennerautos.

Dieser Vergleich zeigt, dass der Elektroantrieb mit großem Abstand der effizienteste Antrieb für die Fortbewegung ist.

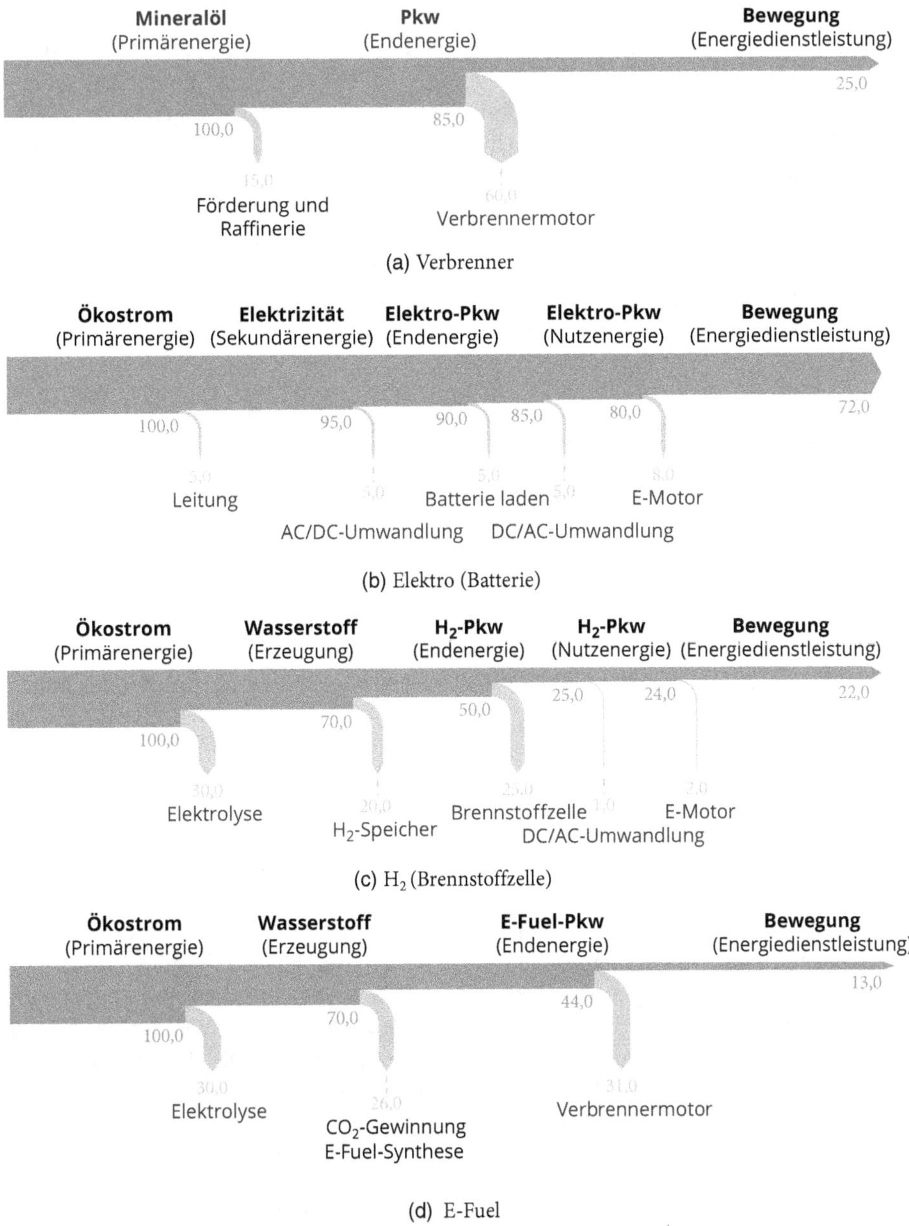

Abbildung 21.2: Vergleich der Verluste und Gesamtwirkungsgrade im Verkehr zwischen batterieelektrischen, mit Wasserstoff oder mit E-Fuels betriebenen Fahrzeugen; Quelle: nach VCÖ Wien 2017.

Automobil

Eigentlich ist die effizienteste Art der Elektromobilität die Bahn: Auf Eisenschienen rollende Eisenräder haben minimale Reibungsverluste, für hunderte Passagiere gibt es nur eine einzige Frontfläche, die den Luftwiderstand überwinden muss, und Rekuperation gibt es dort bereits seit 100 Jahren. Dennoch ist in Deutschland der Individualverkehr mit dem eigenen Automobil dominant, da viele ländliche Regionen schlecht an den öffentlichen Nahverkehr angebunden sind. Zudem spielt politische Einflussnahme eine große Rolle: Deutschland ist das einzige Land der Welt ohne allgemeines Tempolimit. Als Dienstwagen angemeldet, bieten Autos enorme steuerliche Vorteile, selbst wenn sie (teilweise) privat genutzt werden. Auf Druck der Autolobby wird wesentlich mehr Geld in Straßeninfrastruktur gesteckt als in die Schiene (beispielsweise gibt die Schweiz je Einwohner fast das Fünffache für die Bahn aus wie Deutschland). Bei manchen Menschen ist das Automobil bei uns zudem noch ein (im Wortsinn!) gewichtiges Freiheits- und Statussymbol. Bei diesen Aspekten spielt es allerdings keine Rolle, ob es sich um ein Elektro- oder Verbrennerfahrzeug handelt – bis auf die Ladeinfrastruktur und Klimaverträglichkeit.

Ladeinfrastruktur

Deutschland verfolgt einen ambitionierten Ausbauplan für die Ladeinfrastruktur von Elektroautos. Bis 2030 sollen eine Million Ladepunkte bundesweit entstehen, um Elektromobilität massentauglich zu machen. Der aktuelle Stand liegt laut Bundesnetzagentur mit Stichtag Juli 2025 bei 131.373 Normalladepunkten und 40.777 Schnellladepunkten – insgesamt also rund 172.000 öffentliche Ladepunkte. Damit ist Deutschland in Europa das Land mit den zweitmeisten Ladestationen. Erstaunlicherweise haben die Niederlande die meisten Ladepunkte in Europa, obwohl sie nur 21,5 Prozent der Einwohnerzahl Deutschlands haben.

Leider wurde aber bei der bisherigen Planung, Auslegung und Realisierung der Ladeinfrastruktur weder ein PV- noch ein netzdienlicher Betrieb unterstützt. Das fängt bei den Fahrzeugen beziehungsweise deren Ladeoptionen an: Obwohl es schon Millionen PV-Hausdächer und PV-Carports in Deutschland gibt, gestaltet sich eine Direktladung des eigenen E-Fahrzeugs mit der eigenen PV schwierig. Die Ladeelektronik des Fahrzeugs verhindert das Laden mit einem Strom kleiner als 6 A. Bei einem einphasigen System muss also die Mindestleistung der PV-Anlage bei 1,4 kW liegen und im Zweifelsfall darf kein anderer Verbraucher dann Strom benötigen. Bei typischen dreiphasigen Systemen liegt die notwendige Mindestleistung sogar bei 4,2 kW. Kleine PV-Anlagen sind also nicht geeignet, um Elektroautos direkt zu laden. Technisch wird das mit einem niedrigen Wirkungsgrad bei niedrigen Ladeströmen begründet. Dies ließe sich aber ändern. Die PV-Anlage sollte deshalb größer ausgelegt werden oder man muss aufwendig zwischenspeichern.

Der Einsatz einer *Wallbox* zu Hause erfolgt häufig nicht netzdienlich. Typischerweise wird das Fahrzeug abends zuhause mit relativ hoher Leistung geladen. Das hat mehrere Nachteile: Abends ist die Netzbelastung meist sowieso erhöht, weil der elektrische Verbrauch von den heimkehrenden Bewohnern durch die Nutzung elektrischer Geräte erhöht wird. Das Laden des Fahrzeugs erhöht den Verbrauch zusätzlich. Es müssen also nach Feierabend gegebenenfalls fossile Reservekraftwerke angefahren werden. Deshalb hat der Strommix zu dieser Zeit auch den höchsten CO_2-Ausstoß im Tagesverlauf. Das relativ schnelle Laden reduziert zusätzlich die Lebensdauer des Akkus und erhöht die Verluste. Oft muss das Verteilnetz in Wohngebieten sehr kostenintensiv erweitert werden, nur damit alle gleichzeitig ihre Autos laden können. Dies ließe sich durch zeitabhängige Stromtarife besser steuern, gleichzeitig würde dadurch das Netz gleichmäßiger ausgelastet.

Wenn man tagsüber sein Auto beim Arbeitgeber laden könnte, wäre dies eine *Win-win-win*-Situation: Das Verteilnetz müsste weniger ausgebaut werden, der Ladestrom wäre CO_2-ärmer, weil mittags viel mehr Solarstrom im Netz ist, und wahrscheinlich könnte es sogar einen finanziellen Vorteil für Arbeitgeber und Arbeitnehmer geben: Ersterer kann seinen billigen Industriestrom (oder eventuell sogar eigenen PV-Strom) mit etwas Gewinn an den Arbeitnehmer verkaufen und dieser lädt trotzdem noch billiger als zu Hause.

Auch beim Laden unterwegs wird die Netzdienlichkeit nicht gerade gefördert: Die Preise sind festgelegt, die Ladeströme maximal und auf PV-Verfügbarkeit wird schon gar nicht Rücksicht genommen.

Ein Gegenbeispiel liefert die Firma VISPRION, siehe Abbildung 21.3. Sie hat ein Preismodell für den Ladestrom, das stark an die Verfügbarkeit von (eigener) Solarenergie gekoppelt ist. Dies entlastet das Stromnetz und fördert so die Integration von Elektromobilität in die Energiewende.

Abbildung 21.3: Elektroautoladestelle mit variablen Preisen – je nach PV-Verfügbarkeit (Preis nach Sonnenstand); Quelle: VISPRION 2025.

Wie oben bereits kurz angesprochen, sollte es für eine optimale Integration der Elektromobilität in das Stromnetz langsames Laden mit PV-Überschussstrom tagsüber während der Arbeitszeit als Standardverfahren geben. Doch nur wenige Arbeitgeber bieten diese Option an. Oftmals spielen dabei eher rechtliche Gründe wie Abrechnung, Steuer oder Haftung als technische Hemmnisse eine Rolle. Hier wäre der Gesetzgeber dringend gefragt, diese Option attraktiv zu gestalten, um die vieldiskutierten Netzausbaukosten zu reduzieren und so die Energiewende effizienter zu gestalten.

Bidirektionales Laden

Beim bidirektionalen Laden von Elektrofahrzeugen fließt nicht nur Strom *in* den Akkumulator, sondern es kann auch Strom *aus* dem Akkumulator entnommen werden. Damit kann man beispielsweise den mobilen Akkumulator eines Elektrofahrzeugs als stationären Speicher für das Netz oder den eigenen Haushalt nutzen (dies wird auch als *V2G – Vehicle to Grid* beziehungsweise *V2H – Vehicle to Home* bezeichnet), solange das Fahrzeug mit einer bidirektionalen Verbindung mit dem häuslichen beziehungsweise dem allgemeinen Stromnetz verbunden ist. Voraussetzung dafür sind kompatible Fahrzeuge (beispielsweise traditionell mit japanischem *CHAdeMO*-Anschluss, *Charge de Move*, oder seit Neuestem auch mit *CCS, Combined Charging System*, nach ISO 15118-20) und entsprechende bidirektionale Ladepunkte oder Wallboxen mit standardisierter Kommunikation, zum Beispiel nach ISO 15118. Dies bietet mehrere Vorteile:

- ✔ Der zusätzliche Akku kann so gesteuert werden, dass er zur Stabilisierung des Stromnetzes beiträgt und Schwankungen ausgleicht.
- ✔ Durch die dann zusätzlich zur Verfügung stehenden Speicherkapazitäten können die erneuerbaren Energien besser ins Stromnetz integriert werden.
- ✔ Finanzielle Vorteile durch Vergütung der Rückspeisung, insbesondere bei dynamischen Stromtarifen, und natürlich beim Eigenverbrauch – man kann unter Umständen sogar die Kosten für einen zusätzlichen stationären Speicher einsparen.

Sie sehen: Das Elektroauto kann auf vielfältige Weise einen wichtigen Beitrag zum Ausbau der erneuerbaren Energien leisten.

Bahn

Die Bahn stellt eine erprobte Form der Elektromobilität dar. Der Wirkungsgrad der Elektromaschinen ist wie beim Elektroauto sehr hoch und durch die Stromzuführung mittels Oberleitung entfallen die schweren Akkus. Es muss im Verhältnis deutlich weniger Gewicht als bei Elektroautos transportiert werden.

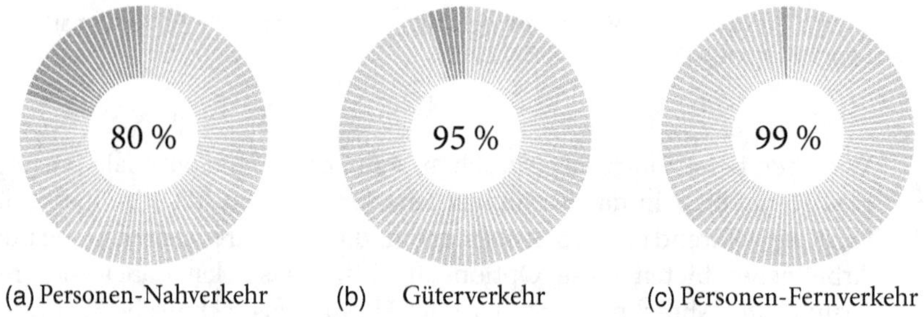

Abbildung 21.4: Anteile der elektrisch erbrachten Verkehrsleistung bei der Bahn in Deutschland im Jahr 2023; Quelle: Allianz Pro Schiene 2025 – auf Basis von Daten des Bundesumweltamts.

Rekuperation ist bei Elektrolokomotiven die Regel und die Bahn legt Wert darauf, dass zumindest der gesamte Personen-Fernverkehr mit Grünstrom betrieben wird. Oftmals wird PV-Strom direkt von den Gebäuden der Bahn ins Bahnnetz eingespeist. Zudem besitzt die Bahn einige PV-Großanlagen, beispielsweise eine 41 MW_p-Anlage in Wasbek (Schleswig-Holstein).

Insgesamt ist der Bahnsektor stark elektrifiziert, siehe Abbildung 21.4. Da die Bahn auf Schienen fährt, ist der Rollwiderstand viel niedriger als bei Pkws, was den Wirkungsgrad des Bahnverkehrs erhöht. Durch eine gute Auslastung der Bahn sinkt der personenspezifische Energieverbrauch weiter. Allerdings ist die Elektrifizierung im Gegensatz zur Schweiz noch nicht abgeschlossen, sodass einige Nebenstrecken mit Dieselloks befahren werden. Einen Vergleich zu anderen Verkehrsarten liefert Abbildung 21.5.

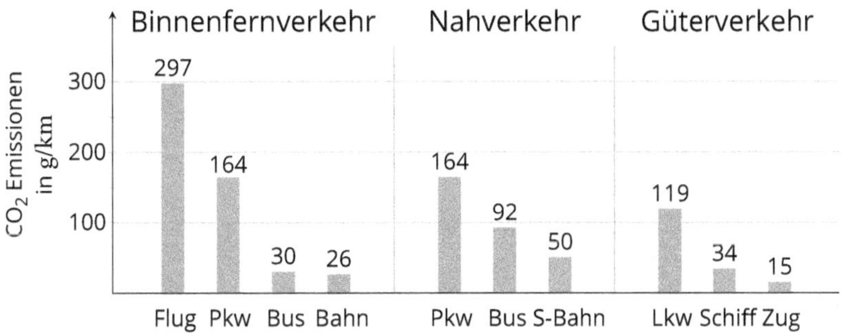

Abbildung 21.5: Vergleich der Treibhausgasemissionen verschiedener Verkehrsmittel in Gramm je zurückgelegtem Beförderungskilometer im Jahr 2023. Hinweis: Der Personenfernverkehr mit 100 Prozent Ökostrom käme bei diesem Vergleich auf nur 1 g pro km und Person. Quelle: Allianz pro Schiene 2025 auf Basis von Daten des Bundesumweltamts.

Die Treibhausgasemissionen sind bei der Bahn im Vergleich zu allen anderen Transportmitteln am geringsten. Das gilt für den Personenfernverkehr, den Personennahverkehr und auch für den Güterverkehr. Insgesamt ist es verwunderlich, dass in Beiträgen der Presse und des TVs zur Elektromobilität nur selten die Bahn erwähnt und ernsthaft diskutiert wird, obwohl sie einen wichtigen Beitrag zur Energiewende leisten könnte – bei bereits vorhandener Infrastruktur.

Schwerlastverkehr

Bis vor kurzem dachte man, dass sich Fahrzeuge mit Elektroantrieben und Batteriespeicherung auf Personenkraftwagen beschränken würden und dass der Schwerlastverkehr eine Domäne von Wasserstoffantrieben oder Verbrennern mit Diesel- oder E-Fuel-Betankung bleiben würde. Inzwischen bieten aber die meisten Lkw-Hersteller nicht nur Prototypen, sondern auch Serienfahrzeuge mit Elektroantrieb und Batteriespeicherung an.

Im Bereich der Baufahrzeuge ist bereits für viele Baumaschinen ein Elektroantrieb verfügbar: Bagger, Radlader, Baustellen-Lkw, Raupen- und Mobilkräne, Drehbohrgeräte, Rad- und

Kettendumper, Teleskopstapler, Tandemwalzen, Hebe- und Scherenbühnen sowie kleinere Geräte wie Betonglätter oder Stampfer.

Auf der größten Baumaschinenmesse der Welt, der *Bauma* in München, wurden 2025 von der Firma Liebherr sogar extrem große Baufahrzeuge wie Muldenkipper und Bagger mit Elektroantrieb und 1–2 MW Antriebsleistung präsentiert. Die ebenfalls vorgestellten zugehörigen Ladeeinrichtungen konnten bis zu 6 MW Ladeleistung liefern, sodass nur relativ kurze Ladepausen erforderlich sind.

Abbildung 21.6 zeigt den elektrischen Raupenbagger R 920 G8-E der Firma Liebherr. Er verfügt über das gleiche Leistungsniveau wie ein Raupenbagger mit Verbrennungsmotor. Durch seine geringe Geräuschentwicklung und seine Schadstoffemissionsfreiheit eignet er sich ideal für städtische Baustellen.

Abbildung 21.6: Batterieelektrischer Raupenbagger R 920 G8-E der Firma Liebherr, gezeigt auf der Bauma 2025. Quelle: Liebherr 2025.

Auch im Landmaschinenbereich tut sich einiges. Es gibt inzwischen verschiedene batterieelektrische und hybride Traktoren, Feldroboter, Hoflader, Erntemaschinen, Düngerstreuer und Sämaschinen. Hersteller wie ZF, Baumüller, Bosch und LINAK bieten dazu bereits komplette elektrische Antriebslösungen sowie Komponenten an.

Elektrotraktoren werden bereits von folgenden Herstellern angeboten: Fendt (e100 Vario mit 50 kW Antrieb, 100 kWh Akku), Rigitrac (SKE 40 E mit 40 kW Antrieb, 58 kWh Akku), Knegt (304G2E mit 22 kW Antrieb), Kubota (LXe-261 mit 19 kW Antrieb, 23,4 kWh Akku), Monarch (MK-V mit 29 kW, 80 kWh). Demnächst: TADUS (Antrieb 100 kW), Xeevo (Antrieb 90 kW, 105 kWh Akku), John Deere (E-Power, Antrieb 96 kW), New Holland (T4 Electric Power), Case IH (Farmall 75C Electric).

Ladeinfrastruktur

Es gibt inzwischen eine an die Pausenlänge angepasste Ladeinfrastruktur:

- ✔ über Nacht laden (6 – 8 h): Ladeleistung 50 –100 kW
- ✔ am Zielort laden (30 min – 2 h): Ladeleistung 150 –350 kW
- ✔ unterwegs laden (45 min): Ladeleistung 500 –1200 kW

Pilotprojekte mit elektrifizierten Autobahnabschnitten zeigen, dass Oberleitungen für E-Lkw eine Ergänzung zur Batterietechnologie sein könnten. In der Praxis sind diese Ansätze aber noch nicht verfügbar, werden aber zumindest noch erforscht und weiterentwickelt.

IN DIESEM KAPITEL ...

Status quo – wie sieht der Bestand aus?

Wie funktionieren Wärmepumpen?

Passen Energieerzeugung und Wärmebedarf zusammen?

Kapitel 22
Wärme

Wärme macht einen großen Teil unseres Energieverbrauchs aus. Bei konventionellen Wärmekraftmaschinen und bei Glühbirnen ist sie der Hauptteil der Energiefreisetzung, dient aber nicht dem eigentlichen Zweck des Umwandelns – man spricht dann von sogenannter *Abwärme*. In diesem Kapitel geht es jedoch in erster Linie um *Nutzwärme* zur Gebäudeheizung und die verschiedenen Möglichkeiten zu ihrer Bereitstellung.

Heizungsformen im Bestand und im Neubau

Die Zahl der Gasheizungen im deutschen Wohnungsbestand hatte im Jahr 2020 ihr Maximum erreicht. Obwohl seitdem beim Neubau der Anteil anderer Heizungsformen wie beispielsweise Wärmepumpen deutlich zugenommen hat, ändert sich der Bestand nur langsam, da einmal eingebaute Anlagen relativ lange im Betrieb verbleiben. Eine ältere Faustregel besagt, dass sich der Bestand nur 1 Prozent im Jahr ändert, das heißt, dass erst nach 100 Jahren der Bestand ausgetauscht ist. Allerdings ist in letzter Zeit durch steigendes Umweltbewusstsein und den Ukrainekrieg etwas mehr Bewegung ins System gekommen, sodass zurzeit knapp 2 Prozent Austausch pro Jahr erreicht werden. Leider reicht auch diese Geschwindigkeit nicht aus, um den Gebäudebestand bis 2045 auf klimaneutrale Technologien umgestellt zu haben.

Aus Abbildung 22.1 ist ersichtlich, dass inzwischen circa 65 Prozent aller Neubauten mit Wärmepumpen beheizt werden. Sie sind also mit Abstand die am häufigste Heiztechnologie in Neubauten. Neubauten bieten wegen der vorgeschriebenen mindestens guten Dämmung und teilweise auch Fußbodenheizungen beste Voraussetzungen für den effizienten Betrieb von Wärmepumpen mit niedrigen Vorlauftemperaturen. Den zweitgrößten Anteil stellt stabil mit etwa 20 Prozent die Fernwärme. Viele Städte planen den Ausbau ihrer Fernwärmenetze. Wenn dies umgesetzt wird, kann der Anteil an Fernwärme weiter steigen.

Gas spielt also für Neubauten keine Rolle mehr. Die einstmals dominierende Gasheizung wurde 2024 noch in etwa 5 Prozent der neuen Häuser eingebaut – zehn Jahre zuvor waren es noch mehr als 50 Prozent. Interessant ist der leicht steigende Anteil der mit Strom beheizten Neubauten. Für Gebäude mit einer sehr guten Isolierung und eigener erneuerbarer Stromversorgung inklusive Batteriespeicher kann es durchaus interessant sein, mit Strom zu heizen. Der Einbau von elektrischen Heizungen ist meist deutlich kostengünstiger als die Installation einer normalen Heizkörperanlage mit ihren zusätzlichen Rohren für die Wasserführung.

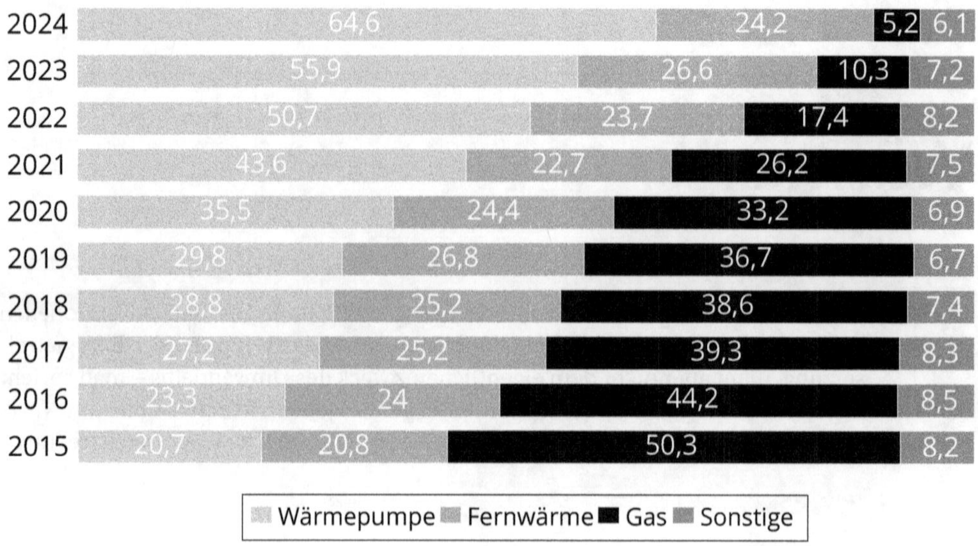

Abbildung 22.1: Entwicklung der Beheizungsstruktur im Wohnungsneubau (prozentuale Anteile der Baugenehmigungen). Quelle: BDEW 2025.

Wärmepumpen

Die bei Weitem am häufigsten eingesetzte elektrische Heizung ist die Wärmepumpe. Sie bietet ein riesiges Potenzial nicht nur für klimaneutrales Heizen, sondern auch für eine massive Reduktion des Primärenergieverbrauchs. Wir besprechen deshalb ihre Funktionsweise im Folgenden im Detail. Wärmepumpen nutzen Umweltwärme aus Luft, Erde oder Wasser und wandeln diese mithilfe eines thermodynamischen Kreislaufs in Heizenergie um.

Die gewonnene Heizenergie kann über Heizkörper oder eine Fußbodenheizung den Wohnbereich erwärmen oder zur Warmwasserbereitung dienen. Wärmepumpen sind eine sehr energieeffiziente und nachhaltige Möglichkeit, Nutzwärme bereitzustellen, indem sie vorhandene Umweltenergie nutzbar machen. Dabei entzieht die zum Betrieb der Wärmepumpe nötige elektrische Energie der Umwelt Wärme, anstatt wie in klassischen Elektroheizungen oder Haartrocknern an einem Widerstand ohmsche Wärme abzugeben, was energetisch wesentlich weniger effizient ist.

Funktionsweise einer Wärmepumpe

Abbildung 22.2 zeigt die Funktionsweise einer Wärmepumpe:

1. Im ersten Schritt nimmt der *Verdampfer* Umweltwärme aus Luft, Erde oder Wasser auf und überträgt sie auf ein *Kältemittel.* Dieses verdampft bereits bei niedrigen Temperaturen.

2. Im zweiten Schritt verdichtet der mit Strom betriebene Kompressor das nun gasförmige Kältemittel. Dadurch steigt dessen Temperatur stark an. Für diesen Schritt – und nur für diesen! – wird die elektrische Energie benötigt.

3. Das erhitzte Gas gelangt in einen *Verflüssiger* (auch *Kondensator* genannt). Dort gibt es seine Wärme über einen Wärmetauscher an den Heizkreislauf ab. Dabei kondensiert das Kältemittel, das heißt, es wird wieder flüssig.

4. Zuletzt senkt ein Expansionsventil den Druck des flüssigen Kältemittels, sodass es bis unter die äußere Umgebungstemperatur abkühlt, sodass das Kältemittel wieder Wärme aus der Umgebung aufnehmen und der Kreislauf von vorne beginnen kann.

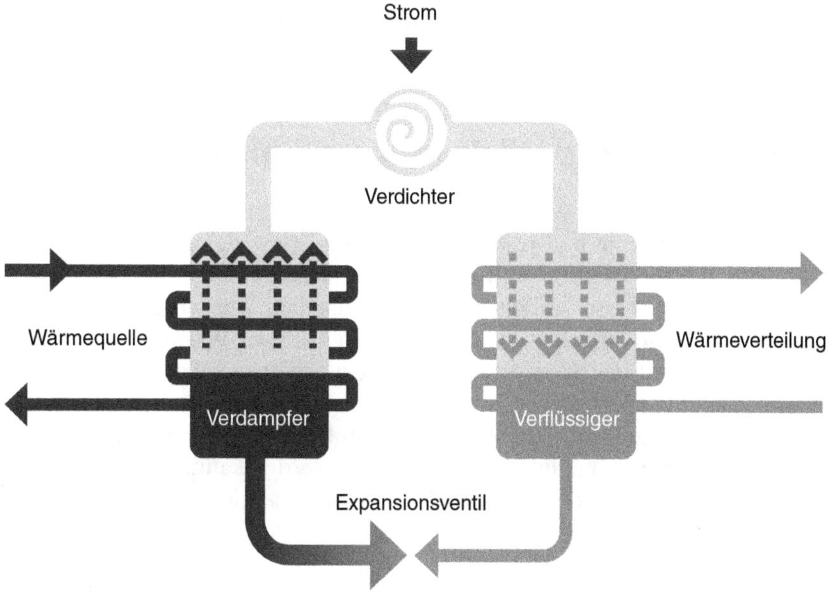

Abbildung 22.2: Prinzipbild einer Wärmepumpe.

Das Prinzip einer Heizungswärmepumpe ähnelt dem Kühlaggregat eines Kühlschranks. Eigentlich ist auch dieses eine Wärmepumpe, nur die Geometrie ist quasi »umgestülpt«: Die Wärme wird bei der Heizungswärmepumpe von außen nach innen ins Gebäude gepumpt, statt wie bei einem Kühlschrank aus dem Innenraum heraus in die Küche.

Man kann die Wärme, welche ein Kühlschrank aus seinem Innenraum herauspumpt, übrigens direkt fühlen: Die Kühlrippen an der Rückseite eines Kühlschranks sind spürbar warm (sie kühlen nicht die Küche, sondern das Kältemittel des Kühlschranks!). Weil die Wärmepumpe aber bei anderen Temperaturen arbeiten soll als ein Kühlschrank, kommen andere Kältemittel zum Einsatz. Während früher Fluorchlorkohlenwasserstoffe (FCKW) wegen ihrer idealen thermodynamischen Eigenschaften zum Einsatz kamen, sind diese heute weitgehend verboten, da sie die lebensnotwendige atmosphärische Ozonschicht zerstören. Inzwischen wird in Wärmepumpen hauptsächlich Propan (R-290) eingesetzt. Dieses hat ein geringes Treibhauspotenzial, ist aber leicht brennbar. Deshalb müssen bei Wärmepumpen, die Propan enthalten, auch besondere Sicherheitsvorkehrungen durch den Anlagenhersteller getroffen werden.

Durch das Prinzip der Wärmepumpe wird deutlich mehr Wärmeenergie erzeugt als an elektrischer Energie hineingesteckt wird. Das klingt erstaunlich, widerspricht aber nicht dem Energieerhaltungssatz. Denn die elektrische Energie wird genutzt, um der Umwelt die Energie zu entziehen. Die Energiebilanz wird also durch die schier unerschöpfliche Wärmeenergie von Erdatmosphäre oder Erdboden geschlossen. Deshalb ist die elektrische Energie, die benötigt wird, um den Kompressor und damit den Wärmetransport ins Haus zu betreiben, viel kleiner als die transportierte Wärme und auch als die in einer klassischen Elektroheizung erzeugte ohmsche Wärme.

Wärmequellen und Wirkungsgrad einer Wärmepumpe

Die am häufigsten eingesetzte Wärmepumpe ist die sogenannte Luftwärmepumpe. Sie entzieht der Außenluft Wärme und transportiert sie ins Haus, daher ihr Name. Sie sollte so aufgestellt werden, dass die kalte Abluft sich nicht anstauen kann. Da bei der Abkühlung der Luft auch Kondenswasser anfällt, sollte ebenfalls darauf geachtet werden, dass dieses gut abfließen kann. Ansonsten kann es zu Vereisungen vor der Wärmepumpe kommen. Der Vorteil dieses Typs liegt vor allem in der relativ einfachen Installation, weil auf kostenintensive Bohrungen ins Erdreich zur Wärmegewinnung verzichtet werden kann – und man für Wartung und Reparaturen leicht ans Gerät herankommt. Der Hauptnachteil liegt darin, dass die Temperatur der Außenluft ziemlich niedrig werden kann. Gerade im Winter sinkt dann die Effizienz der Wärmepumpe, die der Außenluft ja die Wärme entzieht – und das geht umso besser, je wärmer es draußen ist.

Die von der Luftwärmepumpe erzeugte Wärme wird dann über das erwärmte Wasser dem Heizkreislauf zugeführt. Deshalb heißt dieser Typ von Wärmepumpe auch genau genommen Luft-Wasser-Wärmepumpe.

Wird die Wärme dem Erdreich entnommen, so spricht man von einer Erdwärmepumpe oder Solewärmepumpe. Dazu werden Bohrungen in die Erde durchgeführt und soleführende Leitungen leiten die Wärme des sie umgebenden Bodens ab. Damit das Umgebungserdreich nicht zu stark abkühlt und sich von seiner Umgebung wieder aufwärmen kann, müssen tiefe Bohrungen vorgenommen werden, oft um die 100 Meter. Diese Bohrungen sind kostenintensiv und genehmigungspflichtig. Alternativ können auch Flächenkollektoren unter der Frostschutzgrenze, etwa 1 m tief, verlegt werden, die dem Erdreich die Wärme entziehen. Diese beanspruchen aber horizontal eine relativ große Fläche und sind somit mit einer Menge Erdaushub verbunden. Der Vorteil dieses Typs Wärmepumpe liegt darin, dass die Umgebungswärme des Erdreichs auch im Winter eine relativ hohe und vor allem zuverlässig gleichbleibende Temperatur hat, wodurch die Wärmepumpe im Winter, also wenn man sie vor allem braucht, effizienter betrieben werden kann. Ebenso sind diese Wärmepumpen natürlich leiser, weil sie keine Luft umwälzen. Dennoch werden Erdwärmepumpen seltener eingesetzt, weil sie in Konstruktion und Wartung deutlich aufwendiger und damit teurer sind.

Da Wärme nur gepumpt und nicht erzeugt wird, liegt der Wirkungsgrad stets über dem einer Elektroheizung, welche im besten (aber nie erreichten!) Fall 100 Prozent der eingesetzten elektrischen Energie in Wärmeenergie umwandeln kann. Eine Wärmepumpe ist wesentlich effektiver. Wie viel? Dies gibt die Arbeitszahl oder der *Coefficient of Performance (COP)* an. Die maximal mögliche Umwandlung von mechanischer Energie in Wärme wird durch den *Carnotschen Kreisprozess* beschrieben:

$$COP_{max} = \frac{\text{erzeugte Wärme}}{\text{eingesetzte Arbeit}} = \frac{T_{max}}{T_{max} - T_{min}}$$

Dabei ist T_{max} die Temperatur des Heizvorlaufs und T_{min} die Temperatur, auf die das Kältemittel durch die Umgebung gebracht wird. Die Temperatur ist wieder in Kelvin anzugeben. Da T_{max} immer größer als $T_{max} - T_{min}$ ist, ist der Wert immer größer als 1.

Dieser COP_{max} stellt einen theoretischen Maximalwert dar und wird in der Realität nicht erreicht. Dennoch ergeben sich daraus wichtige Erkenntnisse.

An der Definition des *COP* erkennen Sie, dass er als das Verhältnis von »erzeugter Wärme« zu »eingesetzter Arbeit« definiert ist. Es kann durchaus mehr Wärme bereitstellen, als man dafür Arbeit einsetzt. Die Arbeit wird ja am Beispiel der Wärmepumpe dafür genutzt, einen Kompressor zu betreiben, welcher der Umwelt Energie (Wärme) entzieht. Die Zahl kann also größer als eins sein.

Dies erklärt, warum Wärmepumpen effizienter sind, als wenn elektrischer Strom direkt, beispielsweise über einen Heizstab, in Wärme umgewandelt wird. Auch bei einer Gasheizung kann theoretisch nur die komplette chemische Energie des Gases in nutzbare Wärme umgewandelt werden. In der Realität ist es deutlich weniger und damit ist der Umwandlungsgrad immer einiges kleiner als 1.

Setzt man für die Heiztemperatur beispielsweise 55 °C (328,15 K) und für die Umgebungstemperatur 8 °C (281,15 K) ein, so errechnet sich COP_{max} zu 6,98. Selbst bei einer Umgebungstemperatur von −10 °C (263,15 K) liegt COP_{max} noch bei 5,04.

Je geringer der Temperaturunterschied ist, desto höher ist die Arbeitszahl. Deshalb ist eine Fußbodenheizung günstiger für eine Wärmepumpe als eine Heizung mit Heizkörpern. Im letzten Fall muss wegen der geringeren Heizfläche eine höhere Heiztemperatur gewählt werden.

Der Gleichung oben kann man auch entnehmen, dass der *COP*-Wert höher ist, wenn die Umgebungstemperatur höher ist. An kalten Tagen ist also eine Luftwärmepumpe ineffizienter als an warmen Tagen. Dieser Unterschied ist bei Erdwärmepumpen kleiner, weil die Temperatur der Erdumgebung weniger schwankt.

Im Laufe eines Jahres variiert der *COP*-Wert aufgrund der natürlichen Temperaturschwankungen. Gerade im Winter ist der *COP* niedriger als im Sommer, wenn kaum geheizt (aber durchaus warmes Wasser benötigt wird!) wird und die Temperaturunterschiede zwischen Innenraum und Außentemperatur geringer sind.

Die *Jahresarbeitszahl* gibt das Verhältnis der über das gesamte Jahr erzeugten Wärme zum Jahresenergieverbrauch der Wärmepumpe an und stellt somit einen Durchschnittswert dar. Sie ist in der Praxis die wichtigere Zahl als der *COP*. Typischerweise wird im Jahresmittel etwa das Drei- bis Vierfache der eingesetzten elektrischen Energie als nutzbare Heizungswärme bereitgestellt. Auch dies liegt aber deutlich über 1 und zeigt, wie effizient Wärmepumpen in den meisten Fällen sind und wie groß die durch Einsatz der Wärmepumpentechnologie eingesparte Primärenergie ist.

Da eine großflächige Gebäudeheizung einen geringeren Temperaturunterschied zwischen Heizung und Raumtemperatur erfordert als beispielsweise ein kleiner heißer Ofen, ist der *COP* bei großflächigen Heizungen, beispielsweise Fußbodenheizungen, besser.

Kombination von PV und Wärmepumpen

Aufgrund ihrer hohen energetischen Effizienz sind Wärmepumpen die Heizungsoption der Wahl schlechthin. »Noch idealer« wäre natürlich ein direkter Betrieb über die eigene Photovoltaik. In Zeiten ausreichender Sonneneinstrahlung kann der Strom einer Wärmepumpe gut durch PV-Strom erzeugt werden. Dies ist, je nach Größe der Anlage, schon ab Februar/März und bis Oktober/November der Fall. Der nachts benötigte Strom kann durch einen solargeladenen Batteriespeicher zur Verfügung gestellt werden. Jedoch gibt es in Deutschland wie überall auf der Welt während der Periode mit dem höchsten Heizbedarf die niedrigste Sonneneinstrahlung, also im Dezember und Januar. Während dieser Zeit muss ein Großteil des Stromes aus dem Netz bezogen werden. Dass nur ein geringer Anteil direkt genutzt werden kann, ist Abbildung 22.3 zu entnehmen. Ein Großteil der PV-Heizwärme und sonstiger Wärmebedarfe, wie beispielsweise Warmwasser, muss also saisonal zwischengespeichert werden – oder die PV-Anlage muss entsprechend überdimensioniert sein, damit auch im Winterhalbjahr noch genug PV-Strom vorhanden ist. In der Praxis kann derzeit im Winter etwa die Hälfte des Strombedarfs der Wärmepumpen durch PV-Strom bereitgestellt werden: Unter dieser Voraussetzung könnte der Wärmespeicher aus Abbildung 22.3 entfallen.

Abbildung 22.3 ist eventuell nicht auf Anhieb zu verstehen, deshalb erklären wir diese Schritt für Schritt: Auf der x-Achse der einzelnen Boxen sind jeweils die Monate eines Jahres angegeben, auf der y-Achse der tageszeitliche Verlauf in Stunden. Je intensiver der Grauton ist, desto mehr relative Leistung ist da.

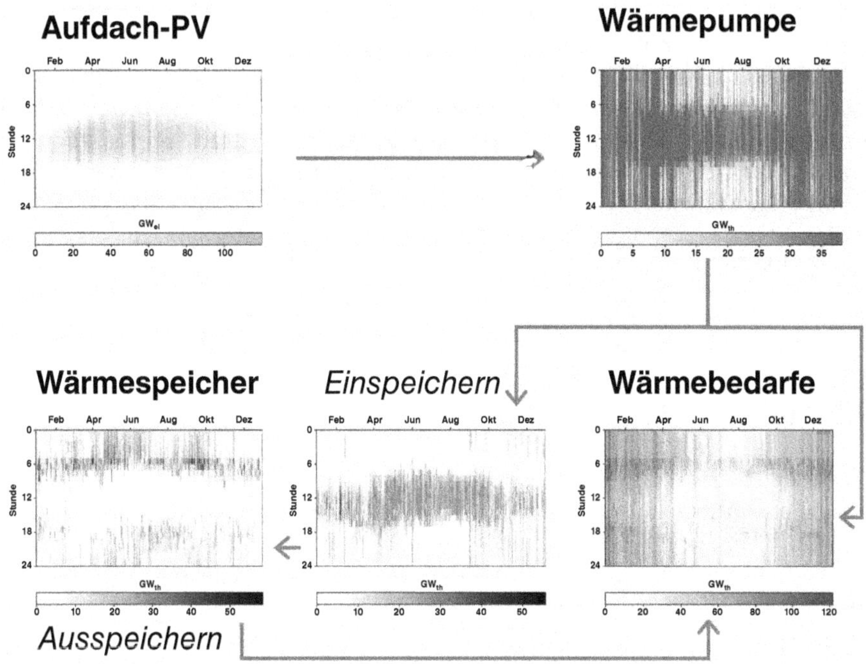

Abbildung 22.3: Saisonale und tageszeitliche Strombereitstellung per PV auf Gebäudedächern (110 GW maximal) zum Betrieb von Wärmepumpen (37 GW maximal) mit anschließender Wärmespeicherung und saisonaler Nutzung als Gebäudeheizung und für sonstigen Wärmebedarf (Warmwasser), ebenfalls als physikalische Leistung im Tages- und Jahresverlauf; Quelle: FZ Jülich 2025.

Beispielsweise sieht man oben links, dass die PV im Sommer und da um die Mittagszeit am meisten liefert. Unten rechts sieht man den Wärmebedarf: Dieser ist morgens und abends im Winter am stärksten. Von der PV werden die Wärmepumpen (oben rechts, maximaler Verbrauch 37 GW) betrieben. Diese decken einen Teil der direkten Wärmebedarfe (für Warmwasser und Heizung). Ein großer Teil wird jedoch eingespeichert und dann vom Wärmespeicher (unten links) zu einem anderen Zeitpunkt für den restlichen Wärmebedarf wieder ausgespeichert, vor allem morgens.

Klimatisierung

Klimaanlagen sind im Grunde nichts anderes als Luft-Luft-Wärmepumpen, nur mit umgekehrter Zielrichtung. Die Wärme wird der Außenluft entnommen und in diesem Fall über das Kältemittel direkt an die Innenluft übergeben.

Man könnte auch sagen, dass eine Wärmepumpe eine Klimaanlage für die Außenluft ist, welche ihre Abwärme im Haus deponiert.

Klimaanlagen können sowohl zur Kühlung als auch zur Raumerwärmung genutzt werden. Verschiedene Hersteller bieten diese Option bei ihren Geräten auch explizit an. Da aufgrund des menschengemachten Klimawandels der Klimatisierungsbedarf steigt und zunehmend Klimaanlagen in Gebäude eingebaut werden, hat man damit eine Heizungswärmepumpe ohne zusätzliche Kosten – wenn die Geräte eine regelbare Heizungsoption bereitstellen. Generell harmonieren Klimaanlagen zur Kühlung natürlich sehr gut mit der Ausgangsleistung von Photovoltaikanlagen, da bei hohen Außentemperaturen meist auch viel Sonne vorhanden ist. Es verwundert ein wenig, dass es kaum Anbieter gibt, die eine integrierte Lösung aus PV und Klimaanlage anbieten.

Fernwärme

Bei Fernwärmeheizungen wird meist die Abwärme von thermischen Kraftwerken genutzt und in ein Fernwärmenetz eingespeist. Ein Kohlekraftwerk erzeugt nur ungefähr 40 Prozent Strom, aber 60 Prozent Wärme. Ähnlich verhält es sich bei einem Gaskraftwerk. Durch die Verwertung der Abwärme ist der Gesamtwirkungsgrad (elektrisch plus thermisch) von thermischen Kraftwerken während der Heizperiode besonders hoch, im Sommer allerdings besonders niedrig. Durch den Wegfall der thermischen Nutzung sinkt auch der Wirkungsgrad der Stromerzeugung, weil die Umgebungstemperatur relativ hoch ist und so der Kühleffekt, sei es Luft oder Flusswasser, geringer ausfällt, wodurch der theoretische Carnot-Wirkungsgrad wie auch der reale Wirkungsgrad reduziert wird.

Eine ganz neue Entwicklung in dieser Richtung sind Flusswärmepumpen. Dies sind großskalierte Wärmepumpen, die dem Grund eines Fließgewässers, wo es im Winter meistens spürbar wärmer als in der Umgebung ist, so viel Wärme entziehen, dass sich damit Fernwärmenetze speisen lassen. In Mannheim soll damit zum Beispiel perspektivisch die Wärmeleistung des dort heute noch betriebenen Kohlegroßkraftwerks ersetzt werden.

Prozesswärme im Haus

Wenn von Photovoltaik die Rede ist, denken die meisten zuerst an Strom. Doch in vielen Haushalten und Betrieben wird nicht nur elektrische Energie benötigt, sondern auch Wärme – sogenannte Prozesswärme. Damit ist im Haushalt die Wärme gemeint, die zum Beispiel fürs Duschen, zum Föhnen, Kochen, Backen, Waschen und Trocknen gebraucht wird. Photovoltaik erzeugt zwar primär Strom, dieser kann jedoch flexibel genutzt werden, um auch Wärme bereitzustellen. Am gebräuchlichsten ist der Betrieb von Heizstäben oder Wärmepumpen, die überschüssigen Solarstrom in speicherbares warmes Wasser oder Heizwärme umwandeln. Damit lässt sich der Eigenverbrauch der PV-Anlage optimieren und die Abhängigkeit von fossilen Energieträgern verringern.

IN DIESEM KAPITEL …

Produktionsprozesse an die Verfügbarkeit von eigenem PV-Strom anpassen

Prozesswärme: Neue Möglichkeiten für die PV

Kapitel 23
Industrie

Die Industrie verbraucht etwa 30 Prozent der Endenergie in Deutschland. Dieser Anteil resultiert vor allem aus energieintensiven Prozessen in der Metallverarbeitung, der Chemieproduktion und dem Maschinenbau. Branchen wie die Stahl- und Aluminiumherstellung zählen zu den größten industriellen Stromverbrauchern. Aber auch insgesamt hat die Industrie einen hohen kontinuierlichen Strombedarf, insbesondere für produktionstechnische Anlagen, elektrische Antriebe und Prozesswärme.

Tageslastkurve der deutschen Industrie

Der Stromverbrauch beginnt morgens zu Schichtbeginn zu steigen, oft zwischen 6 und 8 Uhr, da Maschinen und Produktionsanlagen hochgefahren werden. Während der Hauptarbeitszeit, etwa von 8 Uhr bis 17 Uhr, bleibt der Verbrauch auf einem relativ hohen und stabilen Niveau, da viele industrielle Prozesse kontinuierlich laufen. Nach Ende der Schicht, ab etwa 17 Uhr, sinkt der Stromverbrauch relativ schnell, da viele Anlagen abgeschaltet werden und der Betrieb für die Nacht heruntergefahren wird. Nachtschichten oder mehrschichtiger Betrieb können das Profil modifizieren, sodass an bestimmten Standorten auch zu anderen Tageszeiten oder sogar rund um die Uhr ebenfalls hohe Lasten auftreten. Wochenenden und Feiertage zeigen meist deutlich geringere Belastungen oder abweichende Lastverläufe, da viele Produktionsstätten dann pausieren.

Insgesamt weist die Lastkurve der Industrie aber eine geringere Variation als die der privaten Haushalte auf. Viele Prozesse müssen einfach kontinuierlich laufen. Nichtsdestotrotz ist eine Verlagerung von thermischen Prozessen machbar, insbesondere weil sich thermische Energie im Tagesverlauf über mehrere Stunden relativ leicht speichern lässt. Eine bessere Anpassung an den schwankenden Anteil von erneuerbaren Energien kann durch sogenanntes *Demand-Side-Management* (DSM) erreicht werden, was wir im folgenden Abschnitt beschreiben werden.

Demand-Side-Management (DSM)

Die elektrische Tageslastkurve in der deutschen Industrie zeigt typische Spitzen morgens und am frühen Abend, während mittags und vor allem nachts der Verbrauch niedriger ist. Eine bessere Anpassung an das schwankenden Dargebot an erneuerbaren Energien kann durch *Demand-Side-Management* (DSM) erreicht werden, also die gezielte Verschiebung und Flexibilisierung von Stromlasten.

Die Möglichkeiten für das DSM sind prinzipiell sehr vielfältig, wie Abbildung 23.1 verdeutlicht.

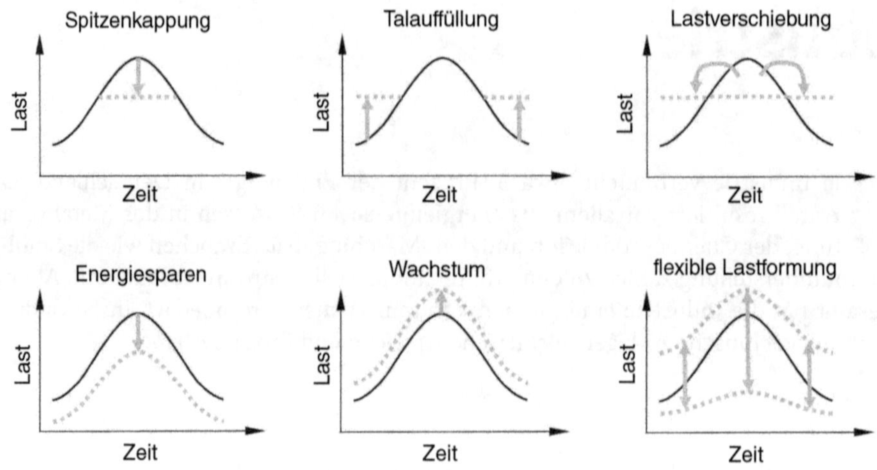

Abbildung 23.1: Möglichkeiten für *Demand-Side-Management* (DSM). Quelle: Gellings, 1985, modifiziert.

Beispielsweise kann das Kappen einer Verbrauchsspitze (*Peak-Clipping*) auch aus Prozessgründen sinnvoll sein, weil Komponenten des Systems nur für eine gewisse elektrische Leistung ausgelegt sind.

Eine Anhebung des Nachtverbrauchs (*Valley-Filling*) lastet unflexible Kraftwerke gleichmäßiger aus und wird idealerweise von deren Betreibern finanziell honoriert.

DSM durch *Valley-Filling* wurde in Deutschland bereits seit den 1970er Jahren betrieben – allerdings in eine andere Richtung: Um die dominierenden Grundlastkraftwerke (Braunkohlekraftwerke und Kernkraftwerke) gleichmäßig über Tag und Nacht auszulasten (sie sind nur schwer regelbar und kaum flexibel), wurde der ursprünglich sehr geringe Verbrauch nachts künstlich gesteigert, indem energetisch ineffiziente Nachtspeicherheizungen mit einem sehr günstigen Nachttarif von den Energieversorgern angeboten wurden. Dadurch gelang es, den Nachtverbrauch signifikant zu steigern (siehe Lastkurve 1960 bis 1990, Abbildung 23.2) – allerdings ohne dabei den Tagverbrauch nennenswert zu senken! Heutzutage müssen wir den umgekehrten Weg gehen.

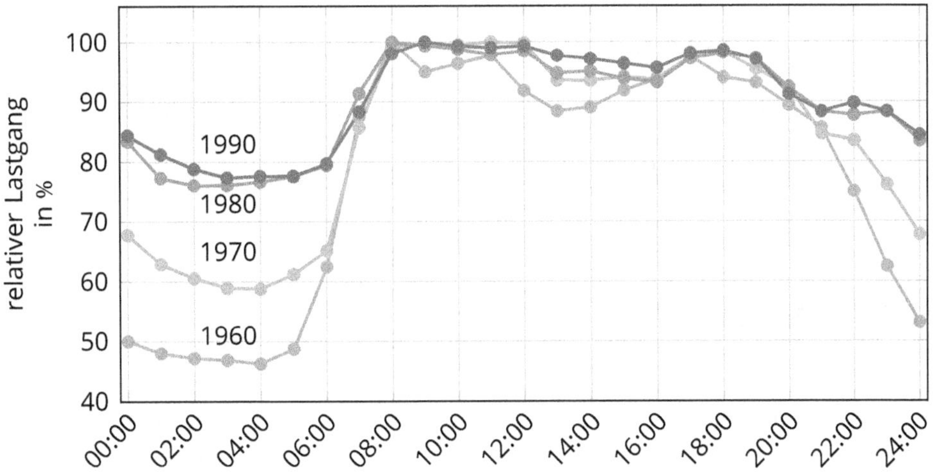

Abbildung 23.2: Relative Tageslastkurve in Deutschland von 1960 bis 1990: Vergleichmäßigung zur besseren Auslastung der Grundlastkraftwerke; Quelle: Volker Quaschning.

In unserem Fall bezeichnet DSM die gezielte Steuerung von Lasten (*Load-Shifting* und *Flexible Load Shape*), um den Stromverbrauch flexibel an das volatile Angebot erneuerbarer Energien wie Wind und Solar anzupassen. DSM kann durch das Abschalten energieintensiver Maschinen, das Verschieben von Produktionsprozessen oder die Nutzung von industriellen Speichern (im Wesentlichen Batteriespeichern) erreicht werden.

Das Potenzial für industrielle Lastverschiebung liegt in Deutschland aktuell bei etwa 5–15 GW. Besonders in Spitzenzeiten des erneuerbaren Energieangebots können Lasten bewusst hochgefahren werden, während bei niedriger EE-Erzeugung diese eben reduziert werden. Lastverschiebungen können auch im Bereich der Informationstechnik (*Green Computing*) realisiert werden: Besonders rechenintensive Prozesse (Rendering, Bitcoin-Mining) können auf Tageszeiten verlagert werden, in denen viele erneuerbare Energien verfügbar sind – bei der Photovoltaik beispielsweise um die Mittagszeit.

Es gibt eine Fülle von weiteren Maßnahmen zur besseren Anpassung des Verbrauchs an die Erzeugung:

✔ *Echtzeit-Preise und Anreize:* Preissignale am Strommarkt, die auf das aktuelle Angebot (viel erneuerbare Erzeugung = niedriger Preis) reagieren, motivieren Industrieunternehmen, ihre Stromnachfrage variabel zu gestalten. Nicht nur der eigentliche Strompreis, sondern auch die Netzkosten können in solche Preissignale einfließen.

✔ *Automatisierte Steuerungssysteme:* Smarte Steuerungs- und Messsysteme erleichtern das Verschieben von Lastraten, sodass Produktionsprozesse mit dem Angebot an günstiger und CO_2-armer erneuerbarer Energie synchronisiert werden können.

✔ *Lastmanagement-Programme:* Netzbetreiber können gezielt Industrieunternehmen incentivieren, ihre Lasten zu verschieben und so das Netz stabilisieren sowie EEG-Anlagen besser integrieren.

Für alle Maßnahmen braucht es langfristig planbare finanzielle Anreize, da sich eine entsprechende Produktionsanpassung in der Industrie aufwendig gestaltet und Investitionen erfordert: angepasste Betriebsabläufe mit Modifikation von voneinander abhängigen Prozessen, gegebenenfalls Maschinenneukauf, einschließlich Renditeberechnung für Finanzierung, neue Personaleinteilung mit abweichender Schichtdauer, eventuell neue Arbeitsverträge, Neuakkreditierung und Neuzertifizierung des Betriebs.

Prozesswärme

Prozesswärme spielt in der Industrie eine zentrale Rolle, da sie für zahlreiche thermische Verfahren wie Trocknen, Schmelzen, Brennen, Destillieren oder chemische Reaktionen benötigt wird. Besonders energieintensive Branchen – etwa die Stahl-, Zement-, Chemie- und Papierindustrie – benötigen hohe Temperaturen, die heute immer noch überwiegend durch fossile Brennstoffe wie Erdgas, Kohle oder Öl bereitgestellt werden. Die Dekarbonisierung dieser Prozesswärme stellt daher eine entscheidende Herausforderung für die Klimaneutralität unserer Industrie dar. Zu den wichtigsten Lösungsansätzen gehört die Elektrifizierung. Dadurch können erneuerbare Energien in Form von elektrischer Prozesswärme (etwa durch Elektrodenkessel, Widerstands- oder Induktionserwärmung) direkt eingesetzt werden. Ebenso wird der Umstieg auf grünen Wasserstoff viele Hochtemperaturprozesse dekarbonisieren können. Auch die Nutzung von Hochtemperatur-Wärmepumpen sowie die Abwärmerückgewinnung wird die Industrie in Richtung Klimaneutralität führen.

Bei Prozessen wie Trocknen, Reinigen, Pasteurisieren, Gären oder Dampferzeugung werden große Mengen Wärme benötigt – oft im Temperaturbereich zwischen 60 °C und 250 °C.

Zwar sind in diesem Temperaturbereich photovoltaisch betriebene Wärmepumpen relativ ineffizient, dennoch spielt Photovoltaik hier eine immer wichtigere Rolle: Der gewonnene Solarstrom kann direkt für sogenannte *Power-to-Heat*-Anwendungen eingesetzt werden, etwa in elektrisch betriebenen Dampferzeugern oder zur Unterstützung bestehender Heizsysteme. Damit werden fossile Brennstoffe ersetzt und der CO_2-Ausstoß deutlich gesenkt. Anwendungen für Wärmepumpen gibt es dann, wenn die notwendige Temperaturanhebung relativ klein ausfällt und zum Beispiel industrielle Abwärme anstatt Umgebungswärme genutzt werden kann.

Herausforderungen bestehen insbesondere bei sehr hohen Temperaturanforderungen, dem Ausbau erneuerbarer Stromkapazitäten und der Infrastruktur für Wasserstoff. Langfristig wird es um eine Kombination verschiedener Technologien und systemischer Ansätze gehen, um eine vollständig treibhausgasfreie Prozesswärmeversorgung zu erreichen.

Sektorkopplung in der Industrie

In der Industrie bedeutet Sektorkopplung vor allem die Verknüpfung von Strom, Wärme und Produktionsprozessen, um Energieeffizienz und erneuerbare Energien optimal zu verbinden und die CO_2-Emissionen perspektivisch bis auf null zu senken. Die Sektorkopplung ist für Dekarbonisierung, Effizienz, Resilienz und Zukunftsfähigkeit der Industrie von zentraler Bedeutung.

- ✔ *Power-to-X* (P2X): Überschüssiger Strom aus Wind- oder Solarenergie wird genutzt, um speicher- oder anderweitig verwertbare Energieträger zu gewinnen, zum Beispiel Wasserstoff. Das X steht aber für beliebige grüne Gase (PtG), flüssige Brennstoffe (PtL) oder auch Wärme (PtH). Dieser grüne Wasserstoff kann als Rohstoff oder Brennstoff in energieintensiven Branchen wie der Stahl- und Chemieindustrie eingesetzt werden.
- ✔ *Kraft-Wärme-Kopplung* (KWK): In Blockheizkraftwerken wird bei der Herstellung von Strom gleichzeitig Wärme erzeugt, die direkt für industrielle Heiz- oder Prozesszwecke verwendet werden kann.
- ✔ *Abwärmenutzung:* Industrieanlagen erzeugen oft große Mengen an Abwärme. Durch Sektorkopplung kann diese Abwärme ins lokale Fernwärmenetz eingespeist und so beispielsweise für die Beheizung von Wohn- und Gewerbegebäuden genutzt werden.
- ✔ *Elektrifizierung:* Viele bisher fossil betriebene Prozesswärme-Anlagen werden auf elektrische Systeme (etwa Hochtemperatur-Wärmepumpen oder elektrische Öfen) umgestellt und mit Strom aus erneuerbaren Quellen betrieben.
- ✔ *Direkte Stromnutzung:* Industrielle Maschinen und Prozesse werden gezielt darauf ausgelegt, erneuerbaren Strom direkt nutzen zu können, zum Beispiel für den Betrieb elektrischer Motoren, Pumpen, Lüfter oder elektrochemische Prozesse.
- ✔ *Grüner Wasserstoff:* Chemieparks setzen Pilotanlagen ein, um Wasserstoff für die Produktion von Grundstoffen wie Ammoniak oder Methanol aus grünem Strom herzustellen.

Teil VIII
Energieversorgung mit 100 % erneuerbaren Energien

IN DIESEM TEIL…

- ✔ Erfahren Sie mehr über unerschöpfliche Energiequellen.
- ✔ Bekommen Sie einen Eindruck vom weltweiten Wachstum der Photovoltaik.
- ✔ Entdecken Sie, wie die Transformation zu einer Welt mit erneuerbaren Energien gelingen kann.
- ✔ Lernen Sie, wie es zum menschengemachten Klimawandel gekommen ist.

IN DIESEM KAPITEL …

Ursprung der erneuerbaren Energien

Wirkungsgrade im Vergleich zur Photovoltaik

Kapitel 24
Alternative erneuerbare Energiequellen

Während Solarenergie nahezu überall sehr günstig auf der Welt verfügbar ist, hat sie doch den Nachteil, dass sie Tag-Nacht-, saisonalen und Wetterschwankungen unterliegt. Man kann diese Schwankungen durch geeignete Speicher (Batteriespeicher für kurzfristige Schwankungen, Pumpspeicher oder Wasserelektrolyse für saisonale Schwankungen) auffangen. Dies ist allerdings – trotz stark fallender Batteriepreise – noch relativ teuer, wenn man die Energie in großen Batterien speichern will, die auch jahreszeitliche Schwankungen ausgleichen können. Es lohnt sich daher, vor Ort nach zur Sonnenenergie *komplementären Energiequellen* Ausschau zu halten, die ebenso umweltfreundlich und klimaneutral sind. In Deutschland und in Dänemark bietet sich die *Windenergie* an, die trotz geringerer installierter Nennleistung als die Solarenergie im realen Einsatz den insgesamt größten Betrag an Grünstrom liefert, vor allem im sonnenarmen Winter. In Gebirgsregionen wie der skandinavischen Halbinsel und den Alpenländern bietet sich vor allem die *Wasserkraft* an, die auch als Pumpspeicher genutzt werden kann. In geologisch aktiven Gegenden (Island, Süditalien, Türkei, Mittelamerika, Japan, Philippinen, Kenia) bietet sich die von Tages- und Jahreszeit unabhängige *Geothermie* als konstant verfügbare Energiequelle an. *Biomasse* gibt es eigentlich überall dort, wo Landwirtschaft betrieben wird oder wo menschliche Ansiedlungen vorhanden sind. All diese Möglichkeiten wollen wir uns in diesem Kapitel etwas genauer betrachten.

Sonne

Sonnenenergie ist eigentlich Fusionsenergie: Bei Kernfusionsreaktionen im Sonneninneren verschmelzen (netto) zwei Wasserstoffatome zu einem Heliumatom und setzen dabei, verglichen mit ihren unvorstellbar winzigen Abmessungen, gigantisch viel Energie frei. Die Sonne ist groß genug, dass sie noch für 4,5 Milliarden Jahre Fusionsbrennstoff hat. In der geologischen Gegenwart strahlt die Sonne eine relativ konstante Leistung von 150 PW auf die Erde ein, was dem 10 000-fachen des Energieverbrauchs der Weltbevölkerung entspricht.

Allerdings erfolgt diese Einstrahlung nur auf die sonnenbeschienene Hälfte der sich drehenden Erdkugel und dazu in polnahen Gebieten unter flachem Einfallswinkel. Durch ein erdumspannendes Stromnetz in Äquatornähe könnte Sonnenenergie theoretisch von der beschienenen Seite auf die jeweils dunkle Seite transportiert werden. Diesen Ansatz haben bereits Anfang der 1980er Jahre japanische Wissenschaftler erörtert. Jedoch fand sich kein Investor für diese Idee. Ein eurasisches Netz von Lissabon bis Wladiwostok könnte dies ansatzweise (zumindest in den Sommermonaten der Nordhalbkugel) bewerkstelligen: Wenn in Lissabon die Sonne untergeht, geht sie in Wladiwostok bereits wieder auf.

Wind

Wind entsteht im Grunde durch Sonnenenergie: Durch die unterschiedliche Bestrahlung (einerseits wegen der Erdkrümmung, andererseits durch die immer wechselnde Wolkenbedeckung) erwärmt die Sonne bestimmte Regionen auf der Erdoberfläche mehr, andere weniger. Die warme Luft dehnt sich aus, wird leichter und steigt nach oben, und aus anderen Bereichen strömt Luft nach. Wind entsteht also durch den Ausgleich von Druckunterschieden, sodass Luft vom Hochdruck- zum Tiefdruckgebiet strömt. Dieser Druckausgleich wird als Wind wahrgenommen.

Wenn keine Wolken vorhanden wären, würde sich die Äquatorialregion am stärksten erwärmen, die Luft dort aufsteigen und sich in Richtung der kalten Pole bewegen, dort abkühlen und wieder an den Boden gelangen. Durch die starke Bewölkung und Niederschläge sind die heißesten Regionen jedoch nicht direkt am Äquator zu finden, sondern jeweils 30 Grad südlich und nördlich von diesem. Dadurch haben wir nicht nur eine große Äquator-Pol-Zirkulation, sondern mehrere kleinere Zwischenzirkulationen: Die *Hadleyzelle*, siehe Abbildung 24.1, darüber (auf der Südhalbkugel darunter) die *Ferrel-Zelle* und schließlich in der Nähe der beiden Pole die *polare Zelle*. Neben dem Temperaturausgleich wird die Richtung der Winde durch die Rotation der Erde bestimmt. (Die mit den Jahreszeiten wechselnde Orientierung der Erdachse zur Sonne sowie die Lage von Gebirgen und Meeresarmen verkomplizieren das Bild noch erheblich mehr, das braucht uns aber an dieser Stelle nicht weiter zu beunruhigen.) Insgesamt werden ungefähr 1 Prozent der eingestrahlten Sonnenenergie in Windenergie umgewandelt.

Eigentlich müssten wir – entsprechend der unterschiedlichen solaren Einstrahlung auf der Erde – nur Winde senkrecht zum Äquator in Nord-Süd-Richtung haben, aber dadurch, dass sich die Erde unter den Windströmungen weiterdreht (am Äquator schneller, an den Polen scheinbar langsamer), werden die Winde scheinbar (zumindest für den mitrotierenden Beobachter auf der Erdoberfläche) seitlich abgelenkt, sodass wir auf beiden Halbkugeln zwischen 30 und 60 Grad West-Komponenten in den Windrichtungen haben. Man spricht dabei von der sogenannten Corioliskraft, siehe auch Abbildung 24.1.

Bemerkenswert bei der Windkraftnutzung ist, dass die im Wind enthaltene (und nutzbare) Leistung nicht linear mit der Windgeschwindigkeit zunimmt, sondern mit deren dritter Potenz. Man kann sich dies wie folgt herleiten: Wind besteht aus einer fortlaufenden Serie von Luftpaketen. Bei Erhöhung von deren Fortbewegungsgeschwindigkeit, das heißt

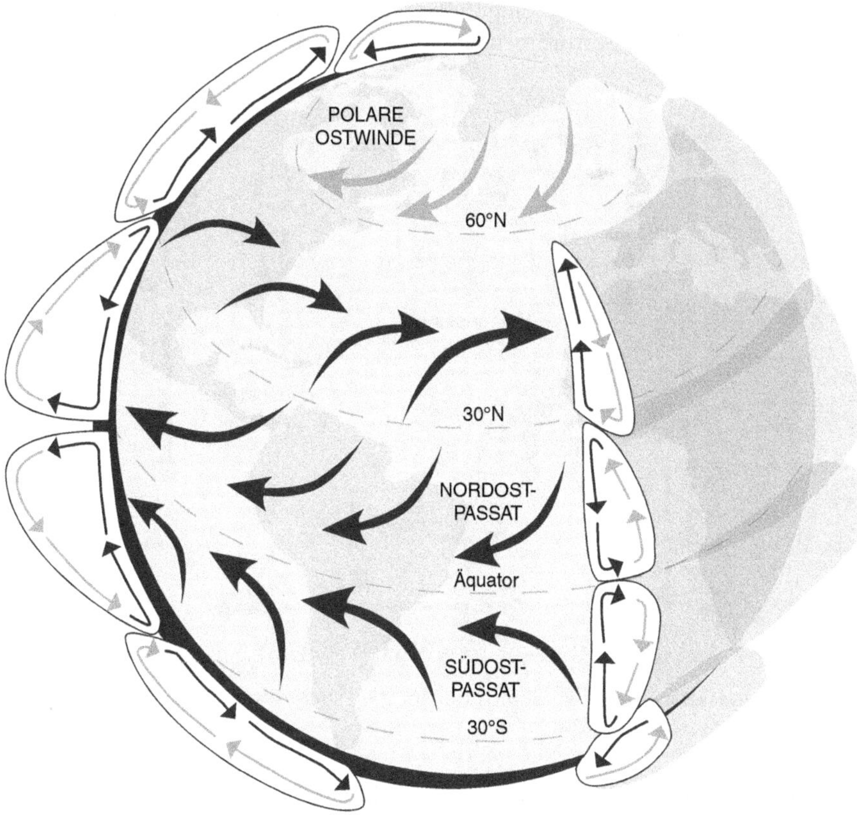

Abbildung 24.1: Windströmungen auf der Erde. Quelle: Quaschning, Regenerative Energiesysteme, 2025.

größerer Windgeschwindigkeit v, erhöht sich die Energie W jedes einzelnen Luftpakets mit der Masse m quadratisch, gemäß der aus dem Physikunterricht bekannten Formel $W = \frac{1}{2} \cdot m \cdot v^2$. Bei einer Erhöhung der Windgeschwindigkeit erhöht sich aber nicht nur die Energie jedes einzelnen Luftpakets, sondern auch die Geschwindigkeit der Abfolge dieser Luftpakete. Das heißt, es kommen jede Sekunde mehr Luftpakete vorbei. Daher gilt für die Windleistung insgesamt $P_{\mathrm{Wind}} \sim v^3$.

Wasserkraft

Wasserkraft entsteht im Grunde ebenfalls durch Sonnenenergie: Durch die solare Einstrahlung erwärmt sich die Erdoberfläche und Wasser verdampft. Die mit Wasser gesättigte Luft strömt nach oben, kühlt sich ab, das Wasser kondensiert und fällt als Niederschlag (meist als Regen, aber teilweise auch als Hagel und Schnee) ab, siehe Abbildung 24.2. Da es in höheren Luftschichten oft signifikante horizontale Luftströmungen gibt, findet der Niederschlag oft auch in Regionen statt, in denen kein Wasser verdampft wurde. Wenn der Niederschlag in Gegenden erfolgt, die höher als Meereshöhe liegen (das tun viele!), besitzt das abfließende

Wasser potenzielle Lageenergie, die sich nutzen lässt, etwa indem man Flüsse aufstaut und dann kontrolliert durch Wasserturbinen leitet, die Strom produzieren.

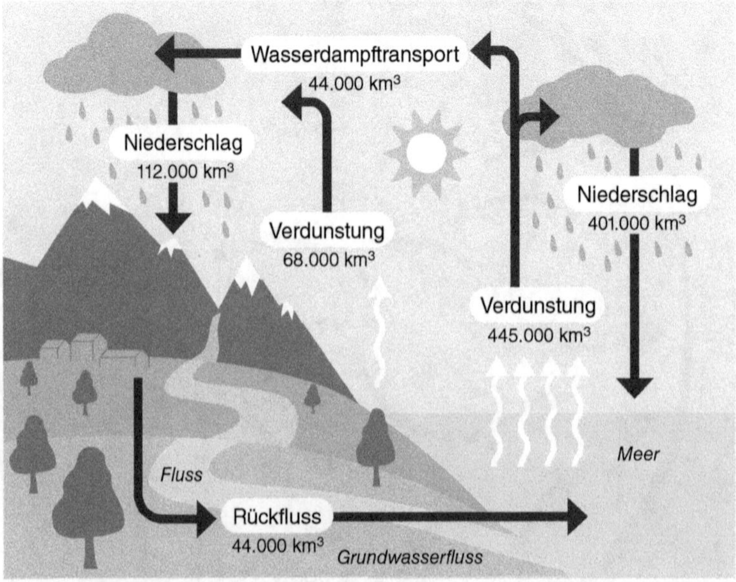

Abbildung 24.2: Wasserkreislauf mit jährlich transportierten Wasservolumina. Quelle: Quaschning, Regenerative Energiesysteme, 2025, modifiziert.

Ungefähr werden auch hier etwa 1 Prozent der auf die Erde eingestrahlten Sonnenenergie in später nutzbare Wasserkraft umgewandelt. Das Wasserkraftpotenzial an sich kann relativ effizient in elektrische Energie umgewandelt werden.

Typische Wirkungsgrade betragen bei modernen *Laufwasserkraftwerken* circa 90 Prozent. Zudem lässt sich Wasser stauen, wodurch man einen effizienten Langzeitspeicher erhält. Noch schlauer ist es, bei einem Überfluss an elektrischem Strom in *Pumpspeicherkraftwerken* Wasser mit dieser Überschussenergie in ein höher liegendes Becken hinaufzupumpen. Dieses kann dann bei Bedarf wieder abgelassen und durch die Turbine mit angekoppeltem Generator geleitet werden. Die Berechnung der in solch einem Lageenergie-Speicher enthaltenen Energie ist relativ einfach: Die Energie ist proportional zur gepumpten Höhe und zum Wasservolumen des oberen Beckens. Der Gesamtwirkungsgrad liegt dabei typischerweise bei knapp 80 Prozent, weil Verluste in den Rohren, der Pumpe, der Wasserturbine und dem Generator auftreten.

Biomasse

Nicht nur die Photovoltaik wandelt solare Einstrahlung in eine andere Energieform um – Pflanzen tun dies via Photosynthese seit Urzeiten. Sie gewinnen allerdings keinen elektrischen Strom, sondern chemische Energie, die in energiereichen Molekülen wie Stärke gespeichert ist. Im Gegensatz zum elektrischen Strom ist Stärke nicht flüchtig und somit leicht speicherbar. Ungefähr werden etwa 0,1 bis 2 Prozent der eingestrahlten Sonnenenergie in Biomasse umgewandelt. Damit liegt der Flächenwirkungsgrad erheblich unter dem der Photovoltaik.

Ein Hektar (1 ha = 10 000 m^2) Laubwald produziert jährlich Holz mit einem Energiegehalt von etwa 60 MWh (das entspricht einem Wirkungsgrad von 0,6 Prozent). Um die gleiche jährliche Energiemenge mittels Photovoltaik zu erzeugen, ist eine Fläche von nur 400 m^2 erforderlich, also ein 1/25 der Waldfläche. Bei der Produktion von Biogas aus Mais erhält man jährlich 7000 m^3/ha, was 90 MWh entspricht. PV würde 16-mal so viel elektrische Energie auf derselben Fläche erzeugen, oder die gleiche Energie auf einem 16tel der Fläche.

Deshalb ist der Anbau von »Bioenergiepflanzen« immer kritisch zu hinterfragen und zu prüfen, inwieweit nicht eine Photovoltaikanlage die effizientere und umweltschonendere Form der nachhaltigen Energiegewinnung ist. Etwas anderes ist es, wenn Pflanzen als nachwachsende Rohstoffe zum Ersatz von erdölbasierten Kunststoffen angebaut werden. Dies kann einen wichtigen Beitrag zur CO_2-Neutralität liefern.

Geothermie

Geothermie ist neben der Gezeitenkraft die einzige erneuerbare Energieform, die nicht von der Sonne gespeist wird. Vielmehr ist sie ein Überbleibsel der bei der Entstehung der Erde vor 4,6 Milliarden Jahren gebildeten Kompressionswärme, die seitdem nicht mehr erneuert wird, sondern langsam abkühlt. Die im Erdkörper enthaltene Wärmemenge ist jedoch so gigantisch groß, dass sie nach menschlichem Maßstab als »unendlich« durchgehen kann: Rund 99 Prozent der Erdmasse weisen eine Temperatur von über 1000 Grad Celsius auf. Die Temperatur im Innern der Erde ist sogar höher als die Oberflächentemperatur der Sonne, siehe Abbildung 24.3.

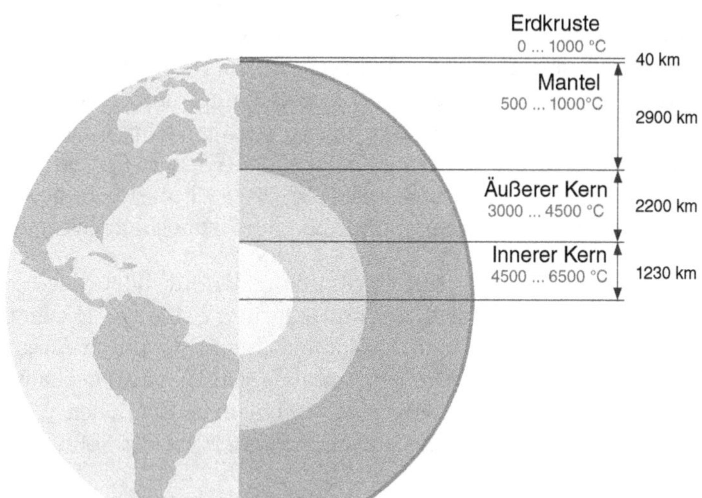

Abbildung 24.3: Geothermischer Aufbau der Erde.

Nimmt man eine mittlere Temperatur im Erdinneren von circa 3000 Grad Celsius (je nach Gewichtung der Schichten) an, ergibt sich bei einer Erdmasse von $6 \cdot 10^{24}$ kg und der durchschnittlichen Wärmekapazität von 0,8 kJ/(kg K) ein Energiereservoir von $14{,}4 \cdot 10^{27}$ kJ. Bei dem gegenwärtigen jährlichen Weltenergieverbrauch von $0{,}62 \cdot 10^{18}$ kJ kann die Geothermie also Energie für 23,2 Milliarden Jahre bereitstellen – viel länger, als Erde und Sonnensystem noch existieren werden.

Wirkungsgrade im Vergleich zur Photovoltaik

Tabelle 24.1 vergleicht die Gesamtwirkungsgrade verschiedener erneuerbarer Energiequellen. Photovoltaik ist die einzige Technologie, welche eine direkte Umwandlung von Sonnenlicht in elektrischen Strom ermöglicht.

Wandler	minimaler Wirkungsgrad	maximaler Wirkungsgrad	typischer Wirkungsgrad
Wasserkraft	0,5 %	1 %	1 %
Windkraft	0,5 %	1 %	0,5 %
Biomasse	0,1 %	2 %	1 %
Photovoltaik	8 %	42 %	24 %

Tabelle 24.1: Gesamtwirkungsgrad: Von der solaren Einstrahlung bis zur Elektrizität.

Bei der *Wasserkraft* erwärmt die solare Einstrahlung die Erd- oder Meeresoberfläche, wodurch Wasser verdunstet, welches in der Atmosphäre kondensiert (aufgrund der niedrigeren Temperaturen dort) und abregnet. Wenn der Regen über Landflächen abregnet, kann das in Richtung Meeresniveau abfließende Wasser zur Energiegewinnung genutzt werden, etwa durch Wassermühlen oder Wasserturbinen. Die mechanische Drehbewegung kann direkt genutzt werden (traditionell für Bewässerungspumpen von Feldern oder für Getreidemühlen) oder über einen elektrischen Generator Strom erzeugen. Die Effizienz der Umwandlung von Lageenergie des herabfließenden Wassers in elektrische Energie am Generator liegt heutzutage in einem Bereich von 70–90 Prozent. Insgesamt beträgt die gesamte Umwandlungseffizienz von der Sonne bis zum Strom jedoch weniger als 1 Prozent.

Bei der *Windenergie* erwärmt die solare Einstrahlung die Erd- oder Meeresoberfläche. Da die Einstrahlung zu den Polen hin abnimmt und aufgrund vielfältiger lokaler und regionaler Effekte ergeben sich Temperatur- und Druckunterschiede, die durch Ausgleichsströmungen (Winde) ausgeglichen werden. Die Umwandlung von Wind in mechanische und dann elektrische Energie geschieht zwar heutzutage mit einem relativ hohen Wirkungsgrad von knapp 50 Prozent, jedoch liegt der Gesamtwirkungsgrad von der Sonneneinstrahlung bis zur Steckdose wiederum bei etwa 1 Prozent.

Bei der *Biomassenutzung* wird solare Einstrahlung mittels Photosynthese in energiereiche Moleküle wie Stärke und Zucker umgewandelt, die dann später (interner Speicher!) genutzt oder weiter umgewandelt werden können. Die so aufgebaute Biomasse kann durch thermische Verwertung (Verbrennung) direkt genutzt werden oder erst später, nach einer natürlichen Weiterprozessierung über geologische Zeiträume (zu Torf, Kohle oder Erdöl) – oder einer schnelleren künstlichen Umwandlung (Vergärung, Vergasung). Eine solche indirekte (und bereits in unserem geologischen Zeitalter verfügbare) Nutzung von Biomasse ist die das Gewinnen von Biogas aus pflanzlichen und tierischen Abfällen aus der Landwirtschaft oder aus Kläranlagen. In einem Biogaskraftwerk mit Wärmekraftmaschine (Verbrennungsmotor oder Gasturbine) wird dann aus chemischer erst thermische und dann mechanische Energie, die wiederum zum Antrieb eines elektrischen Generators dient. Das geht, lässt aber so gut wie keinen Umweg aus. Insgesamt beträgt die Umwandlungseffizienz von der Sonne bis zum Strom in diesem letzten Prozess deutlich weniger als 1 Prozent.

IN DIESEM KAPITEL ...

Fossile Grenzen

Erneuerbare Energiequellen

Folgen der Elektrifizierung

Wo stehen Deutschland und andere Länder?

Kapitel 25
Unsere Energieressourcen: endlich versus unendlich

Die Nutzung von Energie ist von wirklich grundlegender Bedeutung für unser Ökosystem wie auch das Leben und Wirtschaften moderner Gesellschaften. In diesem Kapitel erfahren Sie mehr über den weltweiten Energieverbrauch und unsere möglichen Energiequellen. Anhand von Prognosen für den Energieverbrauch der nächsten 30 Jahre werden die verschiedenen Energiequellen verglichen. Im Anschluss wird der Einfluss der zunehmenden Elektrifizierung des Energieverbrauchs auf die Nutzung der verschiedenen Energiequellen beschrieben.

Primärenergie – brauchen wir das?

Durch die Nutzung von Holz, Kohle und Öl stieg der Wohlstand der Gesellschaften, beziehungsweise wurde das Leben in eigentlich für den Menschen ungeeigneten Klimazonen überhaupt erst ermöglicht. Die Industrialisierung führte in den letzten 150 Jahren zu einem massiven Anstieg des weltweiten Primärenergiebedarfs, siehe Abbildung 25.1. Im Jahr 2025 lag der globale Primärenergieverbrauch bei gigantischen 172 000 TWh. Über 80 % davon wird nach wie vor durch fossile Energieträger gedeckt und erzeugt etwa 40 Gt an jährlichem CO_2-Ausstoß. Weltweit wird bis zum Jahr 2050 mit einem Primärenergieverbrauch von 245 000 TWh gerechnet, also mit einem weiteren Anstieg um etwa die Hälfte. In Deutschland lag der Primärenergiebedarf im Jahr 2025 bei 2931 TWh. Im Jahr 2050 wird für Deutschland mit einem Primärenergiebedarf von 1500 TWh bis 2400 TWh gerechnet, was insgesamt eine Abnahme des Primärenergieverbrauchs in Deutschland bedeuten würde. Diese prognostizierte Abnahme beruht im Wesentlichen darauf, dass Prozesse wie Transport und Wärmeerzeugung weitgehend elektrifiziert werden, was deutlich effizienter ist als die direkte Nutzung fossiler Brennstoffe und einen geringeren Primärenergiebedarf selbst bei wirtschaftlichem Wachstum bedeuten würde. Aus diesem Grund wird für Deutschland mit einem deutlich erhöhten Bedarf an *elektrischer* Energie im Jahr 2050 gerechnet. Während im Jahr 2025 etwa 510 TWh elektrische Energie benötigt wurde, ist für das Jahr 2050 ein Bedarf zwischen 800 TWh und 1100 TWh zu erwarten.

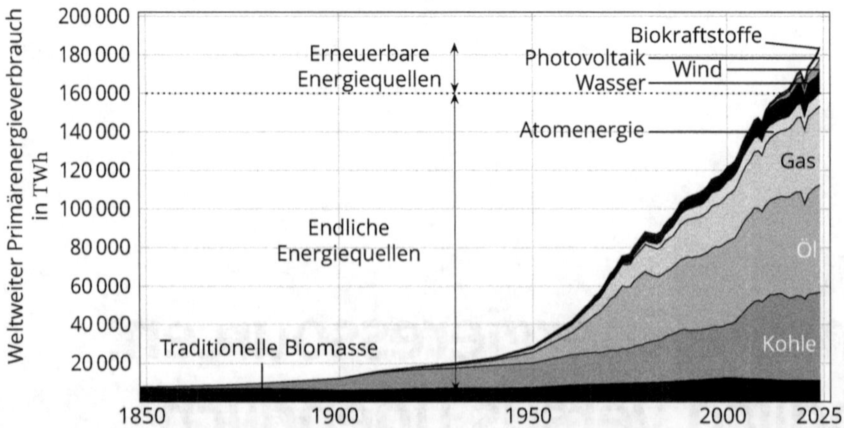

Abbildung 25.1: Entwicklung des weltweiten jährlichen Primärenergieverbrauchs seit 1850 (Substitutionsprinzip). Zusätzlich sind die Anteile endlicher und erneuerbarer Energien dargestellt. Quelle: Our World in Data, 2025.

Unsere Energiequellen

Um die im Prinzip unerschöpflichen Quellen der regenerativen beziehungsweise erneuerbaren Energien und die endlichen fossilen Quellen besser miteinander vergleichen zu können, sollen die Energieerzeugung und der Energieverbrauch über einen Zeitraum von 30 Jahren betrachtet werden. Diesen Ansatz haben wir einer Studie von Pérez und Pérez von 2022 entnommen, weil er besonders illustrativ ist und regelmäßig aktualisiert wird. Demnach wird in den Jahren 2020 bis 2050 ein Energiebedarf von 660 TWy (5782 PWh) über 30 Jahre benötigt. Die Einheit ist TWy_{30}. Bei fossilen Energieträgern werden die verfügbaren bekannten Quellen bewertet, die mit den vorhandenen Technologien und unter den gegebenen ökonomischen Bedingungen abgebaut werden können. Für erneuerbare Energien werden die Potenziale anhand vorhandener Technologien bewertet, die auf einem akzeptablen Anteil der Landfläche installiert werden können.

Abbildung 25.2 zeigt die weltweit verfügbaren Energiequellen. Die größte fossile Energiequelle stellt *Kohle* dar. Die Kohlereserven belaufen sich auf 1010 TWy (8848 PWh) und könnten den Weltenergiebedarf für etwa 45 Jahre decken. Bei der Verbrennung von Kohle entsteht allerdings der größte Anteil des klimaschädlichen CO_2. Bei vollständiger Verbrennung der Kohlereserven würde etwa 8000 Gt CO_2 entstehen, was mehr als das 60-fache der Kohlenstoffdioxid-Menge entspräche, welche zum Einhalten des 1,5 °C-Ziels noch ausgestoßen werden dürfte. *Rohöl* würde unter aktuellen Bedingungen eine verfügbare Menge von 340 TWy (2978 PWh) liefern und somit nur noch für etwa 15 Jahre zur Verfügung stehen.

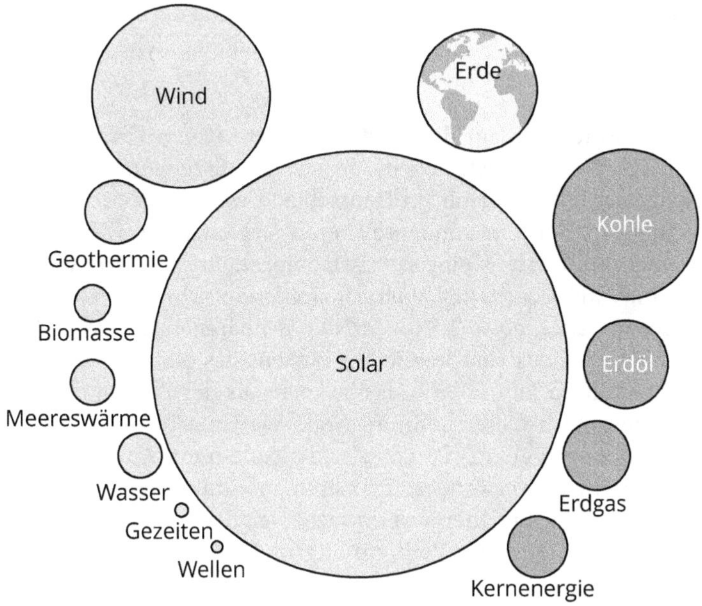

Abbildung 25.2: Verfügbare erneuerbare und fossile Energiequellen. Zur besseren Illustration repräsentieren die Flächen des Kreises die entsprechenden zahlenmäßigen Potenziale. Im Falle der erneuerbaren Energien wird die mögliche Energieerzeugung über 30 Jahre dargestellt. Zum Vergleich ist auch der über einen Zeitraum von 30 Jahren angenommene Weltenergieverbrauch (Erde) dargestellt. Quelle: Pérez und Pérez, 2022.

Auch die Verbrennung des noch verfügbaren Rohöls würde unser durch das Pariser Klimaabkommen gegebene CO_2-Budget um ein Vielfaches überschreiten. Ähnlich liegt es bei *Erdgas,* welches unter den gegebenen Umständen nur noch etwa 10 Jahre zur Verfügung stünde, wenn es als einzige Energiequelle zur Deckung des Weltenergiebedarfs genutzt würde.

Die *Kernenergie* liefert eine verfügbare Energie von nur 170 TWy (1489 PWh), also bei alleiniger Nutzung die Energie für knapp acht Jahre weltweiten Energieverbrauch. Diese Zahl ist extrem stark von den gemachten Annahmen abhängig, unter anderem weil es eine große Rolle spielt, inwieweit Wiederaufbereitung mitberücksichtigt wird. Jedoch zeigt die Größenordnung, dass die Kernenergie schon aus Gründen der relativ geringen Verfügbarkeit nicht als ausreichende Energieversorgung für einen zukünftigen Energieverbrauch in Betracht kommt.

Bei den erneuerbaren Energien ist die Photovoltaik mit 8300 TWy (72 708 PWh) in der Lage, den größten Beitrag aller vorhandenen Energieressourcen zu liefern. Jedes Jahr kann durch die Photovoltaik 12-mal mehr Energie zur Verfügung gestellt werden, als weltweit benötigt wird. Der Wirkungsgrad der photovoltaischen Energiewandlung liegt auf dem derzeit typischen Niveau von 20 Prozent. Die Studie von Pérez und Pérez nimmt für ihre Potenzialeinschätzung an, dass 6 Prozent der Landfläche für Photovoltaik genutzt werden. Siedlungsfläche und Verkehrsfläche machen in Deutschland etwa 15 Prozent aus, sodass die Annahme für die Photovoltaikfläche grundsätzlich plausibel erscheint, weil Solaranlagen auch auf den Dächern von bebauten Flächen installiert werden können. Die Installation auf Wasserflächen bietet zusätzliche Potenziale, ebenso wie eine Doppelnutzung landwirtschaftlich genutzter Flächen. Etwa ein Drittel der Landoberfläche wird landwirtschaftlich genutzt.

Die bis Mitte 2025 auf der Welt installierte *Photovoltaikleistung* beträgt etwa 2,5 TW_p. Bei einer jährlichen spezifischen Erzeugung von 1400 kWh je kW installierter PV-Kapazität (in Deutschland wären das circa 950 kWh/kW, aber die meiste PV ist in sonnenreicheren Regionen als Mitteleuropa installiert) errechnet sich daraus eine Jahresstromproduktion von etwa 3500 TWh. Setzt man dies in Bezug zum Weltprimärenergieverbrauch von 172 000 TWh, so wurden in 2025 etwa 2 Prozent der Primärenergie durch Photovoltaikanlagen gedeckt – das sind bereits 12 Prozent des globalen Stromverbrauchs von 29 500 TWh im Jahr 2025 – das ist mehr als der Beitrag des Atomstroms von 9 Prozent. Doch dieser hoffnungsvolle Wert macht nur 0,2 Prozent des angenommenen verfügbaren Potenzials aus! Zudem muss in Zukunft nicht mehr die komplette heute verwendete Primärenergie durch Solarstrom ersetzt werden, sondern nur der Endenergieverbrauch, weil die fossile Primärenergie sehr ineffizient umgesetzt wird. Verbrennungsmotoren und Kraftwerke haben 60–70 Prozent Verluste. Der tatsächlich benötigte Endenergieverbrauch beträgt beispielsweise in Deutschland nur etwa 50 Prozent des Primärenergieverbrauchs.

Die *Windenergie* kann laut der Studie von Pérez und Pérez eine elektrische Energie von bis zu 1500 TWy_{30} liefern. Die Nutzung der Windenergie ist hierzulande und zu Wasser (on- und offshore) angenommen. Wie bei der Photovoltaik nehmen die Autoren eine Nutzung von 6 Prozent der Landfläche an, die in diesem Fall etwas optimistisch erscheint. In Deutschland wird darüber diskutiert, ob 2 Prozent der Landnutzung für Windenergie zur Verfügung gestellt werden sollen. Legt man diese Annahme zugrunde, so übertrifft das Windenergiepotenzial aber immer noch den jährlichen Weltenergiebedarf. Tatsächlich sind 2024 weltweit 1136 GW installiert (davon 1052,3 GW onshore und 83,2 GW offshore), die mit 2511 TWh zur jährlichen Stromerzeugung beitragen.

Das Potenzial der *Geothermie* liegt bei etwa 6 TWy. In der Studie wird für die Geothermie nur die elektrische Nutzung betrachtet, die thermische Nutzung bleibt dort außen vor. Installiert sind etwa 15 GW, was 0,25 % des geothermischen Potenzials entspricht. Im Unterschied zu Strom aus Wind und Sonne kann Geothermie kontinuierlich Energie liefern, das Potenzial ist aber deutlich geringer.

Auch Strom aus *Wasserkraft* stellt eine erneuerbare kontinuierliche Energiequelle dar, deren jährliches Potenzial mit etwa 3 TWy eingeschätzt wird. Die installierte Kapazität beträgt 1,33 TW, was bereits zu einer Jahresproduktion von 4453 TWh führt. Damit ist das Potenzial der Wasserkraft mit 20 % schon zu einem relativ guten Teil genutzt. Ähnlich ist es bei der Nutzung von *Biomasse.* Die Potenziale und die heute schon genutzte Energie aus Biomasse sind vergleichbar mit der Wasserkraft. Biomasse hat ein ähnliches Potenzial wie die Geothermie und stellt ebenfalls eine kontinuierliche Energiequelle dar.

Es existieren mehrere Ansätze zur Nutzung der Energie, die in den Meeren gespeichert ist. *Meereswärmekraftwerke* (*OTEC – Ocean Thermal Energy Conversion*) sind eine erneuerbare Energietechnologie, die den Temperaturunterschied zwischen warmem Oberflächenwasser und kaltem Tiefenwasser der Ozeane nutzt, um Strom zu erzeugen. Sie funktioniert am besten in tropischen Regionen, wo der Temperaturunterschied zwischen Oberflächen- und Tiefenwasser mindestens 20 °C beträgt. Ihr Potenzial wird auf jährlich etwa 3 TWy geschätzt. Derzeit existieren aber noch keine größeren industriellen Anlagen. Das Potenzial für *Gezeitenkraftwerke*, die die Energie aus dem Tidenhub nutzen, wird mit lediglich 0,3 TWh pro Jahr eingeschätzt. Ähnlich wird das Potenzial von *Meereswellenkraftwerken* eingeschätzt, welche die Energie aus dem Wellengang im Meer nutzen.

Von allen Energiequellen hat die Photovoltaik, wie in Abbildung 25.2 dargestellt, mit einer Energieerzeugung, die dem 12-Fachen des globalen Bedarfs an Primärenergie entspricht, bei Weitem das höchste Potenzial, gefolgt von der Windenergie, mit der sich ebenfalls der Weltenergiebedarf alleine decken ließe. Die weiteren erneuerbaren Energiequellen haben ein deutlich geringeres Potenzial, können aber an geeigneten Orten regional wichtige Beiträge leisten. Zusammenfassend lässt sich sagen, dass das Potenzial der erneuerbaren Energien bei Weitem ausreicht, um auch noch einen deutlich steigenden Weltenergiebedarf zu decken.

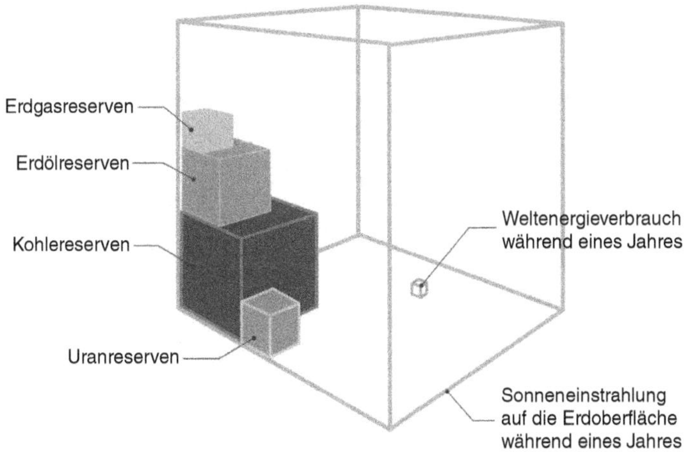

Abbildung 25.3: Gesamte fossile und nukleare Ressourcen im Vergleich zur jährlichen solaren Einstrahlung auf die Erde; Quelle: Greenpeace, 1994, adaptiert.

Eine Studie von Greenpeace kam schon im Jahr 1994 zu ähnlichen Ergebnissen, siehe Abbildung 25.3. In der Studie werden die endlichen fossilen und nuklearen Ressourcen mit dem damaligen Weltenergieverbrauch und der jährlich auf die Erde eingestrahlten Sonnenenergie verglichen. Auch diese Darstellung zeigt das riesige Potenzial der Photovoltaik, die Sonnenenergie in elektrische Energie umwandelt.

Einfluss der Elektrifizierung

Der zukünftige Energiebedarf wird sich durch die Elektrifizierung vieler Bereiche, wie Verkehr und Wärme, hin zu einer elektrischen Energieversorgung wandeln. Für die erneuerbaren Energien ändert sich dadurch an den eingeschätzten Potenzialen nichts, weil diese bereits elektrische Energie zur Verfügung stellen. Dies gilt auch für die Kernenergie.

Um einen Vergleich bezüglich der elektrischen Potenziale auch bei den fossilen Energieträgern zu ermöglichen, müssen die Wirkungsgrade der entsprechenden Kraftwerke, wie sie in Kapitel 3 Konventionelle Kraftwerke vorgestellt wurden, mitberücksichtigt werden. Durch die Umwandlung in elektrische Energie wird von fossiler Primärenergie nur etwa 40 % elektrisch genutzt. Das bedeutet auch, dass sich der Zeithorizont für die entsprechende fossile Energiequelle entsprechend reduziert. Vergleicht man die verfügbare elektrische Energie der fossilen Brennstoffe mit dem derzeitigen Weltenergiebedarf, so könnte selbst die in großen Mengen vorhandene Kohle den Weltenergiebedarf nur etwa 20 Jahre decken. Die Endlichkeit der Ressourcen, aber vor allem der CO_2-Ausstoß, der den menschengemachten Klimawandel selbstverstärkend anheizt, erfordert, dass die zukünftige Energieversorgung durch erneuerbare Energien gesichert werden muss. Diese sind in ausreichender und vielfältiger Form vorhanden, wie Sie dem vergangenen Abschnitt entnehmen konnten. Durch die Transformation auf elektrische Energieverbraucher und den Einsatz erneuerbarer Energiequellen kann der Primärenergiebedarf zudem deutlich gesenkt werden. In Deutschland geht man beispielsweise davon aus, dass sich der Primärenergieverbrauch im Jahr 2050 im Vergleich zu heute um 30 bis 50 Prozent senken lässt (trotz Zunahme des Nutzenergieverbrauchs am Ende der Kette).

Erneuerbare Energiequellen	**Potenziale für jährliche elektrische Energieerzeugung**	**Fossile Energiequelle**	**Verfügbare Primärenergie**	**Verfügbare elektrische Energie**
Photovoltaik	2453 PWh	Kohle	8848 PWh	3942 PWh
Wind	438 PWh	Öl	2978 PWh	1752 PWh
Geothermie	53 PWh	Gas	1927 PWh	1183 PWh
Biomasse	33 PWh	Uran	1489 PWh	491 PWh
Wasserkraft	26 PWh			
Meereswärme	26 PWh			

Tabelle 25.1: Potenziale elektrischer Energie aus erneuerbaren Energien, fossilen Energien und Kernenergie. Für die erneuerbaren Energien ist die jährlich verfügbare Energie angegeben. Bei den begrenzten fossilen Energiequellen und Uran ist die gesamte angenommene Verfügbarkeit der Ressource angegeben. Zum Vergleich: Der Primärenergieverbrauch betrug im Jahr 2020 169 PWh. Quelle: Statistical Review of World Energy 2025.

Derzeit wird der meiste Strom weltweit leider noch aus fossilen Energieträgern (hauptsächlich Kohle) bereitgestellt. Jedoch ändern sich die Verhältnisse mittlerweile im Rahmen einer globalen Energiewende durch das starke Wachstum der erneuerbaren Energien, welches über den Anstieg des globalen Stromverbrauchs hinausgeht. Tabelle 25.1 zeigt die Potenziale für die jährliche elektrische Energieerzeugung für die Erneuerbaren sowie die insgesamt verfügbare Primärenergie mit der entsprechenden elektrischen Energie bei fossilen und nuklearen Energiequellen auf. Man sieht beispielsweise, dass das Potenzial der Photovoltaik über zwei Jahre größer ist als die gesamte elektrische Energie, die in Zukunft jemals aus Kohleverstromung gewonnen werden könnte.

Schon gewusst? Wind- und Sonnenenergienutzung sind 2024 weltweit neunmal schneller gewachsen als der globale Energieverbrauch. Der fossile Energieverbrauch wächst nur noch schwach (1 Prozent), vermutlich sinkt er ab 2025/26 – dann wäre endlich auch eine Verringerung der CO_2-Emissionen in Sicht. Quelle: Statistical Review of World Energy 2025.

Die erneuerbaren Energien wachsen viel schneller als andere Energieformen im Laufe ihrer Entwicklung, wie Abbildung 25.4 zeigt. Hier wird dargestellt, wie lange es gedauert hat, mit der entsprechenden Technologie die Energiebereitstellung von 100 TWh auf 1000 TWh zu skalieren. Bei der Photovoltaik konnte dies bereits nach etwa 8 Jahren erreicht werden. Für Kohlekraftwerke wurden dafür immerhin etwa 30 Jahre benötigt. Heute ist der Aufbau von Photovoltaikanlagen demnach die schnellste Möglichkeit, Kraftwerkskapazität zu installieren. Der einfache und schnelle Ausbau einer elektrischen Energieversorgung mithilfe von Photovoltaik bietet eine große Chance, den Wohlstand zu erhöhen und gleichzeitig die Energieversorgung klimaneutral zu gestalten. Dadurch ist mittel- bis langfristig eine Ablösung der fossilen Energieträger durch die erneuerbaren Energien absehbar.

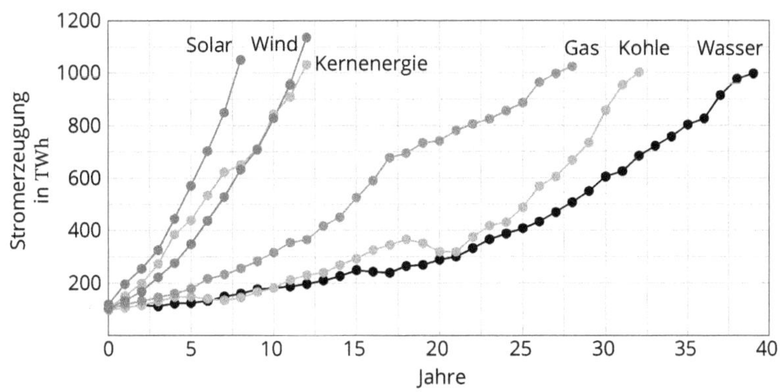

Abbildung 25.4: Vergleich des Wachstums verschiedener Energieträger bei der Stromerzeugung weltweit (in TWh). Aufgetragen auf der x-Achse sind die Jahre nach dem Zeitpunkt, in welchem eine Technologie die ersten 100 TWh bereitgestellt hat. Quelle: Statista, 2025.

Es gibt heute schon eine Reihe von Ländern, die einen hohen Anteil der Stromerzeugung mit Wind oder Photovoltaik sicherstellen. Oft wurde behauptet, dass ein Anteil von über 50 Prozent an erneuerbaren Energien nur möglich sei, wenn es sich um Wasserkraft oder Geothermie handeln würde. Doch der Strommix von Dänemark oder beispielsweise Litauen besteht zu über 60 % aus volatilen erneuerbaren Energiequellen wie Windenergie.

Der Primärenergieverbrauch einer Gesellschaft besteht aber nicht nur aus dem aktuellen elektrischen Energieverbrauch, sondern auch aus der Energie, die für Verkehr, Gebäudeheizung und Industriewärme aufgebracht werden muss. Hierfür werden in den meisten Fällen noch fossile Energiequellen eingesetzt. Deshalb beträgt der elektrische Anteil am Primärenergieverbrauch in den meisten Ländern auch weniger als 20 %. Eine wichtige Aufgabe bei der Transformation zu einer klimaneutralen Primärenergieversorgung ist daher die Elektrifizierung von möglichst vielen Prozessen. Abbildung 25.5 zeigt ein Ranking der

Länder, die beim Primärenergieverbrauch bereits einen sehr hohen Anteil an erneuerbaren Energien haben. Island hat beispielsweise schon einen Anteil von über 80 Prozent der erneuerbaren Energien am Gesamtenergieverbrauch. Island steht aber weltweit auch an der Spitze mit dem höchsten Pro-Kopf-Stromverbrauch. Dies liegt an der stromintensiven Aluminiumindustrie, aber auch an der sonstigen Elektrifizierung. So gelingt es, den Primärenergiebedarf durch erneuerbare Energien, hauptsächlich durch die in Island sehr reichlich vorhandene Geothermie und Wasserkraft, zu decken. Auch Norwegen deckt heute schon einen Anteil von über 50 % seiner Energie durch erneuerbare Energien (beim Strom sind es, wie in Island, 99 bis 100 Prozent). Seinen Heizbedarf deckt Norwegen hauptsächlich elektrisch und erreicht so einen hohen Anteil von elektrischer Energie an der Primärenergie.

Tatsächlich haben Länder, die schon jetzt sehr weit mit der Energiewende gekommen sind, ein gutes Angebot an relativ leicht zu steuernden und kontinuierlich verfügbaren Energiequellen wie Geothermie und Wasserkraft. Eine zukünftige weltweite Energieversorgung mit erneuerbaren Energien muss aber eine Lösung finden, um auch die stark schwankenden, aber dafür überall und in sehr hoher Menge verfügbaren Energiequellen wie Wind und PV effektiv und kontinuierlich zu nutzen. Hier kommt wieder das Thema Energiespeicher ins Spiel.

Unter Kurzzeitspeicher versteht man die Speicherung von Energie für bis zu einem Tag. Um Energie länger zu speichern, etwa um auch in der Wintersaison genügend Strom und/oder Wärme zur Verfügung zu haben, kommt zum Beispiel eine Speicherung mittels Wasserstoff oder Pumpspeicherkraftwerken infrage. Für Kurzzeitspeicher kann die Speicherung der elektrischen Energie bereits jetzt effektiv mithilfe von Batterien erfolgen.

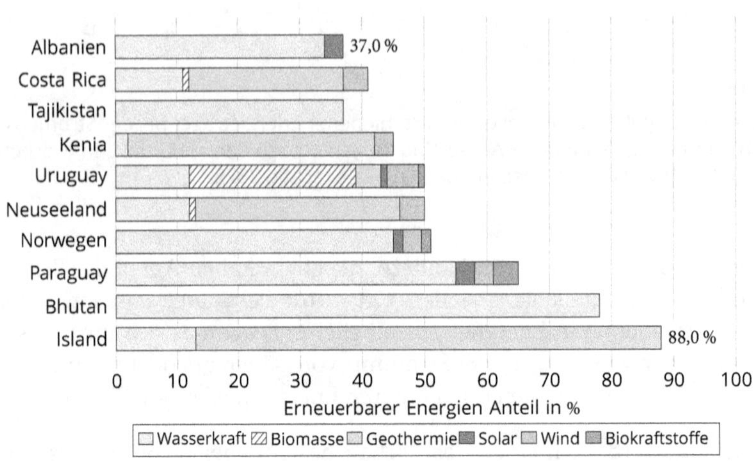

Abbildung 25.5: Die 10 Länder, die den höchsten Anteil erneuerbarer Energien am Gesamtenergieverbrauch aufweisen; Quelle: Statistical Review of World Energy, 2025.

Die Nutzung von Langzeitspeichern ist wesentlich für eine Primärenergieversorgung mit 100 % erneuerbaren Energien. Zum Gelingen der Energiewende sind neben dem Ausbau der erneuerbaren Energien und der Elektrifizierung weitere Veränderungen notwendig:

- ✔ Steigerung der Energieeffizienz
- ✔ Sektorkopplung
- ✔ CO_2-Abscheidung

Ist Wohlstand gleichbedeutend mit hohen CO_2-Emissionen?

In gewisser Weise lässt sich der Wohlstand eines Landes auch an dem Bruttoinlandsprodukt (BIP) seiner Volkswirtschaft ablesen. Verschiedene Volkswirtschaften zeigen, dass es möglich ist, ein hohes BIP bei gleichzeitig niedrigen Emissionen zu haben, siehe Abbildung 25.6. Die Bandbreite ist beeindruckend. Zwar haben nicht alle Länder die gleichen idealen Voraussetzungen wie Island mit seinem hohen Anteil an Geothermie und Wasserkraft, aber die allermeisten Länder schaffen es, ihren CO_2-Ausstoß im Vergleich zu ihrem Bruttoinlandsprodukt zu senken, wie ebenfalls aus Abbildung 25.6 ersichtlich wird. Es ist auch sehr gut vorstellbar, dass ein Land in Zukunft mit negativem CO_2-Ausstoß, sprich aktivem Klimaschutz, einen signifikanten Anteil am Bruttoinlandsprodukt (BIP) erwirtschaftet, also sozusagen CO_2-Zertifikate exportiert.

Um die internationalen Klimaschutzziele einzuhalten, spielt der Ausbau der erneuerbaren Energien eine entscheidende Rolle und unterstützt signifikant die Reduktion der Kohlenstoffdioxidemissionen – dies wird auch in Abbildung 25.7 ersichtlich. Aber auch Effizienzmaßnahmen und Energieeinsparungen sind wichtig, werden aber viel weniger in der Öffentlichkeit wahrgenommen, da sie wenig spektakulär erscheinen.

- ✔ Die Elektrifizierung der Endverbrauchssektoren (Verkehr, Wärme) spielt ebenfalls eine zentrale Rolle und wird in unserem Buch thematisiert.
- ✔ Bioenergienutzung wird oft unterschätzt. Tatsächlich stehen alle landwirtschaftlichen Produkte (auch nach ihrer Nutzung, beispielsweise als Nahrung) letztendlich als Bioenergie zur Verfügung. Diese kann beispielsweise ein flexibles Biogaskraftwerk komplementär zu Wind- und Solarenergie verarbeiten und so den Zwang zur Vorhaltung großer Energiespeicher reduzieren.
- ✔ Die Nutzung von Wasserstoff und seinen Derivaten ist natürlich nur dann sinnvoll, wenn dieser ohne CO_2-Freisetzung produziert wird, was heute sehr selten passiert, denn der meiste Wasserstoff wird aus Erdgas gewonnen. Grüner Wasserstoff ist mengenmäßig noch eine absolute Seltenheit. Der derzeit noch hohe Preis von grünem Wasserstoff wird die Anwendungen auf die Bereiche beschränken, bei denen er unverzichtbar ist, beispielsweise bei der Herstellung von grünem Stahl und im Luftverkehr.
- ✔ Über die CO_2-Abscheidung wird zwar viel geredet, diese ist aber prinzipiell sehr aufwendig und teuer, da CO_2 nur in geringen Konzentrationen in der Atmosphäre (Spurengas) zur Verfügung steht – anders sieht es freilich aus, wenn das CO_2 direkt an der Erzeugungsquelle abgeschöpft werden kann.

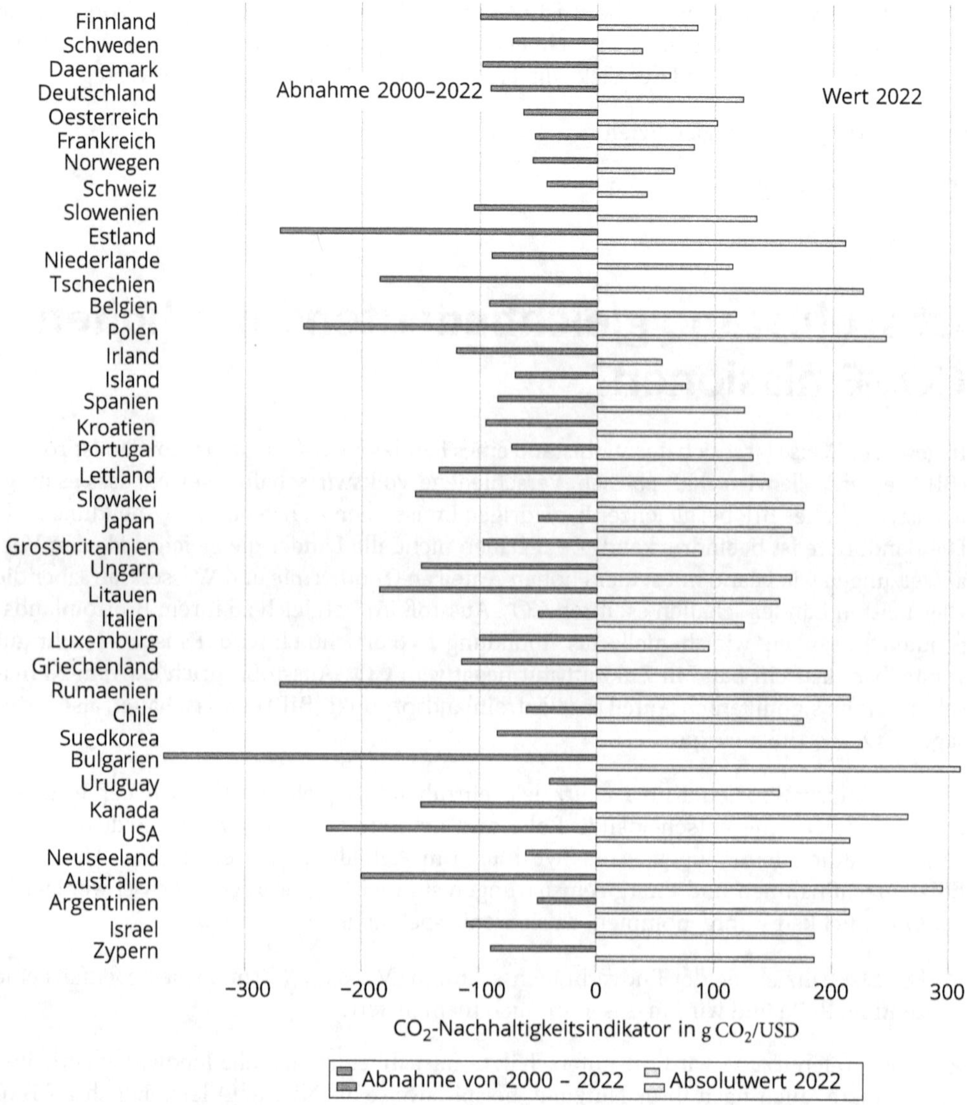

Abbildung 25.6: Ranking der Länder nach Gramm an emittiertem CO_2 je erwirtschaftetem USD; Quelle Sustainable Development Report 2024, IEA 2025.

Beim Anteil der Solarenergie an der Stromerzeugung eines Landes lag im Jahr 2024 mit einem Betrag von 25 Prozent erstaunlicherweise Ungarn vorne, gefolgt von Chile und Griechenland mit jeweils 22 Prozent, siehe Abbildung 25.8. Der Unterschied ergibt sich durch den insgesamt relativ hohen Stromverbrauch in Australien, wodurch Australien – trotz der höchsten PV-Leistung pro Kopf – mit 17,5 Prozent Solaranteil nur den fünften Platz erreicht. Ähnlich verhält es sich mit Deutschland, das hier mit knapp 15 Prozent Solaranteil auf den siebten Platz kommt.

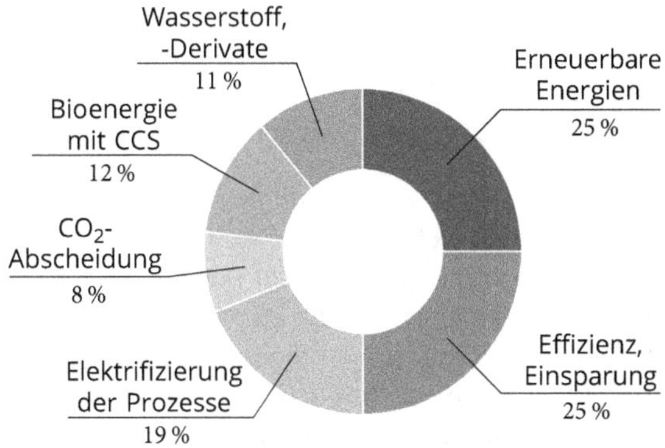

Abbildung 25.7: Vorgesehener Beitrag verschiedener Maßnahmen zur Reduktion von CO_2 zur Einhaltung der international vereinbarten Klimaziele; Quelle: Statista, 2025.

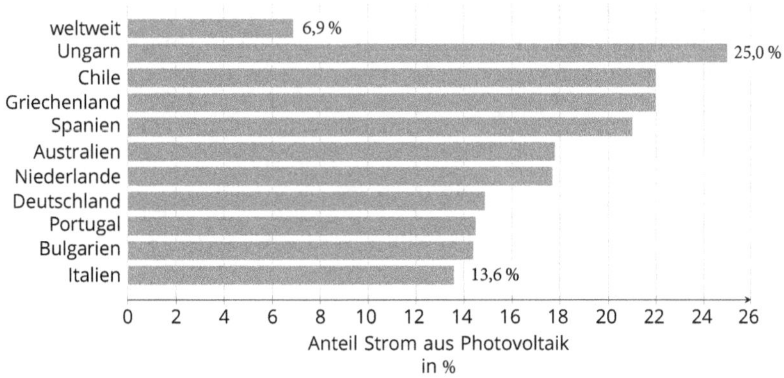

Abbildung 25.8: Relativer Beitrag der Photovoltaik zur elektrischen Energieversorgung im Jahr 2024, wichtigste Länder; Quelle: Statista, 2025.

Wo man schon weiter ist als in Deutschland: Dänemark

Dänemark hat weltweit den höchsten Anteil an fluktuierenden Erneuerbaren, das heißt Wind- und Solarenergie. Auch insgesamt ist der Anteil erneuerbarer Energien am Verbrauch gestiegen, wie Abbildung 25.9 zu entnehmen ist.

Die Energiewende in Dänemark gilt als eine der erfolgreichsten und ambitioniertesten Europas. Das Land nutzt insbesondere Windenergie – sowohl onshore als auch offshore – als tragende Säule seines Energiesystems. Im Jahr 2023 stammten circa 55 Prozent des Stromes aus Windkraft, davon 24 Prozent aus Offshore-Windkraftanlagen. Insgesamt lag der Anteil der erneuerbaren Energien am Stromsektor zuletzt bei rund 68–70 Prozent. Damit nimmt Dänemark einen Spitzenplatz im europäischen Vergleich ein.

Auch beim gesamten Endenergieverbrauch ist der Erneuerbaren-Anteil hoch, bleibt aber unterhalb des Anteils im Stromsektor, da beispielsweise Mobilität und Wärme noch stärker von fossilen Quellen abhängig sind. Die Zielmarke für 2030 ist eine Reduktion der CO_2-Emissionen um 70 Prozent gegenüber 1990 sowie Klimaneutralität bis 2050.

Dänemark gleicht den immer größeren Einfluss der starken Fluktuationen bei der Windstrom- und PV-Erzeugung durch mehrere Maßnahmen aus: Aufgrund der traditionell engen skandinavischen Zusammenarbeit ist das Land eng mit Schweden und Norwegen vernetzt, und auch mit Deutschland ist das Elektrizitätsnetz eng verbunden. Dazu nutzt Dänemark den regionalen und europäischen Stromhandel effizient, um Überschüsse zu exportieren oder bei Flauten Strom zu importieren. Des Weiteren hat Dänemark viele dezentrale Heizkraftwerke, die flexibel regelbar sind, um bei wenig Wind oder wenig Einstrahlung einzuspringen. Ein weiterer Ansatz ist, dass immer mehr Überschüsse in Wasserstoff oder andere gut speicherbare Energieträger umgewandelt werden. Dänemark investiert zusätzlich in sogenannte Energieinseln zur Integration und Verteilung großer Mengen Offshore-Wind im europäischen Verbundsystem und prüft zusätzlich Batteriespeicher. Eine Besonderheit und sehr hilfreich ist die hohe gesellschaftliche und politische Akzeptanz seit vielen Jahren – über die meisten Gruppen und politischen Lagen hinweg. Die Bevölkerung trägt die Energiewende mit großer Mehrheit mit, was Innovationen und Experimente erleichtert.

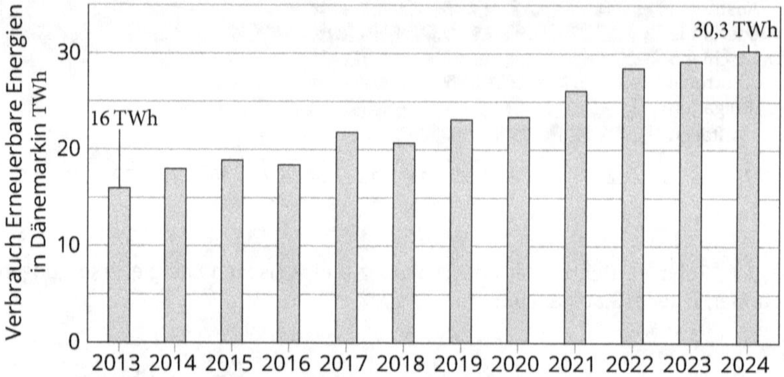

Abbildung 25.9: Entwicklung des Verbrauchs an regenerativen Energien insgesamt (über alle Sektoren) in Dänemark; Quelle: Statista, 2025.

Wo man ebenfalls schon weiter ist: Schweiz

Die Schweiz ist bei der Energiewende auf einem klaren Transformationspfad: Fossile Energieträger und Kernenergie werden schrittweise, aber konsequent durch erneuerbare Quellen ersetzt. Mit dem Stromgesetz 2025 und ambitionierten Ausbauprogrammen für

Photovoltaik, Wasserkraft und Windenergie hat das Land die Weichen für eine nahezu vollständig erneuerbare Energieversorgung bis 2050 gestellt.

Die Schweizer Stromproduktion besteht zu 60 Prozent aus Wasserkraft und zu 32–46 Prozent aus Kernkraft, die aber auslaufen soll, während der Anteil der Photovoltaik kontinuierlich anwächst. 2024 betrug ihr Anteil am Strommix schon über 10 Prozent. Mit dem neuen Stromgesetz sollen bis 2050 rund 60 Prozent des Strombedarfs durch neue erneuerbare Energien abgedeckt werden; zusammen mit der traditionellen Wasserkraft wird der Strom in Zukunft fast ausschließlich erneuerbar erzeugt. Entsprechend der Schweizer *Energiestrategie 2050* wird die Schweiz aus der Atomkraft passiv aussteigen, das heißt, die vorhandenen Atomkraftwerke werden bis zum Ende ihrer Sicherheitszulassung weiterbetrieben, es werden aber keine neuen Atomkraftwerke gebaut.

Inklusive Wärmebereitstellung und Mobilität stammen heute rund 30 Prozent des gesamten Endenergieverbrauchs aus erneuerbaren Quellen. Ziel ist eine weitere massive Steigerung durch verstärkte Elektrifizierung von Industrien, Verkehr und Gebäuden.

Die Schweiz verfügt über eine der weltweit größten Pumpspeicherkapazitäten pro Kopf. Insgesamt stehen eine Leistung von 9 bis 9,6 GW und ein nutzbares Speichervolumen von etwa 8 TWh zur Verfügung. Diese Pumpspeicherkraftwerke spielen eine zentrale Rolle bei der Integration von Solar- und Windstrom und der Flexibilisierung des gesamten europäischen Stromsystems.

Die zahlreichen Speicher- und Pumpspeicherwerke ermöglichen es der Schweiz, Stromüberschüsse aus dem europäischen Ausland, etwa aus Solar- und Windkraft, kosteneffizient zwischenzuspeichern und bei Bedarf, vor allem im Winter, zurück ins Netz zu speisen.

Damit fungiert die Schweiz im europäischen Netz als sogenannte grüne Batterie und bietet einen wichtigen Beitrag zur Stabilisierung der wetterabhängigen Erneuerbaren-Produktion. Die Fähigkeit zur saisonalen Speicherung über Staudämme und die gut ausgebaute Netzinfrastruktur machen die Schweiz zu einem Schlüsselakteur beim Gelingen der europäischen Energiewende.

Der Winterstrom bleibt in der Schweiz hingegen eher eine Herausforderung, daher liegt der Fokus neben dem Ausbau von Photovoltaik auf Power-to-X-Speicherlösungen (Umwandlung von grünem Strom in Wasserstoff oder Methan, welche leicht gespeichert werden können). Die EU-Strommarktintegration ist essenziell, um die Schweizer Speicherkapazitäten optimal einzubringen und Windkraftüberschüsse aus anderen Ländern zu beziehen, was die gegenseitige Versorgungssicherheit gewährleistet. Ebenso wie in Deutschland muss auch in der Schweiz beim Ausbau eines intelligenten Stromsystems noch einiges getan werden, um eine flächendeckende Umstellung auf erneuerbare Energie zu ermöglichen.

Die haben einen Plan: China

China hat immer noch mit über 50 % einen sehr hohen Anteil an Kohle an der Stromversorgung.

Andererseits baut China seine Kapazitäten im Wind- und Solarbereich sehr stark aus, sodass trotz der starken Zunahme des Stromverbrauchs der Anteil der Kohle an der Stromversorgung stetig sinkt. Diese Steigerung gelingt einerseits durch Wirtschaftswachstum, andererseits durch eine zunehmende Sektorkopplung durch den Ausbau der Elektromobilität, sowohl im Individualverkehr als auch bei ÖPNV/Bahn. Zwar werden noch Kohlekraftwerke gebaut, jedoch werden diese nicht mehr voll ausgelastet und dienen vorrangig als Lückenfüller beziehungsweise Reservekraftwerke.

Das sehr starke Wachstum der Stromerzeugung durch Erneuerbare wird in Abbildung 25.10 ersichtlich. Im Gegensatz zu Deutschland (siehe den folgenden Abschnitt zur Energieversorgung Deutschlands, Stichwort *Altmaier-Knick*) kam es in China zu keiner Stop-and-go-Politik in Bezug auf die erneuerbaren Energien (Regierungswechsel sind in China wesentlich weniger üblich als bei uns), sodass sich die chinesische Wachstumskurve nahezu ideal exponentiell darstellt. Wasserkraft ist in dieser Grafik nicht berücksichtigt. Durch diesen schnellen Ausbau konnte der Anteil der Erneuerbaren in den letzten 15 Jahren auf 30 Prozent verdoppelt werden, siehe Abbildung 25.11.

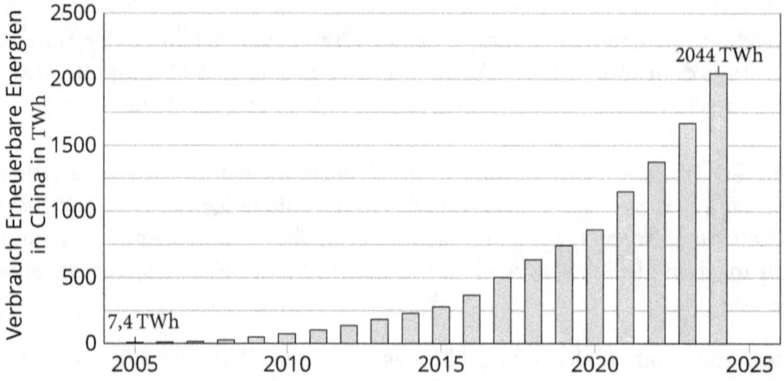

Abbildung 25.10: Entwicklung der Stromerzeugung durch erneuerbare Energien in China (ohne Wasserkraft); Quelle: Statista, 2025.

In China werden insgesamt rund 28 % des gesamten Primärenergieverbrauchs für die Stromerzeugung genutzt. Dieser Wert ist deutlich höher als in Deutschland mit etwa 15 %. Insbesondere die Mobilität wird in China deutlich schneller elektrifiziert.

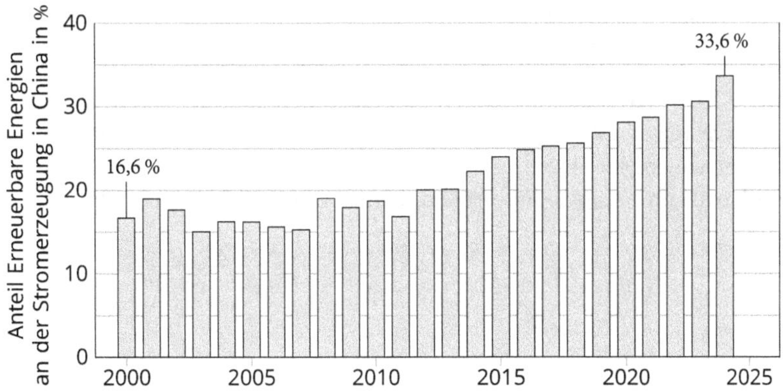

Abbildung 25.11: Entwicklung des Anteils erneuerbarer Energien am Stromverbrauch Chinas; Quelle: Statista 2025.

Energieversorgung Deutschlands 2050 mit Erneuerbaren

Das Erneuerbare-Energien-Gesetz (EEG), welches im Jahr 2000 in Kraft trat, wies neben der Investitionssicherheit durch feste Einspeisesätze für 20 Jahre auch ein dynamisches Element auf: Die Einspeisesätze sanken mit jedem Baujahr. Aufgrund der Priorisierung der Einspeisung der erneuerbaren Energien war auch gewährleistet, dass der saubere Strom den konventionellen Strom verdrängen konnte und dass keine Absatzschwierigkeiten auftraten. Dadurch gab es in den folgenden Jahren ein sehr großes Wachstum in der Branche mit vielen Arbeitsplätzen und viel Innovation in der Photovoltaik und speziell der Produktionstechnik. Deutschland hatte zeitweise einen Anteil von mehr als 50 Prozent am Weltmarkt und an der Welt-PV-Produktion. Durch schnelle Innovationen im Herstellungsprozess war es bald möglich, Solarmodule immer preisgünstiger herzustellen. Zwar sanken jedes Jahr die Einspeisetarife, jedoch war es immer noch profitabel, in PV-Anlagen zu investieren.

Dann aber kam es zu Regierungswechseln, einer schnellen, mehrmaligen Absenkung der Einspeisetarife sowie vielen Gesetzesänderungen in kurzer Folge. Dadurch waren insbesondere die Investoren und Finanzierer abgeschreckt und Investitionen in die Photovoltaik wurden als risikoreicher eingestuft, was zu höheren Kreditzinsen führte. Die Investitionen lohnten sich in Deutschland kaum noch, andere Märkte wie Spanien und Italien wurden lukrativer. Zudem erkannte China das enorme Potenzial der Photovoltaik. Durch Skalierungseffekte konnte dort zu sehr günstigen Preisen produziert werden. Vor allem aber bot der chinesische Staat Kredite zu äußerst günstigen Konditionen an. Viele Anlagenhersteller aus Deutschland implementierten in China die neuesten Produktionstechnologien. Letztendlich wurden die europäischen Hersteller vom Markt gedrängt, nur ein paar Modulhersteller, die mit importierten chinesischen Solarzellen arbeiteten, blieben übrig. Man spricht in der Branche vom sogenannten *Altmaier-Knick*, obwohl auch andere Politiker wie der damalige FDP-Minister Philipp Rösler und der SPD-Minister Sigmar Gabriel am 10 Jahre andauernden Niedergang der deutschen PV-Branche beteiligt waren, siehe Abbildung 25.12.

In den Jahren 2013–2018 wurden durch politische Maßnahmen im Mittel nur 1,9 GW_p/a installiert. Erst durch den Regierungswechsel 2021/22 mit Wirtschafts- und Energieminister Habeck kam es wieder zu einem beschleunigten Anstieg der Installationszahlen. Ab 2022 wurde das Niveau von 2011 wieder erreicht, von 2022 auf 2023 verdoppelten sich die Zahlen.

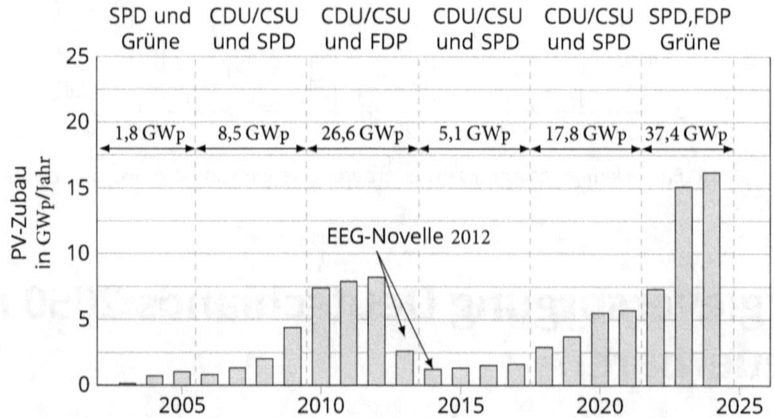

Abbildung 25.12: Entwicklung der PV-Installationszahlen in Deutschland, einschließlich der jeweiligen Regierungsperioden. Deutlich sichtbar ist der sogenannte *Altmaier-Knick* mit der EEG-Novelle von 2012.

Einzelne Fabriken in China haben inzwischen einen jährlichen Output von 50 GW_p. Das entspricht aktuell etwa dem Bedarf des gesamten europäischen Marktes.

Im EEG 2023 war ein PV-Ausbau auf 215 GW_p bis 2030 und auf 400 GW_p bis 2040 vorgesehen. Der jährliche Nettozubau sollte bis 2026 auf einen Höchstwert von 22 GW_p klettern. Zunehmend müssten auch Altanlagen ersetzt werden. Diese Ersatzinstallationen fallen derzeit noch wenig ins Gewicht, sie steigen jedoch im voll ausgebauten Zustand bei einer angenommenen Nutzungsdauer von knapp 30 Jahren auf etwa 15 GW_p pro Jahr. Der Zubau von 16,9 GW_p im Jahr 2024 erhöhte die installierte Leistung auf 100 GW_p, verteilt auf über 4,8 Mio. Anlagen inklusive Balkonkraftwerke. Bis zum erneuten Regierungswechsel im Jahr 2025 war die Planung, die PV-Gesamtleistung auf 400 GW_p bis 2040 auszubauen, damit die deutschen Klimaziele erreicht werden können (siehe Abbildung 25.13). Die Prioritäten der neuen schwarz-roten Regierung beim PV-Ausbau sind noch nicht klar abzuschätzen.

Zum weiteren Ausbau gibt es von verschiedenen Seiten Vorschläge, die in Richtung eines Nutzenergieverbrauchs von 1200 bis 1500 TWh pro Jahr gehen. Der heutige Primärenergieverbrauch liegt etwa bei 3500 TWh, aber durch die Elektrifizierung des Verkehrs, den Umstieg auf Wärmepumpen und die Elektrifizierung der Schlüsselindustrien wird dieser deutlich reduziert.

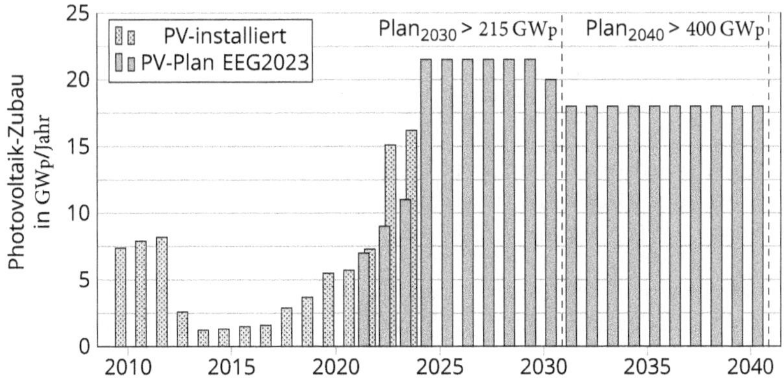

Abbildung 25.13: Bisherige und aktuelle Entwicklung sowie PV-Ausbauplan Deutschland nach EEG 2023; Quelle: PV-Fakten, Fraunhofer ISE, 2025.

Weltstromversorgung 2035 mit Photovoltaik

Erstaunlicherweise ist der globale Wachstumskurs der Photovoltaik mittlerweile so dynamisch, dass wir bereits in kaum 11 Jahren die komplette globale Stromversorgung auf PV-Basis haben könnten – selbst wenn man das weltweite Wachsen des Stromverbrauchs großzügig mitberücksichtigt. Die Rechengrundlage stellen wir hier kurz vor.

Bestimmung des Wachstums auf Basis der Zahlen der globalen PV-Installation der letzten 6 Jahre:

- ✔ Installierte PV-Kapazität Ende 2018: 509,3 GW_p (P_{PV0})
- ✔ Installierte PV-Kapazität Ende 2024: 2200 GW_p (P_{PV1})

Etwas klassische Wachstumstheorie:

$$P_{PV1} = P_{PV0} \cdot \left(1 + \frac{p_{PV}}{100\,\%}\right)^n$$

Wir kennen bereits den Anfangswert von 2018 mit 509,3 GW_p (nennen wir ihn P_{PV0}) sowie den Wert nach 6 Jahren mit 2200 GW_p (nennen wir ihn P_{PV1}). Wir fangen an, indem wir die Gleichung nach p_{PV} auflösen:

$$p_{PV} = 100\,\% \left(\sqrt[n]{\frac{P_{PV1}}{P_{PV0}}} - 1\right)$$

Einsetzen der Werte ergibt

$$p_{\mathrm{PV}} = 100\,\% \left(\sqrt[6]{\frac{2200}{509{,}3}} - 1 \right) = 27{,}6\,\%$$

Das Wachstum des Stromverbrauchs berücksichtigen wir jetzt folgendermaßen: Ohne Sektorverschiebung betrug das jährliche Wachstum des Weltstromverbrauchs 2 %, heutzutage liegt es bei knapp 4 % ($p_{\mathrm{E}} = 4\,\%$).

Im Jahr 2024 betrug der Weltstromverbrauch $E_{2024} = 27\,700$ TWh. Wie hoch wird er nach n_{E} Jahren sein, wenn der global erzeugte Solarstrom den globalen Verbrauch erreicht?

$$E_{2024+n_{\mathrm{E}}} = E_{2024} \cdot \left(1 + \frac{p_{\mathrm{E}}}{100\,\%}\right)^{n_{\mathrm{E}}}$$

Die Anzahl an Jahren n_{E}, bis der Stromertrag der zukünftig installierten PV-Kapazität P_{PV2} identisch mit dem dann aktuellen Verbrauch ist, berechnen wir wie folgt: Der Verbrauch wächst mit 4 % pro Jahr. Für den jährlichen PV-Stromertrag je global installiertem $\mathrm{kW_p}$ nehmen wir $E_{\mathrm{PV}}/P_{\mathrm{PV}} = 1400\,\mathrm{kWh/kW_p}$, das führt auf

$$P_{\mathrm{PV2}} = 1{,}04^{n_{\mathrm{E}}} \cdot E_{2024}/(E_{\mathrm{PV}}/P_{\mathrm{PV}})$$

$$\left(1 + \frac{p_{\mathrm{E}}}{100\,\%}\right)^{n_{\mathrm{E}}} = \frac{10{,}04^{n_{\mathrm{E}}} \cdot \frac{27\,700\,\mathrm{TWh}}{1400\,\mathrm{TWh/TW_p}}}{P_{\mathrm{PV1}}}$$

Die jährliche Wachstumsrate der installierten Photovoltaik liegt bei $p_{\mathrm{PV}} = 27{,}6\,\%/\mathrm{a}$. Ende 2024 (beziehungsweise Anfang 2025) betrug die installierte PV-Kapazität $P_{\mathrm{PV1}} = 2{,}2\,\mathrm{TW_p}$.

$$1{,}276^{n_{\mathrm{E}}} = \frac{1{,}04^{n_{\mathrm{E}}} \cdot 19{,}79\,\mathrm{TW_p}}{2{,}2\,\mathrm{TW_p}} = 1{,}04^{n_{\mathrm{E}}} \cdot 8{,}994$$

$$\left(\frac{1{,}276}{1{,}04}\right)^{n_{\mathrm{E}}} = 8{,}994$$

$$n_{\mathrm{E}} = \frac{\log(8{,}994)}{\log(1{,}227)} = 10{,}74$$

Die errechnete Anzahl der Jahre beträgt nur 10,74 – also werden wir nach unserer Modellrechnung die PV-Weltstromversorgung bereits gegen Ende des Jahres 2035 komplett mit PV bestreiten können (von Ende 2024 aus berechnet) – wenn das Wachstum konstant bleibt. Berechnen wir jetzt noch, wie groß dann die installierte PV-Kapazität im Jahr 2035 sein wird:

$$P_{2024+n_{\mathrm{E}}} = P_{2024} \cdot \left(1 + \frac{p_{\mathrm{PV}}}{100\,\%}\right)^{n_{\mathrm{E}}}$$

$$P_{2035} = 2{,}2\,\mathrm{TW_p} \cdot 1{,}276^{10{,}74} = 30{,}148\,\mathrm{TW_p}$$

Wie gesagt, das wäre eine idealisierte Auslegung mit 100 Prozent Solarstrom, ohne andere Stromlieferanten. Netz- und Speicherverluste sind noch nicht berücksichtigt, diese halten sich aber mit 5 bis 25 Prozent in Grenzen.

Wie sieht der Flächenbedarf für diese Menge an PV-Anlagen aus? Da bereits heute Solarmodule mit einem Wirkungsgrad von 25 Prozent am Markt sind, kann man diese Größe auch für eine konservative Berechnung für das Jahr 2035 heranziehen.

Man kommt dann auf eine Fläche von 120 600 km^2. Zum Vergleich: Im Jahr 2020 betrug die Dachfläche aller Gebäude weltweit 250 000 km^2. Das heißt, man müsste nicht einmal die Hälfte aller bisher vorhandenen Dachflächen mit PV belegen, damit die Weltstromversorgung quantitativ mit Solarstrom realisiert wird.

Was kostet das? Wert dieser 30,15 TW_p PV-Module im Jahr 2035: 854,3 Milliarden Euro (bei gleicher PV-Preisreduktion wie die 40 Jahre vorher sind das dann 2,8 Cent je W_p). Das entspricht z.B. nur 3,2 Jahre deutscher Militärausgaben (5 % des Bruttosozialprodukts, angekündigt für das Jahr 2029).

Übrigens: Ca. 15 Prozent der weltweiten Militärausgaben von 2,3 Billionen Euro jährlich werden derzeit zur Sicherung des Zuganges zu fossilen Energieressourcen aufgewandt. Diese Kosten entfallen bei einer globalen Versorgung durch Solarenergie. Über 30 Jahre gerechnet (Lebensdauer PV) entspricht das dann 10,35 Billionen Euro – dem Zwölffachen der PV-Anschaffungskosten."

IN DIESEM KAPITEL...

Speicher für jede Leistung und jede Speicherdauer

Anwendungen und Kostensenkungspotenziale

Speicher für den Systemausgleich

Kapitel 26
Speichersysteme

Während sich Geothermie, Wasserkraft und Biomasse dem Verbrauch anpassen können, muss für Wind- und Solaranlagen flexibler *Komplementärstrom* bereitgestellt werden, der die Lücke zwischen dem aktuellen Stromangebot und der aktuellen Nachfrage schließt. Dies kann durch eine Zwischenspeicherung geschehen und wird in diesem Kapitel thematisiert.

Elektrische Netze erlauben es, den Ort von Erzeugung und Verbrauch elektrischer Energie zu verschieben. Elektrische Speicher erlauben dagegen eine *zeitliche* Verlagerung von Erzeugung und Verbrauch. Die Art und Technologie eines Speichers wird durch eine Vielzahl von Parametern bestimmt: Speicherkapazität, Speicherfrequenz/Zyklenzahl, Lade- und Entladegeschwindigkeit, Selbstentladung, Lebensdauer sowie Kosten (Anschaffung und Kosten je Speicherzyklus). Wir kategorisieren sie nach der Dauer, die sie typischerweise die Energie speichern. Eine Übersicht über die verschiedenen Speicherarten, in Abhängigkeit von erforderlicher Leistung und Speicherdauer, gibt Abbildung 26.1.

Sekundenspeicher

Als unmittelbare Speicher im Versorgungsnetz können die bewegten Massen von großen Generatoren und Turbinen in Großkraftwerken, sogenannte *Interna*, dienen. Dadurch können beispielsweise kurzfristige Verbrauchsschwankungen unmittelbar ausgeglichen werden. Dieser Effekt kann auch durch externe Schwungradspeicher erreicht werden. Nachteilig ist die hohe Selbstentladung, da die Energie nur über einen relativ kurzen Zeitraum gespeichert werden kann: wenige Minuten, eventuell Stunden, bei Schwungradspeichern mit Magnetlagern und Schwungscheiben, die im Vakuum betrieben werden. Elektrische Speicher auf induktiver (große Spulen) oder kapazitiver Basis (Elektrolytkondensatoren, *Supercaps, Ultracaps*) können zwar kurzfristig relativ hohe Leistungen aufnehmen und abgeben, jedoch ist die Speicherkapazität sehr gering und die Selbstentladung groß, sodass sich diese Speicherarten nur als Sekundenspeicher (beispielsweise um sehr kurzfristige Schwankungen im Netz auszugleichen) eignen.

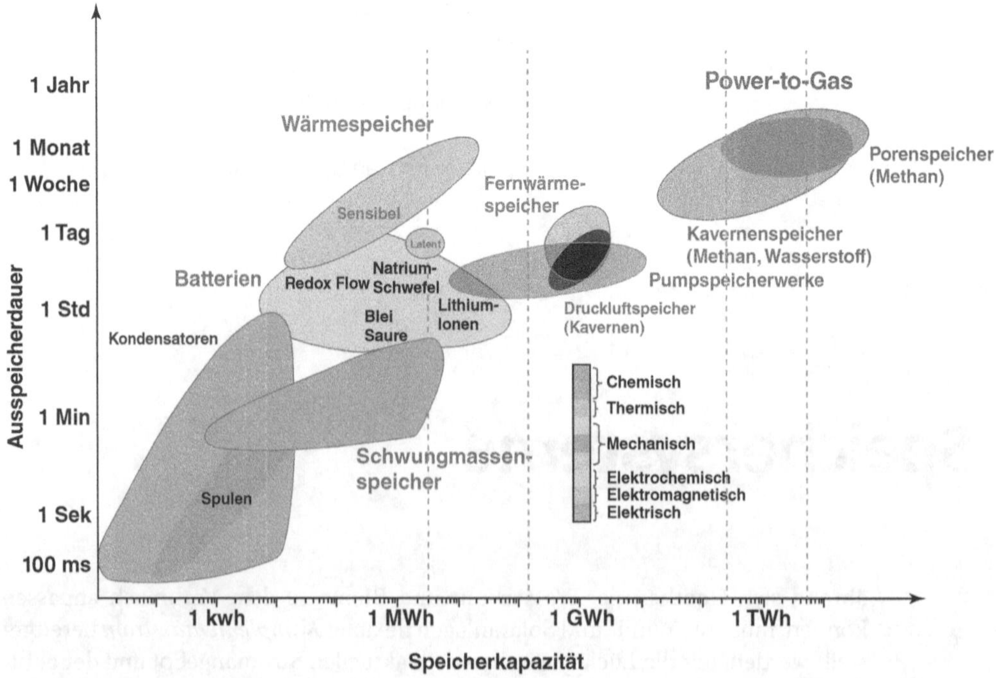

Abbildung 26.1: Jeweils beste Speicherarten in Abhängigkeit von erforderlicher Leistung und Speicherkapazität im Jahr 2025; Quelle: nach Michael Sterner, 2015, modifiziert.

Kurzzeitspeicher

Hier haben die klassischen elektrochemischen Speicher ihren Haupteinsatzbereich: Ursprünglich als *elektrische Akkumulatoren* bezeichnet, setzt sich heutzutage die Bezeichnung *Sekundärbatterien* immer mehr durch. Meist wird das »Sekundär« weggelassen, obwohl dies ein wichtiges Unterscheidungsmerkmal von wiederaufladbaren Batterien gegenüber Einwegbatterien (*Primärbatterien*) ist. Während über einen sehr langen Zeitraum (fast ein Jahrhundert) nur Blei-Säure- und Nickel-Cadmium-Akkus zur Verfügung standen, die sich im Preis kaum änderten, hat sich in den letzten zwei Jahrzehnten durch die Einführung von Lithium-Ionen-Akkus der Preis für die Energiespeicherung erheblich reduziert. Die Preise sind für komplette Großspeicher auf unter 100 Euro je kWh gefallen. Bei einer Lebensdauer von 5000 Vollzyklen (konservativ gerechnet) ergibt sich daraus ein Preis je eingespeicherte kWh von nur 2 Cent. Auch für die Speicherung der Energie über einen ganzen Tag sind inzwischen Batteriespeicher geeignet, da deren Kosten stark gesunken sind.

Bei einem Zyklus je Tag käme man bei Investitionskosten von 100 Euro je kWh und bei einer kalendarischen Lebensdauer von 10 Jahren auf 2,7 Cent je kWh. Jedoch eignet sich dieser Speichertyp nicht für die saisonale Speicherung, da die kalendarische Lebensdauer (wegen der chemischen Zersetzung des Speichers) meist nur etwa 10 Jahre beträgt, also auch nur 10 saisonale Zyklen umfasst. Dadurch kämen theoretisch Kosten von 10 Euro je kWh zustande, wenn der Speicher pro Jahr nur einmal geladen wird.

Wenn der Preisverfall aber weiter so stark fortschreitet, kann diese Art der Speicherung auch für längere Zeiten attraktiv werden.

Saisonale Energiespeicher

Saisonale Energiespeicher sind Energiespeichersysteme, die Energie über lange Zeiträume, meist mehrere Monate, speichern und damit jahreszeitliche Schwankungen in der Energieerzeugung und im Verbrauch ausgleichen. Dies ist besonders relevant für erneuerbare Energien wie Solar- oder Windenergie, deren Verfügbarkeit stark jahreszeitlich variiert. Saisonale Speicher sind damit ein Schlüsselinstrument für die Integration großer Mengen erneuerbarer Energien in das Energiesystem.

Die Hauptaufgabe saisonaler Speicher ist es, beispielsweise im Sommer erzeugte Wärme (etwa per Solarthermie) so zu speichern, dass sie im Winter genutzt werden kann, wenn der Wärmebedarf am höchsten ist und die direkte solare Energieerzeugung gering ist. Typische Anwendungen reichen von Einfamilienhäusern mit großen Wassertanks über ganze Wohnsiedlungen bis hin zu städtischen Fernwärmenetzen. Beispiele für saisonale Wärmespeicher sind:

- ✔ Großvolumige Wasserspeicher in isolierten Tanks
- ✔ Erdsonden-Wärmespeicher: Nutzung des Erdreichs als Langzeitspeicher
- ✔ Aquifer-Wärmespeicher: Speicherung von Wärme in grundwasserführenden geologischen Schichten
- ✔ Kavernenspeicher: Nutzung unterirdischer Hohlräume zur Speicherung von Wärme

Die Größe von Wärmespeichern wirkt sich positiv auf deren Effizienz aus: Nimmt man einen Kugelspeicher als Beispiel, so steigt dessen Volumen kubisch mit dem Kugelradius, seine Oberfläche, welche für die thermischen Verluste verantwortlich ist, nur quadratisch. Deshalb werden Wärmespeicher besser als große Quartierspeicher eingesetzt – als Speicher für einzelne Einfamilienhäuser wären die Wärmeverluste prinzipiell höher.

Diese Systeme ermöglichen eine effiziente Nutzung erneuerbarer Wärmequellen und verringern den Bedarf an fossilen Brennstoffen.

Nicht nur Wärme, auch Strom muss saisonal gespeichert werden. Hier werden heute hauptsächlich die Umwandlung und Speicherung von Strom in chemische Energie, wie etwa Wasserstoff (*Power-to-Gas*), diskutiert. Der überschüssige Grünstrom im Sommer wird durch Elektrolyse in chemisch gespeicherte Energie umgewandelt, die im Winter als Strom oder Wärme wieder verfügbar gemacht wird. Diese Technologie erweitert die Flexibilität des

Energiesystems und hilft, sogenannte *Dunkelflauten* im Winter zu überbrücken. Trotz der aktuellen Herausforderungen hat (grüner) Wasserstoff als Energiespeicher großes Potenzial und kann eine Schlüsselrolle bei der Energiewende spielen.

Herausforderungen und Zukunftsperspektiven

Saisonale Wärmespeicher benötigen große Speichervolumina und stellen gewisse technische Anforderungen an Wärmedämmung und Geologie. Die Entwicklung von multifunktionalen Speichern, die mehrere Wärmequellen integrieren (beispielsweise Solarenergie, industrielle Abwärme, Biomasse), ist ein vielversprechender Ansatz, um Flexibilität und Effizienz zu steigern.

Die Herausforderungen, Strom saisonal zu speichern, sind sowohl technologischer als auch ökonomischer Natur. Saisonale Stromspeicherung erfordert große Speicherkapazitäten in der Größenordnung von vielen TWh, um über Monate hinweg Energie zu speichern. Dies ist mit aktuellen Batteriesystemen möglich, aber aktuell extrem kostspielig. Alternativ bietet die *Power-to-Gas*-Technologie (zum Beispiel zur grünen Wasserstoffherstellung) einen vielversprechenden Ansatz: Dieser ist dann aber auch mit einer Erweiterung der Versorgungsinfrastruktur hin zu einem Wasserstoffnetz verbunden. Hier ist allerdings die geringe Anzahl von Lade- und Entladezyklen pro Jahr bei saisonalen Speichern ökonomisch weniger attraktiv als bei Kurzzeitspeichern. Insgesamt erschweren fehlende politische Rahmenbedingungen Investitionsentscheidungen.

Um die saisonale Speicherung breiter verfügbar und wirtschaftlich tragfähig zu machen, sind eine gewisse Weiterentwicklung von Speichertechnologien, ein verstärkter Netzausbau und verlässliche politische Rahmenbedingungen notwendig.

Speicher für die Netzregelung

Die Regelleistung, auch als Reserveleistung bezeichnet, sorgt dafür, dass im Stromnetz jederzeit die Netzlast mit der eingespeisten elektrischen Erzeugung übereinstimmt, und damit die Netzfrequenz im erforderlichen engen Rahmen konstant und das Netz stabil bleibt. Dazu veranlasst der Übertragungsnetzbetreiber sofortige Leistungsanpassungen bei regelfähigen Kraftwerken, Pumpspeicherkraftwerken, Batterien oder regelbaren Verbrauchern. Die notwendigen Maßnahmen werden entsprechend ihrer Zeit bis zur Bereitstellung, ihrer Bereitstellungsdauer und ihrer Leistung in *Primär-*, *Sekundär-* und *Tertiärregelung* sowie *Bilanzkreisausgleich* eingeteilt, siehe Abbildung 26.2.

Die unmittelbar verfügbare Regelleistung entspringt der mechanischen *Trägheit* (auch als *Interna* bezeichnet) von sich im Betrieb befindlichen Turbinen und Generatoren, insbesondere in Großkraftwerken: Diese fungieren also für sehr kurze Zeit als eine Art Schwungradspeicher. Der zweite Bereich ist die *Primärregelleistung*, die für kleine Leistungen sofort bis nach 30 Sekunden bereitstehen muss, für größere Leistungen ab 30 Sekunden bis zu 5 Minuten. Bei der *Sekundärregelleistung* muss eine minimale Leistung nach 30 Sekunden bis 5 Minuten bereitstehen und sie deckt für hohe Leistungen noch einen Bereich von

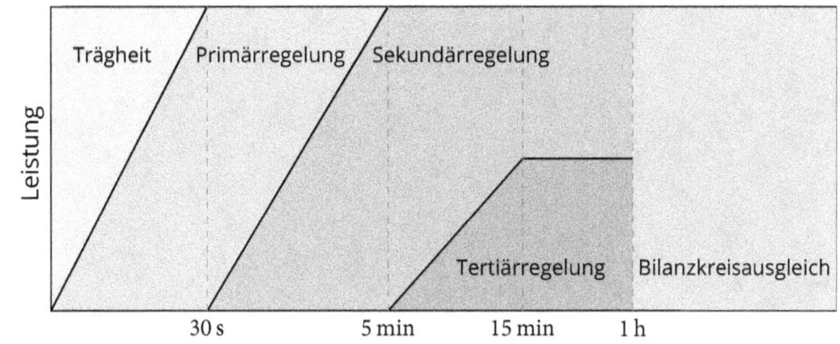

Abbildung 26.2: Bezeichnungen für bereitzustellende Regelleistung entsprechend ihrer zeitlichen Dauer bis zur Bereitstellung und der erforderlichen Leistung.

5 Minuten bis 1 Stunde ab. Die *Tertiärregelleistung* steht für kleine Leistungen nach 5 Minuten und für mittlere nach 15 Minuten bis 1 Stunde bereit. Nach 1 Stunde ist für alle Leistungen der *Bilanzkreisausgleich* verantwortlich.

Die Übertragungsnetzbetreiber beschaffen die erforderliche Regelleistung über eine Auktion. Die Kosten für diese Regelenergiebeschaffung werden dann auf die für Lastabweichungen verantwortlichen Akteure im Stromnetz (die sogenannten *Bilanzkreisverantwortlichen*) als sogenannte *Ausgleichsenergie* umgelegt. Die Beschaffung und der Einsatz von Regelleistung gehören zu den sogenannten *Systemdienstleistungen* der Übertragungsnetzbetreiber.

Die Aufgaben der verschiedenen Regelungsarten

- ✔ Die *Primärregelung* reagiert automatisch und innerhalb von Sekunden auf Frequenzabweichungen im Stromnetz. Sie wird meist von großen Kraftwerken bereitgestellt und stabilisiert das Netz im sehr kurzfristigen Bereich bei minimalen Schwankungen (innerhalb von 30 Sekunden aktiviert). Die Primärregelung ist der erste und schnellste Mechanismus für die Netzstabilität.

- ✔ Die *Sekundärregelleistung* wird aktiviert, wenn die Primärregelung nicht ausreicht. Sie greift innerhalb von etwa 5 Minuten nach Auftreten der Abweichung und ist für Ausgleich und Wiederherstellung des Gleichgewichts auf dieser Zeitskala verantwortlich. Diese Regelung erfolgt automatisiert über zentrale Stellen wie Übertragungsnetzbetreiber.

- ✔ Die *Tertiärregelung*, auch *Minutenreserve* genannt, kommt zum Einsatz, wenn sowohl Primär- als auch Sekundärregelung nicht ausreichen. Sie muss innerhalb von 5 bis 15 Minuten vollständig verfügbar sein und gleicht entsprechend länger andauernde Schwankungen zwischen Stromerzeugung und Verbrauch aus. Sie wird meist manuell oder automatisiert durch die Netzbetreiber aktiviert. Auf dieser Ebene können auch flexible dezentrale Anlagen mittlerweile an der Regelung teilnehmen.

- ✔ Der *Bilanzausgleich* im Strommarkt bedeutet, dass für jeden Bilanzkreis – ein virtuelles Energiemengenkonto eines Stromhändlers oder Energieversorgers – Erzeugung und Verbrauch innerhalb eines bestimmten Zeitraums exakt übereinstimmen müssen.

IN DIESEM KAPITEL...

- Entwicklung der Treibhausgasemissionen
- Aktueller Primärenergieverbrauch
- Entwicklung von Energieverbrauch und Anteil der Erneuerbaren

Kapitel 27
Entwicklung der Energieversorgung in Deutschland

Deutschland hat im *Klimaschutzgesetz* (KSG) festgelegt, bis 2045 klimaneutral zu werden. Dies bedeutet, dass zu diesem Zeitpunkt kein Nettoausstoß von CO_2 mehr erfolgt. Verbleibende Emissionen müssen kompensiert werden, sodass bilanziell keine CO_2-Emissionen mehr in die Atmosphäre gelangen. Dazu sind Zwischenziele für die Jahre 2030 und 2040 mit einer Reduktion von 65 % beziehungsweise 88 % in Bezug auf das Jahr 1990 definiert. Abbildung 27.1 zeigt die erreichte Reduktion der Treibhausgasemissionen in der Bundesrepublik Deutschland seit dem Jahr 1990.

Während die Emissionen 1990 noch bei 1252 $MtCO_2eq$ im Jahr lagen, konnten sie bis zum Jahr 2024 auf 649 $MtCO_2eq$ (Millionen Tonnen Kohlenstoffdioxid-Äquivalente) im Jahr reduziert werden. Dies entspricht einer Reduktion um 48 %. Nach einer Phase der Stagnation sind die Emissionen in den Jahren 2018 bis 2024 deutlich gesunken, vor allem durch den steigenden Anteil erneuerbarer Energien und den Rückgang bei der fossilen Energieerzeugung. Auch wenn dies ein beachtlicher Rückgang ist, so sind doch noch erhebliche Anstrengungen notwendig, um die restlichen 649 $MtCO_2eq$ der deutschen Treibhausgasemissionen bis 2045 zu vermeiden. Setzt man einen linearen Reduktionsansatz an, so ergeben sich dann für die Bundesrepublik Deutschland nach dem KSG noch Gesamtemissionen in Höhe von etwa 6,5 $GtCO_2eq$.

Bezieht man dies auf die Weltbevölkerung und gesteht den 8 Milliarden Menschen die gleichen Emissionen wie den 80 Millionen Bürgern der Bundesrepublik zu, so ergäben sich noch Emissionen von etwa 650 $GtCO_2eq$. Mit dieser Gesamtemissionsmenge würde das 1,5 °C-Ziel aus dem Pariser Klimaschutzabkommen deutlich verfehlt werden. Danach dürften nämlich ab 2020 nur noch 400 Gt CO_2

pro Jahr emittiert werden, wie es im Bericht des Weltklimarats IPCC von 2020 steht. Auch wenn die deutschen Ambitionen zunächst hoch erscheinen, so reichen sie nicht aus, um das Klimaziel zu erreichen.

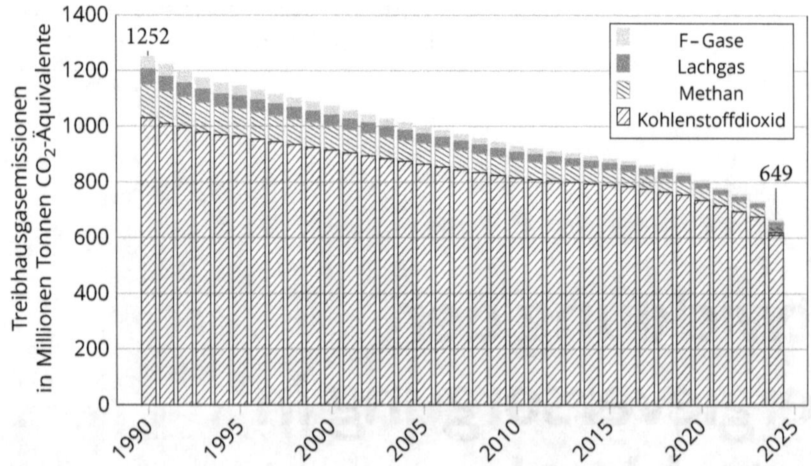

Abbildung 27.1: Entwicklung der jährlichen Treibhausgasemissionen von 1990 bis 2024 in Deutschland; Quelle: Umweltbundesamt, 2025.

Wir gehen im Folgenden von den Zielen des Klimaschutzgesetzes aus dem Jahr 2024 aus und betrachten, wie die Klimaneutralität danach bis 2045 erreicht werden kann.

Aktuell: Primärenergieverbrauch in Deutschland

Abbildung 27.2 zeigt den Primärenergieverbrauch in Deutschland für die beiden Jahre 1990 und 2023. Der Primärenergieverbrauch hat sich in diesem Zeitraum von 4128 TWh auf 2958 TWh um knapp 30 % reduziert.

Der Primärenergieverbrauch von 2023 entspricht einem Niveau, wie es zu Beginn der 1970er Jahre in den alten Bundesländern allein schon erreicht wurde. Unser Wohlstand im wiedervereinigten Deutschland ist aber dennoch auf einem unvergleichlich höheren Niveau! Der Energieverbrauch kann also sehr wohl vom Wohlstand entkoppelt werden.

Verschiedene Angaben zum Primärenergieverbrauch Beim *Wirkungsgradprinzip*, welches hauptsächlich in Deutschland angewendet wird, wird der Primärenergieverbrauch anhand der Umwandlungswirkungsgrade der eingesetzten Energieträger berechnet. Strom aus Wind-, Wasser- oder Solarkraft wird dabei mit 100 Prozent Wirkungsgrad und Kernkraft mit 33 Prozent bewertet. So entspricht bei erneuerbaren Energien die erzeugte Endenergie direkt der

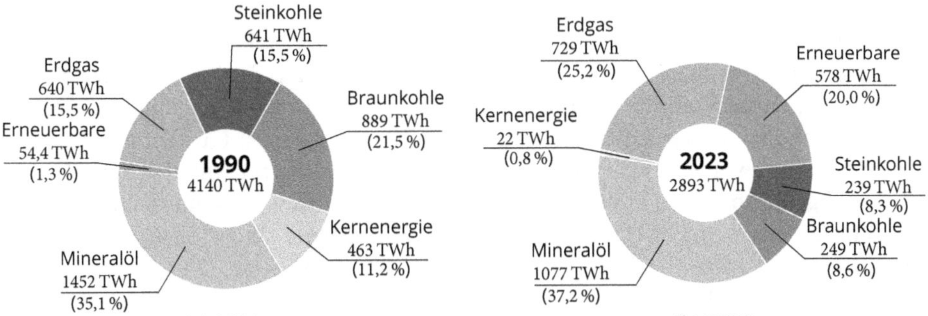

(a) 1990 (b) 2023

Abbildung 27.2: Primärenergieverbrauch in Deutschland, aufgeschlüsselt nach Energieträgern für die Jahre 1990 und 2023; Quelle: AGEB, 2024.

Primärenergie, während bei fossilen und nuklearen Energieträgern durch Umwandlungsverluste ein höherer Primärenergieverbrauch angegeben wird. Dadurch erscheint der Anteil der Erneuerbaren viel kleiner, als sein Anteil an der Stromversorgung tatsächlich ausmacht.

Beim *Substitutionsprinzip*, das im Ausland häufiger angewendet wird, geht man von der Menge an fossiler Energie aus, die erforderlich wäre, um dieselbe Endenergie aus regenerativen Quellen zu erzeugen. Es wird also berechnet, wie viel Primärenergie konventioneller Brennstoffe durch erneuerbare Energien ersetzt (substituiert) würde. Dadurch gibt der Anteil der erneuerbaren Energien im Primärenergieverbrauch hier auch eher den Anteil der Erneuerbaren an der Stromversorgung wieder. Deshalb verwenden bekannte Quellen wie *Our World in Data* des Global Change Data Lab, das mit der Universität Oxford zusammenarbeitet, auch immer das Substitutionsprinzip.

Die beobachtete Abnahme des Primärenergieverbrauchs lässt sich zum einen mit einer Effizienzsteigerung und zum anderen mit dem vermehrten Einsatz von erneuerbaren Energien erklären. Während ein Kohlekraftwerk nur 33–40 % seiner Primärenergie in Strom verwandelt, wird bei den erneuerbaren Energien eine Effizienz von 100 % angesetzt. Man benötigt also regenerativ nur ein Drittel der Primärenergie von Kohle, um die gleiche Menge an Strom zu erzeugen.

Oftmals wird argumentiert, dass die Abwärme von Kohlekraftwerken als Fernwärme genutzt werden kann und so der kombinierte Wirkungsgrad (elektrisch plus thermisch) wesentlich höher ausfällt. Das stimmt zwar prinzipiell, jedoch ist die Fernwärme nur in einem Umkreis von 1 bis 2 km des Kraftwerks nutzbar. Zudem wird im Sommerhalbjahr die Heizungswärme kaum benötigt.

Der Einsatz von Braunkohle und Steinkohle liegt im Jahr 2023 um etwa zwei Drittel unter dem des Jahres 1990. Sogar der Einsatz von Mineralölen, der hauptsächlich in Motoren erfolgt, hat sich um etwa 25 % reduziert. Durch den Ausstieg aus der Kernenergie spielt diese seit 2023 keine Rolle mehr. Bei den fossilen Energieträgern hat sich lediglich die Nutzung von Erdgas erhöht, und zwar um etwa 14 %. Vergleicht man den Anteil aber mit den Werten aus dem Jahr 2021, vor dem Krieg in der Ukraine, so hat auch dieser Anteil in den letzten Jahren stark abgenommen. Im Unterschied dazu hat sich der Einsatz von erneuerbaren Energien mehr als verzehnfacht. Trotz dieser großen Fortschritte sind die Hauptenergieträger immer noch die fossilen Brennstoffe Mineralöl (36,4 %) und Erdgas (24,7 %). Erst dann folgen die erneuerbaren Energien mit 19,5 %. Insgesamt machen die fossilen Brennstoffe noch immer einen Anteil von knapp 80 % am *Primärenergiemix* der Bundesrepublik Deutschland aus. Weil es aktuell keine verfügbaren Speichertechnologien für CO_2 gibt, muss mindestens der größte Teil der fossilen Brennstoffe durch erneuerbare Energiequellen ersetzt werden. Das Fraunhofer-Institut für Solare Energiesysteme hat hierfür mehrere Szenarien erarbeitet, die im Folgenden vorgestellt werden.

Die Zukunft simulieren: REMod

Das Modell REMod vom Fraunhofer ISE wird verwendet, um das gesamte Energiesystem Deutschlands techno-ökonomisch zu simulieren und zu optimieren. Es zielt darauf ab, den kosteneffizientesten Weg zu einer klimaneutralen Energieversorgung zu identifizieren, wobei festgelegte CO_2-Reduktionsziele und die Versorgungssicherheit im Fokus stehen. Dieses Modell hilft dabei, die zukünftige Struktur und Entwicklung aller relevanten Systemkomponenten (Strom, Wärme, Verkehr, Industrie) abzubilden, indem es die Systemkosten minimiert und stündlich reale Wetter- und Lastbedingungen einbezieht. *REMod* nutzt nichtlineare Algorithmen (CMA-ES, PSO) zur optimierten Dimensionierung und Führung aller Generatoren, Speicher und Konverter, insbesondere im Zusammenspiel der unterschiedlichen Energiesektoren. Das Modell bezieht umfassend Sektorkopplung (Elektrizität, Wärme, Verkehr, Industrie), technische Einschränkungen, Versorgungssicherheit, Lastprofile und extreme Wetterbedingungen mit ein, um eine vollständige Betriebssimulation zu gewährleisten.

Die Ergebnisse liefern stundenaktuelle Energieflüsse, Investitionsbedarfe, Systemkosten und Treibhausgasminderungen – entscheidend für die Bewertung politischer Maßnahmen, Infrastrukturentwicklungen und der Systemstabilität im Verlauf der Energiewende.

Das Simulationsprogramm hebt sich insbesondere durch Detailtiefe bei Sektorkopplung, Versorgungs- und Wetterdatenintegration, stündlicher Bilanzierung sowie nationaler (Deutschland, Europa) Ausrichtung von vergleichbaren Projekten ab. Alternativen bieten teilweise offenere Softwarestrukturen und Modellzugänglichkeit, sind aber oft weniger detailliert in der technischen und zeitlichen Auflösung oder Sektorkopplung. Für eine ganzheitliche Beschreibung der zukünftigen Energieversorgung Deutschlands ist REMod somit wohl die umfassendste und am besten etablierte Lösung, besonders für Langzeitsimulationen.

Das Energiesystem wird durch die erzeugende Energiewirtschaft und die Verbrauchssektoren Gebäude, Verkehr und Industrie modelliert. In der Energiewirtschaft werden Energieerzeuger wie konventionelle Kraftwerke, erneuerbare Stromerzeuger, Fernwärmeerzeugung, Wärme und chemische Energieträger, verschiedene Biomasseumwandlungsoptionen und *Power-to-X-Technologien* (Elektrolyse, Methanisierung und Produktion synthetischer Kraftstoffe, Wärme) sowie Speicher berücksichtigt.

Deutschland wird in zehn Regionen aufgeteilt, um den verschiedenen geografischen Bedingungen, wie der Verfügbarkeit von Wind, gerecht zu werden und beispielsweise den Energiefluss von Norden nach Süden zu berücksichtigen. Um die Wetterveränderungen zu erfassen, werden fünf unterschiedliche Wetterjahre herangezogen. Ein zentraler Aspekt ist die stündliche Simulation des Energiesystems von heute bis zum Jahr 2045. Dies gewährleistet, dass die Energiebilanz zu jeder Stunde über alle Sektoren und Energieträger hinweg ausgeglichen bleibt.

Als zentrale Rahmenbedingung müssen sowohl festgelegte CO_2-Reduktionsziele als auch ein CO_2-Budget im betrachteten Zeitraum eingehalten werden. Jedoch benennt die Studie etwa 23 Mt schwer vermeidbare Treibhausgasemissionen, die durch sogenannte *Negative-Emissionen-Technologien* (NET) ausgeglichen werden müssen. Im Vergleich zu den aktuellen Emissionen von 649 Mt sind diese zunächst verbleibenden Emissionen sehr stark reduziert. Zur Erreichung der Klimaneutralität müssen auf jeden Fall nachhaltige, CO_2-neutral produzierte Energieträger wie grüner Wasserstoff, synthetisches Methan sowie synthetische Flüssigkraftstoffe aus erneuerbaren Energien mit einbezogen werden.

In der Studie werden vier Szenarien analysiert. Alle erreichen 2045 Klimaneutralität:

✔ *Technologieoffen:* Beschreibt eine kostenoptimale Transformation mit möglichst wenigen Einschränkungen.

✔ *Effizienz:* Beschreibt ein Szenario, in dem durch Effizienzsteigerung und Verhaltensänderungen eine schnellere Umsetzung möglich ist und das CO_2-Budget (insgesamt über alle Jahre) um 1 Gigatonne reduziert ist.

✔ *Beharrung:* Beschreibt ein Szenario, in dem der Zubau von erneuerbaren Energien relativ schleppend verläuft.

✔ *Robust:* Beschreibt ein Szenario, in dem das Energiesystem einer eingeschränkten Verfügbarkeit von importierten Energieträgern, einem eingeschränkten Zubau der erneuerbaren Energien, kalten Wintern mit Schwachwindjahren sowie begrenzter Verfügbarkeit von Biomasse ausgesetzt ist.

Primärenergie in Deutschland 2045

Für alle Szenarien reduzieren sich die Primär- und Endenergieverbräuche deutlich. Im Falle des Szenarios *Technologieoffen* von 3200 TWh auf 2438 TWh, siehe Abbildung 27.3. Die Abhängigkeit von fossilen Energieträgern wird auf 16 TWh reduziert, die über NET kompensiert werden müssen. Dennoch bleibt Deutschland in einem nicht unerheblichen

Maß von Energieträgerimporten, dann synthetischer Art, abhängig. Im technologieoffenen Szenario betragen die Importe 370 TWh und im Szenario *Beharrung* sogar 743 TWh. Im Szenario *Robust* wird lediglich 192 TWh an Import synthetischer grüner Energie benötigt. Die Abhängigkeit von Importen lässt sich demnach deutlich reduzieren, aber nicht vermeiden. Während im Jahr 2022 noch etwa 70 % des Primärenergiebedarfs importiert werden mussten, sind es 2045 im Szenario *Technologieoffen* nur noch etwa 15 %. Die Reduktion des Primärenergieverbrauchs lässt sich im Wesentlichen auf den Einsatz von Wärmepumpen und Elektromotoren zurückführen.

In allen Szenarien ist ein massiver Ausbau der erneuerbaren Energien notwendig. Während heute die installierte Windleistung bei etwa 75 GW liegt, benötigt das Szenario *Technologieoffen* eine Vervierfachung auf 308 GW. Ähnlich sieht es bei dem Ausbau der Photovoltaik aus. Hier muss die installierte Leistung von aktuell 110 GW_p auf 471 GW_p mehr als vervierfacht werden.

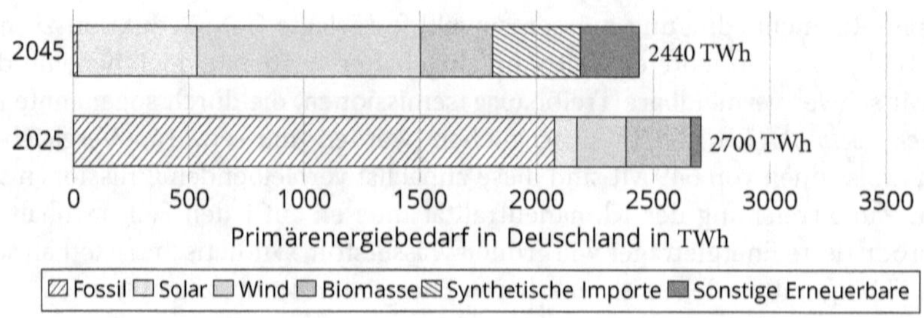

Abbildung 27.3: Primärenergiebedarf im Jahr 2045 im Szenario *Technologieoffen*. Zum Vergleich ist der Primärenergiebedarf im Jahr 2025 dargestellt; Quelle: Fraunhofer ISE, 2025 -`www.energy-charts.info`

Durch die unterschiedlichen Erträge ergibt sich hieraus 965 TWh Strom aus Windenergie beziehungsweise 473 TWh aus Photovoltaikanlagen. Dieses Verhältnis von Wind zu Photovoltaik minimiert den saisonalen Speicherbedarf, denn Wind und Photovoltaik ergänzen sich gut im saisonalen Erzeugungsprofil. Die Biomasse wird in der zukünftigen Energieversorgung eher zur Deckung des Gas- und Flüssigkraftstoffbedarfs genutzt werden als zur Deckung des Strombedarfs.

In diesem Entwicklungspfad ergibt sich eine stärkere geografische Trennung zwischen der Energiebereitstellung und dem Energieverbrauch. Die windstarken Regionen befinden sich an der Küste und auf dem Meer. Deshalb müssen die Stromnetze Richtung Süden zu den Industriestandorten Nordrhein-Westfalens, Baden-Württembergs und Bayerns ausgebaut werden. Dies erfordert einen Ausbau der Stromnetze, was derzeit in der Öffentlichkeit wegen der entstehenden Netzentgeltkosten intensiv diskutiert wird.

Da der Hauptteil der Netzkosten beim Transport des Windstroms von Norden nach Süden anfällt, wäre es gerechtfertigt, dies den Verbrauchern im Süden in Rechnung zu stellen. Da wir aber derzeit nur eine einzige Strompreiszone haben, ist es so, dass der Norden, der viel Windstrom produziert und abtransportiert, entsprechend hohe Netzentgeltkosten tragen muss, obwohl er selbst nur relativ wenig von dem erzeugten Strom verbraucht. Dadurch fallen die finalen Strompreise für die Bevölkerung im Norden unverhältnismäßig hoch aus. Eine Aufteilung in mindestens zwei Strompreiszonen wäre also wesentlich gerechter.

Zusätzlich müssen schnell regelbare Kraftwerke zugebaut werden, um die kurzfristige Fluktuation der erneuerbaren Energien (beispielsweise durch Wolken) sowie die sogenannten Dunkelflauten kompensieren zu können. Als Energiequelle kommen hier synthetische Grüngase infrage, vorwiegend grüner Wasserstoff. Der Wasserstoff wird an den Stromerzeugungspunkten, also in der Nähe der Wind- und Photovoltaik-Kraftwerke, produziert und dann über ein Kern- und Verteilnetz zu den wasserstofffähigen Kraftwerken und den Verbrauchern transportiert.

Abbildung 27.4 zeigt die Entwicklung des Bedarfs an flexiblen Kraftwerken bis 2045 für das technologieoffene Szenario. In allen Szenarien wird auch hier von einem erheblichen Ausbau an Kraftwerken ausgegangen. Ausgehend von einem konventionellen Kraftwerkspark von etwa aktuell 70 GW muss dieser im Jahr 2045, je nach Szenario, auf zwischen 128 GW und 150 GW ausgebaut werden. Die Kraftwerke müssen dann mit synthetisch erzeugten Grüngasen aus erneuerbaren Energien betrieben werden können. Dies erfordert zudem auch bauliche Modifikationen der Kraftwerke.

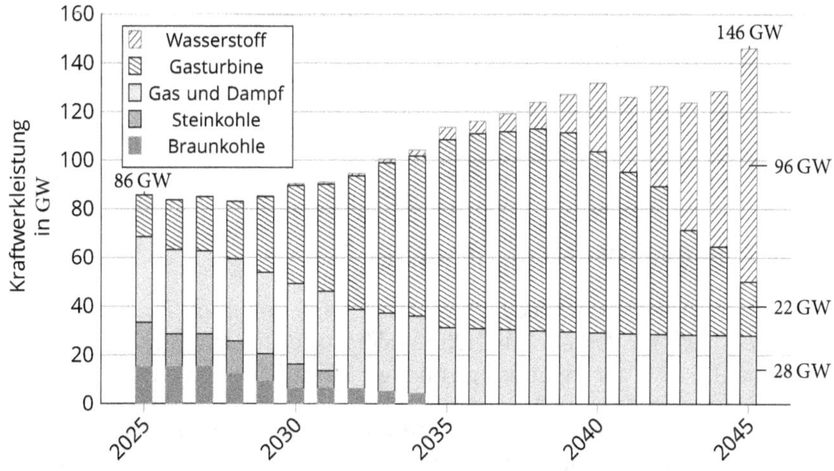

Abbildung 27.4: Entwicklung des Kraftwerksparks in der Bundesrepublik Deutschland bis 2045 im technologieoffenen Szenario; Quelle: Fraunhofer ISE, 2025 - `www.energy-charts.info`

Damit die Turbinen aus konventionellen Gaskraftwerken wasserstoffgeeignet werden, müssen die Turbinenschaufeln umgebaut und neu zertifiziert werden. Allein dieser Zertifizierungsprozess nimmt bisher fast ein Jahrzehnt in Anspruch.

Der notwendige Ausbau ist der Elektrifizierung vieler Prozesse geschuldet, weshalb der gesamte deutsche Strombedarf von derzeit etwa 500 TWh auf zukünftig bis zu 1600 TWh ansteigen wird. Aber der Ausbau ist auch notwendig, um die Dunkelflauten zu überbrücken.

Wasserstoff eignet sich gut als Langzeitspeichermedium, mit dem man durch Phasen niedriger Produktion von erneuerbarer Energie kommen kann – dazu müssen die Speicherkapazitäten für Wasserstoff auf 130 TWh ausgebaut werden. Insgesamt werden dann trotz der großen installierten Leistung nur etwa 6–8 % der elektrischen Energie durch diese verbleibenden Gaskraftwerke bereitgestellt.

Die Anzahl der jährlichen Volllaststunden wird im zukünftigen Gaskraftwerkspark wesentlich geringer ausfallen, wodurch die Kosten je erzeugter kWh noch weiter steigen werden – bereits jetzt sind Gaskraftwerke die teuerste Form der Stromerzeugung und dominieren den Strompreis. Eine Abkehr vom derzeit gebräuchlichen *Merit-Order-Prinzip*, bei welchem die Stromerzeugungskosten des teuersten Kraftwerks den Endpreis bestimmen, ist daher dringend erforderlich.

Als Kurzzeitspeicher zum Abpuffern kurzfristiger Bedarfs- und Angebotsschwankungen können Batteriespeicher zum Einsatz kommen. Hier ergeben die Modelle, je nach Szenario, eine benötigte Speicherkapazität von 350 GWh bis zu 650 GWh angenommen.

Mit einem starken Ausbau der erneuerbaren Energien, dem Aufbau einer Wasserstofferzeugung und dem zusätzlichen Import von synthetischen Grüngasen, einschließlich grünem Wasserstoff, kann eine CO_2-neutrale Energieversorgung in Deutschland sichergestellt werden. Um den steigenden Bedarf an elektrischer Energie und die Wetter- und Bedarfsschwankungen in der Energieerzeugung ausgleichen zu können, ist der Aufbau von Wasserstoffkraftwerken und Batterie- und Wasserstoffspeichern notwendig. In den folgenden Abschnitten betrachten wir, wie die Verbraucher in Industrie, Gebäuden und Verkehr ihr Verhalten ändern müssen, und mit welchen Kosten laut der Studie sie zu rechnen haben.

Veränderungen in den Sektoren

Ein erheblicher Transformationsbedarf besteht im Verkehrssektor. 2023 wurde über 90 % des Endenergiebedarfs im Verkehr durch Mineralöle gedeckt. Dabei entfielen über 80 % auf den Straßenverkehr, 15 % auf die Luftfahrt und nur 3 % auf den Schienenverkehr.

Glücklicherweise gibt es mit der Nutzung batterieelektrischer Fahrzeuge bereits erprobte Technologien, die einen Übergang zu einem CO_2–freien Pkw-Verkehr ermöglichen. Ebenfalls gibt es inzwischen batterieelektrisch betriebene Lkw. H_2 spielt bei der Antriebswende keine Rolle mehr, was durch die geringe Effizienz, die hohen Kosten der Fahrzeuge und die sehr geringe Verbreitung von Wasserstofftankstellen zu erklären ist. Darüber hinaus ist grüner Wasserstoff auch für die Dekarbonisierung der Industrie sowie als saisonaler Energiespeicher zu wichtig, um ihn einfach im Wohnzimmer oder auf der Autobahn zu »verheizen«. Die batterieelektrischen Fahrzeuge können durch die Möglichkeit des bidirektionalen Ladens bekanntlich auch einen Beitrag zu Kurzzeitspeicherung und Entlastung der Stromnetze leisten.

In Frankreich ist es bereits seit mehreren Jahren möglich, und ab 2026 auch in Deutschland, ein Elektroauto mit bidirektionaler Ladefähigkeit kostengünstig zu nutzen oder sogar damit Geld zu verdienen, dass es am Strommarkt teilnimmt. Diese Teilnahme wird über Aggregatoren wie *The Mobility House* abgewickelt.

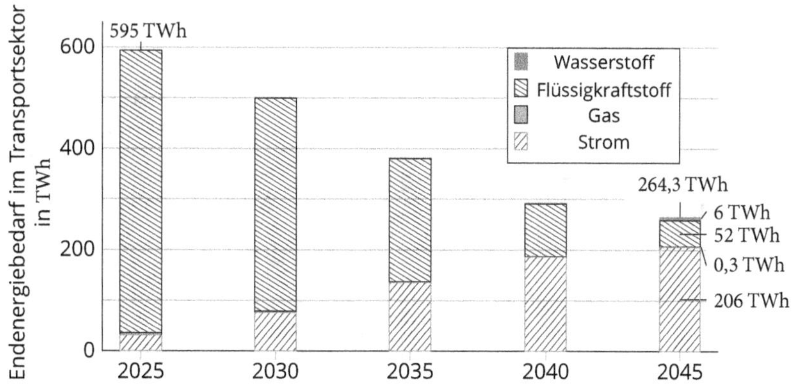

Abbildung 27.5: Endenergiebedarf im Transportsektor von 2025 bis 2045; Quelle: Fraunhofer ISE, 2025 - `www.energy-charts.info`

In allen Szenarien findet eine nahezu vollständige Transformation von der fossilen zur regenerativ-elektrischen Endenergieversorgung statt. Abbildung 27.5 zeigt die Abnahme des Endenergiebedarfs von 594 TWh im Jahr 2025 auf 264 TWh. Dabei nimmt der elektrische Anteil an der Antriebstechnologie von 5 % auf nahezu 80 % zu, was eindrücklich den Technologiewechsel zur batterieelektrischen Antriebstechnik demonstriert. In allen Szenarien wurde angenommen, dass die gefahrenen Kilometer über den Zeitraum steigen. Trotzdem sinkt der Endenergieverbrauch um über 50 % durch die effizientere Antriebstechnik. Der Anteil, der nicht durch batterieelektrische Antriebstechnik ersetzt werden kann, wird durch synthetische Kraftstoffe beziehungsweise Biokraftstoffe bereitgestellt.

Auch für den Gebäudesektor sinkt der Endenergiebedarf für Raumwärme und Warmwasser bis zum Jahr 2045 je nach Szenario um 45–55 %. Die Gas- und Ölkessel werden durch Wärmepumpen oder einen Anschluss an das Fernwärmenetz ersetzt. Dabei liegt der höchste Anteil bei der Bereitstellung von Wärme durch Wärmepumpen mit einem Anteil von etwa 60 % der installierten Leistung, siehe Abbildung 27.6.

Die weiteren Beiträge werden durch Solarthermie, also die direkte Umwandlung von Sonnenenergie in Wärme, mit etwa 17 % und Gaskessel mit ebenfalls 17 % sowie Holzkessel mit etwa 8 % gestellt. Biomasse spielt in keinem der Szenarien für 2045 eine Rolle, weil die vorhandenen Quellen hauptsächlich zur Biogas- und Kraftstoffproduktion genutzt werden. Ähnlich sieht es mit der Nutzung von grünem Wasserstoff im Wärmesektor aus: Sein Einsatz wird vor allem in anderen Sektoren benötigt und es stehen genügend kostengünstigere und effizientere Alternativen im Wärmesektor zur Verfügung. In den Szenarien wird auch die Sanierungsrate des Gebäudebestands zur Reduzierung des Wärmebedarfs optimiert, diese liegt dann bei etwa 1,7 % pro Jahr.

Der Industriesektor wird ebenfalls eine tiefgreifende Transformation hin zur Elektrifizierung erfahren, siehe Abbildung 27.7. Der Elektrifizierungsgrad wird im technologieoffenen Szenario von etwa 30 % auf über 70 % im Jahr 2045 ansteigen. Der Endenergiebedarf nimmt wie in allen Sektoren ab, und zwar im Vergleich zum Jahr 2025 um knapp 20 %. In diesem Sektor wird der Hauptanteil des Wasserstoffs benötigt, und zwar um die notwendige Prozesswärme zu erzeugen, Strom bereitzustellen oder für die Herstellung von strategischen

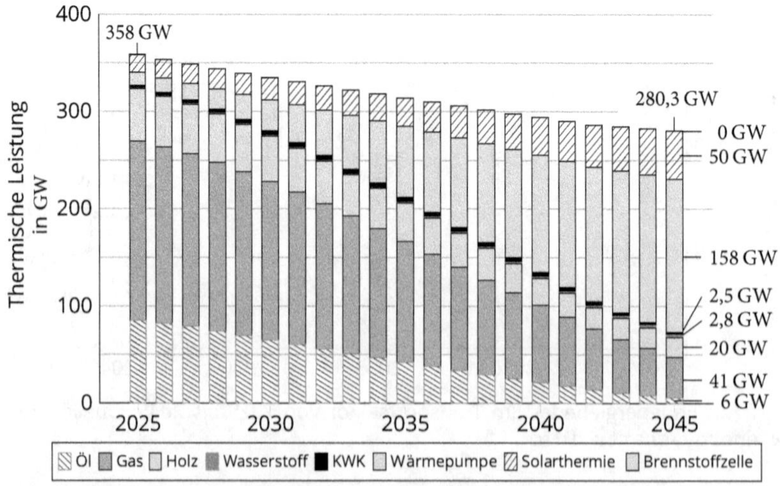

Abbildung 27.6: Raumheizung und Warmwasserbereitung im technologieoffenen Szenario; Quelle: Fraunhofer ISE, 2025 - `www.energy-charts.info`

Materialien wie Stahl, Zement oder chemischen Grundstoffen. Dabei steht der Industriesektor vor zentralen Herausforderungen:

✔ Investitionen im Industriesektor sind besonders kapitalintensiv und haben eine lange Lebensdauer.

✔ Die stofflichen Energieträger müssen durch treibhausgasneutrale synthetische Energieträger ersetzt werden.

✔ Bestimmte Prozesse wie etwa die Zementherstellung lassen sich heute noch nicht treibhausgasneutral realisieren. Hier sind CO_2-Abscheidungen notwendig, um klimaneutral zu werden.

Für Hochtemperaturprozesse über 200 °C kommt hauptsächlich eine elektrische Heizung (*Elektrodenkessel*) zum Einsatz oder das Heizen mit Wasserstoff. Für Temperaturen unter 200 °C kommen hauptsächlich Wärmepumpen zum Einsatz, die in diesem Temperaturbereich effizienter arbeiten.

Insgesamt zeigen alle Szenarien, dass Deutschland bis 2045 die Klimaneutralität erreichen kann. Notwendig für die Erreichung ist aber ein massiver Ausbau der erneuerbaren Energien, die Elektrifizierung möglichst vieler Prozesse, der Aufbau einer Wasserstoffwirtschaft für die Prozesse, welche nicht elektrifiziert werden können, und der Ausbau der Versorgungsnetze für Strom und Wasserstoff. Für die Prozesse, die schwer vermeidbare CO_2-Emissionen verursachen, müssen noch industrielle Negativemissionstechnologien (*Carbon-Capture*) entwickelt werden. Ebenso kann in diesen Szenarien auch in Zukunft nicht auf importierte Kraftstoffe verzichtet werden, allerdings ist der Umfang deutlich geringer und die Kraftstoffe sind nachhaltig produziert.

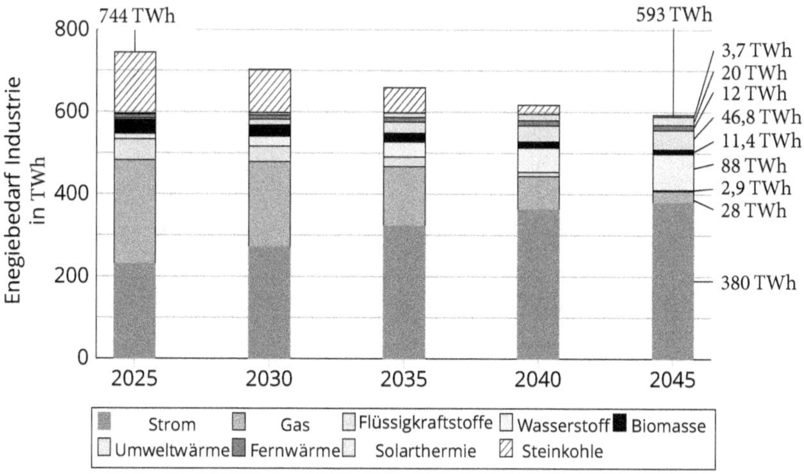

Abbildung 27.7: Endenergiebedarf des Industriesektors von 2025 bis 2045 im technologieoffenen Szenario; Quelle: Fraunhofer ISE, 2025 - `www.energy-charts.info`

Der Hauptweg hin zu einem klimaneutralen Deutschland bis 2045 ist also klar, doch bleiben gewisse Herausforderungen, für die noch skalierbare industrielle Technologien entwickelt werden müssen. Um entsprechende Investitionen in diesem Bereich nachhaltig attraktiv zu gestalten, sind stabile und zukunftsorientierte politische Rahmenbedingungen notwendig.

Nichts ist umsonst: Kosten

Die Kosten, die in den Szenarien im Vergleich zu einem Fortschreiben des heutigen Energiesystems angegeben werden, belaufen sich in dem technologieoffenen Szenario auf etwa 54 Milliarden Euro pro Jahr für die nächsten 25 Jahre, siehe Abbildung 27.8. Dies entspricht laut ISE rund 1,2 % des jährlichen Bruttoinlandsprodukts. Vergleicht man es mit dem Verteidigungshaushalt für 2025 in Höhe von 86 Milliarden Euro, so entspricht dies etwa 60 % dieser Summe. Für das Jahr 2029 ist allerdings ein Verteidigungshaushalt in Höhe von 153 Milliarden Euro geplant, 3,5 Prozent des Bruttoinlandsprodukts. Im Vergleich dazu machen die 54 Milliarden Euro etwa 35 % dann nur noch etwa ein Drittel aus.

In diesen Kosten sind die Ausgaben enthalten, die in den Sektoren Energiewirtschaft, Gebäude, Industrie und Verkehr anfallen. Verglichen werden die Kosten mit den Aufwendungen, die anfallen würden, um das bestehende Energiesystem weiterzubetreiben und dort entsprechende Ersatzinvestitionen zu tätigen. Dadurch würden natürlich die Klimaziele bei Weitem verfehlt, mit den entsprechenden gigantischen Folgekosten durch Klimaschäden.

Insgesamt belaufen sich die Aufwände, also Investitions- und Betriebskosten, im technologieoffenen Szenario auf 8,6 Billionen Euro bis zum Jahr 2045. Die Zahl klingt riesig, aber die Kosten summieren sich über einen Zeitraum von über 20 Jahren und ein Teil der Kosten entsteht ohnehin. Die durch den Klimawandel entstehenden Kosten wären, wie gesagt, noch viel gigantischer. Durch die Nachfragereduktion in dem Szenario *Effizienz* lassen sich die Kosten

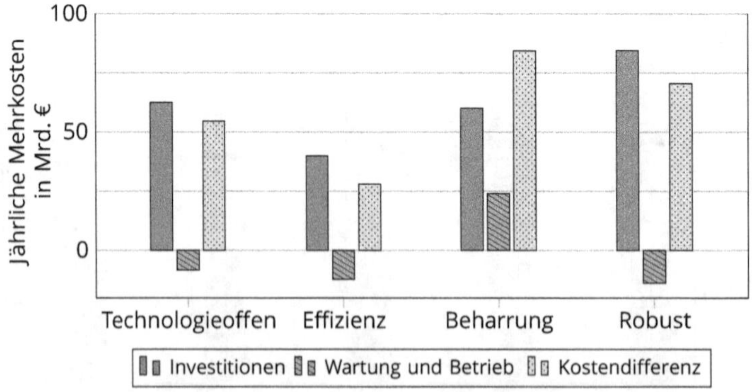

Abbildung 27.8: Durchschnittliche jährliche Mehrkosten von 2025 bis 2045, verglichen mit dem Fortschreiben des bestehenden Energiesystems; Quelle: Fraunhofer ISE, 2024.

für die Transformation deutlich reduzieren. Allerdings ist dies auch mit einer Verhaltensänderung der Gesellschaft verbunden. Der Individualverkehr würde beispielsweise zurückgehen und der Schienenverkehr zunehmen. Diese Verhaltensänderungen würden sich aber gerade finanziell sehr lohnen!

Was sagen andere Studien?

Das *Kopernikus-Projekt Ariadne* ist einer der zentralen Forschungsverbünde zur Gestaltung der deutschen Energiewende. Es wird vom Bundesministerium für Bildung und Forschung gefördert. Ziel des Projekts ist es, evidenzbasierte Strategien und Politikinstrumente zu entwickeln, um die Klimaziele im Rahmen der Energiewende effizient, sozial ausgewogen und gesellschaftlich akzeptiert zu erreichen. In diesem Rahmen hat das Projekt fünf Klimaneutralitätsszenarien verglichen. Die Szenarien wurden von BMWK, dena, Agora Energiewende, Ariadne beziehungsweise dem BDI beauftragt und bilden dadurch ein breites Feld von Akteuren und politischen Interessenlagen ab. Auch hier wird in vier Studien eine Klimaneutralität bis 2045 erreicht und in einer Studie bis 2050, weil diese zum Zeitpunkt der Bewertung noch nicht die Zielstellung 2045 im damals noch nicht verabschiedeten neuen Klimaschutzgesetz übernommen hatte.

Im Folgenden werden zunächst die Aussagen dargestellt, die alle Studien gemeinsam haben. Diese Maßnahmen müssen also unabhängig von der speziellen Studie umgesetzt werden. Im zweiten Abschnitt wird auf die Unterschiede eingegangen.

Gemeinsamkeiten der Studien

In allen Studien reduziert sich der Endenergiebedarf bis 2045 um rund 45 %. Die Reduktion wird im Wesentlichen durch eine starke Elektrifizierung in allen Sektoren erreicht. Der Endenergieverbrauch liegt bei maximal 1600 TWh. Aus diesem Grund ist Strom auch – je nach Szenario – mit 46–69 % der dominierende Energieträger. Die Erzeugung des Stromes wird im Wesentlichen durch Wind- und Photovoltaikstrom realisiert. Aufgrund der geografischen Lage dominiert in Deutschland die Erzeugung des Stromes durch Windenergie. Alle Szenarien benötigen Wasserstoff zur Sicherstellung der Stromversorgung während sogenannter Dunkelflauten. In allen Szenarien werden zudem Stromimporte aus dem Ausland benötigt. Keine Studie nutzt Bioenergie zur Stromversorgung, weil diese in anderen Sektoren benötigt wird. Die Anzahl der Fernwärmenetze steigt zur Wärmeversorgung in allen Studien.

Bezüglich der Energiewirtschaft ergeben sich also folgende Handlungsempfehlungen:

- ✔ massiver Ausbau der erneuerbaren Energien Wind und Photovoltaik
- ✔ Ausbau der Stromnetze
- ✔ Ausbau der Fernwärmenetze
- ✔ Ausbau eines Wasserstoffnetzes
- ✔ Aufbau eines wasserstofffähigen Kraftwerksparks, der flexibel auf schwankende Stromangebote und -anforderungen reagieren kann.

Für den Industriesektor wird mit einem abnehmenden Endenergieverbrauch gerechnet. Auch hier wird dies im Wesentlichen durch eine steigende Elektrifizierung erreicht, sowie durch effizientere Umwandlungsprozesse. In allen Szenarien steigt der Bedarf an grünem Wasserstoff.

Der Endenergieverbrauch im Gebäudesektor sinkt um mindestens 50 %. Dies wird durch eine erhöhte Sanierungsrate des Gebäudebestands von mindestens 1,6 % pro Jahr erreicht, was deutlich über der heutigen Sanierungsrate liegt. Die Wärmebereitstellung wird in Zukunft hauptsächlich über Wärmepumpen realisiert.

Besonders stark sinkt der Endenergieverbrauch im Verkehrssektor. Hier ist mit einem Rückgang von mindestens 40 % zu rechnen. Auch dies wird durch eine massive Elektrifizierung erreicht. Der Großteil, über 80 %, der Pkws wird batterieelektrisch betrieben. Auch in der Lkw-Flotte dominieren in allen Studien die batterieelektrischen Antriebe. Alle Studien benötigen für schwer vermeidbare CO_2-Emissionen im Jahr 2045 negative Emissionstechnologien. Es müssen zwischen 34 und 72 Mt CO_2 jährlich gespeichert werden, das heißt, es müssen noch zwischen 5 und 10 % der heutigen Emissionen durch *Carbon-Capture*-Technologien (CCS) aufgefangen und dauerhaft gespeichert werden.

In den Verbrauchsektoren ergeben sich über die Studien hinweg folgende Gemeinsamkeiten:

- ✔ Der Endenergieverbrauch nimmt in allen Sektoren ab.
- ✔ In allen Sektoren steigt der Elektrifizierungsgrad.
- ✔ Im Gebäudesektor dominieren Wärmepumpen.
- ✔ Im Verkehrssektor dominieren batterieelektrische Fahrzeuge.

Unterschiede der Studien

Auch wenn im Großen und Ganzen eine weite Übereinstimmung in den Studien besteht, so finden sich doch einige Unterschiede. Die Bedeutung des Wasserstoffs beziehungsweise der *Power-to-X-*(PtX-)Energieträger variiert sehr stark. Sie liegt zwischen 4 und 25 % der Endenergie. Dies liegt an den unterschiedlichen Annahmen, wie hoch der Anteil der benötigten flexiblen Kraftwerke sein wird, um eine unterbrechungsfreie Stromversorgung sicherzustellen. Sie schwankt zwischen einer Leistung von 31 und 106 GW. Alle Studien benötigen eine Technologie, mit der schwer vermeidbare CO_2-Emissionen eliminiert werden. Welche Technologien das sind, ist aufgrund des aktuellen Stands der Technik noch nicht sicher. Die am häufigsten angenommenen Technologien sind DACCS und BECCS. DACCS steht dabei für *Direct Air Carbon Capture and Storage* und beschreibt eine Technologie, bei der CO_2 direkt aus der Atmosphäre entfernt, gesammelt und dauerhaft gespeichert wird. BECCS steht für *Bioenergy with Carbon Capture and Storage.* Hierbei binden Pflanzen während ihres Wachstums CO_2 und werden dann zur Energiegewinnung genutzt. Das beim Verbrennen entstehende CO_2 wird abgeschieden und ebenfalls dauerhaft gespeichert. Bei dieser Technologie tritt das CO_2 konzentrierter auf. Dafür verursacht der hohe Flächen- und Wasserbedarf erhebliche Flächenkonflikte mit der Nahrungsmittelproduktion sowie dem Natur- und Artenschutz.

Um die Risiken bei der Transformation zu einem klimaneutralen Deutschland zu minimieren, ist es am günstigsten, die aktuell gesicherten gemeinsamen Maßnahmen zügig umzusetzen und für die strittigen Punkte weiter in Forschung, Entwicklung und Industrialisierung zu investieren.

Untersuchung zu den Kosten der Energiewende

Ein anderer aktueller Report des Kopernikus-Projekts *Ariadne* betrachtet, wie die Energiewende kosteneffizient gestaltet werden kann, und macht dazu konkrete Vorschläge. Der Report zeigt auch (wieder einmal) auf, dass die aktuell geltenden Gesetze nicht ausreichen, um bis 2045 Klimaneutralität in Deutschland zu erreichen. Der Bericht betont die Notwendigkeit, die Flexibilität im Netz zu erhöhen. Hier wird der Ausbau von Batteriespeichern mit einer Leistung von etwa 50 GW und einer Speicherkapazität von 435 GWh empfohlen. Backup-Kraftwerke mit einer Leistung von 90 GW werden zusätzlich benötigt, nur um ungefähr 5 % der Stromerzeugung sicherzustellen. Auch dieser Bericht betont die Bedeutung des Ausbaus der erneuerbaren Energien und der Elektrifizierung in allen Sektoren.

Der Umbau zu einem klimaneutralen Deutschland erfordert laut der Studie jährliche Investitionen von 116 bis 131 Mrd. Euro, wobei schon 95 Mrd. Euro pro Jahr durch die aktuell vorgesehenen Maßnahmen abgedeckt sind. Der größte Anteil der Kosten entfällt auf die Transformation der Energiewirtschaft mit jährlichen Kosten von 50 bis 60 Mrd. Euro. Darin ist der Ausbau der erneuerbaren Stromerzeugung ebenso enthalten wie der Ausbau der Netze und Speicher sowie der Backup-Kraftwerke. Den zweitgrößten Anteil trägt der Gebäudesektor mit 40 bis 50 Mrd. Euro, wobei die Gebäudesanierung die größte Rolle spielt. Die Verkehrswende hin zu batterieelektrischen Antrieben schlägt nur mit jährlich 5 bis 8 Mrd. Euro zu Buche, weil es sich lediglich um Differenzinvestitionen handelt, welche den Unterschied zwischen den unterschiedlichen Antrieben abbilden. Die Investitionskosten im

Industriesektor betragen in dem Szenario rund 11 Milliarden Euro durch Brennstoffwechsel, Elektrifizierung, Energieeffizienz und Prozesse für die CO_2-Abscheidung.

Die Energiewende verändert die Kostenstrukturen deutlich und erzeugt Einsparungen, aber auch Mehrkosten, die je nach Sektor stark variieren. Während im Verkehrssektor die Kosten sinken werden, fallen im Gebäude- und Industriesektor zusätzliche Kosten an, die nicht komplett kompensiert werden. Allerdings werden auch diese Mehrkosten durch vermiedene Umweltschäden im Falle einer Verfehlung der Klimaziele mehr als aufgewogen. Die Investitionen in zukunftsorientierte grüne Technologien bieten zusätzlich die Chance, sich frühzeitig weltweit als kompetenter Anbieter in Zukunftsmärkten zu etablieren.

Die anfänglichen Investitionen für den Aufbau einer Energieversorgung auf Basis erneuerbarer Energien sind zweifellos hoch. Doch im Gegensatz zur konventionellen fossilen Energieerzeugung werden bedeutend weniger importierte Brennstoffe benötigt, und es fallen keine CO_2-Abgaben sowie keine Risikoaufschläge bei Finanzierung und Versicherung an. Dadurch wird die Stromversorgung nach der Energiewende günstiger. Zudem verringert sich die Abhängigkeit von Brennstoffimporten und die Widerstandsfähigkeit gegenüber geopolitischen Spannungen nimmt zu. Während zwischen 2010 und 2019 jährlich etwa knapp 2000 TWh fossile Brennstoffe importiert werden mussten, wäre in einem zukünftigen Szenario nur noch der Import von etwa 200 TWh an E-Fuels und grünem Wasserstoff erforderlich.

IN DIESEM KAPITEL ...

Wo stehen wir?

Primärenergie versus Endenergie

Herausforderung globale Energiewende

CO_2, Energiesparen, Flexibilität

Kapitel 28

Die Entwicklung der globalen Energieversorgung

Deutschland stellt lediglich 1 Prozent der Weltbevölkerung, verbraucht jedoch 1,7 Prozent der weltweit eingesetzten Primärenergie und ist für 2 Prozent der globalen CO_2-Emissionen verantwortlich. Damit nutzt Deutschland nahezu die doppelte Menge an Primärenergie, als es seinem Anteil an der Weltbevölkerung entsprechen würde, und steht, wie in Kapitel **27** Entwicklung der Energieversorgung in Deutschland besprochen, vor einer großen Transformation. Doch wie sieht es global aus, welche Lösungsansätze gibt es und welche Rolle spielt die Photovoltaik im Weltmaßstab?

Welt: Primärenergieverbrauch versus Endenergiebedarf

Der Weltenergieverbrauch beträgt derzeit 648 EJ/a (2024), das sind 180 000 TWh/a. Dieser Energieverbrauch muss aber nicht vollständig durch die photovoltaische Energieversorgung ersetzt werden, sondern nur etwa zur Hälfte, da viele Prozesse, die bisher mit fossilen Primärenergieträgern betrieben werden, sehr ineffizient arbeiten, beispielsweise die Gebäudeheizung oder der Verbrennungsmotor, der nur 30–40 Prozent des Heizwerts seines Treibstoffs in mechanische Energie umwandeln kann. Bei elektrischer Energieversorgung (beispielsweise über PV) kann mittels eines Elektromotors der Wirkungsgrad auf über 90 Prozent gesteigert werden. Zwar sind noch batterieelektrische Speicherverluste zu berücksichtigen, aber man gelangt trotzdem zu einem Gesamtwirkungsgrad von über 80 Prozent – mindestens doppelt so viel wie bei einem Transportmittel mit Verbrennerantrieb. Der elektrische Energieverbrauch betrug im Jahr 2024 27 700 TWh und er wächst um circa 4 Prozent pro Jahr an – das ist mehr als in den Jahren zuvor (circa 2 Prozent pro Jahr) und auch mehr als die Steigerung des Gesamtenergieverbrauchs (2 Prozent je Jahr) – das heißt, der Anteil des elektrischen Energieverbrauchs am Gesamtenergieverbrauch nimmt zu.

Durch die Zunahme des Anteils von effizienten batterieelektrischen Autos reduziert sich der Primärenergieaufwand im Verkehrssektor erheblich – sofern der Fahrstrom aus erneuerbaren Energien stammt. Auch für Erwärmungsprozesse mit relativ niedrigem Temperaturhub lässt sich ein viel effizienteres Mittel als die Verbrennungsheizung einsetzen: Die Wärmepumpe, welche beispielsweise für die Gebäudeheizung mit nur einem Viertel der Energie auskommt. Wenn man daher von einem erforderlichen elektrischen (*all electric*) Energiebedarf von 86 EWh/a ausgeht, und zusätzlich etwas für Speicher- und Transportverluste reserviert, gelangt man zu einem effektiven Bedarf von etwa 100 000 TWh/a. Man bezeichnet dies als den tatsächlichen Endenergiebedarf, im Gegensatz zum Primärenergieverbrauch.

Transformation der globalen Energieversorgung

Der menschengemachte Klimawandel und die Endlichkeit der fossilen Ressourcen bedingen eine Transformation der globalen Energieversorgung auf Basis nachhaltiger Energiequellen, insbesondere Wind- und Solarenergie. Um Fluktuationen auszugleichen, sind flexible Komplementärkraftwerke und Energiespeicher erforderlich.

Stand der Dinge

Der größte Teil der globalen Energieversorgung (einschließlich Transport und Verkehr und Gebäudeheizungen) basiert heute noch auf fossilen Energien, der Anteil der erneuerbaren Energien am Endenergieverbrauch betrug 2019 circa 19 Prozent (IEA). Bei der globalen Stromversorgung lag der Anteil der erneuerbaren Energien im Jahr 2023 nach Angaben der Internationalen Energieagentur (IEA) bei 30 Prozent. Für 2026 wurde ein Anstieg auf 37 Prozent erwartet, bis 2028 könnte der Anteil auf über 42 Prozent steigen.

Der Anteil der Atomkraft an der globalen Stromversorgung lag im Jahr 2024 bei 9,8 Prozent, in den 1990er Jahren lag er noch bei 17,5 Prozent. Der Anteil der Photovoltaik an der globalen Stromversorgung lag im Jahr 2024 wiederum bei 6,9 Prozent – nach eigenen Berechnungen für 2025: 11,7 Prozent – damit hat die Photovoltaik die Atomkraft überholt.

Zentrale Schlüsseltechnologien für die Transformation

Für den globalen Umbau der Energieversorgung bis 2040 sind vor allem fünf Technologien entscheidend: Photovoltaik, Windkraft, Batteriespeicher, Elektrolyseure und Technologien für die CO_2-Entnahme und -Speicherung (*CO_2-Staubsauger*). Diese werden durch Sektorkopplung und intelligente Netze ergänzt:

- ✔ Photovoltaik und Windkraft sind die Hauptsäulen der zukünftigen Stromerzeugung, da sie inzwischen die günstigsten Energiequellen weltweit darstellen und nahezu überall einsetzbar sind.

- ✔ Batteriespeicher sichern die Flexibilität und Netzstabilität, ermöglichen Lastverschiebungen und die Integration volatiler erneuerbarer Energien; auch Großspeicher und neue Speichertechnologien (zum Beispiel Schwungmasse, thermische Speicher) werden an Bedeutung gewinnen.
- ✔ Elektrolyseure dienen der Produktion von grünem Wasserstoff und E-Fuels für Anwendungen, die nicht direkt elektrifiziert werden können, zum Beispiel in Industrie, Fernverkehr oder Luftfahrt.
- ✔ CO_2-Staubsauger/Direktluftabscheidung ermöglichen die Herstellung von klimaneutralen Kraftstoffen (E-Methanol, Ammoniak, synthetisches Kerosin) und dienen der Dekarbonisierung der Chemie.
- ✔ Wärmepumpen und *Power-to-Heat* (P2H) sind zentral für die Dekarbonisierung des Wärmebereichs und der industriellen Prozesswärme.
- ✔ Sektorkopplung bringt Strom, Wärme, Mobilität und Industrie zusammen und sorgt für maximale Effizienz durch direkte und indirekte Elektrifizierung.
- ✔ Elektromobilität: Ein genereller Umstieg auf batterieelektrische Fahrzeuge wird im Verkehr endlich für deutliche Emissionssenkungen und gleichzeitig große Effizienzgewinne sorgen.
- ✔ Dezentrale Energiesysteme und Microgrids ermöglichen Eigenversorgung und Resilienz, insbesondere in ländlichen Regionen und in Ländern des globalen Südens.
- ✔ Netzausbau und intelligente Netze: Der Ausbau leistungsfähiger, kontinentaler und interkontinentaler Übertragungsnetze – beispielsweise mittels *Hochspannungs-Gleichstromübertragung* (HGÜ) – ist erforderlich für die globale Integration und *Verstetigung* erneuerbarer Energien.

Meist kann nicht die komplette Energieversorgung kurzfristig auf Erneuerbare umgestellt werden (obwohl es klimapolitisch beziehungsweise physikalisch eigentlich notwendig wäre), daher ist eine Zusammenarbeit mit konventionellen Kraftwerken für eine Übergangszeit erforderlich. Vor 30 Jahren wurde der Hauptteil der Stromversorgung durch sogenannte Grundlastkraftwerke (Atomkraftwerke und Braunkohlekraftwerke) bewerkstelligt, die zwar sehr billig Strom produzierten, aber nur sehr träge auf Lastschwankungen reagierten, sodass zusätzliche, dynamischere Kraftwerke (zum Beispiel Gaskraftwerke) die Anpassung an die Lastkurve ermöglichten. Es wurde sogar versucht, die Lastkurve stärker an die Charakteristik der Grundlastwerke anzupassen, indem man nachts den Verbrauch künstlich durch Nachtspeicheröfen erhöhte. Heutzutage wird der Hauptteil der Stromversorgung durch Erneuerbare realisiert, vor allem durch Wind- und Sonnenenergie: Diese weisen eine grundsätzlich andere Charakteristik mit hohen Fluktuationen auf und erfordern deshalb nicht eine Glättung des Verbrauchs, sondern eine dynamische Anpassung an diesen. Komplementäre Kraftwerke als Lückenfüller müssen dieser Dynamik in Umfang und Geschwindigkeit gewachsen sein.

Komplementär zu der tageszeitlichen Solarstromleistung müssen entsprechende Kraftwerke oder Energiespeicher einspringen. Die Ansprüche an die dazu erforderlichen dynamischen Eigenschaften steigen.

Da die PV-Einspeisung zwar von Sonnenaufgang bis Sonnenuntergang stattfindet, aber um die Mittagszeit besonders ausgeprägt ist, sind die Anforderungen für die verbleibende Strombereitstellung, die sogenannte *Residuallast*, um die Mittagszeit minimal, abends am höchsten und morgens ebenfalls relativ hoch. Die Form der Residuallast-Tageskurve wird oft mit einer Ente verglichen – daher der Name *Duck-Curve*, wie wir sie in Kapitel 19 besprochen haben. Netzdienliches Laden von Batteriespeichern kann die Residuallastkurve stark abschwächen.

In Tabelle 28.1 finden sich die unterschiedlichen dynamischen Eigenschaften von konventionellen Kraftwerken wieder. Dabei wurden Gasturbinenkraftwerke (GasKW), Gas- und Dampfkraftwerke (GuD), Kohle-, Atom- und Wasserkraftwerke berücksichtigt.

Eigenschaft	Gas	Gas & Dampf	Kohle	Atom	Wasser
minimale Leistung (% Maximalleistung)	25	30	40	50	35–45
Hochfahrgeschw. (% Max.-Leistung je min)	1,7–15	1–8	0,5–6	0,3	80–100
Anlaufzeit (h)	0,5–1	2–4	4–8	24–72	0,08–0,33
Mindest-Stillstandszeit (h)	1	6	8	24	0
erf. Brennstoff je Start (MWh je Start)	5862	20517	76206	?	0
Kosten je Start (USD/MW je Start)	50	150	250	500	ca. 0

Tabelle 28.1: Dynamische Eigenschaften verschiedener Kraftwerkstypen; Quelle: Erste vier Spalten: Nuclear Energy Agency, OECD 2019, NEA No. 7299: The Costs of Decarbonisation: System Costs with high Shares of Nuclear and Renewables. Fünfte Spalte: Hydropower Special Market Report IEA 2021

Wenig bekannt ist, dass alle konventionellen Kraftwerke (bis auf die Wasserkraftwerke) stets mit einer bestimmten Mindestleistung betrieben werden müssen. Das heißt, wenn diese in Kombination mit einem hohen Anteil von Erneuerbaren im Stromnetz betrieben werden, müssen die Konventionellen selbst dann noch Strom erzeugen, wenn bereits 100 Prozent des Stromes durch Erneuerbare bereitgestellt werden könnten. Oft wird dieses Manko als Vorteil angepriesen und es wird von sogenannter *Grundlastfähigkeit* gesprochen. Ein vollständiges Herunterfahren wird nur in Ausnahmefällen durchgeführt, da eine gewisse Mindest-Stillstandszeit (bis zu 8 Stunden) erforderlich ist, ein Start erheblichen Brennstoffverbrauch und Kosten (500 000 US-$ für 1 GW AKW) mit sich bringt und zudem das Material (beispielsweise von Kessel und Turbinenschaufeln) thermisch belastet wird – was die Lebensdauer reduziert.

Mindestbetriebszeiten von bis zu 8 Stunden schränken den Nutzen von Atom- und Kohlekraftwerken als energieeffiziente Komplementärkraftwerke stark ein, da diese dann oft weiterlaufen müssen, auch wenn bereits genügend erneuerbare Energien Strom liefern (siehe auch Mindestleistung). Auch die Unterschiede in der Hochfahrgeschwindigkeit sind bemerkenswert: Während ein Wasserkraftwerk bereits innerhalb von 1 Minute voll einsatzfähig ist, dauert das Hochfahren bei Atomkraftwerken bis zu 330 Minuten. Ausblick: Batteriespeicher wären bereits innerhalb weniger Millisekunden einsatzfähig.

Oftmals werden die Angaben zu den Hochfahrgeschwindigkeiten von großen konventionellen Kraftwerken in beeindruckenden Werten von MW je Minute angegeben, was eine scheinbar hohe Flexibilität vortäuscht. Da diese Kraftwerke aber oft Leistungen von 1000 MW und mehr aufweisen, sind die relative Hochfahrgeschwindigkeit und ihre Anpassungsfähigkeit an schnell wechselnde Komplementärleistungen (beziehungsweise Residuallasten) deutlich zu gering.

Ranking der Länder nach ihrer Transformations-Performance

Den höchsten Anteil an erneuerbaren Energien in ihrer Stromerzeugung haben Albanien, Bhutan, die Demokratische Republik Kongo, Island, Lesotho, Nepal, Paraguay und die Zentralafrikanische Republik, die alle 100 Prozent erneuerbare Energien in ihrer Stromerzeugung erreichen. Es folgen Äthiopien (mit 99,9 Prozent), Uganda (mit 98,9 Prozent), Norwegen (98,5 Prozent), Namibia (mit 96,3 Prozent), Costa Rica (mit 95,8 Prozent), Kenia (mit 94,1 Prozent), Luxemburg (mit 92,1 Prozent), Uruguay (mit 89,8 Prozent) und Brasilien (mit 88,7 Prozent). In Europa stechen neben Albanien, Norwegen und Island noch besonders Dänemark, Portugal und Österreich hervor, jeweils mit über 80 Prozent Anteil erneuerbarer Energien an der Stromerzeugung.

Es ist wichtig, zu beachten, dass diese Zahlen sich auf die Stromerzeugung beziehen und nicht unbedingt den gesamten Energieverbrauch eines Landes widerspiegeln. Der Anteil erneuerbarer Energien am Gesamtenergieverbrauch kann niedriger sein, da er auch andere Sektoren wie Verkehr und Wärme einschließt. Beim Bruttoendenergieverbrauch sind in Europa Schweden (66,4 Prozent erneuerbar), Finnland (50,8 Prozent) und Dänemark (44,9 Prozent) hervorzuheben.

Kurzfristige Aussichten

Die Photovoltaik hat kapazitätsmäßig kürzlich Wasserkraft, Erdgas und Kohle überholt und hat nun die weltweit größte installierte Nennleistung – Abbildung 28.1 zeigt einen geradezu lehrbuchmäßigen exponentiellen Anstieg der PV.

Das ist eine beachtliche Entwicklung, wenn man bedenkt, dass die PV vor 15 Jahren noch die kleinste im Bunde war und erst im Jahr 2000 das erste Gigawatt erreicht war. Das erste Terawatt (1000 GW) war im April 2022 geschafft. Ende 2024 gab es schon über 2 TW_p an installierter Leistung.

Abbildung 28.1 zeigt zwar nur die Erzeugungskapazität, aber die Energieerzeugung wird dem Trend folgen. Im Jahr 2024 wurden im Mittel etwa 7 Prozent der weltweiten Elektrizität durch Solarenergie erzeugt, knapp hinter Windkraft mit 8 Prozent und Kernkraft mit 9 Prozent. Es ist anzunehmen, dass sich diese Reihenfolge noch im Jahr 2025 gedreht hat (die aktuellen Zahlen lagen bei Fertigstellung dieses Buches noch nicht vor). Im Jahr 2026 werden aller Voraussicht nach bereits über 3 TW_p erreicht: Wenn man von einem globalen

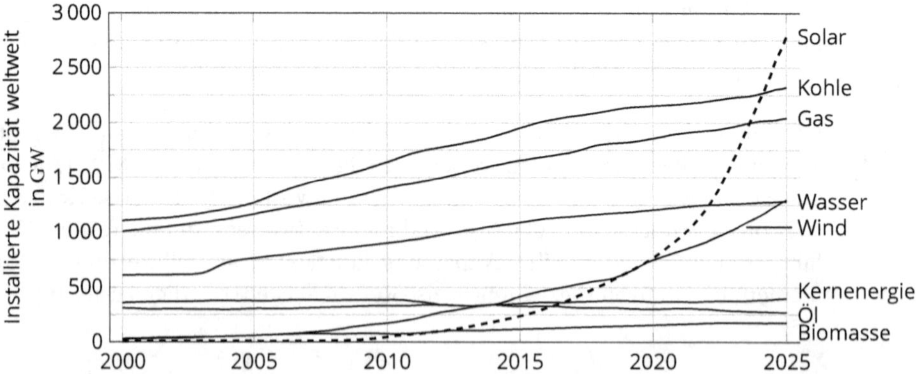

Abbildung 28.1: Entwicklung der verschiedenen Stromerzeugungskapazitäten weltweit; Quellen: EMBER, BNEF, Gavin Mooney, 2025.

Ertrag von 1400 TWh/a je installiertem TW_p ausgeht, so werden damit 4200 TWh im Jahr erzeugt, was knapp 14 Prozent des Weltstromverbrauchs (30 600 TWh in 2026) ausmachen wird.

Die installierte Leistung an Photovoltaik verdoppelt sich derzeit etwa alle drei Jahre, und es wird nicht lange dauern, bis wir in einem einzigen Jahr ein Terawatt PV installieren werden.

Den nächsten Entwicklungssprung werden wir bei den Batterien erleben, die mittlerweile günstig genug sind, um ein signifikantes Wachstum anzutreiben. Solarenergie zusammen mit Batterien wird in vielen Teilen der Welt zu einer erfolgreichen Kombination zur Bereitstellung einer kontinuierlichen Energieversorgung werden. Dies wird sich mit weiter sinkenden Preisen und steigender Leistung noch verstärken. Großbatterieanlagen liegen bereits im Jahr 2025/26 bei nur noch 100 EUR je kWh Speicherkapazität. Bei der konservativen Annahme einer Lebensdauer von 3000 Speichervollzyklen kostet eine abgespeicherte kWh nur noch 3,3 Cent.

Die weiteren Aussichten: Weltenergieversorgung

Die weltweite Energieversorgung steht an einem Wendepunkt: Seit 2025 erzeugen erneuerbare Energien mehr Strom als alle Kohlekraftwerke, obwohl der globale Strombedarf weiterhin stark wächst.

Wachstum der erneuerbaren Energien

Der Anteil der erneuerbaren Energien an der globalen Stromproduktion ist laut IEA von 30 Prozent im Jahr 2023 auf 35 Prozent im Jahr 2025 angestiegen. Erneuerbare Energien, insbesondere Photovoltaik und Wind, decken bereits rund drei Viertel des Zuwachses der weltweiten Stromnachfrage und sind die wichtigsten Wachstumstreiber bis 2040. Im Jahr 2026 wird laut Prognosen etwa die Hälfte der globalen Stromerzeugung aus emissionsfreien Quellen stammen, also aus erneuerbaren Energien und Kernkraft zusammen.

Nachfrage- und Infrastrukturtrends

Die globale Stromnachfrage wächst bis 2040 um rund 60 Prozent. Fast 90 Prozent des Bedarfsanstiegs entfallen auf die Länder des globalen Südens, insbesondere in Asien. Auch dort sind umfangreiche Investitionen in Netz- und Erzeugungsinfrastruktur nötig, um Netzausbau, Flexibilität und Versorgungssicherheit parallel zum Wandel zu sichern. Die Wachstumstreiber sind dabei Elektrifizierung, Digitalisierung, Zunahme von E-Mobilität und Künstlicher Intelligenz.

Regionale Unterschiede und Herausforderungen

Führende Länder beim Ökostromanteil (zum Beispiel Island, Dänemark, Norwegen, Island, Bhutan, Nepal, Costa Rica) zeigen, dass ein konsequenter Umbau möglich ist, doch in den meisten Ländern ist der Wandel noch nicht weit genug. Länder mit schwacher Infrastruktur profitieren perspektivisch besonders durch dezentrale erneuerbare Lösungen.

Die Emissionen des Stromsektors stagnieren noch kurzfristig, bevor sie gemäß Prognosen in den nächsten Jahren zu sinken beginnen – Voraussetzung ist jedoch ein noch beschleunigter Ausbau der erneuerbaren Energien.

Langfristiger Ausblick

Laut mehreren Szenarien wird der Anteil erneuerbarer Energien an der weltweiten Stromversorgung bis 2040 deutlich wachsen (auf 40–44 Prozent). Fossile Quellen verlieren an Relevanz, bleiben aber wesentlicher Bestandteil der Primärenergie.

Ausblick auf die zukünftige Weltenergieversorgung

Die zukünftige Energieversorgung der Welt wird laut aktuellen Prognosen und Studien weitgehend auf erneuerbaren Energien basieren. Die Transformation ist technisch machbar, ökonomisch wettbewerbsfähig und entscheidend für das Erreichen der Klimaziele.

Der Anteil erneuerbarer Energien an der globalen Stromerzeugung wird sich laut IEA von aktuell etwa einem Drittel bis 2030 erheblich steigern und könnte 2050 nahezu 100 Prozent erreichen, wenn die politischen und finanzwirtschaftlichen Rahmenbedingungen stimmen. Photovoltaik und Windkraft werden dabei führend sein, mit enormen Effizienzgewinnen und massiver Elektrifizierung aller Sektoren.

Laut Prognosen werden vor allem Entwicklungsländer in Asien und Afrika einen kräftigen Nachholeffekt beim Ausbau erleben. Insbesondere sind die Kosten für neue Anlagen auf Basis erneuerbarer Energien heute schon in vielen Regionen niedriger als bei fossilen Alternativen, weil mit einer dezentralen Infrastruktur Kosten für einen umfangreichen Netzausbau vermieden werden können. Die gesamtwirtschaftlichen Aufwendungen bleiben langfristig stabil, das Energiesystem wird resilienter und weniger importabhängig.

Modellierung des Weltenergiesystems mit Erneuerbaren

Christian Breyer und sein Team an der finnischen LUT University modellieren seit Jahren globale und regionale Energiesysteme, die vollständig auf erneuerbaren Energien basieren – Strom, Wärme, Mobilität und sogar Chemieindustrie. Die von Breyer veröffentlichte globale 100-Prozent-Erneuerbar-Studie zeigt: Die Energiewende ist nicht nur technisch umsetzbar, sondern auch wirtschaftlich konkurrenzfähig und kann die Emissionen des gesamten Energiesystems sogar schon vor 2050 auf nahezu null senken. Zentrale Bausteine sind eine massive Skalierung von Photovoltaik und Wind, gepaart mit Batteriespeichern und der Umwandlung von Grünstrom in E-Fuels (beispielsweise grünen Wasserstoff, Ammoniak, E-Methanol) für Anwendungen, die nicht direkt elektrifizierbar sind. Auch die Direktluft-Abscheidung von CO_2 spielt künftig eine Rolle für die Rohstoffversorgung der Chemieindustrie. Die Endenergieversorgung der Zukunft wird sektorübergreifend gekoppelt (Sektorkopplung), was hohe Systemeffizienz und Flexibilität bringt. Zentrale Herausforderungen und Stellschrauben sind dabei

- ✔ Politische Stabilität, breite gesellschaftliche Zustimmung und langfristige Investitionen sind essenziell.
- ✔ Der CO_2-Ausstoß der Industrienationen muss zügig reduziert werden. Sie sind die Hauptemittenten und haben auch historisch am meisten CO_2 emittiert.
- ✔ Fossile Energieträger (Kohle, Öl, Gas) werden abgelöst. Der weltweite Kohleverbrauch sinkt und wird durch erneuerbare Energien substituiert.
- ✔ Der Ausbau in den Ländern des globalen Südens muss beschleunigt werden, insbesondere durch internationale Finanzierungshilfen und Technologietransfer. Ein Vorteil: Hier muss meist keine alte Infrastruktur aufwendig transformiert werden, sondern man kann direkt in ein dezentrales erneuerbares System investieren.

IN DIESEM KAPITEL...

Wetter und Klima

Die Erde und ihre Atmosphäre

Was machen die Klimagase eigentlich?

Kapitel 29
Der Klimawandel

Es gibt immer noch Zweifel an der Realität des vom Menschen verursachten Klimawandels, die aber von der überwältigenden Mehrheit der Wissenschaftler als widerlegt angesehen werden. Die internationalen Communitys in Physik und Geowissenschaften (und Klimaforschung sowieso) sind sich heute einig, dass der Mensch der Hauptverursacher der aktuellen globalen Erwärmung ist. Viele der prominenten Gegenargumente basieren auf längst widerlegten Mythen oder selektiven Interpretationen von Daten. Und mindestens einige ihrer Verfechter sind nachweislich von der Lobby der fossilen Energiewirtschaft finanziert.

Beispielsweise wird argumentiert, frühere Warmphasen in der Erdgeschichte hätten ebenfalls hohe CO_2-Konzentrationen gehabt, was gegen menschliches Verhalten als Ursache sprechen würde. Es widerspricht aber auch niemand, dass früher die Kontinentalverschiebung oder über Jahrmillionen anhaltende Vulkanausbrüche für große CO_2-Anstiege verantwortlich waren. Durch die Anteile der verschiedenen Kohlenstoffisotope in der Atmosphäre kann aber die *jetzige* CO_2 Konzentration eindeutig auf die Verbrennung fossiler Brennstoffe zurückgeführt werden. Und das Besorgniserregende und wirklich Beispiellose am jetzigen Klimawandel ist das Tempo: Was wir in den letzten 200 und ganz besonders in den letzten 20 Jahren an CO_2-Anstieg »geschafft« haben, brauchte in früheren Erdzeitaltern Jahrzehntausende oder gar Jahrmillionen.

Es steht wissenschaftlich außer Frage, dass der Klimawandel unsere Zivilisation bedroht und ein umfassender Umbau unseres Energiesystems »alternativlos« ist. Weil dieser Umbau hin zu erneuerbaren Energien einen so tiefgreifenden Einfluss auf unsere Gesellschaft hat und noch haben wird, möchten wir in diesem letzten Kapitel vor dem Top-Ten-Teil noch einmal aufzeigen, wie die menschengemachte Klimaerwärmung geschieht und warum wir sie stoppen müssen *und* können.

Die Atmosphärenzustände, die wir aktiv fühlen und miterleben können, sind *Wettererscheinungen*. Dazu zählen etwa Temperatur, Niederschlag, Windgeschwindigkeit und Fernsicht. Dies bezieht sich auf relativ kurze Zeiträume, wie Sie sie auch von der täglichen Wettervorhersage kennen. Die zugehörigen Zeiträume umfassen Stunden, Tage oder maximal

Wochen. Veränderungen des Wetters mit großen Schwankungen sind gerade in unseren Breiten völlig normal.

Unter dem Klima versteht man gemittelte Trends der Wettererscheinungen an einem ausgewählten Ort, in einer Großregion oder auch auf dem gesamten Globus über einen Zeitraum von mindestens 30 Jahren. Auch das Klima ändert sich schon immer über lange Zeiträume – niemand bestreitet das – doch hat dies eben auch schon immer einschneidende Konsequenzen für das Leben im betrachteten Gebiet oder auf der ganzen Erde, bis hin zu den globalen Massenaussterben der Erdgeschichte.

Einen wichtigen Einfluss auf das Erdklima und dessen Veränderungen haben die sogenannten Treibhausgase wie etwa das Kohlenstoffdioxid (CO_2). Den physikalischen Mechanismus der Aufheizung unserer Atmosphäre durch zusätzlichen CO_2-Eintrag sehen wir uns im kommenden Abschnitt näher an. Auch Aerosole, das sind sehr kleine Partikel in der Luft (wie zum Beispiel Staub und Asche), die aber deutlich größer als Atome und Moleküle sind, spielen eine gewisse Rolle. Wie stark die Auswirkungen auf das Klima und die lokale Temperatur sind, ist recht komplex und hängt von vielen Faktoren ab, wie beispielsweise von der Dynamik in der lokalen Atmosphäre oder von globalen Phänomenen wie den Zirkulationen in den Ozeanen. Der derzeitige Klimawandel ist ein globales Phänomen und ist vor allem am globalen Anstieg der Temperatur, aber auch an veränderten Niederschlagsmustern, der Versauerung der Ozeane und am Meeresspiegelanstieg abzulesen.

Dabei wird die globale Temperatur durch die Auswertung von Messdaten ermittelt, die an mehreren Tausend meteorologischen Stationen weltweit gesammelt werden, ergänzt durch immer mehr Fernerkundungsdaten von Wetter- und anderen Erdbeobachtungssatelliten. Diese Stationen sind ungleich verteilt. In Europa, Nordamerika und Teilen Asiens gibt es ein dichtes Messnetz. In anderen Regionen, etwa in Afrika, Lateinamerika und den Polarregionen, sind die Messstationen weniger dicht vertreten. Auf den Ozeanen werden die Messungen durch Schiffe und Bojen sowie, wie gesagt, durch Satelliten ergänzt. Die globale Mitteltemperatur wird dabei nicht durch eine einfache Mittelung aller Temperaturdaten bestimmt. Stattdessen wird eine gewichtete Mittelung vorgenommen, bei der jeder Station ein Bereich zugeordnet wird, der sich nach der Entfernung zu den nächsten Stationen richtet, und auch noch weitere Faktoren berücksichtigt. Dies ist aufwendig, stellt aber sicher, dass alle Regionen mit dem gleichen Anteil in der Berechnung repräsentiert sind.

Weltweit gibt es mehrere wissenschaftliche Institutionen, deren globale Mittelwerte für und andere wichtige Klimadaten allgemein anerkannt sind. Diese werden auch in den Berichten des Weltklimarats IPCC genutzt. Die bekanntesten sind: Das *National Climatic Data Center* der *National Oceanic and Atmospheric Administration* (NOAA) in den USA. Die NASA mit ihrer *GISS Surface Temperature Analysis*, ebenfalls in den USA, sowie die *Climatic Research Unit der University of East Anglia* (UEA) in Großbritannien. Ihre Methoden unterscheiden sich, dennoch sind die Abweichungen in den Zahlenwerten minimal. Meist werden Temperaturänderungen gegenüber einem Referenzzeitraum angegeben, beispielsweise der Epoche der großindustriellen Umgestaltung von 1850 bis 1900. Die Änderungen von Schlüsseldaten lassen sich übrigens deutlich genauer erfassen als absolute Temperaturen. Deshalb bezieht sich das Pariser Klimaziel auch auf eine Temperaturänderung und nicht auf eine absolute Temperatur.

Im Vergleich zum sich ständig wechselnden Wetter ist das Klima an sich ein träges, stabileres System. Veränderungen treten auch hier auf, gehen aber wesentlich langsamer vonstatten und der Schwankungsbereich ist ebenfalls deutlich kleiner. Deshalb bedeutet bereits ein mittlerer globaler Temperaturanstieg von maximal 1,5 °C gegenüber vorindustriellen Werten, wie er 2015 im Pariser Klimaabkommen als anzustrebende Obergrenze beschlossen wurde, enorme Veränderungen für Mensch und Umwelt. Eine tägliche Temperaturschwankung dieser Größe ist dagegen unbedeutend. Doch wenn sich der *globale Mittelwert* um diesen Betrag erhöht, steigen die zeitlichen und örtlichen Extreme um ein Vielfaches stärker an. Nur ein Beispiel: Die Temperatur ändert sich auf dem Festland viel stärker als in den Ozeanen, weil diese mehr Wärme speichern können. Wichtig sind dabei die sogenannten Kipppunkte, bei deren Überschreitung der Urzustand prinzipiell nicht mehr erreicht werden kann und in mehreren Fällen sogar selbstverstärkende Faktoren zum Tragen kommen. Beispielsweise können Sie, nachdem Sie ein Ei gekocht haben, dieses nicht mehr flüssig bekommen, auch wenn Sie es in den Kühlschrank legen. Das gilt nicht nur beim Ei, sondern bei vielen Lebewesen auf der Erde und im Meer. Und je mehr das weiße, die Sonnenstrahlung ins All reflektierende Polareis schmilzt, desto schneller erwärmen sich die Polarregionen durch die solare Aufheizung.

Die Klimawissenschaft kennt insbesondere folgende Kipppunkte:

- ✔ Wenn das Meerwasser erwärmt wird, setzt dies darin gelöstes CO_2 frei. Das Meer wird dann von einer CO_2-Senke (die Ozeane fangen etwa ein Viertel der CO_2-Emissionen auf) zu einem CO_2-Emittenten.
- ✔ Wenn hohe Eisberge (in der Antarktis und auf Grönland bis zu 3000 m Höhe) einmal abgeschmolzen sind, müssten sich neue Eisberge von Bodennähe an durch Schneeniederschläge wieder aufbauen. Allerdings ist die Temperatur in Bodennähe mehrere Grade höher als in 3000 m Höhe (pro 1000 m Höhe wird es normalerweise 6,5 K kälter), das heißt, es müsste deutlich kälter sein, als es mittlerweile ist, damit sich Eisberge von nennenswerter Größe wieder aufbauen könnten. Selbst eine CO_2- und Temperaturabsenkung auf vorindustrielle Werte würde dafür nicht genügen.

Der natürliche Treibhauseffekt

Das Wettergeschehen spielt sich in der untersten Schicht der Erdatmosphäre ab, der Troposphäre. Diese reicht im Mittel vom Erdboden bis in 12 Kilometer Höhe (in den Tropen bis 18 km, in den Polarregionen nur 7 bis 9 km). Sie enthält neben den Hauptbestandteilen der Luft, Stickstoff (N_2) und Sauerstoff (O_2) auch die Treibhausgase Wasserdampf (H_2O), Kohlenstoffdioxid (CO_2), Methan (CH_4) und Lachgas (N_2O). Der größte Teil der Sonnenstrahlung durchdringt die Erdatmosphäre und trifft schließlich auf die Erdoberfläche. Dort wird die Strahlung aufgenommen und erwärmt die Erde. Die Erde strahlt die Wärmestrahlung zurück in die Atmosphäre. Ohne die genannten Treibhausgase würde die Strahlung ungehindert zurück ins Weltall gelangen und die Erde hätte eine Temperatur von −19 °C. Dies erkannte schon 1824 der französische Mathematiker und Physiker Jean-Baptiste Fourier.

Dieser erklärte, warum die Erdoberfläche wärmer ist, als es ohne Atmosphäre zu erwarten wäre. Dabei bezog er sich auf eine Kochkiste, siehe Abbildung 29.1.

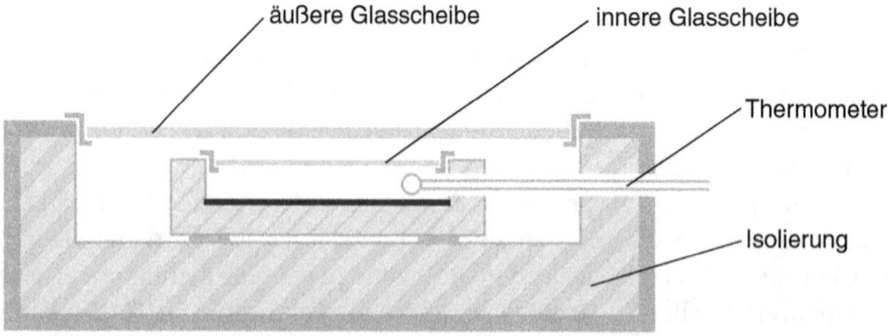

Abbildung 29.1: Jean-Baptiste Fouriers Experiment zum Nachweis des Treibhauseffekts mittels einer Kochkiste.

Der Boden der inneren Box der Kochkiste ist schwarz gefärbt und enthält ein Thermometer. Sonnenlicht kann über zwei Glasscheiben in diese Box eindringen und wird von dem schwarzen Boden absorbiert und dann der jeweiligen aktuellen Temperatur entsprechend als infrarote Wärmestrahlung wieder abgegeben. Diese Wärmestrahlung kann die Kiste jedoch nicht durch das Glas verlassen, da Glas für Infrarot weitgehend undurchsichtig ist. Dadurch erwärmt sich das Innere der Kiste auf bis über 100 °C. Fourier schloss aus seiner Beobachtung ganz richtig, dass sowohl das Glas als auch die Atmosphäre für sichtbares Licht durchlässig sind. Die Wärmestrahlung der schwarzen Oberfläche kann aber die Holzkiste nicht mehr verlassen. Genauso verhält sich, so nahm Fourier an, auch die Erdatmosphäre: Sie lässt sichtbares Licht herein, lässt aber die Wärmestrahlung der Erde nicht mehr heraus.

Das Treibhaus eines Hobby- und Profigärtners funktioniert ganz genauso wie Fouriers Kochkiste. Es ist insofern einfach ein sprachhistorischer Zufall, dass wir uns heute über Treibhauseffekt und Treibhausgase und nicht über Kochkisteneffekt und Kochkistengase Sorgen machen.

Welche Gase bei diesem Effekt eine Rolle spielten, untersuchte Fourier nicht. Eunice Newton Foote war es, die 1856 vermutlich als Erste testete, welchen Einfluss die Zusammensetzung von Gasen auf die Erwärmung von durch Glas begrenzten Räumen durch die Sonnenstrahlung hat. Dabei befüllte sie Glaskolben mit normaler Luft, feuchter Luft und mit Kohlenstoffdioxid (CO_2). Durch Sonnenlicht wurden die unterschiedlich befüllten Glaskolben unterschiedlich stark erwärmt. Der Kolben mit CO_2 erwärmte sich am stärksten. Ihre Experimente zeigten, dass feuchte Luft und CO_2 Wärme absorbieren. Sie schloss daraus, dass eine erhöhte Kohlenstoffdioxidkonzentration auch zu einer Erhöhung der Erdtemperatur führt. Deshalb gilt sie als Entdeckerin des Kohlenstoffdioxids als Treibhausgas. Eunice Newton Foote konnte zwar beantworten, dass CO_2 und Wasserdampf die Temperatur in der Atmosphäre beeinflussen, sie konnte aber nicht erklären, welcher Mechanismus dahintersteckte und wie der Treibhauseffekt zu erklären sei. Dies gelang John Tyndall, indem er direkt die Absorption von Wärmestrahlung durch Kohlenstoffdioxid und Wasserdampf bestimmte. Damit konnte er schließlich den Treibhauseffekt erklären: Treibhausgase absorbieren die Wärmestrahlung der Erde und wirken wie »globale Treibhausglasscheiben«.

Die Erde wäre ohne Atmosphäre tatsächlich von einem dicken Eispanzer umgeben, Leben auf ihr wäre nicht möglich. Die Treibhausgase halten die Wärmestrahlung der Erdoberfläche in der Atmosphäre und erwärmen so das Gesamtsystem auf eine mittlere Temperatur von etwa 13 °C hat. Dies wird als *natürlicher Treibhauseffekt* bezeichnet. Ohne diesen natürlichen Treibhauseffekt wäre die mittlere Temperatur auf der Erdoberfläche um 33 °C niedriger und läge bei eisigen −19 °C.

Misst man die Temperatur der Erde vom Weltall aus mit einem Infrarotthermometer, so erhält man tatsächlich eine Temperatur von −19 °C (Es handelt sich dabei allerdings um eine Messung an der obersten Atmosphärenschicht, welche die dominanteste Temperaturstrahlungsemission aufweist). Dies liegt daran, dass die Energie, die von der gesamten Erde in alle Richtungen abgestrahlt wird, genau der Energie entsprechen muss, die sie durch die Sonnenstrahlung aufnimmt. Ansonsten würde sich die Erdtemperatur immer weiter erhöhen oder absenken. Die Erdtemperatur lässt sich dadurch zu −19 °C bestimmen: Etwa 30 % der Sonnenstrahlung wird durch die Erde direkt reflektiert, weil die Sonnenstrahlung auf weiße Flächen, wie Wolken oder Eisschilde, trifft. Der Rest der Sonnenstrahlung wird auf der Erdoberfläche in Wärme umgewandelt. Die in den Weltraum abgestrahlte Wärmeenergie muss dann den 70 % der eintreffenden Sonnenenergie entsprechen. Die aus dem Weltraum gemessene Temperatur entspricht somit nicht der Temperatur auf der Erdoberfläche.

Die Hauptbestandteile der Erdatmosphäre sind bekanntlich Stickstoff mit etwa 78 % und Sauerstoff mit etwa 21 %. Beide absorbieren weder die Sonneneinstrahlung noch die Wärmestrahlung der Erde. Der natürliche Treibhauseffekt wird vor allem durch den in der Luft vorhandenen Wasserdampf verursacht. Dessen Anteil in der Luft ist relativ variabel, beträgt aber im Durchschnitt 0,25 % und trägt zu etwa 62 % des natürlichen Treibhauseffekts bei. Der Anteil von CO_2 macht zwar lediglich 0,042 %, er steigt aber stetig und bedrohlich an und ist trotz der kleinen Zahlenwerte für etwa 21 % des Treibhauseffekts verantwortlich! Weitere wichtige Treibhausgase sind Ozon (O_3), Methan (CH_4) und Lachgas (N_2O). Diese Gase sorgen dafür, dass die mittlere Erdtemperatur heute bei etwa 14 °C liegt – Tendenz steigend.

Natürliche Klimafaktoren

Natürliche Klimafaktoren sind Elemente und Prozesse, die das Klima der Erde ohne menschlichen Einfluss prägen. So beeinflussen die geografische Breite den Einfallswinkel und damit die Intensität der Sonneneinstrahlung und die Neigung der Erdachse gegen die Erdbahnebene die Ausprägung der Jahreszeiten, was sich beides massiv auf das lokale Klima auswirkt. Die Höhe über dem Meeresspiegel wirkt sich auf Luftdruck, Temperatur und Niederschlag aus. Die Entfernung vom Meer (und anderen Wasserflächen) und dessen Temperatur beeinflussen die Luftfeuchtigkeit und die Temperaturregulation. Die Sonnenaktivität beeinflusst das Klima durch Variationen in der Sonneneinstrahlung. Diese folgen einem komplexen 11-jährigen Zyklus mit gewissen säkularen (auf der Zeitskala von Jahrhunderten) Schwankungen. Der Einfluss dieser Schwankungen ist jedoch gering im Vergleich zum Einfluss des

CO_2-Gehalts in der Atmosphäre und kann die Erwärmung des Erdklimas der letzten Jahrhunderte und vor allem Jahrzehnte wissenschaftlich nicht erklären, wie aus Abbildung 29.2 ersichtlich ist.

Ebenso beeinflussen die leicht variable Entfernung der Erde zur Sonne und die ebenfalls über Jahrtausende variierende Neigung der Erdachse das Klima. Die sogenannten *Milankovic*-Zyklen sind langperiodische Veränderungen der Erdbahnparameter, die die globale Verteilung der Sonneneinstrahlung auf der Erde beeinflussen. Sie beruhen vor allem auf der Dynamik von drei Parametern: der Exzentrizität der Erdumlaufbahn (circa 100 000-Jahre-Zyklus), der Neigung der Erdachse (circa 41 000-Jahre-Zyklus) und der Präzession der Erdachse (circa 26 000-Jahre-Zyklus). Diese Zyklen spielen eine wichtige Rolle bei der Erklärung von natürlichen Klimaveränderungen, insbesondere dem Wechsel zwischen Kalt- und Warmzeiten in den letzten zwei Millionen Jahren.

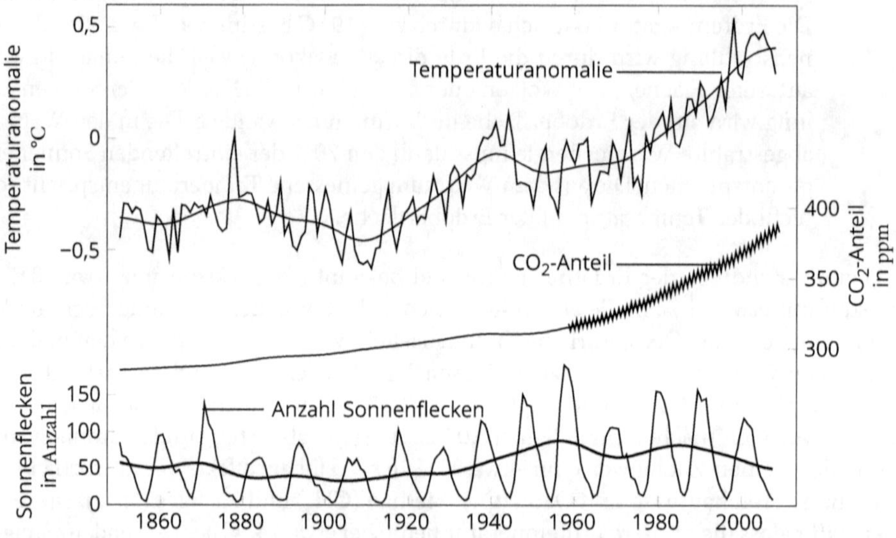

Abbildung 29.2: Temperaturentwicklung mit der Entwicklung des atmosphärischen CO_2 und der Sonnenaktivität (die Sonnenaktivität wird durch die sogenannte Sonnenfleckenrelativzahl gemessen). Quellen: Robert A. Rohde, L. McInnes.

Vulkanausbrüche können einen signifikanten Einfluss auf das globale Klima haben, sind aber meist zu vernachlässigen, wobei der Effekt je nach Größe und Art des Ausbruchs variiert. Auch große Vulkanausbrüche führen in der Regel nur zu einer vorübergehenden globalen Abkühlung. Bedrohlich wird das erst, wenn die vulkanische Aktivität aufgrund geologischer Prozesse über geologische Zeiträume erheblich ansteigt, wie etwa beim größten Massenaussterben der Erdgeschichte am Ende des Perm-Zeitalters. Bei explosiven Eruptionen werden Schwefeldioxid und andere Gase in die Atmosphäre geschleudert und wandeln sich in Aerosole um, die eine reflektierende Schicht bilden. Aerosole sind Schwebeteilchen, die eine Größe von bis zu einigen zehn Mikrometern haben. Die Aerosolschicht reflektiert die Sonnenstrahlung direkt zurück ins All und führt so zu einer Abkühlung der Erdoberfläche. Der Abkühlungseffekt kann je nach Stärke des Vulkanausbruchs mehrere Jahre anhalten. Beispielsweise kühlte der Ausbruch des Pinatubo auf den Philippinen 1991 das globale Klima für ein Jahr um 0,5 °C ab.

Sie haben vielleicht davon gehört, dass Vulkanausbrüche durch ihren CO_2-Ausstoß zu einer Temperaturerhöhung beim Klimawandel beitragen. Im *Sechsten Sachstandsbericht des IPCC* wird die Menge des Ausstoßes durch Vulkanausbrüche aktuell auf etwa 637 Megatonnen (Mt) pro Jahr beziffert. Im Vergleich zu den 40 Gigatonnen (Gt) Emissionen aus fossiler Verbrennung entspricht dies nur 1,6 Prozent der menschengemachten CO_2-Emissionen und spielt damit nur eine untergeordnete Rolle. In erdgeschichtlich früheren Zeiten spielten intensive Vulkanaktivitäten aber, wie gesagt, sehr wohl eine bedeutende Rolle für die Temperatur des Erdklimas.

Die Plattentektonik beziehungsweise Kontinentalverschiebung bewirkt langfristige Veränderungen des Klimas. Die Verteilung der Kontinente beeinflusst zum Beispiel die globalen Meeresströmungen. So bildete sich der Golfstrom erst durch die Verbindung von Nord- und Südamerika aus. Dieser transportiert große Wärmemengen vom Äquator nach Europa und erhöht dort die Wasser- und Lufttemperaturen um etwa 1–2 °C. Eigentlich liegen New York und Rom auf demselben Breitengrad am Meer und hätten demzufolge in etwa dasselbe Klima. Durch den Golfstrom ist es jedoch in Rom (und Europa generell) vor allem im Winter wesentlich wärmer. Darüber hinaus beeinflusst die Ozeanzirkulation die Aufnahme und Verteilung von CO_2 im Meer. Kaltes Oberflächenwasser kann mehr CO_2 aufnehmen als warmes Wasser, was zu wichtigen Rückkopplungsprozessen führt. In den letzten Jahren hat sich die Meerestemperatur so stark erhöht, dass CO_2 sogar nicht nur nicht aufgenommen, sondern zusätzlich freigesetzt wird. Vermutlich ist dies bereits mehrfach in der Erdgeschichte vorgekommen. Entsprechende paläoklimatische Messungen (zum Beispiel aus Luftblasen in Eisbohrkernen) zeigen, dass nach Temperaturerhöhungen zusätzliches CO_2 in die Atmosphäre gelangt ist. Auch die Luftfeuchtigkeit, die eng mit der Ozeanzirkulation verbunden ist, beeinflusst das Klima. Zwischen Ozean und Atmosphäre findet ein ständiger Austausch von Wasserdampf statt, der das lokale und globale Klima beeinflusst und ebenfalls zu Rückkopplungseffekten führt. Änderungen in der Luftfeuchtigkeit können zu Verstärkungen oder Abschwächungen von Klimatrends führen, da Wasserdampf selbst ein wichtiges Treibhausgas ist.

Auch Wolken beeinflussen nicht nur das Wetter (das wissen wir), sondern ebenso das Klima. Sie streuen das Sonnenlicht, sodass weniger Strahlung die Erdoberfläche erreicht und stattdessen zurück in den Weltraum reflektiert wird. Dies führt zu einer Reduktion der Temperatur im globalen Durchschnitt. Ebenso erhöhen Eis- und Schneeflächen die Reflexion von Strahlung.

Den Strahlungsaustausch der Erdoberfläche mit dem Weltraum lässt sich in klaren Winternächten direkt beobachten: Obwohl oft die Lufttemperatur etwas über 0 °C liegt, bildet sich auf Autoscheiben (und manchmal auch dem Straßenbelag) eine Eisschicht, weil sich die Glas- oder Straßenoberfläche durch den Strahlungsaustausch auf unter 0 °C abgekühlt hat. Bei bedecktem Himmel lässt sich dieses Phänomen nicht beobachten, weil dann der Strahlungsaustausch nicht mit dem kalten Weltraum (etwa –270,4 °C), sondern mit den wärmeren Wolken stattfindet. Auch bei der Entstehung von Tau und Bodennebel wird die Oberfläche des Bodens durch Strahlungsaustausch so stark abgekühlt, dass die Luftfeuchtigkeit dort kondensiert.

Die Albedo ist das Maß des Rückstrahlvermögens einer Oberfläche und gibt an, welcher Anteil der einfallenden Sonnenstrahlung reflektiert wird. Tabelle 29.1 gibt einige Albedo-Werte von typischen Oberflächen an.

Oberfläche	Albedo (min)	Albedo (max)
Wüste	0,3	0,6
Dachziegel	0,1	0,35
heller Dachanstrich	0,6	0,7
Schnee	0,3	0,85
Ackerboden	0,2	0,4
Asphalt	0,05	0,15
Wald	0,05	0,18

Tabelle 29.1: Albedo von verschiedenen Oberflächen – je nach Beschaffenheit und aktuellem Zustand (beispielsweise nass versus trocken) kann das Rückstrahlvermögen stark schwanken

Obwohl Wald ein sehr geringes Rückstrahlvermögen hat (fast so niedrig wie Asphalt), erwärmt er sich kaum, beziehungsweise ist sogar kälter als die umgebenden Gebiete. Dies lässt sich durch die Verdunstung der Bäume erklären: Die Verdunstung hat einen großen Einfluss auf die lokale Temperatur: 1 Liter verdunstendes Wasser transportiert 2257 kJ (oder 0,627 kWh) Wärme ab (deswegen schwitzen wir übrigens, aber das nur nebenbei). Im globalen Mittel verdunstet jeder Quadratmeter Blattoberfläche eines Baumes oder einer anderen Pflanze 3 Liter Wasser täglich (*Evapotranspiration*). *Verdunstung* Eine Birke verdunstet an einem heißen Sommertag etwa 1000 Liter am Tag und führt so 627 kWh Wärme ab! Größere Bäume können sogar 10 000 Liter pro Tag verdunsten. Deshalb ist es an Hitzetagen in Städten mit Parks und vielen Bäumen wesentlich kühler als in Betonwüsten ohne Grünflächen und Bäume – man spricht dann auch vom *Wärmeinsel-Effekt*.

Zudem speichern Bäume CO_2 in Form von organischen Kohlenstoffverbindungen, wobei sie den Kohlenstoff der Umgebungsluft durch die Photosynthese entnehmen. Eine ausgewachsene Douglasie speichert beispielsweise bis zu 47 kg CO_2 im Jahr, eine Lärche 36 kg und eine Tanne 21 kg. Wenn der Baum stirbt und verrottet oder verbrannt wird, wird dieser gespeicherte Kohlenstoff allerdings wieder in Form von CO_2 freigesetzt. Das Speichern von CO_2 in Bäumen ist also nur dann wirklich ein langfristiger Speicher, wenn der Baum sehr lange lebt oder etwa als Bau- oder hochwertiges Möbelholz verwendet wird.

Der Grund, warum der Kohlenstoff aus Pflanzen früher überwiegend in Form von Kohle und Erdöl langfristig gespeichert wurde und nicht wie heute überwiegend wieder zu CO_2 umgewandelt wird, liegt in den geologischen und Umweltbedingungen der Erdgeschichte. Vor vielen Millionen von Jahren, insbesondere in der Epoche von vor etwa 320 bis 250 Millionen Jahren, wuchsen riesige Sumpfwälder auf großen Teilen der Landfläche. Diese wurden nach dem Absterben vielerorts schnell mit Sedimenten überdeckt. Wegen des fehlenden Sauerstoffs gab es dort kaum mikrobielle Aktivität, sodass sich das pflanzliche Material nicht vollständig zersetzte, sondern durch Druck und Zeit (viele Jahrmillionen!) zu Kohle und anderen fossilen Brennstoffen umgewandelt wurde. So entstanden im Laufe der

Erdgeschichte die Kohlenstoffspeicher, die wir seit der Industrialisierung in einem – geologisch betrachtet – Wahnsinnstempo verbrennen und als CO_2 in die Atmosphäre bringen.

Das Erdklima entwickelt sich also in einer komplexen Wechselwirkung der Sonneneinstrahlung mit Atmosphäre, Erdoberfläche, Kontinentalverschiebung, lokalen Gegebenheiten und den Meeren. Im Laufe der Erdgeschichte haben sich das Klima und die Temperatur durch die beschriebenen Prozesse ständig gewandelt. Dabei traten immer wieder Extreme auf, die zu massiven Änderungen des Klimas führten. In den meisten dieser Extremphasen wäre die Erde für uns Menschen unbewohnbar gewesen!

Man hört öfter, nicht nur in Stammtischgesprächen, sondern auch in Talkshows, dass es ja in der Erdgeschichte schon mehrmals viel wärmer war, und dass deswegen der menschengemachte Klimawandel heutzutage völlig unerheblich sei. Dazu werden dann auch entsprechende Graphen über Hunderte von Millionen Jahren auf der Zeitachse gezeigt. Aber: Während 99,99 Prozent der Erdgeschichte gab es keine Menschen – nicht zuletzt deswegen, weil die damals sehr heißen klimatischen Bedingungen völlig ungeeignet für ein Überleben von Menschen waren.

Hauptsächlich wurde das Klima durch die langsam zunehmende Strahlungsintensität der Sonne und eine – aufgrund der sich ausbreitenden Pflanzenwelt – abnehmende CO_2-Konzentration der Erdatmosphäre bestimmt. Während die Solarstrahlung über die Erdgeschichte sehr langsam zunahm, änderte sich die CO_2-Konzentration in Schüben durch Verwitterung, Kalkbildung und Bildung von pflanzlichem Kohlenstoff. Dadurch kam es im Verlauf der Erdgeschichte immer wieder zu Wechseln zwischen Warm- und Kaltphasen, wobei die Warmphasen bei Weitem überwogen.

Die Erdgeschichte

Die Erde ist etwa 4,6 Milliarden Jahre alt. Sie bildete sich zur gleichen Zeit wie die Sonne aus Weltraumgas und -staub und war zunächst eine glutflüssige Kugel. Die erste Uratmosphäre bestand wie die Atmosphäre der Sonne hauptsächlich aus Wasserstoff und Helium. Weil die Erde aber viel leichter als die Sonne ist, reichte ihre Gravitationskraft nicht aus, um diese leichten Gase dauerhaft auf der Erde zu halten. Es gab dann erst einmal gar keine dauerhafte Atmosphäre, ebenso wenig Ozeane. Aus vulkanischen Aktivitäten und dem Ausgasen der noch heißen Erde entwichen aber mit der Zeit Wasserdampf, CO_2, Methan, Schwefelwasserstoff, Ammoniak, Kohlenmonoxid und Stickstoff und bildeten eine neue Atmosphäre. Dabei machten Wasserdampf und Kohlenstoffdioxid über 90 % der Erdatmosphäre aus, Sauerstoff gab es nicht. Die Temperatur sank langsam ab und aus kondensierendem Wasserdampf konnten sich Ozeane bilden. (Höchstwahrscheinlich brachten stark wasserhaltige Kometen und andere Himmelskörper eine große Menge an weiterem Wasser auf die Erde. Außerdem kollidierte die Erde während dieser Zeit wohl auch mit einem Kleinplaneten, wobei noch einmal der gesamte Erdkörper aufschmolz und ein Teil der Trümmer den Erdmond bildete. Dies spielt allerdings für die folgenden Überlegungen keine entscheidende Rolle – ist aber trotzdem interessant.)

In den ersten Ozeanen löste sich nach Ende des primordialen »kosmischen Bombardements« ein Teil des atmosphärischen CO_2, sodass der Kohlenstoffdioxidgehalt der Atmosphäre absank. Mit der Bildung von erstem bakteriellem Leben vor etwa 3,6 Milliarden Jahren (genauer gesagt den ersten photosynthesefähigen Einzellern) sank die Kohlenstoffdioxidkonzentration in der Atmosphäre weiter und mit ihr die Temperatur. Vor etwa 2,4 bis 2,2 Milliarden Jahren bildete sich vermutlich eine erste Eiszeit. Man spricht in der Erdgeschichte von einer Eiszeit, wenn zumindest einer der beiden Pole der Erde vereist ist. Dadurch kamen die chemische Verwitterung und die bakterielle Kohlenstoffbindung zum Erliegen. Bei der chemischen Verwitterung, insbesondere von silikathaltigen Gesteinen wie Basalt und Granit, reagiert das CO_2 aus der Atmosphäre mit Regenwasser und bildet dabei Kohlensäure. Diese löst wiederum Mineralien aus dem Gestein heraus. Im Verlauf dieses Prozesses wurde das CO_2 chemisch in Form von Carbonaten gebunden. Die so gebildeten Carbonate wurden (und werden noch heute) mit Flüssen ins Meer transportiert, wo sie sich als Sediment am Meeresboden ablagern, was eine dauerhafte Entfernung von CO_2 aus der Atmosphäre bedeutet. Über geologische Zeiträume transportiert die Plattentektonik dann das Carbonat zunächst bis hinab in den Erdmantel, von wo aus der Vulkanismus es wieder an die Oberfläche bringen kann – der CO_2-Gehalt der Atmosphäre steigt also durch vulkanische Aktivität wieder an und es wird allmählich wärmer. Die über die Erdzeitalter zunehmende Solarstrahlung erhöhte ebenfalls die Temperaturen.

In ihren Ausmaßen wurden diese ersten Eiszeiten aber übertroffen von einer Serie gewaltiger Eiszeiten vor 750 bis 580 Millionen Jahren. Damals sollen selbst Gebiete am Äquator vereist gewesen sein, weshalb diese Phase unter dem Namen *Schneeball-Erde* bekannt ist. Die sogenannte Albedo-Rückkopplung verstärkte damals die Abkühlung der Erde extrem effektiv (je weißer die Oberfläche, desto stärker kühlt sie aus). Nach dem Ende der Schneeball-Epoche entstanden fast alle heute bekannten mehrzelligen Tier- und Pflanzengruppen. Diese besitzen oft Innen- oder Außenskelette aus Carbonaten, also Kohlenstoff. Damit wurde das Leben selbst zum Kohlenstoffspeicher. Durch Sedimentation abgestorbener Biomasse gelangte weiterer Kohlenstoff in das Gestein und wurde in tiefen Erdschichten gespeichert. Mit der Ausbreitung pflanzlicher Organismen (die bereits deutlich früher in der Erdgeschichte begonnen hatte) nahm der CO_2-Gehalt der Atmosphäre immer weiter ab, während der von ihnen »ausgeatmete« Sauerstoff mehr wurde – bis sich ein Gleichgewicht mit der tierischen Atmung einstellte, die genau umgekehrt arbeitet. Besonders im Karbon (daher das englische *carbon* für Kohle) vor etwa 350 bis 300 Millionen Jahren, als sich riesige Waldgebiete entwickelten und viele der heutigen Kohlelagerstätten entstanden, wurden riesige Kohlenstoffmengen der Atmosphäre entzogen, das Kohlenstoff-Sauerstoff-Gleichgewicht verschob sich und die Temperatur sank. Es kam wieder zu einer Eiszeit.

Durch plattentektonische Verschiebungen im heutigen Zentralasien ausgelöste, gigantische vulkanische Aktivitäten führten vor 250 Millionen Jahren dann wieder zu einem sehr starken Anstieg der Treibhausgase in der Atmosphäre und zu den höchsten Luft- und Meerestemperaturen der Erdgeschichte. Gleichzeitig versauerten die Meere, weil das zusätzliche CO_2 mit der Zeit als Kohlensäure in den Ozeanen gebunden wurde. Beide Effekte verschlechterten die Lebensbedingungen auf der Erde dramatisch und es kam zu dem größten Artensterben der Erdgeschichte, welches bis zu 90 % der damals lebenden Arten auslöschte.

In den letzten etwa 180 Millionen Jahren – bis ungefähr zur Erfindung der Dampfmaschine – ist die CO_2-Konzentration in der Atmosphäre tendenziell gesunken. Die zunächst hohen Temperaturen führten zu einer verstärkten Verwitterung der Erdoberfläche, wodurch CO_2 gebunden wurde. CO_2 wurde in Form von Kalk im Meer gebunden und so der Atmosphäre entzogen. Die Ausbreitung von Pflanzen entzog per Photosynthese zusätzlich CO_2 aus der Atmosphäre. Diese Prozesse führten dazu, dass der CO_2-Gehalt von etwa 3000 ppm vor 180 Millionen Jahren auf circa 300 ppm vor der industriellen Revolution sank. Es gab also viele erdgeschichtliche Ereignisse, die einen starken Einfluss auf Treibhausgase und das Klima hatten, ohne dass es eines menschlichen Einflusses bedurfte. Aber – dies sei hier noch einmal betont – diese Vorgänge liefen immer auf der zeitlichen Skala von Jahrmillionen und länger ab.

Erst durch die Verbrennung von fossilen Brennstoffen durch den Menschen änderte sich dies, und der CO_2-Gehalt in der Atmosphäre steigt seit 1850, also während eines geologischen Wimpernschlags, wieder auf heute über 420 ppm ppm an (siehe Abbildung 29.3). Das weitere Anwachsen ist wegen der kaum gedrosselten CO_2-Emissionen bis auf Weiteres unausweichlich. Erst mit einer weitgehend klimaneutralen Weltwirtschaft wird sich der Trend aufhalten und in der Folge auch wieder umkehren lassen.

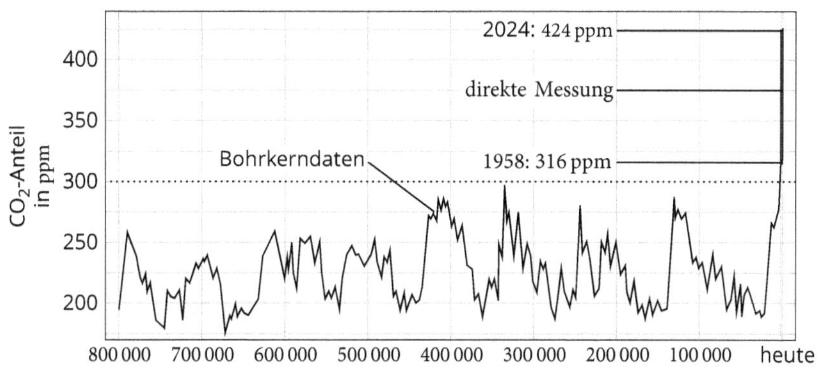

Abbildung 29.3: Entwicklung des CO_2-Gehalts der Erdatmosphäre über die letzten 800 000 Jahre; Quelle: Lüthi et al. (Nature 2008), Keeling et al. (Scripps CO_2 Program Data), Leopoldina, 2025.

Der menschengemachte Klimawandel

Woher wissen wir eigentlich, dass der CO_2-Anstieg seit Beginn der Industrialisierung wirklich für den Temperaturanstieg und damit die aktuelle Klimaerwärmung verantwortlich ist? In Abbildung 29.4 ist der Temperaturverlauf der Erdoberfläche seit dem Jahr 1850 dargestellt. Obwohl es nicht möglich ist, anhand einzelner Jahre Aussagen über den durch Menschen verursachten Klimawandel abzuleiten, lässt sich doch der Temperaturanstieg seit Beginn der Industrialisierung messen. So ist die Temperatur um mindestens 0,8 °C angestiegen. Neueste Untersuchungen der letzten 2–3 Jahre legen sogar nahe, dass die Temperaturen bereits um etwa 1,5 °C angestiegen sind.

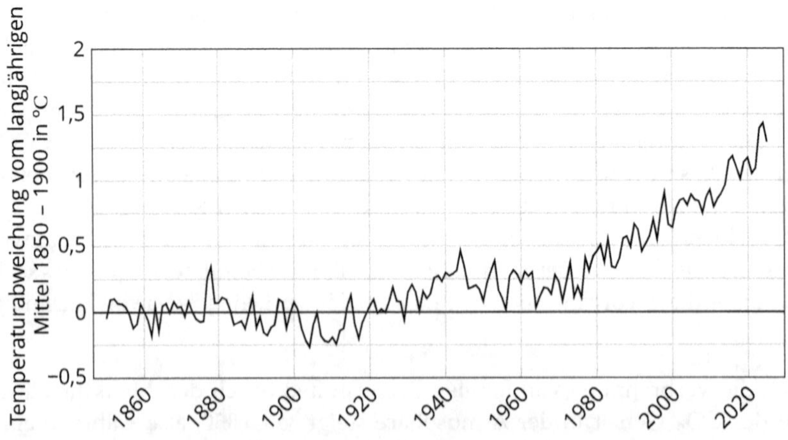

Abbildung 29.4: Temperaturabweichung im Vergleich zum langjährigen Mittel 1850 – 1900 seit Beginn der Industrialisierung. Quelle: Met Office Hadley Centre, 2025 - `https://www.metoffice.gov.uk/hadobs/hadcrut5/data/HadCRUT.5.1.0.0/download.html`.

Durch den Menschen gelangen hauptsächlich durch das Verbrennen fossiler Stoffe zusätzliche Treibhausgase in die Atmosphäre, derzeit etwa 40 Gigatonnen pro Jahr. Dass die Treibhausgase grundsätzlich das globale Klima wärmer machen, haben wir schon im vorigen Abschnitt über den natürlichen Treibhauseffekt beschrieben. Die Erhöhung der Konzentration der Treibhausgase durch den Menschen verursacht den anthropogenen Treibhauseffekt – oder ganz genau: die anthropogene Verstärkung des natürlichen Treibhauseffekts.

In einem Treibhaus kann Wärmestrahlung nicht entweichen, weil das Glas des Treibhauses für den infraroten Wellenlängenbereich undurchsichtig ist. Kohlenstoffdioxid wirkt in der Atmosphäre genauso wie die Glasscheibe des Treibhauses: Es absorbiert Wärmestrahlung und hält sie in der Atmosphäre, wodurch diese sich erwärmt. Deshalb spricht man hier von einem Treibhausgas.

Einer der vielen Rückkopplungseffekte beim Klimawandel besteht darin, dass durch die Erwärmung von Erdoberfläche und Ozeanen zusätzliches Wasser verdampft. Da Wasserdampf aber ebenfalls ein Treibhausgas ist, absorbiert der zusätzliche Wasserdampf auch noch mehr Wärmestrahlung von der Erde und verstärkt die Erderwärmung, was zu noch mehr Verdunstung führt und so weiter.

Wasserdampf hat durch seine hohe Konzentration in der Atmosphäre die größte Treibhausgaswirkung, kann aber nicht direkt durch den Menschen beeinflusst werden, weil die Konzentration in der Atmosphäre im Wesentlichen durch die Temperatur über den Meeren der Erde bestimmt ist. Oder anders ausgedrückt: Die aufgrund menschlicher Aktivitäten zusätzlich in die Atmosphäre gelangende Menge an Wasserdampf ist viel kleiner als die natürliche Verdunstung aus den Meeren und anderen Gewässern. CO_2 ist dagegen das Treibhausgas, welches durch menschliche Aktivitäten in relevanten Mengen zusätzlich in die Atmosphäre gelangt und dort einen überproportional großen (anthropogenen) Beitrag zum Treibhauseffekt leistet. Deshalb werden alle anderen Treibhausgase in ihrer Wirkung mit der von CO_2 verglichen. Man betrachtet dabei die Klimawirkung eines Gases über einen bestimmten Zeitraum. Für die Klimaforschung wird meist das Erderwärmungspotenzial des entsprechenden Gases über 100 Jahre angegeben. Im Englischen wird dies als *Global-Warming-Potential*, GWP_{100}, bezeichnet. Es drückt aus, wie stark ein Gas, im Vergleich zur gleichen Menge CO_2, innerhalb von 100 Jahren das Klima erwärmt. Methan hat laut dem IPCC eine 28-mal stärkere Treibhausgaswirkung als CO_2, Lachgas (N_2O) schon eine 265-mal stärkere Treibhausgaswirkung. Das früher in Spraydosen und heute noch in Klimaanlagen und Kühlschränken in einigen Ländern des globalen Südens anzutreffende FCKW hat die 10 000-fache Treibhausgaswirkung von CO_2. Schwefelhexafluorid (SF_6), welches als Isoliergas in modernen Schaltanlagen eingesetzt wird, hat sogar die 24 000-fache Wirkung. Um zu verstehen, warum manche Klimagase viel klimarelevanter als andere Gase sind, muss man berücksichtigen, wie stark die molekülspezifischen Absorptionsspektren der Gase die Wärmeabstrahlung der Erdoberfläche in den Weltraum behindern. Wird auf dem Weg durch die Atmosphäre das Licht sowieso schon absorbiert, so ist der Effekt auf die Temperaturerhöhung durch eine weitere Absorption geringer. Die Temperaturerhöhung ist dann durch zusätzliche Moleküle immer noch vorhanden, aber eben geringer. Weil die Gase Methan und Lachgas in sehr geringen Konzentrationen in der Atmosphäre vorkommen und ihre Moleküle in Wellenlängenbereichen absorbieren, in denen die Luft ansonsten für die Wärmestrahlung der Erde weitgehend transparent sind, sind sie besonders klimawirksame Gase und haben hohe GWP_{100}-Werte. In Tabelle 29.2 sind die Konzentrationen der wichtigsten Treibhausgase vor der Industrialisierung (1750) sowie im Jahr 2020, ihr Erderwärmungspotenzial sowie der jeweilige Anteil an der anthropogenen Klimaerwärmung aufgeführt.

Gas	Konzentration 1750	Konzentration 2020	GWP_{100}	Anteil am Treibhauseffekt
CO_2	280 ppm	420 ppm	1	76 %
CH_4	0,72 ppm	1,90 ppm	28	16 %
N_2O	0,27 ppm	0,33 ppm	265	6 %
FCKW	0 ppm	0,0005 ppm	10 000	5,5 %
SF_6	0 ppm	0,000 012 ppm	24 000	weniger als 1 %

Tabelle 29.2: Konzentration der wichtigsten Treibhausgase in der Troposphäre in *parts per million* (ppm) vor dem Beginn der Industrialisierung im Jahr 1750, im Jahr 2020, deren Erderwärmungspotenzial GWP_{100} sowie ihr Beitrag zur anthropogenen Erderwärmung der Erdatmosphäre

Aus den Daten ist zu entnehmen, dass CO_2 mit 76 Prozent den größten anthropogenen Beitrag zum Klimawandel liefert, auch wenn sein Erderwärmungspotenzial am geringsten ist. Dies liegt an der etwa 220-mal höheren Konzentration in der Atmosphäre. Über weite Bereiche des Absorptionsspektrums von CO_2 ist die Absorption schon gesättigt – das bedeutet, dass zusätzliches CO_2 hier kaum noch mehr Wärmestrahlung aufnehmen kann. Nur die Ränder des Absorptionsbereichs sind noch ungesättigt.

Abbildung 29.5 zeigt die berühmte *Keeling-Kurve* (nach dem US-amerikanischen Klimaforscher Charles David Keeling), die erstmals den CO_2-Anstieg in der Erdatmosphäre nachwies. Der Standort Mauna Loa garantiert eine Messung, die unbeeinflusst von störenden CO_2-Quellen ist, weil sich der Vulkan inmitten des Pazifiks befindet. Die Kurve zeigt einen stetigen Anstieg sowie eine jährliche zyklische Schwankung.

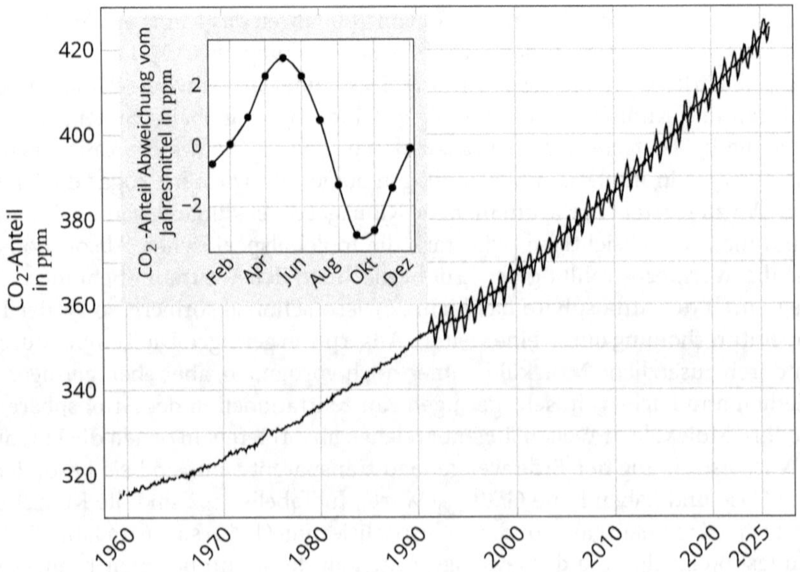

Abbildung 29.5: Messungen der Konzentration des Treibhausgases CO_2 in der Erdatmosphäre seit dem Jahr 1958 auf dem hawaiianischen Vulkan Mauna Loa. Diese Zeitreihe ist international als die *Keelingkurve* bekannt. Quelle: Keeling et al. Scripps CO_2 Program, 2025 - `www.scrippsco2.ucsd.edu`.

Charles Keelings Messungen zeigten erstmals, dass und wie sehr die Konzentration des Treibhausgases CO_2 über die Jahre ansteigt, und gelten als einer der wichtigsten Belege des Klimawandels. Vor dem Nachweis des CO_2-Anstiegs in der Atmosphäre wurde argumentiert, dass die Aufnahmefähigkeit für Kohlenstoffdioxid in den Meeren so groß ist, dass keine Anreicherung in der Atmosphäre zu befürchten sei. Der Anstieg in der Erdatmosphäre beträgt tatsächlich etwa 2 ppm pro Jahr und ist eindeutig nachweisbar. Der gemessene Anstieg ist geringer, als wenn das komplette CO_2 von der Atmosphäre aufgenommen würde. Ein Teil wird durch Photosynthese entnommen und ein größerer Teil im Meerwasser als Kohlensäure gelöst. Die dadurch bewirkte Versauerung der Meere ist ebenfalls messbar und stellt einen weiteren Beweis des menschenverursachten (*anthropogenen*) Klimawandels dar. Frühere Messungen konnten den Anstieg in der Atmosphäre nicht nachweisen, da an Orten gemessen wurde, die starken lokalen CO_2-Schwankungen ausgesetzt waren. So ist in Wäldern aufgrund der Photosynthese eine starke Tagesabhängigkeit zu messen. Lokale Verbrennungsprozesse beeinflussen das Messergebnis ebenfalls, weshalb erst die Messungen auf dem abgeschiedenen und 4169 m hohen erloschenen Vulkan Mauna Loa im Pazifik zu einer stabilen Messung führten. Durch Vegetationszyklen im Jahresverlauf schwankt die Kurve im Laufe eines Jahres aber auch dort.

Es gibt deutlich mehr Landmasse und damit auch Vegetation auf der Nordhalbkugel als auf der Südhalbkugel. Deshalb sind die Vegetationszyklen auf der Südhalbkugel schwächer ausgeprägt. Messungen der CO_2-Konzentration auf der Südhalbkugel oder auch am Äquator zeigen deshalb geringere saisonale Schwankungen, aber ebenfalls einen kontinuierlichen Anstieg über die Jahre. Der Anstieg des CO_2 ist also weltweit messbar und führt zu einer globalen Temperaturerhöhung durch die Treibhausgase.

Die *Keeling-Kurve* zeigt zunächst einmal nur, dass die CO_2-Konzentration in der Atmosphäre in den letzten Jahren angestiegen ist. Sie beweist erst einmal noch nicht, dass der Anstieg durch den Menschen verursacht wurde. Einen Beleg für einen vom Menschen verursachten CO_2-Anstieg liefert die Radiokarbonmethode, die das Verhältnis von radioaktivem ^{14}C zu nicht-radioaktivem ^{12}C bestimmt. Der Hauptanteil des durch den Menschen verursachten Kohlenstoffdioxidausstoßes wird durch die Verbrennung fossiler Brennstoffe verursacht, die seit Millionen von Jahren im Erdboden lagerten. Die isotopische Zusammensetzung dieses Kohlenstoffs ist eine andere als die des in der aktuellen Erdatmosphäre als CO_2 vorliegenden Kohlenstoffs. In der Erdatmosphäre wird durch kosmische Strahlung laufend das radioaktive Isotop ^{14}C erzeugt, welches mit einer Halbwertszeit von 5730 Jahren zerfällt. Die im Erdboden gelagerten fossilen Brennstoffe enthalten wegen ihrer viele Millionen Jahre währenden Lagerung keine radioaktiven Isotope mehr. Weil die ^{14}C-Konzentration des CO_2 in der Atmosphäre mit der Zeit abnimmt, kann man deshalb schließen, dass das zusätzlich in die Atmosphäre geblasene Kohlenstoffdioxid auf die Nutzung von fossilen Brennstoffen zurückzuführen ist. Einen weiteren Hinweis bietet der Anteil des nicht-radioaktiven Isotops ^{13}C in der Atmosphäre. Die Photosynthese bevorzugt die Einlagerung von ^{12}C im Verhältnis zu ^{13}C. Die Abnahme des ^{13}C zu ^{12}C in der Atmosphäre weist ebenfalls auf einen CO_2-Anstieg durch Verbrennung fossiler Brennstoffe hin.

Tatsächlich müsste der Anstieg der *Keeling-Kurve* pro Jahr etwas mehr als doppelt so hoch sein, wenn man berechnet, wie viel CO_2 durch fossile Brennstoffe und Entwaldung freigesetzt wird. Glücklicherweise tauscht die Atmosphäre mit den Ozeanen und der Erdoberfläche CO_2 aus. Dadurch reduziert sich der Treibhauseffekt, der zur Erderwärmung führt – allerdings führt er, wie gesagt, zur Versauerung der Meere.

Die Versauerung der Ozeane ist durch Messung von deren pH-Werten leicht nachzuweisen. Bei weiterer Erwärmung der Meere wird zudem das dort abgespeicherte CO_2 wieder an die Atmosphäre freigesetzt, was eine weitere positive Rückkopplung bedeutet. Es wird dann also noch zusätzlich CO_2 aus den Ozeanen in die Atmosphäre abgegeben, was eine weiter beschleunigte Temperaturerhöhung zur Folge haben wird.

Etwa 85 % des aktuellen CO_2-Ausstoßes wird durch die Verbrennung fossiler Brennstoffe, wie Kohle, Öl und Erdgas verursacht. Dabei spielt die Energiegewinnung bei der Verbrennung der fossilen Rohstoffe die Hauptrolle. Genau deshalb ist der Ausbau der erneuerbaren Energiequellen so wichtig. Weitere 10 % des CO_2-Ausstoßes werden durch Entwaldungen und die restlichen 5 % durch Zementherstellung erzeugt. Diese Kohlenstoffdioxidquellen müssen wir ebenfalls dringend in den Griff bekommen. Um das 1,5 °C-Ziel des Pariser Klimaabkommens zu erreichen, dürften laut IPCC seit Anfang 2020 nur noch 400 Gt Kohlenstoffdioxid emittiert werden. Bei einem jährlichen Ausstoß von etwa 40 Gt blieben seit 2020 nur 10 Jahre Zeit, um den Kohlenstoffdioxidausstoß auf null zu reduzieren.

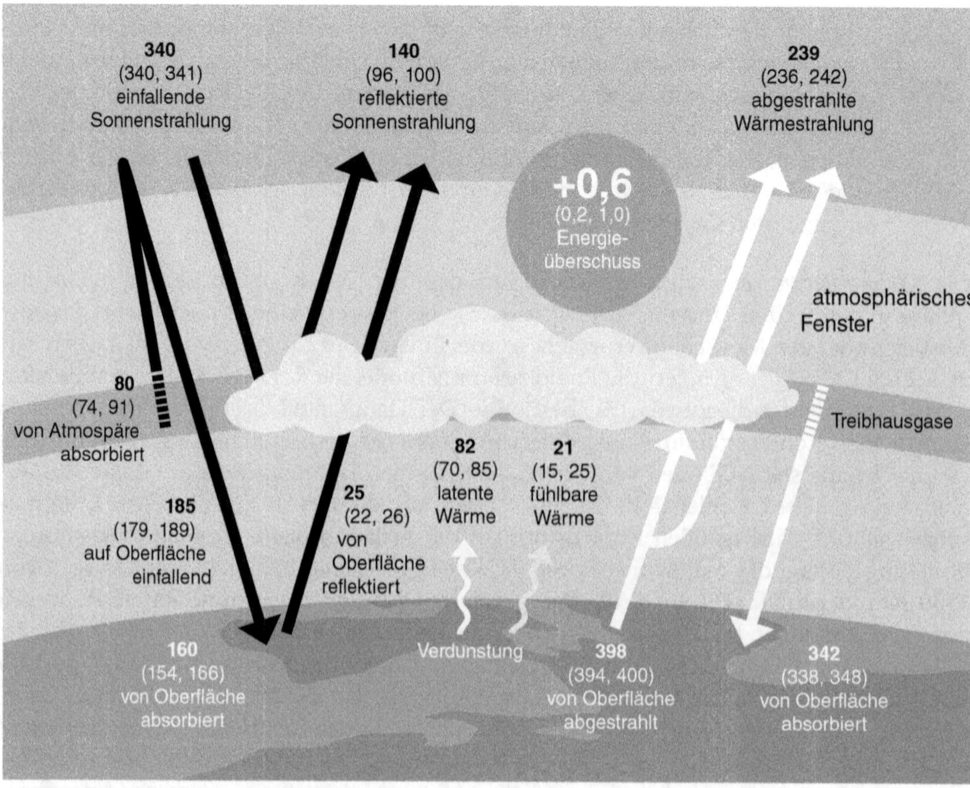

Abbildung 29.6: Quantitative Strahlungsbilanz der Erde in Watt je Quadratmeter (in Klammern ist der jeweilige Unsicherheitsbereich angegeben). Zu einer Klimaerwärmung kommt es dann, wenn die Rückstrahlung durch Treibhausgase reduziert wird und dadurch weniger abgestrahlt als absorbiert wird (aktuell $0{,}6\,W/m^2$ mehr Wärmeaufnahme). Quelle: Leopoldina, 2025.

Tatsächlich ist der Ausstoß seit 2020 noch weiter angestiegen – dementsprechend reduziert sich die verbleibende Zeit noch weiter, vermutlich sehr bald auf negative Werte! Aus diesem Grund muss der Ausbau der erneuerbaren Energien so stark wie möglich beschleunigt werden.

Die Rolle von Methan und der Mythos vom klimafreundlichen Gas

Bei jeder Verbrennung von Erdgas entsteht das Treibhausgas CO_2. Allerdings immerhin weniger CO_2 als bei der Verbrennung von Kohle oder Öl. Dies hat Erdgas den Ruf eingebracht, sauberer oder weniger klimaschädlich zu sein. Allerdings wird entlang der gesamten Erdgasliefer- und Gewinnungskette durch Lecks auch viel Methan freigesetzt, das, wie wir gesehen haben, ein noch größeres GWP hat. Wird Erdgas zum Transport verflüssigt, muss dafür noch zusätzlich Energie aufgebracht werden. Laut dem sechsten Sachstandsbericht des Weltklimarats (IPCC) von 2021 ist das Treibhauspotenzial von Methan in den ersten 20 Jahren bis zu 83-mal stärker und in den ersten 100 Jahren bis zu 30-mal stärker als das von CO_2. Das heißt, innerhalb eines Zeitraums von 20 Jahren schädigt ein Kilogramm Methan das Klima so wie 83 Kilogramm CO_2.

Abbildung 29.6 zeigt quantitativ (in Watt je Quadratmeter) den Strahlungsaustausch zwischen Sonne und Erde. Die mittlere solare Einstrahlung von 341 W/m^2 berechnet sich aus der solaren Strahlungsleistung außerhalb der Atmosphäre auf die gesamte (angenäherte) Erdkugel: Setzt man nämlich deren Oberfläche ins Verhältnis zu der projizierten bestrahlten Kreisfläche, beträgt die durchschnittliche Einstrahlung auf der Erdoberfläche im Mittel nur ein Viertel der solaren Einstrahlung von 1366 W/m^2. Vom Menschen zusätzlich ins System eingebrachte Treibhausgase absorbieren die Wärmestrahlung der Erdoberfläche und reduzieren die Abstrahlung ins Weltall. Um die Strahlungsbilanz zwischen ein- und ausgehender Strahlung auszugleichen, muss sich die Temperatur auf der Erde erhöhen – genau dies ist der Klimawandel.

Teil IX
Der Top-Ten-Teil

IN DIESEM TEIL...

- ✔ Widerlegte Mythen zur Photovoltaik
- ✔ Top-Forscher
- ✔ PV-Fakten
- ✔ Interessante Links

IN DIESEM KAPITEL ...

- Falsche Behauptungen – richtiggestellt durch Faktenchecks
- »Mehr PV = mehr Stromausfälle«
- »Rohstoffe und Platz reichen nicht. PV produziert nur bei Sonne Strom.«
- »Der Energieaufwand übersteigt den PV-Ertrag.«

Kapitel 30
Zehn Mythen der Photovoltaik

Wer sich über Photovoltaik oder erneuerbare Energien und Klimawandel unterhält, trifft immer wieder auf Behauptungen, die so einfach nicht stimmen. Sicher sind Sie auch schon einigen begegnet. Wir listen die Behauptungen auf, die uns am häufigsten begegnen, und liefern die nötigen Klarstellungen.

»Mehr PV-Einspeisung ins Stromnetz verursacht mehr Stromausfälle.«

Tatsächlich haben die Stromausfälle in Deutschland im Laufe der Zeit abgenommen. Dies kann man an dem sogenannten SAIDI-Wert ablesen (*System Average Interruption Index*), siehe Abbildung 30.1. Er gibt die durchschnittliche Dauer der ungeplanten Unterbrechung der Stromversorgung pro angeschlossenem Verbraucher innerhalb eines Kalenderjahres an. Er misst also, wie lange Verbraucher im Durchschnitt pro Jahr ohne Stromversorgung sind. Die Berechnung erfolgt nach der Formel:

$$\text{SAIDI} = \frac{\text{Summe aller ungeplanten Unterbrechungen bei den Verbrauchern}}{\text{Anzahl aller Verbraucher}}$$

Er wird meist in Minuten pro Jahr angegeben. Geplante Abschaltungen, Störungen durch höhere Gewalt (etwa Naturkatastrophen) oder Unterbrechungen unter drei Minuten werden nicht berücksichtigt. In Deutschland wird der Wert jährlich von der Bundesnetzagentur ermittelt und dient als wichtiger Indikator für die Zuverlässigkeit und Qualität der Stromversorgung.

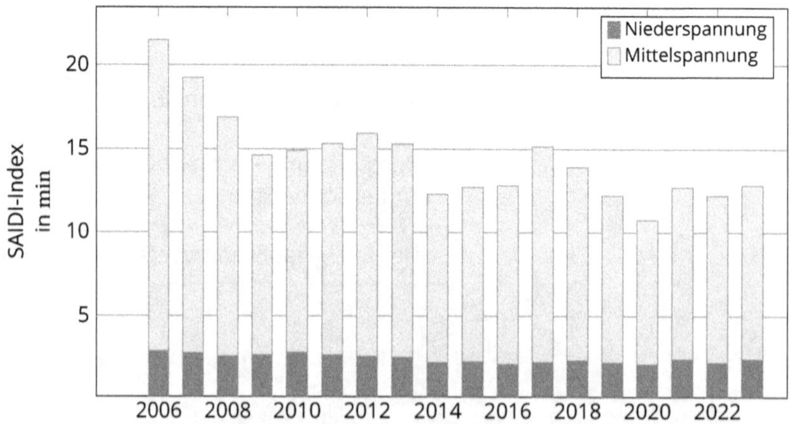

Abbildung 30.1: Entwicklung des Stromausfallindex (SAIDI) für Deutschland von 2006 bis 2023 für Niederspannung und Mittelspannung. Quelle: Bundesnetzagentur, 2025.

Deutschland ist in der EU das Land mit den wenigsten Ausfallzeiten, dicht gefolgt von Dänemark, das ebenfalls einen hohen Anteil an fluktuierenden Energien (weniger PV, aber viel mehr Windkraft) hat. Ja, die Anzahl der Regeleingriffe hat zugenommen, aber eine zunehmende Regelfrequenz ist Kennzeichen vieler moderner Systeme, nicht nur im Energiebereich: Auslastungsmanagement bei den Smartphonefrequenzen, Anti-Blockier-Systeme bei Autos und Motorrädern, in der Robotik, bei der Flugsteuerung.

»Es gibt nicht genügend Rohstoffe, um die ganze Welt mit Photovoltaikmodulen auszustatten.«

Silizium, aus dem mehr als 95 Prozent der heutigen Solarzellen hergestellt werden, ist das zweithäufigste Element unserer Erdkruste. Siliziumdioxid gibt es im wahrsten Sinne des Wortes wie Sand am Meer – das mit Abstand häufigste Mineral im Sand ist Siliziumdioxid! Daher gibt es sicherlich keine Lieferengpässe für das Solarglas, das ebenfalls aus Quarzsand hergestellt wird. Die Dotieratome Bor und Phosphor werden nur in äußerst geringen Mengen benötigt: Auf eine Million bis eine Milliarde Siliziumatome kommt gerade mal ein Dotierungsatom. Auch für die dünne Antireflexionsschicht (nur etwa so dick wie ein Viertel der Lichtwellenlänge, also etwa 80 nm, das ist rund 1000-mal dünner als ein menschliches Haar) aus Siliziumnitrid oder Titandioxid oder Zinnoxid gibt es keinerlei Ressourceneinschränkungen. Die Kontakte bestehen zwar meist aus Silber, können aber durch andere leitfähige Materialien wie Kupfer ersetzt werden. Auch das Aluminium für den Rahmen liegt in ausreichender Menge vor. Man kann sich den aber auch sparen: Dann muss das Glas bloß etwas dicker sein und die Kanten sind etwas empfindlicher, was ein sorgfältigeres Handling erfordert. Für die heute gängigen Einbettungsfolien gibt es bereits viele alternative Ansätze.

Seltene Erden werden in Siliziumsolarmodulen überhaupt nicht benötigt, obwohl das manchmal behauptet wird.

»Es gibt gar nicht genügend Platz, um den Weltstrombedarf mit Photovoltaikstrom zu realisieren.«

Der Weltstrombedarf betrug im Jahr 2024 rund 31 000 TWh, im globalen Mittel produziert 1 km^2 Solarmodulfläche 0,28 TWh PV-Strom im Jahr. Man braucht also eine Fläche von rund 110 000 km^2, um den Weltstrombedarf mit PV zu realisieren. Die Erdoberfläche misst insgesamt 510 Millionen km^2, die Landoberfläche der Erde 149 Millionen km^2. Das heißt, man braucht nur 0,074 Prozent der Landoberfläche der Welt, um die Menschheit vollständig mit PV-Strom zu versorgen. Die Fläche der Wüste Sahara beträgt 9 Millionen km^2 (das ist übrigens fast so groß wie ganz Europa) – es würden also schon 1,2 Prozent der Sahara für die Weltsolarstromversorgung ausreichen!

Selbst wenn man statt des Strombedarfs den heutigen Primärenergieverbrauch ansetzt (der hauptsächlich aus vermeidbaren Verlusten besteht und deshalb keine allzu sinnvolle Zielvorgabe darstellt) – das sind rund 186 000 TWh im Jahr –, würde man nur etwa 660 000 km^2 PV benötigen, was gerade einmal 7,2 Prozent der Fläche der Sahara entspricht.

»Der Energieaufwand zur Herstellung von Photovoltaikmodulen übersteigt deren Ertrag.«

Durch viele ausgiebige LCA-Untersuchungen (*Life-Cycle-Analysis*) und EPBT-Untersuchungen (*Energy-Payback-Time, Energierückzahlzeit*), angefangen mit Hagedorn 1989 und zahllosen weiteren Studien, sowie durch geduldige Kommunikation muss dieser Mythos immer wieder widerlegt werden. Die EPBT beschreibt die Zeitspanne, die eine Photovoltaikanlage benötigt, um die Energiemenge zu erzeugen, die für ihre Herstellung, ihren Transport, ihre Installation und ihre Entsorgung insgesamt benötigt wird. Sie ist damit ein zentraler Indikator für die ökologische Effizienz und die Nachhaltigkeit von Solartechnologien. Je kürzer die Energierückzahlzeit, desto schneller liefert ein Solarmodul einen Nettoenergiegewinn.

In den Anfangsjahren der Photovoltaik (1980er/1990er Jahre) lag die EPBT typischerweise bei 8–12 Jahren, da die Herstellungsprozesse energieintensiv (insbesondere bei kristallinem Silizium), der Materialeinsatz groß (die Solarzellen waren viel dicker) und die Wirkungsgrade der Solarmodule meist noch unter 10 % lagen.

Durch technische Innovationen, Materialeffizienz und Prozessoptimierungen konnte die EPBT über die Jahrzehnte drastisch verkürzt werden. Einen Überblick über die Entwicklung der *Energierücklaufzeit* von PV liefert Tabelle 30.1. Damit hat sich die Energierückzahlzeit in den letzten drei Jahrzehnten um über 80 % verkürzt. Aktuell hat der photovoltaische Energieertrag den Energieaufwand zur Herstellung von Silizium-Photovoltaikmodulen bereits nach 0,9 bis 1,5 Jahren in Mitteleuropa überholt. In Südeuropa liegt die Rücklaufzeit wegen der höheren Sonneneinstrahlung bei nur 0,6 bis zu einem Jahr. Die verbleibende Garantiezeit (meist 30 Jahre) ist dann reiner Ertragsgewinn, also etwa 29 Jahre. Die meisten Module liefern sogar noch über die Garantiezeit hinaus verlässlich Strom. Die Berechnungen des Fraunhofer-Instituts ISE (ISE 2021) ergaben außerdem eine Reduktion der Amortisationszeit um fast 10 %, wenn der Produktionsstandort in Europa statt in China liegt. Dies liegt daran, dass in Europa weniger Primärenergiemenge für die Stromerzeugung benötigt wird — wegen eines geringeren Anteils an thermischen Kraftwerken. Übrigens ist die energetische Amortisationszeit fossiler und nuklearer Kraftwerke unendlich hoch, weil bei diesen zur Stromerzeugung ja laufend Brennstoffe eingesetzt werden und die Kraftwerke einen Wirkungsgrad deutlich unter 100 % besitzen.

Jahr (Technologie)	typischer Wirkungsgrad	EPBT (Mitteleuropa)	EPBT (Südeuropa)
1990 (Mono-Si)	~10 %	8–10 Jahre	6–8 Jahre
2005 (Multi-Si)	~14 %	4–5 Jahre	3–4 Jahre
2015 (Mono-PERC)	~18 %	2–2,5 Jahre	1,5–2 Jahre
2024 (Mono-PERC)	~23 %	1,2–1,8 Jahre	0,8–1,3 Jahre
2024 (TopCon/HJT)	~24 %	0,9–1,5 Jahre	0,6–1,0 Jahre

Tabelle 30.1: Entwicklung der *Energierückzahlzeit* (EPBT) von PV über die letzten 30 Jahre für einen Standort in Mitteleuropa beziehungsweise Südeuropa

»Photovoltaik produziert nur zu einem Achtel der Zeit überhaupt Strom.«

Tatsächlich produzieren Photovoltaikanlagen Strom, sobald Licht das Modul erreicht. Die Leistung entspricht dann natürlich nicht der Nennleistung, die auf dem Typenschild angegeben ist, sondern ist geringer – entsprechend der aktuellen Bestrahlungsstärke. Eine PV-Anlage mit 1 kW_p Nennleistung erzeugt in Deutschland insgesamt circa 1000 kWh elektrische Energie pro Jahr. In Nordafrika liefert die gleiche Anlage sogar mehr als 2000 kWh pro Jahr. In der Energiebranche wird häufig mit der Einheit Volllaststunden gerechnet. Die Anzahl der äquivalenten Volllaststunden ist ein Maß für die Auslastung einer Energieanlage und gibt an, wie viele Stunden eine Anlage theoretisch mit voller Nennleistung laufen müsste, um die angegebene erzeugte Energiemenge über ein Jahr zu produzieren. Die Volllaststunden berechnen sich als Quotient aus der gesamten im Jahr erzeugten Energie (kWh) und der installierten Nennleistung (kW).

Mit anderen Worten: Volllaststunden drücken aus, wie gleichmäßig und intensiv eine Anlage genutzt wird, auch wenn sie in der Realität meist nur teilweise ausgelastet ist, reduzierte Leistung liefert oder zeitweise abgeschaltet ist.

Der theoretische Maximalwert liegt bei 8760 Volllaststunden pro Jahr (365 Tage · 24 Stunden). In der Praxis liegt die Anzahl der Volllaststunden, je nach Technologie und Standort, deutlich niedriger: Photovoltaikanlagen in Deutschland erreichen je nach Region und PV-Ausrichtung etwa 800–1300 Volllaststunden pro Jahr. Diese Zahlen führen zu der falschen Behauptung, dass Photovoltaik nur zu einem Achtel der Zeit überhaupt Strom produzieren würde.

Grundlastkraftwerke kommen übrigens auch nicht auf 8760 Volllaststunden pro Jahr. Man erinnere sich nur an die vielen Stillstandszeiten der französischen Kernkraftwerke im Jahr 2024, die wegen Wartungen und zu hoher Kühlwassertemperaturen nicht betrieben werden konnten, sodass im Mittel auch nur 4550 Volllaststunden erreicht wurden.

»Die Förderung der Photovoltaik ist ein Fass ohne Boden und steigt von Jahr zu Jahr, je mehr PV installiert wird.«

Nein, trotz stark steigender Installationszahlen bleiben die Differenzkosten (Summe Einspeisevergütung minus erzielter Marktpreis) konstant, weil die neuen Anlagen eine immer geringere Einspeisevergütung bekommen und zunehmend Anlagen, die vor 20 Jahren mit einer sehr hohen Einspeisevergütung gestartet waren, ganz aus der Förderung fallen. Dies wird in Abbildung 30.2 ersichtlich.

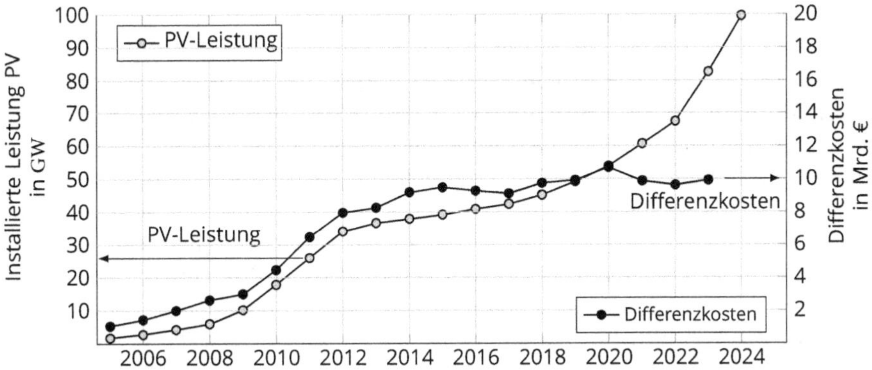

Abbildung 30.2: Entwicklung der insgesamt installierten PV-Kapazität (linke y-Achse) in Deutschland und jährliche Differenzkosten (Differenz der Einspeisevergütung aller PV-Anlagen zum Marktwert, rechte y-Achse). Quelle: Fraunhofer ISE, PV-Fakten, 2025.

»Eine PV-Anlage muss immer nach Süden ausgerichtet sein.«

Zwar generieren PV-Anlagen in unseren Breiten mehr Strom, wenn sie nach Süden ausgerichtet sind. Trotzdem ist eine auf einem Süddach installierte PV-Anlage nicht immer besser als beispielsweise eine Anlage mit Ost-West-Ausrichtung. Inzwischen geht es in den meisten privaten Haushalten darum, den Sonnenstrom selbst zu nutzen. Dann sind Anlagen auf Ost-West-Dächern teilweise sogar von Vorteil. Denn bei einer Ost-West-Ausrichtung werden auf beiden Dachseiten Photovoltaikmodule angebracht. Zum einen kann wegen der größeren Fläche eine höhere Gesamtleistung installiert werden. Zum anderen ist die Sonnenernte auch ohne Batteriespeicher länger über den Tag verteilt. Und weil die PV-Anlage am frühen Morgen und in den späten Nachmittagsstunden die meiste Sonne abbekommt, produziert sie zu diesen Tageszeiten auch mehr Strom – also genau dann, wenn im Haushalt der meiste Strom verbraucht wird.

Photovoltaik liefert darüber hinaus auch ganz ohne direkte Sonneneinstrahlung Strom. Tatsächlich arbeiten Photovoltaikanlagen auch bei bedecktem oder bewölktem Himmel und an kalten Tagen. PV-Anlagen können also das ganze Jahr über Strom produzieren, auch im Winter und an weniger sonnigen Tagen. Im Jahresmittel kommt in Deutschland sogar etwa 50 % der auf ein PV-Modul einfallenden Einstrahlung als indirekte, das heißt diffuse Strahlung an. Besonders im Winter oder an stark bewölkten Tagen kann der Anteil der diffusen Einstrahlung deutlich höher liegen und bis zu 90 % betragen – allerdings bei stark reduzierter Gesamteinstrahlung.

»Photovoltaikmodule verstärken die Erderwärmung.«

PV-Module absorbieren das Sonnenlicht. Der Anteil, der nicht in Strom umgewandelt wird, geht als Wärme in die Umgebung. Dies kann tatsächlich *lokal* die Temperatur etwas erhöhen, aber nur dann, wenn die Solarmodule ein deutlich geringeres Rückstrahlvermögen (niedrigere Albedo) haben als die unmittelbare Umgebung. Dies kann beispielsweise in Wüsten mit hellem Sand der Fall sein. Bei gleicher Albedo wie die Umgebung sind PV-Module aber sogar kühler, weil sie ja etwa 20 % der Sonnenenergie in elektrischen Strom statt in Wärme umwandeln. Man kann dies sogar messen: Die Temperatur von PV-Modulen ist niedriger als die von gleich dunklen Oberflächen ohne photoelektrischen Effekt. Insgesamt überwiegen bei der Klimawirkung von Photovoltaikanlagen die vermiedenen CO_2-Emissionen einen möglichen lokalen Wärmeeffekt bei Weitem.

»Ohne Subventionen würde kein einziges Solarmodul installiert werden.«

Selbst kleine Solaranlagen im Eigenheim rechnen sich unter relativ günstigen Bedingungen. Bei hohem Eigenverbrauch, niedrigen Installationskosten oder günstiger Sonneneinstrahlung sind sie bereits heute ohne Subventionen wirtschaftlich betreibbar.

In nicht-idealen Lagen und bei reiner Netzeinspeisung sieht es teilweise anders aus: Hier ist die Wirtschaftlichkeit ohne Förderung (wie etwa Einspeisevergütung, Kreditprogramme) weiterhin vielerorts nicht gegeben, da Marktpreise oft unter den durchschnittlichen Gestehungskosten liegen.

Förderungen wie die Einspeisevergütungen, Steuererleichterungen oder Investitionszuschüsse haben die Solarbranche in Deutschland massiv angeschoben und so inzwischen eine weltweite Marktdurchdringung ermöglicht. Die Investitionen amortisierten sich mit der Förderung schneller. Bei Wegfall der aktuell noch gebotenen Fördermittel würde sich die Amortisationszeit verlängern und die Klimaschutzeffekte sowie die Position im globalen Zukunftsmarkt PV entsprechend schmälern. Tatsächlich wäre der PV-Ausbau ohne Förderungen erheblich langsamer verlaufen (und die deutsche Marktposition wäre noch deutlich schlechter), aber es würden auch heute Solaranlagen installiert – insbesondere bei optimalen Bedingungen und hoher Eigenstromnutzung. Die These, dass ohne staatliche Förderung «kein einziges Modul»installiert würde, stimmt daher nicht. Allerdings bleiben gesetzliche Regelungen für viele kleine Anlagen ein wichtiger Wirtschaftlichkeitsfaktor. Weltweit wächst der Ausbau der Photovoltaik stark an, weil er wirtschaftlich sehr lukrativ ist.

»Solarmodule lassen sich nicht recyceln.«

Die Behauptung, Solarmodule ließen sich nicht recyceln, ist falsch. Solarmodule können bereits heute mit modernen Verfahren zu großen Teilen recycelt werden. Übliche Recyclingquoten liegen aktuell zwischen 80 und 95 Prozent, mit weiter steigender Tendenz. Photovoltaik-Module bestehen vor allem aus Glas und Aluminium, die problemlos zurückgewonnen werden können: Beim Recycling werden zuerst Aluminiumrahmen und Anschlussdosen abgetrennt, danach erfolgt eine thermische, chemische oder mechanische Behandlung, um Glas, Metalle (im Wesentlichen Silber und Kupfer) und Halbleitermaterialien (Silizium) voneinander zu trennen. Auch Dünnschichtmodule lassen sich nach Zerkleinern und Aufbereiten stofflich verwerten.

Das Recycling von Solarmodulen ist in der EU und Deutschland seit Jahren gesetzlich geregelt und verpflichtend, beispielsweise durch das *Elektro- und Elektronikgerätegesetz* (ElektroG). In Europa und insbesondere in Deutschland unterliegen alle Altmodule der Entsorgungspflicht und werden dementsprechend stofflich verwertet. Der Massenanteil eines

Solarmoduls, der mindestens recycelt werden muss, liegt gemäß EU-Gesetzgebung bei 80 % des Modulgewichts. Wertstoffhöfe und spezialisierte Betriebe übernehmen Sammlung und Rückführung für Privatpersonen kostenlos. Die dabei zurückgewonnenen Rohstoffe dienen anschließend als Sekundärrohstoffe für die Industrie. Um die Recyclingquote weiter zu erhöhen, ist die Abtrennung von Silizium, Silber und Kupfer im Aufbau.

IN DIESEM KAPITEL...

Falsche Behauptungen – richtiggestellt durch Faktenchecks

CO_2-Ausstoß nach dem Atomausstieg

Entwicklung der Energieerzeugung

Aber China ...

Kapitel 31
Zehn Mythen zur Energiewende und zum Klimaschutz

In der Presse, in Talkshows und vor allem in den sozialen Medien tauchen immer wieder unwidersprochen Falschaussagen auf bezüglich der Energiewende und zum Klimaschutz an sich. Hier versuchen wir, einige dieser Unwahrheiten richtigzustellen.

»Durch den Atomausstieg wird jetzt in Deutschland mehr CO_2 ausgestoßen.«

Zwar gab es kurzfristig nach dem Abschalten der letzten Atomkraftwerke Anfang 2023 eine geringfügige Zunahme des CO_2-Ausstoßes, jedoch wurde dies durch den forcierten Ausbau der Erneuerbaren bereits nach 1,5 Jahren kompensiert und jetzt haben wir einen so geringen CO_2-Ausstoß, wie wir ihn niemals während des gesamten Atomkraftzeitalters hatten, siehe auch Abbildung 27.1.

»Wenn ich das Öl und Erdgas nicht verbrauche, tun es halt andere.«

Diese Behauptung ist wissenschaftlich und klimapolitisch falsch und dient oft nur als Ausrede, um eigenes Nicht-Handeln zu rechtfertigen. Das Argument ignoriert, dass mit jedem eingesparten Liter Öl oder Kubikmeter Gas weniger Schadstoffe entstehen und das Klima geschützt wird. Der Verbrauch fossiler Brennstoffe wird durch die weltweite Nachfrage beeinflusst. Wenn Staaten ihren Verbrauch reduzieren, sinkt die Gesamtnachfrage und damit auch Angebot und Preis. Bleiben Erdöl und Erdgas im Boden, verlieren diese Rohstoffe an Wert, sodass Förderländer zunehmend motiviert werden, andere Nutzungen zu erschließen oder die Förderung einzustellen. Wenn der Preis zu niedrig wird, lohnt sich die Förderung oft nicht mehr, insbesondere wenn diese aufwendig und oft auch besonders umweltschädigend ist. Beispiele sind das in den USA forcierte Fracking, die Ölsande in Kanada oder Bohrungen in der Arktis.

Die Klimakrise ist ein globales Problem, deshalb hat jede Reduktion einen direkten oder indirekten Effekt auf den gesamten CO_2-Ausstoß. Nur wenn viele Länder und Menschen gemeinsam den Verbrauch senken, lässt sich das Ziel erreichen, große Mengen fossiler Energieträger dauerhaft im Boden zu belassen.

Der Ausstieg aus den fossilen Energien würde jährlich Millionen Todesfälle durch Luftverschmutzung – und zunehmend auch Hitzetote – vermeiden. In einer *nature*-Publikation (D. Bressler, Nature Communications 12, Article: 4467 (2021)) wird dargelegt, dass die Emission von 4400 Tonnen CO_2 je einen Hitzetoten verursacht. Auch das weltweite Artensterben würde durch den Ausstieg verlangsamt.

Nur mit einer schrittweisen weltweiten Nachfrageverringerung und den entsprechenden politischen Rahmenbedingungen wie steigenden CO_2-Steuern oder sich verteuernden Emissionszertifikaten besteht eine realistische Chance, den fossilen Brennstoffverbrauch zu reduzieren. Ein sogenannter *Rush-to-Burn* entsteht nur, wenn der Eindruck entsteht, dass ohnehin alles gefördert und verbrannt wird. Dies zu durchbrechen bewirkt, dass Preis und Förderung langfristig sinken, nicht steigen. Zudem: Wenn der Ölpreis sinkt, lohnen sich gewisse besonders schädliche Fördermethoden wie Fracking oder Ölsandabbau nicht mehr, wodurch ebenfalls weniger gefördert wird. Wer jetzt auf Öl und Gas verzichtet, trägt direkt und messbar zu weniger Förderung und Emissionen bei – egal, was die anderen tun.

»China ist viel schmutziger als wir, da es viel mehr CO_2 ausstößt, viele Kohlekraftwerke baut und der Energieverbrauch sehr stark wächst.«

Wenn man den momentanen CO_2-Ausstoß pro Land betrachtet, so stimmt es, dass China den höchsten Ausstoß hat. Bezieht man es aber auf den Pro-Kopf-Ausstoß, so hat Deutschland mit 7,7 Tonnen pro Kopf einen fast genauso hohen Ausstoß wie China mit 8,2 Tonnen pro Kopf. CO_2 sammelt sich aber über die Jahre in der Atmosphäre an, sodass man eigentlich den kumulierten Ausstoß berücksichtigen müsste. Hier liegt Deutschland mit etwa 300 Tonnen CO_2-Ausstoß pro Kopf deutlich vor China, welches kumuliert bisher nur etwa 30 Tonnen pro Kopf ausgestoßen hat. Diese Werte spiegeln die historische Verantwortung von Deutschland bei der globalen Erwärmung wider.

Der Energieverbrauch Chinas wächst, jedoch hat China aktuellen Analysen zufolge seinen Höchststand an CO_2-Emissionen wahrscheinlich 2024/2025 erreicht und wird ab 2026 stetig sinkende CO_2-Emissionen aufweisen. Eine leichte Absenkung ließ sich bereits im Jahr 2025 beobachten. Dies ist deutlich früher als das von der chinesischen Regierung selbst gesetzte Ziel, den Peak bis spätestens 2030 zu erreichen. Zudem verkündete der chinesische Staatschef Xi Jinping vor dem UN-Klima-Gipfel in New York am 24.09.2025: *»Bis 2035 werden die Treibhausgasemissionen Chinas um sieben bis zehn Prozent sinken«*.

Das frühere Erreichen des Emissionspeaks ist vor allem auf zwei Hauptfaktoren zurückzuführen: Zum einen hat China die erneuerbaren Energien massiver ausgebaut und darin investiert als erwartet. Diese Entwicklung hat dazu geführt, dass der Energiesektor, der für einen Großteil der Emissionen verantwortlich ist, seinen Höhepunkt bereits überschritten hat. Obwohl der Stromverbrauch weiter steigt, kann der zusätzliche Bedarf zunehmend durch erneuerbare Energien gedeckt werden, was den Bedarf an fossilen Brennstoffen reduziert. Zum anderen hat sich das Wirtschaftswachstum verlangsamt und die Wirtschaft verlagert sich zunehmend von energieintensiven Industrien hin zu Dienstleistungen und Konsum. China strebt Klimaneutralität bis 2060 an.

CO_2 hat mit nur 0,04 % Anteil an der Atmosphäre keinen Einfluss auf die Temperatur der Erde.

Während üblicherweise in verschiedenen Studien mit dem Temperaturanstieg bei CO_2-Anstieg argumentiert wird (3 K bei Verdoppelung des CO_2-Gehalts), argumentieren wir hier einmal umgekehrt: Läge der CO_2-Gehalt der Atmosphäre bei 0,00 %, wäre es jetzt 33 K kälter und es gäbe keine menschliche Zivilisation (und auch sonst kein Leben) auf der Erde.

»Die ganze Welt setzt auf Atomkraft zur CO_2-freien Stromversorgung, nur wir nicht.«

Nein, die nukleare Stromproduktion steigt global nur noch geringfügig, der Anteil von Atomstrom an der Weltstromproduktion sinkt sogar signifikant, wie man in Abbildung 31.1 erkennen kann: Während der Atomstromanteil im Jahr 1995 noch 17,4 Prozent betrug (Erneuerbare 19,7 Prozent, Fossile 62,3 Prozent), sank er kontinuierlich ab und erreichte im Jahr 2024 nur noch 8,96 Prozent (Erneuerbare 31,9 Prozent, Fossile 59,1 Prozent).

Selbst China setzt hauptsächlich auf Erneuerbare und nicht, wie oft behauptet wird, auf Atomkraft. Dies wird in Abbildung 31.2 deutlich: Man erkennt nur noch einen schwachen Anstieg des durch Atomenergie erzeugten Stroms, jedoch einen stark wachsenden Anstieg des Solarstroms – welcher die Kernenergie im Jahr 2022 überholte.

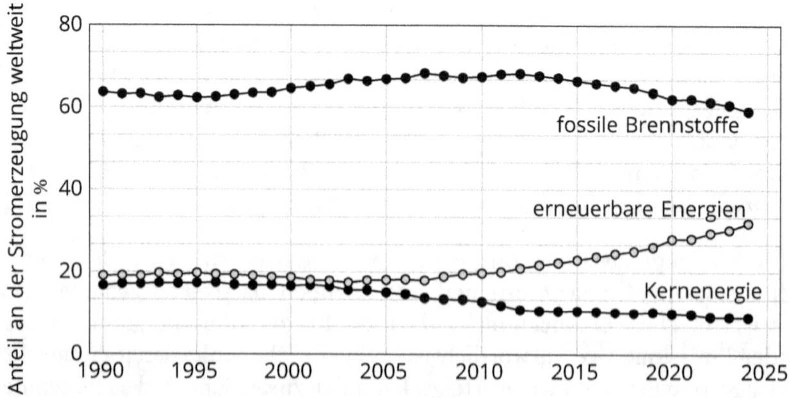

Abbildung 31.1: Entwicklung der Anteile an Strom aus Kohle, Öl und Gas (*Fossil fuels*), Atomkraft (*Nuclear*) sowie von erneuerbaren Energien am gesamten globalen Stromverbrauch von 1990 bis 2024; Quelle: Our World in Data, 2025.

»Mehr CO_2 ist gut für Pflanzen und bekämpft den Hunger.«

Eine erhöhte CO_2-Konzentration fördert kurzfristig das Pflanzenwachstum, da mehr CO_2 die Photosynthese ankurbelt (CO_2-*Düngungseffekt*) und die Pflanzen zunächst mehr Kohlenstoff aufnehmen, was auch die Biomasseproduktion einiger Arten sowie das *Ergrünen* größerer Flächen erklären kann. Dies betrifft vor allem Pflanzen wie Weizen, Reis und Kartoffeln. Allerdings ist der Effekt je nach Pflanzentyp unterschiedlich ausgeprägt. Langfristig überwiegen jedoch die negativen Folgen: Bei deutlich erhöhten CO_2-Werten sinkt beispielsweise der Stickstoffgehalt in Blättern und Früchten, die Qualität vieler landwirtschaftlicher Produkte nimmt ab. Noch schwerer wiegen die indirekten Effekte – durch den Klimawandel kommt es verstärkt zu Extremwetterlagen wie Dürren, Hitzewellen oder Starkregen, was die landwirtschaftliche Produktivität und Ernährungssicherheit insgesamt gefährdet. Die positiven Auswirkungen werden also durch klimabedingte Schäden und Qualitätsverluste zusehends neutralisiert oder sogar deutlich überwogen.

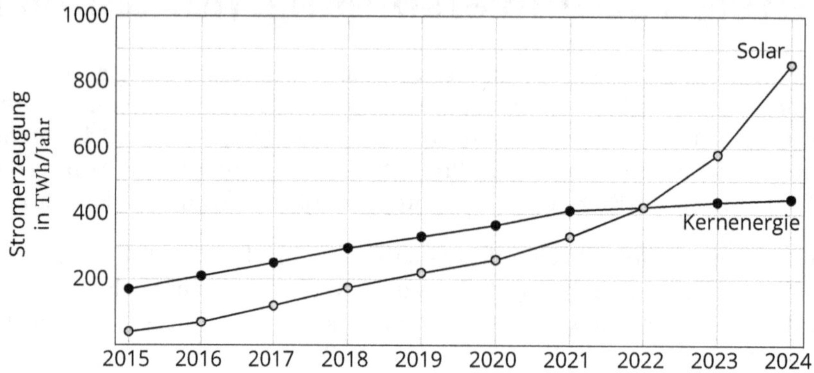

Abbildung 31.2: Entwicklung der Stromerzeugung in China durch Atomkraft und durch Solarenergie von 2015 bis 2024; Quelle: EMBER, 2025.

Bei 0 ppm CO_2 wäre die Erde um 33 K kälter. Es kommt auf die Balance (nicht zu wenig, aber auch nicht zu viel) an, damit der menschliche Lebensraum erhalten bleibt.

»Unser Verzicht hilft dem Klima fast nichts.«

Individueller Verzicht hilft sehr wohl dem Klima – besonders als Teil gesellschaftlich-kollektiver Anstrengungen. Er kann aber politische und systemische Maßnahmen nicht ersetzen. Die Aussage, persönlicher Verzicht sei »fürs Klima fast wirkungslos«, ist unzutreffend, wenn man die gesellschaftliche, politische und Vorbildwirkung berücksichtigt.

Individueller Konsum, beispielsweise Fleisch, Autofahren oder Flugreisen, trägt maßgeblich zu den Treibhausgasemissionen bei. Wer seinen Lebensstil entsprechend ändert, kann seine persönlichen Emissionen deutlich senken. In Deutschland liegt der konsumbasierte Pro-Kopf-Ausstoß bei etwa 10,3 bis 10,4 Tonnen CO_2-Äquivalenten pro Kopf und Jahr und inklusive Importen, bei denen die damit verbundenen Emissionen im Ausland entstanden sind (2024–2025). Bilanziert man nur territorial (nur mit Emissionen, die in Deutschland entstehen), ergeben sich 7 bis 8,4 Tonnen CO_2-Äquivalent pro Kopf, wobei Ernährung etwa 15 Prozent und sonstiger Konsum fast 40 Prozent ausmachen. Besonders bei den *Big Points* – Verkehr, Heizen, Flugreisen und Fleisch – gibt es großes Potenzial zur Reduktion des eigenen Fußabdrucks. Beispielsweise kann man den Energieverbrauch beim Heizen allein durch die Senkung der Raumtemperatur um 1 °C um 6 % senken.

Individueller Verzicht ist auch aus einem anderen Grund relevant: Wer nachhaltig lebt, kann durch Vorbildfunktion und positive soziale Kipppunkte das Verhalten anderer beeinflussen – daraus entsteht ein gesellschaftlicher Wandel (siehe Pfandflaschen und Gelber Sack). Die größten Emittenten in Industriegesellschaften tragen besonders viel Verantwortung und können mit individuellem Konsumverzicht überdurchschnittlich viel bewirken. Gesellschaftlich weit verbreitete Verhaltensänderungen können den notwendigen politischen und wirtschaftlichen Wandel beschleunigen.

Einzelmaßnahmen allein genügen jedoch keinesfalls, um die Klimakrise zu bewältigen. Die für das Einhalten der Klimaziele notwendige Emissionsminderung ist global so groß, dass sie nicht allein durch individuellen Verzicht erreicht werden kann, sondern vorrangig durch politische Rahmensetzungen und kollektive Strukturveränderungen. Die Politik muss entsprechende Weichen stellen, etwa durch Gesetze und Anreizsysteme für klimaschonendes Verhalten.

Die oft gehörte Aussage, dass Deutschland nur 2 % des globalen CO_2-Ausstoßes verursacht, stimmt zwar, ist aber sehr irreführend. Deutschland ist im Vergleich zu China und den USA ein relativ kleines Land mit einer deutlich geringeren Bevölkerungszahl. Kaum eines der 195 Länder der Erde hat einen CO_2-Ausstoß, der im zweistelligen Prozentbereich ist. Ginge es nur um den Bevölkerungsanteil, so dürfte Deutschland etwa ein Prozent des globalen CO_2-Ausstoßes emittieren. Historisch gesehen hat Deutschland aber im Vergleich zu anderen

Ländern durch die Industrialisierung bereits sehr erhebliche Mengen an Treibhausgasen emittiert, sodass es auch vor diesem Hintergrund wichtig ist, dass Deutschland rasch seine Emissionen verringert und bis 2045 – besser früher – klimaneutral ist.

»Es gab immer schon Klimaschwankungen.«

Klimatische Schwankungen in der geologischen Vergangenheit waren von natürlicher Dynamik geprägt und vollzogen sich auf Skalen von Jahrtausenden bis Jahrmillionen. Diese Änderungen waren nicht vom Menschen verursacht, das stimmt. Allerdings musste auch kein Mensch und keine hochempfindliche technische Infrastruktur unter diesen Umständen leben beziehungsweise funktionsfähig bleiben, weil es den modernen Menschen noch gar nicht gab. Die heutige Erwärmung verläuft in wenigen Jahrzehnten – dieses Tempo ist beispiellos hoch und wird maßgeblich durch den menschlichen Einfluss (vor allem Treibhausgasemissionen) getrieben. Wichtige Klimaarchive (Eisbohrkerne, Baumringe et cetera) zeigen, dass die aktuelle Geschwindigkeit und das Ausmaß des Temperaturanstiegs einzigartig für die jüngere Erdgeschichte sind. Ihre Folgen sind für das Ökosystem Erde und unsere Gesellschaft gravierend, wie viele Berichte des *Intergovernmental Panel on Climate Change* (IPCC) zeigen und wir teilweise schon heute erleben.

»Klimamodelle sind nicht verlässlich.«

Computermodelle können das Klimasystem Erde mittlerweile gut simulieren. Bei der Modellierung des Klimasystems hat die Forschung in den vergangenen Jahrzehnten große Fortschritte gemacht. Trotz einiger Unschärfen gelingt es dank komplexer Modelle und leistungsfähiger Computer längst, bisherige Klimaentwicklungen verlässlich zu rekonstruieren und künftige Entwicklungen zu projizieren. Die Qualität der Modelle zeigt sich zum Beispiel, wenn man einstige Vorhersagen mit der später beobachteten Realität vergleicht.

Klimamodelle sind extrem komplexe Computerprogramme. Diese simulieren Entwicklungen von und Wechselwirkungen zwischen den einzelnen Komponenten des Klimasystems der Erde – also beispielsweise von Atmosphäre und Ozeanen, Wolken, Schnee und Eismassen oder den verschiedensten geologischen, biologischen und chemischen Prozessen.

Die ersten, noch relativ simplen Klimamodelle wurden in den 1960er Jahren entwickelt (beispielsweise von Manabe/Bryan 1969); der US-japanische Forscher Syukuro Manabe wurde übrigens gemeinsam mit dem Deutschen Klaus Hasselmann und dem Italiener Giorgio Parisi für Pionierleistungen auf diesem Gebiet 2021 mit dem Physik-Nobelpreis geehrt. Schon diese groben Modelle kamen auf – mit heutigem Wissen betrachtet – relativ zutreffende Ergebnisse: So erwarteten Manabe/Wetherald 1967 einen Temperaturanstieg um etwa 2 °C bei Verdoppelung des Kohlenstoffdioxid-Gehalts der Erdatmosphäre. Tatsächlich hat der Mensch die CO_2-Konzentration gegenüber dem vorindustriellen Niveau mittlerweile um rund 50 Prozent erhöht – und die Erde hat sich um knapp ein Grad Celsius erwärmt.

(Aktuelle Schätzungen der sogenannten *Klimasensitivität* liegen zwischen 2,5 °C und 4,5 °C.)

Im Laufe der Jahrzehnte entwickelte man dann immer ausgefeiltere Modelle. Häufig genutzt werden heute einerseits *Erdsystemmodelle mittlerer Komplexität* (englische Abkürzung: EMIC), die bewusst vereinfacht sind und mit denen sich die gesamte Erde über längere Zeitabschnitte (Jahrhunderte oder Jahrtausende) simulieren lässt. Daneben werden für die Projektion der Klimaentwicklung der kommenden Jahrzehnte sogenannte *globale Zirkulationsmodelle* (engl. Abkürzung: GCM) eingesetzt, die einzelne Teile des Klimasystems sowie deren Zusammenwirken so genau wie möglich nachvollziehen. Durch immer bessere Eingangsdaten und immer leistungsfähigere Großrechner sind hier in den vergangenen Jahren immer kleinteiligere Modellierungen für einzelne Regionen der Erde möglich geworden. Bei den Ergebnissen von Klimamodellen werden entsprechend den wissenschaftlichen Qualitätsmaßstäben die Mittelwerte vieler Berechnungen veröffentlicht und auch die Spannbreite und Unsicherheiten der erhaltenen Ergebnisse. Jeder Simulation für die Zukunft liegen bestimmte Annahmen zugrunde, etwa über die Emissionen von Treibhausgasen. Diese sind kaum vorhersagbar und natürlich durch Menschen und ihr Verhalten beeinflussbar. Aus: https://www.helmholtz-klima.de/klimafakten

»Wir tauschen die Importabhängigkeit von Öl und Gas gegen die Importabhängigkeit von PV-Modulen und seltenen Erden bei Windkraftanlagen ein.«

Diese Aussage verkürzt die Realität erheblich: Erstens sind Photovoltaikmodule langlebige Investitionsgüter, deren Energie- und Rohstoffbedarf sich über Jahrzehnte amortisiert, während Öl und Gas *laufend* importiert und verbrannt werden müssen.

Zweitens benötigt PV gar keine seltenen Erden. Mit seltenen Erden lassen sich zwar tatsächlich sehr kompakte und leistungsfähige Dauermagneten für Synchrongeneratoren in Windkraftanlagen bauen, aber man kann diese durch normale Elektromagnete ersetzen, obgleich der Wirkungsgrad dann etwas geringer ausfällt. Zudem lassen sich die Rohstoffe in Windkraftanlagen und PV-Modulen durch Recycling wiedergewinnen.

Energieimporte fossiler Art machen dauerhaft abhängig von instabilen Märkten und autoritären Regimen. Strom aus Sonne und Wind kommt letztlich aus heimischen Quellen. Deshalb ist der Vergleich mit fossilen Importen irreführend.

IN DIESEM KAPITEL...

Licht

Quantenphysik

Siliziumtechnologie

Energiespeicher

Kapitel 32
Fast zehn Nobelpreise für die Photovoltaik

Die Entwicklung der Photovoltaik ist eng mit den Entdeckungen der modernen Physik verbunden. Daher verwundert es nicht, dass viele Nobelpreise, die im Zusammenhang mit der Photovoltaik stehen, schon zu Beginn des 20. Jahrhunderts vergeben wurden, obwohl die technologische Entwicklung und Ausreifung erst später in Gang kam.

Max Planck (1900)

Max Karl Ernst Ludwig Planck (*23. April 1858 in Kiel, Herzogtum Holstein; †4. Oktober 1947 in Göttingen, Niedersachsen) war ein deutscher Physiker auf dem Gebiet der theoretischen Physik. Er gilt als einer der Begründer der Quantenphysik. Für die Entdeckung der Energiequanten erhielt er den Nobelpreis für Physik des Jahres 1918 (der ihm allerdings erst 1919 verliehen wurde).

Max Planck hat mit seiner Hypothese der Strahlungsquanten den Grundstein nicht nur für die gesamte moderne Quantenphysik, sondern auch für die Entwicklung der Photovoltaik gelegt. Seine Forschung von 1900 war die theoretische Basis für Einsteins Arbeiten zum photoelektrischen Effekt – dem Prinzip, auf dem jede Solarzelle beruht. Die Quantentheorie beruht auf der vielfach belegten Grunderkenntnis, dass Energie nicht kontinuierlich, sondern in bestimmten, kleinsten Portionen übertragen wird (im Falle von Strahlungsenergie sind das die Photonen). Erst dadurch ließ sich der photoelektrische Effekt korrekt beschreiben.

Als sich der vielseitig begabte Schüler Max Planck nach den Berufsperspektiven in der Physik informierte, riet ihm der Münchner Physikprofessor Philipp von Jolly im Jahr 1874 von einem Studium ab: »In dieser Wissenschaft ist schon fast alles erforscht und es gilt nur noch, einige unbedeutende Lücken zu schließen.« Eine Vielzahl von etablierten Physikern teilte zu der damaligen Zeit diese Einschätzung. Die klassische Physik erklärte die meisten damals bekannten Phänomene. Zu den »unbedeutenden Lücken« gehörte auch der genaue Verlauf des Spektrums der Schwarzkörperstrahlung, also auch des Sonnenspektrums. Das noch heute gültige Strahlungsgesetz publizierte Max Planck im Jahr 1900. Damit legte er, wie gesagt, die Grundlagen der Quantenphysik und revolutionierte damit die Wissenschaft.

Das mithilfe des Planck'schen Strahlungsgesetzes beschriebene Sonnenspektrum ist die Energiequelle jedes PV-Moduls. Die Auswahl der Materialien, die für ein Solarmodul geeignet sind, hängt maßgeblich vom Sonnenspektrum ab.

Albert Einstein (1905)

Albert Einstein (* 14. März 1879 in Ulm; † 18. April 1955 in Princeton, New Jersey) war theoretischer Physiker. Er gilt als einer der bedeutendsten Physiker der Wissenschaftsgeschichte und ist wohl immer noch der weltweit bekannteste Wissenschaftler der Neuzeit. Seine Forschungen zur Struktur von Materie, Raum und Zeit sowie zum Wesen der Gravitation veränderten maßgeblich das zuvor geltende Newtonsche Weltbild.

Albert Einstein trug aber auch grundlegend zur Entwicklung der Photovoltaik bei, indem er 1905 den photoelektrischen Effekt theoretisch erklärte und damit die Grundlage für die Entwicklung der Solarzelle legte. Heinrich Hertz hatte bereits 1886 festgestellt, dass mit ultraviolettem Licht bestrahlte Metallplatten einen Stromstoß abgeben. Mit den damaligen Theorien war dies allerdings nicht zu erklären. Einstein formulierte, aufbauend auf Planck, eine völlig neue Theorie des Lichtes: Statt einer elektromagnetischen Welle oder eines Wellenbündels definierte er das Licht als Teilchen, besser gesagt als eine Art Zwitter aus Welle und Teilchen. Damit konkretisierte und verallgemeinerte er zugleich das Modell, mit dem Planck die Strahlung schwarzer Körper beschrieben hatte. Die Teilchen bezeichnete er als Lichtquanten (heute Photonen), welche ihre Energie beim Übergang ins Metall an gebundene Elektronen im Metallgitter abgeben und diese so aus dem Gitterverbund befreien – aber nur, wenn die zur Lichtfrequenz proportionale Quantenenergie groß genug dafür ist!

Damit lieferte Einstein die physikalische Erklärung dafür, warum die Energie eines einzelnen Photons für die Freisetzung eines Elektrons ausreicht, wenn die Frequenz des Lichts hoch genug ist. Auf genau diesem Prinzip beruht auch die Funktionsweise einer Solarzelle, da beim Auftreffen von Licht auf das Material Elektronen freigesetzt werden.

Für diese Arbeit wurde Einstein 1921 der Nobelpreis für Physik verliehen, nicht etwa für seine Spezielle und Allgemeine Relativitätstheorie und die viel bekanntere Formel $E = m \cdot c^2$, sondern explizit für den photoelektrischen Effekt. Man könnte sagen, er bekam den Preis für die theoretische Grundlage der Photovoltaik und nicht für die der Atombombe.

Werner Heisenberg (1925)

Werner Karl Heisenberg (* 5. Dezember 1901 in Würzburg; † 1. Februar 1976 in München) war ein deutscher Physiker, der als Begründer der Quantenmechanik gilt und ebenfalls zu den bedeutendsten Physikern des 20. Jahrhunderts zählt.

Werner Heisenberg lieferte einen wichtigen theoretischen Beitrag zur Entwicklung der Photovoltaik, indem der Mitbegründer der Quantenmechanik zum heutigen Verständnis des Elektronenverhaltens in Halbleitermaterialien beitrug, was für die Funktionsweise moderner Solarzellen grundlegend ist. Seine Arbeiten halfen, die Wechselwirkungen und Bewegungen von Elektronen und Löchern in Halbleitern zu beschreiben, wodurch die Entwicklung effizienterer Photovoltaikmaterialien später erst möglich wurde.

Die Quantenmechanik, von Wissenschaftlern wie Bohr, Heisenberg, Schrödinger und Dirac entwickelt, bildet das theoretische Fundament für ein Verständnis aller Vorgänge auf atomarer Ebene und damit eben auch der Vorgänge im Halbleiter – dem zentralen Werkstoff der Solarzelle.

John Bardeen, William B. Shockley und Walter Brattain (1947)

John Bardeen (* 23. Mai 1908 in Madison, Wisconsin; † 30. Januar 1991 in Boston) war ein US-amerikanischer Physiker und zweifacher Nobelpreisträger für Physik. Er ist der einzige zweifache Preisträger in dieser Kategorie und einer von nur fünf Menschen, die überhaupt zwei Nobelpreise erhielten.

Bardeen spezialisierte sich auf die Quantentheorie im Bereich der Festkörperphysik. An den *Bell Telephone Laboratories* in Murray Hill (New Jersey) beschäftigte er sich 1945–1951 gemeinsam mit den Physikern William B. Shockley und Walter Brattain hauptsächlich mit der elektrischen Leitfähigkeit von Halbleitern und Metallen. Mithilfe des Halbleiters Germanium entdeckten sie 1947 den Transistoreffekt. Sie konstruierten den ersten Bipolartransistor, der durch die Möglichkeiten der Miniaturisierung die Entwicklung der Mikroelektronik in Gang setzte. Für diese Entdeckung erhielt Bardeen 1956 gemeinsam mit seinen beiden Kollegen den Nobelpreis für Physik. Auf diesen Grundlagen und Technologien beruhen auch Funktionsweise und Herstellung von Solarzellen auf Basis von halbleitenden Materialien, wie etwa Silizium. Ihre Forschungen waren Voraussetzung für die Nutzung von Halbleitern in der Photovoltaik und machten die Entwicklung von Silizium-Solarzellen Ende der 1940er- und Anfang der 1950er-Jahre erst möglich.

Alan J. Heeger, Alan G. MacDiarmid, Hideki Shirakawa (1974)

Alan J. Heeger (* 22. Januar 1936 in Sioux City, Iowa) ist ein US-amerikanischer Physiker und Chemiker. Zusammen mit Alan G. MacDiarmid und Hideki Shirakawa erhielt er im Jahr 2000 den Chemie-Nobelpreis für die Entdeckung und Entwicklung leitfähiger Polymere.

Leitfähige Polymere bilden die Grundlage der organischen Photovoltaik, einer Technologie, die auf Kohlenwasserstoff-Polymeren basiert und als Alternative zur klassischen anorganischen Silizium-Photovoltaik gilt.

Heegers Arbeit ermöglichte die Entwicklung von flexiblen, kostengünstigen und großflächig einsetzbaren Solarzellen auf Polymerbasis. Organische Solarzellen nutzen das Prinzip der Photovoltaik durch die Umwandlung von Sonnenlicht in elektrische Energie mittels speziell entwickelter leitender Polymere. Diese Technologie ist zwar aktuell weniger leistungsfähig als die herkömmlichen Siliziumzellen, bietet aber Vorteile wie geringere Herstellungskosten, Flexibilität und neue Anwendungsmöglichkeiten. Und beim »Gegenstück« zur Solarzelle, der Leuchtdiode, sind die organischen Materialien in sogenannten OLED sogar mittlerweile in vielen Bereichen das Material der Wahl schlechthin geworden.

Heeger trug mit seinen Forschungen maßgeblich zu einem neuen Zweig der Solarenergie bei, der das Potenzial hat, den Markt in Zukunft von Grund auf zu verändern und nachhaltige Energiequellen zu fördern. Seine Forschungslinie umfasst auch die Verbesserung der Effizienz und Stabilität organischer Solarzellen durch molekulare und Prozessoptimierungen.

Neben seiner Forschungstätigkeit an der University of California, Santa Barbara, hat Heeger auch die Firmen Konarka und Uniax gegründet, welche die organische Photovoltaik kommerzialisieren sollten.

John B. Goodenough (1980)

Das grundsätzliche Manko des elektrischen Stroms, dass er zwar leicht über elektrische Leitungen über Hunderte von Kilometern blitzschnell zu transportieren, aber nur relativ aufwendig zu speichern ist, legt auch bei der Photovoltaik einen besonderen Fokus auf die Verfügbarkeit von günstigen elektrischen Energiespeichern. Während über Jahrzehnte kaum ein Fortschritt (sowohl preislich als auch technisch) bei den althergebrachten Blei-Säure-Akkumulatoren zu verzeichnen war, verlief die Entwicklung der Lithium-Ionen-Speicher recht rasant. Einen wichtigen Beitrag dazu hat John Bannister Goodenough (* 25. Juli 1922, † 25. Juni 2023) geleistet. Er war von 1976 bis 1986 Professor für anorganische Chemie an der Universität von Oxford in England. Dort entdeckte er die Eignung von Lithium-Kobaltoxid als Material für den Pluspol (Kathode) von wiederaufladbaren Batterien. Ab 1986 arbeitete er als Professor an der Universität von Texas in Austin. Dort entdeckte er zusammen mit einem Doktoranden Lithium-Eisenphosphat als mögliches Kathodenmaterial – ein entscheidender Beitrag zur Entwicklung moderner und kostengünstiger Lithium-Ionen-Akkus.

2019 erhielt Goodenough im Alter von 97 Jahren gemeinsam mit M. Stanley Whittingham und Akira Yoshino den Nobelpreis für Chemie. Damit war er die älteste Person, der je ein Nobelpreis verliehen wurde. Goodenough starb am 25. Juni 2023, einen Monat vor seinem 101. Geburtstag.

IN DIESEM KAPITEL...

Erste Beschreibungen und Ursachenvermutungen

Die Entdeckung des Treibhauseffekts

Quantifizierung des Phänomens

Kapitel 33
Zehn Meilensteine der Klimaforschung

Die im Folgenden vorgestellten Persönlichkeiten haben wesentlichen Anteil an der Erforschung des Klimawandels und des Einflusses des Menschen auf diesen Prozess. Dies belegt die lange Tradition der wissenschaftlichen Beschäftigung mit dem Thema. Die ein oder andere Persönlichkeit kennen Sie vermutlich auch aus einem anderen Kontext.

William Herschel (1800)

Sir William Herschel wurde 1738 in Hannover geboren und ging 1757 als Musiker nach England, zu dem das Königreich Hannover damals gehörte. Von der Musiktheorie über die Mathematik kam er schließlich zur Astronomie.

1781 entdeckte er mit einem seiner selbstgebauten, für die damalige Zeit riesigen Teleskope sowie mit der Hilfe seiner Schwester Caroline den Uranus. 1800 wies er erstmals experimentell die Infrarotstrahlung (IR) im Sonnenspektrum nach. Hierzu hielt er einfach ein Thermometer in das von einem Prisma gespaltene Sonnenlicht, und zwar in den Bereich jenseits beziehungsweise unterhalb (»infra«) des roten Lichtes. Die Temperatur stieg an und das Konzept der Wärmestrahlung war entdeckt. Weil er den Begriff noch nicht kannte, nannte er diese Strahlung stattdessen *la chaleur obscure* oder *die dunkle Wärme*. Diese Strahlung spielt eine wesentliche Rolle beim natürlichen wie beim anthropogen verstärkten Treibhauseffekt. Herschel starb 1822.

Joseph Fourier (1824)

Jean-Baptiste Joseph Fourier wurde 1768 in Auxerre im französischen Burgund geboren. Bekannt geworden ist er durch die nach ihm benannte Fourier-Analyse, einen wesentlichen Fortschritt für die gesamte moderne Physik, Mathematik und Technik.

Ein Vierteljahrhundert nach Herschel formulierte Fourier zum ersten Mal das Prinzip des Treibhauseffekts in seinem berühmten Text *Mémoire sur les températures du globe terrestre et des espaces planétaires.* Zuerst 1824 erschienen in den *Annales de Chimie et de Physique* wurde er später mit leichten Änderungen nachgedruckt in den *Mémoires de l'Académie Royale des Sciences de l'Institut de France* (1827). Die meisten Kommentatoren dieses Aufsatzes dürften ohnehin nur den 1860 in den Werken Fouriers erschienenen, weiter verbreiteten Nachdruck haben. Von den 28 Seiten seiner Mémoires beschäftigt sich Fourier lediglich 2 Seiten lang mit der *chaleur obscure* – doch diese zwei Seiten brachten ihm deutlich mehr Ruhm ein als die übrigen 26.

Fourier wurde berühmt durch seine Arbeiten zur Wärmediffusion, zu deren numerischer Lösung er eben auch die nach ihm benannte Fourier-Transformation einführte. Diese Erkenntnisse wandte er auf die Oberflächentemperatur der Erde an. In welchem Maß wird diese vom heißen Erdinneren, in welchem von der Sonne beeinflusst? Zur Zeit Fouriers dachte man, dass ein rapide abkühlender Erdkern starken Einfluss auf die Temperatur der Erdoberfläche haben könnte. Auf den 26 Seiten löst Fourier dieses Problem mit mathematischer Gründlichkeit, gestützt durch eine Reihe von Beobachtungen. Er erkannte, dass ein physikalisch sinnvoller vertikaler Tiefengradient von circa 11 °C pro 30–40 Meter nicht ausreicht, um wesentlich zur Oberflächentemperatur beizutragen. Also muss es die Sonne sein, die die Temperaturen auf der Erde bestimmt. Aber wie genau?

Um das näher zu untersuchen, stellte Fourier eine Energiebilanz auf. Er addierte dazu die verschiedenen Wärmeflüsse (geothermisch, solar et cetera), um die Temperaturen an der Erdoberfläche zu verstehen. Die von der Sonne aufgenommene Strahlung muss der an das Weltall abgegebenen Wärmestrahlung entsprechen. Weiterhin analysierte Fourier einen Apparat, der vom Schweizer Physiker Horace-Bénédict de Saussure gebaut worden war: Die *Boîte chaude*. Es handelt sich um einen stark isolierten Kasten mit Doppelverglasung, dessen Boden schwarz ausgekleidet ist. Das Innere des Kastens ist deutlich wärmer als seine Umgebung. Fourier erkennt, dass dort solare Strahlung in Wärme(strahlung) umgesetzt wird und dass die *chaleur obscure* anscheinend den verglasten Kasten nicht verlassen kann. Zwar diskutierte er auch die Rolle der freien Luftzirkulation, die offensichtlich im Vergleich zur Umgebung unterdrückt ist, hielt sie aber für vernachlässigbar. Und dann kommt der entscheidende Satz: *C'est ainsi que la temperature est augmentée par l'interposition de l'atmosphère, parce que la chaleur trouve moins d'obstacle pour pénétrer l'air, étant à l'état de lumière, qu'elle n'en trouve pour repasser dans l'air lorsqu'elle est convertie en chaleur obscure.* »So also steigt die Temperatur gerade durch das Dazwischenstellen der Atmosphäre, da die Wärme in Lichtform (solare Strahlung) leichter in Luft eindringt, als wenn sie sich erst mal in Form der *chaleur obscure* (IR-Strahlung) befindet.« Die Atmosphäre bestimmt somit die Temperatur auf der Erde. Fourier starb 1830.

Alexander von Humboldt (1843)

Der Mensch, schreibt der Universalgelehrte Alexander von Humboldt, verändere das Klima *durch Fällen der Wälder, durch Veränderung in der Verteilung der Gewässer und durch die Entwicklung großer Dampf- und Gasmassen an den Mittelpunkten der Industrie.* Diese Feststellung findet sich in seinem Buch *Central-Asien. Untersuchungen über die Gebirgsketten und die vergleichende Klimatologie.* Es erschien 1843 zunächst auf Französisch und ein Jahr darauf dann auf Deutsch.

1850 beschreibt Humboldt im dritten Band seiner Buchreihe *Kosmos* den natürlichen Treibhauseffekt. Er bezeichnet ihn korrekt als »Wärmestrahlung der Erdoberfläche gegen das Himmelsgewölbe«. Dieser Effekt sei, so Humboldt, wichtig »für alle thermischen Verhältnisse, ja man darf sagen, für die ganze Bewohnbarkeit unseres Planeten.« 1856 wies die amerikanische Naturforscherin Eunice Newton Foote dann nach, dass CO_2 ein Treibhausgas ist.

Humboldts Erkenntnisse wie auch die anderer Klimaforscher des 19. Jahrhunderts gerieten Anfang des 20. Jahrhunderts in Vergessenheit. Der gerissene Rezeptionsfaden wurde erst mit der Umweltbewegung der 1970er Jahre wieder aufgenommen und Alexander von Humboldt als Klimaforscher und *erster Ökologe* neu bewertet und anerkannt.

Eunice Newton Foote (1856)

Eunice Newton Foote wurde am 17. Juli 1819 in Goshen, Connecticut (USA), geboren. Sie war Erfinderin und Forscherin auf dem Gebiet der Atmosphärenchemie. Sie gilt als diejenige, die erstmals den Zusammenhang zwischen der Konzentration von Kohlenstoffdioxid in der Erdatmosphäre und der Temperatur, und damit dessen Rolle als wesentlichen Bestandteil des Treibhauseffekts, aufgezeigt hat.

Eunice Foote untersuchte experimentell die Wirkung von Sonnenbestrahlung auf luftdicht verschlossene Glasröhren, die mit verschiedenen Gasen gefüllt waren. Auf der Grundlage dieses Versuchsaufbaus wies sie die Absorption von solarer Wärmestrahlung durch Kohlenstoffdioxid und Wasserdampf nach und erkannte in den Resultaten eine mögliche Ursache für Klimawandel-Ereignisse. Foote fasste ihre Erkenntnisse mit den Worten zusammen: *An atmosphere of that gas would give to our earth a high temperature; and if, as some suppose, at one period of its history the air had mixed with it a larger proportion than at present, an increased temperature … must have necessarily resulted.* »Eine Atmosphäre dieses Gases würde unserer Erde eine hohe Temperatur verleihen; und wenn sich, wie manche annehmen, die Luft in einem bestimmten Zeitraum ihrer Geschichte zu einem größeren Anteil als bisher mit ihr vermischt hätte, […] hätte dies zwangsläufig zu einer erhöhten Temperatur geführt.«

Ihre Arbeit wurde erstmals 1856 auf der Jahrestagung der *American Association for the Advancement of Science* (AAAS) in Albany, New York, präsentiert. Foote gilt damit als die weltweit erste Forscherin, die einen direkten Zusammenhang zwischen der Kohlenstoffdioxid-Konzentration in der Luft und der Erwärmung der Erdatmosphäre erkannte und damit eine wichtige Komponente des Treibhauseffekts identifizierte. Diese Erkenntnis wurde bis 2010 dem irischen Naturwissenschaftler John Tyndall (1820–1893) zugeschrieben; dieser entdeckte den Zusammenhang aber drei Jahre später als Foote. Eunice Newton Foote starb 1888.

John Tyndall (1862)

John Tyndall wurde am 2. August 1820 in Leighlinbridge, County Carlow (Irland), geboren. Er studierte 1848 an der Philipps-Universität Marburg, konnte jedoch wenig Deutsch und hatte auch keinen sicheren Hintergrund in den Naturwissenschaften, so belegte er zunächst die Grundlagen von Mathematik, Physik und Chemie. Es war Robert Bunsen, der mit viel Geduld Tyndall zu seiner Promotion verhalf. 1851 kehrte er nach England zurück und wurde 1853 Professor für Naturkunde an der Royal Institution, wo er mit Michael Faraday zusammenarbeiten konnte. Er forschte unter anderem über Gletscherbewegungen sowie an der Streuung und Absorption von Licht in der Atmosphäre. Für seine Gletscherforschungen unternahm er 1856 gemeinsam mit Thomas Henry Huxley eine Reise in die Schweiz, deren Resultate er mit diesem in einer Abhandlung vorlegte. Im Januar 1859 stellte er das winterliche Vorrücken des *Mer de Glace* fest. Auf der Suche nach Ursachen für vergangene Eiszeiten war Tyndall zwar nicht der Erste, der hierfür eine veränderte Konzentration der Treibhausgase Wasserdampf und Kohlenstoffdioxid zur Diskussion stellte. Er unternahm aber konkrete Messungen, mit deren Hilfe er die für den natürlichen Treibhauseffekt verantwortlichen Gase identifizieren konnte. Tyndall starb 1893.

Svante Arrhenius (1896)

Svante August Arrhenius wurde am 19. Februar 1859 auf Schloss Vik bei Uppsala (Schweden) geboren. Er stellte im Jahr 1895 eine Theorie zum Treibhauseffekt vor. Kohlenstoffdioxid könnte demnach die von der Erde abgestrahlten infraroten Wärmestrahlen absorbieren und durch eine Zunahme des Kohlenstoffdioxidgehalts könnte sich das Erdklima aufheizen. Insbesondere durch das Verbrennen von fossilen Energieträgern wie Kohle, Öl und Erdgas könnte sich der Kohlenstoffdioxidgehalt der Atmosphäre nennenswert erhöhen. Auch nahm Arrhenius an, dass der Gehalt an Wasserdampf in der Atmosphäre in die gleiche Richtung wie Kohlenstoffdioxid wirkt und so das Resultat verstärkt. Er rechnete damit, dass eine Verdoppelung der Kohlenstoffdioxid-Konzentration in der Atmosphäre zu einer weltweiten Temperaturerhöhung von 5 °C führen werde. Die Vegetation sollte seiner Meinung nach als Kohlenstoffdioxidregulator wirken.

In der Forschungsgeschichte des Klimawandels nimmt Arrhenius also einen wichtigen Platz ein. Er gewann dem verstärkenden Einfluss des Menschen auf den Treibhauseffekt allerdings durchaus auch positive Seiten ab: »Schon die für Industriezwecke benötigte Kohleverbrennung ist geeignet, den Kohlensäuregehalt der Luft merkbar zu vermehren. Außerdem scheint der Vulkanismus ... sich im Steigen zu befinden. ... Man hört oft Klagen darüber, dass die in der Erde angehäuften Kohlenschätze von der heutigen Menschheit ohne Gedanken an die Zukunft verbraucht werden; und man erschrickt bei den furchtbaren Verwüstungen an Leben und Eigentum, die den heftigen vulkanischen Ausbrüchen in unserer Zeit folgen. Doch kann es vielleicht zum Trost gereichen, dass es hier wie so oft keinen Schaden gibt, der nicht auch sein Gutes hat. Durch die Einwirkung des erhöhten Kohlensäuregehaltes der Luft hoffen wir, uns allmählich Zeiten mit gleichmäßigeren und besseren klimatischen Verhältnissen zu nähern, besonders in den kälteren Teilen der Erde; Zeiten, da die Erde um das Vielfache erhöhte Ernten zu tragen vermag, zum Nutzen des rasch anwachsenden Menschengeschlechtes. » 1903 erhielt Arrhenius den Nobelpreis für Chemie.

Arrhenius erhielt den Nobelpreis aber nicht für seine Beiträge zur Erklärung des Klimawandels, sondern für seine Theorie der elektrolytischen Dissoziation: Er zeigte, dass in Wasser gelöste Salze in Ionen zerfallen, womit sich die elektrische Leitfähigkeit von Lösungen erklären lässt. Diese bahnbrechende Theorie legte einen Grundstein für die moderne physikalische Chemie und Elektrochemie. Insbesondere sind Batterien ohne diesen Transportmechanismus nicht denkbar. Arrhenius liefert damit einen Beitrag zur Speicherung von Strom, die heute so wichtig für die Reduktion des CO_2-Ausstoßes ist. Denn im Gegensatz zu Arrhenius' Zuversicht, dass der Anstieg des Kohlenstoffdioxids positive Effekte für die Menschheit haben würde, ist inzwischen klar, dass wir unbedingt versuchen müssen, den Temperaturanstieg so weit wie möglich zu begrenzen. Arrhenius starb 1927.

Guy Stewart Callendar (1938)

Der 1898 geborene Guy Stewart Callendar war ein englischer Ingenieur und Erfinder. In seiner Freizeit betätigte er sich jedoch als begeisterter Hobby-Meteorologe. Er konnte 1938 auf der Basis von Temperaturmessungen erstmals die globale Erwärmung nachweisen und brachte sie auch direkt mit dem menschengemachten Treibhauseffekt in Verbindung.

Callendar arbeitete eine Abschätzung der globalen Temperaturverläufe und der Klimasensitivität aus. Dabei gibt die *Klimasensitivität* an, wie stark sich die globale Durchschnittstemperatur der Erde langfristig erhöht, wenn sich die CO_2-Konzentration in der Atmosphäre verdoppelt. Sie ist ein zentraler Parameter bei der Abschätzung der Folgen des Klimawandels. Callendar baute auf die Arbeiten einiger Wissenschaftler des 19. Jahrhunderts auf, darunter Svante Arrhenius. In jahrelanger Arbeit sammelte er Daten von über 147 Messstationen, darunter Greenwich, Moskau und Hawaii sowie Standorte in Indien und Kanada sowie Samoa, Neuseeland und Australien. Er konnte anhand der Temperaturwerte aus diesen Teilen der Welt zeigen, dass sich die Erde im frühen 20. Jahrhundert insgesamt erwärmt hatte und dass diese Erwärmung mit der anthropogenen Emission von Kohlenstoffdioxid zusammenhängt. Seine Arbeit war ein Meilenstein in der Klimawissenschaft, da sie den heutigen Treibhauseffekt erstmals empirisch belegte und den Zusammenhang zwischen menschlichen CO_2-Emissionen und globaler Temperaturerhöhung herstellte. Früher wurde der vom Menschen beeinflusste Treibhauseffekt deshalb auch als *Callendar-Effekt* bezeichnet.

Schon 1938 stellte der Hobby-Meteorologe fest, dass bis dato durch die Verfeuerung von Brennstoffen etwa 150000 Millionen Tonnen Kohlenstoffdioxid in die Luft eingebracht worden waren. Er schätzte daraus einen jährlichen Temperaturanstieg von 0,003 °C ab. Er ging dabei von einer anthropogenen Produktionsrate von Kohlenstoffdioxid von 4500 Millionen Tonnen pro Jahr aus. Heute werden jährlich etwa 40000 Millionen Tonnen des Treibhausgases in die Atmosphäre gepustet, also knapp das 10-Fache der damaligen Menge. Die von ihm berechnete Klimasensitivität von 2 °C liegt im unteren Bereich des aktuell vom IPCC abgeschätzten Intervalls. Allerdings glaubte auch Callendar an eine positive Wirkung des verstärkten Treibhauseffekts, da dies seiner Ansicht nach die Rückkehr von Eiszeiten und das Vorrücken »tödlicher Gletscher« hinauszögern würde. Er sah in der menschengemachten Erwärmung also eher einen Nutzen für das Klima und keine Gefahr. Diese Sichtweise war damals recht weit verbreitet, da eine neue Eiszeit als die größere Bedrohung eingeschätzt wurde. Callendar starb 1964.

Charles Keeling (1958)

Charles David Keeling wurde am 20. April 1928 in Scranton im US-Bundesstaat Pennsylvania geboren. Er wurde weltweit bekannt durch seine jahrzehntelange Messreihe der CO_2-Werte auf dem Mauna Loa auf Hawaii. Diese bildet besser als jeder andere Datensatz den steigenden Kohlenstoffdioxidgehalt in der Erdatmosphäre ab und ist allgemein als die *Keeling-Kurve* bekannt.

Keeling entwickelte als junger Wissenschaftler hochpräzise Messmethoden für atmosphärisches CO_2, die er zunächst an der kalifornischen Pazifikküste im Gebiet »Big Sur« einsetzte. Dabei entdeckte er den Tagesgang der CO_2-Konzentrationen – nachts war der Wert deutlich höher als tagsüber, was sich durch Pflanzenaktivität und Bodenatmung erklären lässt. Einen globalen CO_2-Anstieg konnte er aber noch nicht nachweisen, da dieser durch die starken lokalen Effekte überlagert wurde.

Erst die 1958 gestarteten Messungen auf dem abgelegenen Mauna Loa auf Hawaii erlaubten es durch ihre große Distanz zu lokalen Quellen und Senken, globale Hintergrundkonzentrationen kontinuierlich zu bestimmen und so den langfristigen und weltweiten Anstieg der CO_2-Konzentration eindeutig nachzuweisen.

Die Keeling-Kurve nimmt in der Forschungsgeschichte des Klimawandels eine besondere Stellung ein. Sie gilt auch heute noch als ein wichtiger Beleg für den menschlich verursachten globalen Klimawandel. Die Messungen zeigen auch direkt, inwieweit CO_2-Einsparmaßnahmen greifen – beziehungsweise, dass sie es eben nicht tun. 2015 wurde Keelings Arbeit von der *American Chemical Society* durch die Ernennung zum *National Historic Chemical Landmark* geehrt. Keeling starb 2005. Sein Sohn Ralph F. Keeling setzte seine Arbeit auf Mauna Loa fort. US-Präsident Donald Trumps Haushaltsentwurf für 2026 sieht nun die Schließung der Station sowie dreier weiterer Standorte vor. Die geplanten Kürzungen decken sich mit der Leugnung des Klimawandels durch die Trump-Regierung und ihr Umfeld. Ob der US-Kongress dem Entwurf des Präsidenten in diesem Punkt gefolgt ist oder ob private Finanziers den Fortbestand der Messungen gesichert haben, war vor Drucklegung dieses Buches noch nicht entschieden.

Klaus Hasselmann (1979)

Klaus Ferdinand Hasselmann (* 25. Oktober 1931 in Hamburg) ist ein deutscher Klimaforscher, Meteorologe und Ozeanologe. Er war von 1975 bis 1999 Direktor am Max-Planck-Institut für Meteorologie in Hamburg. Im Jahr 2021 wurde Hasselmann gemeinsam mit Syukuro Manabe und Giorgio Parisi der Nobelpreis für Physik zuerkannt. Hasselmann erhielt den Preis für seine Arbeiten zur Klimaforschung, insbesondere im Bereich der *Zuordnungs-* oder *Attributionsforschung*. Er entwickelte dazu ein Modell, welches zeigt, wie kurzfristige, chaotische Wetterphänomene mit langfristigen Klimaveränderungen zusammenhängen. Dieses Modell weist nach, dass Klimamodelle trotz der natürlichen Variabilität des Wetters zuverlässige Vorhersagen über die künftige Entwicklung des Klimas ermöglichen. Zudem entwickelte er Methoden, mit denen natürliche Schwankungen und der Einfluss menschlicher Aktivitäten auf das Klima unterschieden werden können – er arbeitete also den sogenannten *menschlichen Fingerabdruck* im globalen Klimasystem heraus.

Besonders Hasselmanns Arbeit *On the signal-to-noise problem in atmospheric response studies* (1979) gilt als Schlüssel, um den menschengemachten Klimawandel mit hoher Wahrscheinlichkeit von natürlichen Klimaschwankungen zu unterscheiden.

Durch diese Methoden konnte die Forschung nachweisen, dass die beobachtete globale Erwärmung mit überwältigender Wahrscheinlichkeit durch den Menschen verursacht ist und nicht durch natürliche Variabilität. Hasselmann setzt sich in der Öffentlichkeit auch aktiv dafür ein, die Erkenntnisse der Klimaforschung für Gesellschaft und Politik zugänglich zu machen, und er fordert intensiv Maßnahmen zur Eindämmung des Klimawandels ein. Seine Methoden fanden im zweiten Bericht des IPCC 1995 Eingang, in dem erstmals offiziell der menschliche Einfluss auf das Klima als nachgewiesen festgestellt wurde.

Friederike Otto (2016)

Friederike Otto (* 29. August 1982 in Kiel) ist eine deutsche Physikerin und Klimatologin. Sie ist eine Pionierin der Zuordnungsforschung und eine Leitautorin des *Sechsten Sachstandsberichts des IPCC.*

Die Zuordnungsforschung untersucht, inwieweit der menschengemachte Klimawandel einzelne extreme Wetterereignisse beeinflusst. Dabei wird das tatsächliche Wetter eines Ereignisses mit einem hypothetischen Wetter ohne anthropogenen Klimawandel verglichen. Die Methoden, die Otto hierfür maßgeblich mitentwickelt hat, erlauben es, insbesondere die Rolle des Menschen dabei zu verdeutlichen, wie extreme Dürren, Stürme oder Überschwemmungen aufgrund des Klimawandels immer häufiger werden. Die Zuordnungsforschung klärt differenziert, wie stark und in welcher Form der anthropogene Einfluss bei jedem Ereignis wirkt. Dies entwickelt nicht nur das Verständnis für die physikalischen Vorgänge weiter, sondern ermöglicht auch eine gezieltere Vorbereitung auf extreme Wetterlagen. Mittlerweile werden die Forschungsergebnisse von Otto und anderen inzwischen auch in Gerichtsverfahren verwendet, um Verantwortlichkeiten beim Klimaschutz rechtlich einzufordern. Damit hat Friederike Otto die Zuordnungsforschung von einem theoretischen Ansatz zu einem anerkannten, schnell einsetzbaren Instrument der Klimawissenschaft gemacht, das weltweit Anwendung findet und großen Einfluss auf Wissenschaft, Politik und Öffentlichkeit hat.

IN DIESEM KAPITEL...

Ranking von Ländern nach ... neu installierter PV-Nennleistung

... insgesamt installierter PV-Nennleistung

... installierter PV-Nennleistung je Einwohner

Kapitel 34
Drei beeindruckende Top-Zehn-Listen

Die drei folgenden Hitlisten illustrieren, wie sehr die Photovoltaik mittlerweile ein weltweites Phänomen ist. Deutschland findet sich zwar noch auf einem der vorderen Plätze, ist aber nirgends mehr Weltspitze.

Die Top 10 des jährlichen PV-Zubaus (2024)

China setzt für seine Energieversorgung massiv auf Photovoltaik. In keinem Land wird jährlich mehr zugebaut (und produziert) als in China. 2024 war das allein 324 W_p neu installierte Leistung. Das entspricht mindestens 50 fossilen Kraftwerken im Jahr. Die Kapazität, die allein in China ausgebaut wird, übertrifft die *Summe* der folgenden neun Staaten. Auch Indien hat die Photovoltaik für sich entdeckt und treibt sogar den Ausbau an eigener Produktionskapazität voran, steht dabei aber noch eher am Anfang. Brasilien hat in dieser Kategorie inzwischen den dritten Platz erreicht und Deutschland von einem »Podestplatz« verdrängt. In vielen Ländern nimmt die jährlich installierte Kapazität immer weiter zu, der Zuwachs ist also nicht nur da, sondern er wird schneller. Deutschland sticht mittlerweile leider vor allem durch stark schwankende jährliche Zubauraten hervor, weil sich die politischen Rahmenbedingungen immer wieder ändern.

1. China: 329 GW
2. USA: 50 GW
3. Indien: 30,7 GW

4. Brasilien: 18,9 GW
5. Deutschland: 17,4 GW
6. Spanien: 8,7 GW
7. Türkei: 8,5 GW
8. Italien: 6,8 GW
9. Japan: 6,2 GW
10. Frankreich; 4,7 GW

Die Top 10 der gesamten installierten PV-Kapazität (2024)

Der weltweite Photovoltaik-Boom zeigt sich auch darin, dass sich in dieser Top-Ten-Liste Länder aus Asien, Europa, Nord- und Südamerika finden. Mit China, Indien und Japan gibt es insbesondere große Kapazitäten in hochentwickelten asiatischen Ländern.

Die spezifischen elektrischen Energieerträge fallen je nach Land und Region unterschiedlich aus. Während man in Deutschland mit 900 bis 1100 GWh pro Jahr je GW installierter PV rechnet, kommt man in China auf 1300 bis 1500 GWh/GW, in den USA auf 1200 bis 1800 GWh/GW, in Indien auf 1400 bis 1600 GWh/GW, in Japan auf 1400 bis 1500 GWh/GW, in Brasilien auf 1700 bis 1800 GWh/GW und in Australien auf 1300 bis 1900 GWh/GW. Hohe Erträge bedeuten niedrige spezifische Kosten und so einen besonders günstigen Ausbau der Photovoltaik.

Bei einem starken PV-Ausbau in einem Land kommen meist große Freiflächenanlagen zum Tragen, etwa in China, den USA und Indien. Doch auch der Anteil dachgebundener Photovoltaikanlagen spielt insbesondere in dichter besiedelten Ländern eine wichtige Rolle, etwa in Deutschland, Japan und den Niederlanden. Für den weiteren Ausbau der Photovoltaik sind also beide Installationsarten von Bedeutung.

1. Volksrepublik China: 985 GW
2. USA: 223 GW
3. Indien: 121 GW
4. Deutschland: 101 GW
5. Japan: 96,6 GW
6. Brasilien: 66,7 GW
7. Spanien: 46,1 GW
8. Italien: 36,7 GW

9. Niederlande: 27,3 GW
10. Frankreich: 23,5 GW

Die Top-10-Länder mit der meisten PV je Einwohner (2024)

Die Reihenfolge der installierten Photovoltaik je Einwohner sieht etwas überraschend aus: Trotz großer Vorkommen an und Förderung von fossilen Ressourcen führt Australien mit über 1,5 kW je Einwohner bei diesem Ranking. Günstige fossile Rohstoffe wie Steinkohle, welche dort im Tagebau gewonnen werden, exportiert Australien lieber bis nach Europa.

Ansonsten finden sich in dieser Liste ausschließlich europäische Länder. An zweiter Stelle stehen die Niederlande. Mit etwas Abstand folgt an dritter Stelle dann Deutschland, das vor 15 Jahren noch absolut führend war.

Ungarn liegt in dieser Liste zwar relativ weit hinten, hat aber mit 25 Prozent den höchsten Anteil von PV an der Stromversorgung – einfach aus wirtschaftlichen Gründen, die Politik arbeitet eher dagegen. Der Stromverbrauch in Ungarn ist relativ gering, sodass Ungarn in der Liste mit PV je Einwohner keinen Platz ganz vorne belegt. Bemerkenswert sind auch die Alpenländer Österreich und die Schweiz, die viele Wasserkraftwerke haben, die als Pumpspeicher gute saisonale Speicher darstellen. Dies ergänzt die dortige Photovoltaik in idealer Weise.

In Ländern mit einer hohen Durchdringung von elektrischer Energie aus Photovoltaikanlagen spielen Speicherung und systemdienliche Integration der Photovoltaikanlagen eine immer wichtigere Rolle.

1. Australien: 1521 Watt je Einwohner
2. Niederlande: 1491 Watt je Einwohner
3. Deutschland: 1187 Watt je Einwohner
4. Estland: 973 Watt je Einwohner
5. Österreich: 973 Watt je Einwohner
6. Griechenland: 964 Watt je Einwohner
7. Spanien: 962 Watt je Einwohner
8. Belgien: 943 Watt je Einwohner
9. Ungarn: 933 Watt je Einwohner
10. Schweiz: 908 Watt je Einwohner

IN DIESEM KAPITEL…

Verbraucherportale

Aktuelle PV-Infos

Förderung

Kapitel 35

Zehn Webseiten über Photovoltaik

Die folgenden Portale bieten praxisnahe Informationen zur Photovoltaik: von Technik, Planung und Installation bis hin zu Kosten, Förderung und rechtlichen Rahmenbedingungen von Solaranlagen. Sie richten sich an Interessierte und Verbraucher, die eine Solaranlage installieren oder sich weiter über Anbieter, Finanzierung und Betrieb informieren möchten.

Verbraucherzentrale NRW

Auf der Webseite der *Verbraucherzentrale NRW* finden Sie eine Anleitung für Planung, Förderungen, Installation und Betrieb einer Photovoltaikanlage, inklusive Kosten, Finanzierung, rechtlicher Rahmenbedingungen und einer Checkliste.

`https://www.verbraucherzentrale.de/wissen/energie/erneuerbare-energien/photovoltaik-was-bei-der-planung-einer-solaranlage-wichtig-ist-5574`

Stiftung Warentest

Diese Webseite der Stiftung Warentest bietet unabhängige Informationen, Testergebnisse und Praxistipps zu Planung, Kosten, Förderung und Anbietern von Solaranlagen. Die Stiftung gibt auch Bücher zu einzelnen Themengebieten heraus.

`https://www.test.de/thema/solaranlagen/`

Deutsche Gesellschaft für Sonnenenergie und HTW Berlin

Das Informationsportal der *Deutschen Gesellschaft für Sonnenenergie Berlin-Brandenburg,* zusammen mit der *Hochschule für Technik und Wirtschaft Berlin* – eine umfangreiche Wissensplattform mit praxisorientierten Inhalten zu Technik, Komponenten, Planung und Installation von Photovoltaikanlagen:

`https://www.pv-wissen.de/`

Solarenergie-Förderverein Deutschland

Der *Solarenergie-Förderverein Deutschland e. V.* (SFV) bietet auf dieser Webseite kompakte Erläuterungen zu technischen, rechtlichen und wirtschaftlichen Fragen rund um Solaranlagen. Der Verein wurde bereits 1986 gegründet und hat maßgeblich die kostendeckende Einspeisevergütung, welche später im EEG mündete, vorangebracht.

`https://www.sfv.de/solaranlagenberatung/solar-wiki`

PV-Magazine

Das *PV-Magazine* (mit dem »e« am Ende!) liefert aktuelle Neuigkeiten und Informationen zu Photovoltaikprojekten, Energiespeichern, Energiemärkten und der Energiewende weltweit sowie Aktuelles zu Märkten, Gesetzgebung und Finanzierung.

`https://www.pv-magazine.de/`

PV-Tech

PV-Tech ist ein englischsprachiges Fachportal mit Nachrichten, Hintergrundberichten und Analysen zur weltweiten PV-Industrie.

`https://www.pv-tech.org/`

Solarserver

Beim Solarserver finden Sie Neuigkeiten und Informationen zu Photovoltaikprojekten, Energiespeichern und der Energiewende in Deutschland.

`https://www.solarserver.de/`

Sonnenseite

Die Sonnenseite des bekannten Fernsehmoderators Dr. Franz Alt präsentiert Neuigkeiten zu Ökologie und erneuerbaren Energien.

https://www.sonnenseite.com

Finanztip

Finanztip liefert Informationen zu aktuell verfügbaren Fördermitteln und Tipps zur Antragstellung.

https://www.finanztip.de/photovoltaik/pv-foerderung

Vergleichsportal

Selfmade Energy ist ein brauchbares Vergleichsportal, um sich einen ersten Marktüberblick über Produkte, Anbieter und Dienstleister zu verschaffen, aber man sollte die Angebote kritisch prüfen und dann eventuell unabhängige Preise für gute Konditionen und minimale Risiken einholen. Das Portal gehört seit 2024 zur Immobilien Scout GmbH.

https://www.selfmade-energy.com/

IN DIESEM KAPITEL...

Energie allgemein

Erneuerbare Energien

Photovoltaik

Kapitel 36

Zehn Verbände der Energiewirtschaft

AG Energiebilanzen (AGEB)

Die Arbeitsgemeinschaft wurde 1971 von sieben Verbänden der deutschen Energiewirtschaft und drei energiewirtschaftlichen Instituten gegründet und bietet Fundamentaldaten zur deutschen Energiewirtschaft.

https://ag-energiebilanzen.de/

Bundesverband der Energie- und Wasserwirtschaft (BDEW)

Die Daten des BDEW (zusammen mit der AGEB) bilden oft die Grundlage für energiewirtschaftliche Einschätzungen und neue Gesetze der Bundesregierung.

https://www.bdew.de/energie/erneuerbare-energien/

Bundesverband Solarwirtschaft

Der Bundesverband Solarwirtschaft vertritt die Interessen der Solarwirtschaft und beleuchtet die Erfolge der deutschen Solarwirtschaft, einschließlich der damit verbundenen Arbeitsplätze, mit Daten, Statistiken und Reports.

`https://www.solarwirtschaft.de/`

Solar Power Europe

Solar Power Europe ist ein europaweiter Interessen- und Fachverband, der Unternehmen und Organisationen aus der Photovoltaik- und Solarenergiebranche vertritt. Er hat zum Ziel, den Ausbau der Solarenergie und der Solarproduktion in Europa politisch voranzubringen.

`https://www.solarpowereurope.org`

Agentur für Erneuerbare Energien

Die Agentur für Erneuerbare Energien hat es sich zur Aufgabe gemacht, über die Chancen und Vorteile einer Energieversorgung auf Basis erneuerbarer Energien aufzuklären. Sie gibt beispielsweise regelmäßig KOMM:AG heraus, eine Zeitschrift für erneuerbare Energien in Kommunen.

`https://unendlich-viel-energie.de/mediathek/publikationen`

Flexperten

Dieser Verein hat sich zum Ziel gesetzt, bereits bestehende Biogasanlagen auf eine bedarfsgerechte, flexible Produktion umzurüsten, damit sie beispielsweise komplementär zur Solarstromerzeugung betrieben werden können. Dadurch lassen sich viele aufwendige Speicher und Reservekraftwerke einsparen. Ein wichtiger Ansatz, der viel mehr Aufmerksamkeit verdient.

`https://www.flexperten.org/`

EUROSOLAR

EUROSOLAR – Europäische Vereinigung für Erneuerbare Energien e. V. – gibt wichtige politische und wirtschaftliche Handlungsentwürfe und Konzeptionen zur Einführung erneuerbarer Energien seit 1988. Von Dr. Hermann Scheer, einem der Väter des Erneuerbare-Energien-Gesetzes, gegründet, gibt die Organisation die Zeitschrift *Solarzeitalter* heraus.

`https://www.eurosolar.de/`

International Solar Energy Society

Die *International Solar Energy Society* (ISES) ist die traditionsreichste und wissenschaftlichste Institution im Bereich der Solarenergie (anfangs auf die Solarthermie fokussiert, beschäftigt sie sich heutzutage vorwiegend mit der Photovoltaik). Sie wurde bereits 1954 gegründet und gibt die angesehene wissenschaftliche Zeitschrift *Solar Energy* heraus.

`https://www.ises.org/`

International Renewable Energy Agency (IRENA)

Die IRENA wurde 2009 als Gegenpol zur IEA als UN-Agentur gegründet, um den nachhaltigen Energien ein adäquates Sprachrohr zu geben. Die IRENA publiziert Reports, Statistiken und Daten zu erneuerbaren Energien weltweit, insbesondere aber für Länder des globalen Südens.

`https://www.irena.org/en/`

Internationale Energieagentur (IEA)

Das Sprachrohr der globalen Energiewirtschaft war früher sehr einseitig der traditionellen fossil-nuklearen Energiewirtschaft zugeneigt, ist aber seit einigen Jahren zunehmend aufgeschlossen gegenüber Wind- und Solarenergie und erneuerbaren Energien allgemein.

`https://www.iea.org/`

IN DIESEM KAPITEL...

Forschungseinrichtungen

Behörden

Experten

Kapitel 37

Zehn wichtige Player der Energiewende

Die folgenden wissenschaftlichen Webseiten von wichtigen Energiewende-Akteuren liefern Daten, Analysen und Messungen zu Photovoltaik und Energie in Deutschland. Sie richten sich an technisch interessierte Nutzer, die sich für aktuelle Informationen zu Leistung, Effizienz und Systemdaten von erneuerbaren Energien interessieren.

Forschungsverbund Erneuerbare Energien

Der *Forschungsverbund Erneuerbare Energien* (FVEE) informiert über den aktuellen Entwicklungsstand der wichtigsten deutschen Forschungsinstitute bezüglich Photovoltaik, erneuerbarer Energien und Energiewende. Viele und sehr gute Vortragsfolien, Tagungsbände und Workshopmaterialien zum kostenfreien Download.

`https://www.fvee.de/`

Fraunhofer-Institut für Solare Energiesysteme

Diese Webseite des renommierten *Fraunhofer-Instituts für Solare Energiesysteme* (ISE) bietet aktuelle Informationen, Daten, Zahlen und Erläuterungen zur Photovoltaik in Deutschland.

`https://www.ise.fraunhofer.de/de/veroeffentlichungen/studien/aktuelle-fakten-zur-photovoltaik-in-deutschland.html`

Agora-Energiewende

Das *Agorameter* liefert aktuelle und historische Darstellungen der Situation im Stromsystem mit Erzeugung, Verbrauch, Anteil erneuerbarer Energien, Preisen, CO_2-Intensität und Export/Import. Alle Daten sind downloadbar!

`https://www.agora-energiewende.de/daten-tools/agorameter`

Umweltbundesamt

Die Seiten des Umweltbundesamtes (UBA) zeigen Entwicklungen und Vergleiche auf sowie den aktuellen Stand der Klimawirksamkeit von verschiedenen Energietechnologien, begleitet von anderen Nachhaltigkeitsaspekten.

`https://www.umweltbundesamt.de/themen/klima-energie`

Elektrische Energietechnik – Nachhaltige Energiekonzepte, Uni Paderborn

Die Verweisseite des Fachgebiets *Elektrische Energietechnik – Nachhaltige Energiekonzepte* (EET-NEK) der Universität Paderborn liefert eine große Sammlung von Links zu aktuellen Netzkenndaten wie Tageskurven von Stromerzeugung, -Verbrauch, CO_2-Intensität, Handelspreisen, Import/Export, Anteil PV, Wind, Wasserkraft, Biomasse – in Deutschland und auch international.

`https://ei.uni-paderborn.de/eet/forschung#c491994`

Prof. Harald Lesch

YouTube-Playlist von Prof. Harald Lesch mit seinen Beiträgen zum Klimaschutz und zur Energiewende.

`https://www.youtube.com/playlist?list=PL7siVIUmPpIGdVtYDNV5zzeQtzkwLuilG`

Akkudoktor

Tipps zum Selbermachen und Tests rund um PV, Speicher, Wärmepumpen, System-Steuerungen und Energie-Optimierungssystem (EOS – siehe `https://www.akkudoktor.net`), Gesetze und Petitionen; die Seite wird betrieben von Dr. Andreas Schmitz.

`https://www.youtube.com/@Akkudoktor`

Felix Goldbach

Felix Goldbach liefert auf seinem YouTube-Kanal Informationen, Insights und Interviews zu PV, Stromspeichern, Balkonkraftwerken und der Energiewende allgemein.

https://www.youtube.com/@MoneyForFuture20

Prof. Volker Quaschning

Prof. Dr.-Ing. Quaschning informiert auf seiner Webseite umfassend über Technik, Funktionsweise, Einsatzmöglichkeiten sowie wirtschaftliche und ökologische Aspekte der Photovoltaik:

https://www.volker-quaschning.de/themen/photovoltaik/index.php

Prof. Stefan Krauter

Vorträge und alle Vorlesungen zu den Themen PV, regenerative Energien, Energietechnik, Energiewende und Klimaschutz von einem der beiden Autoren dieses Buches.

https://www.youtube.com/@Stefan_Krauter

IN DIESEM KAPITEL...

- Sonnenstandsberechnung
- Ertrag von PV-Systemen
- Speicherauslegung

Kapitel 38

Zehn Internet-Tools und Apps zur Auslegung von PV-Anlagen, deren Betrieb und Ertrag

Online-Tools zur Sonnenpositionsberechnung und für die Auslegung von Balkonkraftwerken und größeren PV-Anlagen inklusive Speicher.

Sonnenposition

Diese Webseite liefert die aktuelle Sonnenposition an einem beliebigen Punkt auf der Erde und weitere Tools zum Thema Photovoltaik.

https://www.volker-quaschning.de/datserv/sunpos/index.php

Sonneneinstrahlung und Ertrag

Die Webseite *Photovoltaic Geographical Information System* (PVGIS) des *Joint Research Centre* (JRC) der Europäischen Kommission ist ein interaktives wissenschaftliches Tool zur Einschätzung von Solarenergie-Potenzialen weltweit.

https://joint-research-centre.ec.europa.eu/photovoltaic-geographical-information-system-pvgis_en

Weltweites Potenzial der Photovoltaik

Das Hauptziel des *Global Solar Atlas* der Weltbank ist es, mit einem Mausklick einen schnellen und einfachen Zugriff auf Daten zu Solarressourcen und zum Potenzial der Photovoltaik weltweit zu ermöglichen.

https://globalsolaratlas.info/map

Balkonkraftwerk

Einfach zu bedienender Simulator und Auslegungshilfe für *Balkonkraftwerke* und *Steckersolargeräte* von der HTW Berlin.

https://solar.htw-berlin.de/rechner/stecker-solar-simulator

Speicheroptimierung für Balkonkraftwerke

Simulator mit vielen Optionen, einschließlich Speicheroptimierung für Balkonkraftwerke von der Akkudoktor-Community. Zudem gibt es ein public-domain *Energie-Optimierungssystem* (EOS).

https://akkudoktor.net/pvtool-rechner

PV*SOL

PV*SOL ist eine professionelle Planungs- und Simulationssoftware für Photovoltaiksysteme. Sie stellt den Branchenstandard für die PV-Anlagenplanung auf Gebäuden dar.

https://valentin-software.com/produkte/pvsol/

PVsyst

Das umfassende professionelle Programmpaket PVsyst (nur in Englisch, Französisch und Spanisch) kommt insbesondere bei der Planung von PV-Großanlagen zum Einsatz. Es ermöglicht detaillierte Analysen des PV-Systems und einzelner Komponenten.

https://www.pvsyst.com/

PVcase

PVcase ist eine relativ neue Software für PV-Großanlagen, insbesondere auf hügeligem Gelände (*3D-Geländesimulation*).

https://get.pvcase.com/de/pv-ground-mount

T*SOL

T*SOL ist ein professionelles Programmpaket für die Auslegung, Simulation und Betriebsvorhersage von solarthermischen Anlagen.

`https://valentin-software.com/produkte/tsol/`

HOMER

Die Profi-Software HOMER unterstützt die Auslegung von gesamten Energiesystemen mit Schwerpunkt autonome Anlagen: PV, Wind, Batteriespeicher, Dieselgenerator und Netzanschluss lassen sich nach Belieben kombinieren, simulieren und insbesondere finanziell optimieren. Es ist auch möglich, eine geforderte Zuverlässigkeit anzugeben und sich dann die entsprechende Mindestauslegung ausgeben zu lassen.

`https://www.homerenergy.com/`

Wie es weitergeht

Mit diesem letzten Top-Ten-Eintrag endet unsere gemeinsame Wissensreise rund um die größte Energiequelle unserer Erde – der Photovoltaik. Wir hoffen, dass Sie etwas Spaß hatten und Ihnen dieses Buch geholfen hat, einen tieferen Einblick in das Themenfeld zu gewinnen. Umso mehr freuen wir uns, wenn Sie nun das erworbene Wissen gewinnbringend für sich selbst (und die Menschheit!) nutzen oder sich künftig noch fundierter für unsere Umwelt einsetzen. Wir machen auf jeden Fall weiter – Sie können dabei mit uns über die folgende Seite in Kontakt bleiben:

`https://www.pv4d.net`

A

Abkürzungsverzeichnis

Abkürzung	Volltext	Kurzerklärung
Agri-PV	Photovoltaik auf Flächen in der Landwirtschaft	gemeinsame, symbiotische Nutzung landwirtschaftlicher Flächen, wobei die PV als Schattenspender für entsprechende Pflanzen und Tiere dient
ARC	Anti-reflective Coating	Beschichtung oder Strukturierung auf Solarzellen- oder PV-Moduloberflächen: reduziert Reflexionen, besonders bei flachen Einstrahlungswinkeln
a-Si	amorphes Silizium	nicht-kristalline Form von Silizium
bifi	bifacial	Solarzellen und -module, die auch bei Rückseitenbestrahlung Strom erzeugen
BIPV	Building-integrated Photovoltaics	in die Gebäudeoberfläche integrierte Photovoltaik, zum Beispiel als Fassaden
DSM	Demand Side Management	Anpassung des Energieverbrauchs an das aktuell verfügbare Angebot
EEG	Erneuerbare-Energien-Gesetz	garantierte Stromabnahmevergütung über 20 Jahre mit einem festen Tarif – ein staatliches PPA (siehe unten)
EPBT	Energy Payback Time	Zeit, die ein Kraftwerk benötigt, um die Energie zu erzeugen, die nötig ist, um es herzustellen, zu betreiben und zu entsorgen (typischerweise sind das in der Photovoltaik 1 bis 2 Jahre bei einer Nutzungsdauer von 30 Jahren, bei fossilen Kraftwerken ist diese Zeit unendlich)

(Continued)

Abkürzung	Volltext	Kurzerklärung
EPC	Engineering Procurement Construction	Ingenieurdienstleistungen, welche Planung, Komponenteneinkauf und Aufbau einer PV-Großanlage umfassen
FF	Füllfaktor	Maß für die Qualität einer Solarzelle, das das Verhältnis von maximaler Leistungsabgabe zu theoretischer Kurzschlussleistung angibt
FIT	Feed-in Tariff	Vergütungstarif für ins Stromnetz eingespeisten Solarstrom
FRT	Fault Riding Through	Anforderung an Wechselrichter, bei einem Netzausfall nicht sofort abzuschalten, sondern für kurze Zeit über den Fehler hinwegzugehen
HV	High Voltage	Hochspannung: 110 kV, 220 kV, 380 kV
IGBT	Insulated Gate Bipolar Transistor	modernes Halbleiterbauelement in Wechselrichtern zur Stromsteuerung
LCOE	Levelized Cost of Electricity	Stromgestehungskosten
LD	Liquidated Damages	Vertragsstrafe/Schadensersatz
LV	Low Voltage	Niederspannung, 230/400 V
MaStR	Marktdaten-Stammregister	Datenbank, bei der alle an das öffentliche Stromnetz angeschlossenen PV-Anlagen angemeldet werden müssen
MC4	Multi-Contact 4. Gen.	verpolungssichere Anschlussstecker von PV-Modulen und Wechselrichtern, Industriestandard, original von der Firma Multi-Contact (jetzt: Stäubli AG)
MPP	Maximum-Power-Point	Punkt auf der Strom-Spannungs-Kennlinie, an dem die maximale Leistung des PV-Moduls entnommen wird (Produkt aus Strom und Spannung maximal)
MPPT	Maximum Power Point Tracker	Gerät, welches stets den optimalen Betriebspunkt auf der Strom-Spannungs-Kennlinie des PV-Moduls findet, auch bei wechselnden Bestrahlungsstärken und Temperaturen
MV	Medium Voltage	Mittelspannung: 10 kV, 20 kV
NOCT	Normal Operation Cell Temperature	gemessene Betriebstemperatur eines Solarmoduls unter standardisierten Normalbedingungen
n-Si	n-dotiertes Silizium	Siliziumsolarzellen, bei welchen Silizium so dotiert wurde, dass es n-leitend ist
O&M	Operation and Maintenance	Betriebs- und Wartungskosten
p-Si	p-dotiertes Silizium	Siliziumsolarzellen, bei welchen Silizium so dotiert wurde, dass es p-leitend ist

Abkürzung	Volltext	Kurzerklärung
P2X (PtX)	Power-to-X	Umwandlung elektrischer Leistung, beziehungsweise Energie, in einen chemischen Energieträger, zum Beispiel Wasserstoff oder grünes Methan
PERC	Passivated Emitter Rear Cell	rückseitenpassivierte Solarzelle für bessere Effizienz
PPA	Power Purchase Agreement	Stromabnahmevertrag mit Festlegung des Abnahmepreises und gegebenenfalls Strafzahlungen bei Lieferausfall
PV	Photovoltaik	direkte Umwandlung von Photonen (zum Beispiel aus der solaren Einstrahlung) in einen Elektronenstrom, das heißt Elektrizität
PWM	Pulse Width Modulation	Pulsweitenmodulation: Steuerung von elektrischer Spannung oder Stromstärke durch variable Pulsdauern
RL	Residuallast	verbleibender Verbrauch beziehungsweise Bedarf an elektrischer Energie im Stromnetz, der nicht durch Wind- und Solarstrom abgedeckt wurde
STC	Standard Test Conditions	normierte Prüfbedingungen für Photovoltaikmodule (Bestrahlungsstärke, Spektrum, Betriebstemperatur)
TDD	Technical Due Dilligence	sorgfältige und ausführliche technische Prüfung einer PV-Anlage, beispielsweise um einen Bankkredit zu erhalten oder ein technisches Risiko einzupreisen
V2H	Vehicle to Home	optionale Nutzung des Fahrzeugakkus von E-Autos als Home-Energiespeicher, auch als *bidirektionales Laden* (d.h. auch Entladen) bezeichnet
V2G	Vehicle to Grid	Nutzung des Fahreugakkus zur Stabilisierung des Stromnetzes

B

Checkliste Balkonkraftwerk

Balkonkraftwerke zu errichten, ist so einfach wie noch nie. Durch das *Solarpaket I*, das im Mai 2024 für Deutschland in Kraft getreten ist, wurden viele bürokratische Hürden abgebaut und sinnvolle rechtliche Rahmenbedingungen geschaffen.

Planung

✔ *Standort:* Haben Sie einen Platz mit möglichst viel Sonne? Süd-, Südost- oder Südwest-Ausrichtung ist ideal.

✔ *Mieter:* Wenn Sie zur Miete wohnen, müssen Sie den Vermieter informieren und um Erlaubnis bitten. Das Balkonkraftwerk gilt aber als *privilegierte Maßnahme.* Der Vermieter kann es nicht ohne triftigen sachlichen Grund ablehnen, darf aber bei der Art der Anbringung bezüglich Optik und Sicherheit mitreden.

✔ *Wohnungseigentümergemeinschaft:* Auch in diesem Fall handelt es sich um eine privilegierte Maßnahme. Die Eigentümerversammlung darf nicht mehr über das *Ob*, sondern nur noch über das *Wie* entscheiden.

✔ *Die Steckdose:* Haben Sie eine Außensteckdose in der Nähe? Eine normale (balkontaugliche) Haushaltssteckdose ist mittlerweile rechtlich völlig ausreichend. Die teure Wieland-Einspeisesteckdose ist keine Pflicht mehr.

Beschaffung und Installation

Kauf

Achten Sie beim Kauf auf die Grenzwerte, um von der vereinfachten Anmeldung zu profitieren.

✔ *Wechselrichter-Leistung (AC):* Der Wechselrichter darf jetzt bis zu 800 Watt (früher 600 Watt) ins Hausnetz einspeisen.

✔ *Modul-Leistung (DC):* Die Solarmodule dürfen zusammen eine Leistung von bis zu 2000 W_p haben.

✔ *Zertifikate:* Achten Sie darauf, dass der Wechselrichter nach VDE-AR-N 4105 zertifiziert ist und über einen NA-Schutz (Netz- und Anlagenschutz) verfügt.

✔ *Kabel:* Wählen Sie die passende Länge: Unnötig lange Kabel verursachen Verluste, andererseits sollten Kabel nie mechanisch verspannt verlegt werden, sondern bei jeder Temperatur stets locker bleiben. Wenn Sie mit der Stromleitung durch ein Fenster müssen, weil Sie keine Außensteckdose auf dem Balkon haben, bestellen Sie ein spezielles Flachkabel zur Fenster- oder Balkontürdurchführung mit.

✔ *Halterung:* Kaufen Sie eine Halterung, welche statisch geprüft ist und genau zu Ihrer Anlage sowie Ihrem Geländer beziehungsweise Ihrem Aufstellort passt. Sicherheit geht vor!

Installation

✔ *Montage:* Befestigen Sie die Module sturmsicher. Zu zweit geht es deutlich leichter und sicherer.

✔ *Luftig:* Günstig ist es, wenn der Wechselrichter gut hinterlüftet ist. Dann wird er beim Arbeiten nicht so warm. Wenn Sie nämlich eine hohe Nennleistung an PV-Modulen installieren, arbeitet der Wechselrichter bei hoher Leistung und erzeugt entsprechend Abwärme.

✔ *Stromzähler:* Sie müssen nicht warten, bis der Netzbetreiber Ihren Zähler tauscht. Selbst wenn Sie noch einen alten schwarzen Ferraris-Zähler mit Drehscheibe haben, dürfen Sie Ihr Gerät anschließen. Der Zähler darf sich rückwärts drehen, was einem sehr vorteilhaften 1:1-Einspeisetarif entspricht. Der Netzbetreiber tauscht den Zähler dann demnächst kostenlos für Sie – schon aus eigenem Interesse.

Anmeldung

Sie müssen sich nur an einer Stelle melden, die Anmeldung beim Energieversorger oder Netzbetreiber entfällt für Balkonkraftwerke:

✔ *Marktstammdatenregister (MaStR):* Sie müssen Ihre neue Anlage innerhalb eines Monats nach Inbetriebnahme im Marktstammdatenregister der Bundesnetzagentur eintragen. `https://www.marktstammdatenregister.de/MaStR/`

Betrieb und Optimierung

✔ *Stromnutzung:* Versuchen Sie, Stromfresser wie Waschmaschine und Spülmaschine dann laufen zu lassen, wenn die Sonne scheint. Der PV-Strom, den Sie nicht verbrauchen, fließt umsonst ins Netz. Bei der vereinfachten Anmeldung für Balkonkraftwerke gibt es nämlich keine Vergütung.

- ✔ *Monitoring:* Nutzen Sie die App Ihres Wechselrichters oder einen smarten Zwischenstecker wie Shelly oder Fritz!DECT, um zu sehen, wie viel Sie im Tages-, Monats- und Jahresverlauf sparen.

- ✔ *960-Watt-Grenze*: Es gibt seit 2025 die technische Produktnorm VDE V 0126-95. Diese Norm befasst sich mit der elektrischen Sicherheit, insbesondere bei der Verwendung des Schukosteckers (normale Steckdose). Der VDE *empfiehlt,* dass bei Verwendung eines simplen Schukosteckers die Modulleistung 960 Watt nicht überschreiten sollte (das entspricht 800 W Wechselrichterlesitung + 20 % Toleranz). Wie oben gesagt: Das Gesetz erlaubt 2000 W_p Modulleistung. Wer ganz sichergehen will, verwendet für Modulleistungen zwischen 960 und 2000 W_p einen speziellen Einspeisestecker (zum Beispiel der Firma Wieland). Nachteil: Den Anschluss muss dann ein Elektriker durchführen.

C

Checkliste PV-Dachanlage

Die Anschaffung einer Photovoltaik-Dachanlage lässt sich in die Blöcke Vorprüfung, technische Umsetzung und Anmeldung und Betrieb unterteilen. Wir haben für Sie auch hier Checklisten erstellt, die Sie durch diese Phasen begleitet.

Planung

Vorprüfung

Bevor sie eine PV-Dachanlage planen, prüfen sie ihr Gebäude und die rechtlichen Rahmenbedingungen.

- ✔ *Dach prüfen:* Zustand der Eindeckung, Dachstuhl, anstehende Sanierungen, Schneelast-/Sturmschäden. Bedenken Sie, dass PV-Anlagen typischerweise 30 Jahre in Betrieb sind.
- ✔ *Statik bewerten:* Durch PV-Anlagen treten zusätzliche Lasten von etwa 15 bis 25 kg/m^2 auf. Alternativ können Sie Leichtbaumodule nutzen. Hier liegt die Last meist bei unter 10 kg/m^2, diese sind allerdings teurer und manchmal nicht so langlebig wie konventionelle Module. Achten Sie deshalb hier besonders auf die Zertifizierung nach IEC 61215.
- ✔ *Dachfläche und Verschattung prüfen:* Bewerten Sie Ausrichtung, Neigung, Gauben, Kamine, Bäume und Nachbargebäude.
- ✔ *Denkmalschutz:* Klären Sie, ob denkmalschutz- oder baurechtliche Vorgaben oder eine Baugenehmigung relevant sind, etwa bei einem Ensembleschutz.

Planung der Anlage

- ✔ *Eigenes Lastprofil und Jahresstromverbrauch ermitteln:* Berücksichtigen Sie, dass Sie in Zukunft durch die Elektrifizierung von Mobilität und Heizung vermutlich mehr elektrische Energie benötigen werden als bisher. Ohne Speicher können Sie mit etwa 30 % eigener Erzeugung durch Ihre zukünftige PV-Anlage rechnen. Mit Speicher sind bis zu 80 % möglich. Berücksichtigen Sie also bei der Planung Speicher, Notstrom und gegebenenfalls E-Auto-Ladestation. Prüfen Sie auch, ob Ihr Zählerkasten ausreicht oder erweitert werden muss. Hier können zusätzliche Kosten anfallen.

- ✔ *Anlagengröße festlegen:* Eine typische Einfamilienhaus-Anlage hat eine Nennleistung zwischen 5 und 30 kWp. Sie können für Ihr Dach grob von 5 m^2/kWp ausgehen.
- ✔ *Energiemanagement:* Entscheiden Sie, ob Sie gegebenenfalls ein Energiemanagementsystem nutzen wollen, welches mehrere Verbraucher steuern kann und mit dem Sie Ihre Anlage überwachen können.
- ✔ *Fachbetrieb:* Besprechen Sie ihr Vorhaben mit einem Fachbetrieb.

Netz, Förderung und Steuern

- ✔ *Frühzeitig mit Netzbetreiber reden:* Klären Sie beim Netzbetreiber Einspeiseleistung, Zählerschrank (gegebenenfalls Umbau) und Netzanschluss.
- ✔ *Legen sie die Einspeiseart fest:* Volleinspeisung oder Überschusseinspeisung haben unterschiedliche Strompreismodelle. Meist ist eine Überschusseinspeisung bei hohem Eigenverbrauch die beste Lösung.
- ✔ *Förderung:* Prüfen Sie, ob KfW- oder Landesprogramme, etwa für Speicher, verfügbar sind.
- ✔ *Steuerliche Behandlung klären:* In der Regel nutzen Sie die Vereinfachungsregel mit Steuerbefreiung für Anlagen bis 30 kW_p auf Wohngebäuden. (Dieser Hinweis ist keine steuerliche Beratung, reden Sie im Zweifelsfalle noch einmal mit Ihrem Steuerberater.)

Beschaffung und Installation

- ✔ *Angebote:* Holen Sie Angebote mehrerer Fachbetriebe ein und vergleichen Sie diese bezüglich Leistung, verwendeter Komponenten, Preisen und Garantien. Fragen Sie nach Referenzen.
- ✔ *Montage:* Die Montage sollte durch einen Fachbetrieb erfolgen, der während der Installation mit Absturzsicherung arbeitet.
- ✔ *Stringplanung:* Lassen Sie sich die Stringplanung für die DC-Verkabelung der Leitungswege und den Überspannungsschutz zeigen. Hier erkennen Sie, inwieweit Verschattungssituationen der Anlage berücksichtigt wurden.
- ✔ *Platzierung weiterer Geräte:* Ideal ist ein trockener und kühler Aufstellungsort für Wechselrichter und Speicher. Unter diesen Bedingungen liefern die Systeme die besten Wirkungsgrade.
- ✔ *AC-Anschluss:* Der AC-Anschluss muss durch eine Elektrofachkraft am Hausanschluss realisiert und dokumentiert werden. Dazu gehören auch Einbau und Anpassung von Zählerschrank und Schutzeinrichtungen.

- ✔ *Funktionsprüfung:* Lassen Sie sich eine Funktionsprüfung vorführen und ein Inbetriebnahmeprotokoll erstellen. Lassen Sie sich alle Unterlagen geben (Schaltpläne, Datenblätter, Protokolle).

Anmeldung, Dokumentation

- ✔ *Registrierung der Anlage:* Im Marktstammdatenregister (MaStR) der Bundesnetzagentur innerhalb eines Monats nach Inbetriebnahme
- ✔ *Anmeldung und Anzeige beim Netzbetreiber:* Einschließlich Inbetriebnahmeprotokoll von der Elektrofachkraft, Datenblätter und Konformitätserklärung
- ✔ *Versicherung:* Prüfen Sie den Versicherungsschutz ihres Hauses und ergänzen Sie gegebenenfalls Ihre Wohngebäudeversicherung, eventuell bietet sich auch eine separate PV-Anlagengefahrenversicherung an.
- ✔ *Monitoring:* Richten Sie ein Monitoring ein, gegebenenfalls mit einem Energiemanagementsystem.
- ✔ *Wartung:* Legen Sie Wartungs- und Sichtprüfungsintervalle fest.
- ✔ *Zählerstand:* Dokumentieren Sie den Zählerstand zur Inbetriebnahme.

Betrieb und Optimierung

- ✔ *Erfassung:* Erfassen sie regelmäßig Erzeugung, Eigenverbrauch und Einspeisemengen.
- ✔ *Variable Verbraucher:* Versuchen Sie, variable Verbraucher wie Waschmaschine und Spülmaschine dann laufen zu lassen, wenn die Sonne scheint. Ein Energiemanagementsystem kann Ihnen weiterhelfen, ihre Anlagen optimal zu nutzen.
- ✔ *Monitoring:* Nutzen Sie das installierte Monitoring über eine App oder eine Webanwendung, um zu sehen, wie viel Sie im Tages-, Monats- und Jahresverlauf verbrauchen. Auf Grundlage dieser Daten können Sie Ihren Stromverbrauch weiter optimieren.
- ✔ *Garantie und Gewährleistung:* Kurz vor Ablauf der Garantie- und Gewährleistungsfristen sollten Sie noch eine Inspektion durchführen, um eventuelle Ansprüche geltend machen zu können.

D

Checkliste PV-Großprojekt

Wer hoch hinaus und Projekte im Megawattbereich auf dem freien Feld angehen will, findet hier eine Übersicht und Checklisten zu den einzelnen Punkten. Im Unterschied zu kleineren privaten Projekten spielt hier der Geldgeber, beispielsweise eine Bank, eine große Rolle – er muss in vielen Projektphasen unabhängig informiert und eingebunden werden.

Übersicht

1. *Standortidentifizierung – Konzeptphase:* Identifizierung potenzieller Standorte, Finanzierung der Projektentwicklung, Entwicklung eines groben technischen Konzepts

2. *Vorläufige Machbarkeitsstudie:* Bewertung verschiedener technischer Optionen, Kosten und Nutzen abschätzen, erforderliche Genehmigungen, Marktbewertung – *Bank:* erster Kontakt mit Projektvorstellung; diese wird an die Fachabteilung der Bank weitergeleitet

3. *Eigentliche Machbarkeitsstudie:* Technische und finanzielle Bewertung der bevorzugten Option, Bewertung der Finanzierungsoptionen, Einleitung des Genehmigungsverfahrens, Entwicklung des technischen Konzepts – *Bank:* Einreichung des technischen Konzepts bei der Fachabteilung der Bank

4. *Finanzierung, Genehmigungsverfahren, Vertragsstrategie:* Oft wird das Projekt zu einem sogenannten *Special-Purpose-Vehicle* gemacht. Darunter versteht man eine GmbH, der die Anlage und der Pachtvertrag oder das Grundstück gehören und die dadurch als rechtliche Einheit leichter verkauft werden kann. Die GmbH kümmert sich unter anderem um Lieferantenauswahl und Vertragsverhandlungen (Garantien, Vertragsstrafen) und um die Finanzierung des Projekts (Beträge, Zinssätze, Dauer). – *Bank:* Due Diligence, Finanzierungskonzept.

5. *Detailplanung:* Erstellung der Detailplanung für alle relevanten Lose, Erstellung des Projektumsetzungsplans, Abschluss des Genehmigungsverfahrens – *Bank:* Darlehensvertrag

6. *Bauausführung:* Bauüberwachung (sorgfältige und kompetente Installation, Verwendung der vereinbarten Komponenten und Materialien in zugesicherter Qualität und Quantität) – *Bank:* unabhängige Überprüfung der Bauarbeiten

7. *Inbetriebnahme und Übergabe:* Leistungsprüfung, Erstellung der tatsächlichen Bestandspläne (falls erforderlich) – *Bank:* unabhängige Überprüfung der Inbetriebnahme

Im Folgenden sehen Sie unsere Checklisten für die aufgeführten sieben Projektphasen.

Checkliste für die Konzeptphase

Die folgende Checkliste umfasst wichtige Fragen und Faktoren, die ein Entwickler berücksichtigen sollte, wenn er entscheidet, ob er zur nächsten Phase, der Durchführung einer Vor-Machbarkeitsstudie, übergehen soll:

- ✔ Projektstruktur skizziert
- ✔ Bieten das Land und der Energiesektor privaten Investoren angemessene Risiko-Ertrags-Vorteile?
- ✔ Regulatorische Unterstützung und Tarife, insbesondere die Dauer und der Zeitplan für etwaige Investitionsanreize für Solarenergie
- ✔ Geeigneter Standort unter Berücksichtigung der Standortbeschränkungen identifiziert
- ✔ Netzzugang (Nähe, Kapazität und rechtliche Bestimmungen für den Zugang)
- ✔ Verfügbarkeit ausreichender Mittel zur Durchführung der Machbarkeitsstudien
- ✔ Identifizierung von Abnehmern und verfügbarer Infrastruktur für die Aufnahme des erzeugten Stromes

Checkliste zur Vorläufigen Machbarkeitsprüfung

- ✔ Bewertung des Standorts und der angrenzenden Gebiete, einschließlich der Zugangsberechtigungen und -beschränkungen
- ✔ Konzeptioneller Entwurf fertiggestellt, einschließlich Abwägung von Technologieoptionen und deren finanziellen Auswirkungen
- ✔ Ermittlung der ungefähren Kosten für Grundstück, Ausrüstung, Lieferung, Bau und Betrieb sowie der voraussichtlichen Einnahmen
- ✔ Indikative Energieausbeute fertiggestellt
- ✔ Ermittlung der voraussichtlich zu erzielenden Stromtarife und Überprüfung der erwarteten Bedingungen der Stromabnahmeverträge (PPAs) auf dem jeweiligen Markt
- ✔ Abschluss einer umfassenden Finanzanalyse, einschließlich der Betrachtung von Risiken

- ✔ Ermittlung der Kosten und der Wahrscheinlichkeit für die Realisierung des Netzanschlusses innerhalb des erforderlichen Zeitrahmens
- ✔ Identifizierung der wichtigsten umweltbezogenen Einschränkungen sowie anderer potenzieller „Dealbreaker"
- ✔ Bewertung des aktuellen und potenziellen zukünftigen regulatorischen Umfelds abgeschlossen
- ✔ Ein erstes Konzept für die rechtliche/unternehmerische Struktur des Projekts
- ✔ Lösungen für Herausforderungen des Projekts
- ✔ Identifizierung der Genehmigungsanforderungen/-kosten
- ✔ Vorläufiger Projektzeitplan/Arbeitsablauf mit Angabe der zeitlichen Abstände zwischen den wichtigsten Aktivitäten

Checkliste für die Machbarkeitsphase

- ✔ Detaillierter Lageplan erstellt
- ✔ Bewertung der Solarressourcen, einschließlich Bewertung der Verschattung
- ✔ Identifizierung von Umweltmerkmalen, die die Leistung beeinträchtigen könnten
- ✔ Detaillierte Überprüfung der ökologischen und sozialen Aspekte durchgeführt
- ✔ Detaillierte Überprüfung der erforderlichen Genehmigungen und Lizenzen durchgeführt
- ✔ Bewertung der Investitionskosten für alle Technologie- und Lieferantenoptionen; Kosten-Nutzen-Analyse für Optionen und Projektstandort abgeschlossen
- ✔ Vorabgespräche mit der zuständigen Genehmigungsbehörde geführt
- ✔ Erste Konsultationen mit wichtigen Interessengruppen, darunter auch aus der Gemeinde, abgeschlossen
- ✔ Bewertung des Netzanschlusses abgeschlossen
- ✔ Prognostizierte Energieerträge festgelegt
- ✔ Weitere Bewertung der zu erwartenden Stromtarife durchgeführt
- ✔ Finanzanalyse durchgeführt, vorläufige Finanzierung geplant
- ✔ Projektumsetzungsplan entwickelt
- ✔ Optionsvereinbarungen für den Zugang zu Grundstücken (sofern erforderlich) gesichert

- ✔ Bewertung und Konzept der kommerziellen Struktur des Projekts und der Projektgesellschaft(en) durchgeführt

Checkliste für Genehmigungen, Finanzierung und Verträge

- ✔ Vorbereitung und Einreichung der entsprechenden Genehmigungs- und Lizenzanträge
- ✔ Durchführung von Umwelt- und Sozialverträglichkeitsprüfungen (sofern erforderlich)
- ✔ Antrag auf Netzanschluss vorbereitet und eingereicht
- ✔ Netzanschlussvertrag unterzeichnet
- ✔ Überprüfung der Konstruktions- und Genehmigungs-/Zustimmungsbedingungen abgeschlossen
- ✔ Vertragsstrategie festgelegt
- ✔ Finanzierungsstruktur festgelegt, Finanzierung für das Projekt gesichert
- ✔ Einbindung der Gemeinde oder von Interessengruppen abgeschlossen
- ✔ Ausschreibungsunterlagen für Solar-PV erstellt
- ✔ Auswahl und Bewertung der Lieferanten durchgeführt
- ✔ PPA-Unterlagen vorbereitet
- ✔ O&M-Konzept und Verträge vorbereitet
- ✔ Ausschreibung für den Bauherreningenieur vorbereitet
- ✔ Entsprechende Versicherung abgeschlossen und vertraglich vereinbart
- ✔ Ausschreibung und Bewertung der Bieter für alle Verträge durchgeführt
- ✔ Vertragsverhandlungen abgeschlossen
- ✔ Energieertrag auf Bankenniveau erreicht
- ✔ Detailliertes bankfähiges Finanzmodell fertiggestellt
- ✔ Transportanalyse (falls erforderlich) durchgeführt
- ✔ Alle Grundstücks- und Zugangsvereinbarungen abgeschlossen
- ✔ Projektrisikoanalyse abgeschlossen
- ✔ Stromabnahmevertrag mit Abnehmer abgeschlossen
- ✔ Detaillierter Projektumsetzungsplan abgeschlossen
- ✔ Technische und rechtliche Due Diligence abgeschlossen (falls erforderlich)

Detaillierte Planung

✔ *Detaillierte Überprüfung:* Produkte, Komponenten, Dienstleistungen und Lieferanten; grundlegende Standards und Anforderungen erfüllt

✔ *Zusätzliche Anforderungen durch:* Regierung (Bund, Land, Gemeinde), Banken oder Investoren, Versorgungsunternehmen (Netzschnittstelle, Messung, Zähler)

✔ *Checkliste für Hauptkomponenten:* Sind alle relevanten Normen eingehalten? (beispielsweise EC, IEC 61215, IEC 61730, IEC 62109, DIN VDE 0100-712 sowie alle weiteren relevanten Normen für Wechselrichter und Netzschnittstellen; siehe Hauptteil des Buches)

✔ *Festlegung der Anwendungsklasse:*

1. Sicherheitsklasse 0 – Anwendungen mit beschränktem Zugang
2. Sicherheitsklasse II – Allgemeine Anwendungen
3. Sicherheitsklasse III – Niederspannungsanwendungen (LV)

Checkliste zur Bewertung der Solarressourcen (siehe auch Hauptteil des Buches):

- Es wurden verschiedene Datensätze zu Solarressourcen mit Daten aus mindestens zehn Jahren herangezogen.
- Es wurden Satellitendaten oder aus bodengestützten Messungen interpolierte Daten in angemessener Weise verwendet.
- Die Standortanpassung (Kalibrierung) von Satellitendaten wurde, wo dies angemessen war, verwendet, um die Unsicherheit an Standorten fernab von Wetterstationen zu verringern.
- Es wurden brauchbare Algorithmen verwendet, um die globale horizontale Sonneneinstrahlung in die Sonneneinstrahlung auf die geneigte Ebene der Module umzuwandeln.
- Es wurde eine robuste Unsicherheitsanalyse durchgeführt. Zur Potenzialplanung wurden zuverlässige Softwaretools verwendet wie zum Beispiel SolarGIS, Meteonorm, NASA-Daten (teilweise ungenau), PVGIS – siehe auch Hauptteil des Buches.

Checkliste für Betriebs- und Wartungsverträge (O&M)

✔ Rechts- und Technikberater wurden hinzugezogen, um hinsichtlich der Vertragsform zu beraten.

✔ Der O&M-Auftragnehmer verfügt über ausreichende Erfahrung mit Anlagen ähnlicher Größe und ist mit der Technologie vertraut.

✔ Leistungsgarantien sind enthalten, damit der Eigentümer im Falle einer geringen Verfügbarkeit oder PR eine Vertragsstrafe (LD) geltend machen kann.

- ✔ Die Zahlungen an den Auftragnehmer erfolgen nachträglich, um den Abzug etwaiger LDs für den entsprechenden Zeitraum zu ermöglichen.
- ✔ LDs sind so bemessen, dass sie eine echte Vorabschätzung der voraussichtlich entstehenden Verluste darstellen.
- ✔ Die Regeln für die Ersatzteilverwaltung sind klar definiert. Der Auftragnehmer ist für die Auffüllung des Lagerbestands und die Aufrechterhaltung des ursprünglichen Bestandsniveaus verantwortlich.
- ✔ Die Regeln für die Vergabe von Unteraufträgen sind klar definiert, um sicherzustellen, dass der Hauptauftragnehmer die volle Verantwortung für alle Arbeiten der Unterauftragnehmer trägt.
- ✔ Der O&M-Vertrag verpflichtet den Auftragnehmer, alle Geräte gemäß den Herstellerrichtlinien zu warten – um sicherzustellen, dass alle Gerätegarantien gültig bleiben.
- ✔ Das im Vertrag festgelegte vorbeugende Wartungsprogramm ist umfassend und trägt dazu bei, den Bedarf an korrektiven Wartungsmaßnahmen zu minimieren.

Checkliste für die Bauphase

Erforderlich

- ✔ Vollständig unterzeichneter Vertrag, der alle Schnittstellen abdeckt, vom technischen Berater geprüft
- ✔ Fertiggestellte Konstruktionsunterlagen
- ✔ Detaillierter Arbeitsplan fertiggestellt
- ✔ Qualitätsplan fertiggestellt
- ✔ Gesundheits- und Sicherheitsplan fertiggestellt
- ✔ Monatliche Berichterstattung eingerichtet
- ✔ Alle Genehmigungen, Zulassungen und Finanzierungsvoraussetzungen sind erfüllt
- ✔ Inbetriebnahme- und Testplan von allen Parteien vereinbart, mit detaillierten Anforderungen und allen Tests, die Zeugen oder eine Abnahme erfordern

Empfohlen

- ✔ Schnittstellenmatrix erstellt
- ✔ Zeitplan für alle zu erstellenden Dokumente erstellt
- ✔ Wöchentliches Vorausplanungsprogramm eingerichtet

- ✔ Risikoregister mit allen potenziellen Risiken und den getroffenen Maßnahmen zu deren Minderung erstellt
- ✔ Umweltplan fertiggestellt
- ✔ Monatlicher Berichtsaufbau fertiggestellt
- ✔ Matrix mit detaillierten Anforderungen und Fälligkeitsterminen erstellt

Inbetriebnahme und Übergabe – häufige Fehler

PV-Module

- ✔ Unzureichende Anzahl von Klemmen oder falsche Positionierung, was zu einer verminderten Tragfähigkeit der Module führt
- ✔ Modifizierte oder falsche Klemmen aufgrund unzureichenden Abstands zwischen den Modulen, wodurch die Integrität der Befestigung beeinträchtigt und die Garantie ungültig wird
- ✔ Die Schrauben der Modulklammern werden zunächst von Hand angezogen und erst nach einer gewissen Zeit mit dem richtigen Drehmoment festgezogen. Wenn die Zeitspanne zwischen Montage und Festziehen zu lang ist, besteht die Gefahr, dass starke Winde die Module von der Konstruktion wegwehen. Das Anziehen der Schrauben sollte kurz nach der Montage erfolgen.
- ✔ Übermäßiges Anziehen der Klemmschrauben führt zu einer Verformung der Klemme und einer Beschädigung der korrosionsbeständigen Beschichtungen.
- ✔ Beschädigte oder zerkratzte Module aufgrund unsachgemäßer Montagetechnik. Die Vorder- und Rückseite der Module dürfen nicht mit den Tragkonstruktionen in Berührung kommen.

Montagestruktur

- ✔ Unterschiedliche Metalle, die nicht voneinander isoliert sind, führen zu Materialunverträglichkeiten durch galvanische Korrosion. Isolierungslösungen wie Neoprenpolster können verwendet werden.
- ✔ Verformung der Befestigungsstruktur während des Rammvorgangs, wodurch die Verzinkung oder die Struktur beeinträchtigt wird.
- ✔ Pfähle, die nicht in der richtigen Position installiert wurden, führen dazu, dass Pfähle und Stahlprofile gezwungen oder verbogen werden, um sie an die Rahmenprofile anzupassen.

Tiefbauarbeiten

- ✔ Unzureichende Staubbekämpfung, die zu einer übermäßigen Ansammlung von Schmutz auf den Modulen führt
- ✔ Fehlende oder verspätete Umzäunung, die zum Eindringen von Tieren oder Menschen führt
- ✔ Verstopfung der Abflüsse durch Schlamm während der Erdarbeiten
- ✔ Unzureichendes Management des Oberflächenwasserabflusses während der Bauarbeiten, was zu Verzögerungen aufgrund von überfluteten und durchnässten Baustellen führt
- ✔ Fehlende Nivellierungsarbeiten nach der Installation

Gerätegehäuse

Die Integrität kann durch unsachgemäße Installation beeinträchtigt werden. Häufig auftretende Probleme sind:

- ✔ Unbenutzte Stopfbuchsen, die nicht abgedichtet oder durch Blindstopfen ersetzt wurden
- ✔ Unversiegelte Kabelkanäle, beschädigte oder fehlende Dichtungen an Eingangstüren
- ✔ Kabelkanäle, die in Wechselrichtergehäuse führen, sind nicht abgedichtet.
- ✔ Wassereintritt aufgrund einer der oben genannten Ursachen, was Korrosionsschäden an elektrischen Komponenten verursacht

Monitoring

Eine falsche Positionierung der meteorologischen Sensoren kann zu Ungenauigkeiten bei der Leistungsbewertung führen. Die häufigsten Gründe für diese Ungenauigkeiten sind:

- ✔ Pyranometer, die nicht im gleichen Neigungswinkel wie die Module positioniert sind
- ✔ Pyranometer, die Verschattung, Staubansammlung und Feuchtigkeitseintritt ausgesetzt sind, was zu überhöhten Berechnungen des Leistungsverhältnisses (PR) führt

Kabelmanagement

- ✔ Kabel, die ohne geeignete Polsterung über scharfe Kanten von Befestigungsstrukturen verlaufen
- ✔ Unzureichende Kennzeichnung der Kabelenden

- ✔ Lange, nicht abgestützte Spannweiten aufgrund einer unzureichenden Anzahl von Kabelbindern; zu enger Biegeradius der Kabel
- ✔ Unzureichende Verlegetiefe der Kabel
- ✔ Unzureichender Schutz der Kabelkanäle

Beschilderung und Warnhinweise

- ✔ Allgemeine Gesundheits- und Sicherheitsinformationen, einschließlich Notfall-Kontaktnummern, fehlen oder sind unvollständig.
- ✔ Warnhinweise auf elektrischen Bauteilen und auf der Umzäunung sowie Kennzeichnung der Stützkonstruktion fehlen.

Ersatzteile

- ✔ Der permanente Lagerbereich für Ersatzteile ist oft nicht verfügbar, wenn solche Komponenten an den Standort geliefert werden, was zu Schäden (oder zum Verschwinden) aufgrund schlechter vorübergehender Lagerbedingungen führt.

Dokumentation

- ✔ Tatsächlicher Plan der Anlagenkonstruktion, einschließlich aller Komponenten, insbesondere detaillierte Verdrahtungspläne (einschließlich Eigenschaften wie Flexibilität, UV-Stabilität, Dicke und Material der Leiter)
- ✔ Sicherung der oben genannten Unterlagen (doppelt)

Weitere Details mit umfangreichen Listen aller Normen und Zertifizierungen findet man hier: *Photovoltaik-Großkraftwerke – Ein Leitfaden für Projektentwickler*, International Finance Corporation (Weltbankgruppe) 2015 (auf Englisch).

Abbildungsverzeichnis

Tabellenverzeichnis

Stichwortverzeichnis

T

U

V

W

Y

Z

www.ingramcontent.com/pod-product-compliance
Lightning Source LLC
LaVergne TN
LVHW082023051026
849532LV00011B/3252